住房和城乡建设部防灾研究中心

Disaster Prevention Research Center, Ministry of Housing and Urban-Rural Development

住房和城乡建设部防灾研究中心
- 专家委员会
- 综合防灾研究部
- 工程抗震研究部
- 建筑防火研究部
- 建筑抗风雪研究部
- 地质灾害及地基灾损研究部
- 灾害风险评估研究部
- 防灾信息化研究部
- 防灾标准研究部
- 建筑防雷研究部
- 综合办公室

住房和城乡建设部防灾研究中心（以下简称“中心”）1990年由建设部批准成立，机构设在中国建筑科学研究院。中心以该院的工程抗震、建筑防火、建筑结构、地基基础、建筑信息化等成果为依托，研究地震、火灾、风灾、雪灾、水灾、雷灾、地质灾害等对工程和城镇建设造成的破坏情况和规律，解决建筑工程防灾中的关键技术问题，推广防灾新技术、新产品，与国内外防灾机构建立联系，为政府机构行政决策提供咨询建议。

近年来，中心在国家重点研发计划、国家科技支撑计划、863项目、973项目、国家自然科学基金、科研院所开发专项和标准规范、实验室建设等方面开展了卓有成效的工作。截至2017年，中心累积参与完成科研成果140余项，标准规范制修订项目150余项，其中国家和行业标准修订项目80余项。荣获国家科技进步奖、国家自然科学奖、全国科学大会奖等40余项，为推动我国建筑防灾减灾事业的科技进步作出了突出贡献。

中心紧紧围绕防灾减灾科技发展战略全局，积极响应国家新型城镇建设和灾害防控等宏观政策号召，着力提高创新能力，增强核心竞争力，在建筑防灾减灾设计和城镇防灾救灾信息化等特色领域作出了应有的贡献。中心本着“开放、共享、联合、创新”的经营理念与知名企业、高校和科研院所紧密合作，致力于成为全国标志性建筑防灾科学研究与技术服务平台，不断推动防灾减灾公益事业的发展。

建设部文件

机构名称	电话		
综合防灾研究部	010-64517751	010-84273077	cabrzjy@163.com
工程抗震研究部	010-64517447	010-84288024	tangcaomin@163.com
建筑防火研究部	010-64517879	010-64693133	13911365611@126.com
建筑抗风雪研究部	010-84280389	010-84279246	chenkai@cabrtech.com
灾害及地基灾损研究部	010-64517232	010-84283086	gjfcabr@262.net
灾害风险评估研究部	010-64517315	010-84281347	1043801229@qq.com
防灾信息化研究部	010-64693132	010-84277979	yuwencabr@163.com
防灾标准研究部	010-64517890	010-64517612	gaudy_sc@163.com
建筑防雷研究部	010-64694345	010-84281360	hudf@cabr-design.com
综合办公室	010-64693351	010-84273077	dprcmoc@cabr.com.cn

征稿　招商

住房和城乡建设部防灾研究中心《建筑防灾年鉴2018》征稿及广告招商活动现已启动，欢迎业内外人士踊跃投稿；各相关单位积极竞投。

电话：010-64693351

电邮：dprcmoc@cabr.com.cn

2017 年 7 月第五届全国建筑防灾技术交流会现场

住房和城乡建设部防灾研究中心学术委员会委员受聘仪式

2017 年 5 月　2017 年农村危房加固改造工作座谈会现场

2017 年 11 月　中国建筑学会建筑防火综合技术分会年会暨第五届全国建筑防火学术交流会现场

建筑防灾年鉴

2017

住房和城乡建设部防灾研究中心
中国建筑科学研究院科技发展研究院 联合主编

中国建筑工业出版社

图书在版编目（CIP）数据

建筑防灾年鉴2017 / 住房和城乡建设部防灾研究中心，中国建筑科学研究院科技发展研究院联合主编. 北京：中国建筑工业出版社，2018.4
ISBN 978-7-112-21938-4

Ⅰ.①建… Ⅱ.①住…②中… Ⅲ.①建筑物—防灾—中国—2017—年鉴 Ⅳ.①TU89-54

中国版本图书馆CIP数据核字（2018）第046802号

责任编辑：张幼平
责任校对：王 瑞

建筑防灾年鉴

2017

住房和城乡建设部防灾研究中心
中国建筑科学研究院科技发展研究院
联合主编

*

中国建筑工业出版社出版、发行（北京海淀三里河路9号）
各地新华书店、建筑书店经销
北京京点图文设计有限公司制版
北京市密东印刷有限公司印刷

*

开本：787×1092毫米 1/16 印张：33½ 插页：2 字数：835千字
2018年5月第一版 2018年5月第一次印刷
定价：88.00元
ISBN 978-7-112-21938-4
(31826)

《建筑防灾年鉴2017》

前　言

2017年是党的十九大召开之年和实施"十三五"规划的重要一年，也是全面深化改革纵深推进的关键一年，扎实做好全年防灾减灾救灾各项工作意义重大。2016年12月相继出台的《中共中央国务院关于推进防灾减灾救灾体制机制改革的意见》和《国家综合防灾减灾规划（2016－2020年）》两个纲领性文件，是党中央、国务院对防灾减灾救灾工作作出的重大决策部署。要始终把保障人民群众生命安全摆在首位，认真做好报灾核灾、灾损评估和新灾应对，进一步夯实基层备灾工作基础，做好防灾减灾救灾宣传教育和舆论引导，全面提升全社会抵御自然灾害的综合防范能力。联合国减灾办公室（UNISDR）确定2017年国际减灾日的主题是"建设安全家园：远离灾害，减少损失"。一是强调在自然灾害治理过程中，进一步树立灾害风险管理意识，降低社区面临的灾害风险，建设更加安全的家园；二是推动落实《2015-2030年仙台减轻灾害风险框架》中减少受灾人口的目标，通过行之有效的政策、行动与实践，保障人民群众的生命财产安全。

为贯彻落实党中央、国务院关于加强防灾减灾救灾工作的决策部署，提高全社会抵御自然灾害的综合防范能力，切实维护人民群众生命财产安全，《建筑防灾年鉴》的编纂工作自2012年起开展，由住房和城乡建设部防灾研究中心（以下简称"防灾中心"）与中国建筑科学研究院科技发展研究院联合主编。编制组专家团队通过共同的辛勤劳动，《建筑防灾年鉴2012》、《建筑防灾年鉴2013》、《建筑防灾年鉴2014》、《建筑防灾年鉴2015》、《建筑防灾年鉴2016》已分别于2012年3月、2014年5月、2015年8月、2016年11月和2017年11月顺利出版发行。《建筑防灾年鉴》的编写，旨在全面系统地总结我国建筑防灾减灾的研究成果与实践经验，交流和借鉴各省市建筑防灾工作的成效与典型事例，增强全国建筑防灾减灾的忧患意识，推动建筑防灾减灾工作的发展与实践应用，使世人更全面了解中央政府和人民为防灾减灾所作出的巨大努力。

《建筑防灾年鉴2017》作为我国一本有关建筑防灾减灾总结与发展的年度报告，为力求系统全面地展现我国2017年度建筑防灾工作的发展全景，在编排结构上共分为8篇，包括综合篇、政策篇、标准篇、科研篇、成果篇、工程篇、调研篇、附录篇。

第一篇综合篇，选录7篇综合性论文，内容涵盖公共安全、抗风、地震及工程地质等方面。主要对建筑防灾减灾研究进展进行综合分析与评述，旨在概述本领域研究的基本面貌，为研究者了解学科发展现状提供条件；有效促进学科研究品质的提升，引导学科研究的发展。

第二篇政策篇，收录国家颁布的自然灾害救助应急预案1部，消防安全责任制1部，质量提升行动1部，地质灾害防治"十三五"规划摘录1部，国家地震科技创新工程1部，九寨沟地震灾害重建政策1部，合肥市防灾减灾条例1部。这些政策法规的颁布实施，起到了为防灾减灾事业的发展发挥政策支持、决策参谋和法制保障的作用。

第三篇标准篇，主要收录标准化法、国家、行业、产品标准在编或修订情况的简介，主要包括编制或修编背景、编制原则和指导思想、修编内容与改进等方面内容，便于读者在第一时间了解到标准规范的最新动态，做到未雨绸缪。

第四篇科研篇，主要选录在研项目、课题的研究进展、关键技术、试验研究和分析方法等方面的文章15篇，集中反映了建筑防灾的新成果、新趋势和新方向，便于读者对近年来建筑防灾减灾领域的研究进展有较为全面的了解和概要式的把握。

第五篇成果篇，选录了包括城镇减灾、抗震技术、避雷减灾、防灾信息化在内的9项具有代表性的最新科技成果。通过整理、收录以上成果，希望借助防灾年鉴的出版机会，能够和广大科技工作者充分交流，共同发展、互相促进。

第六篇工程篇，防灾减灾工程案例，对我国防灾减灾技术的推广具有良好的示范作用。本篇选取了有关低能耗抗灾、建筑消防、抗震加固、结构抗风、农房改造等领域的工程案例10个，通过对实际工程如何实现防灾减灾的阐述，介绍了防灾减灾实践经验，以促进防灾减灾事业稳步前进。

第七篇调研篇，为配合各级政府因地制宜地做好建筑的防灾减灾工作，宣传建筑防灾理念，总结实践经验，本篇通过对四川、澳门、山西等地区地方特色的建筑防灾方面的调研与总结，向读者展示各地建筑防灾的发展情况，便于读者对全国的建筑防灾减灾发展有一个概括性的了解。

第八篇附录篇，基于住房和城乡建设部、民政部和国家统计局等相关部门发布的灾害评估权威数据，主要收录了包括住房和城乡建设部防灾研究中心在内的国内著名的防灾机构简介、2016年城乡建设统计公报、2015～2030年仙台减少灾害风险框架、2017年全国自然灾害基本情况以及住房城乡建设部2018年工作要点。此外，2017年度内建筑防灾减灾领域的研究、实践和重要活动，以大事记的形式进行了总结与展示，读者可简洁阅读大事记而洞察我国建筑防灾减灾的总体概况。

本书可供从事建筑防灾减灾领域研究、规划、设计、施工、管理等专业的技术人员、政府管理部门、大专院校师生参考。

本年鉴在编纂过程中，受到住房和城乡建设部、各地科研院所及高校的大力支持，在此对他们的指导与支持表示由衷的感谢。本书引用和收录了国内大量的统计信息和研究成果，在此对他们的工作表示感谢。

本书是防灾中心专家团队共同辛勤劳动的成果。虽然在编纂过程中几易其稿，但由于建筑防灾减灾信息浩如烟海，在资料的搜集和筛选过程中难免出现纰漏与不足，恳请广大读者朋友不吝赐教，斧正批评。

住房和城乡建设部防灾研究中心
中心网址：www.dprcmoc.com
邮箱：dprcmoc@cabr.com.cn
联系电话：010-64693351
传真：010-84273077
2017年12月19日

目　录

第一篇　综合篇

建筑防灾减灾是一项复杂的系统工程，大到国家的发展，小到具体建筑的防灾设计，贯穿了社会生活的各个层面；同时，它还包含了不同的专业分工和学校门类，具有综合性强、多学科相互渗透等显著特点。本篇选录7篇综合性论文，内容涵盖公共安全、抗风、地震及工程地质等方面。主要对建筑防灾减灾研究进展进行综合分析与评述，旨在概述本领域研究的基本面貌，为研究者了解学科发展现状提供条件；有效促进学科研究品质的提升，引导学科研究的发展。

1　建设地震安全韧性城市所面临的挑战

陆新征[1]　曾　翔[2]　许　镇[3]　杨哲飚[2]　程庆乐[2]　谢昭波[2]　熊　琛[4]
1. 清华大学土木工程系土木工程安全与耐久教育部重点实验室，北京，100084；
2. 清华大学土木工程系北京市钢与混凝土组合结构工程技术研究中心，北京，100084；
3. 北京科技大学土木与资源工程学院，北京，100083；
4. 深圳大学土木工程学院，518060

一、引言

由于地震下的人员伤亡主要是由建筑物倒塌造成的，因此传统地震工程主要关注如何减轻因地震导致的建筑物倒塌破坏。20 世纪 90 年代后，为了减轻地震下的经济损失，基于性能的抗震设计得到了广泛的重视和发展。进入 21 世纪后，特别是在 2011 年日本“3·11”大地震和新西兰基督城地震后，由于多次出现城市遭受严重地震破坏后重建难度大、时间长，社会代价巨大的问题，因此城市的抗震“韧性”（Resilience）问题得到了广泛的重视。

美国纽约布法罗大学地震工程多学科研究中心（MCEER）等研究机构建议，可以通过降低地震发生时的功能损失或提高结构的震后修复速度来实现“韧性”抗震。基于这一理念，美国旧金山、洛杉矶等城市陆续提出了“地震韧性城市”的建设目标。其具体内容包括：在遭遇中小地震时城市的基本功能不丧失，可以快速恢复；在遭遇严重地震灾害时，城市应急功能不中断，不造成大规模的人员伤亡，所有人员均能及时完成避难，城市能够在几个月内基本恢复正常运行等。“地震韧性城市”代表了国际防震减灾领域的最新前沿趋势，也成为我国很多城市防震减灾工作的奋斗目标。中国地震局已将“韧性城乡”作为地震科技创新项目计划的 4 个重点工程之一。

虽然建设地震韧性城市已经成为国内外防震减灾领域的共识，但是真正实现地震韧性的挑战是非常大的。由于韧性抗震的理念还比较新，而我国建设规范的更新周期长，且基础研究存在不足，导致即便是按照我国最新的抗震规范建设的建筑，也无法充分满足韧性抗震的需求。此外，由于我国近代长期贫穷落后的历史，留下了大量低设防水平的既有建筑和基础设施，也成为实现地震韧性的重要软肋。本文结合作者课题组近年来开展的相关工作，对我国建设地震韧性城市所面临的挑战以及有待开展的工作加以分析，供相关读者参考。

二、新建建筑实现韧性抗震所面临的挑战

一般而言，新建建筑反映了地震工程领域的最新进展，通常应具有更好的抗震性能。我国建筑抗震设计规范[1]也规定了“小震不坏”、“中震可修”、“大震不倒”三个水准的设防要求。然而，即使城市内所有建筑都依据目前最新版的抗震规范进行设计建造，并满足

上述三个水准设防要求，仍然难以保证足够的地震韧性。具体表现在：

1. 小震能否做到不坏?

“小震不坏”是我国抗震规范的设计目标之一，即在遭遇重现期 50 年左右水平的地震作用时，建筑物应基本保持完好，一般不需要修理就可以正常使用。相应地，城市的功能应保持完好，人民生活不应受到重大影响。我国抗震规范主要通过控制结构的构件承载力和侧向变形来实现“小震不坏”的抗震目标。然而，随着我国城市建设的发展，现有的抗震设计手段已经不足以保障“小震不坏”的要求，例如：

（1）小震作用下高层建筑楼面加速度引起的非结构构件的破坏问题

高层建筑已经成为我国城市建筑的主要组成部分。地震引起的加速度响应往往会沿着建筑高度不断放大，进而导致高层建筑顶层加速度可能远大于地面加速度。强烈的楼面加速度作用会导致建筑内部的空调、电梯等设备和非结构构件发生破坏。本文作者对一栋按照我国规范设计的 43 层的钢筋混凝土框架—核心筒高层住宅进行了分析 [2]。结果表明，小震下顶层楼面加速度可以达到地面峰值加速度的 1.8 倍。虽然该高层建筑结构基本保持完好，但是加速度响应可以给空调等非结构构件造成 300 万~400 万元的损失，且修复时间超过 50 天。这显然不能满足“小震不坏”的性能目标要求。而现阶段我国抗震规范对如何控制小震下楼层加速度引起的破坏还没有给出充分的设计规定。

（2）小震作用下建筑楼面加速度引起的人员恐慌问题

建筑的加速度响应除了会引起非结构构件破坏外，还可能引起楼内人群的恐慌。研究表明，当加速度达到 0.015g ~ 0.05g 时，人就会出现不适感 [3]。例如 2016 年 12 月 18 日发生在山西清徐的 4.3 级地震，此次地震震级很低，记录到的地面加速度很小，但太原市民反映震感非常强烈。本文作者采用城市抗震动力弹塑性分析方法 [4]，将实测地震动输入太原市中心城区 4 万余栋建筑模型中。分析结果表明虽然建筑基本都为完好状态，然而地震引起的楼面加速度会引起相当数量的人员不适（图 1.1-1）。

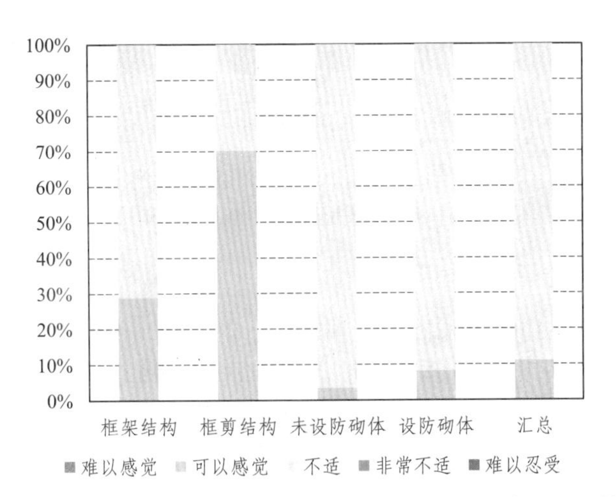

图 1.1-1　2016 年 12 月 18 日山西清徐 4.3 级地震下，太原中心城区的人员感受

在人口密度很高的中心城区，大量人群因恐慌在短时间内迅速逃离建筑物可能造成严重后果。例如在上海陆家嘴核心区，高峰时期人群密度超过每平方千米 5.4 万人 [5]。大量

人员集中同时离开建筑会造成地面人口密度骤增，室外空间可能根本无法容纳如此高密度的人群，会导致严重的拥挤与踩踏。从这一角度来看，即使是小震，也可能给城市区域带来远超预期的人员伤亡和社会问题。

2. 中震能否做到可修？

我国抗震设计规范的第二水准是“中震可修”，它要求建筑在遭遇设防地震（重现期475年）作用下，可以通过对震损进行修理而重新使用。但是，现行规范对“中震可修”的规定可操作性不够强，且仅仅达到“可修”并不能满足地震韧性城市的目标，因为除了“可修”以外，地震韧性城市还需要回答“是否值得修？”“需要花费多少时间去修？”等问题。而按照现行抗震规范设计的结构，在这些方面还存在较多的不足，比如：

（1）修复成本非常高昂

建筑震后修复的代价是非常高的，特别是我国建筑多采用混凝土结构或砌体结构，其变形能力差，修复难度大。本文作者对北京市清华大学校区的619栋建筑进行了分析[6]。研究结果表明，在遭受中震作用后，地震损失高达72.3亿元。其中60%以上的损失是因为部分建筑震后的残余变形太大，以至于修复成本太高，拆除重建反而比维修更经济（图1.1-2）。也就是说，按照现行的抗震规范设计的建筑，有相当比例的建筑在中震后即使技术上是可以修复的，经济上也是不经济的。而重建这些建筑物造成的经济成本和社会冲击也显然超出了抗震韧性城市的要求。

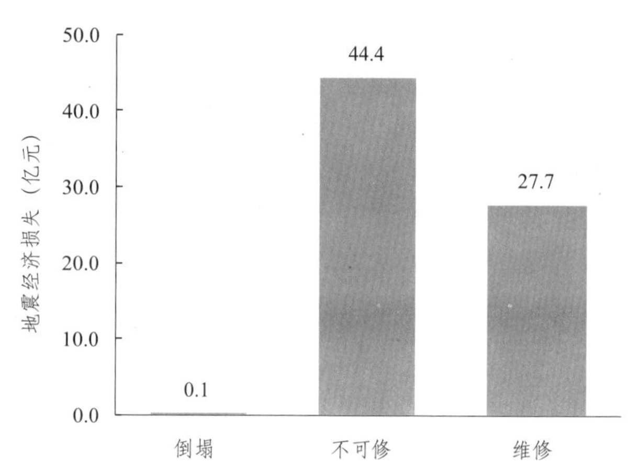

图1.1-2 中震下清华大学校园不同类型地震经济损失的中位值

（2）修复周期非常长

即便是中震后修复在经济上和技术上都是可行的，修复的时间仍然难以满足地震韧性城市的要求。仍以前面所述的43层的钢筋混凝土框架—核心筒高层住宅为例，在遭遇中震水平地震作用后，建筑修复工日（1个工人1个工作日的劳动量）达3000工日以上[2]。主要的修复工作内容包括隔墙及其饰面、空调、剪力墙等（图1.1-3）。如果安排30个工人参与修复作业，则总修复时间为3个月以上。在这期间，楼内居民被迫异地安置。如果一个城市成千上万的建筑物里面的居民都要异地安置数月，那么城市的功能势必受到严重影响。

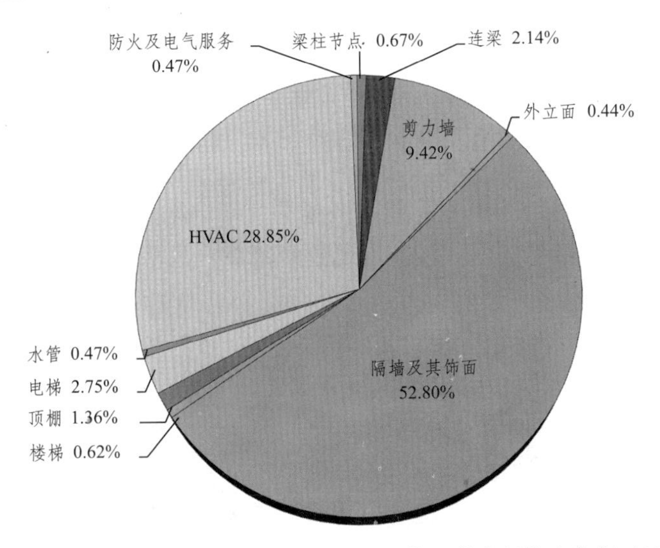

图 1.1-3 中震下 43 层的钢筋混凝土框架—核心筒高层住宅修复工日需求

3. 遭遇大震和超大震后的韧性问题

根据抗震规范设计的建筑一般可以满足“大震不倒”的设计目标。然而，按照地震韧性城市的要求，遭遇大震或超大震时，城市应急功能应保持完好，人群可以顺利避难。而现行抗震规范也不能充分满足上述要求。例如：

（1）重要建筑的功能损失问题

医院急诊部门、救灾指挥中心等应急部门应在地震后保持其功能。然而按照现行抗震规范实际上无法充分满足应急部门大震后的维持功能需求。我国现行抗震规范将救灾应急部门列入抗震设防的“重点设防类”，从工程设计上主要通过提高构造要求（主要是改善结构的变形能力），并适当提高地震作用来提升其抗震性能。然而，如前所述，这些仅考虑结构性能的改进措施虽然可以有效提高结构的抗震安全性，但却难以满足应急部门震后可用功能的需求。本文作者对一栋按照中国规范设计的 8 度区典型框架结构进行了分析。结果表明，虽然将其从“标准设防类”提升到“重点设防类”后，结构的抗地震倒塌安全储备（CMR）提升了 15%，但是其遭遇罕遇地震后的经济损失比（34%）及修复时间（约 180d）几乎没有变化（表 1.1-1）。可见现阶段抗震工程技术措施尚不能满足应急部门震后可用功能需求。

8 度区典型框架从“标准设防类”提升到“重点设防类”后大震下的损失对比　　表 1.1-1

	抗地震倒塌安全储备	经济损失比	修复时间（d）
标准设防类	4.7	34%	180
重点设防类	5.8	34%	180

（2）应急避难场所和避难通道的坠物次生灾害问题

在地震中，建筑物外围非结构构件破坏引起的坠物次生灾害是导致人员受伤的主要原因之一[7]。例如在美国 Northridge 地震中，超过一半以上的人员受伤都是由于坠物撞击造成的[8]。地震韧性城市要求在地震发生后人群可以及时安全避难。应急避难场所和避难通道应尽量位于坠物影响区以外，避免坠物造成伤害。然而由于现阶段对坠物次生灾害研究严重不足，避难场所设计缺乏依据。以北京某一住宅小区为例，该小区共有16栋高层住宅，其地震下的坠物影响区域如图1.1-4所示[9]。从图中可以看出，小区原有的应急避难场所和疏散通道部分位于坠物影响区域内（图1.1-5），这部分重叠区域非常危险，人员很可能被坠物击中而造成伤亡，疏散通道也可能被坠落的废墟堵塞而导致疏散效率极大降低。而存在类似安全隐患的避难场所在我国城市高层建筑密集区还大量存在。

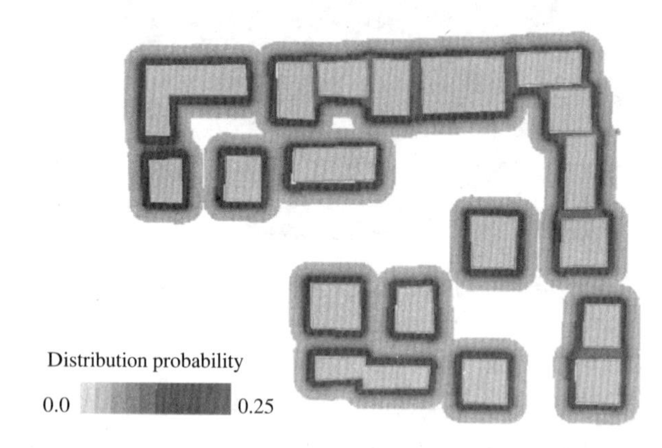

图1.1-4 小区内坠物分布概率

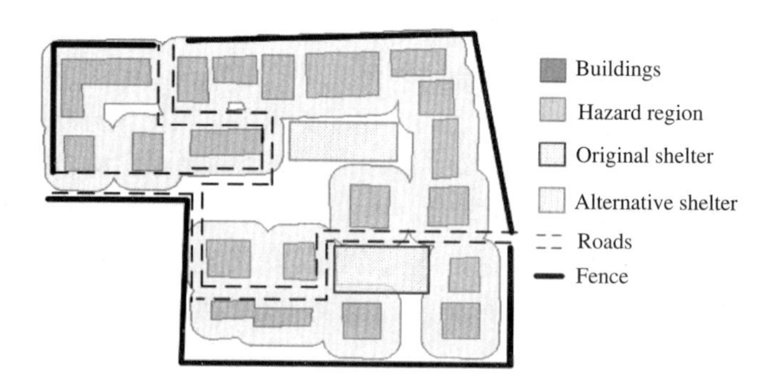

图1.1-5 坠物危害影响区域与紧急避难场所选址

三、既有建筑实现韧性抗震所面临的挑战

正如“罗马不是一天建成的”，每个城市的建立和发展有一个漫长的过程。城市建筑群中不仅有新建建筑，更有大量老旧建筑、老旧生命线管网。本文前面已经表明新建筑尚难以满足城市的抗震韧性，老旧建筑和设施则使实现地震韧性变得更加困难。

1. 大量老旧建筑的抗震隐患

城市中的老旧建筑通常具有几个特点：(1) 结构性能退化；(2) 抗震能力低下，甚至没有经过抗震设计；(3) 建设缺少科学规划（如城市棚户区），建筑间距较小。这些特点导致这些老旧建筑的地震韧性十分脆弱。

以某省会城市中心城区为例，选择其中26km^{2}作为分析区域，共考虑44152栋建筑。分析区域三维图如图1.1-6a所示，建筑群的建设年代组成如图1.1-6b所示，1980年以前的建筑占整个中心城区的70%，可见老旧建筑在城市建筑群中占据着很大比例。对于非中心城区或村镇地区，老旧建筑所占比例可能更大。本文作者对该省会城市采用城市地震动力弹塑性分析进行了震害模拟[4]，结果表明：中震作用下，建筑地震破坏状态如图 1.1-7a 所示。老旧建筑的破坏状态明显重于新建筑，甚至在中震下就有部分老旧建筑发生倒塌。进一步地，本文作者对该区域进行地震次生火灾模拟，次生火灾可能会造成 5.5% 建筑物被焚毁，94% 的被焚毁建筑为 1980 年以前的老旧建筑（图 1.1-7b），反映出老旧建筑区相对于新建建筑存在更高的次生火灾隐患。其主要原因在于老旧建筑通常分布密集，易导致火灾大面积蔓延；此外，老旧建筑地震破坏更为严重，也会加剧起火和蔓延。不解决老旧建筑的抗震问题，城市的地震安全尚难以保障，地震韧性更是难以实现。而在全国范围内，完成如此大规模的城市老旧建筑更新换代谈何容易！

a. 三维图

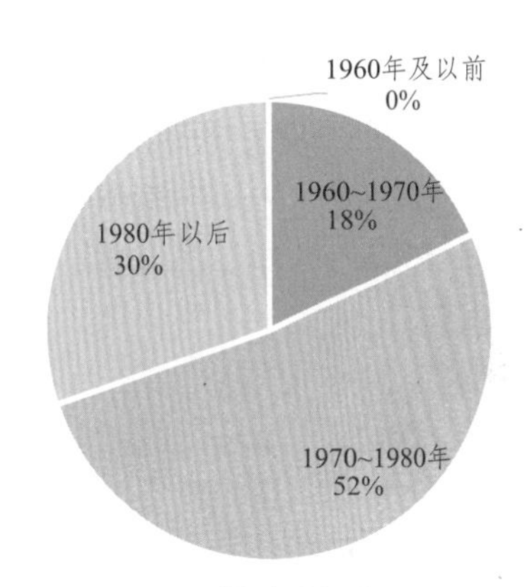

b. 建设年代组成

图 1.1-6　分析区域：某省会城市中心城区建筑物

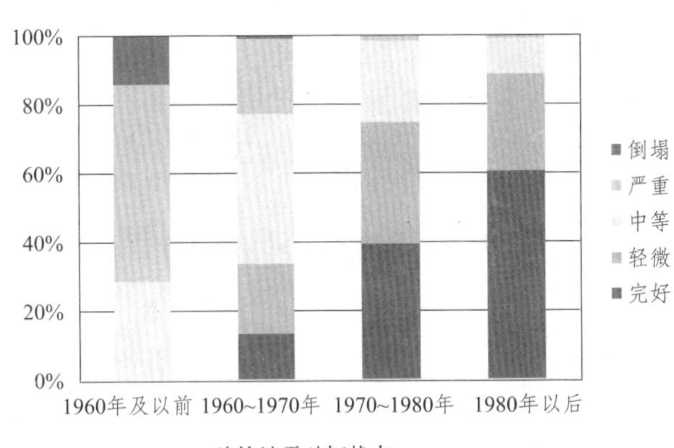

a. 建筑地震破坏状态

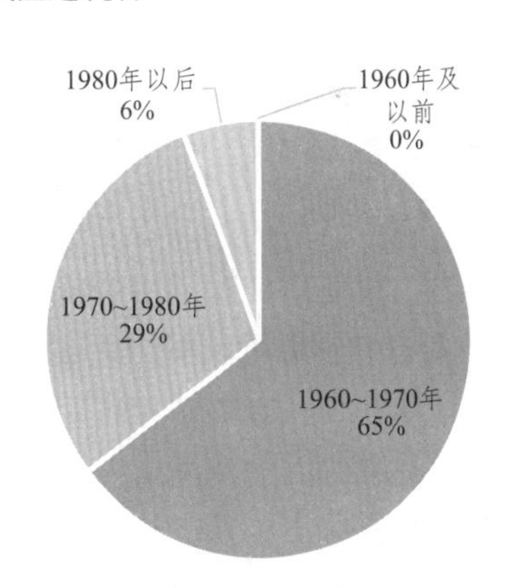

b. 遭受次生火灾的建筑的建设年代组成

图 1.1-7　中震下某省会城市中心城区建筑震害及次生火灾

2. 生命线管网的问题

城市地下生命线管网是城市正常运行的命脉。相对城市建筑而言，城市地下生命线管网的信息更不明晰。不同时期铺设的给排水网、燃气网、地下电缆、通信网络等埋于地表之下，错综复杂。地下生命线管网难于直接观察，因此其信息基本来自于设计、施工时期的相关资料。对于铺设年代较久的生命线，很可能存在资料丢失或不齐全的问题，导致城市生命线的抗震韧性难以预测，震后的维修也十分困难。而一旦地震作用下供水、电力、通信等设施的功能受损，对城市抗震韧性将产生严重影响。例如1906年旧金山地震，城市给水管道遭到破坏，消防水源中断，致使地震次生火灾难以控制，其造成的损失是地震直接损失的3倍[10]。1975年辽宁海城地震，海城县部分给水管网使用超过60年，管道腐蚀严重，地震导致平均破坏率达10.0处每千米[11]。1995年日本阪神地震，神户市断水率达89.2%，周边的芦屋和伊丹市甚至完全断水；由于管道破坏处太多，而神户市水道局大楼倒塌又导致管道图纸资料散失，经过两个多月抢修，供水才恢复正常[12]。2008年汶川地震，都江堰、绵竹等城市供水管网严重破坏，例如都江堰一个半月后恢复全面供水，但因管网漏损率高达45%，大部分供水未及用户就已泄漏[13]。与城市建筑相比，地下管网的更新维护难度更大。然而，没有韧性的地下生命线管网，也难以建成地震韧性城市。

3. 产业链的问题

产业链是在一定地域范围内，某一行业中相关企业以产品为纽带联结成的链网式企业战略联盟[14]。城市区域新老建筑混合，一个产业链中也会包含不同建设年代、不同抗震能力的建筑物。老旧建筑和设施的抗震问题比新建建筑更为严重，它们事实上成了产业链的薄弱环节——即使新建建筑严格按照抗震规范设计且具有良好的抗震韧性，一旦老旧建筑和设施在地震下遭到损坏丧失功能，同样会给产业链带来冲击，即“木桶效应”。例如，2011年东日本地震后，灾区汽车零部件工厂遭到破坏，零部件供应受阻，导致日本丰田、本田等成品车厂家停工或减产——即使这些成品车生产工厂并未受到地震影响，甚至连位于美国的成品车厂也不得不停产[15]。事实上，研究表明2011年东日本地震造成的经济损失中，90%是由产业链中断导致的间接经济损失[16]。根据“木桶效应”理论，产业链中任何一个抗震薄弱环节的功能丧失，都可能对整体产业链带来严重损失。这一问题对于地震韧性城市的建设显得尤为突出，因为地震韧性城市的建设目标非常关注地震后城市的恢复能力，而产业链是一个动态的系统，有些产业链破坏后就永远无法得到恢复。例如在1995年阪神地震前，神户港是日本的最重要工业港口之一，阪神地震造成神户港严重破坏，两年不能使用。而当神户港完成灾后重建后，却发现世界物流渠道已经完成了调整，神户港的地位已经被周边港口取代，且直至今日再也未能恢复到阪神地震前的地位[17]。

四、需要研究和解决的问题

从上述分析可以看出，虽然建设地震韧性城市已经成为国内外防震减灾工作的共识，但是真正实现地震韧性城市的目标仍然任重道远。本文作者认为，建设地震韧性城市急需在以下方面深入开展工作：

1. 科学技术研究

建设地震韧性城市的理念是对传统地震工程的一次重大发展，现阶段的科学研究积累还远不足以满足地震韧性城市的需求，需要在以下领域深入开展研究：

（1）充分开展学科交叉，深入研究影响城市地震韧性的关键影响要素，对城市地震韧性提出可量化的评价模型和方法；

城市的韧性不仅和工程结构的抗震性能有关，还与城市的社会、经济运行息息相关，需要综合利用社会学、经济学和工程学的最新前沿成果。现阶段对我国城市抗震韧性尚无可靠量化的评价方法，城市地震韧性的现状和软肋认识不清，地震韧性城市难以落地。

（2）发展数据获取与分析技术，建设和完善城市基础数据，明确城市建筑、基础设施和社会经济活动的现状和基本运行发展规律。完善信息公开和共享机制，使城市基础数据实现及时更新和完善。

城市基础数据是分析和评价地震韧性的基础。现阶段我国大部分城市基础数据资料不全，数据条块分割，更新迟缓，完全无法满足韧性城市研究的需求。我国城市发展速度很快，没有健全的信息公开和共享机制，城市基础数据很难成为跟上城市发展进程的"活"数据。

（3）突破传统局限于结构工程的建筑和基础设施抗震设计理念，建立综合考虑功能需求和动态成本管理的基于韧性的抗震设计方法，研发能够保障震后功能、减少地震损失的新型建筑工程体系（包括结构体系和非结构体系）。

现阶段工程建设标准大多关注结构性能，而对使用功能需求，建成后的改造、加固、修复考虑不足；重建设轻维护；抗震性能化设计理念在实际工程中也未能得到很好的贯彻；新型建筑工程体系的研究也是主要关注如何减轻结构体系的震损；这些都不能充分满足地震韧性城市对建筑工程的需要。

2. 政策和经济保障

建设地震韧性城市不仅要依靠一系列技术手段，同时也需要相应的政策和经济保障。主要包括：

（1）综合采用各种政策和经济手段，加大防震减灾投入，改变现阶段国家政府单一减灾投入主体现状。

建设地震韧性城市，首先需要投入保障。我国现阶段防震减灾投入的主体是国家政府。考虑到我国庞大的既有建筑和基础设施存量，建设地震韧性城市仅靠国家投入是远远不够的。通过合理的政策措施，特别是巨灾保险等手段，将防震减灾工作转化为一个全民投入的、经济上有利可图的事业，才能真正落实地震韧性城市的建设目标。

（2）改变工程建设理念，强化工程抗震性能评价。

我国是从贫穷落后不发达的阶段逐步发展过来的。我国的工程建设标准，长期受到过去经济基础薄弱、工程人员水平低下的制约，难以满足现阶段地震韧性城市需求。突出表现在我国现行的工程建设标准在抗震方面只有"合格"和"不合格"两个指标，导致业主和设计人员对提升工程结构的抗震性能缺乏积极性，大量工程结构按照"最小用钢量"、"规范下限要求"进行设计。甚至在北京、上海等发达地区，在土建结构成本已经不足房价的5%的情况下，业主还要求工程师一公斤一公斤地减用钢量，导致很多新房子从诞生之日起，就已经"先天不足"。迫切需要提出有效手段，将"抗震性能好"的建筑通过适当的方式体现出来，调动业主和工程师提升工程抗震性能的积极性。

（3）完善防震减灾教育，改变政府、民众对防震减灾工作的关注点。

现阶段我国防震减灾教育，过于重视"救灾"和"应急"，而忽视了最关键的"防灾"和"抗震"工作。本文作者参观过很多国内的地震科普展馆，参加过很多地震科普活动。非常遗憾的是，对于减轻地震灾害最有效的手段——提升工程结构的抗震能力，基本上在这些展览和活动中都明显重视不足。

五、结论

建设地震韧性城市是一个非常伟大，但是也非常具有挑战性的目标。虽然目前地震韧性城市建设得到了国内外研究者的高度关注，但现有的工程技术手段和政策经济措施尚远不能满足地震韧性城市建设的需要。如何对城市的地震韧性给出科学客观量化的评价，如何充分调动业主和工程人员对地震韧性的关注和投入，如何利用经济政策手段为地震韧性城市建设筹措足够的资金，是地震韧性城市建设成败的关键。

本文原载于《城市与减灾》2017 年第 4 期 29 ~ 34 页。

参考文献

[1] 中华人民共和国住房和城乡建设部 . 建筑抗震设计规范 GB 50011-2010 [S]. 北京：中国建筑工业出版社，2010.

[2] Tian Y，Lu X，Lu X Z，Li M K，Guan H，Quantifying the seismic resilience of two tall buildings designed using Chinese and US codes[J]. Earthq Struct，2016，11（6）：925-942.

[3] 董安正，赵国藩 . 高层建筑结构舒适度可靠性分析 [J]，大连理工大学学报，2002，42（4）：472-476.

[4] Lu X Z，Guan H. Earthquake disaster simulation of civil infrastructures：from tall buildings to urban areas[M]. Singapore：Springer，2017.

[5] 上海法治报 . 停车资源很稀缺熟悉点位少烦躁 ——本市商圈周边道路交通大调查之小陆家嘴停车篇 [EB/OL]. 2017. https：//sh.122.gov.cn/cmspage/jgzx/2017-02-16/20170217002845.html

[6] Zeng X，Lu XZ，Yang TY，Xu Z，Application of the FEMA-P58 methodology for regional earthquake loss prediction[J]. Nat Hazards，2016，83（1）：177–192.

[7] Ellidokuz H，Ucku R，Aydin UY，Ellidokuz E. Risk factors for death and injuries in earthquake：cross-sectional study from afyon，turkey[J]. Croat Med J，2005，46（4）：613-618.

[8] Peek-Asa C，Kraus J F，Bourque L B，Vimalachandra D，Yu J，Abrams J. Fatal and hospitalized injuries resulting from the 1994 Northridge earthquake[J]. International Journal of Epidemiology，1998，27：459—465.

[9] Xu Z，Lu，X Z，Guan H，Tian Y，Ren A Z，Simulation of earthquake-induced hazards of falling exterior non-structural components and its application to emergency shelter design[J]. Nat Hazards，2016，80（2）：935-950.

[10] Ariman T，Muleski G E，A review of the response of buried pipelines under seismic excitations[J]. Earthquake Engineering & Structural Dynamics，1981，9（2）：133-152.

[11] 韩阳 . 城市地下管网系统的地震可靠性研究 [D]. 大连：大连理工大学，2002.

[12] 孙绍平 . 阪神地震中给水管道震害及其分析 [J]. 特种结构，1997（2）51-55.

[13] 孙路 . 基于典型生命线工程震害评定地震烈度的研究 [D]. 哈尔滨：中国地震局工程力学研究所，2015.

[14] 刘贵富，赵英才 . 产业链：内涵，特性及其表现形式 [J]. 财经理论与实践，2006，27（3）：114-117.

[15] Todo Y，Nakajima K，Matous P. How do supply chain networks affect the resilience of firms to natural disasters? Evidence from the Great East Japan Earthquake[J]. Journal of Regional Science，2015，55（2）：209-229.

[16] Henriet F，Hallegatte S，Tabourier L. Firm-network characteristics and economic robustness to natural disasters[J]. Journal of Economic Dynamics and Control，2012，36（1）：150-167.

[17] duPont W I V，Noy I，Okuyama Y，Sawada Y. The long-run socio-economic consequences of a large disaster：The 1995 earthquake in Kobe[J]. PLoS ONE，10（10e0138714）. DOI：10.1371/journal.pone.0138714，2015.

2 健全公共安全体系构建安全保障型社会

刘 奕 倪顺江 翁文国 范维澄
清华大学公共安全研究院，北京，100084

公共安全以保障人民生命财产安全、社会安定有序和经济社会系统的持续运行为核心目标[1]。安全发展理念是重要的新时期发展理念，构建安全保障型社会是实现强国目标的必有之义。自2003年公共安全作为重要领域纳入国家经济社会发展规划和国家科技规划以来，我国公共安全科技水平和保障能力迅速提升，成果显著：国家应急平台体系基本建成，应急能力建设大幅提升，增强了对突发事件应对和管理能力[2]；自然灾害监测预测预警时效性和准确性明显提升，社会安全风险防控网络基本形成，快速反应和现场处置能力显著增强[1]，公共安全综合保障一体化和社会化趋势日渐明显；成套化技术装备体系输出国外，国际技术竞争力明显提升。如ECU911技术系统在厄瓜多尔7.8级地震救援和震后重建中发挥了巨大作用[3]。同时，随着工业化、信息化、城镇化的快速推进，公共安全事件易发、频发和多发趋势日渐明显，公共安全问题总量居高不下，复杂性加剧，潜在风险和新隐患增多，防控难度加大，给突发事件应对和公共安全保障提出新的挑战。健全公共安全体系，全面提升公共安全保障能力，构建安全保障型社会是重大而紧迫的历史使命[1]。

一、国内外公共安全形势及发展历程

公共安全是世界各国经济社会良性发展和国家管理正常运行的前提和基础。在2001年"9·11"事件的巨大冲击下，公共安全受到高度重视并被世界各国上升到国家战略高度。美国、英国、日本、德国等国家均构建了突发事件管理和应对系统，制定了相关法案以及各类应急预案，确保重大突发事件的高效应对。美国建立国家突发事件管理系统（NIMS），于2003年发布了国土安全总统第8号令[4]，提出强化美国国家突发事件应急准备工作，对各类突发事件开展有效预防，并于2011年开始了国家战略风险评估（SNRA）[5]。英国建立了综合应急管理系统，于2001年出台《国内突发事件应急计划》，提出对可能致灾因子进行风险评估，并于次年发布《风险：提升政府管理风险与不确定性的能力》报告[6]，2005年开始进行风险排查登记工作，评估未来5年内英国可能面对的重大灾害与威胁。日本建立了从中央到地方的防灾减灾资讯系统及应急反应系统。德国内政部建立了危机预防信息系统。我国自2003年的非典事件后更加高度重视公共安全问题，构建了以"一案三制"为代表的应急管理制度，建设了"纵向到底，横向到边"国家应急平台体系。

近年来，随着新技术的发展和全球化趋势的推动，对公共安全的重视已经成为国际共识，公共安全科技创新与引领成为国际趋势。2015年联合国通过了《2015-2030仙台减轻灾害风险框架》[7]，提出大幅降低灾害对全球人口、经济、重要基础设施和服务的影响。美国发布《灾害应对与灾害抗逆力2030：在"不确定"时代的战略行动》[8]，将未来公共安全综合保障聚焦于个体角色的变化、关键基础设施的保护、新技术的应用等方面，确定未来公共安全发展目标为：更全面的准备、更准确的预测、更科学的响应和更迅速的恢复。欧盟发布《地平线2020计划》专门提出“安全社会－保障欧洲及其公民的自由与安全”板块，将保护公民安全、打击犯罪和恐怖主义、保护民众不受自然灾害和人为事件的伤害等作为主要研究方向 [9]。日本在科学技术基本计划(2016-2020)中确定了13个科技创新重点方向，其中国家安全保障等4个方向与公共安全直接相关。我国的《国家中长期科学技术发展规划纲要（2006-2020年）》对公共安全科技发展进行了系统研究和部署。经过近十年的迅速发展，目前我国公共安全四大核心技术：风险评估与预防、监测预测预警、应急处置与救援、综合保障的总体水平已超越发展中国家水平，但与国际领先水平仍有约十年的差距 [10]。与国际水平相比较，我国公共安全技术水平已形成领跑、并跑、跟跑，三跑并行的基本格局，但绝大部分还处于跟跑状态（图1.2-1、图1.2-2）。与领先国家相比，我国基础研究成果向优势技术转化的能力较弱，技术竞争还处于劣势；引领和支撑国家公共安全治理体系与治理能力现代化的科技创新体系尚待健全 [1]。

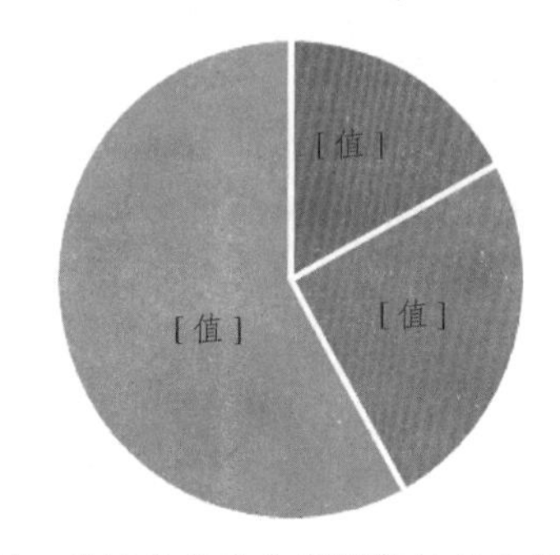

图1.2-1　我国公共安全领域的技术的基本格局

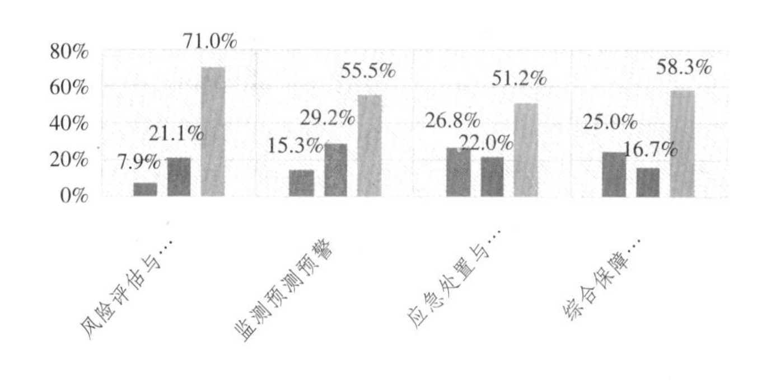

图1.2-2　我国公共安全子领域技术与国际领先水平的差距状态

二、公共安全科技体系

公共安全科技体系的框架可以用一个三角形来表征，如图1.2-3所示。三角形的三条边分别是突发事件、承灾载体和应急管理，连接这三条边的是灾害要素，包括物质、能量和信息 [11]。灾害要素本质上是一种客观存在，灾害要素超临界或遇到一定的触发条件就可能导致突发事件。公共安全科技的主要任务是通过对突发事件、承灾载体和应急管理三方面的研究和有效控制，实现公共安全保障。针对突发事件，研究其孕育、发生、发展到突变的演化规律及其产生的物质、能量和信息等风险作用的类型、强度及时空特性；针对承灾载体，研究其在突发事件作用下和自身演化过程的状态及其变化，可能产生的本体和（或）功能破坏，及可能发生的次生、衍生事件；针对应急管理，研究在上述过程中如何施加人为干预，从而预防或减少突发事件的发生，弱化其作用；增强承灾载体的抵御能力，阻断次生事件的链生，减少损失；避免应急不当可能造成的突发事件的再生及承灾载体的破坏[12，13]，以及代价过度。

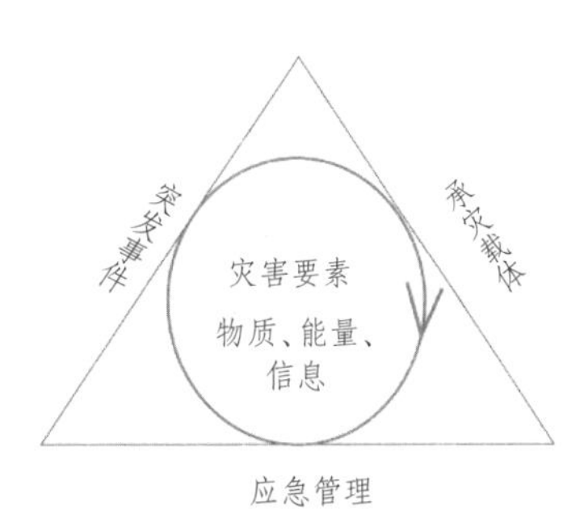

图 1.2-3 公共安全三角形模型

公共安全的核心技术包括[1]：风险评估与预防、监测预测预警、应急处置与救援和综合保障四方面，如图 1.2-4 所示。风险评估与预防是以预防或减少突发事件的发生，弱化其作用，增强承灾载体的抵御能力和增强应急能力为目标，包括风险隐患识别技术、风险分析与评价技术、风险防范与控制技术等二级技术；监测预测预警以实现突发事件的全方位监测、精确定位、准确态势预测和全覆盖实时预警为目标，包括公共安全监测监控技术、突发事件预测预报技术、突发事件预警与发布技术等二级技术；应急处置与救援技术以实现对突发事件的高效应急为目标，包括灾情评估与综合研判技术、应急决策支持技术、应急现场传感与通信技术、人员搜救与疏散避难技术、现场处置与控制技术等二级技术；综合保障技术以为公共安全预防与应急准备、监测预警、应急处置与救援和恢复重建全过程提供基础与技术保障为目标，包括应急过程与能力评估技术、公共安全数据支撑技术、公共安全标准化及认证认可技术、公共安全实验试验与仿真技术、突发事件情景构建与推演技术、公共安全培训演练与科普教育技术等二级技术。

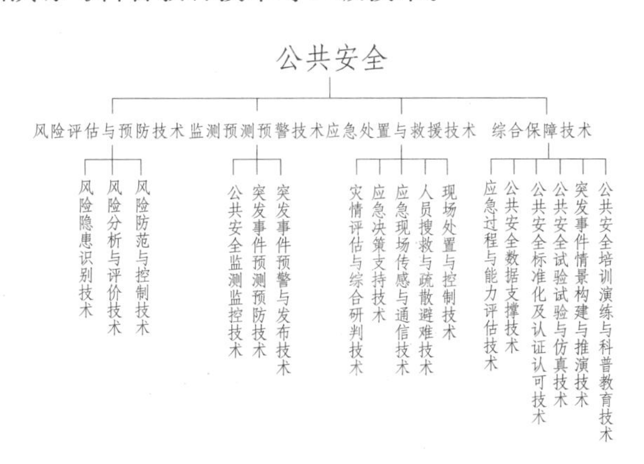

图 1.2-4 公共安全领域技术体系

三、公共安全科技发展的目标和任务

1. 发展思路

坚持"自主创新、重点跨越、支撑发展、引领未来"的指导方针，立足当前，着眼未来，加强高新技术应用和综合集成，强化实时感知预知、大数据分析决策、多功能智能化应急装备等关键技术研发，聚焦"安全"和"智慧"，以科技创新为驱动，以风险预防为立足点，以有效应对和安全韧性提高为目标，构建全方位立体化公共安全网，系统部署，重点突破，实现我国公共安全由被动应对型向主动保障型的转变。

2. 发展目标

健全公共安全体系，构建全方位立体化的公共安全网，构建安全保障型社会[1]。在风险评估与预防方面，实现已有风险可控、未来风险可知；在监测预测预警方面，实现信息全面感知、数据多源融合、预测高度智能和预警精准发布；在应急处置与救援方面，实现应急指挥有力、应急协同有序、应急处置高效；在公共安全综合保障方面，实现城市与社区韧性持续增强、应急资源深度共享、应急平台与装备的一体化稳固支撑。

3. 重点方向

面向未来公共安全复杂巨系统"风险—预测—处置—保障"高度联动和智慧、韧性管理的重大发展需求，构建全方位立体化公共安全网，从而实现跨领域、跨层级、跨时间、跨地域的全方位公共安全保障。公共安全科技发展的重点方向包括：

（1）全周期和全链条式的风险评估与预防

发展多灾种多尺度多物理场综合化和系统化风险评估技术、多灾害耦合致灾过程模拟和情景构建技术、潜在、未知风险的评估技术，实现风险评估的定量化、标准化、系统化。

（2）多灾种和多领域协同监测预测预警

发展综合考虑大气、海洋、生物、固体地球相互作用、综合考虑多种灾害交互作用的公共安全模拟预测技术，多行业多领域协同的系统化监测预警技术，实现监测综合化，预测智能化，预警精准化，监测预测预警一体化。

（3）跨区域、跨层级、跨部门深度融合应急处置与救援

发展多功能、一体化的应急现场处置与救援关键技术、快速疏散和避难技术、多维信息实时传输技术、舆情深度分析技术、虚拟仿真技术、人员自动搜救技术、人体损伤评估技术，人—机—物深度融合在线应急感知技术、应急机器人技术等，促进协调有序性、增强恶劣灾害条件下的救援能力，实现应急处置与救援的高能化与高效化。

（4）标准化的公共安全应急技术装备体系

针对突发事件应对中人员救护和现场处置薄弱的问题，围绕公共安全应急的关键装备和应急需求，开展基础科学问题、共性关键技术、技术标准化和产业化等研究，研发出一批标准化、体系化、成套化、智能化的应急装备，全面提升应急保障能力[1]。

（5）公共安全综合保障一体化平台

面向公共安全的业务持续管理和跨行业深度融合需求，研发和构建公共安全综合保障一体化平台，实现风险评估与预防、监测预测预警、应急处置与救援的高度综合保障，实现与交通安全、危化品管控、舆情监管、防恐反恐、电力安全、水利安全等领域的深度融合，提高公共安全综合保障能力。

4. 重大科技研究与工程建设任务

（1）多圈层耦合、多领域融合的公共安全大型模拟器

研究综合考虑大气、海洋、生物、固体地球相互作用以及复杂性的模拟技术，实现地球系统各圈层、各物理生化过程、相互作用耦合机制的模拟和表达；研究综合指标体系、数据统计、情景演化等方法的风险评估技术，实现危化品、重点设施（危化品仓库、城市管网、深海管道、交通枢纽等）、重要能源（电、油、气、氢）等的全生命周期管理和全链条风险评估；研究大规模密集人群风险预警与疏散疏导技术、大规模交通疏散仿真技术、应急交通评估技术，构建区域疏散避难系统；研究重大灾害情景的感知、再现、仿真、推演技术，实现数字化信息与物理场信息有效叠加，实现复杂灾害场景及其发展演化过程的模拟仿真与情景推演；研究网络舆情传播推演技术和面向反恐防恐的特殊个体识别、跟踪与追溯过程的模拟推演技术，实现线上－线下一体化的事件模拟与推演；研究电力系统、水利系统等多种行业领域相关的公共安全问题模拟技术，实现多事件和事件链推演。构建多圈层耦合、多领域融合的地球系统模拟和突发事件演化模拟大型综合模拟器。

（2）全方位立体化公共安全网

编制全方位立体化公共安全网，实现风险评估与预防、监测预测预警、应急处置与救援、公共安全综合保障四个方面横向节点研究，以及交通安全、危化品、舆情、防恐反恐、电力安全、水安全等纵向节点研究，实现网络节点之间互联互通，合力突破公共安全领域关键技术创新和关键设备研发瓶颈，持续解决公共安全领域核心的科学和技术问题，实现行业深度融合的全方位立体化公共安全网。

（3）城市公共安全与韧性保障工程

随着城镇化速度的加快，出现了较多的大城市、特大城市及城市群，城市公共安全形势严峻，人员聚集场所、道路交通、生命管网等脆弱性增加。针对以城市（城镇）为载体的高密度人员聚集区域的公共风险，建立符合我国各类人群特征的行为库，建成基于多源数据的城市动态风险监测、识别和评估平台；结合应用 GIS、移动互联、物联网等多项新技术，建成智能化、网联化城市快速疏散和避难系统；对城市规划、生命线管网、重要设施和关键场所等进行全生命周期管理，形成完善的城市管网系统、重要设施和关键场所安全评价体系，建成全国统一的城市安全管理与韧性保障平台。

（4）公共安全研究基地建设

建设一批国际先进的公共安全研究基地，如国家实验室、工程中心、创新中心等，包括：开展突发事件的实验再现和耦合性机理研究的各类型实验室；进行原生突发事件、次生事件、事件链的发展演化的大型实验研究基地；进行产品检测和装备的公共安全检测测试中心和认证基地；突发事件全过程模拟仿真、情景推演、综合研判、决策指挥等核心技术的实验验证基地、数据库和计算平台，先进可视化系统与平台等。

四、展望与挑战

展望未来，量子技术、人工智能、增材制造、微纳制造、生物制造、新能源革命、新型交通方式、海洋经济、空间探索、万物互联等新兴技术在为人类生活提供大量便利和优势的同时，也给公共安全带来了新的安全风险；经济全球一体化、老龄化社会、自然灾害的强度和频次增加、恐怖主义等新形势也给未来公共安全带来新的挑战。

1. 未知风险的评估

基于物联网、大数据、云计算、人工智能、模拟仿真、情景推演等技术构建风险预测预判工具，分析新技术、新材料、新产业、新政策等是否存在无法承受或未认知到的潜在风险，实现对未知风险的预判以及灾害先兆事件的研究和关注。

2. “数据—计算—推理”深度融合的未来推演

基于数据—计算—推理深度融合的未来推演理论和方法，从网络节点角度能够实现重点场所和设施、重要能源与储备、重大工程等全生命周期的监测预测预警；从全网覆盖角度，能够预测未来由新技术革命、全球格局变化等对公共安全形势带来的影响，推动构建面向未来的公共安全应对体系。

3. 信息泛在化与万物互联形式下的公共安全

计算和通信等技术领域的变革，无限数据、无限存储、无限带宽将成为未来趋势，万物互联、人机交互，数据获取－处理－分析高度集成化与个性化，政府－机构－公众的高度交互与协同，决策结构与流程的扁平化，给公共安全科学技术发展、公共安全治理和服务能力提升都将带来极大的挑战。

适应新形势，迎接新挑战，亟需健全公共安全体系，构建安全保障型社会，为人类社会发展和进步保驾护航！

本文工作得到“中国工程科技2035发展战略研究”项目“公共安全跨领域课题”的支持，课题参与单位的众多专家学者提供了大量资料并开展了合作研究，在此一并致谢！

参考文献

[1] 范维澄 . 人民日报：健全公共安全体系构建安全保障型社会 [EB/OL].2016http：//opinion.people.com.cn/n1/2016/0418/c1003-28282303.html

[2] 新华网 . 中国初步建成国家应急平台体系 [EB/OL].http：//news.xinhuanet.com/politics/2012-04/22/c_111822605.htm

[3] 国家自然科学基金委员会 . 中国科学家研发的公共安全应急平台为厄瓜多尔地震应急救援提供有力保障 [EB/OL].2016.http：//m.nsfc.gov.cn/publish/portal0/tab109/info52328.htm

[4] The WhiteHouse. Homeland Security Presidential Directive/HSPD-8，National Preparedness [EB].2003. https：//emilms.fema.gov/IS700aNEW/NIMS0102040t2.htm

[5] FEMA.The strategic national risk assessment in support of PPD 8：A comprehensive risk based approach toward a secure and resilient nation [EB/OL].2011.https：//www.fema.gov/media-library-data/20130726-1854-25045-5035/rma_strategic_national_risk_assessment_ppd8_1_.pdf

[6] 游志斌，杨永斌 . 国外政府风险管理制度的顶层设计与启示 [J]. 行政管理改革，2012（5）：76-79.

[7] United nations. Sendai Framework for Disaster Risk Reduction 2015-2030 [EB/OL]. 2015 http：//www.preventionweb.net/files/43291_sendaiframeworkfordrren.pdf

[8] FEMA.Crisis response and disaster resilience2030：forging strategic action in an age of uncertainty [EB/OL]2012.https：//www.fema.gov/media-library-data/20130726-1816-25045-5167/sfi_report_13.jan.2012_final.docx.pdf

[9] European commission. Europe 2020：a strategy for smart，sustainable and inclusive growth [EB/OL]. http：//

eur-lex.europa.eu/LexUriServ/LexUriServ.do?uri=COM：2010：2020：FIN：EN：PDF

[10] 闪淳昌．专家：我国公共安全核心技术与国际领先水平约相差十年 [EB/OL]. 2016, http：//news.xinhuanet.com/tech/2016-09/11/c_1119547167.htm

[11] 袁宏永，黄全义，苏国锋，范维澄．应急平台体系关键技术研究的理论与实践 [M]. 北京：清华大学出版社，2012.

[12] 中国科学技术协会．范维澄院士：公共安全科技的思考 [EB/OL]. 2011. http：//tech.qq.com/a/20110926/000400.htm

[13] 周萍．范维澄：公共安全科技发展前景广阔 [J]. 2012. 中国减灾，194：4-7.

[14] Department of Homeland Security. Quadrennial Homeland Security Review：A Strategic Framework for a Secure Homeland（QHSR）[EB/OL].2010. https：//www.dhs.gov/sites/default/files/publications/2010-qhsr-report.pdf

[15] FEMA.National Preparedness Report [EB/OL].2014.https：//www.fema.gov/media-library-data/1409688068371-d71247cabc52a55de78305a4462d0e1a/2014%20NPR_FINAL_082914_508v11.pdf

3　超限高层建筑抗震设防专项审查制度

黄世敏
中国建筑科学研究院，北京，100013

一、该制度的基本概念、与现有相关制度的关系

依据现行规范、规程等技术标准对建筑结构进行抗震设计一直是抗震减灾工作中的重点。然而随着改革开放程度的逐步深入以及经济建设的蓬勃发展，自20世纪80年代开始，特别是90年代及21世纪初，我国许多城市出现的现代高层建筑中都出现了大量超出现行技术标准适用范围或者根本未规定的情况，使得现行抗震规范的设计思想在该类建筑的设计实践中遇到了很大的困难。

众所周知，我国是地震多发国家，建筑工程的抗震安全性一直是党和政府工作重点。工程建设技术标准规定了最基本的安全要求，是勘察、设计和施工图审查的依据，对超过抗震设计规范适用范围的工程，现有的研究工作还不够，很可能存在严重的安全隐患，这些高层建筑如不通过专门的研究，对其可行性进行论证，并采取有效的抗震措施，将危及结构的抗震安全。

所称超限高层建筑工程，是指超出国家现行规范、规程所规定的适用高度和适用结构类型的高层建筑工程，体型显著不规则的高层建筑工程，以及有关规范、规程规定应当进行抗震专项审查的高层建筑工程。超限高层建筑的抗震审查，主要是审查其超限的可行性，限制严重不规则的建筑结构；对于超高或特别不规则的结构，则需要审查其理论分析、试验研究或所依据震害经验的可靠性，所采取的抗震措施是否有效。其目的就是要避免、消除抗震安全隐患。

目前超限高层建筑抗震设防专项审查已被住建部列入行政许可项目，成为针对超限高层建筑抗震设计所采取的重要技术管理手段，为勘察、设计以及施工图审查提供了重要的技术支持与审查依据，是对现有设计方法与设计制度的重要补充，是满足我国城市建设发展需要，保证建筑工程抗震安全性的重要机制。

二、国外情况

根据掌握的资料，国际上目前建立建筑物抗震设防专项审查制度的国家主要是日本和美国。

日本：日本20世纪80年代开始超限高层建筑抗震审查。日本的“建筑基准法”作出规定，具体委托日本建筑中心（财团法人）负责审查，原则上高度超过45m的高层建筑及形体复杂的高层建筑均应进行专项审查，高度超过60m的高层建筑，专项审查后须由国土交通省大臣签字确认后方可实施。

美国：美国旧金山市于2007年委托北加州工程师协会为旧金山制订了新建高层建筑

用非规范方法进行抗震设计及审查的要求和指导性准则，针对抗震评审专家（组）、审查范围、审查程序、专项审查内容、审查的技术性能评估方法以及审查成果等方面给出了明确要求。官方文告书要求专项审查必须在北加州采用基于 IBC2006 的建筑规范之前进行审核。此外，本文告还要求应该综合今后在强震地面运动特征和高层建筑性能研究方面的成果进行修订。抗震设防专项审查结论的批准和工程项目实施由旧金山市政府建筑审查处（SFDBI）负责。

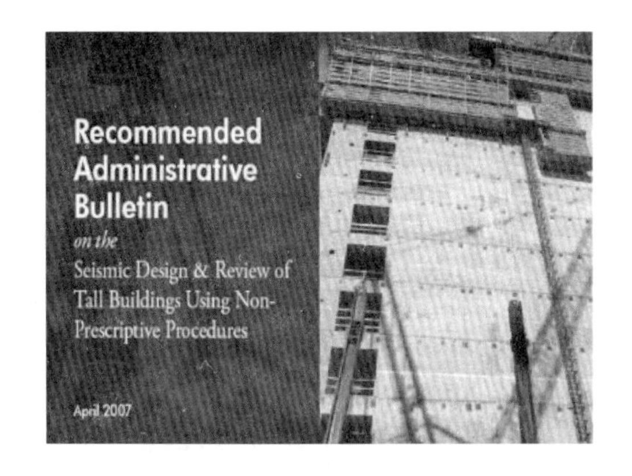

三、国内现状及问题

国内现状：随着我国国民经济的持续稳步发展和城市化进程的加速发展，城市将要建设更多的配套设施以适应社会发展的要求。特别是成功申奥及上海世博会以后，城市建设发展呈现出新特点。大型文化体育场馆、商业娱乐设施、大型会议展览中心、大型交通枢纽中心，超高层或异形地标建筑等项目，成为体现城市建设发展的一个重要标志。这些建筑具有体量大、功能复杂、造型怪异的特点，且多为国外建筑师进行方案设计，突破了我国现行相关技术标准与规范的要求，甚至超出国际上现有的规范和标准要求，而这种发展趋势可能仍将持续一个时期。由此引发了一系列的抗震安全问题，引起了我国政府以及工程技术人员的关注，同样也成为公众议论的焦点。

建筑物安全直接关系到人的生命、财产，甚至关系到社会的稳定，党和国家历来十分重视安全问题。美国 9·11 事件、法国巴黎戴高乐机场 2E 候机厅坍塌事件发生后，人们对重要建筑工程安全性能的关注更加提高了。法国巴黎戴高乐机场事后公布的事故调查报告显示，事故主要是由于设计上的缺陷造成的。事故发生后，国务院领导要求建设部“关注大剧院安全”，随后建设部对北京、上海、广东等大型建筑集中地区的设计方案和施工质量进行了评估。这次事故再次提醒我们时刻防范工程技术风险，确保大型公共建筑工程的质量安全。

重要建筑工程具有建设投入大、规模大、体型复杂、人员高度集中的特点，它们既是现代化城市的一个重要标志，更是维系城市功能的一个重要组成部分。在其全寿命期内如果没有足够的安全储备，使用过程中没有一定的安全监测与预警，一旦发生突发性自然灾害或人为恐怖事件，必定会造成严重的经济损失和人员伤亡，甚至引起城市功能的局部瘫痪，其社会和政治影响是十分恶劣的。

随着一大批大型工程和基础设施项目纷纷上马，大量的建筑设计追求外观新颖、风格独特，与之配套的结构承重体系相当复杂，相当一部分工程突破了现行技术标准，超大、超长、超高、超深、超厚，潜在技术风险加大。为了加强超限高层建筑工程的抗震设防管理，提高超限高层建筑工程抗震设计的可靠性和安全性，保证超限高层建筑工程抗震设防的质量，建设部在1993年就开始对高层建筑工程进行抗震设防审查的试点工作，1998年正式在全国各地开展超限高层的抗震设防专项审查，国家和省市自治区分别成立了超限高层建筑工程抗震设防审查专家委员会，按照国务院、建设部办法的有关管理条例及审查办法指导全国各地开展超限高层建筑工程抗震设防专项审查。国务院建设行政主管部门负责全国超限高层建筑工程抗震设防的管理工作，省、自治区、直辖市人民政府建设行政主管部门负责本行政区内超限高层建筑工程抗震设防的管理工作。

存在的问题：随着建筑越来越高，建筑体形、平面布置日趋复杂，特别是来自非地震区、缺乏抗震设计经验的境外设计师所作的体型特别不规则的设计方案，对抗震特别不利，所有这些因素都使我们的超限审查面临新的挑战。同时，由于很多超限高层建筑形体极其复杂，超出规范适用范围较多，技术积累不够，设计技术上尚不完全成熟，依据不足。如未经充分研究论证及审查，结构的安全性得不到充分保证。

基本烈度地震（设防烈度）存在着很大的不确定性。地震局根据地震危险性分析确定设防烈度，其理论基础基于不成熟的地震预报技术，存在着很大的不确定性，汶川地震、唐山地震等都证明了这一点。这些给建筑物抗震，特别是超限高层建筑抗震设计带来不确定因素。

另外，由于专项审查和事后监管检查制度尚在完善中，在实际超限高层建筑工程专项审查过程中发现部分项目存在“漏审”“补审”的现象。建设方和设计单位通过各种关系和“攻关”手段，回避超限审查，经发现后即使经过补审，审查意见无法落实，存在隐患，或未落实审查意见，施工中就必须加固。

超限高层建筑工程抗震设防专项审查工作还存在上报信息不及时、审查管理行为不规范、数据无法沉淀、审查上报数据不能尽快为政府提供决策依据，政府管理部门无法实现对超限高层建筑抗震设防专项审查工作的动态监管等问题。

典型案例：统计数据显示，自2000年以来，全国共有近5500栋超限工程完成了抗震专项审查工作，特别是近年来发展十分迅速，超限高层建筑工程遍及全国各省、自治区、直辖市。除高、大、形体复杂的趋势明显外，超限高层建筑还呈现出由一线城市向二、三线城市发展的态势。如：天津117大厦596m，广东深圳的平安金融中心588m，湖北武汉绿地中心575m，北京的中国尊522m，广州的珠江新城东塔518m，天津周大福滨海中心443m，江苏苏州的九龙仓主塔415m，湖北武汉中心395m，天津恒富南塔、江苏南京河西苏宁广场主塔、广东深圳深业上城均为388m，辽宁大连国贸中心365m，广西南宁的龙光世纪主塔354m，南京金鹰天地的高塔352m。

部分项目在高度明显超高的同时，形体也十分复杂。例如，江苏南京金鹰天地广场，由结构高度352m、318m和284m的三座塔楼在192m高度处设置6层高的三角形平台相连组成，审查要求进行振动台试验。陕西西安迈科商业中心项目，由高度207m和154m的菱形塔楼呈斜向布置且在标高93m处用二层的钢结构连体相连而成（图1.3-1、图1.3-2）。

图 1.3-1 南京金鹰天地广场

图 1.3-2 西安迈科商业中心

此外，总高度未超而建筑形体复杂的项目增多。

例 1 北京金雁饭店（图 1.3-3）

高度 79m，外形呈扁椭球形的型钢混凝土柱—钢梁—剪力墙混合结构，并与偏置的裙房相连。重点审查其重力和地震作用的传递途径，并要求椭球底部、转换部位、伸臂部位杆件承载力满足中震弹性，分叉柱承载力满足大震不屈服，确保结构的安全性。

例 2 嘉裕—宁波酒店（图 1.3-4）

高度 72m，由平面正交布置的高低钢支撑框架与 L 形斜连体组成的双塔结构。审查要求主要斜柱和大梁按大震不屈服核算承载力，位移按 1/1000 控制。

图 1.3-3 北京金雁饭店

图 1.3-4 嘉裕—宁波酒店

例 3 河南煤业化工科技研发中心（图 1.3-5）

由高度 130m 和 105m 的塔楼呈八字斜放布置与跨度 34m 的滑动连体组成的结构。除要求按两个单塔模型和整体模型进行抗震计算并包络设计外，重点审查连体钢结构的布置，要求构件满足承载力中震弹性的要求；对于支承滑动连体的支座，则要求按大震弹性设计。

例 4 北京嘉德艺术中心（图 1.3-6）

高度 30m，由四个混凝土筒体在上部外挂回形平面的钢框架结构。因结构体系特殊，在多次咨询不断调整结构布置基础上，四个筒体需承担全部地震作用且承载力满足大震不屈服，四周悬挑、转换的钢桁架结构承载力大震不屈服，并建议进行振动台模型试验验证。

图 1.3-5　河南煤业化工科技研发中心

图 1.3-6　北京嘉德艺术中心

例 5 长春规划展览博物馆（图 1.3-7）

高度 33m、最大长度 160m，外形呈花瓣，由跨度不一的平面桁架屋盖与型钢柱框剪结构组成复杂的结构体系。重点审查屋盖体系的可行性，要求屋盖构件自身中震不屈服、关键构件中震弹性，其竖向支承构件承载力中震弹性，节点满足强连接要求。

例 6 沈阳文化艺术中心（图 1.3-8）

高度 58m，由内部复杂的混凝土框剪结构与跨度 110m × 190m 的多面体单层网壳外罩组成的结构。要求音乐厅、观众厅悬挑构件承载力满足中震弹性；钢外罩的多面体交界和支承处的关键构件承载力大震不屈服。

图 1.3-7　长春规划展览博物馆

图 1.3-8　沈阳文化艺术中心

由此可见，我国高层建筑结构设计和审查工作的技术难度很大，抗震安全风险也较大。

值得肯定的是，自 2002 年建设部令第 111 号、《超限高层建筑工程抗震设防管理规定》以及《全国超限高层建筑工程抗震设防审查专家委员会抗震设防专项审查办法》和《超限高层建筑工程抗震设防专项审查技术要点》等重要文件发布，特别是住建部将超限高层建筑工程抗震设防专项审查列入行政许可项目后，国家和各地建设行政主管部门的执法力度加大；全国和省级超限审查专家委员会认真执行住建部颁发的《审查工作实施方法》和《审查技术要点》等技术性文件，注重把握审查质量；各地建设、勘察、设计及审图单位增强了守法意识，提高了执行审查技术文件的自觉性，全国超限审查工作开展比较顺利并且取得良好的成效。

考虑到我国较大规模的城市建设或将持续一个时期，各省、自治区、直辖市建设行政主管部门应进一步加强对超限审查工作的执法力度，全国和省级超限审查专家委员会要认真执行《审查技术要点》，避免放松超限“界定”条件和审查要求，按国家《标准化法》，协会标准和地方标准中个别条款规定低于国家标准、行业标准规定要求时，应以国标和行业标准作为超限审查的依据。各级审查专家委员会应严格把握审查质量，秉公办事，以保证工程质量安全为重，委员会全体委员需努力提高超限审查的技术水平。

此外，各级建设行政主管部门和超限审查专家委员会都感到目前缺乏超限审查情况及相关信息的沟通。因此，抓紧进行全国超限审查信息平台的建设工作十分必要。

四、设立该制度的必要性

1. 通过抗震审查，提高抗震设计的可靠性，避免安全隐患

近几十年来，我国高层建筑工程的建设规模一直处于世界前列。房屋的高度不断增加，各种十分复杂的体型和结构时常出现，不少高层建筑结构超出抗震设计规范、规程的适用范围和有关的抗震设计规定。

建设部在高层建筑抗震设防审查试点时，先后组织福建、云南、甘肃、江西五省及北京、上海两市，对170多项高层建筑工程的抗震设防质量及抗震设计进行抽查，发现大多数高层建筑在抗震设防上都存在这样或那样的问题，有的问题还十分严重，特别是危及安全的问题。因此，建设部以部长令规定超限审查是十分必要的。

2. 通过抗震审查，促进技术进步，为规范、规程的修订创造条件

工程建设标准规范是从事建设活动的有关各方组织协调一致的约束性文件，是以科学技术发展和实践经验结合的总结为基础的，是体现两者有机结合的综合成果。按照国务院《建设工程质量管理条例》和《建设工程勘察设计管理条例》的要求，建筑工程的设计单位必须按照工程建设强制性标准进行设计，当建筑工程设计没有相应的技术标准作为依据时，应当进行论证，并经国务院或省级人民政府主管部门组织的工程技术专家委员会审定。工程设计中应以严肃科学的态度，认真执行强制性标准。但是，标准的强制性规定并不排斥新技术、新材料的应用，更不会桎梏技术人员创造性的发挥，束缚科技的发展，我们应该建立既有利于标准贯彻实施，又有利于科技发展的机制。

事实上，为了实现超限建筑的设计和建造，往往需要改变传统的结构体系，采用轻质、高强、高延性的材料，优化设计方案，采用隔震和消能减震新技术，以及在施工建造中采用新工艺，超限高层建筑的审查，就是以严肃科学的态度对待可超过规范、规程规定的工程，通过专家的讨论和反复研究，结合理论计算、试验研究和震害经验，论证超出规范、规程规定的新技术、新材料的可行性和合理性，从而促进新技术的研究和工程试点应用，推动科学技术的发展，并通过工程经验的积累，将一些行之有效的抗震设计技术逐步纳入规范和规程。在2002年版、2010年版《建筑抗震设计规范》、《高层建筑混凝土结构技术规程》的修编中，已经吸收了不少超限高层建筑工程积累的经验和技术，显著促进了规范技术水平的进步与发展。

五、设立该制度的可行性

我国的超限高层建筑工程抗震设防专项审查工作始于1994年，由建设部抗震办公室组织专家在福建、江苏和云南等地进行试点。1997年发布了建设部令第59号，1998年成立了第一届全国超限高层建筑抗震设防专项审查委员会，国家和省市自治区分别成立了超限高层建筑抗震设防审查专家委员会，并正式在全国各地开展超限高层建筑工程的抗震专项审查工作。随着国务院《建筑工程质量管理条例》和《建筑工程勘察设计管理条例》的施行，2002年发布了建设部令第111号，《超限高层建筑工程抗震设防管理规定》以及《全

国超限高层建筑工程抗震设防审查专家委员会抗震设防专项审查办法》和《超限高层建筑工程抗震设防专项审查技术要点》等重要文件，指导全国各地开展超限高层建筑工程抗震设防专项审查工作。为了进一步适应近年来超限高层建筑新形势的要求，由第四届全国超限委完成修订，住建部于 2015 年颁发了新的《超限高层建筑工程抗震设防专项审查技术要点》（建质 [2015]67 号），新要点补充了超限的“界定条件、审查内容和控制要求”，进一步加大了对超限高层建筑工程抗震设防审查的管理和指导。

多年来，在住建部和全国超限委的管理和指导下，超限审查工作开展情况良好，审查工作除大量超高层建筑外，还涉及了大型体育场馆、机场航站楼、会展中心、火车站站房、剧院等人流密集的大型公共建筑，为我国城市化进程的深化及城市建设的蓬勃开展提供了重要的技术支撑作用。

4　工程地质力学的挑战与未来

何满潮
中国矿业大学（北京），北京，100083

工程地质力学是研究工程地质体的结构特性及形成过程，以及它们的变形、破坏规律，预测它们在工程建设中的稳定性的学科。工程地质力学形成于20世纪70年代，在80年代得到了迅速发展。工程地质力学自问世以来，已先后经历了岩体的结构性、岩体结构的形成与演化、岩体结构的力学属性、工程岩体的稳定性、工程结构与岩体结构的相互作用等5个重要的命题讨论阶段，它的完善和发展直接与经济建设息息相关，是我国工程地质和岩石力学工作者在长期工程地质研究和地质工程实践的基础上发展起来的一门应用基础学科。

工程地质力学研究目的就是认识地质体的组成、结构、赋存状态、工程力学性能以及工程地质力学作用和过程，解决建筑物基础岩体的稳定问题，防止重大事故，保证施工顺利，为合理的工程设计提供依据。随着我国近些年大型工程的实施，工程地质力学的应用范围越来越广，经过几十年的发展，工程地质力学研究已经取得了辉煌的成就。例如，1963年，我国著名工程地质学家谷德振教授提出了“岩体结构”的概念和岩体工程地质力学的学术思想体系，并于1979年撰写了《岩体工程地质力学基础》。1972年，王思敬教授进一步探讨和系统总结了岩体工程地质力学的研究成果，主笔撰写了“岩体工程地质力学的原理和方法”，在《中国科学》1972年第1期上以集体署名发表，正式提出了“岩体工程地质力学”的学科称谓。1988年，孙广忠教授将“岩体结构”的概念融入“岩体力学”的研究中，提出了“岩体结构控制论”，撰写了《岩体结构力学》，成为当今阶段岩体力学发展的代表作。此后，岩体工程地质力学研究工作转入更为广泛的实践和深入应用阶段，并撰写了系统的专著，包括《地下工程岩体稳定性分析》《边坡岩体稳定性分析》《坝基岩体工程地质力学分析》《区域地壳稳定性研究理论与方法》等，所有这些成果构成了岩体工程地质力学的理论体系和工作方法，为工程地质力学的发展奠定了理论基础。

一、工程地质力学的辉煌成就

1978年开始，随着我国改革开放和大规模社会主义建设的飞速发展，工程地质力学经过几十年的发展，在我国的工程建设中作出了重大贡献，并在理论和实践中获得了辉煌的成就。

1. 提出了岩体结构的概念

新中国成立后10年中，我国著名工程地质学家谷德振教授侧重指出构造的重要性，认识到岩体结构是岩体的基本特征，岩体特性主要取决于岩体的内在结构，可作为岩体质量评价、岩体力学模型和力学介质类型划分、岩体力学测试方案制定、测试成果分析和力学分析计算的基础。

谷德振教授以地质力学的理论为指导，深入研究了地质体的成因和结构，以及地质结构控制下的工程行为规律，发现岩体结构是岩体的基本特征，并于20世纪60年代初建立了“岩体结构”的概念，提出了结构面、结构体是岩体结构的基本单元，岩体变形破坏主要受岩体结构的制约。并于1963年提出了以岩体结构的科学概念为基础的“岩体工程地质力学”理论体系，把地质研究与力学分析紧密结合起来，为认识岩体本质、分析岩体稳定性创立了一个应用基础理论。

2. 提出了岩体结构控制论

岩体结构控制论是岩体工程地质力学的基础理论之一。工程地质力学创始人谷德振先生认为，“受力岩体变形和破坏规律取决于岩体的特性。显然，对岩体特性的认识和掌握是解决岩体稳定问题的关键。岩体受力后变形、破坏的可能性、方式和规模是受岩体自身结构所制约”。

孙广忠教授认为“岩体结构”的发现对于岩体力学的发展具有十分重要的理论意义，为岩体力学的新突破提出了理论基础。其代表著作是《岩体力学基础》和《岩体结构力学》，提出了“岩体结构控制论”作为岩体力学的基础理论，全面阐述了以下观点：

（1）岩体的地质特征是岩体力学的地质基础；

（2）岩体结构的力学效应；

（3）岩体力学分析原理及方法。

多年来，这些观点已经成为我国岩石力学与工程学科发展的一块奠基石，为解决我国工程建设中遇到的一些关键工程地质问题起到了积极的作用。

3. 岩体工程地质力学的动力学分析

岩体工程地质力学认为岩体工程地质问题是工程结构与岩体相互作用引起的地质问题，研究这种相互作用下岩体的力学行为，是岩体工程地质力学的基本任务。

这种力学行为包括静力学行为和动力学行为。伍法权等对工程建设过程中遇到的岩体工程地质动力学进行了系统研究，提出岩体工程地质力学动力学分析的根本任务是揭示岩体与工程地质动力因素的作用规律，其主要的研究内容包括：

（1）岩体物质和结构的动力学成因与特性；

（2）岩体赋存的地壳动力学环境；

（3）岩体的动力学行为与过程；

（4）岩体工程防灾原理。

目前，我国工程地质动力学所面临的问题主要包括滑坡动力学分析、硐室破坏的动力学分析、地壳稳定性的动力学分析、活动性断层的动力学分析、软岩大变形和地下水动力学分析、泥石流动力学分析等。这些动力学分析和工程响应研究成果，已经成为我国岩体工程地质动力学分析的理论基础。岩体工程地质力学的动力学分析是一个处于发展阶段的研究方向，其分析手段正在由定性分析向定量分析过渡，会逐步探索到岩体工程地质动力学的学科本质，促使岩体与工程地质动力因素的作用规律更加清晰、更加明确。

4. 工程应用与推广

工程地质力学创建伊始，在地质学科中是一门比较年轻的学科，它的声誉和信誉并不高。随着工程地质力学几十年来在工程实践中的不断发展和完善，已经成为一门独立的学科体系，为我国的工程建设奠定了理论和实践基础，并作出了重大的贡献。如治淮水利工程、金川镍矿、武汉长江大桥、宝成铁路、山区公路等一系列工程建设在复杂的地质条件下都取得了很大成功。

特别是1969～1970年及以后几年中，谷德振教授和他的研究团队在甘肃省金川镍矿开展了一系列的研究工作，对岩体结构的类型划分、岩体变形破坏机理及稳定性分析等都提出了新的研究成果，构成了岩体工程地质力学的理论和实践框架。1979年9月，有关金川露天矿变形破坏机制和结构控制的研究成果在第四届国际岩石力学大会（瑞士）上作了技术交流，并在《Rock Mechanics》上发表，获得很高的评价。

20世纪60年代以后，工程地质力学在矿山软岩工程技术领域的应用都有了长足进展，特别是在软岩的变形力学机制、软化状态方程、软岩工程地质力学设计等方面，取得了一系列科研成果，为我国煤炭工业发展作出了卓越贡献，中国软岩工程地质力学已经形成了完整的理论框架系统。但是，由于多方面的原因，我国煤矿软岩技术在理论上、设计上、支护技术及配套设备上仍然存在一些问题。如软岩工程技术推广方面还有待于进一步加强；项目设计地质资料不足，工程勘察规范陈旧；对大深度高应力、强膨胀复合型岩体，以及受采动影响后的流变时间效应，支护和围岩相互作用机理的研究仍需要深化；软岩地应力测试方法还有待加强。

二、工程地质力学面临的挑战

工程地质力学虽然取得了辉煌成就，但是作为一门严格的科学，存在如下挑战性问题：工程地质体岩体结构的唯一性、工程地质体的连续性、工程地质体的大变形问题、工程地质体的物性关系和物性参数。

1. 岩体结构的唯一性

岩体结构是岩体力学的核心，研究岩体结构是通过分析岩体中的结构面、结构体及其组合关系，来进行岩体质量评价，以服务于工程。由于工程规模或尺寸是变化的，因此岩体结构也是相对的，应以工程尺寸作为岩体结构类型划分的参考系，否则就会造成应用上的困难。

图1.4-1为某工程地质体，其中发育着两组近似于正交的节理。对于这一工程地质体，总体上看，可以是块裂结构，也可以是碎裂结构，似乎都有道理，这就存在着同一个岩体不同的岩体结构名称，到底是块裂结构，还是碎裂结构，存在着不唯一性的问题。岩体结构类型随着工程尺度的变化而不同。图中1、2、3、4、5为待建的不同规模的硐室，由1可以明显看出：相对于1号硐室，该工程地质体可视为整体结构，而相对于2、3、4、5号硐室，该工程地质体应分别为块状结构、块裂结构、碎裂结构和散体结构。这也清楚地表明，在地质条件的客观基础上，没有工程尺寸的比照，讨论岩体结构时，必然是不唯一的，只有当工程尺度一定时，岩体结构才是确定的。

2. 工程地质体的连续性

变形体力学理论都遵循物体连续性这一基本假设，即假定整个物体的体积都被组成这个物体的物质连续充填。此时，物体运动的物理量，如应力、形变和位移等才能用坐标的连续函数来表达。然而，上述定义的极限情况实际是不可能存在的。因为岩石小到晶粒尺寸范围时，就已出现不连续性。此外岩体本身包含有许多微裂隙、节理、空穴，它是非均匀非连续性的，工程地质力学意味着采用连续介质为假设的力学理论，来分析高度非连续地质体的变形规律等力学问题，这实际上是一个自相矛盾的理论问题。

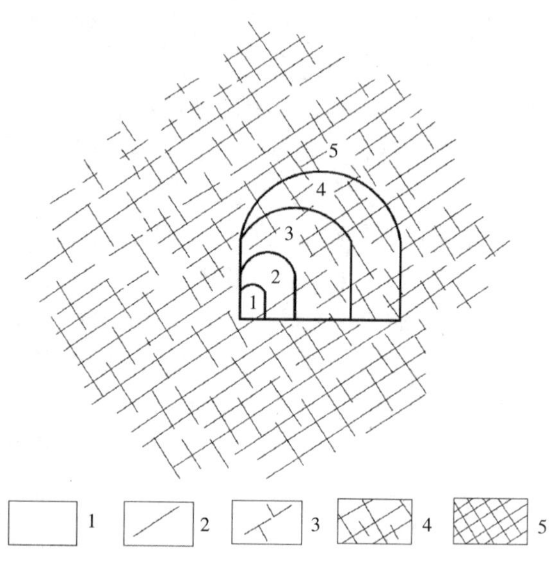

图 1.4-1　岩体结构与工程尺度之间的关系

（1．整体结构；2．块体结构；3．块裂结构；4．碎裂结构；5．散体结构）

3. 工程地质体的本构关系

力学上的本构关系必须以实验为前提，而工程地质体本构关系不仅包括岩块的本构关系，也涵盖了工程地质体中的结构面本构关系，更是一种岩块和结构面在空间形成一定组合，并在一定地质环境下表现出来的应力应变的复杂关系。上述关系的实验迄今尚未得到解决。一方面实验问题不能解决，另一方面做力学分析和计算，必须用到本构关系，那么所用的本构关系从哪儿来呢？这又是一个自相矛盾的问题。

4. 工程地质体的大变形问题

经典力学是在“小变形”假设基础上发展起来的力学理论，当应变很小时，几何方程和平衡方程、协调方程才是成立的。这就是说，假定物体受力后，整个物体所有各点的位移都远远小于物体原来的尺寸，因而应变和转角都小于 1。这样在建立物体变形后的平衡方程时，就可以用变形以前的尺寸来代替变形后的尺寸，而不至于引起显著的误差。因而，岩体力学至今所沿用的连续体力学理论虽然考虑了材料的物理非线性问题，但从几何理论的角度来看它仍然为小变形近似理论。应用该理论进行工程岩体稳定性分析时可能会产生较大的误差，甚至得出荒谬的结论。在常曲率滑坡模式中就会出现这种情况。

如图 1.4-2 所示，当滑坡面是一个圆弧（曲率为常数）时，若滑块 A 在滑动过程中变形很小，可近似看成整体以刚体运动形式由 A 转动到 A' 的位置，整体转动角 θ 为 $\varphi'—\varphi$。则滑块 A 上各点的位移为：

$$U=x(\cos\theta-1)-y\sin\theta+a \tag{1.4-1}$$

$$V=x\sin\theta+y(\cos\theta-1)+b \tag{1.4-2}$$

式中，U、V 坐标为（x，y）的点沿 x 轴、y 轴方向的位移；a、b 为滑块 A 质心的平移分量。

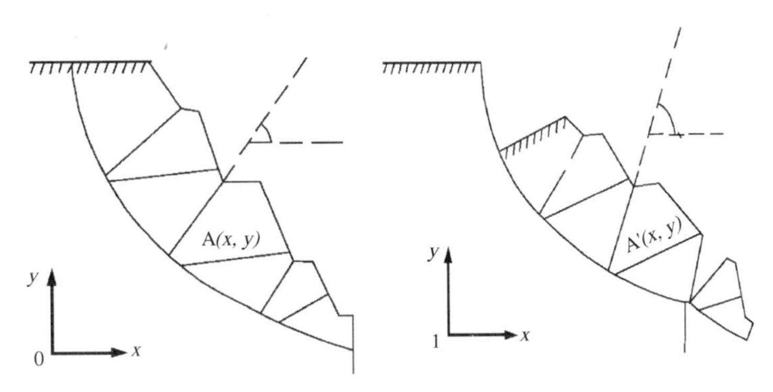

图 1.4-2　边坡滑移前后的位置

应用小变形理论，应变分量 ε_{ij} 为：

$$\begin{cases} \varepsilon_{xy}=\partial_u/\partial_x \\ \varepsilon_{yy}=\partial_u/\partial_y \\ \varepsilon_{xy}=\dfrac{1}{2}(\partial_u/\partial_y+\partial\nu/\partial_x) \end{cases} \quad (1.4\text{-}3)$$

转角 ω_x 为：

$$\omega_x=\frac{1}{2}(\partial_u/\partial_y+\partial\nu/\partial_x) \quad (1.4\text{-}4)$$

将式（1.4-2）代入式（1.4-3）、式（1.4-4），并取 $\theta=10°$ ，则有：

$$\begin{cases} \varepsilon_{xy}=-0.015 \\ \varepsilon_{xy}=-0.015 \\ \varepsilon_{xy}=0 \\ \omega_x=0.1737 \end{cases}$$

很显然，刚体运动不可能在滑块中产生应变，即 ε_{xx}、ε_{yy} 和 ε_{xy} 均应为零。而按式（1.4-3）得出的不为零的结果是因为小变形理论的不合理性引起的。是否可以利用有限元数值理论来解决几何大变形工程问题呢？答案是否定的。因为传统的有限数值方法应用于几何大变形工程问题时，它违背了质量守恒原理。因此，必须引进非线性大变形几何理论。

5. 工程地质体大变形力学设计方法

现有设计方法是基于经验法、极限平衡法和小变形弹性力学法，而工程地质体往往以“米”为级别的大变形及其相应的大变形力学设计方法，与小变形力学为基础的设计方法肯定不同，需要深入研究。

三、工程地质力学的研究进展

针对上述工程地质力学所面临的挑战，我们对这些问题有了一定的认识。

1. 工程地质体连续性的研究进展

针对工程地质体连续性的问题，我们提出了物质微元的概念，并发展了物体连续性假设理论。

物体的连续性假设应理解为：整个物体的体积被组成这个物体的物质微元所填满，没有任何空隙，同理论抽象的数学点不同，物质微元是具有大小的，其尺寸取决于所研究的对象工程物的尺寸。只有满足物质微元的临界尺寸，即保证工程物体抽象为连续体的微质微元的最小尺寸，才能保证工程物体的连续性，我们把物质微元的临界尺寸称之为拟连续性微元尺寸或者连续性微元尺寸。

假定一维连续性微元尺寸为 δ、二维连续性微元尺寸为 δ_2、三维连续性微元尺寸为 δ_3，则图 1.4-3 中满足连续性假设的物体中的物理量，如体力 P、面力 F 和线力 S 可分别理解为：

$$p=\lim_{\Delta V\to\delta^3}\frac{\Delta Q}{\Delta V}\tag{1.4-5}$$

$$p=\lim_{\Delta V\to\delta^3}\frac{\Delta Q}{\Delta S}\tag{1.4-6}$$

$$p=\lim_{\Delta V\to\delta^3}\frac{\Delta Q}{\Delta L}\tag{1.4-7}$$

工程物体只有含有充分多的一定尺寸的连续性微元才能抽象为连续体，其连续性模型（图 1.4-3），组成连续性的连续性微元尺寸应满足三个条件：

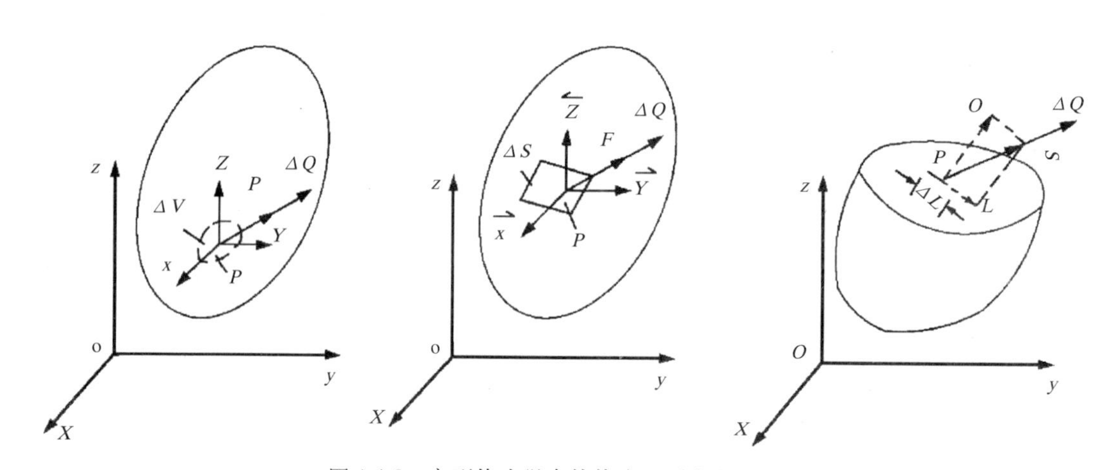

图 1.4-3　变形体力学中的体力、面力和线力

（1）连续性微元尺寸和所研究的对象——工程物体相比要足够小，使之在数学处理时可近似为数学点，能保证各物理量从一个微元到另一微元连续变化，避免把物质的非均质性平均化（图 1.4-4a）。建议符合该条件的工程物体的一维尺寸必须是其微元四维尺寸的 10^2 倍以上，工程物体的二维和三维尺寸也相应必须是其微元二维和三维尺寸的 10^4 倍和 10^6 倍以上。

（2）连续性微元与其中所含的空隙及颗粒尺寸相比足够大，包含了足够数量的空隙和颗粒，以保证每个连续性微元截面上的颗粒或空隙数均质连续变化，从而可取各物理量统计平均值作为单个微元的物理量（图 1.4-4b，图 1.4-4c）。建议取连续性微元尺寸为其颗粒直径的 10 倍以上。

（3）在满足（1）和（2）条件的基础上，取最小的临界尺寸 作为连续性微元尺寸（图1.4-4d）。

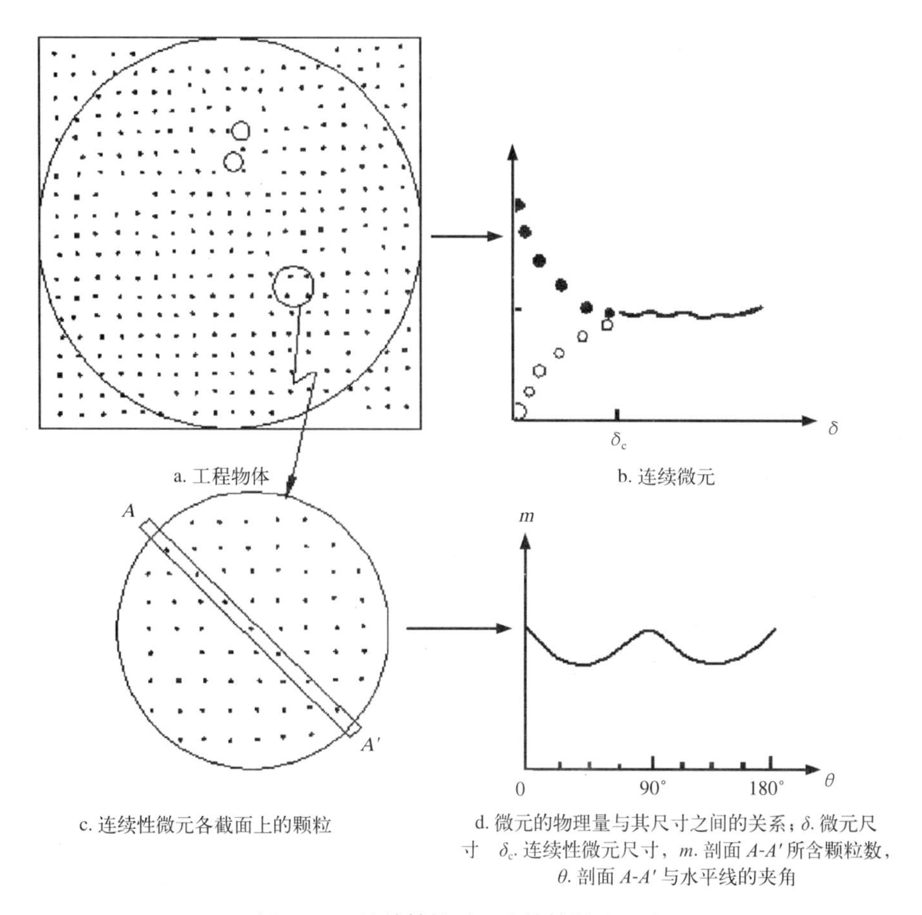

a. 工程物体　　b. 连续微元

c. 连续性微元各截面上的颗粒　　d. 微元的物理量与其尺寸之间的关系；δ. 微元尺寸　δ_c. 连续性微元尺寸，m. 剖面 A-A′ 所含颗粒数，θ. 剖面 A-A′ 与水平线的夹角

图 1.4-4　连续性模型及连续性微元尺寸

将上述连续性微元尺寸条件应用于以研究对象划分不同的力学领域，可分别确定出微观力学、细观力学和宏观力学的连续性微元尺寸。如微观力学的 δ_c 为 3×10^{-6}mm，细观力学的 δ_c 为 0.1 ~ 50mm，而宏观力学的 δ_c 可为 1 ~ 100m。由此可知，物体的连续性实际上只是一种模型，具有相对的概念。不同尺度的物体，连续性的内涵不同。工程地质体属宏观力学的研究范畴，因而只能用宏观力学的连续性内涵来理解。

2. 工程地质体的本构关系的研究进展

李世海等对工程地质体本构关系进行了深入研究，他提出描述地质体的非连续特性的方法有两种：（1）均匀化的方法，该方法建筑在根深蒂固的连续介质理论之上，将介质复杂的结构性用复杂的应力应变关系等效，不考虑结构面上的力学特性，而是将结构面的这种特性等效在连续介质的应力应变关系之中，如损伤模型。（2）直接考虑结构面的力学特性，将介质的非连续几何特征充分的概化，使得材料的本构关系非常简单，界面上满足虎克定律和摩擦准则，非界面的区域内采用线弹性的关系，这种方法使得整个研究区域的结构变得复杂。比较两种方法可知，连续介质力学的研究方法，是将地质体复杂的结构的几何问题转化为物理问题，简单而言，就是将结构面的几何分布转化为本构关系。而非连续介质的做法，是试图直接考虑介质的几何结构。

(1) 工程地质体的物性关系的研究进展

为了确定工程岩体的物性关系，作者提出了“黑箱”问题“灰箱”化的反分析法。即通过工程地质勘察、室内外岩石力学试验，使工程岩体的某些特性（线性和非线性）为已知，或者确定出某些参数或参数的变化范围；然后根据工程岩体的位移观测结果进行反分析，确定出工程岩体实际应有的物性方程。这实际上是用现场工程实验资料求证本构关系，满足本构关系基于实验的原则。

一般而言，工程岩体的位移场 U 由其所承担的荷载 P、岩体的几何形状 G、岩体的线性特性 C_e 和非线性特性 C_p，（合为物性关系）所决定，即：

$$U=f(P, G, C_e, C_p)$$

设已实测出工程岩体几何形状的变化及其相应的位移场分别为：

$$G_1, G_2, G_3, \cdots, G_n$$
$$U_1, U_2, U_3, \cdots, U_n$$

再根据野外和室内试验的综合分析，确定出工程岩体的线性特性 C_e、如弹性模量 E_0、泊松比 υ_0。

利用有限元等数值分析法，先假定工程岩体的非线性特性 C_p，如 θ^p-υ、$\theta^p c$ 计算出工程岩体位移场，假定为：

$$\begin{matrix} (1) & (1) & (1) & \cdots & (1) \\ U_1 & U_2 & U_3 & \cdots & U_4 \\ (2) & (2) & (2) & \cdots & (2) \\ U_1 & U_2 & U_3 & \cdots & U_4 \\ \cdots & \cdots & \cdots & \cdots & \cdots \\ m & m & m & \cdots & m \\ U_1 & U_2 & U_3 & \cdots & U_4 \end{matrix}$$

其中（m）表示试算的序数，n 表示位移监测的点数，当误差平方和为最小时，即：

$$[VV]=\sum_{i=1}^{m}(\dot{U}_i-\overset{j}{U}_j)^2=\min$$

上标（j）为所代表的线性特性 C_e 和非线性特性 C_p，即为工程岩体的物性关系。

由于工程岩体是由连续性岩体和非连续性岩体两部分组成，在位称场分析过程中，连续性岩体对工程岩体的贡献较小，可仅考虑其线性特性 C_e。而在进行工程岩体垂直位移(或下沉）计算时，连续性岩体线性特性中的泊松比 υ_0 对其影响较小，可近似确定 υ_0。因此，野外和室内岩石力学试验、工程地质勘察以及工程地质分析就能较好地克服“黑箱”问题反分析中的多解性问题。

（2）工程地质体的物性参数的研究进展

在地质历史进程中，岩体经历了数次地质构造应力的作用，节理、裂隙逐渐发育，损伤程序愈趋严重。地质历史上的每次构造运动，都相当于给地壳岩体进行加载，而相邻两次构造运动之间的相对平衡期，相当于岩体卸载。加载、卸载周而复始，漫长的地质构造史（图 1.4-5）。为了认识岩体的非完整状态，我们引入了材料的损伤理论。

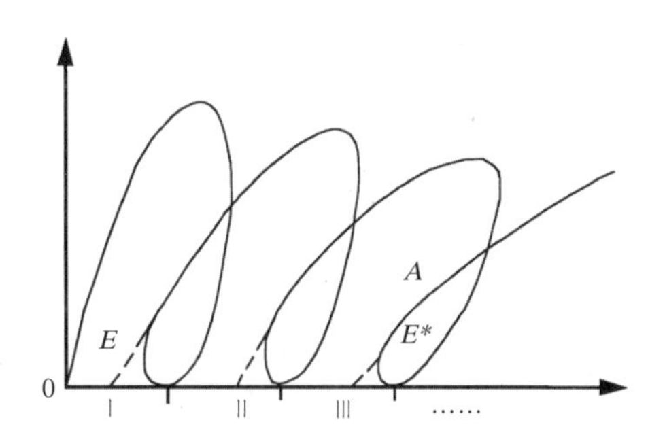

图 1.4-5　自然岩体间歇性损伤过程

损伤是指材料和结构中微观缺陷的出现和扩张，损伤力学是用宏观变量来描述材料内部的微观变化。目前，确定岩石损伤变量的方法较多，但都难以实际应用。为此，我们提出了一种利用现场和室内波速试验来确定损伤变量的新方法。

在野外物探中，地震法和声波测试法都是发射弹性波来确定岩体的某些特性。波速在岩体中的传播速度对结构面发育的密度非常敏感。同一岩体，结构面稀疏波速较高；反之，结构面密集，波速较低。因此，波速的高低就反映了岩体的损伤状况。假定室内岩块试样代表岩体的无损伤状态。

根据弹性波的传播理论，纵向波速 V_p 和横向波速 V_s 与弹性模量 E、泊松比 V，及其比重 ρ 之间的关系导出公式：

$$E=\frac{V_s^2\rho(3V_p-4V_s^2)}{V_p^2-V_s^2} \tag{1.4-8}$$

将室内测定的岩块的波速及比重代入式（1.4-8），即可得出无损伤岩体的 E；然后把野外测定的岩体的波速及确定的比重代入式（1.4-8），可得出损伤岩体的 E^*。最后由式（1.4-9）计算工程地质体的损伤变量 D。

$$D=1-E^*/E \tag{1.4-9}$$

3. 工程地质体大变形问题的研究进展

近年来，非线性大变形几何理论已日趋完善，并得到了力学界的公认。它采用拖带坐标系，反映物体形变（应变和转动）全部信息的变形梯度张量。

有 3 种描述方法：

（1）格林应变张量

格林应变张量实际上为形变前后度规张量之差。这种描述法不能确定转动，尽管后来又另行定义了转动，但未得到应用。

（2）极分解理论

极分解理论是将变形梯度张量分解为对称张量和正交张量之积，主观地把物体的运动人为地分为刚性转动与纯形变两个阶段，分解不唯一。

（3）*S-R* 分解理论

S-R 分解理论是将变形梯度张量分解为整体转动的正交张量与纯形变的对称张量的和，符合物体的运动规律。建议在处理工程岩体的几何大变形问题时，采用变形梯度和分解理论。非线性大变形几何理论对变形问题的合理描述，不仅规定了工程岩体大变形稳定性分析的前景，而且对于认识小变形理论的近似性和合理适用范围，对于简化工程问题都具有指导作用。

四、工程地质力学的未来展望

1. 工程地质体大变形灾害工程控制材料研发

在进行巷道加固设计时，传统的做法是采用U型钢可缩支护、高强锚网索支护、锚网索+金属支架联合支护、圆形支架及垛式支架等方式，充分调动围岩深部稳定岩体自身的承载力。但是由于传统锚杆（索）变形量小，不能适应深部巷道围岩所产生的大变形破坏，从而出现了锚杆拉断破坏的事故，这些支护材料均属于传统泊松比材料，即塑性硬化材料，在受到冲击荷载作用下瞬间达到其屈服强度而失去承载防护能力。因此，寻求安全可靠、技术可行、经济合理的支护新材料具有重要意义。

传统泊松材料在拉伸时产生横向收缩，而负泊松比效应材料在受到拉伸时，垂直于拉应力方向会发生膨胀，而不是发生通常的收缩；在受到压缩时，材料在垂直于应力方向发生收缩，而不是通常的膨胀；在受到弯曲时，负泊松比材料由于内部结构为球形腔，在张力的作用下，球型腔大多为等规圆筒状结构，使应力集中效应大为减弱。负泊松比材料同时显示出更强的力学与物理特性，这也就意味着其可以被同时定义为结构材料和功能材料。

基于负泊松比材料的特殊力学特性，结合井下巷道冲击大变形控制的需求，受“以柔克刚，刚柔相济”的哲学思想的启迪，我们于2007年研发了具有负泊松比效应的恒阻力为130kN的恒阻大变形锚索支护新材料，2011年又成功研制出第二代具有负泊松比效应的恒阻值为350kN的新型高恒阻大变形锚索。该新型恒阻大变形锚索具有最大超过1000mm的拉伸滑移变形能力来适应围岩的冲击大变形，在控制冲击能量安全释放的同时能够保持恒定的支护阻力，达到抑制冲击地压发生或对冲击地压发生全过程做到安全可控的目的。

具有负泊松比效应的恒阻大变形锚杆（索）其恒阻值设计为泊松比材料钢绞线屈服强度的95%，当锚索受力小于恒阻值时，钢绞线处于弹性工作状态；当受力超过恒阻值时，恒阻器产生塑性滑移拉伸变形，直到围岩再次稳定，钢绞线受力达到屈服强度的95%，仍然处于弹性工作状态。该新型锚索（杆）可适应软岩大变形、岩爆大变形、冲击大变形、瓦斯突出大变形灾害的监测与控制。

2. 工程灾害控制问题

工程地质力学的未来发展方向就是能够利用工程地质力学定性和定量化理论解决工程地质问题。目前，我们已经完成了对边坡工程灾害控制和岩爆灾害控制在理论研究、技术革新、装备研发、现场实验和工程应用方面的研究和推广工作，取得了大量的研究成果。

（1）边坡工程灾害监测与控制

从 1993 年开始，针对传统滑坡地质灾害监测预报技术存在的问题，我们在国际上首次提出了“基于滑动力变化的滑坡灾害远程监测原理和方法”。基于这个学术思想，我们以工程边坡为研究背景，以滑坡滑动力与抗滑力相互作用规律及滑坡发生的充分必要条件等关键性问题为突破点，运用多学科理论，研发了具有负泊松比效应的恒阻大变形缆索（图 1.4-6），建立了相关的实验系统，并采用室内和现场测试、物理和数值模拟等综合研究方法，结合现代通信与计算机技术等高新技术手段进行了系统研究，研发了基于滑动力变化的滑坡地质灾害监测预警装备系统（图 1.4-7），实现了对滑坡灾害全过程的超前监测预警目标。

目前，该技术已经在全国 15 个地区 245 个点进行了工程推广应用，经过近 5 年的系统监测，成功预报 10 次滑坡灾害，均提前 2 天至 1 个月左右出现明显的失稳前兆及时预警，挽救了百余人生命和数以亿计的财产损失。

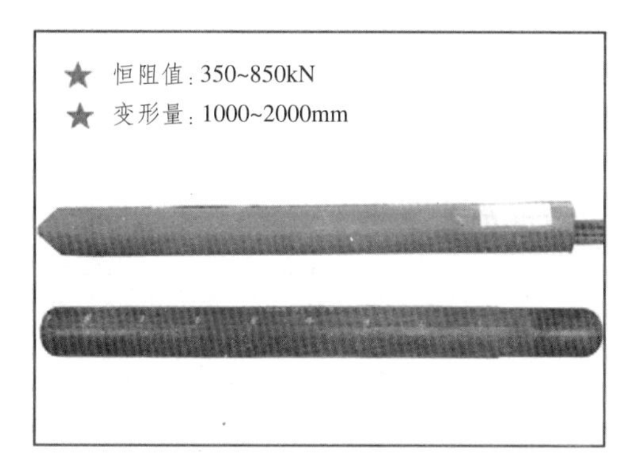

图 1.4-6　负泊松比效应恒阻大变形缆索研发

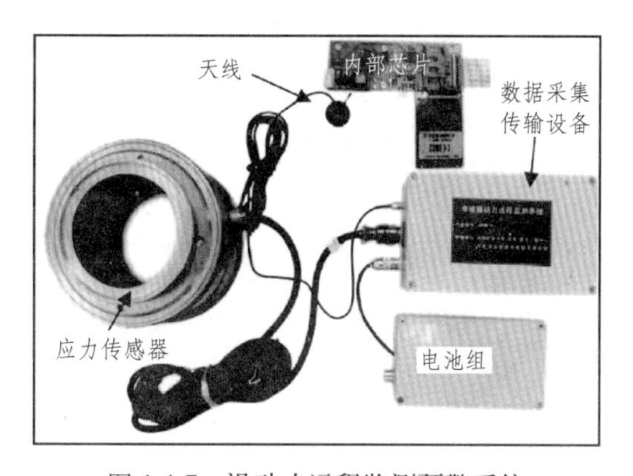

图 1.4-7　滑动力远程监测预警系统

（2）岩爆灾害的监测与控制

目前，随着矿山开采深度和开采规模的日益增加，岩爆灾害发生强度、危害程度及频次呈急剧增加趋势，现有支护材料无法满足冲击力作用下巷道防护的要求。我们基于负泊松比材料的特殊力学特性，结合井下巷道冲击大变形控制的需求，研发了具有负泊松比效应的高恒阻大变形锚索。

为了检验这种锚索与传统锚索在岩爆灾害控制方面的抗冲击效果，我们采用室内力学实验和现场爆破模拟冲击试验相结合的方法，对新型锚索的防冲力学特性进行了研究。

室内试验

室内静力拉伸和动力冲击试验结果表明：新型锚索能够在静力拉伸作用下产生滑移拉伸变形的同时保持 350kN 左右的恒定阻力（图 1.4-8a）；多次落锤冲击动力作用下，能够通过保持恒定阻力并产生拉伸变形来吸收冲击能量（图 1.4-8b）

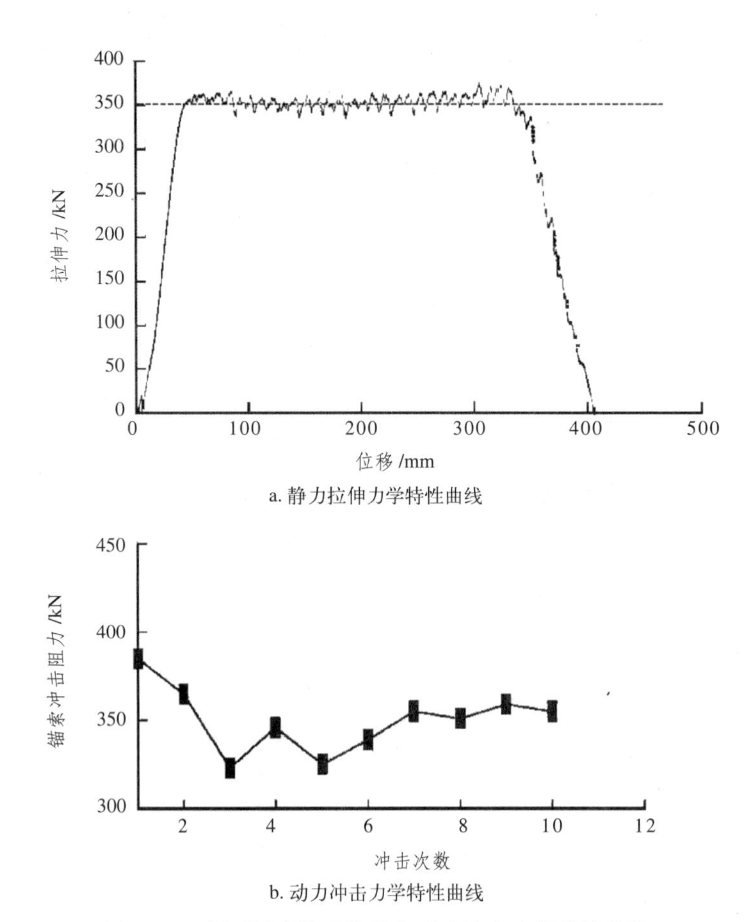

a. 静力拉伸力学特性曲线

b. 动力冲击力学特性曲线

图 1.4-8　新型锚索静力拉伸和动力冲击力学特性曲线

现场试验

本次现场试验以沈阳红阳三矿 1213 回风联络巷为工程背景，采用爆破形式模拟冲击地压的破坏作用。为了模拟冲击地压发生时冲击波对巷道支护体系的作用，采用沿巷走向布置爆破震源，即装药炮孔平行巷道走向布设。本次共设计两个试验段，其中 I 号试验段为普通锚索加固巷道；II 号试验段为负泊松比效应新型锚索加固巷道。

试验结果表明：高恒阻大变形锚索在爆炸冲击力作用下可以产生瞬间滑移变形，从而吸收爆炸产生的冲击能量，并具有保持恒定阻力的特殊力学性能。通过现场对比试验可知，在相同当量爆破冲击能量作用下，普通锚索试验段完全崩垮，恒阻锚索试验段整体稳定，验证了负泊松比效应新型锚索比普通锚索具有更好的抗冲击力学性能，能够符合冲击地压防控需求（图 1.4-9 和图 1.4-10）。

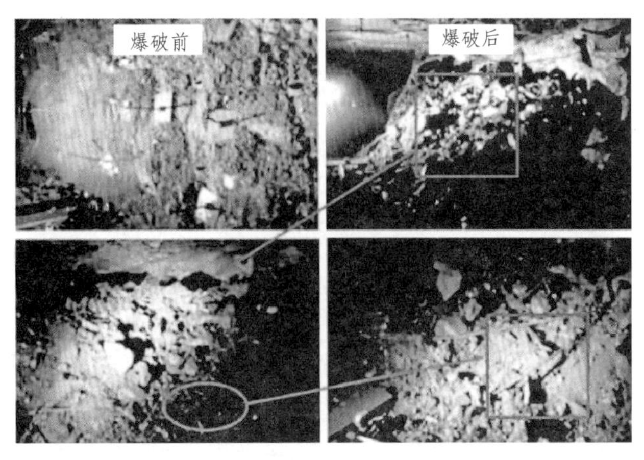

图 1.4-9　Ⅰ号试验段试验前后巷道破坏情况对比

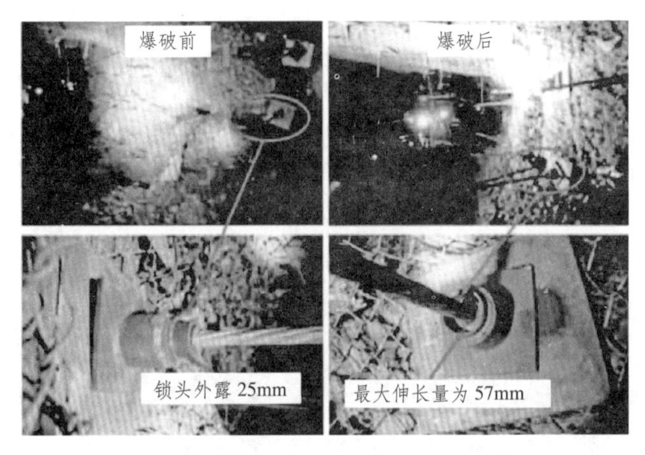

图 1.4-10　Ⅱ号试验段试验前后巷道破坏情况对比

（3）回采巷道监测与控制

煤矿冲击地压所产生的力学根源是由于工作面回采引起上覆岩层运动造成的采动叠加应力，压坏顶板及煤层，安全事故多发（图 1.4-11）。针对这种情况，我们研究提出无煤柱开采切顶卸压沿空成巷新技术（图 1.4-12）。

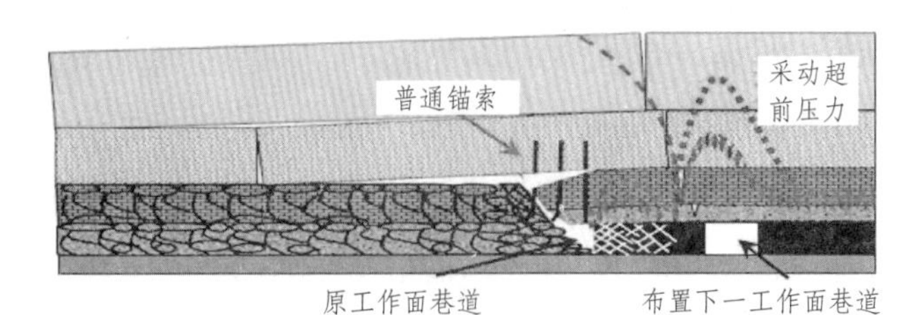

图 1.4-11　回采巷道传统开采工艺示意图

研究表明，传统开采过程中，由于工作面老顶的回转，使采空区侧的巷道无法使用。无煤柱开采切顶卸压沿空成巷开采工艺采用爆破技术预裂顶板，利用采场周期来压沿空切顶，形成对上覆老顶岩梁的支撑结构，并利用恒阻大变形锚索控制老顶的回转和下沉变形。切落的顶板在采空区侧形成巷帮，从而保留原工作面回采巷道，作为邻近工作面的回采巷道。

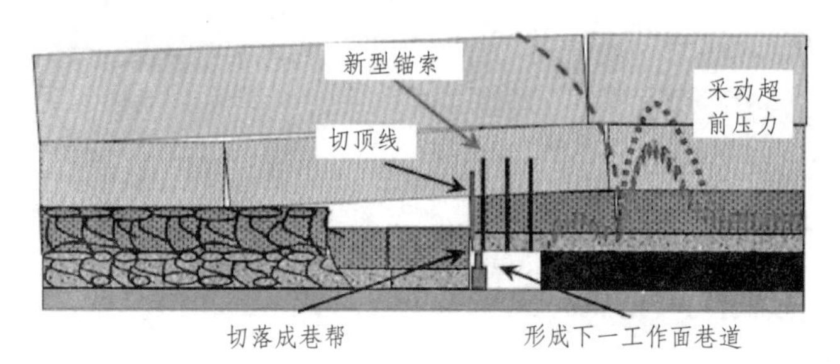

图 1.4-12　回采巷道无煤柱切顶卸压沿空成巷开采技术

该项技术在四川芙蓉白皎矿 24 采区首采面 2422 工作面机巷进行了工程应用。应用效果显示（图 1.4-13）：这种成巷新方法能够消除邻近工作面煤体上方应力集中，减小采掘比，提高生产效率，减少资源浪费，避免因煤柱留设造成的煤与瓦斯混合突出、冲击地压、煤体自燃等地质灾害的发生，属于一种安全、高效、经济、科学的开采新技术。

图 1.4-13　实施效果

（4）诱发矿震的活动性断层的监测与控制

矿震是世界范围内矿井中最严重的自然灾害之一。矿震发生时，井下几米到几百米的巷道或采煤工作面被瞬间摧毁，如同在煤岩体内装有大量炸药一样，煤和岩石突然被抛出，造成支架折损，巷道堵塞，并伴有巨大声响和岩体震动，震动持续时间从几秒到几十秒。被抛出的煤和岩石从几吨到几百吨，记录到的最大震级已超过里氏 5 级。

由于震源浅，矿震烈度远大于同级天然地震烈度，特别是断层剪切型矿震最为常见。当采掘活动接近断层时，采掘活动造成断层围岩岩体的剪切失稳而发生断层突然错动。因此，活动性断层的监测与深部矿井的稳定性有着直接的联系。

2006 年开始，我们基于滑坡地质灾害远程监测预警系统的研究成果和研究基础，建立了“发震断层活动性物理模型实验系统”（图 1.4-14），并通过室内实验和现场测试，自主研发了“发震断层活动性远程监测预警装备系统”，其工作原理如图 1.4-15 所示。

目前，该系统已经在全国 4 个地区 7 个监测点研究应用，试验研究领域涉及水利工程活动性断层监测、城市活动性断层监测和汶川地震诱发次级发震断层活动性监测等。

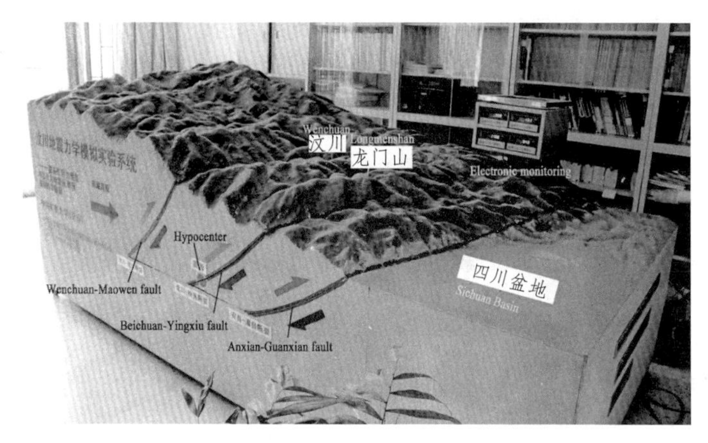

图 1.4-14　活动性断层稳定性远程监测预警实验系统

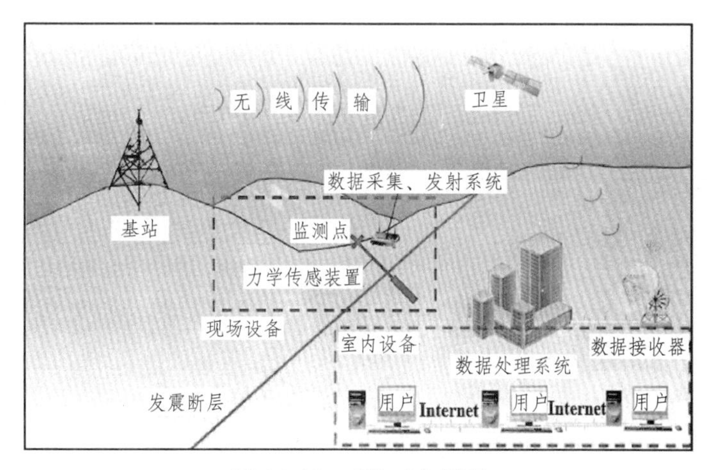

图 1.4-15　系统工作原理

3. 工程地质体的能量本构关系

岩体和工程材料组合形成了工程岩体。对于传统岩体本构方程无法解决的科学问题可以通过工程岩体的本构方程来实现。恒阻大变形锚索（杆）与工程地质体的组合形成了上述的工程岩体。在边坡加固和硐室支护过程中，恒阻大变形锚索（杆）与工程地质体作用主要有两种能量组成：

（1）抵抗变形能量 E_{I}：当 $p<p_0=f_0$ 时，是材料变形范畴，遵循虎克定律 $\sigma=E\varepsilon$；

（2）吸收变形能量 E_{II}：当 $p=p_0=f_0$ 时，是结构滑移变形范畴，避免材料进入屈服阶段。

简化前后的能量模型如图 1.4-16。

根据图 1.4-16 表示的关系，当材料属性确定后，E、σ_s、$\mu_s \mu s$ 都可以确定，为已知量。则得到工程地质体与恒阻大变形锚索（杆）之间的能量本构关系：

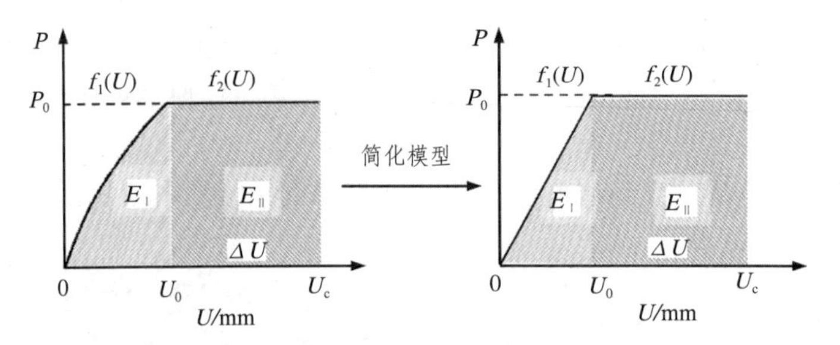

图 1.4-16　工程地质体能量模型简图

$$E^{B}=\frac{1}{2}p_{0}(2U_{c}-U_{0}) \tag{1.4-10}$$

式中，p_0 为单根恒阻大变形锚索设计恒阻力（kN）；U_c 为恒阻大变形锚索极限变形量（m）；U_0 为恒阻大变形锚索材料变形量（m）；ΔU 为恒阻大变形锚索结构变形量（m）。

4. 工程地质体的能量平衡方程

在边坡工程和井巷工程中，促使工程地质体向临空运动的总能量 E^{T} 由三部分组成：

$$E^{\mathrm{T}}=E^{\mathrm{R}}+E^{\mathrm{B}}+E^{\mathrm{U}} \tag{1.4-11}$$

式中，E^{R} 为工程地质体自有的支撑能量，E^{B} 为支护体系的支护能量；E^{U} 为围岩的变形能量。

当工程材料的加固力或支护力不足时，工程地质体就会产生 ΔU 的变形（图 1.4-17）。

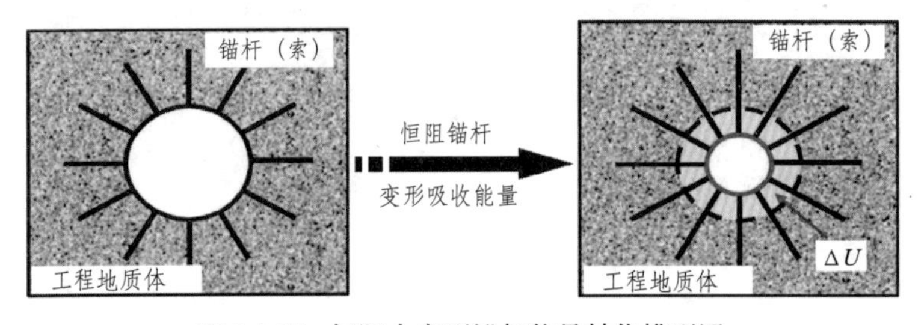

图 1.4-17　恒阻大变形锚杆能量转化模型图

根据工程岩体中工程材料的受力特征和变形大小，可以将能量转化模型分为均质模型和非均质模型。

（1）均质模型

在理想状态下，我们可以认为所有参与支护的恒阻大变形锚杆（索）在工程地质体中产生均匀的变形量，在这种假设条件下得到的平衡模型为均质模型，根据均质模型得出的工程地质体能量平衡方程为：

$$\Delta E=E^{\mathrm{B}}-E^{\mathrm{U}}=\frac{n}{2}p_{0}(2U_{c}-U_{0}) \tag{1.4-12}$$

（2）非均质模型

由于现场工程地质条件极其复杂，如岩性、应力集中、结构等对工程材料在工程地质体中产生变形的影响非常大，从而导致同一支护断面不同大变形锚杆（索）都产生差异性的变形，在这种条件下得到的平衡模型为非均质模型，则工程地质体的能量平衡方程为：

$$\Delta E = E^{\mathrm{B}} - E^{\mathrm{U}} = \frac{N}{2} p_0 (NU_0 - \sum_{i=1}^{N} \Delta u_i) \tag{1.4-13}$$

通过现场实验，可以确定 ΔE 的大小，则对式（1.4-13）进行均匀化处理，令：

$$\Delta u_{\max} \in \{\Delta u_i\} \tag{1.4-14}$$

则，每当$\Delta u_{\max} = (u_c - u_0) \cdot 0.2$时，增设一根锚杆（索），直到满足式（1.4-15）的条件：

$$\Delta u_1 = \Delta u_2 = \Delta u_3 = \cdots = \Delta \tilde{u} \tag{1.4-15}$$

5. 工程地质力学的设计方法

针对工程地质体受地应力场特征量方向、岩层产状、岩体结构的不对称、关键部位差异性变形等因素影响而产生的非对称变形破坏，提出关键部分加强支护的硐室非对称大变形控制设计方法。

该方法在确定引起硐室围岩大变形破坏关键部位的基础上，首先进行力学对称设计，然后进行过程优化设计，最后进行参数优化设计。其关键是利用锚索、底角锚杆等对破坏关键部位进行加强支护，从而达到控制硐室非对称变形的目的。

在此基础上形成了“大断面、预留量、恒阻大变形锚杆、多次加压注浆”的大变形巷道支护理念。即通过扩大硐室掘进断面为工程地质体大变形预留变形空间。采用负泊松比效应的恒阻大变形锚杆（索），在允许围岩产生一定变形，释放高应力变性能及膨胀性变性能的基础上，提供恒定的支护强度，保证硐室围岩不产生有害变形。通过多次加压注浆改善因围岩大变形而造成的强度衰减，从而达到保证硐室稳定的目的。小变形和大变形力学设计方法的差异对比（表 1.4- 1 ）。

大变形和小变形设计方法的差异对比　　　　**表 1.4-1**

设计分类	理论依据	叠加原理	过程原理	设计方法
小变形设计	线弹性力学	符合	不相关	参数设计
大变形设计	大变形力学	不符合	相关	力学对策设计
				过程优化设计
				参数优化设计

式（1.4-12）表示了工程地质体的均质能量平衡方程，在实际硐室工程设计过程中，ΔE 可以通过现场工程实验得到，则式（1.4-12）可以变换为：

$$\begin{cases} \Delta u = \dfrac{2\Delta E - np_0 u_0}{2np_0} \\ n = \dfrac{2\Delta E}{p_0(u_0 + 2\Delta u)} \end{cases} \tag{1.4-16}$$

因此，在硐室工程地质体的支护设计过程中，可以根据式（1.4-16）来定量确定锚杆（索）的具体数量，将传统“粗放式”设计变为“集约式”设计，真正实现了工程设计“按需分配”的目标。

6. 工程地质体大变形力学分析设计系统

随着开采深度的增加，岩爆、瓦斯突出、流变、底板突水等非线性动力学灾害现象日趋增多，严重影响了深部资源的安全高效开采。深部开采工程中产生的工程地质力学问题已经成为目前国内外采矿及岩石力学界研究的焦点。

深部软岩巷道工程在巷道开挖后，巷道周围岩体的变形一般都较大，出现巷道冒顶、底膨和侧胀等现象都是围岩大变形的结果。为了合理地进行岩体变形分析，除了要很好地建立符合岩体变形的物理、力学特性本构模型外，还必须采用能正确描述大变形的非线性几何理论，才能得到较为合理的结果。

随着非线性几何场论的研究不断取得进展，目前形成了两大有限变形理论：（1）采用固定坐标系描述方法，以 Green 非线性应变作为应变度量和 Finger 极分解定理得到的转动张量为转动度量的经典有限变形理论；（2）采用拖带坐标系描述方法，基于应变和转动的和分解定理（简称 *S-R* 分解定理）的有限变形理论。然而，Green 应变张量没有相应的转动张量与之匹配，对全面研究大变形、大转动问题是一个重大缺陷。极分解定理定义的转动张量虽然在一定程度上弥补了 Green 应变张量没有相匹配的转动张量的缺点，然而它包含左、右极分解两个分解式，变形和转动的分解有先后之分，分解式不唯一，分解得到的伸长张量不适合作为变形的度量。

针对经典有限变形理论的这些问题，陈至达教授经过多年研究，在拖带系描述法、张量分析和微分变换群等数学理论的基础上，于 1979 年提出了应变和转动的和分解定理，完善了 Stokes 在 1945 年提出的固体位移场分解理论，克服了以往大变形理论的缺陷，构成了非线性连续体力学的新体系。经过几十年的发展，被应用到诸多领域，取得了令人瞩目的成果。

针对上述问题，我们和中国科学院数学与系统科学研究院飞箭软件公司策划并实施了“深部软岩工程大变形力学分析设计系统”的合作开发工作（图 1.4-18）。该软件系统以软岩大变形理论和非线性力学设计方法为理论基础，通过有限元程序自动生成平台 FEPG5.2，建立深部三相（气、液、固）和三场（应力场、渗流场、温度场）耦合作用的数值模拟系统，应用于理论科研与工程实践，这对研究深部资源开采面临的工程地质力学问题具有重大现实意义。

下面我们分别采用软件的大变形和小变形弹性增量平面应变计算模块，对柳海运输大巷分步开挖的软岩变形进行数值计算。其中软岩的蒙脱石含量为 90% ~ 96%。巷道断面为直墙半圆拱形，圆顶半径 R 为 1.1910 m，直墙高和宽均为 1.810 m，计算区域的高和宽为 30m。本次计算分 5 步开挖，其有限元计算模型和网格（图 1.4-19）。其中，1 ~ 10 表示材料号，且材料号 1 ~ 5 分别对应于岩体 1 ~ 5，材料号 6 ~ 10 表示分 5 步开挖的大巷岩体材料。边界条件为：底边和侧边简支，顶边施加上部围岩自重作用的应力 12MPa（相当于埋深 500m）。运输大巷岩体计算参数（表 1.4-2），通过对岩体 3 和 4 降低弹性模量来考虑软岩雨水软化效应。

图 1.4-18　系统主界面

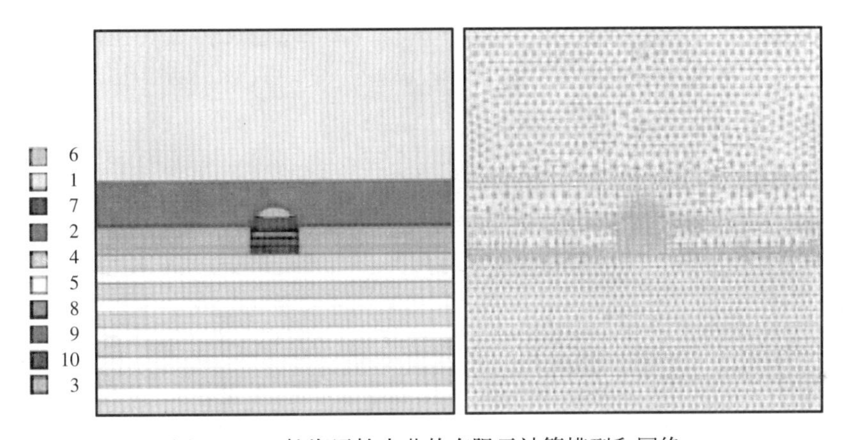

图 1.4-19　柳海运输大巷的有限元计算模型和网络

岩体计算参数　　　　表 1.4-2

岩体	$E/10^4$Mpa	容重 /kN · m^{-3}	泊松比 υ
岩体 1	1.000	16.62	0.15 ~ 0.20
岩体 2	1.000	28.57	0.15 ~ 0.20
岩体 3	0.050	12.80	0.25
岩体 4	0.050	22.94	0.25

两种计算模型所得柳海运输大巷有限元网络大变形和小变形模型变形图（图 1.4-20、图 1.4-21）。两种计算模型分析所得巷道变形量对比情况（表 1.4-3）。由此可以看出，大变形模型能更好地模拟巷道由于底板软岩遇水软化引起的底臌大变形破坏特征。

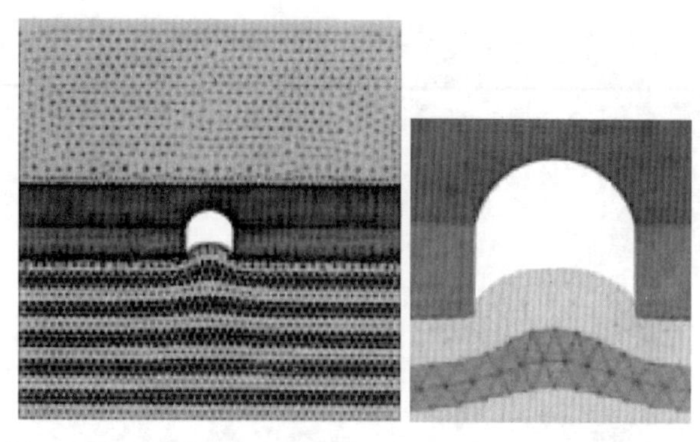

图 1.4-20 柳海运输大巷的有限元网格大变形模型变形图

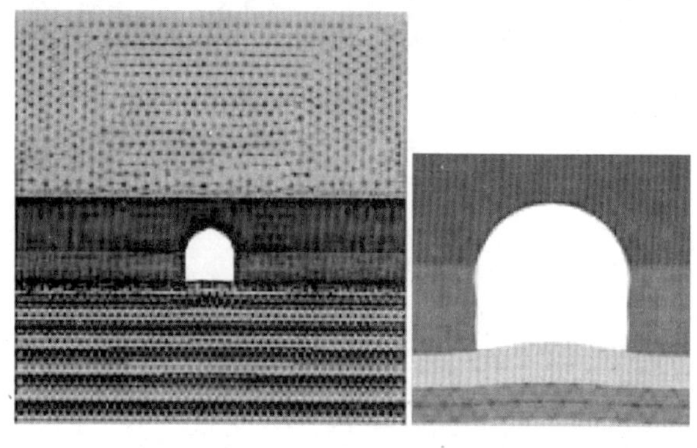

图 1.4-21 柳海运输大巷的有限元网格小变形模型变形图

大应变和小应变计算模型分析所得巷道变形量对比 表 1.4-3

计算模型	底臌变形量 /m	两帮移近量 /m
大应变	1.11832	0.011404
小应变	0.09147	0.043216

五、结束语

回顾 20 世纪工程地质力学的发展历程，既取得了举世瞩目的成就，也面临着巨大挑战，未来工程地质力学工作者仍然任重道远。

本文是在阅读了大量的文献资料后总结提炼而成，虽尽心来写，但难免偏颇，恳望谅解。文中引用了许多专家的研究成果，在此表示衷心的感谢和敬意。

5 浅谈新版《中国地震动参数区划图》对北京地区建筑结构设计的影响

苗启松　陈　曦
北京市建筑设计研究院

地震对建筑结构的作用，影响因素众多，如震级、震源深度、震中距、场地类别、结构自身动力特性等。就客观因素而言，震级、震源深度、震中距及场地类别的影响较为关键，在我国现行的《建筑抗震设计规范》GB 50011—2010 中，以抗震设防烈度、设计地震分组及场地类别来表示。

2015 年 5 月 15 日，新版《中国地震动参数区划图》GB 18306—2015 由国家质量监督检验检疫总局、国家标准化管理委员会批准发布，并将于 2016 年 6 月 1 日起正式实施。新一代地震动参数区划图给出的全国设防参数整体上有了适当提高，就北京地区而言，主要涉及两个方面调整：第一，门头沟、昌平、怀柔、密云等区县设防烈度由原Ⅶ度（0.15g）、二组调整为Ⅷ度（0.20g）、二组；第二，东城、西城等剩余 12 个区县均由原Ⅷ度（0.20g）、一组调整至Ⅷ度（0.20g）、二组。

以Ⅱ类场地为例（下文中以 T_{g1} 表示旧版《中国地震动参数区划图》中场地特征周期，T_{g2} 表示新版《中国地震动参数区划图》中场地特征周期），结构各自振周期范围内，门头沟等四区县水平地震影响系数放大了约 33%，如图 1.5-1、图 1.5-2 所示（本文中结构阻尼比均取 5%）。东城、西城等剩余 12 个区县，当结构自振周期位于 $0\sim T_{g1}$ 时，水平地震影响系数未变化；结构自振周期位于 $T_{g1}\sim 5T_{g2}$ 时，最大位置处，水平地震影响系数放大约 12.8%；当结构自振周期大于 $5T_{g2}$ 时，水平地震影响系数放大 2.17% ~ 3.34%。

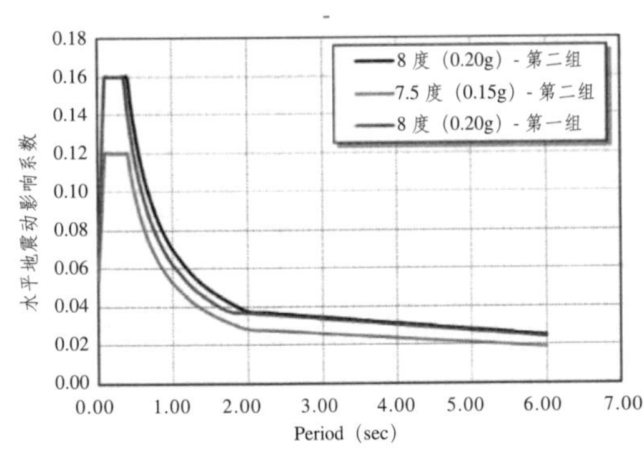

图 1.5- 1　设计规范反应谱
（Ⅱ类场地，δ=5%）

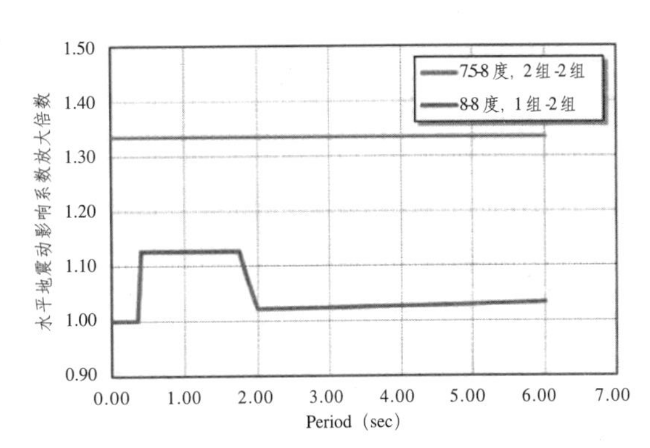

图 1.5- 2　地震动影响系数放大倍数
（Ⅱ类场地，δ=5%）

对不同场地类别下，北京地区水平地震影响系数放大倍数进行整理，统计结果见表 1.5-1。

不同自振周期下，水平地震影响系数放大倍数　　表 1.5-1

场地类别	门头沟等四区县			东城、西城等剩余 12 个区县		
	$0\sim T_{g1}$	$T_{g1}\sim 5T_{g2}$	$>5T_{g2}$	$0\sim T_{g1}$	$T_{g1}\sim 5T_{g2}$	$>5T_{g2}$
I_0	33%			0	0 ~ 22.2%	2.17% ~ 3.71%
I_1				0	0 ~ 17.8%	2.17% ~ 3.57%
Ⅱ				0	0 ~ 12.8%	2.17% ~ 3.34%
Ⅲ				0	0 ~ 19.8%	4.45% ~ 6.25%
Ⅳ				0	0 ~ 13.8%	4.45% ~ 5.56%
备注	如图 1.5-2 所示，当结构自振周期位于（$T_{g2}\sim 5T_{g1}$）时，水平地震影响系数放大倍数最大，为一水平段					

由表 1.5-1 统计结果可见：第一，本次地震动参数区划调整对门头沟、昌平、怀柔、密云四区县的结构设计影响较大，各周期范围内结构地震作用放大 1/3；第二，对东城、西城等 12 个区县，仅在结构自振周期落于 $T_{g1}\sim 5T_{g2}$ 范围内时有较大影响，地震力放大 12.8% ~ 22.2%；第三，对于东城、西城等 12 个区县中长周期结构（$T>5T_{g2}$）的设计，本次调整影响较小，地震力放大 2.2% ~ 6.3%。

徐培福等人通过对 414 栋我国已建或已通过超限审查的高层建筑结构统计分析，归纳出不同高度建筑结构的周期分布规律见表 1.4-2。

建筑高度与结构前三阶自振周期的关系　　表 1.5-2

建筑高度（m）	一阶周期（$T1$）	二阶周期（$T2$）	三阶周期（$T3$）
$H<50$	(0.08 ~ 0.15)	——	——
$50\leqslant H<100$	(0.15 ~ 0.30)	(0.23 ~ 0.33) $T1$	(0.12 ~ 0.19) $T1$
$100\leqslant H<150$	(0.20 ~ 0.35)	(0.23 ~ 0.33) $T1$	(0.12 ~ 0.19) $T1$
$150\leqslant H<250$	(0.25 ~ 0.40)	(0.23 ~ 0.33) $T1$	(0.12 ~ 0.19) $T1$
$250\leqslant H$	(0.30 ~ 0.40)	(0.26 ~ 0.34) $T1$	(0.14 ~ 0.20) $T1$

依据上述统计结果，不同建筑高度下结构的自振周期与建筑高度对应关系如图 1.5-3、图 1.5-4 所示。

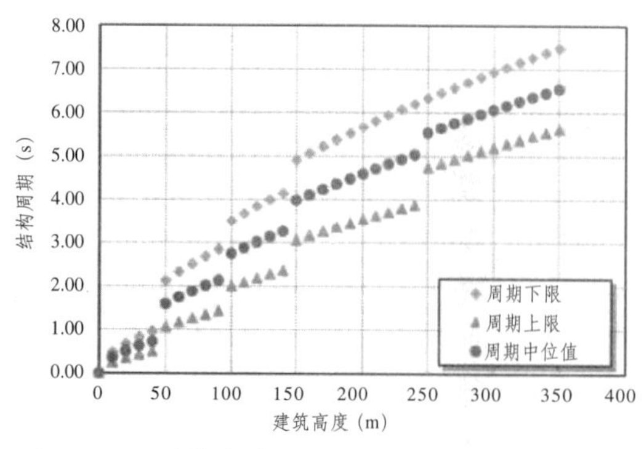

图 1.5-3　建筑高度与结构一阶自振周期的关系

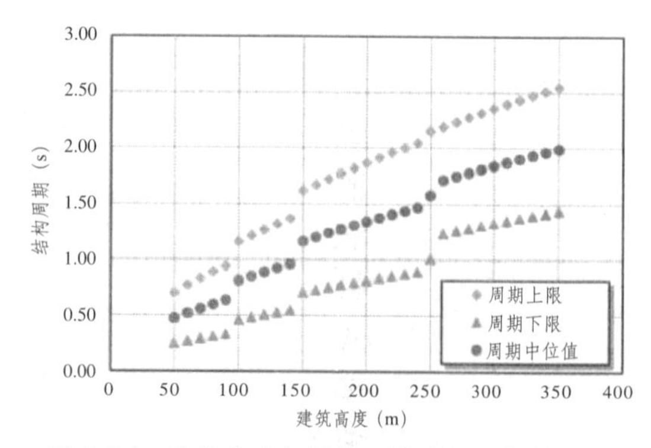

图 1.5-4　建筑高度与结构二阶自振周期的关系

以Ⅷ度（0.20g）、一组提升为Ⅷ度（0.20g）、二组为例，忽略高阶振型对结构地震作用计算的影响，不同场地类别下，本次地震动参数区划调整对下述高度范围内建设的建筑影响较大（北京地区），详见表 1.5-3。

不同场地类别下，地震动参数区划调整的建筑高度影响范围 表 1.5-3

场地类别	结构一阶周期 $T \in (T_{g1} \sim 5T_{g2})$	建筑高度（m）
I_0	0.20 ~ 1.25	2 ~ 70
I_0	0.25 ~ 1.50	3 ~ 100
Ⅱ	0.35 ~ 2.00	5 ~ 100
Ⅲ	0.45 ~ 2.75	9 ~ 150
Ⅳ	0.65 ~ 3.75	20 ~ 230

此外，新版《中国地震动参数区划图》的另一大特色是，其在附录中列出了全国各省（自治区、直辖市）乡镇府所在地、县级以上城市的Ⅱ类场地地震动峰值加速度和基本地震动加速度反应谱特征周期。需要注意的是：北京部分乡镇（街道），场地地震动峰值加速度及基本地震动加速度反应谱特征周期均进行了调整，如平谷区马坊镇，基本烈度由Ⅷ度调整为Ⅷ度半，设计地震分组由第一组调整为第二组；部分乡镇（街道），设计地震分组由第一组调整为第三组，如平谷区黄松峪乡。

场地类别为Ⅱ类时，上述两类调整导致的规范反应谱变化及水平地震影响系数放大倍数如图 1.4-5、图 1.4-6 所示。为便于考察地震分组及烈度变化导致的水平地震影响系数变化，考虑将水平地震影响系数的放大作用分解为两部分：一是“烈度效应”，即基本烈度提高对水平地震影响系数的影响；二是“分组效应”，即地震分组变化对水平地震影响系数的影响，采用公式可以表达为：水平地震影响系数放大倍数 = 烈度效应系数 × 分组效应系数。

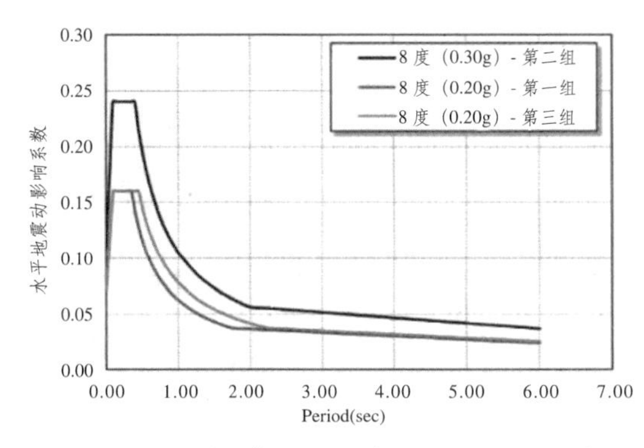

图 1.5-5 设计规范反应谱（Ⅱ类场地，δ=5%）

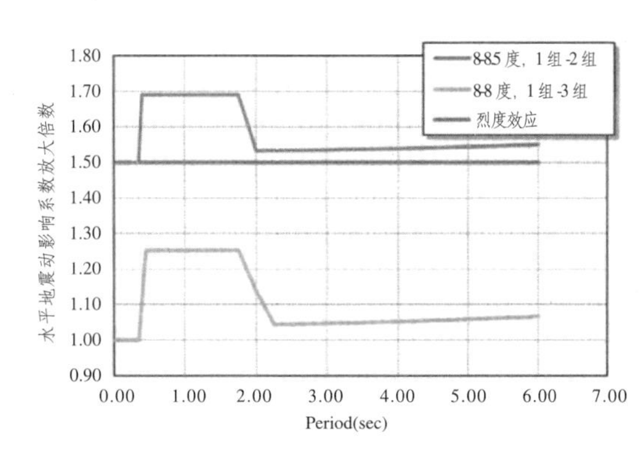

图 1.5-6 地震动影响系数放大倍数（Ⅱ类场地，δ=5%）

该方法可用于快速判断因《中国地震动参数区划图》调整而造成设计水平地震作用变化。例如，当场地类别为Ⅱ类时，若基本烈度由Ⅷ度调整为Ⅷ度半，设计地震分组由第一组调整为第二组，烈度效应系数在全周期范围内均为 1.5，分组效应系数在结构自振周期位于 T_{g2} ~ $5T_{g1}$ 时最大，取值 1.128（详见表 1.5-1 统计结果），因此最大位置处，设计水平地震作用放大至 1.692 倍；若基本烈度不调整，设计地震分组由第一组调整为第三组，烈度效应系数取值为 1.0，分组效应系数在结构自振周期位于 T_{g2} ~ $5T_{g1}$ 时最大，取值 1.254，因此最大位置处，设计水平地震作用放大至 1.254 倍（详见图 1.5-6 统计结果）。

1989 年，我国对《工业与民用建筑抗震设计规范》（TJ 11—78）进行了重新修订，同时将其更名为《建筑抗震设计规范》GBJ 11—89，以下简称 89 版规范。

2001 年、2008 年、2010 年、2016 年，随着近现代科学技术的发展及多次大地震带来的经验教训，我国对《建筑抗震设计规范》进行了较大幅度修订，相继出版了 2001 版、2008 版、2010 版、2016 版《建筑抗震设计规范》（2016 版抗规报审中）。

以规范设计反应谱为例，78 版规范设计反应谱仅与场地土条件有关，阻尼比取值 5%，反应谱长周期段以 1/T 的规律下降。89 版规范考虑了近、远震和不同场地条件下特征周期 Tg，阻尼比取值 5%，反应谱长周期段以 1/T0.9 的规律下降。为避免地震作用太小，78 版、89 版规范均对长周期结构设定了一个下限值为 $\alpha_{min}=0.2\alpha_{max}$ 的水平段。2001 版规范对 89 版规范的设计反应谱作了较大的改动，采用 3 个设计地震分组取代近、远震分组，提供了不同阻尼比反应谱曲线的调整方法。同时，为适应高层建筑的周期要求，将设计反应谱曲线的周期延长至 6s，并将长周期段分成曲线下降段和直线下降段两部分。2010 版规范保持了 2001 版规范设计反应谱的基本构架，仅对曲线下降段衰减指数、直线下降段的下降斜率及阻尼调整系数进行了微调。

以北京地区、Ⅷ度、Ⅱ类场地，阻尼比为 5% 的标准反应谱比较 78 版、89 版、2001 版、2010 版、2016 版《建筑抗震设计规范》中设计反应谱的变化，如图 1.5-7 所示。

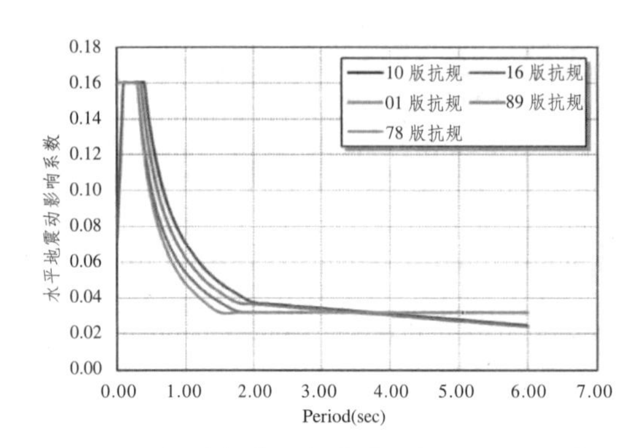

图 1.5-7　设计规范反应谱（Ⅱ类场地，δ=5%）

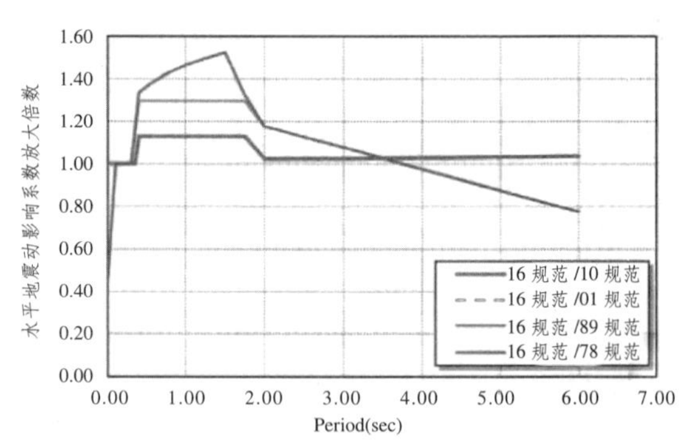

图 1.5-8　地震动影响系数放大倍数（Ⅱ类场地，δ=5%）

考虑到 78 版规范中是以基本烈度作用下的 α_{max} 值绘制的设计反应谱曲线，上图中对其进行了折算以与其他规范相比较，折算系数：0.45/0.16。

由图 1.5-7 和图 1.5-8 可见，相比于 2001 版及 2010 版设计规范，当结构自振周期落于 0.35 ~ 2.0s 区域时，2016 版设计规范地震作用放大显著，最大位置处，水平地震影响系数放大 12.7%；相比于 89 版设计规范，当结构自振周期落于 0.3 ~ 3.5s 区域时，地震作用放大显著，最大位置处，水平地震影响系数放大 30.0%；相比于 78 版设计规范，当结构自振周期落于 0.3 ~ 3.0s 区域时，地震作用放大显著，最大位置处，水平地震影响系数放大

52.0%。

在 78 版规范中，结构总水平地震荷载 $Q_0=C_{\alpha 1}W$，其中：C 表示结构影响系数，对于钢筋混凝土框架结构，C 取值 0.30（≤ 50m），无筋砌体结构，C 取值 0.45；W 表示产生地震荷载的建筑总重量。

以北京、Ⅷ度、Ⅱ类场地，多层砌体结构为例（底部剪力法核算），78 版规范中不考虑对重力荷载代表值进行折减，即 $Q_{0max}=0.45\times0.45\times W$；2016 版规范中，对多自由度体系考虑 85% 的重力荷载代表值折减，即 $Q_{0max}=0.16\times0.85\times W$。以两版规范设计的砌体结构，实际地震作用差别如图 1.5-9 所示。

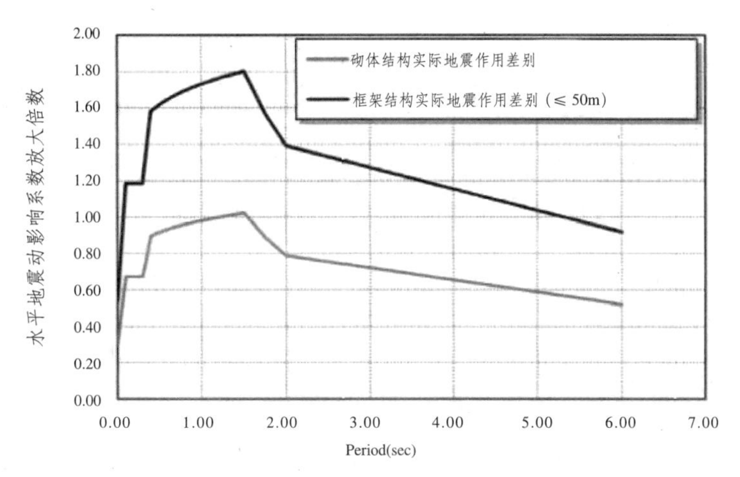

图 1.5-9　砌体、框架结构实际地震作用差别
（78 版规范 vs.2016 版规范）

同理，比较框架结构实际地震作用差别。此处比较时，未考虑因填充墙等因素对结构自振周期的折减，如图 1.5-10 所示。

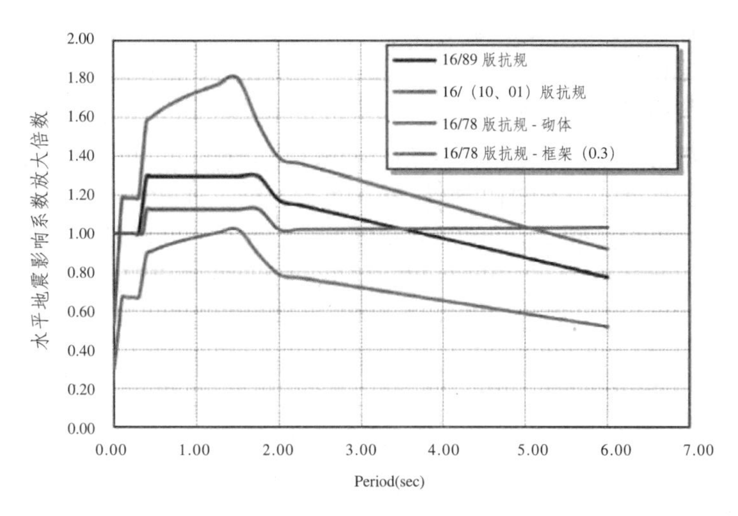

图 1.5-10　东、西城等 12 区县

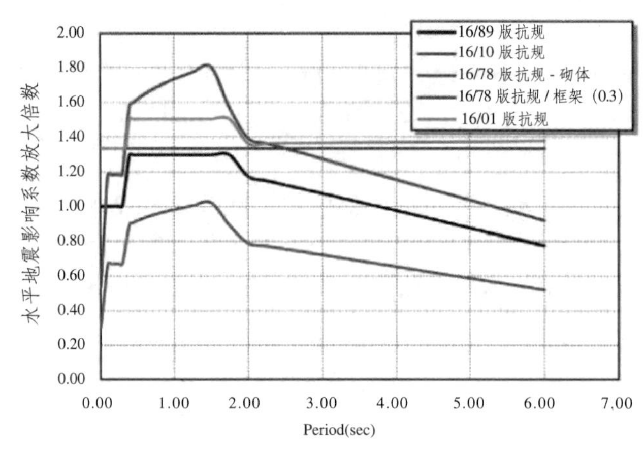

图 1.5-11　门头沟等 4 区县

由图 1.5-9 可见，78 版设计规范在砌体结构设计时，地震作用取值并不小于 2016 版设计规范。而对于框架结构，地震作用取值差别较大：结构高度小于 50m 时，最大位置处，地震作用放大近 80%。

对于北京地区而言，历次抗震设计规范中对各区县的调整并非完全一致，以Ⅱ类场地为例，可概括为：

第一，东、西城等 12 区县：78（Ⅷ度）→ 89（近震，Ⅷ度）→ 01（第一组，Ⅷ度）→ 10（第一组，Ⅷ度）→ 16（第二组，Ⅷ度）；

第二，门头沟等 4 区县：78（Ⅷ度）→ 89（近震，Ⅷ度）→ 01（第一组，Ⅶ度半）→ 10（第二组，Ⅶ度半）→ 16（第二组，Ⅷ度）。

分别比较上述两类情况下，不同结构类型，水平地震影响系数放大倍数的变化（Ⅱ类场地、d=5%），如图 1.5-10、图 1.5-11 所示。

不考虑后续使用年限对水平地震影响系数折减的情况下，以水平地震影响系数放大倍数作为各区县内建筑加固需求的判定标准，其中，东、西城等 12 区县以编号①表示，门头沟等 4 区县以编号②表示，排序结果如下（由急到缓）：

（1）78 版规范设计，50m 以下，框架结构，区域范围：① + ②；

（2）2001 版规范设计，所有结构类型，区域范围：②；

（3）2010 版规范设计，所有结构类型，区域范围：②；

（4）89 版规范设计，所有结构类型，区域范围：① + ②；

（5）78 版规范设计，50m 以上，框架结构，区域范围：① + ②；

（6）2001 版、2010 版规范设计，所有结构类型，区域范围：①；

（7）78 版规范设计，砌体结构，区域范围：① + ②。

综上所述，新版《中国地震动参数区划图》及新版《建筑抗震设计规范》调整对北京地区建筑结构设计地震作用取值的影响可以归纳为以下几个方面。

（1）门头沟、昌平、怀柔、密云四区县，结构地震作用放大 33%。

（2）东城、西城等 12 个区县，当结构自振周期落于 $T_{g1} \sim 5T_{g2}$ 范围内时有较大影响，不同场地类别，放大倍数不同，Ⅰ0 类场地时，地震作用最大位置处放大约 22.2%。

（3）对于设防烈度及地震分组均变化的地区，通过“烈度效应系数”及“分组效应系数”快速判断地震分组及烈度变化导致的水平地震影响系数变化。

（4）Ⅷ度、阻尼比 5%、Ⅱ类场地时，比较 78 版、89 版、2001 版及 2016 版抗震设计规范中设计反应谱，差别最大位置处，水平地震影响系数，78 版规范仅为 2016 版规范的 66%，89 版规范仅为 2016 版规范的 77%，2001 版规范为 2016 版规范的 88%。

（5）对比以 78 版、2016 版规范设计的框架结构、砌体结构：第一，砌体结构地震作用取值 78 版设计规范并不小于 2016 版设计规范；第二，结构高度小于 50m 的框架结构，最大位置处，78 版规范水平地震影响系数取值仅为 2016 版规范的 55%。

（6）对北京地区不同年代设计的建筑依据 2016 版设计反应谱与原设计反应谱比值进行了排序，结果可作为各区县建筑抗震加固工作推进次序的参考。

6　我国建筑物地震保险制度及保险费率厘定研究

郑山锁　相泽辉　郑　捷　郑　淏　孙龙飞
西安建筑科技大学土木工程学院，陕西西安，710055

地震是我国造成经济损失最多的自然灾害[1]，汶川地震造成的直接经济损失约占2007年全国GDP总量的3.4%；玉树地震所造成的直接经济损失约占2009年全国GDP总量的0.76%；唐山地震造成的经济损失约占1975年全国GDP总量的3.3%。面对地震造成的巨大经济损失，国际上多采用地震巨灾保险形式进行恢复重建，如美国、日本等，而我国则主要依靠政府财政投入进行重建，加重了国家财政的负担与不稳定，因此亟需建立符合我国国情的地震巨灾保险制度。国内学者对如何建立我国的地震保险制度进行了初步讨论：郑伟[2]认为建立地震保险制度应首先制定相关法律法规并设立地震保险核心机构；李花等[3]认为制定地震保险制度应着眼于政府与市场扮演的角色；熊华等[4]认为应采用局部强制投保的方式进行地震保险普及；鄢斗等[5]认为应通过金融等衍生物进行地震风险转移。上述研究仅从单一的角度或局部对地震保险制度进行了讨论，因此有必要对适应我国国情的地震保险制度进行整体阐述。

地震保险费率厘定技术未得到合理解决是我国地震保险制度未能建立的另一原因。保险费率应基于大数定理厘定，而地震发生次数较少导致其不满足大数定理适用条件，故基于地震工程学理论进行地震保险费率厘定方法成为学术界共识。我国学者也在这方面进行了研究：朱建刚等[6]认为基于工程学理论的费率厘定方法需三方面的技术支持：建筑物经济损失比矩阵、建筑物单体破坏比矩阵、关于场地地震烈度矩阵；马玉宏等[7]采用极值Ⅲ函数来刻画地震烈度分布，结合经验地震易损性矩阵及损失比矩阵厘定出不同地震危险性区RC框架结构保险费率；陶正如等[8]基于汶川地震数据修正四川省地震危险性，结合震后建筑物破坏比矩阵及损失比矩阵厘定出两种免赔率情况下的RC框架与砖混结构地震保险费率。针对上述研究所采用的经验地震易损性方法的固有缺陷，本文基于课题组所获得的解析地震易损性曲线并恰当考虑地震危险性，以厘定地震保险费率。

一、地震保险制度设计

保险制度[9]是指为降低未知事件可能造成的经济损失而建立的风险分散制度。根据保险制度的定义，并结合地震风险的特点，可以得知我国的地震保险制度应涵盖下述内容：①政府角色；②保险普及方式；③保单出售方式；④保险金额确定；⑤免赔率确定；⑥保单涵盖范围；⑦保险费率确定。以下即从上述诸方面就适合我国国情的地震保险制度进行论述。

1. 政府角色

政府角色定义是保险制度确立过程中关键的一环。普通保险可通过资本市场自主进行保险费率确定、保险政策制定、保单发售及保单索赔等系列行为，而地震保险行业则不能自由发展，具体原因如下：①地震损失巨量性导致单一保险公司不具备赔付能力，因此政府机构需作为枢纽，联合各保险公司组建共保体以应对巨额损失。②资本市场追逐利润最大化。为规避地震可能造成的巨额赔偿，保险公司会只在地震风险较低地区开展地震保险业务，或在风险较高地区提高保费，抑或是震后拒绝赔付，这一点在美国加州Northridge[9]地震中尤为突出。我国地震保险制度应以民众可接受保费普及地震保险，但这与资本市场的本质相矛盾，因此政府需对地震保险行业进行扶持与引导。③我国民众受教育水平较低，部分民众对于地震保险会采取逆向选择，而保险公司与民众信息的不对称会导致高费率，使得房屋质量好、日常注意维修的优质客户不愿投保，因此政府需对民众进行正确引导。

综上所述，地震风险损失巨量性、时空不确定性导致其不能在资本市场自由发展，而应有政府介入，这一点在巨灾保险制度成熟的国家中已充分体现，亦成为学术界共识，但政府部门采用何种方式介入、介入程度如何，则应与国家基本国情相适应。

政府介入一般采用三种形式：行政介入、财政介入、两者综合介入。财政介入是指政府以特定方式对资本市场进行资金支持，如：政府地震保险公司进行担保，若资本市场赔付能力不足，政府对超过资本市场赔付能力之外的索赔进行兜底赔付。行政介入是指政府通过行政手段对地震保险行业进行扶持，或作为非财政角色参与地震保险市场运营。综合介入即为两者综合。

笔者认为我国地震保险制度中政府应起到综合介入的角色：①政府应成立特定部门以起到枢纽作用，通过沟通协调将全国资产良好的保险公司联合起来组建共保体；②政府部门应加强地震风险宣传力度，提高民众风险意识；③政府部门应从财政上对共保体成员公司给予支持，如：降低税率；④政府部门应对超过共保体赔付能力之外的索赔进行财政兜底以提高共保体信用等级。上述①②项为行政介入，③④项为财政介入。

2. 地震保险普及方式

目前各国（地区）地震保险普及方式有完全自愿、部分强制、完全强制三种。

完全自愿是指居民自主选择是否投保。采用此类普及方式的国家其经济发展水平、民众受教育水平及风险意识均较高，如日本、美国加州等；部分强制是指居民并不被强制购买地震保险，但当居民办理某些业务时（如办理购房贷款）会被要求购买地震保险。如我国台湾地区、新西兰等；完全强制是指居民须先投保地震保险才可申请住宅产权登记，如土耳其、罗马尼亚等。

笔者认为现阶段我国应采用部分强制方式普及地震保险，原因如下：①我国居民受教育水平、风险意识较低。在我国经济、政治、文化中心的北京，采取自愿形式来购买居民家庭财产保险的仅为总人口的4.1%（根据2011年北京财产保险学会调查报告），因此完全自愿普及方式会造成地震保险普及率较低，故此方式不适宜。②我国现阶段经济发展水平较低，完全强制普及方式给居民造成额外负担，亦不适宜。

我国部分强制式地震保险应逐步分层次进行普及，如：先从新建房屋实行，民众购买房屋时强制缴纳；对于已建房屋，业主购买财产保险、火险或办理贷款业务时强制投保；剩余部分房屋应考虑地域差异循序渐进实施。为鼓励民众积极投保，政府的财政补贴应根据用户投保地震保险与否而区别对待。对于拒不投保地震保险的房屋屋主，不仅不存在保险公司震后赔付，而且不给予其政府财政补贴，或者补贴额度相较于投保用户降低一定比例，以引导居民投保。

3. 出售方式

地震保险制度健全国家主要以两种方式出售保单：①作为火灾保险、家庭财产险等基本险的附加选择项，由民众自主选择；②与火灾保险、家庭财产保险等基本险捆绑出售，民众在购买财产基本险时必须购买地震保险，如法国、西班牙。多数国家（如日本、美国加州、欧盟多数成员国）将地震保险保单与火灾保险保单共同发售的原因在于他们的房屋多为木结构，历次地震造成的火灾损失十分巨大，故将两者结合。

我国城镇、农村房屋多为钢筋混凝土结构与砌体结构，相较于木结构，房屋主体受火灾影响较小，故笔者认为我国地震保单可单独出售。与火灾保险、家庭财产保险平行单独出售的另一个优势在于，居民可根据家庭情况灵活性组合购买。

4. 保险金额确定

保险金额[9]是指保险合同项下，保险公司承担赔偿或给付保险金责任的最高限额，同时又是保险公司收取保险费的计算依据。通过设定保险保单赔付上限，进行限额赔付，保险公司可将风险控制在一定范围之内。与一般保险相同，我国地震保险也需设定保险金额作为地震保险的最高赔付额。

在地震保险成熟的国家（地区）中，保险金额设定的原则各有不同：罗马尼亚保险金额为10000欧元、20000欧元两个档次；日本取火灾保险限额的30%～50%，主体结构不大于1000万日元，室内家庭财产不大于500万日元；我国台湾地区的保险金额取房屋使用面积与建筑物每平方米单价之积且不超过150万台币。

笔者认为，地震保险的目的在于保证居民震后的基本住房需求，故我国地震保险金额应根据家庭人数、区域人均住房面积、区域建筑物市场单价之积计算确定，这种确定方法有其独特优点：①考虑人均住房面积可保障震后居民的基本住房需求；②保险费直接与保险金额挂钩，根据人均住房面积、建筑物市场单价确定保险金额可以更好地考虑各地经济水平的差异，提高各地居民购买地震保险的积极性。

5. 免赔率确定

免赔率[9]为损失免赔金额与损失金额比值，分为相对免赔率与绝对免赔率两种。相对免赔率是指当实际损失比例超过免赔率时，保险公司赔偿被保险者的金额为实际全部损失额；绝对免赔率是指当实际损失比例超过免赔率时，保险公司仅赔偿被保险者超过免赔率部分的损失。

现阶段国际上采用最广泛的地震保险免赔率取值区间为2%～15%，或规定固定免赔金额。参考各国免赔率并结合我国实际国情，笔者认为我国地震保险制度应采取5%～10%的绝对免赔率。

设定免赔率优点：①设定免赔率可为地震保险公司减少损失较小的索赔单，降低工作量；②设定免赔率可提高屋主日常主动维修房屋的积极性，以避免小震引起房屋损失较小而不能进行索赔的情形；③设定免赔率可减少被保险人保费支出，降低被保险人的保费负担。

6. 保单涵盖范围

目前各国（地区）地震保险保单涵盖范围有住宅、个人财产两方面，新西兰、日本、法国及土耳其的保单涵盖住宅与个人财产损失，墨西哥及我国台湾地区的保单仅涵盖住宅损失。为与直接经济损失分类相对应，笔者认为我国地震保险保单应涵盖三方面：房屋主体结构、房屋室内装修、房屋室内财产。居民在购买地震保险时可根据具体情况灵活投保，如房屋所有者可同时选三者进行投保，房屋租客则可只投保室内财产，而房屋出租者则只须投保房屋主体结构与房屋室内装修。

二、地震保险费率厘定

1. 地震保险费率现状及发展方向

日本保险费率厘定方法：假定自 1498 年 6 月 19 日至 1976 年 6 月 16 日 347 次破坏性地震，外加 1978 年两次地震，共 485 年 349 次地震发生在现在，估算出 349 次地震造成的经济损失，除以 349 即为地震造成的年平均损失值，基于地震保险不盈利原则（即地震保费收支相抵），则年平均保费等于年平均损失值，除以保险金额总额即为年平均保险费率。

我国台湾地区全岛均位于环太平洋地震带，且区域面积较小，地震危险性差异较难区分，同时为简化投保程序，所有地区采用单一费率：1.1‰。表 1.6-1 ~表 1.6-3 给出了现行各国（地区）地震保险费率[10-15]。

土耳其现行地震保险费率（‰） **表 1.6-1**

结构类型	1 类地区	2 类地区	3 类地区	4 类地区	5 类地区
钢、RC 框架	2.20	1.55	0.83	0.55	0.44
砌体	3.85	2.75	1.43	0.60	0.50
其他结构	5.50	3.53	1.76	0.78	0.58

注：1~5类编号表征地区地震危险性，1类地震危险性最高，5类最低。

日本现行地震保险费率（‰） **表 1.6-2**

区域	房屋类型			
	木结构		非木结构	
	建筑物	财产	建筑物	财产
1 类地区	2.3	1.7	0.7	0.5
2 类地区	2.9	2.0	0.8	0.6
3 类地区	3.7	2.6	1.4	1
4 类地区	4.2	3.0	1.6	1.1
5 类地区	4.8	3.4	1.8	1.3

注：1~5类编号表征地区地震危险性，1 类地震危险性最低，5 类最高。

其余国家与地区地震保险费率 **表 1.6-3**

国家 / 地区	费率 /‰
新西兰	0.1 ~ 0.5
美国加州	1.05 ~ 5.25
中国台湾	1.1
墨西哥	0.2 ~ 5.3
法国	基本保单的 12%

2. 费率厘定

根据上文所述，地震保险费率厘定须基于地震危险性、结构易损性及经济损失三方面理论，如何将这三方面理论合理结合起来，是本文研究重点。

（1）地震危险性

我国幅员辽阔，各地区地震危险性差异较大，这一点可以从我国地震区划图里得到充分体现，故地震保险费率应基于各地区地震危险性。地震成因非常复杂，这是各国地震学者亟待解决的问题。现阶段各国地震工程学者均基于概率地震危险性分析（PSHA）方法研究地震危险性，最终得到地震危险性曲线。

我国地震动区划图历经五次修正，自第 3 代开始，区划图是基于 PSHA 理论并结合我国震害资料制定的，能比较真实地反映我国各地区地震危险性。

文献[16]采用地震危险性曲线中 50 年超越概率为 10% 的地震动来厘定地震保险费率，通过对比 HAZUS、ATC—13、Proposed Method 等方法得出结论：采用此地震动表征地震危险性以厘定保险费率是合理的。文献［17 ~ 20］认为厘定费率应考虑所有可能发生的地震，本文根据此方法计算得到的保险费率是上述费率 2 ~ 4 倍，与目前各国采取的费率相比过大，因此本文亦采用 50 年超越概率为 10% 的地震动来表征地震危险性。

（2）结构易损性

结构易损性是用来表征在遭受不同强度地震动的作用下，结构发生各种破坏状态的概率。其从概率意义上定量反映结构抗震性能，为预测震后区域结构破坏状态，以及进行风险控制提供技术支持。结构易损性概率属性可为进行地震保险费率厘定提供数学基础。

目前国内学者厘定保险费率多基于经验易损性矩阵，经验易损性矩阵根据震后统计数据得到，有其固有缺陷。①基础数据少：我国未系统进行震后建筑物破坏数据统计，导致灾区既有建筑物震害数据不足。除此之外，现阶段我国城市多数结构并未受破坏性地震考验，缺乏震害资料。②适用性差：某地区统计得到的经验易损性矩阵由于地区差异并不一定适应另一地区。如两地地基条件不同使得地基—基础相互作用不同，从而最终导致建筑物破坏状态不同。③不连续一次地震只能统计得到该地震动强度下的结构破坏概率，经验易损性不连续性使得需选择合适地震风险以进行费率计算难以实现。④主观性强：地震学专家在灾区判断建筑物破坏状态时主观判断影响较大，且根据既有结构经验易损性矩阵推断其他结构易损性矩阵亦存在较大主观性。与经验易损性相反，解析易损性可根据具体情况模拟计算任何结构易损性曲线，可考虑建筑物所处地区差异，可得到任何地震动强度下结构不同破坏状态概率，且具有严谨数学理论基础。

根据上述讨论，本文基于解析地震易损性曲线进行保险费率厘定。为使建筑结构地震易损性曲线数据库具有可扩展性，课题组以各类典型结构作为城市区域相应建筑结构的主要代表模型，并考虑建筑高度、抗震设防烈度、龄期及抗震设计规范以考虑结构主要参数对建筑结构地震易损性影响。本文选取典型 RC 框架结构进行费率厘定，建立解析易损性曲线考虑如下参数。建筑高度：2、5、8 及 10 层，层高 3.6m；抗震设防烈度：6（0.05g）、7（0.1g）、7（0.15g）及 8（0.2g）度；龄期：30、40、50 及 60 年；抗震设计规范：未抗震设防、《工业与民用建筑抗震设计规范》TJ 11—78[21]（简称：78 规范）及《建筑抗震设计规范》GBJ11—89[22]（简称：89 规范）。由以上参数计算获得 576 条 RC 框架结构解析地震易损性曲线。图 1.6-1 给出 16 条 2 ~ 10 层、6 度抗震设防、龄期 30 年、89 规范典型 RC

框架结构解析地震易损性曲线。

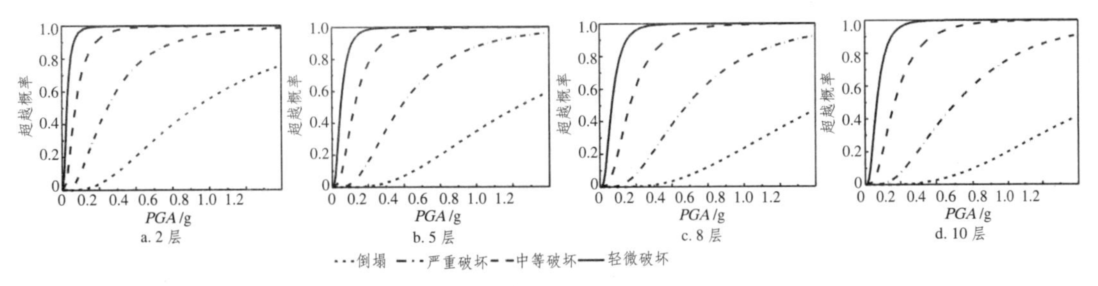

图 1.6-1　2 ~ 10 层　RC 框架结构地震易损性曲线

（3）损失

建筑工程结构破坏损失比（%）　　表 1.6-4

结构类型	破坏等级				
	基本完好	轻微破坏	中等破坏	严重破坏	毁坏
多层砖房	0 ~ 5	5 ~ 10	10 ~ 40	40 ~ 70	70 ~ 100
钢筋混凝土结构	0 ~ 5	5 ~ 10	10 ~ 40	40 ~ 70	70 ~ 100
单层工业厂房	0 ~ 4	4 ~ 8	8 ~ 35	35 ~ 70	70 ~ 100
城镇平房	0 ~ 4	4 ~ 8	8 ~ 30	30 ~ 60	60 ~ 100
农村建筑	0 ~ 4	4 ~ 8	8 ~ 30	30 ~ 60	60 ~ 100

建筑装修及室内财产破坏损失比（%）　　表 1.6-5

结构类型	损失比类别	破坏等级				
		基本完好	轻微破坏	中等破坏	严重破坏	毁坏
建筑装修		3	13	34	74	93
室内财产		0	1	10	40	90
钢筋混凝土结构	建筑装修	6	18	43	81	96
	室内财产	0	1	5	20	60
建筑装修		6	18	43	81	96
室内财产		0	5	8	35	90
建筑装修		3	13	34	74	93
室内财产		0	0	5	30	80

建筑物主体结构损失比[23]是其在不同破坏程度下的修复或重建费用与建筑物主体结构重置单价的比值。确定合理损失比是厘定地震保险费率的关键所在。文献 [23] 针对我国历次地震灾害经验总结，给出了不同结构类型的损失比，如表 1.6-4 所示。根据文献 [23-24]，课题组确定出建筑装修及室内财产损失比，如表 1.6-5 所示。

表 4 和表 5 系根据实际震害资料统计得到，可信度较高，故本文采用上表损失比进行地震保险费率。

（4）费率计算

地震保险纯费率厘定原则：①纯费率厘定理论基础正确；②地震保险不以盈利为主。即在保证保险公司不亏损前提下尽量降低地震保费。

根据地震保险不盈利原则，则纯费率等于期望损失率，即：

$$BR=P_{SH}\times P_{ML} \tag{1.6-1}$$

式中：根据 $1-[1-P_{SH}(10\%,50)]^{50}=10\%$，计算得 $P_{SH}=0.002105$，即重现周期为 $1/P_{SH}=475$ 年。

P_{ML}（possible maximum loss）为结构可能的最大损失值，本文定义其为结构遭受本地区设防烈度水平地震动作用（根据最新地震动区划图确定，且假定结构所在地区基本设防烈度在地震动区划图更新后未改变）后可能的最大损失值，按下式计算：

$$P_{ML}=\sum_{DS}P_{(DS,\ SH)}\times DR_{DS} \tag{1.6-2}$$

式中：DR_{DS} 为某破坏状态下主体结构、建筑装修或室内财产的损失比，主体结构取中间值；$P_{(DS,\ SH)}$ 为建筑物遭受本地区设防烈度水平地震动时主体结构不同破坏状态概率，本文设定建筑装修及室内财产易损性与主体结构易损性相同。图 1.6-2 为计算所得 89 规范、龄期 30 年、2 ~ 10 层典型 RC 框架结构的 P_{ML} 值。

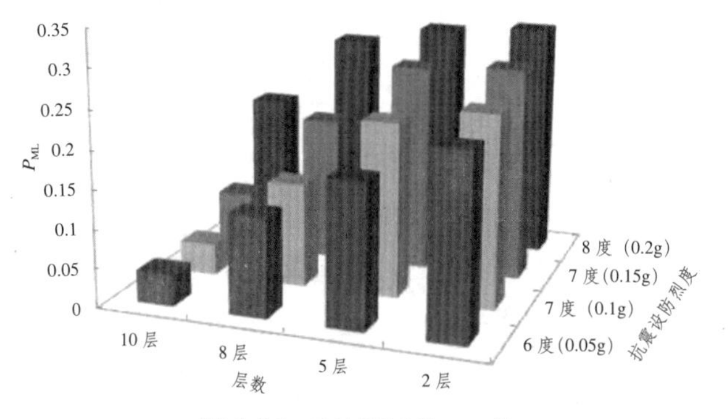

图 1.6-2　RC 框架的 P_{ML} 值

89 规范典型 RC 框架结构费率（‰）　　表 1.6-6

龄期 / 年	设防烈度	层数											
		10 层			8 层			5 层			2 层		
		主体	装修	财产	主体	装修	财产	主体	装修	财产	主体	装修	财产
30	6 度 (0.05g)	0.102	0.157	0.008	0.106	0.142	0.008	0.186	0.245	0.0182	0.449	0.457	0.042
	7 度 (0.1g)	0.319	0.485	0.031	0.340	0.5492	0.038	0.473	0.586	0.462	0.691	0.749	0.085
	7 度 (0.15g)	0.468	0.581	0.056	0.570	0.689	0.070	0.679	0.789	0.084	0.751	0.815	0.098
	8 度 (0.2g)	0.593	0.711	0.070	0.625	0.712	0.079	0.697	0.812	0.095	0.773	0.882	0.100
40	6 度 (0.05g)	0.108	0.270	0.011	0.110	0.267	0.011	0.196	0.354	0.021	0.472	0.606	0.057
	7 度 (0.1g)	0.335	0.491	0.038	0.356	0.504	0.040	0.497	0.629	0.059	0.726	0.830	0.097
	7 度 (0.15g)	0.492	0.624	0.061	0.598	0.719	0.077	0.713	0.819	0.095	0.788	0.888	0.111
	8 度 (0.2g)	0.623	0.727	0.079	0.656	0.758	0.087	0.732	0.830	0.101	0.812	0.901	0.109

续表

龄期 / 年	设防烈度	层数											
		10 层			8 层			5 层			2 层		
		主体	装修	财产	主体	装修	财产	主体	装修	财产	主体	装修	财产
50	6 度 (0.05g)	0.127	0.290	0.014	0.122	0.287	0.014	0.222	0.388	0.025	0.517	0.668	0.069
	7 度（0.1g）	0.374	0.535	0.046	0.397	0.557	0.049	0.546	0.695	0.071	0.778	0.912	0.116
	7 度 (0.15g)	0.538	0.687	0.073	0.648	0.791	0.093	0.764	0.900	0.114	0.839	0.972	0.132
	8 度（0.2g）	0.674	0.814	0.095	0.707	0.847	0.105	0.784	0.919	0.121	0.864	0.990	0.132
60	6 度 (0.05g)	0.136	0.300	0.015	0.144	0.295	0.015	0.223	0.386	0.026	0.545	0.694	0.074
	7 度（0.1g）	0.397	0.556	0.049	0.421	0.578	0.053	0.575	0.721	0.077	0.814	0.947	0.126
	7 度 (0.15g)	0.565	0.714	0.079	0.679	0.821	0.101	0.799	0.934	0.124	0.877	1.009	0.145
	8 度（0.2g）	0.707	0.846	0.104	0.740	0.880	0.114	0.820	0.954	0.132	0.901	1.027	0.143

78 规范典型 RC 框架结构费率（‰） 表 1.6- 7

龄期 / 年	设防烈度	层数											
		10 层			8 层			5 层			2 层		
		主体	装修	财产	主体	装修	财产	主体	装修	财产	主体	装修	财产
30	6 度 (0.05g)	0.107	0.168	0.011	0.106	0.163	0.011	0.192	0.280	0.021	0.461	0.606	0.057
	7 度（0.1g）	0.349	0.513	0.042	0.349	0.513	0.042	0.508	0.661	0.066	0.841	0.977	0.137
	7 度 (0.15g)	0.546	0.697	0.071	0.570	0.718	0.075	0.721	0.858	0.103	0.920	1.099	0.167
	8 度（0.2g）	0.656	0.800	0.094	0.755	0.893	0.114	0.864	0.995	0.137	0.953	1.084	0.163
40	6 度 (0.05g)	0.113	0.271	0.012	0.115	0.281	0.013	0.202	0.362	0.023	0.474	0.621	0.062
	7 度（0.1g）	0.360	0.723	0.077	0.388	0.728	0.079	0.545	1.352	0.294	0.890	1.235	0.222
	7 度 (0.15g)	0.545	0.695	0.072	0.571	0.718	0.075	0.722	0.859	0.103	0.971	1.102	0.168
	8 度（0.2g）	0.656	0.801	0.095	0.756	0.894	0.115	0.865	0.996	0.138	1.026	1.086	0.164
50	6 度 (0.05g)	0.139	0.292	0.015	0.146	0.298	0.016	0.246	0.389	0.029	0.541	0.669	0.069
	7 度（0.1g）	0.384	0.566	0.051	0.407	0.565	0.051	0.582	0.728	0.079	0.932	1.069	0.167
	7 度 (0.15g)	0.620	0.765	0.086	0.650	0.792	0.091	0.809	0.942	0.125	1.030	1.200	0.203
	8 度（0.2g）	0.736	0.875	0.112	0.842	0.979	0.139	0.956	1.088	0.167	1.044	1.181	0.192
60	6 度 (0.05g)	0.148	0.302	0.016	0.156	0.301	0.018	0.271	0.392	0.031	0.569	0.695	0.075
	7 度（0.1g）	0.432	0.588	0.055	0.430	0.587	0.055	0.606	0.749	0.085	0.973	1.109	0.182
	7 度 (0.15g)	0.652	0.794	0.093	0.683	0.822	0.098	0.845	0.978	0.136	1.073	1.246	0.224
	8 度（0.2g）	0.772	0.912	0.123	0.881	1.016	0.152	0.997	1.130	0.183	1.092	1.229	0.220

78 未抗震设防 RC 框架结构费率（‰） 表 1.6-8

龄期/年	设防烈度	层数											
		10 层			8 层			5 层			2 层		
		主体	装修	财产	主体	装修	财产	主体	装修	财产	主体	装修	财产
40	6 度(0.05g)	0.262	0.27384	0.01186	0.271	0.282	0.019534	0.366	0.391	0.02196	0.418	0.6096	0.05832
50		0.2882	0.2952	0.0164	0.343	0.356	0.02216	0.371	0.3948	0.03676	0.528	0.672	0.07044
60		0.2982	0.3048	0.01872	0.3686	0.386	0.025	0.410	0.412	0.04972	0.653	0.6972	0.07632

在纯费率基础上考虑保险公司正常开销、上税等费用，可得到地震保险总费率如下：

$$TR=BR\times(1+\delta) \tag{1.6-3}$$

式中 d 为附加参数，代表保险公司日常开销、上税等费用，本文取值 0.2。

基于上述地震危险性、结构易损性及既有损失研究成果，结合保险费率厘定方法，计算出基于不同设计规范设计的典型 RC 框架结构的地震保险费率，如表 1.6-6 ~ 表 1.6-8 所示。

需要说明的是：因 1978 年之前我国无抗震设计规范，故 1978 年之前的建筑物按 6 度地震烈度抗震设防考虑。由表 1.6-6 ~ 表 1.6-8 可知：

1）随着抗震规范的不断更新，RC 框架结构主体结构、建筑装修及室内财产地震保险费率逐渐降低，原因在于我国建筑物结构可靠度随抗震规范更新而不断提高。

2）随着层数增加，主体结构、建筑装修及室内财产地震保险费率不断降低。

3）保险费率随地区设防烈度提高而逐步增大。这一点显而易见，设防烈度是概率地震危险性分析结果的一种表现形式，从一定程度上反映了地区地震危险性水平。

4）建筑装修费率最高，主体结构次之，室内财产最低。

5）随着层数的增加，任两种设防烈度条件下费率增加幅度逐步增大，如 89 抗震规范、30 年龄期，在 7、8 度地震设防烈度情况下，主体结构费率增加幅度由 2 层的 11.8% 增加到 10 层的 85.9%。

6）将遭受本地区设防烈度相当的地震动作为地震危险性表征，结合相应典型结构解析地震易损性曲线及既有损失研究成果来计算获得地震保险费率的方法是合理可行的。

三、结语

1．我国地震保险制度可采取以下形式：政府综合介入方式；部分强制普及方式；地震保险单独出售形式；以家庭人数、区域人均住房面积与区域建筑物市场单价之积确定保险金额；5% ~ 10% 绝对免赔率；保单涵盖三方面（自主组合）：房屋主体、室内装修、室内财产。

2．以相应典型结构解析地震易损性曲线为基础，结合地震危险性与结构损失得到考虑建筑高度、抗震设防烈度、服役龄期及抗震设计规范差异的 RC 框架主体结构、建筑装修及室内财产地震保险费率合理可行。研究可为我国地震保险制度及其费率厘定的建立提供技术支持。

参考文献

[1] 中国地震信息网 [EB/OL] . [2016—01—08] .http：//www.csi.ac.cn/

[2] 郑伟．地震保险：国际经验与中国思路 [J]．保险研究，2008 (6)：9—14.

[3] 李花，梁峰．地震后再看我国的巨灾保险制度 [J]．时代经贸，20083 (6)：64—65.

[4] 熊华，罗奇峰．国内外地震保险概况 [J]．灾害学，2003，18 (3)：61—65.

[5] 鄢斗，邹炜．美国地震保险发展模式及其对我国的启示 [J]．海南金融，2008 (12)：63 - 66.

[6] 朱建钢，杨晓梅．地震保险净费率之厘订的工程学方法研究 [J]．四川地震，1995 (3)：53 - 60.

[7] 马玉宏,赵桂峰,谢礼立等．基于地震危险性特征分区的建筑物地震保险费率 [J]．四川建筑科学研究，2009，35 (6)：197—200.

[8] Tao Z，Wu D D，Zheng Z，etal．Earthquake Insurance andEarthquake Risk Management [J]．Human and Ecological RiskAssessment，2010，16 (3)：524 - 535.

[9] 钟明．保险学 [M]．上海：上海财经大学出版社，2015.

[10] 美国加州地震局．美国加州地震局网站 [EB/OL]．[2016—01—08]．http：//www2.earthquakeauthority.com/Pages/default.aspx.

[11] 土耳其巨灾保险共同体网站 [EB/OL]．[2016—01—08]．http：//www.dask.gov.tr/.

[12] 三上康夫．日本的地震保险制度和保险费率的确定方法 [J]．国际地震动态，1988 (5)：31 - 35.

[13] 马淑芹．新西兰的地震保险 [J]．中国应急救援，2007 (3)：1—2.

[14] 台湾财团法人住宅地震保险基金 [EB/OL]．[2016—01—08]．http：//www.treif.org.tw/contents/G_news/G1.aspx.

[15] 林蓉辉．昆明地区地震保险的科学性研究 [M]．昆明：云南科技出版社，1992.

[16] Ceyhun Eren•Hilmi Lus．A risk based PML estimation methodfor single-story reinforced concrete industrial buildings and its impact on earthquake insurance rates [J]．Bull Earthquake Eng，2015

[17] Aglaia Petseti and Milton Nektarios．National Earthquake Insurance Programme for Greece [J]．The Geneva Papers on Risk andInsurance—Issues and Practice，2012 (37)：377—400.

[18] Yucemen MS．Probabilistic assessment of earthquake insurancerates for Turkey [J]．Natural Hazards，2005 (35)：291 - 313.

[19] Yucemen MS．Probabilistic assessment of earthquake insurancerates for important structures：Application to Gumusova-Geredemotorway [J]．Structural Safety，2008 (30)：420—435.

[20] Aykut Deníz．Estimation of earthquake insurance premium ratesbased on stochastic methods [D]．Turkey：The middle east technical university，2006.

[21] 工业与民用建筑抗震设计规范 TJ 11—78，[S]．北京：中国建筑工业出版社，1977.

[22] 建筑抗震设计规范 GB J11—89 [S]．北京：中国建筑工业出版社，1988.

[23] 尹之潜．地震灾害及损失预测方法 [M]．北京：地震出版社，1996.

[24] 陈洪富．城市房屋建筑装修震害损失评估方法研究 [D]．哈尔滨：中国地震局工程力学研究所，2008.

7　西北太平洋 2016 年热带气旋的特征分析

白莉娜　万日金　鲁小琴　方平治　余晖
上海台风研究所，上海，200030

一、2016 年热带气旋活动特点及影响

1. 热带气旋生成数略偏少，首台生成晚，生成时段集中

2016 年西北太平洋和南海的热带气旋共有 29 个，其中超强台风 8 个，强台风 4 个，台风 1 个，强热带风暴 5 个，热带风暴 8 个，热带低压 3 个（表 1.7-1）。

从 2016 年西北太平洋和南海的热带气旋（除热带低压外）生成月际分布看（图 1.7-1），上半年（1 ~ 6 月）没有热带气旋生成，生成时段主要集中在 7 ~ 10 月，占全年总数的 88.5%。首个热带气旋为超强台风“尼伯特”（Nepartak），生成时间在 7 月 2 日，首台时间只早于 1998 年 7 月 9 日生成的热带风暴“Nichole”。7 月生成数与常年持平，8 ~ 10 月较常年偏多，11 和 12 月较常年偏少。末次超强台风“洛坦”（Nock-ten）出现的时间为 12 月 22 日。

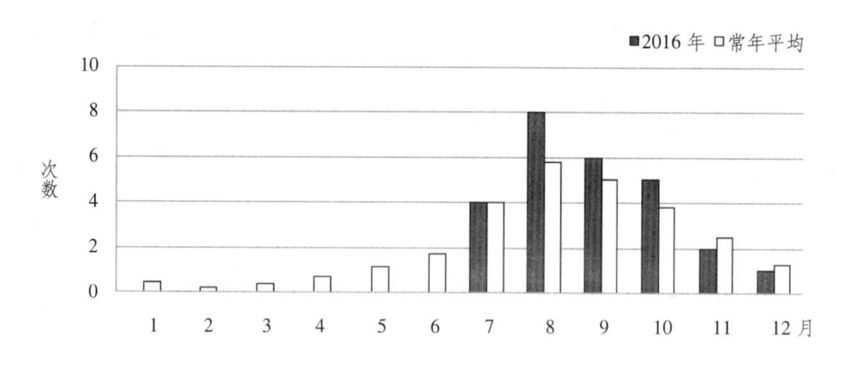

图 1.7-1　西北太平洋和南海台风、强热带风暴、热带风暴出现次数

2016 年南海海域共有 10 个热带气旋活动，热带风暴级以上的热带气旋出现次数略多于常年平均，其中超强台风 4 个、台风 1 个、强热带风暴 2 个、热带风暴 2 个、热带低压 1 个。在南海海域生成的热带风暴级以上的热带气旋为 3 个，另有 6 个则由西北太平洋移入南海海域。月际分布与常年相比，南海海域 1 ~ 6 月没有热带气旋（除热带低压）活动，8 月和 11 月偏少于常年平均，7 月、9 月、10 月和 12 月比常年平均偏多（图 1.7-2、表 1.7-2）。

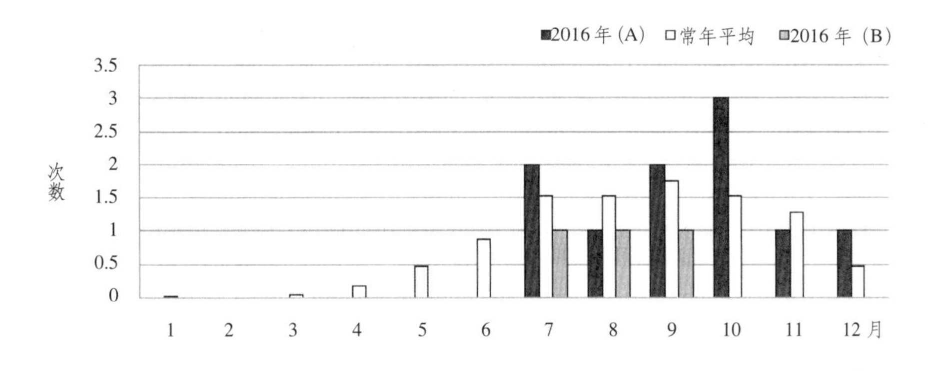

图 1.7-2　南海台风、强热带风暴、热带风暴出现次数

注：(A) 西北太平洋进入南海和南海产生的台风、强热带风暴、热带风暴出现次数；

(B) 南海产生的台风、强热带风暴、热带风暴或由西北太平洋产生的热带低压移入南海后加强为热带风暴级的出现次数。

2. 热带气旋生成源地集中

2016 年西北太平洋热带气旋生成源地集中，其中 138° E ~ 148° E 生成的热带气旋共 10 个，占了全年个数的 34.5%；160° E ~ 165.1° E 生成的热带气旋共 5 个，占了全年个数的 17.2%，较常年偏多；南海海域共生成 4 个热带气旋（其中 1 个为热带低压），较常年偏少；菲律宾以东海域生成 5 个热带气旋；此外，台湾以东洋面生成 2 个热带气旋，150° E ~ 155° E 生成 3 个热带气旋，165.1° E 以东的西北太平洋洋面没有热带气旋生成。

2016 年热带气旋（除热带低压外）在西北太平洋海域生成源地最南的是第 1626 号超强台风“洛坦”(Nock-ten)，生成位置为（6.9° N、145.5° E)；最北的是 1612 号热强台风“南川”(Namtheun)，源地在（21.0° N、123.3° E)；生成源地最西的是第 1615 号热带风暴“雷伊”(Rai)，形成于（12.7° N、114.1° E)；生成源地最东的是第 1620 号强台风“桑达”(Songda)，形成于（18.3° N、163.4° E)。

3. 热带气旋路径趋势以转向为主

2016 年生成的热带气旋路径趋势以转向为主，包括东转向 3 个、中转向 2 个、西转向 1 个，登陆后转向 3 个，南海转向 1 个。其次为西北行路径（5 个）、西行路径（4 个）和北行路径（4 个）。从转向路径的月际分布来看，9 和 10 月转向路径明显多于常年平均，其他月份均明显少于常年平均（图 1.7-3、表 1.7-3）。

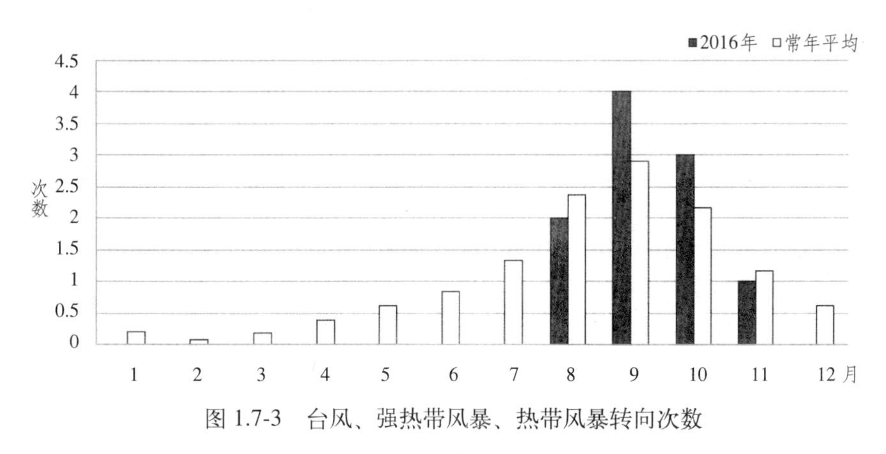

图 1.7-3　台风、强热带风暴、热带风暴转向次数

4. 超强台风和热带风暴显著偏多

2016 年超强台风和热带风暴显著偏多。超强台风级别的近中心最大风速极值频率为 30.77%，明显高于常年平均值（21.92%）；热带风暴级的近中心最大风速极值频率为 30.77%，显著高于常年平均值（14.92%）。强台风、台风和强热带风暴级别的近中心最大风速极值频率低于常年平均值（图 1.7-4、表 1.7-4）。

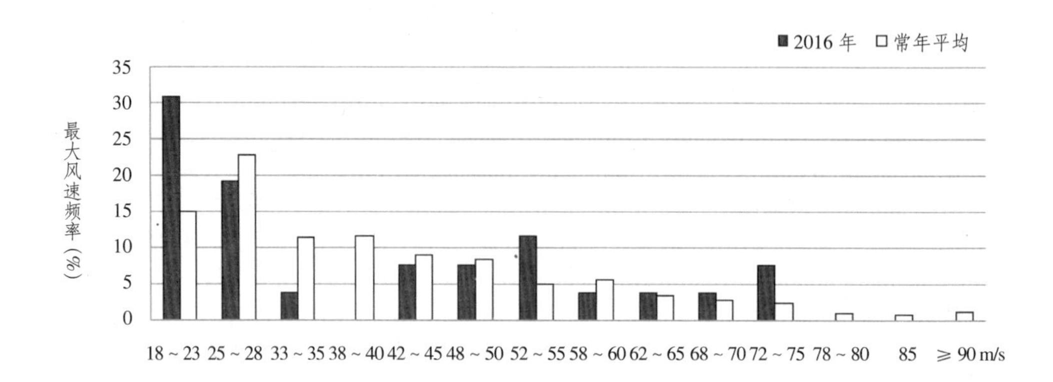

图 1.7-4　台风、强热带风暴、热带风暴最大风速极值频率分布

近中心最低气压极值以 990 ~ 999 百帕的频率最多，占全年频率总数的 26.92%。近中心最低气压极值大于 1000 百帕、970 ~ 979 百帕、960 ~ 969 百帕、950 ~ 959 百帕、920 ~ 929 百帕小于常年平均值；其他各级的频率大于常年平均值（图 1.7-5、表 1.7-5）。

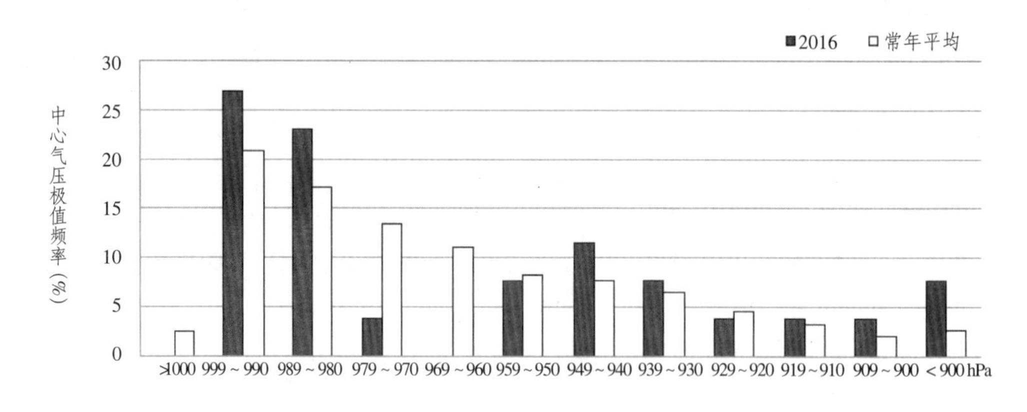

图 1.7-5　台风、强热带风暴、热带风暴中心气压极值频率分布

5. 登陆地段偏南、登陆强度偏强

2016 年登陆我国的热带气旋有 9 个，共有 12 次登陆，基本与常年持平。从月分布看，5 月和 10 月登陆数多于常年平均值；其他月份少于常年平均值（图 1.7-6、表 1.7-6）。

2016 年热带气旋登陆广东 4 次、台湾 2 次，海南 2 次、福建 3 次，广西 1 次。登陆时热带气旋的强度总体上偏强。热带气旋登陆时有 2 次为超强台风级，1 次为强台风级，4 次为台风级，1 次为强热带风暴级，3 次为热带风暴级，1 次为热带低压级（表 1.7-7）。其中，1601 号热带气旋“尼伯特”登陆台湾台东时中心风速达 55 m/s；1614 号热带气旋“莫兰蒂”登陆福建厦门时中心风速达 52 m/s，是 1949 年以来登陆福建省的最强台风。

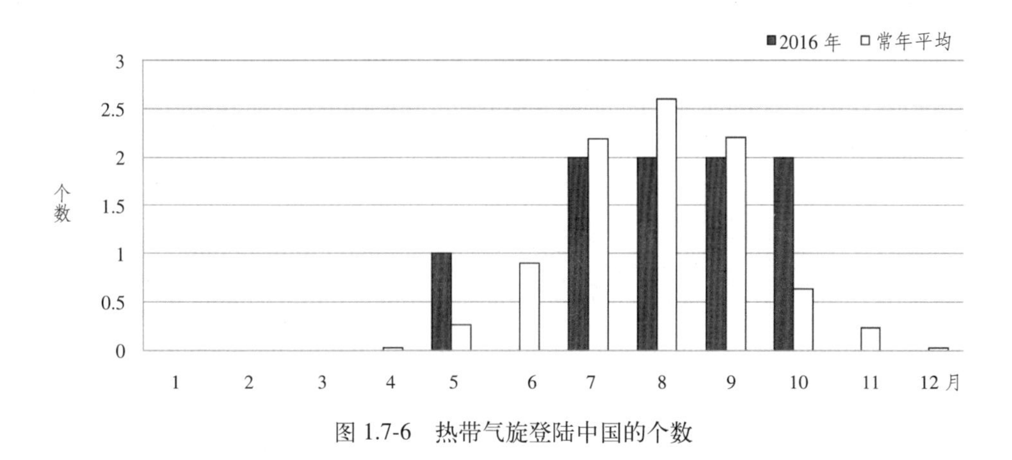

图 1.7-6　热带气旋登陆中国的个数

近十年西北太平洋台风、强热带风暴、热带风暴出现次数（2007 ~ 2016 年）　　表 1.7-1

年＼月	1	2	3	4	5	6	7	8	9	10	11	12	合计
2007				1	1		3	5	5	6	4		25
2008				1	4	1	2	4	4	2	3	1	22
2009					2	2	4	4	7	3	1		23
2010			1				2	5	4	2			14
2011					2	3	4	3	7	1		1	21
2012			1		1	4	4	5	5	3	1	1	25
2013	1	1				4	3	7	7	6	2		31
2014	2	1		2		2	5	1	5	2	2	1	23
2015	1	1	2	1	2	2	4	4	4	4	1	1	27
2016							4	8	6	5	2	1	26
常年平均	0.43	0.18	0.38	0.72	1.12	1.75	4.00	5.77	5.03	3.80	2.48	1.25	26.92

近十年南海台风、强热带风暴、热带风暴出现次数（2007 ~ 2016 年）　　表 1.7-2

年＼月	1	2	3	4	5	6	7	8	9	10	11	12	合计
2007（A）							2	2		2			6
2008（A）				1	1	1		2	2	1	2		10
2009（A）					1	2	2	1	3	2			11
2010（A）							2	2	1	1			6
2011（A）						2	1		2	2		1	8
2012（A）			1			2	1	2	1	1	1	1	10
2013（A）	1	1				2	2	2	2	2	2		14

续表

月 年	1	2	3	4	5	6	7	8	9	10	11	12	合计
2014（A）		1				2	1		2		1	2	9
2015（A）			1			1	1		1	2		1	7
2016（A）							2	1	2	3	1	1	10
常年平均	0.03	0.00	0.05	0.17	0.47	0.88	1.53	1.52	1.75	1.52	1.28	0.48	9.68
2007（B）							1	2		1			4
2008（B）				1	1			1	1	1	2		7
2009（B）					1	1	1	1	2				6
2010（B）							1	2	1				4
2011（B）						2			1				3
2012（B）			1			1	1		1				4
2013（B）		1				1	1	1	1		1		6
2014（B）						1					1		2
2015（B）						1			1				2
2016（B）							1	1	1				3

注：（A）西北太平洋进入南海和南海产生的台风、强热带风暴、热带风暴出现次数；

（B）南海产生的台风、强热带风暴、热带风暴或由西北太平洋产生的热带低压移入南海后增强为热带风暴级的出现次数。

近十年台风、强热带风暴、热带风暴转向次数（2007～2016年）　　表 1.7-3

月 年	1	2	3	4	5	6	7	8	9	10	11	12	合计
2007				1	1		1	2	3	4	2		14
2008				1	1	1	1		2	2		1	9
2009								4	1	3			8
2010								1	4	2			7
2011					2	1	1	2	2				8
2012					1	2	1	1	2	3	1		11
2013						1		1	2	5			9
2014						1	2	1	3	2	1		10
2015					2		1	4	3	2	1		13
2016								2	4	3	1		10
常年平均	0.20	0.08	0.18	0.38	0.62	0.83	1.32	2.37	2.90	2.17	1.17	0.62	12.83

近十年台风、强热带风暴、热带风暴中心最大风速极值频率分布（2007～2016年） 表1.7-4

(m/s) (%)	18-23	25-28	33-35	38-40	42-45	48-50	52-55	58-60	62-65	68-70	72-75	78-80	85	≥ 90	合计
2007	28.0	16.0	16.0	8.0	4.0	12.0	12.0		4.0						100
2008	36.36	13.64	9.09	9.09	9.09	9.09	9.09		4.55						100
2009	21.74	21.74	8.70	17.39	4.35	4.35	4.35	4.35	8.70	4.35					100
2010	14.29	28.58	21.43		14.29	7.14	7.14				7.14				100
2011	38.10	23.81	9.52		4.76	4.76	4.76	4.76	9.52						100
2012	12.00	28.00	4.00	12.00	16.00	8.00	4.00	8.00	8.00						100
2013	29.03	22.58	6.45	3.23	12.90	6.45	3.23	9.68	3.23			3.23			100
2014	26.09	26.09	4.35		8.70	4.35	4.35	4.35	4.35	13.04	4.35				100
2015	14.81	7.41	7.41		11.11	3.70	25.93	14.81	11.11	3.70					100
2016	30.77	19.23	3.85	0.00	7.69	7.69	11.54	3.85	3.85	3.85	7.69				100
常年平均	14.92	22.73	11.39	11.58	8.98	8.48	4.95	5.70	3.34	2.79	2.35	0.93	0.74	1.12	100

近十年台风、强热带风暴、热带风暴中心气压极值频率分布（2007～2016年） 表1.7-5

(百帕) (%)	1004～1000	999～990	989～980	979～970	969～960	959～950	949～940	939～930	929～920	919～910	909～900	< 900	合计
2007		28.0	16.0	16.0	8.0	4.0	12.0	12.0	0	4.0			100
2008	4.55	31.82	13.64	9.09	9.09	9.09	9.09	9.09		4.55			100
2009		21.74	17.39	8.70	17.39	8.70	4.35	4.35	4.35	8.70	4.35		100
2010		21.43	21.43	21.43		14.29	7.14	7.14				7.14	100
2011	4.76	28.57	19.05	14.29		4.76	4.76	9.52	4.76	9.52			100
2012		12.00	24.00	8.00	20.00	8.00	8.00		8.00	12.00			100
2013	12.90	12.90	22.58	6.45	3.23	12.90	9.68	3.23	6.45	6.45		3.23	100
2014	4.35	21.74	26.09	4.35	4.35	4.35	4.35	4.35	4.35	4.35	13.04	4.35	100
2015		18.52	3.70	7.41		11.11	7.41	33.33	7.41	7.41	3.70		100
2016		26.92	23.08	3.85		7.69	11.54	7.69	3.85	3.85	3.85	7.69	100
常年平均	2.54	20.81	17.15	13.50	11.08	8.24	7.62	6.56	4.58	3.22	2.11	2.72	100

近十年在我国登陆的热带气旋个数（2007 ~ 2016 年）　　表 1.7-6

月年	1	2	3	4	5	6	7	8	9	10	11	12	合计
2007							1	3	2	1			7
2008				1		1	2	2	3	1			10
2009						2	3	2	2	2			11
2010							2		4	2			8
2011						3	1	1	1	1			7
2012						1	1	5					7
2013						1	3	4	1	1			10
2014						1	2	1	3				7
2015						1	1	1	1	1			5
2016					1		2	2	2	2			9
常年平均	0.00	0.00	0.00	0.03	0.27	0.90	2.18	2.60	2.20	0.63	0.23	0.03	9.08

近十年热带气旋在我国登陆的地区分布（2007 ~ 2016 年）　　表 1.7-7

地区 年	广西	广东 （香港）	海南	台湾	福建	浙江	上海	江苏	山东	辽宁	天津	合计
2007	0/1	0/2	2	4/5	0/2	1/2						7/14
2008	0/1	4/7	2	4	0/2							10/16
2009		4/5	4	2	1/3							11/14
2010		1	2	1	4/5							8/9
2011		2/4	3	1	0/1				1			7/10
2012		3		2	0/1	1		1				7/8
2013		3	2	1	3/4	1						10/11
2014	0/1	2/4	2	2/3	1/2	0/1	0/1		0/1			7/15
2015		2	1	2	0/2							5/7
2016	0/1	4	2	2	1/3							9/12
常年 平均	0.03/0.55	3.38/3.97	2.22/2.35	2.07/2.13	0.58/1.82	0.55/0.68	0.02/0.07	0.05/0.08	0.15/0.25	0.05/0.22	0/0.02	9.10/12.13

注：分母为首次和多次登陆次数，分子为第一次登陆次数，如两者相同，则用整数表示

二、2016 年热带气旋纪要表

2016 年热带气旋纪要表

	中央台编号	国际编号	中英文名称	起讫日期（月.日）	强度	达到热带风暴强度开始日期（月.日）	中心气压极值（百帕）	最大风速极值（m/s）	发现点		路径趋势
									北纬（°）	东经（°）	
1				5.26 ~ 5.28	热带低压		998	15	18.8	114.8	登陆后转向
2	1601	1601	尼伯特 Nepartak	7.2 ~ 7.10	超强台风	7.3	895	72	8.2	145.3	西北行
3				7.17 ~ 7.19	热带低压		1000	15	19.3	130.2	北行

续表

	中央台编号	国际编号	中英文名称	起讫日期（月．日）	强度	达到热带风暴强度开始日期（月．日）	中心气压极值（百帕）	最大风速极值（m/s）	发现点		路径趋势
									北纬（°）	东经（°）	
4	1602	1602	卢碧 Lupit	7.23 ~ 7.26	热带风暴	7.24	995	20	24.8	151.5	北行
5	1603	1603	银河 Mirinae	7.25 ~ 7.28	强热带风暴	7.26	980	30	17.1	114.8	西北行
6	1604	1604	妮妲 Nida	7.29 ~ 8.3	台风	7.30	970	35	12.0	127.3	西北行
7	1605	1605	奥麦斯 Omais	8.3 ~ 8.11	强热带风暴	8.4	980	30	17.5	147.9	东转向
8	1606	1606	康森 Conson	8.8 ~ 8.16	热带风暴	8.9	990	23	18.3	162.0	北行
9	1607	1607	灿都 Chanthu	8.13 ~ 8.19	热带风暴	8.14	988	23	17.6	139.8	北行
10	1608	1608	电母 Dianmu	8.15 ~ 8.20	热带风暴	8.18	980	23	21.9	117.1	西行
11	1609	1609	蒲公英 Mindulle	8.17 ~ 8.23	强热带风暴	8.19	980	30	15.3	138.9	北行
12	1610	1610	狮子山 Lionrock	8.18 ~ 8.31	超强台风	8.20	935	52	28.3	153.6	徊旋
13	1611	1611	圆规 Kompasu	8.19 ~ 8.22	热带风暴	8.20	995	18	25.7	153.0	东转向
14	1612	1612	南川 Namtheun	8.31 ~ 9.5	强台风	9.1	950	45	21.0	123.3	东北行
15	1613	1613	玛瑙 Malou	9.5 ~ 9.7	热带风暴	9.6	995	20	24.7	124.3	东北行
16	1614	1614	莫兰蒂 Meranti	9.9 ~ 9.17	超强台风	9.10	890	75	13.0	142.8	登陆后转向
17	1615	1615	雷伊 Rai	9.11 ~ 9.14	热带风暴	9.13	996	18	12.7	114.1	西行
18	1616	1616	马勒卡 Malakas	9.12 ~ 9.20	强台风	9.13	940	50	12.5	144.7	西转向
19	1617	1617	鲇鱼 Megi	9.23 ~ 9.30	超强台风	9.23	940	52	15.4	141.2	登陆后转向
20	1618	1618	暹芭 Chaba	9.25 ~ 10.7	超强台风	9.28	920	60	15.3	160.6	中转向
21	1619	1619	艾利 Aere	10.4 ~ 10.14	强热带风暴	10.6	985	28	19.3	129.8	西行
22	1620	1620	桑达 Songda	10.7 ~ 10.13	强台风	10.8	940	50	18.3	163.4	东转向
23	1621	1621	莎莉嘉 Sarika	10.13 ~ 10.20	超强台风	10.13	935	55	12.5	129.7	西北行
24	1622	1622	海马 Haima	10.14 ~ 10.23	超强台风	10.15	905	68	7.2	144.4	登陆后转向
25	1623	1623	米雷 Meari	10.31 ~ 11.8	强台风	11.3	955	42	10.2	144.3	中转向
26	1624	1624	马鞍 Ma-on	11.9 ~ 11.12	热带风暴	11.10	998	18	12.8	161.4	西北行
27				11.11 ~ 11.13	热带低压		1000	15	10.5	165.1	西行
28	1625	1625	蝎虎 Tokage	11.24 ~ 11.28	强热带风暴	11.25	990	25	9.7	126.6	南海转向
29	1626	1626	洛坦 Nock-ten	12.20 ~ 12.28	超强台风	12.22	915	62	6.9	145.5	西行

三、2016年登陆我国的热带气旋纪要表

2016年登陆中国的热带气旋纪要表

序号	中央台编号	国际编号	中英文名称	强度	在我国登陆				
					地点	时间	最大		中心气压（百帕）
							风力（级）	风速（m/s）	
1				热带低压	广东阳江	5月27日16时15分	7	15	998
2	1601	1601	尼伯特 Nepartak	超强台风	台湾台东	7月8日5时50分	16	55	930
					福建泉州	7月9日13时45分	8	20	992
3	1603	1603	银河 Mirinae	强热带风暴	海南万宁	7月26日22时20分	10	28	985
4	1604	1604	妮妲 Nida	台风	广东深圳	8月2日03时35分	12	33	975
5	1608	1608	电母 Dianmu	热带风暴	广东湛江	8月18日15时40分	8	20	982
6	1614	1614	莫兰蒂 Meranti	超强台风	福建厦门	9月15日3时05分	16	52	940
7	1617	1617	鲇鱼 Megi	超强台风	台湾花莲	9月27日14时10分	14	45	950
					福建泉州	9月28日5时05分	12	33	975
8	1621	1621	莎莉嘉 Sarika	超强台风	海南万宁	10月18日09时50分	13	38	965
					广西东兴	10月19日14时10分	8	20	995
9	1622	1622	海马 Haima	超强台风	广东汕尾	10月21日12时40分	13	38	970

第二篇　政策篇

多年来，我国政府坚持把防灾减灾纳入国家和地方的可持续发展战略。2012年1月，中国政府颁布《国家综合防灾减灾“十二五”规划》，明确指出防灾减灾工作需要立足国民经济和社会发展全局，统筹规划综合防灾减灾事业发展，不断完善综合防灾减灾体系。2016年12月，国务院办公厅继续颁布《国家综合防灾减灾“十三五”规划》，规划提出“十三五”期间要进一步健全防灾减灾救灾体制机制，完善法律法规体系。

本篇收录国家颁布的自然灾害救助应急预案1部，消防安全责任制1部，质量提升行动1部，地质灾害防治“十三五”规划摘录1部，国家地震科技创新工程1部，九寨沟地震灾害重建政策1部，合肥市防灾减灾条例1部。这些政策法规的颁布实施，起到了为防灾减灾事业的发展提供政策支持、决策参谋和法制保障的作用。加强防灾减灾法律体系建设，推进依法行政，大力开展防灾减灾事业发展政策研究意义十分重大，对推动我国防灾减灾科学发展、改革创新、实现最大限度减轻灾害损失具有重要的作用。

1　国务院办公厅关于印发国家自然灾害救助应急预案的通知

国办函〔2016〕25号

各省、自治区、直辖市人民政府，国务院各部委、各直属机构：

经国务院同意，现将修订后的《国家自然灾害救助应急预案》印发给你们，请认真组织实施。2011年10月16日经国务院批准、由国务院办公厅印发的《国家自然灾害救助应急预案》同时废止。

国务院办公厅

2016年3月10日

国家自然灾害救助应急预案

一、总则

1．编制目的

建立健全应对突发重大自然灾害救助体系和运行机制，规范应急救助行为，提高应急救助能力，最大程度地减少人民群众生命和财产损失，确保受灾人员基本生活，维护灾区社会稳定。

2．编制依据

《中华人民共和国突发事件应对法》、《中华人民共和国防洪法》、《中华人民共和国防震减灾法》、《中华人民共和国气象法》、《自然灾害救助条例》、《国家突发公共事件总体应急预案》等。

3．适用范围

本预案适用于我国境内发生自然灾害的国家应急救助工作。

当毗邻国家发生重特大自然灾害并对我国境内造成重大影响时，按照本预案开展国内应急救助工作。

发生其他类型突发事件，根据需要可参照本预案开展应急救助工作。

4．工作原则

坚持以人为本，确保受灾人员基本生活；坚持统一领导、综合协调、分级负责、属地管理为主；坚持政府主导、社会互助、群众自救，充分发挥基层群众自治组织和公益性社会组织的作用。

二、组织指挥体系

1．国家减灾委员会

国家减灾委员会（以下简称国家减灾委）为国家自然灾害救助应急综合协调机构，负责组织、领导全国的自然灾害救助工作，协调开展特别重大和重大自然灾害救助活动。国家减灾委成员单位按照各自职责做好自然灾害救助相关工作。国家减灾委办公室负责与相关部门、地方的沟通联络，组织开展灾情会商评估、灾害救助等工作，协调落实相关支持措施。

由国务院统一组织开展的抗灾救灾，按有关规定执行。

2. 专家委员会

国家减灾委设立专家委员会，对国家减灾救灾工作重大决策和重要规划提供政策咨询和建议，为国家重大自然灾害的灾情评估、应急救助和灾后救助提出咨询意见。

三、灾害预警响应

气象、水利、国土资源、海洋、林业、农业等部门及时向国家减灾委办公室和履行救灾职责的国家减灾委成员单位通报自然灾害预警预报信息，测绘地信部门根据需要及时提供地理信息数据。国家减灾委办公室根据自然灾害预警预报信息，结合可能受影响地区的自然条件、人口和社会经济状况，对可能出现的灾情进行预评估，当可能威胁人民生命财产安全、影响基本生活、需要提前采取应对措施时，启动预警响应，视情采取以下一项或多项措施：

（1）向可能受影响的省（区、市）减灾委或民政部门通报预警信息，提出灾害救助工作要求。

（2）加强应急值守，密切跟踪灾害风险变化和发展趋势，对灾害可能造成的损失进行动态评估，及时调整相关措施。

（3）通知有关中央救灾物资储备库做好救灾物资准备，紧急情况下提前调拨；启动与交通运输、铁路、民航等部门和单位的应急联动机制，做好救灾物资调运准备。

（4）派出预警响应工作组，实地了解灾害风险，检查指导各项救灾准备工作。

（5）向国务院、国家减灾委负责人、国家减灾委成员单位报告预警响应启动情况。

（6）向社会发布预警响应启动情况。

灾害风险解除或演变为灾害后，国家减灾委办公室终止预警响应。

四、信息报告和发布

县级以上地方人民政府民政部门按照民政部《自然灾害情况统计制度》和《特别重大自然灾害损失统计制度》，做好灾情信息收集、汇总、分析、上报和部门间共享工作。

1．信息报告

（1）对突发性自然灾害，县级人民政府民政部门应在灾害发生后 2 小时内将本行政区域灾情和救灾工作情况向本级人民政府和地市级人民政府民政部门报告；地市级和省级人民政府民政部门在接报灾情信息 2 小时内审核、汇总，并向本级人民政府和上一级人民政府民政部门报告。

对造成县级行政区域内 10 人以上死亡（含失踪）或房屋大量倒塌、农田大面积受灾等严重损失的突发性自然灾害，县级人民政府民政部门应在灾害发生后立即上报县级人民政府、省级人民政府民政部门和民政部。省级人民政府民政部门接报后立即报告省级人民政府。省级人民政府、民政部按照有关规定及时报告国务院。

（2）特别重大、重大自然灾害灾情稳定前，地方各级人民政府民政部门执行灾情 24

小时零报告制度，逐级上报上级民政部门；灾情发生重大变化时，民政部立即向国务院报告。灾情稳定后，省级人民政府民政部门应在10日内审核、汇总灾情数据并向民政部报告。

（3）对干旱灾害，地方各级人民政府民政部门应在旱情初显、群众生产和生活受到一定影响时，初报灾情；在旱情发展过程中，每10日续报一次灾情，直至灾情解除；灾情解除后及时核报。

（4）县级以上地方人民政府要建立健全灾情会商制度，各级减灾委或者民政部门要定期或不定期组织相关部门召开灾情会商会，全面客观评估、核定灾情数据。

2．信息发布

信息发布坚持实事求是、及时准确、公开透明的原则。信息发布形式包括授权发布、组织报道、接受记者采访、举行新闻发布会等。要主动通过重点新闻网站或政府网站、政务微博、政务微信、政务客户端等发布信息。

灾情稳定前，受灾地区县级以上人民政府减灾委或民政部门应当及时向社会滚动发布自然灾害造成的人员伤亡、财产损失以及自然灾害救助工作动态、成效、下一步安排等情况；灾情稳定后，应当及时评估、核定并按有关规定发布自然灾害损失情况。

关于灾情核定和发布工作，法律法规另有规定的，从其规定。

五、国家应急响应

根据自然灾害的危害程度等因素，国家自然灾害救助应急响应分为Ⅰ、Ⅱ、Ⅲ、Ⅳ四级。

（一）Ⅰ级响应

1. 启动条件

某一省（区、市）行政区域内发生特别重大自然灾害，一次灾害过程出现下列情况之一的，启动Ⅰ级响应：

（1）死亡200人以上（含本数，下同）；

（2）紧急转移安置或需紧急生活救助200万人以上；

（3）倒塌和严重损坏房屋30万间或10万户以上；

（4）干旱灾害造成缺粮或缺水等生活困难，需政府救助人数占该省（区、市）农牧业人口30%以上或400万人以上。

2. 启动程序

灾害发生后，国家减灾委办公室经分析评估，认定灾情达到启动标准，向国家减灾委提出启动Ⅰ级响应的建议；国家减灾委决定启动Ⅰ级响应。

3. 响应措施

国家减灾委主任统一组织、领导、协调国家层面自然灾害救助工作，指导支持受灾省（区、市）自然灾害救助工作。国家减灾委及其成员单位视情采取以下措施：

（1）召开国家减灾委会商会，国家减灾委各成员单位、专家委员会及有关受灾省（区、市）参加，对指导支持灾区减灾救灾重大事项作出决定。

（2）国家减灾委负责人率有关部门赴灾区指导自然灾害救助工作，或派出工作组赴灾区指导自然灾害救助工作。

（3）国家减灾委办公室及时掌握灾情和救灾工作动态信息，组织灾情会商，按照有关规定统一发布灾情，及时发布灾区需求。国家减灾委有关成员单位做好灾情、灾区需求及救灾工作动态等信息共享，每日向国家减灾委办公室通报有关情况。必要时，国家减灾委专家委员会组织专家进行实时灾情、灾情发展趋势以及灾区需求评估。

（4）根据地方申请和有关部门对灾情的核定情况，财政部、民政部及时下拨中央自然灾害生活补助资金。民政部紧急调拨生活救助物资，指导、监督基层救灾应急措施落实和救灾款物发放；交通运输、铁路、民航等部门和单位协调指导开展救灾物资、人员运输工作。

（5）公安部加强灾区社会治安、消防安全和道路交通应急管理，协助组织灾区群众紧急转移。军队、武警有关部门根据国家有关部门和地方人民政府请求，组织协调军队、武警、民兵、预备役部队参加救灾，必要时协助地方人民政府运送、发放救灾物资。

（6）国家发展改革委、农业部、商务部、国家粮食局保障市场供应和价格稳定。工业和信息化部组织基础电信运营企业做好应急通信保障工作，组织协调救灾装备、防护和消杀用品、医药等生产供应工作。住房城乡建设部指导灾后房屋建筑和市政基础设施工程的安全应急评估等工作。水利部指导灾区水利工程修复、水利行业供水和乡镇应急供水工作。国家卫生计生委及时组织医疗卫生队伍赴灾区协助开展医疗救治、卫生防病和心理援助等工作。科技部提供科技方面的综合咨询建议，协调适用于灾区救援的科技成果支持救灾工作。国家测绘地信局准备灾区地理信息数据，组织灾区现场影像获取等应急测绘，开展灾情监测和空间分析，提供应急测绘保障服务。

（7）中央宣传部、新闻出版广电总局等组织做好新闻宣传等工作。

（8）民政部向社会发布接受救灾捐赠的公告，组织开展跨省（区、市）或者全国性救灾捐赠活动，呼吁国际救灾援助，统一接收、管理、分配国际救灾捐赠款物，指导社会组织、志愿者等社会力量参与灾害救助工作。外交部协助做好救灾的涉外工作。中国红十字会总会依法开展救灾募捐活动，参与救灾工作。

（9）国家减灾委办公室组织开展灾区社会心理影响评估，并根据需要实施心理抚慰。

（10）灾情稳定后，根据国务院关于灾害评估工作的有关部署，民政部、受灾省（区、市）人民政府、国务院有关部门组织开展灾害损失综合评估工作。国家减灾委办公室按有关规定统一发布自然灾害损失情况。

（11）国家减灾委其他成员单位按照职责分工，做好有关工作。

（二）Ⅱ级响应

1. 启动条件

某一省（区、市）行政区域内发生重大自然灾害，一次灾害过程出现下列情况之一的，启动Ⅱ级响应：

（1）死亡 100 人以上、200 人以下（不含本数，下同）；

（2）紧急转移安置或需紧急生活救助 100 万人以上、200 万人以下；

（3）倒塌和严重损坏房屋 20 万间或 7 万户以上、30 万间或 10 万户以下；

（4）干旱灾害造成缺粮或缺水等生活困难，需政府救助人数占该省（区、市）农牧业人口 25% 以上、30% 以下，或 300 万人以上、400 万人以下。

2. 启动程序

灾害发生后，国家减灾委办公室经分析评估，认定灾情达到启动标准，向国家减灾委提出启动Ⅱ级响应的建议；国家减灾委副主任（民政部部长）决定启动Ⅱ级响应，并向国家减灾委主任报告。

3. 响应措施

国家减灾委副主任（民政部部长）组织协调国家层面自然灾害救助工作，指导支持受灾省（区、市）自然灾害救助工作。国家减灾委及其成员单位视情采取以下措施：

（1）国家减灾委副主任主持召开会商会，国家减灾委成员单位、专家委员会及有关受灾省（区、市）参加，分析灾区形势，研究落实对灾区的救灾支持措施。

（2）派出由国家减灾委副主任或民政部负责人带队、有关部门参加的工作组赴灾区慰问受灾群众，核查灾情，指导地方开展救灾工作。

（3）国家减灾委办公室及时掌握灾情和救灾工作动态信息，组织灾情会商，按照有关规定统一发布灾情，及时发布灾区需求。国家减灾委有关成员单位做好灾情、灾区需求及救灾工作动态等信息共享，每日向国家减灾委办公室通报有关情况。必要时，国家减灾委专家委员会组织专家进行实时灾情、灾情发展趋势以及灾区需求评估。

（4）根据地方申请和有关部门对灾情的核定情况，财政部、民政部及时下拨中央自然灾害生活补助资金。民政部紧急调拨生活救助物资，指导、监督基层救灾应急措施落实和救灾款物发放；交通运输、铁路、民航等部门和单位协调指导开展救灾物资、人员运输工作。

（5）国家卫生计生委根据需要，及时派出医疗卫生队伍赴灾区协助开展医疗救治、卫生防病和心理援助等工作。测绘地信部门准备灾区地理信息数据，组织灾区现场影像获取等应急测绘，开展灾情监测和空间分析，提供应急测绘保障服务。

（6）中央宣传部、新闻出版广电总局等指导做好新闻宣传等工作。

（7）民政部指导社会组织、志愿者等社会力量参与灾害救助工作。中国红十字会总会依法开展救灾募捐活动，参与救灾工作。

（8）国家减灾委办公室组织开展灾区社会心理影响评估，并根据需要实施心理抚慰。

（9）灾情稳定后，受灾省（区、市）人民政府组织开展灾害损失综合评估工作，及时将评估结果报送国家减灾委。国家减灾委办公室组织核定并按有关规定统一发布自然灾害损失情况。

（10）国家减灾委其他成员单位按照职责分工，做好有关工作。

（三）Ⅲ级响应

1. 启动条件

某一省（区、市）行政区域内发生重大自然灾害，一次灾害过程出现下列情况之一的，启动Ⅲ级响应：

（1）死亡 50 人以上、100 人以下；

（2）紧急转移安置或需紧急生活救助 50 万人以上、100 万人以下；

（3）倒塌和严重损坏房屋 10 万间或 3 万户以上、20 万间或 7 万户以下；

（4）干旱灾害造成缺粮或缺水等生活困难，需政府救助人数占该省（区、市）农牧业人口 20% 以上、25% 以下，或 200 万人以上、300 万人以下。

2. 启动程序

灾害发生后，国家减灾委办公室经分析评估，认定灾情达到启动标准，向国家减灾委提出启动Ⅲ级响应的建议；国家减灾委秘书长决定启动Ⅲ级响应。

3. 响应措施

国家减灾委秘书长组织协调国家层面自然灾害救助工作，指导支持受灾省（区、市）

自然灾害救助工作。国家减灾委及其成员单位视情采取以下措施：

（1）国家减灾委办公室及时组织有关部门及受灾省（区、市）召开会商会，分析灾区形势，研究落实对灾区的救灾支持措施。

（2）派出由民政部负责人带队、有关部门参加的联合工作组赴灾区慰问受灾群众，核查灾情，协助指导地方开展救灾工作。

（3）国家减灾委办公室及时掌握并按照有关规定统一发布灾情和救灾工作动态信息。

（4）根据地方申请和有关部门对灾情的核定情况，财政部、民政部及时下拨中央自然灾害生活补助资金。民政部紧急调拨生活救助物资，指导、监督基层救灾应急措施落实和救灾款物发放；交通运输、铁路、民航等部门和单位协调指导开展救灾物资、人员运输工作。

（5）国家减灾委办公室组织开展灾区社会心理影响评估，并根据需要实施心理抚慰。国家卫生计生委指导受灾省（区、市）做好医疗救治、卫生防病和心理援助工作。

（6）民政部指导社会组织、志愿者等社会力量参与灾害救助工作。

（7）灾情稳定后，国家减灾委办公室指导受灾省（区、市）评估、核定自然灾害损失情况。

（8）国家减灾委其他成员单位按照职责分工，做好有关工作。

（四）Ⅳ级响应

1. 启动条件

某一省（区、市）行政区域内发生重大自然灾害，一次灾害过程出现下列情况之一的，启动Ⅳ级响应：

（1）死亡 20 人以上、50 人以下；

（2）紧急转移安置或需紧急生活救助 10 万人以上、50 万人以下；

（3）倒塌和严重损坏房屋 1 万间或 3000 户以上、10 万间或 3 万户以下；

（4）干旱灾害造成缺粮或缺水等生活困难，需政府救助人数占该省（区、市）农牧业人口 15% 以上、20% 以下，或 100 万人以上、200 万人以下。

2. 启动程序

灾害发生后，国家减灾委办公室经分析评估，认定灾情达到启动标准，由国家减灾委办公室常务副主任决定启动Ⅳ级响应。

3. 响应措施

国家减灾委办公室组织协调国家层面自然灾害救助工作，指导支持受灾省（区、市）自然灾害救助工作。国家减灾委及其成员单位视情采取以下措施：

（1）国家减灾委办公室视情组织有关部门和单位召开会商会，分析灾区形势，研究落实对灾区的救灾支持措施。

（2）国家减灾委办公室派出工作组赴灾区慰问受灾群众，核查灾情，协助指导地方开展救灾工作。

（3）国家减灾委办公室及时掌握并按照有关规定统一发布灾情和救灾工作动态信息。

（4）根据地方申请和有关部门对灾情的核定情况，财政部、民政部及时下拨中央自然灾害生活补助资金。民政部紧急调拨生活救助物资，指导、监督基层救灾应急措施落实和救灾款物发放。

（5）国家卫生计生委指导受灾省（区、市）做好医疗救治、卫生防病和心理援助工作。

（6）国家减灾委其他成员单位按照职责分工，做好有关工作。

（五）启动条件调整

对灾害发生在敏感地区、敏感时间和救助能力特别薄弱的“老、少、边、穷”地区等特殊情况，或灾害对受灾省（区、市）经济社会造成重大影响时，启动国家自然灾害救助应急响应的标准可酌情调整。

（六）响应终止

救灾应急工作结束后，由国家减灾委办公室提出建议，启动响应的单位决定终止响应。

六、灾后救助与恢复重建

1. 过渡期生活救助

（1）特别重大、重大灾害发生后，国家减灾委办公室组织有关部门、专家及灾区民政部门评估灾区过渡期生活救助需求情况。

（2）财政部、民政部及时拨付过渡期生活救助资金。民政部指导灾区人民政府做好过渡期生活救助的人员核定、资金发放等工作。

（3）民政部、财政部监督检查灾区过渡期生活救助政策和措施的落实，定期通报灾区救助工作情况，过渡期生活救助工作结束后组织绩效评估。

2. 冬春救助

自然灾害发生后的当年冬季、次年春季，受灾地区人民政府为生活困难的受灾人员提供基本生活救助。

（1）民政部每年 9 月下旬开展冬春受灾群众生活困难情况调查，并会同省级人民政府民政部门，组织有关专家赴灾区开展受灾群众生活困难状况评估，核实情况。

（2）受灾地区县级人民政府民政部门应当在每年 10 月底前统计、评估本行政区域受灾人员当年冬季、次年春季的基本生活救助需求，核实救助对象，编制工作台账，制定救助工作方案，经本级人民政府批准后组织实施，并报上一级人民政府民政部门备案。

（3）根据省级人民政府或其民政、财政部门的资金申请，结合灾情评估情况，财政部、民政部确定资金补助方案，及时下拨中央自然灾害生活补助资金，专项用于帮助解决冬春受灾群众吃饭、穿衣、取暖等基本生活困难。

（4）民政部通过开展救灾捐赠、对口支援、政府采购等方式解决受灾群众的过冬衣被等问题，组织有关部门和专家评估全国冬春期间中期和终期救助工作绩效。发展改革、财政等部门组织落实以工代赈、灾歉减免政策，粮食部门确保粮食供应。

3. 倒损住房恢复重建

因灾倒损住房恢复重建要尊重群众意愿，以受灾户自建为主，由县级人民政府负责组织实施。建房资金等通过政府救助、社会互助、邻里帮工帮料、以工代赈、自行借贷、政策优惠等多种途径解决。重建规划和房屋设计要根据灾情因地制宜确定方案，科学安排项目选址，合理布局，避开地震断裂带、地质灾害隐患点、泄洪通道等，提高抗灾设防能力，确保安全。

（1）民政部根据省级人民政府民政部门倒损住房核定情况，视情组织评估小组，参考其他灾害管理部门评估数据，对因灾倒损住房情况进行综合评估。

（2）民政部收到受灾省（区、市）倒损住房恢复重建补助资金的申请后，根据评估小组的倒损住房情况评估结果，按照中央倒损住房恢复重建资金补助标准，提出资金补助建议，商财政部审核后下达。

（3）住房重建工作结束后，地方各级民政部门应采取实地调查、抽样调查等方式，对本地倒损住房恢复重建补助资金管理工作开展绩效评估，并将评估结果报上一级民政部门。民政部收到省级人民政府民政部门上报本行政区域内的绩效评估情况后，通过组成督查组开展实地抽查等方式，对全国倒损住房恢复重建补助资金管理工作进行绩效评估。

（4）住房城乡建设部门负责倒损住房恢复重建的技术支持和质量监督等工作。测绘地信部门负责灾后恢复重建的测绘地理信息保障服务工作。其他相关部门按照各自职责，做好重建规划、选址，制定优惠政策，支持做好住房重建工作。

（5）由国务院统一组织开展的恢复重建，按有关规定执行。

七、保障措施

1. 资金保障

财政部、国家发展改革委、民政部等部门根据《中华人民共和国预算法》、《自然灾害救助条例》等规定，安排中央救灾资金预算，并按照救灾工作分级负责、救灾资金分级负担、以地方为主的原则，建立完善中央和地方救灾资金分担机制，督促地方政府加大救灾资金投入力度。

（1）县级以上人民政府将自然灾害救助工作纳入国民经济和社会发展规划，建立健全与自然灾害救助需求相适应的资金、物资保障机制，将自然灾害救助资金和自然灾害救助工作经费纳入财政预算。

（2）中央财政每年综合考虑有关部门灾情预测和上年度实际支出等因素，合理安排中央自然灾害生活补助资金，专项用于帮助解决遭受特别重大、重大自然灾害地区受灾群众的基本生活困难。

（3）中央和地方政府根据经济社会发展水平、自然灾害生活救助成本等因素适时调整自然灾害救助政策和相关补助标准。

2. 物资保障

（1）合理规划、建设中央和地方救灾物资储备库，完善救灾物资储备库的仓储条件、设施和功能，形成救灾物资储备网络。设区的市级以上人民政府和自然灾害多发、易发地区的县级人民政府应当根据自然灾害特点、居民人口数量和分布等情况，按照布局合理、规模适度的原则，设立救灾物资储备库（点）。救灾物资储备库（点）建设应统筹考虑各行业应急处置、抢险救灾等方面需要。

（2）制定救灾物资储备规划，合理确定储备品种和规模；建立健全救灾物资采购和储备制度，每年根据应对重大自然灾害的要求储备必要物资。按照实物储备和能力储备相结合的原则，建立救灾物资生产厂家名录，健全应急采购和供货机制。

（3）制定完善救灾物资质量技术标准、储备库（点）建设和管理标准，完善救灾物资发放全过程管理。建立健全救灾物资应急保障和征用补偿机制。建立健全救灾物资紧急调拨和运输制度。

3. 通信和信息保障

（1）通信运营部门应依法保障灾情传送网络畅通。自然灾害救助信息网络应以公用通信网为基础，合理组建灾情专用通信网络，确保信息畅通。

（2）加强中央级灾情管理系统建设，指导地方建设、管理救灾通信网络，确保中央和地方各级人民政府及时准确掌握重大灾情。

（3）充分利用现有资源、设备，完善灾情和数据共享平台，完善部门间灾情共享机制。

4. 装备和设施保障

中央各有关部门应配备救灾管理工作必需的设备和装备。县级以上地方人民政府要建立健全自然灾害救助应急指挥技术支撑系统，并为自然灾害救助工作提供必要的交通、通信等设备。

县级以上地方人民政府要根据当地居民人口数量和分布等情况，利用公园、广场、体育场馆等公共设施，统筹规划设立应急避难场所，并设置明显标志。自然灾害多发、易发地区可规划建设专用应急避难场所。

5. 人力资源保障

（1）加强自然灾害各类专业救灾队伍建设、灾害管理人员队伍建设，提高自然灾害救助能力。支持、培育和发展相关社会组织和志愿者队伍，鼓励和引导其在救灾工作中发挥积极作用。

（2）组织民政、国土资源、环境保护、交通运输、水利、农业、商务、卫生计生、安全监管、林业、地震、气象、海洋、测绘地信、红十字会等方面专家，重点开展灾情会商、赴灾区现场评估及灾害管理的业务咨询工作。

（3）推行灾害信息员培训和职业资格证书制度，建立健全覆盖中央、省、市、县、乡镇（街道）、村（社区）的灾害信息员队伍。村民委员会、居民委员会和企事业单位应当设立专职或者兼职的灾害信息员。

6. 社会动员保障

完善救灾捐赠管理相关政策，建立健全救灾捐赠动员、运行和监督管理机制，规范救灾捐赠的组织发动、款物接收、统计、分配、使用、公示反馈等各个环节的工作。完善接收境外救灾捐赠管理机制。

完善非灾区支援灾区、轻灾区支援重灾区的救助对口支援机制。

科学组织、有效引导，充分发挥乡镇人民政府、街道办事处、村民委员会、居民委员会、企事业单位、社会组织和志愿者在灾害救助中的作用。

7. 科技保障

（1）建立健全环境与灾害监测预报卫星、环境卫星、气象卫星、海洋卫星、资源卫星、航空遥感等对地监测系统，发展地面应用系统和航空平台系统，建立基于遥感、地理信息系统、模拟仿真、计算机网络等技术的“天地空”一体化的灾害监测预警、分析评估和应急决策支持系统。开展地方空间技术减灾应用示范和培训工作。

（2）组织民政、国土资源、环境保护、交通运输、水利、农业、卫生计生、安全监管、林业、地震、气象、海洋、测绘地信等方面专家及高等院校、科研院所等单位专家开展灾害风险调查，编制全国自然灾害风险区划图，制定相关技术和管理标准。

（3）支持和鼓励高等院校、科研院所、企事业单位和社会组织开展灾害相关领域的科学研究和技术开发，建立合作机制，鼓励减灾救灾政策理论研究。

（4）利用空间与重大灾害国际宪章、联合国灾害管理与应急反应天基信息平台等国际合作机制，拓展灾害遥感信息资源渠道，加强国际合作。

（5）开展国家应急广播相关技术、标准研究，建立国家应急广播体系，实现灾情预警预报和减灾救灾信息全面立体覆盖。加快国家突发公共事件预警信息发布系统建设，及时向公众发布自然灾害预警。

8. 宣传和培训

组织开展全国性防灾减灾救灾宣传活动，利用各种媒体宣传应急法律法规和灾害预防、避险、避灾、自救、互救、保险的常识，组织好“防灾减灾日”、“国际减灾日”、“世界急救日”、“全国科普日”、“全国消防日”和“国际民防日”等活动，加强防灾减灾科普宣传，提高公民防灾减灾意识和科学防灾减灾能力。积极推进社区减灾活动，推动综合减灾示范社区建设。

组织开展对地方政府分管负责人、灾害管理人员和专业应急救灾队伍、社会组织和志愿者的培训。

八、附则

1. 术语解释

本预案所称自然灾害主要包括干旱、洪涝灾害，台风、风雹、低温冷冻、雪、沙尘暴等气象灾害，火山、地震灾害，山体崩塌、滑坡、泥石流等地质灾害，风暴潮、海啸等海洋灾害，森林草原火灾等。

2. 预案演练

国家减灾委办公室协同国家减灾委成员单位制定应急演练计划并定期组织演练。

3. 预案管理

本预案由民政部制订，报国务院批准后实施。预案实施后民政部应适时召集有关部门和专家进行评估，并视情况变化作出相应修改后报国务院审批。地方各级人民政府的自然灾害救助综合协调机构应根据本预案修订本地区自然灾害救助应急预案。

4. 预案解释

本预案由民政部负责解释。

5. 预案实施时间

本预案自印发之日起实施。

2　国务院办公厅关于印发消防安全责任制实施办法的通知

国办发〔2017〕87号

各省、自治区、直辖市人民政府，国务院各部委、各直属机构：

《消防安全责任制实施办法》已经国务院同意，现印发给你们，请认真贯彻执行。

国务院办公厅
2017年10月29日

消防安全责任制实施办法

第一章　总　则

第一条　为深入贯彻《中华人民共和国消防法》、《中华人民共和国安全生产法》和党中央、国务院关于安全生产及消防安全的重要决策部署，按照政府统一领导、部门依法监管、单位全面负责、公民积极参与的原则，坚持党政同责、一岗双责、齐抓共管、失职追责，进一步健全消防安全责任制，提高公共消防安全水平，预防火灾和减少火灾危害，保障人民群众生命财产安全，制定本办法。

第二条　地方各级人民政府负责本行政区域内的消防工作，政府主要负责人为第一责任人，分管负责人为主要责任人，班子其他成员对分管范围内的消防工作负领导责任。

第三条　国务院公安部门对全国的消防工作实施监督管理。县级以上地方人民政府公安机关对本行政区域内的消防工作实施监督管理。县级以上人民政府其他有关部门按照管行业必须管安全、管业务必须管安全、管生产经营必须管安全的要求，在各自职责范围内依法依规做好本行业、本系统的消防安全工作。

第四条　坚持安全自查、隐患自除、责任自负。机关、团体、企业、事业等单位是消防安全的责任主体，法定代表人、主要负责人或实际控制人是本单位、本场所消防安全责任人，对本单位、本场所消防安全全面负责。

消防安全重点单位应当确定消防安全管理人，组织实施本单位的消防安全管理工作。

第五条　坚持权责一致、依法履职、失职追责。对不履行或不按规定履行消防安全职责的单位和个人，依法依规追究责任。

第二章　地方各级人民政府消防工作职责

第六条　县级以上地方各级人民政府应当落实消防工作责任制，履行下列职责：

（一）贯彻执行国家法律法规和方针政策，以及上级党委、政府关于消防工作的部署要求，全面负责本地区消防工作，每年召开消防工作会议，研究部署本地区消防工作重大事项。每年向上级人民政府专题报告本地区消防工作情况。健全由政府主要负责人或分管负责人牵头的消防工作协调机制，推动落实消防工作责任。

（二）将消防工作纳入经济社会发展总体规划，将包括消防安全布局、消防站、消防供水、消防通信、消防车通道、消防装备等内容的消防规划纳入城乡规划，并负责组织实施，确保消防工作与经济社会发展相适应。

（三）督促所属部门和下级人民政府落实消防安全责任制，在农业收获季节、森林和草原防火期间、重大节假日和重要活动期间以及火灾多发季节，组织开展消防安全检查。推动消防科学研究和技术创新，推广使用先进消防和应急救援技术、设备。组织开展经常性的消防宣传工作。大力发展消防公益事业。采取政府购买公共服务等方式，推进消防教育培训、技术服务和物防、技防等工作。

（四）建立常态化火灾隐患排查整治机制，组织实施重大火灾隐患和区域性火灾隐患整治工作。实行重大火灾隐患挂牌督办制度。对报请挂牌督办的重大火灾隐患和停产停业整改报告，在7个工作日内作出同意或不同意的决定，并组织有关部门督促隐患单位采取措施予以整改。

（五）依法建立公安消防队和政府专职消防队。明确政府专职消防队公益属性，采取招聘、购买服务等方式招录政府专职消防队员，建设营房，配齐装备；按规定落实其工资、保险和相关福利待遇。

（六）组织领导火灾扑救和应急救援工作。组织制定灭火救援应急预案，定期组织开展演练；建立灭火救援社会联动和应急反应处置机制，落实人员、装备、经费和灭火药剂等保障，根据需要调集灭火救援所需工程机械和特殊装备。

（七）法律、法规、规章规定的其他消防工作职责。

第七条 省、自治区、直辖市人民政府除履行第六条规定的职责外，还应当履行下列职责：

（一）定期召开政府常务会议、办公会议，研究部署消防工作。

（二）针对本地区消防安全特点和实际情况，及时提请同级人大及其常委会制定、修订地方性法规，组织制定、修订政府规章、规范性文件。

（三）将消防安全的总体要求纳入城市总体规划，并严格审核。

（四）加大消防投入，保障消防事业发展所需经费。

第八条 市、县级人民政府除履行第六条规定的职责外，还应当履行下列职责：

（一）定期召开政府常务会议、办公会议，研究部署消防工作。

（二）科学编制和严格落实城乡消防规划，预留消防队站、训练设施等建设用地。加强消防水源建设，按照规定建设市政消防供水设施，制定市政消防水源管理办法，明确建设、管理维护部门和单位。

（三）在本级政府预算中安排必要的资金，保障消防站、消防供水、消防通信等公共消防设施和消防装备建设，促进消防事业发展。

（四）将消防公共服务事项纳入政府民生工程或为民办实事工程；在社会福利机构、幼儿园、托儿所、居民家庭、小旅馆、群租房以及住宿与生产、储存、经营合用的场所推广安装简易喷淋装置、独立式感烟火灾探测报警器。

（五）定期分析评估本地区消防安全形势，组织开展火灾隐患排查整治工作；对重大火灾隐患，应当组织有关部门制定整改措施，督促限期消除。

（六）加强消防宣传教育培训，有计划地建设公益性消防科普教育基地，开展消防科普教育活动。

（七）按照立法权限，针对本地区消防安全特点和实际情况，及时提请同级人大及其常委会制定、修订地方性法规，组织制定、修订地方政府规章、规范性文件。

第九条 乡镇人民政府消防工作职责：

（一）建立消防安全组织，明确专人负责消防工作，制定消防安全制度，落实消防安全措施。

（二）安排必要的资金，用于公共消防设施建设和业务经费支出。

（三）将消防安全内容纳入镇总体规划、乡规划，并严格组织实施。

（四）根据当地经济发展和消防工作的需要建立专职消防队、志愿消防队，承担火灾扑救、应急救援等职能，并开展消防宣传、防火巡查、隐患查改。

（五）因地制宜落实消防安全“网格化”管理的措施和要求，加强消防宣传和应急疏散演练。

（六）部署消防安全整治，组织开展消防安全检查，督促整改火灾隐患。

（七）指导村（居）民委员会开展群众性的消防工作，确定消防安全管理人，制定防火安全公约，根据需要建立志愿消防队或微型消防站，开展防火安全检查、消防宣传教育和应急疏散演练，提高城乡消防安全水平。

街道办事处应当履行前款第（一）、（四）、（五）、（六）、（七）项职责，并保障消防工作经费。

第十条 开发区管理机构、工业园区管理机构等地方人民政府的派出机关，负责管理区域内的消防工作，按照本办法履行同级别人民政府的消防工作职责。

第十一条 地方各级人民政府主要负责人应当组织实施消防法律法规、方针政策和上级部署要求，定期研究部署消防工作，协调解决本行政区域内的重大消防安全问题。

地方各级人民政府分管消防安全的负责人应当协助主要负责人，综合协调本行政区域内的消防工作，督促检查各有关部门、下级政府落实消防工作的情况。班子其他成员要定期研究部署分管领域的消防工作，组织工作督查，推动分管领域火灾隐患排查整治。

第三章 县级以上人民政府工作部门消防安全职责

第十二条 县级以上人民政府工作部门应当按照谁主管、谁负责的原则，在各自职责范围内履行下列职责：

（一）根据本行业、本系统业务工作特点，在行业安全生产法规政策、规划计划和应急预案中纳入消防安全内容，提高消防安全管理水平。

（二）依法督促本行业、本系统相关单位落实消防安全责任制，建立消防安全管理制度，确定专（兼）职消防安全管理人员，落实消防工作经费；开展针对性消防安全检查治理，消除火灾隐患；加强消防宣传教育培训，每年组织应急演练，提高行业从业人员消防安全意识。

（三）法律、法规和规章规定的其他消防安全职责。

第十三条 具有行政审批职能的部门，对审批事项中涉及消防安全的法定条件要依法严格审批，凡不符合法定条件的，不得核发相关许可证照或批准开办。对已经依法取得批准的单位，不再具备消防安全条件的应当依法予以处理。

（一）公安机关负责对消防工作实施监督管理，指导、督促机关、团体、企业、事业等单位履行消防工作职责。依法实施建设工程消防设计审核、消防验收，开展消防监督检查，组织针对性消防安全专项治理，实施消防行政处罚。组织和指挥火灾现场扑救，承担或参加重大灾害事故和其他以抢救人员生命为主的应急救援工作。依法组织或参与火灾事故调查处理工作，办理失火罪和消防责任事故罪案件。组织开展消防宣传教育培训和应急疏散演练。

（二）教育部门负责学校、幼儿园管理中的行业消防安全。指导学校消防安全教育宣传工作，将消防安全教育纳入学校安全教育活动统筹安排。

（三）民政部门负责社会福利、特困人员供养、救助管理、未成年人保护、婚姻、殡葬、救灾物资储备、烈士纪念、军休军供、优抚医院、光荣院、养老机构等民政服务机构审批或管理中的行业消防安全。

（四）人力资源社会保障部门负责职业培训机构、技工院校审批或管理中的行业消防安全。做好政府专职消防队员、企业专职消防队员依法参加工伤保险工作。将消防法律法规和消防知识纳入公务员培训、职业培训内容。

（五）城乡规划管理部门依据城乡规划配合制定消防设施布局专项规划，依据规划预留消防站规划用地，并负责监督实施。

（六）住房城乡建设部门负责依法督促建设工程责任单位加强对房屋建筑和市政基础设施工程建设的安全管理，在组织制定工程建设规范以及推广新技术、新材料、新工艺时，应充分考虑消防安全因素，满足有关消防安全性能及要求。

（七）交通运输部门负责在客运车站、港口、码头及交通工具管理中依法督促有关单位落实消防安全主体责任和有关消防工作制度。

（八）文化部门负责文化娱乐场所审批或管理中的行业消防安全工作，指导、监督公共图书馆、文化馆（站）、剧院等文化单位履行消防安全职责。

（九）卫生计生部门负责医疗卫生机构、计划生育技术服务机构审批或管理中的行业消防安全。

（十）工商行政管理部门负责依法对流通领域消防产品质量实施监督管理，查处流通领域消防产品质量违法行为。

（十一）质量技术监督部门负责依法督促特种设备生产单位加强特种设备生产过程中的消防安全管理，在组织制定特种设备产品及使用标准时，应充分考虑消防安全因素，满足有关消防安全性能及要求，积极推广消防新技术在特种设备产品中的应用。按照职责分工对消防产品质量实施监督管理，依法查处消防产品质量违法行为。做好消防安全相关标准制修订工作，负责消防相关产品质量认证监督管理工作。

（十二）新闻出版广电部门负责指导新闻出版广播影视机构消防安全管理，协助监督管理印刷业、网络视听节目服务机构消防安全。督促新闻媒体发布针对性消防安全提示，面向社会开展消防宣传教育。

（十三）安全生产监督管理部门要严格依法实施有关行政审批，凡不符合法定条件的，不得核发有关安全生产许可。

第十四条 具有行政管理或公共服务职能的部门，应当结合本部门职责为消防工作提供支持和保障。

（一）发展改革部门应当将消防工作纳入国民经济和社会发展中长期规划。地方发展改革部门应当将公共消防设施建设列入地方固定资产投资计划。

（二）科技部门负责将消防科技进步纳入科技发展规划和中央财政科技计划（专项、基金等）并组织实施。组织指导消防安全重大科技攻关、基础研究和应用研究，会同有关部门推动消防科研成果转化应用。将消防知识纳入科普教育内容。

（三）工业和信息化部门负责指导督促通信业、通信设施建设以及民用爆炸物品生产、销售的消防安全管理。依据职责负责危险化学品生产、储存的行业规划和布局。将消防产业纳入应急产业同规划、同部署、同发展。

（四）司法行政部门负责指导监督监狱系统、司法行政系统强制隔离戒毒场所的消防安全管理。将消防法律法规纳入普法教育内容。

（五）财政部门负责按规定对消防资金进行预算管理。

（六）商务部门负责指导、督促商贸行业的消防安全管理工作。

（七）房地产管理部门负责指导、督促物业服务企业按照合同约定做好住宅小区共用消防设施的维护管理工作，并指导业主依照有关规定使用住宅专项维修资金对住宅小区共用消防设施进行维修、更新、改造。

（八）电力管理部门依法对电力企业和用户执行电力法律、行政法规的情况进行监督检查，督促企业严格遵守国家消防技术标准，落实企业主体责任。推广采用先进的火灾防范技术设施，引导用户规范用电。

（九）燃气管理部门负责加强城镇燃气安全监督管理工作，督促燃气经营者指导用户安全用气并对燃气设施定期进行安全检查、排除隐患，会同有关部门制定燃气安全事故应急预案，依法查处燃气经营者和燃气用户等各方主体的燃气违法行为。

（十）人防部门负责对人民防空工程的维护管理进行监督检查。

（十一）文物部门负责文物保护单位、世界文化遗产和博物馆的行业消防安全管理。

（十二）体育、宗教事务、粮食等部门负责加强体育类场馆、宗教活动场所、储备粮储存环节等消防安全管理，指导开展消防安全标准化管理。

（十三）银行、证券、保险等金融监管机构负责督促银行业金融机构、证券业机构、保险机构及服务网点、派出机构落实消防安全管理。保险监管机构负责指导保险公司开展火灾公众责任保险业务，鼓励保险机构发挥火灾风险评估管控和火灾事故预防功能。

（十四）农业、水利、交通运输等部门应当将消防水源、消防车通道等公共消防设施纳入相关基础设施建设工程。

（十五）互联网信息、通信管理等部门应当指导网站、移动互联网媒体等开展公益性消防安全宣传。

（十六）气象、水利、地震部门应当及时将重大灾害事故预警信息通报公安消防部门。

（十七）负责公共消防设施维护管理的单位应当保持消防供水、消防通信、消防车通道等公共消防设施的完好有效。

第四章　单位消防安全职责

第十五条　机关、团体、企业、事业等单位应当落实消防安全主体责任，履行下列职责：

（一）明确各级、各岗位消防安全责任人及其职责，制定本单位的消防安全制度、消防安全操作规程、灭火和应急疏散预案。定期组织开展灭火和应急疏散演练，进行消防工作检查考核，保证各项规章制度落实。

（二）保证防火检查巡查、消防设施器材维护保养、建筑消防设施检测、火灾隐患整改、专职或志愿消防队和微型消防站建设等消防工作所需资金的投入。生产经营单位安全费用应当保证适当比例用于消防工作。

（三）按照相关标准配备消防设施、器材，设置消防安全标志，定期检验维修，对建筑消防设施每年至少进行一次全面检测，确保完好有效。设有消防控制室的，实行 24 小时值班制度，每班不少于 2 人，并持证上岗。

（四）保障疏散通道、安全出口、消防车通道畅通，保证防火防烟分区、防火间距符合消防技术标准。人员密集场所的门窗不得设置影响逃生和灭火救援的障碍物。保证建筑构件、建筑材料和室内装修装饰材料等符合消防技术标准。

（五）定期开展防火检查、巡查，及时消除火灾隐患。

（六）根据需要建立专职或志愿消防队、微型消防站，加强队伍建设，定期组织训练演练，加强消防装备配备和灭火药剂储备，建立与公安消防队联勤联动机制，提高扑救初起火灾能力。

（七）消防法律、法规、规章以及政策文件规定的其他职责。

第十六条　消防安全重点单位除履行第十五条规定的职责外，还应当履行下列职责：

（一）明确承担消防安全管理工作的机构和消防安全管理人并报知当地公安消防部门，组织实施本单位消防安全管理。消防安全管理人应当经过消防培训。

（二）建立消防档案，确定消防安全重点部位，设置防火标志，实行严格管理。

（三）安装、使用电器产品、燃气用具和敷设电气线路、管线必须符合相关标准和用电、用气安全管理规定，并定期维护保养、检测。

（四）组织员工进行岗前消防安全培训，定期组织消防安全培训和疏散演练。

（五）根据需要建立微型消防站，积极参与消防安全区域联防联控，提高自防自救能力。

（六）积极应用消防远程监控、电气火灾监测、物联网技术等技防物防措施。

第十七条　对容易造成群死群伤火灾的人员密集场所、易燃易爆单位和高层、地下公共建筑等火灾高危单位，除履行第十五条、第十六条规定的职责外，还应当履行下列职责：

（一）定期召开消防安全工作例会，研究本单位消防工作，处理涉及消防经费投入、消防设施设备购置、火灾隐患整改等重大问题。

（二）鼓励消防安全管理人取得注册消防工程师执业资格，消防安全责任人和特有工种人员须经消防安全培训；自动消防设施操作人员应取得建（构）筑物消防员资格证书。

（三）专职消防队或微型消防站应当根据本单位火灾危险特性配备相应的消防装备器材，储备足够的灭火救援药剂和物资，定期组织消防业务学习和灭火技能训练。

（四）按照国家标准配备应急逃生设施设备和疏散引导器材。

（五）建立消防安全评估制度，由具有资质的机构定期开展评估，评估结果向社会公开。

（六）参加火灾公众责任保险。

第十八条　同一建筑物由两个以上单位管理或使用的，应当明确各方的消防安全责任，并确定责任人对共用的疏散通道、安全出口、建筑消防设施和消防车通道进行统一管理。

物业服务企业应当按照合同约定提供消防安全防范服务，对管理区域内的共用消防设施和疏散通道、安全出口、消防车通道进行维护管理，及时劝阻和制止占用、堵塞、封闭疏散通道、安全出口、消防车通道等行为，劝阻和制止无效的，立即向公安机关等主管部门报告。定期开展防火检查巡查和消防宣传教育。

第十九条　石化、轻工等行业组织应当加强行业消防安全自律管理，推动本行业消防工作，引导行业单位落实消防安全主体责任。

第二十条　消防设施检测、维护保养和消防安全评估、咨询、监测等消防技术服务机构和执业人员应当依法获得相应的资质、资格，依法依规提供消防安全技术服务，并对服务质量负责。

第二十一条　建设工程的建设、设计、施工和监理等单位应当遵守消防法律、法规、规章和工程建设消防技术标准，在工程设计使用年限内对工程的消防设计、施工质量承担终身责任。

第五章　责任落实

第二十二条　国务院每年组织对省级人民政府消防工作完成情况进行考核，考核结果交由中央干部主管部门，作为对各省级人民政府主要负责人和领导班子综合考核评价的重要依据。

第二十三条　地方各级人民政府应当建立健全消防工作考核评价体系，明确消防工作目标责任，纳入日常检查、政务督查的重要内容，组织年度消防工作考核，确保消防安全责任落实。加强消防工作考核结果运用，建立与主要负责人、分管负责人和直接责任人履职评定、奖励惩处相挂钩的制度。

第二十四条　地方各级消防安全委员会、消防安全联席会议等消防工作协调机制应当定期召开成员单位会议，分析研判消防安全形势，协调指导消防工作开展，督促解决消防工作重大问题。

第二十五条　各有关部门应当建立单位消防安全信用记录，纳入全国信用信息共享平台，作为信用评价、项目核准、用地审批、金融扶持、财政奖补等方面的参考依据。

第二十六条　公安机关及其工作人员履行法定消防工作职责时，应当做到公正、严格、文明、高效。

公安机关及其工作人员进行消防设计审核、消防验收和消防安全检查等，不得收取费用，不得谋取利益，不得利用职务指定或者变相指定消防产品的品牌、销售单位或者消防技术服务机构、消防设施施工单位。

国务院公安部门要加强对各地公安机关及其工作人员进行消防设计审核、消防验收和消防安全检查等行为的监督管理。

第二十七条 地方各级人民政府和有关部门不依法履行职责，在涉及消防安全行政审批、公共消防设施建设、重大火灾隐患整改、消防力量发展等方面工作不力、失职渎职的，依法依规追究有关人员的责任，涉嫌犯罪的，移送司法机关处理。

第二十八条 因消防安全责任不落实发生一般及以上火灾事故的，依法依规追究单位直接责任人、法定代表人、主要负责人或实际控制人的责任，对履行职责不力、失职渎职的政府及有关部门负责人和工作人员实行问责，涉嫌犯罪的，移送司法机关处理。

发生造成人员死亡或产生社会影响的一般火灾事故的，由事故发生地县级人民政府负责组织调查处理；发生较大火灾事故的，由事故发生地设区的市级人民政府负责组织调查处理；发生重大火灾事故的，由事故发生地省级人民政府负责组织调查处理；发生特别重大火灾事故的，由国务院或国务院授权有关部门负责组织调查处理。

第六章 附 则

第二十九条 具有固定生产经营场所的个体工商户，参照本办法履行单位消防安全职责。

第三十条 微型消防站是单位、社区组建的有人员、有装备，具备扑救初起火灾能力的志愿消防队。具体标准由公安消防部门确定。

第三十一条 本办法自印发之日起施行。地方各级人民政府、国务院有关部门等可结合实际制定具体实施办法。

3　中共中央国务院关于开展质量提升行动的指导意见

2017 年 9 月 5 日

提高供给质量是供给侧结构性改革的主攻方向，全面提高产品和服务质量是提升供给体系的中心任务。经过长期不懈努力，我国质量总体水平稳步提升，质量安全形势稳定向好，有力支撑了经济社会发展。但也要看到，我国经济发展的传统优势正在减弱，实体经济结构性供需失衡矛盾和问题突出，特别是中高端产品和服务有效供给不足，迫切需要下最大气力抓全面提高质量，推动我国经济发展进入质量时代。现就开展质量提升行动提出如下意见。

一、总体要求

（一）指导思想

全面贯彻党的十八大和十八届三中、四中、五中、六中全会精神，深入贯彻习近平总书记系列重要讲话精神和治国理政新理念新思想新战略，牢固树立和贯彻落实新发展理念，紧紧围绕统筹推进“五位一体”总体布局和协调推进“四个全面”战略布局，认真落实党中央、国务院决策部署，以提高发展质量和效益为中心，将质量强国战略放在更加突出的位置，开展质量提升行动，加强全面质量监管，全面提升质量水平，加快培育国际竞争新优势，为实现“两个一百年”奋斗目标奠定质量基础。

（二）基本原则

——坚持以质量第一为价值导向。牢固树立质量第一的强烈意识，坚持优质发展、以质取胜，更加注重以质量提升减轻经济下行和安全监管压力，真正形成各级党委和政府重视质量、企业追求质量、社会崇尚质量、人人关心质量的良好氛围。

——坚持以满足人民群众需求和增强国家综合实力为根本目的。把增进民生福祉、满足人民群众质量需求作为提高供给质量的出发点和落脚点，促进质量发展成果全民共享，增强人民群众的质量获得感。持续提高产品、工程、服务的质量水平、质量层次和品牌影响力，推动我国产业价值链从低端向中高端延伸，更深更广融入全球供给体系。

——坚持以企业为质量提升主体。加强全面质量管理，推广应用先进质量管理方法，提高全员全过程全方位质量控制水平。弘扬企业家精神和工匠精神，提高决策者、经营者、管理者、生产者质量意识和质量素养，打造质量标杆企业，加强品牌建设，推动企业质量管理水平和核心竞争力提高。

——坚持以改革创新为根本途径。深入实施创新驱动发展战略，发挥市场在资源配置中的决定性作用，积极引导推动各种创新要素向产品和服务的供给端集聚，提升质量创新能力，以新技术新业态改造提升产业质量和发展水平。推动创新群体从以科技人员的小众为主向小众与大众创新创业互动转变，推动技术创新、标准研制和产业化协调发展，用先进标准引领产品、工程和服务质量提升。

（三）主要目标

到2020年，供给质量明显改善，供给体系更有效率，建设质量强国取得明显成效，质量总体水平显著提升，质量对提高全要素生产率和促进经济发展的贡献进一步增强，更好满足人民群众不断升级的消费需求。

——产品、工程和服务质量明显提升。质量突出问题得到有效治理，智能化、消费友好的中高端产品供给大幅增加，高附加值和优质服务供给比重进一步提升，中国制造、中国建造、中国服务、中国品牌国际竞争力显著增强。

——产业发展质量稳步提高。企业质量管理水平大幅提升，传统优势产业实现价值链升级，战略性新兴产业的质量效益特征更加明显，服务业提质增效进一步加快，以技术、技能、知识等为要素的质量竞争型产业规模显著扩大，形成一批质量效益一流的世界级产业集群。

——区域质量水平整体跃升。区域主体功能定位和产业布局更加合理，区域特色资源、环境容量和产业基础等资源优势充分利用，产业梯度转移和质量升级同步推进，区域经济呈现互联互通和差异化发展格局，涌现出一批特色小镇和区域质量品牌。

——国家质量基础设施效能充分释放。计量、标准、检验检测、认证认可等国家质量基础设施系统完整、高效运行，技术水平和服务能力进一步增强，国际竞争力明显提升，对科技进步、产业升级、社会治理、对外交往的支撑更加有力。

二、全面提升产品、工程和服务质量

（一）增加农产品、食品药品优质供给

健全农产品质量标准体系，实施农业标准化生产和良好农业规范。加快高标准农田建设，加大耕地质量保护和土壤修复力度。推行种养殖清洁生产，强化农业投入品监管，严格规范农药、抗生素、激素类药物和化肥使用。完善进口食品安全治理体系，推进出口食品农产品质量安全示范区建设。开展出口农产品品牌建设专项推进行动，提升出口农产品质量，带动提升内销农产品质量。引进优质农产品和种质资源。大力发展农产品初加工和精深加工，提高绿色产品供给比重，提升农产品附加值。

完善食品药品安全监管体制，增强统一性、专业性、权威性，为食品药品安全提供组织和制度保障。继续推动食品安全标准与国际标准对接，加快提升营养健康标准水平。推进传统主食工业化、标准化生产。促进奶业优质安全发展。发展方便食品、速冻食品等现代食品产业。实施药品、医疗器械标准提高行动计划，全面提升药物质量水平，提高中药质量稳定性和可控性。推进仿制药质量和疗效一致性评价。

（二）促进消费品提质升级

加快消费品标准和质量提升，推动消费品工业增品种、提品质、创品牌，支撑民众消费升级需求。推动企业发展个性定制、规模定制、高端定制，推动产品供给向“产品＋服务”转变、向中高端迈进。推动家用电器高端化、绿色化、智能化发展，改善空气净化器等新兴家电产品的功能和消费体验，优化电饭锅等小家电产品的外观和功能设计。强化智能手机、可穿戴设备、新型视听产品的信息安全、隐私保护，提高关键元器件制造能力。巩固纺织服装鞋帽、皮革箱包等传统产业的优势地位。培育壮大民族日化产业。提高儿童用品安全性、趣味性，加大“银发经济”群体和失能群体产品供给。大力发展民族传统文化产品，推动文教体育休闲用品多样化发展。

（三）提升装备制造竞争力

加快装备制造业标准化和质量提升，提高关键领域核心竞争力。实施工业强基工程，提高核心基础零部件（元器件）、关键基础材料产品性能，推广应用先进制造工艺，加强计量测试技术研究和应用。发展智能制造，提高工业机器人、高档数控机床的加工精度和精度保持能力，提升自动化生产线、数字化车间的生产过程智能化水平。推行绿色制造，推广清洁高效生产工艺，降低产品制造能耗、物耗和水耗，提升终端用能产品能效、水效。加快提升国产大飞机、高铁、核电、工程机械、特种设备等中国装备的质量竞争力。

（四）提升原材料供给水平

鼓励矿产资源综合勘查、评价、开发和利用，推进绿色矿山和绿色矿业发展示范区建设。提高煤炭洗选加工比例。提升油品供给质量。加快高端材料创新，提高质量稳定性，形成高性能、功能化、差别化的先进基础材料供给能力。加快钢铁、水泥、电解铝、平板玻璃、焦炭等传统产业转型升级。推动稀土、石墨等特色资源高质化利用，促进高强轻合金、高性能纤维等关键战略材料性能和品质提升，加强石墨烯、智能仿生材料等前沿新材料布局，逐步进入全球高端制造业采购体系。

（五）提升建设工程质量水平

确保重大工程建设质量和运行管理质量，建设百年工程。高质量建设和改造城乡道路交通设施、供热供水设施、排水与污水处理设施。加快海绵城市建设和地下综合管廊建设。规范重大项目基本建设程序，坚持科学论证、科学决策，加强重大工程的投资咨询、建设监理、设备监理，保障工程项目投资效益和重大设备质量。全面落实工程参建各方主体质量责任，强化建设单位首要责任和勘察、设计、施工单位主体责任。加快推进工程质量管理标准化，提高工程项目管理水平。加强工程质量检测管理，严厉打击出具虚假报告等行为。健全工程质量监督管理机制，强化工程建设全过程质量监管。因地制宜提高建筑节能标准。完善绿色建材标准，促进绿色建材生产和应用。大力发展装配式建筑，提高建筑装修部品部件的质量和安全性能。推进绿色生态小区建设。

（六）推动服务业提质增效

提高生活性服务业品质。完善以居家为基础、社区为依托、机构为补充、医养相结合的多层次、智能化养老服务体系。鼓励家政企业创建服务品牌。发展大众化餐饮，引导餐饮企业建立集中采购、统一配送、规范化生产、连锁化经营的生产模式。实施旅游服务质量提升计划，显著改善旅游市场秩序。推广实施优质服务承诺标识和管理制度，培育知名服务品牌。

促进生产性服务业专业化发展。加强运输安全保障能力建设，推进铁路、公路、水路、民航等多式联运发展，提升服务质量。提高物流全链条服务质量，增强物流服务时效，加强物流标准化建设，提升冷链物流水平。推进电子商务规制创新，加强电子商务产业载体、物流体系、人才体系建设，不断提升电子商务服务质量。支持发展工业设计、计量测试、标准试验验证、检验检测认证等高技术服务业。提升银行服务、保险服务的标准化程度和服务质量。加快知识产权服务体系建设。提高律师、公证、法律援助、司法鉴定、基层法律服务等法律服务水平。开展国家新型优质服务业集群建设试点，支撑引领三次产业向中高端迈进。

（七）提升社会治理和公共服务水平

推广“互联网＋政务服务”，加快推进行政审批标准化建设，优化服务流程，简化办事环节，提高行政效能。提升城市治理水平，推进城市精细化、规范化管理。促进义务教育优质均衡发展，扩大普惠性学前教育和优质职业教育供给，促进和规范民办教育。健全覆盖城乡的公共就业创业服务体系。加强职业技能培训，推动实现比较充分和更高质量就业。提升社会救助、社会福利、优抚安置等保障水平。

提升优质公共服务供给能力。稳步推进进一步改善医疗服务行动计划。建立健全医疗纠纷预防调解机制，构建和谐医患关系。鼓励创造优秀文化服务产品，推动文化服务产品数字化、网络化。提高供电、供气、供热、供水服务质量和安全保障水平，创新人民群众满意的服务供给。开展公共服务质量监测和结果通报，引导提升公共服务质量水平。

（八）加快对外贸易优化升级

加快外贸发展方式转变，培育以技术、标准、品牌、质量、服务为核心的对外经济新优势。鼓励高技术含量和高附加值项目维修、咨询、检验检测等服务出口，促进服务贸易与货物贸易紧密结合、联动发展。推动出口商品质量安全示范区建设。完善进出口商品质量安全风险预警和快速反应监管体系。促进“一带一路”沿线国家和地区、主要贸易国家和地区质量国际合作。

三、破除质量提升瓶颈

（一）实施质量攻关工程

围绕重点产品、重点行业开展质量状况调查，组织质量比对和会商会诊，找准比较优势、行业通病和质量短板，研究制定质量问题解决方案。加强与国际优质产品的质量比对，支持企业瞄准先进标杆实施技术改造。开展重点行业工艺优化行动，组织质量提升关键技术攻关，推动企业积极应用新技术、新工艺、新材料。加强可靠性设计、试验与验证技术开发应用，推广采用先进成型方法和加工方法、在线检测控制装置、智能化生产和物流系统及检测设备。实施国防科技工业质量可靠性专项行动计划，重点解决关键系统、关键产品质量难点问题，支撑重点武器装备质量水平提升。

（二）加快标准提档升级

改革标准供给体系，推动消费品标准由生产型向消费型、服务型转变，加快培育发展团体标准。推动军民标准通用化建设，建立标准化军民融合长效机制。推进地方标准化综合改革。开展重点行业国内外标准比对，加快转化先进适用的国际标准，提升国内外标准一致性程度，推动我国优势、特色技术标准成为国际标准。建立健全技术、专利、标准协同机制，开展对标达标活动，鼓励、引领企业主动制定和实施先进标准。全面实施企业标准自我声明公开和监督制度，实施企业标准领跑者制度。大力推进内外销产品“同线同标同质”工程，逐步消除国内外市场产品质量差距。

（三）激发质量创新活力

建立质量分级制度，倡导优质优价，引导、保护企业质量创新和质量提升的积极性。开展新产业、新动能标准领航工程，促进新旧动能转换。完善第三方质量评价体系，开展高端品质认证，推动质量评价由追求“合格率”向追求“满意度”跃升。鼓励企业开展质量提升小组活动，促进质量管理、质量技术、质量工作法创新。鼓励企业优化功能设计、模块化设计、外观设计、人体工效学设计，推行个性化定制、柔性化生产，提高产品扩展性、耐久性、舒适性等质量特性，满足绿色环保、可持续发展、消费友好等需求。鼓励以用户为中心的微创新，改善用户体验，激发消费潜能。

（四）推进全面质量管理

发挥质量标杆企业和中央企业示范引领作用，加强全员、全方位、全过程质量管理，提质降本增效。推广现代企业管理制度，广泛开展质量风险分析与控制、质量成本管理、质量管理体系升级等活动，提高质量在线监测、在线控制和产品全生命周期质量追溯能力，推行精益生产、清洁生产等高效生产方式。鼓励各类市场主体整合生产组织全过程要素资源，纳入共同的质量管理、标准管理、供应链管理、合作研发管理等，促进协同制造和协同创新，实现质量水平整体提升。

（五）加强全面质量监管

深化“放管服”改革，强化事中事后监管，严格按照法律法规从各个领域、各个环节加强对质量的全方位监管。做好新形势下加强打击侵犯知识产权和制售假冒伪劣商品工作，健全打击侵权假冒长效机制。促进行政执法与刑事司法衔接。加强跨区域和跨境执法协作。加强进口商品质量安全监管，严守国门质量安全底线。开展质量问题产品专项整治和区域集中整治，严厉查处质量违法行为。健全质量违法行为记录及公布制度，加大行政处罚等政府信息公开力度。严格落实汽车等产品的修理更换退货责任规定，探索建立第三方质量担保争议处理机制。完善产品伤害监测体系，提高产品安全、环保、可靠性等要求和标准。加大缺陷产品召回力度，扩大召回范围，健全缺陷产品召回行政监管和技术支撑体系，建立缺陷产品召回管理信息共享和部门协作机制。实施服务质量监测基础建设工程。建立责任明确、反应及时、处置高效的旅游市场综合监管机制，严厉打击扰乱旅游市场秩序的违法违规行为，规范旅游市场秩序，净化旅游消费环境。

（六）着力打造中国品牌

培育壮大民族企业和知名品牌，引导企业提升产品和服务附加值，形成自己独有的比较优势。以产业集聚区、国家自主创新示范区、高新技术产业园区、国家新型工业化产业示范基地等为重点，开展区域品牌培育，创建质量提升示范区、知名品牌示范区。实施中国精品培育工程，加强对中华老字号、地理标志等品牌培育和保护，培育更多百年老店和民族品牌。建立和完善品牌建设、培育标准体系和评价体系，开展中国品牌价值评价活动，推动品牌评价国际标准化工作。开展“中国品牌日”活动，不断凝聚社会共识、营造良好氛围、搭建交流平台，提升中国品牌的知名度和美誉度。

（七）推进质量全民共治

创新质量治理模式，注重社会各方参与，健全社会监督机制，推进以法治为基础的社会多元治理，构建市场主体自治、行业自律、社会监督、政府监管的质量共治格局。强化质量社会监督和舆论监督。建立完善质量信号传递反馈机制，鼓励消费者组织、行业协会、第三方机构等开展产品质量比较试验、综合评价、体验式调查，引导理性消费选择。

四、夯实国家质量基础设施

（一）加快国家质量基础设施体系建设

构建国家现代先进测量体系。紧扣国家发展重大战略和经济建设重点领域的需求，建立、改造、提升一批国家计量基准，加快建立新一代高准确度、高稳定性量子计量基准，加强军民共用计量基础设施建设。完善国家量值传递溯源体系。加快制定一批计量技术规范，研制一批新型标准物质，推进社会公用计量标准升级换代。科学规划建设计量科技基础服务、产业计量测试体系、区域计量支撑体系。

加快国家标准体系建设。大力实施标准化战略，深化标准化工作改革，建立政府主导制定的标准与市场自主制定的标准协同发展、协调配套的新型标准体系。简化国家标准制定修订程序，加强标准化技术委员会管理，免费向社会公开强制性国家标准文本，推动免费向社会公开推荐性标准文本。建立标准实施信息反馈和评估机制，及时开展标准复审和维护更新。

完善国家合格评定体系。完善检验检测认证机构资质管理和能力认可制度，加强检验检测认证公共服务平台示范区、国家检验检测高技术服务业集聚区建设。提升战略性新兴产业检验检测认证支撑能力。建立全国统一的合格评定制度和监管体系，建立政府、行业、社会等多层次采信机制。健全进出口食品企业注册备案制度。加快建立统一的绿色产品标准、认证、标识体系。

（二）深化国家质量基础设施融合发展

加强国家质量基础设施的统一建设、统一管理，推进信息共享和业务协同，保持中央、省、市、县四级国家质量基础设施的系统完整，加快形成国家质量基础设施体系。开展国家质量基础设施协同服务及应用示范基地建设，助推中小企业和产业集聚区全面加强质量提升。构建统筹协调、协同高效、系统完备的国家质量基础设施军民融合发展体系，增强对经济建设和国防建设的整体支撑能力。深度参与质量基础设施国际治理，积极参加国际规则制定和国际组织活动，推动计量、标准、合格评定等国际互认和境外推广应用，加快我国质量基础设施国际化步伐。

（三）提升公共技术服务能力

加快国家质检中心、国家产业计量测试中心、国家技术标准创新基地、国家检测重点实验室等公共技术服务平台建设，创新“互联网 + 质量服务”模式，推进质量技术资源、信息资源、人才资源、设备设施向社会共享开放，开展一站式服务，为产业发展提供全生命周期的技术支持。加快培育产业计量测试、标准化服务、检验检测认证服务、品牌咨询等新兴质量服务业态，为大众创业、万众创新提供优质公共技术服务。加快与“一带一路”沿线国家和地区共建共享质量基础设施，推动互联互通。

（四）健全完善技术性贸易措施体系

加强对国外重大技术性贸易措施的跟踪、研判、预警、评议和应对，妥善化解贸易摩擦，帮助企业规避风险，切实维护企业合法权益。加强技术性贸易措施信息服务，建设一批研究评议基地，建立统一的国家技术性贸易措施公共信息和技术服务平台。利用技术性贸易措施，倒逼企业按照更高技术标准提升产品质量和产业层次，不断提高国际市场竞争力。建立贸易争端预警机制，积极主导、参与技术性贸易措施相关国际规则和标准的制定。

五、改革完善质量发展政策和制度

（一）加强质量制度建设

坚持促发展和保底线并重，加强质量促进的立法研究，强化对质量创新的鼓励、引导、保护。研究修订产品质量法，建立商品质量惩罚性赔偿制度。研究服务业质量管理、产品质量担保、缺陷产品召回等领域立法工作。改革工业产品生产许可证制度，全面清理工业产品生产许可证，加快向国际通行的产品认证制度转变。建立完善产品质量安全事故强制报告制度、产品质量安全风险监控及风险调查制度。建立健全产品损害赔偿、产品质量安全责任保险和社会帮扶并行发展的多元救济机制。加快推进质量诚信体系建设，完善质量守信联合激励和失信联合惩戒制度。

（二）加大财政金融扶持力度

完善质量发展经费多元筹集和保障机制，鼓励和引导更多资金投向质量攻关、质量创新、质量治理、质量基础设施建设。国家科技计划持续支持国家质量基础的共性技术研究和应用重点研发任务。实施好首台（套）重大技术装备保险补偿机制。构建质量增信融资体系，探索以质量综合竞争力为核心的质量增信融资制度，将质量水平、标准水平、品牌价值等纳入企业信用评价指标和贷款发放参考因素。加大产品质量保险推广力度，支持企业运用保险手段促进产品质量提升和新产品推广应用。

推动形成优质优价的政府采购机制。鼓励政府部门向社会力量购买优质服务。加强政府采购需求确定和采购活动组织管理，将质量、服务、安全等要求贯彻到采购文件制定、评审活动、采购合同签订全过程，形成保障质量和安全的政府采购机制。严格采购项目履约验收，切实把好产品和服务质量关。加强联合惩戒，依法限制严重质量违法失信企业参与政府采购活动。建立军民融合采购制度，吸纳扶持优质民营企业进入军事供应链体系，拓宽企业质量发展空间。

（三）健全质量人才教育培养体系

将质量教育纳入全民教育体系。加强中小学质量教育，开展质量主题实践活动。推进高等教育人才培养质量，加强质量相关学科、专业和课程建设。加强职业教育技术技能人才培养质量，推动企业和职业院校成为质量人才培养的主体，推广现代学徒制和企业新型学徒制。推动建立高等学校、科研院所、行业协会和企业共同参与的质量教育网络。实施企业质量素质提升工程，研究建立质量工程技术人员评价制度，全面提高企业经营管理者、一线员工的质量意识和水平。加强人才梯队建设，实施青年职业能力提升计划，完善技术技能人才培养培训工作体系，培育众多“中国工匠”。发挥各级工会组织和共青团组织作用，开展劳动和技能竞赛、青年质量提升示范岗创建、青年质量控制小组实践等活动。

（四）健全质量激励制度

完善国家质量激励政策，继续开展国家质量奖评选表彰，树立质量标杆，弘扬质量先进。加大对政府质量奖获奖企业在金融、信贷、项目投资等方面的支持力度。建立政府质量奖获奖企业和个人先进质量管理经验的长效宣传推广机制，形成中国特色质量管理模式和体系。研究制定技术技能人才激励办法，探索建立企业首席技师制度，降低职业技能型人才落户门槛。

六、切实加强组织领导

（一）实施质量强国战略

坚持以提高发展质量和效益为中心，加快建设质量强国。研究编制质量强国战略纲要，明确质量发展目标任务，统筹各方资源，推动中国制造向中国创造转变、中国速度向中国质量转变、中国产品向中国品牌转变。持续开展质量强省、质量强市、质量强县示范活动，走出一条中国特色质量发展道路。

（二）加强党对质量工作领导

健全质量工作体制机制，完善研究质量强国战略、分析质量发展形势、决定质量方针政策的工作机制，建立“党委领导、政府主导、部门联合、企业主责、社会参与”的质量工作格局。加强对质量发展的统筹规划和组织领导，建立健全领导体制和协调机制，统筹质量发展规划制定、质量强国建设、质量品牌发展、质量基础建设。地方各级党委和政府要将质量工作摆到重要议事日程，加强质量管理和队伍能力建设，认真落实质量工作责任制。强化市、县政府质量监管职责，构建统一权威的质量工作体制机制。

（三）狠抓督察考核

探索建立中央质量督察工作机制，强化政府质量工作考核，将质量工作考核结果作为各级党委和政府领导班子及有关领导干部综合考核评价的重要内容。以全要素生产率、质量竞争力指数、公共服务质量满意度等为重点，探索构建符合创新、协调、绿色、开放、共享发展理念的新型质量统计评价体系。健全质量统计分析制度，定期发布质量状况分析报告。

（四）加强宣传动员

大力宣传党和国家质量工作方针政策，深入报道我国提升质量的丰富实践、重大成就、先进典型，讲好中国质量故事，推介中国质量品牌，塑造中国质量形象。将质量文化作为社会主义核心价值观教育的重要内容，加强质量公益宣传，提高全社会质量、诚信、责任意识，丰富质量文化内涵，促进质量文化传承发展。把质量发展纳入党校、行政学院和各类干部培训院校教学计划，让质量第一成为各级党委和政府的根本理念，成为领导干部工作责任，成为全社会、全民族的价值追求和时代精神。

各地区各部门要认真落实本意见精神，结合实际研究制定实施方案，抓紧出台推动质量提升的具体政策措施，明确责任分工和时间进度要求，确保各项工作举措和要求落实到位。要组织相关行业和领域，持续深入开展质量提升行动，切实提升质量总体水平。

4 国土资源部关于印发《全国地质灾害防治“十三五”规划》的通知

国土资发〔2016〕155号

各省、自治区、直辖市及副省级城市国土资源主管部门，新疆生产建设兵团国土资源局，中国地质调查局，武警黄金指挥部，部其他直属单位：

《全国地质灾害防治“十三五”规划》已经2016年第31次部长办公会审议通过，现印发给你们，请认真组织实施，确保实现各项目标和任务。

2016年12月28日

全国地质灾害防治“十三五”规划摘录

一、指导思想与规划目标

（一）指导思想

全面贯彻党的十八大和十八届三中、四中、五中、六中全会精神，深入学习贯彻习近平总书记系列重要讲话精神，紧紧围绕统筹推进“五位一体”总体布局和协调推进“四个全面”战略布局，牢固树立创新、协调、绿色、开放、共享的发展理念，坚持以人民为中心的发展思想，深入贯彻《国务院关于加强地质灾害防治工作的决定》，进一步完善调查评价、监测预警、综合治理、应急防治四大体系，充分依靠科技进步和管理创新，加强统筹协调，提高防治效率，全面提升基层地质灾害防治能力，最大限度地避免和减少地质灾害造成的人员伤亡和财产损失。

（二）规划原则

1. 以人为本，预防为主

牢固树立以人为本理念，将保护人民群众生命财产安全放在首位，强化隐患调查排查和易发区地质灾害危险性评估，完善群测群防，推进群专结合，提高预警的准确性和时效性，增强全民防灾减灾意识，提升公众自救互救技能，切实减少人员伤亡和财产损失。

2. 分级分类，属地管理

按照险情灾情等级，地方各级党委政府分级负责，承担主体责任，中央发挥统筹指导作用，国土资源部门负责组织、协调、指导和监督，相关部门密切配合，各司其职。人为工程活动等引发的地质灾害，按照谁引发、谁治理的原则，由责任单位承担治理等责任。

3. 统筹部署，突出重点

紧密围绕全面建成小康社会、脱贫攻坚任务和国家重大发展战略等，科学规划，突出重点部署地质灾害调查评价、监测预警、综合治理、应急防治和基层防灾能力建设任务，服务社会经济发展大局

4. 依法依规，科学减灾

加强地质灾害防治法律法规、标准规范体系建设，充分认识地质灾害突发性、隐蔽性、破坏性和动态变化性特点，强化基础研究，把握其发生变化规律，促进高新技术的应用和推广，科学防灾减灾。

（三）规划目标

以最大限度避免和减少人员伤亡及财产损失为目标，尽心尽力维护群众权益，全面完成山地丘陵区地质灾害详细调查和重点地区地面沉降、地裂缝和岩溶塌陷调查，全面完成全国重点防治区地质灾害防治高标准“十有县”建设，实现山地丘陵区市、县两级地质灾害气象预警预报工作全覆盖，完善提升以群测群防为基础的群专结合监测网络，基本完成已发现的威胁人员密集区重大地质灾害隐患的工程治理。到2020年，建成系统完善的地质灾害调查评价、监测预警、综合治理、应急防治四大体系，全面提升基层地质灾害防御能力。在重大工程所在区域、重要城市、人口聚集区等区域建立地质灾害风险管控体系，显著减缓地质灾害风险，全面降低中、东部经济发达地区地质灾害风险，有效解决西部及老少边穷地区因灾致贫、因灾返贫问题。

二、地质灾害防治任务

（一）调查评价

1. 加强地质灾害详细调查

在已完成1080个县（市、区）1：50000地质灾害详细调查的基础上，全面完成山地丘陵区以县（市、区）为单元的1：50000崩塌滑坡泥石流调查工作。在湘中南、珠江三角洲、桂西及桂北等岩溶塌陷重点防治区，全面完成1：50000岩溶地面塌陷综合地质调查。在长江三角洲、江浙沿海、华北平原、汾渭盆地等地面沉降重点防治区及高速公路、铁路沿线等重大工程所在区域，全面完成1：50000地面沉降地裂缝综合地质调查。

2. 全面开展地质灾害“三查”

地质灾害易发区各级地方政府组织国土资源及相关部门，按照职责分工开展地质灾害汛前排查、汛中巡查、汛后复查的年度“三查”工作。其中，在山地丘陵县（市、区），重点开展崩塌、滑坡和泥石流为主的“三查”工作；在其他地区重点开展地面塌陷、地裂缝的“三查”工作。

3. 深化重点地区地质灾害调查与风险评价

在国家战略经济区（带）、重大工程所在区域、集中连片贫困地区、重点流域等地质灾害重点防治区，示范部署开展1：50000地质灾害风险调查10万平方千米。在受地质灾害隐患威胁严重的城镇、人口聚集区，部署开展4000个重点集镇的1：10000地质灾害风险调查工作。在重点集镇周边，部署开展20000处滑坡、泥石流等重大地质灾害隐患点的勘查。

地质灾害调查“十三五”工作部署 表 2.4-1

<table>
<tr><th colspan="2">工作类别</th><th>工作量</th><th>责任主体</th><th>备注</th></tr>
<tr><td rowspan="3">地质灾害详细调查</td><td>崩塌滑坡泥石流调查</td><td>尚未完成 1：50000 详细调查的山地丘陵县（市、区）</td><td>地方政府</td><td>地质灾害易发县（市、区）</td></tr>
<tr><td>岩溶地面塌陷调查</td><td>岩溶塌陷重点防治区全面完成</td><td rowspan="2">中央及地方政府</td><td>重点部署在湘中南、珠江三角洲、桂西及桂北等岩溶塌陷重点防治区等地区</td></tr>
<tr><td>地面沉降地裂缝调查</td><td>地面沉降地裂缝重点防治区全面完成</td><td>重点部署在珠江三角洲地面沉降地面塌陷重点防治区、长江三角洲及江浙沿海地面沉降重点防治区、华北平原及黄淮地区地面沉降重点防治区、汾渭盆地地面沉降地裂缝重点防治区以及高速公路、铁路沿线等重大工程所在区域等地区</td></tr>
<tr><td rowspan="2">地质灾害“三查”</td><td>崩塌滑坡泥石流排巡查</td><td rowspan="2">地质灾害重点防治区</td><td rowspan="2">地方政府</td><td rowspan="2">地质灾害防治区涉及的所有县（市、区）</td></tr>
<tr><td>地面塌陷地裂缝排巡查</td></tr>
<tr><td rowspan="3">重点地区地质灾害调查与风险评价</td><td>1：50000 地质灾害风险调查</td><td>10 万平方千米</td><td rowspan="3">中央及地方政府</td><td>重点部署在国家战略经济区（带）、重大工程所在区域、集中连片贫困区、重点流域等地区</td></tr>
<tr><td>重点集镇 1：10000 地质灾害风险调查</td><td>4000 个集镇</td><td>受地质灾害隐患威胁严重的城镇、人口聚集区</td></tr>
<tr><td>隐患点勘查</td><td>20000 处隐患点</td><td>重点集镇周边的重大灾害隐患点</td></tr>
</table>

（二）监测预警

1. 健全完善全国地质灾害气象预警预报体系

进一步加强国家、省、市、县四级地质灾害气象预警预报工作，实现山地丘陵县（市、区）全覆盖。加强与有关部门突发事件预警系统信息对接和协调联动，加强与水利、气象等部门的合作，推进地质灾害调查、监测数据和监测预警信息共享，完善会商和预警联动机制，实现进一步提高地质灾害预警信息发布针对性和时效性。

2. 构建群专结合的地质灾害监测预警网络

推广网格化管理等先进典型经验，进一步完善全覆盖的地质灾害群测群防监测网络。对调查、巡查、排查、复查中发现的所有崩塌、滑坡、泥石流和地面塌陷等地质灾害隐患建立群测群防制度，明确群测群防员，给予经济补助，配备必要的监测仪器设备，充分利用移动互联网等通信技术，形成监测数据智能采集、及时发送和自动分析的监测预警系统。健全完善全国地质灾害专业监测网络，充分发挥专业队伍监测作用，对威胁城镇、重大工程所在区域、交通干线及其他重要设施的3000处地质灾害隐患，布设专业监测仪器进行实时监测。建立重点防治区地质灾害专业监测机构，完善专业监测队伍驻守制度，构建群测群防与专业监测有机融合的监测网络。

3. 完善地面沉降地裂缝监测网络

健全完善长江三角洲、华北平原、汾渭盆地、珠江三角洲及沿海地区等地面沉降重点防治区的地面沉降监测网络，进一步完善京津冀协同发展区、长江经济带等重大战略区、铁路、高速公路、南水北调、油气管网等重大工程区域的地面沉降监测网络。推进国土、水利、规划、建设等部门的监测网络数据共享。

地质灾害监测预警“十三五”工作部署　　表 2.4-2

工作类别		工作量	责任主体	备注
构建群专结合的崩塌滑坡泥石流灾害监测预警网络	气象预警	覆盖所有山地丘陵县（市、区）	地方政府	所有山地丘陵区
	群测群防	健全完善群测群防制度，实现隐患点群测群防全覆盖		包括已发现的和新增的地质灾害隐患点
	专业监测	对 3000 处重要地质灾害隐患点进行专业监测		威胁城镇、重大工程所在区域、交通干线及其他重要的地质灾害隐患点
完善地面沉降地裂缝监测网络	主要地面沉降区监测网络	健全现有网络	地方政府	重点部署在地面沉降地面塌陷重点防治区
	国家重大战略区及重大工程所在区域专项监测网	构建专项及立体监测网；整合多部门监测网，共享数据	中央政府和相关企业	重点部署在京津冀协同发展区、海岸带等重大战略区、铁路、高速公路、南水北调、油气管网等重大工程所在区域

（三）综合治理

1. 继续实施地质灾害搬迁避让

对不宜采用工程措施治理的、受地质灾害威胁严重的居民点，结合易地扶贫搬迁、生态移民等任务，充分考虑“稳得住、能致富”的要求，实行主动避让，易地搬迁。“十三五”期间，指导地方努力完成 40 万户 140 万受地质灾害威胁群众的搬迁避让。

2. 加大地质灾害工程治理力度

选择威胁人口众多、财产巨大，特别是威胁县城、集镇的地质灾害隐患点开展工程治理，基本完成已发现的威胁人员密集区重大地质灾害隐患的工程治理。“十三五”期间，规划部署 300 条特大型泥石流沟、1500 处特大型及大型崩塌滑坡、20000 处中小型地质灾害隐患点的工程治理。

3. 严格控制地下水开采

在地面沉降、地裂缝灾害比较严重的长江三角洲、华北平原和汾渭盆地等区域，严格控制地下水开采，实施地下水超采区综合治理，实现地下水合理开发利用和地面沉降风险可控。

地质灾害综合治理“十三五”工作部署　　　　表 2.4-3

工作类别		工作量	责任主体	备注
搬迁避让		40 万户	地方政府和责任企业	不宜采用工程措施治理、受地质灾害威胁严重的居民点
治理工程	滑崩塌坡	1500 处	中央和地方政府	特大型及大型滑坡崩塌灾害点
	泥石流	300 条		特大型泥石流沟
	崩塌滑坡泥石流	20000 处		中小型
	地面沉降地裂缝	严格控制地下水开采		重点部署在珠江三角洲地面沉降地面塌陷重点防治区、长江三角洲及江浙沿海地面沉降重点防治区、华北平原及黄淮地区地面沉降重点防治区、汾渭盆地地面沉降地裂缝重点防治区等地区

（四）应急防治

1．健全应急机构与队伍

推动地质灾害重点防治区的市（地、州）、县（市、区）全面建立地质灾害应急管理机构和专业技术指导机构，统筹协调区域内地质灾害应急能力建设。在重点防治区全面推行专业技术队伍包县、包乡提供服务。加强地质灾害应急专业人才培养，推进基层地质灾害应急处置和救援队伍建设，配备应急车辆等必要的应急装备，提升应急处置能力。

2．加强应急值守与处置

加强应急值守队伍建设，完善应急值守工作制度，提高信息报送的时效性、准确性，及时发布地质灾害预警信息和启动应急响应，提高应急值守信息化和自动化水平。完善地质灾害应急预案，提高应急处置流程的科学化、标准化、规范化水平。

（五）基层防灾能力建设

1. 全面提升基层地质灾害防御能力

大力培育地质灾害防治社会力量，以合作或政府购买服务等方式建设基层地质灾害防治专业支撑队伍。“十三五”期间，在已建成 774 个地质灾害防治高标准“十有县”的基础上，全面建设完成全国山地丘陵区地质灾害防治高标准“十有县”，提升基层地质灾害综合防御能力。

2. 强化重点地区地质灾害防治

继续推进云南、四川、湖南、甘肃四个重点省份地质灾害综合防治体系建设，加快推动其他省份地质灾害综合防治体系建设，全面提升地质灾害重点防治区的地质灾害监测预警和应急避险能力。

3. 加强地质灾害防治信息化工作

构建网格化、智能化的地质灾害群测群防技术体系，完善部、省、市、县和现场联动的地质灾害远程会商系统，实现空、天、地的地质灾害信息的快速汇集、处理、会商决策。建立全国统一的地质灾害应急指挥平台，实现快速搭建应急通信平台，提升对突发性地质灾害的快速响应信息报送调度指挥的能力。加强地质灾害信息共享与服务，实现与气象、水利、环保等相关部门的业务协作和信息共享，有效提升应急处置和服务社会能力。

4. 强化地质灾害防治宣传、培训和演练

充分利用广播、电视、报刊、网络、移动互联网等媒体，开展多种形式的地质灾害防治宣传活动，向社会公众普及逃生避险基本技能，提升紧急情况下自救互救能力。开展地质灾害防治知识宣传培训教育和应急演练，参加培训和应急演练2500万人次。每年对地质灾害防治区内的县及乡镇地质灾害防治人员进行不少于1次的地质灾害防治知识培训。重要地质灾害隐患点每年至少开展1次演练，其他地质灾害隐患点开展简易演练。2020个山地丘陵县（市、区）每年至少组织开展1次地质灾害应急演练。

5. 强化科学研究，创新技术水平

充分依靠“三深一土”科技创新，提升地质灾害形成机理、早期识别、成灾模式等方面的科学认识，加强灾害风险评估预测预警等研究，完善地质灾害相关理论。提升特大地质灾害监测预警网络与应急处置专业化支撑能力。加快研发地质灾害监测设备和预警技术方法，提高监测预警预报精度，大力推进物联网、大数据和云计算等地质灾害防治中的应用。

5 国家地震科技创新工程

前言

地球是人类赖以生存的家园。地震是地球形成、运动、演化过程中产生的自然现象，地震波在地球内部和表面传播产生振动，造成建筑物破坏、滑坡、泥石流等一系列灾害。受印度板块与欧亚板块碰撞、太平洋板块西向俯冲影响，中国大陆是全球板内地震最为活跃的地区，21 世纪以来近 9 万同胞因地震罹难。

习近平总书记在唐山地震 40 周年之际发表重要讲话强调，同自然灾害抗争是人类生存发展的永恒课题。要更加自觉地处理好人和自然的关系，正确处理防灾减灾救灾和经济社会发展的关系，不断从抵御各种自然灾害的实践中总结经验。做好新时期防灾减灾救灾工作，要“两个坚持”、“三个转变”。这为做好防震减灾工作指明了方向和基本遵循，地震科技创新工作要紧紧围绕提高大震巨灾综合防范能力，坚持面向世界科技前沿、面向经济主战场、面向国家重大需求，夯实科技基础、强化战略导向、加强科技供给，全力服务经济社会发展。

目前，人类对于地震孕育发生规律的研究尚处于探索阶段。科学家们对于板间地震的空间分布和迁移规律有了一定的认识，而对板内地震研究相对薄弱，许多重要科学问题尚未解决。中国大陆灾害性地震绝大多数属于板内地震，囿于板内地震的科学认知，我国地震科技水平长期徘徊不前，防震减灾能力与国家地震安全迫切需求的差距日益凸显。为此，启动《国家地震科技创新工程》，针对我国特殊的构造背景和孕震环境，聚焦关键问题，加强顶层设计，广泛动员力量，开展协同攻关。借鉴美国、日本等国正在开展的相关科学计划，通过实施“透明地壳”“解剖地震”“韧性城乡”和“智慧服务”四项计划，争取用 10 年左右的时间取得一批重要科技创新成果，查明中国大陆重点地区地下精细结构，深化地震发生机理认识，采取有效防御手段，丰富地震安全公共服务产品，显著提升我国抗御地震风险能力，保障国家重大发展战略和人民群众生命财产安全。

首先，实施“透明地壳”计划。把地下的地质结构搞清楚，既是重要的科技基础性工作，也是地球科学领域重大前沿问题。相比于对太空的探索行动，人类对自身居住的地球了解得还很肤浅，这种状况严重制约了我们对地球内部结构、大陆动力学机制与过程的了解，也极大限制了地震学家对地震发生环境和机理的认识。我国在“十二五”期间开展了深部探测技术和实验研究，完成了两期地壳深部结构探测和地球物理场观测，探察了 83 条大型活动断层调查，取得了大量宝贵观测数据资料。本计划将全面开展地下结构和构造的探察工作，特别是主要地震带的深浅结构和断层活动习性，逐步实现“地下清楚”的目标。

第二，实施“解剖地震”计划。地震预测一直是世界性的科学难题，历史上地震科学的进步往往都是通过对大地震的深入剖析推动的，只有加强对不同类型强震的研究，分析总结其特有规律，才能逐步提高地震预测的科学水平。我国已经开展了一系列大地震综合科学考察，提出并发展了中国大陆地震活动地块理论，开辟了川滇地震监测预报实验场，为实施“解剖地震”计划打下了坚实的基础。本计划将深入详细解剖典型震例，利用新技术新方法建立强震孕震的数值模型，丰富和发展大陆强震理论，逐步深化对地震孕育发生规律的认识。

第三，实施“韧性城乡”计划。灾害脆弱性是现阶段城镇化进程中制约城市可持续发展的核心问题之一。近年来我国已经开展了以抗震性态设计、减隔震和大型复杂结构混合实验等为标志的城市韧性理论和技术研究，应急准备、快速响应对策和紧急处置技术逐步推广应用。本计划将科学评估全国地震灾害风险，研发并广泛采用先进抗震技术，显著提高城乡可恢复能力，不断促进我国地震安全发展。

第四，实施“智慧服务”计划。公共服务是我国防震减灾事业的明显短板，也是地震科技的发力点。虽然我国已经实现面向全国的地震速报信息服务，也启动了国家烈度速报与预警工程建设，但地震信息服务产品种类、时效性和技术手段等方面与国际先进水平仍存在较大差距。本计划将全面提升防震减灾科技产品，完善服务平台，提供更加个性化的智慧服务，不断满足政府、社会和公众需求，服务国家经济社会发展。

实施国家地震科技创新工程，完成中国大陆重点地区地下结构、构造和地球物理场变化的观测和探察，对地壳的认识更加清晰透明；开展典型地震的解剖研究，对地震孕育发生规律的认识逐步深入；发展地震工程减灾技术和对策，率先建成10个示范韧性城镇；建成防震减灾信息高水平服务平台，提供全方位智慧型服务。争取到2025年，使我国地震科技达到国际先进水平，国家防震减灾能力显著提升。

一、透明地壳

（一）重点科技问题

中国大陆及周边地区壳幔结构特征；典型地震区三维精细结构及孕震环境；中国大陆主要活动断层分布特征及活动习性；中国大陆地球物理场动态变化特征；中国大陆主要地震带地壳介质物性时空变化；中国大陆活动地块相互作用及深部过程；地下结构构造及地球物理场观测探测新技术新方法，反演分析成像技术和多源数据融合。

（二）主要任务

1. 中国大陆及周边壳幔结构和主要地震带探测

在南北地震带探测的基础上，开展我国境内及周边区域的巨型流动地震台阵探测，发展深部成像新技术和新方法，获取华北等地区高分辨率三维壳幔速度结构、地震波衰减结构、介质各向异性分布等，揭示强震孕育深部构造背景。结合地学断面及深地战略研究等计划，在我国境内布设12条总长度约5000公里跨越重要构造块体边界的地震宽角反射/折射剖面，获得不同块体及边界带的高分辨率地壳及上地幔顶部介质结构。

2. 重点区域三维结构精细探测

在强震区及重要构造区，开展短周期密集地震台阵、深地震反射/折射、大地电磁探测、重力、地磁、形变等多种地球物理方法的综合探测，获得地壳三维精细结构，为发震构造研究提供资料依据；利用国家地应力监测网开展地应力观测，研究地震孕育和发生过程中应力变化特征。

在地震灾害高风险地区开展密集台阵及综合地球物理探测，获得横向分辨率数百米、垂向数十米的近地表精细结构模型，为地震强地面运动模拟等提供介质结构参数。

3. 中国大陆活动构造探察

在南北地震带、天山地震带、华南沿海地震带和重点监视防御区进行大比例尺填图和关键构造部位深浅构造探测，给出活动断层的分布特征，分析活动断层长期滑动习性和地震复发特征，建立不同区域三维地震构造模型，构建活动断层探测与调查基础数据库，推动现今板内地震动力学研究的进步。在京津冀城市群及其邻区开展隐伏活动断层综合地球物理探测，确定活动断层的空间位置和发震危险性，为地震灾害风险评估、制定防震减灾救灾战略决策、城乡规划和重大工程项目建设选址等提供科学依据。

4. 中国大陆综合地球物理场观测

在南北地震带、大华北、新疆等重点地区，分期分区域开展三维地壳运动加密观测。在已有观测资料基础上，通过 GNSS 和精密水准复测，结合 InSAR 观测，获取中国大陆重点构造带十年尺度地壳水平运动速度场和数十年尺度地壳垂直运动速度场图像。以国家重力基本网为骨干，开展重力变化加密观测，获取中国大陆重点构造带的高精度重力变化图像。定期开展全国地磁场三分量绝对测量，获取中国大陆基本地磁场和岩石圈磁场变化图像。

5. 基于地震信号气枪发射台的介质变化监测

在现有 4 个地震信号气枪发射台的基础上，再建立 6 个发射台及相应监测系统，实现地震信号覆盖中国大陆的大部分地区；发展强干扰背景下提取人工源弱信号的技术方法；基于精密可控震源系统的重复激发探测，获得地壳介质物性的时间变化图像，研究地壳介质应力变化与地震的关系；基于人工源探测资料，分析重点区域的高分辨率深部介质结构。

6. 中国大陆活动地块相互作用及深部过程

综合利用中国大陆壳幔结构探测、活动断层综合探察、地球物理场动态变化等方面的基础资料，研究中国大陆典型活动地块边界带三维结构及变形和运动特征，揭示中国大陆块体相互作用、变形机制、壳幔深浅构造耦合关系、物质与能量交换及深部作用过程，发展和完善大陆强震活动地块理论框架，构建基于中国大陆活动地块相互作用的动力学模型。

7. 技术研发和数据分析处理

发展基于宽频带地震台阵探测的高分辨率地震成像技术，高分辨率地球物理剖面综合反演技术，基于精密可控源探测的地壳介质物性时变信息提取技术，发展基于 LiDAR、UAV 等高分辨率活动断层遥感探测技术和基于断层活动习性的强地震发生地点综合判定方法，台网布局和观测仪器布设方法，GNSS、InSAR、地震、重力、地磁、地电等多源数据融合，综合地球物理场动态变化提取技术等。

（三）预期目标

1. 2020 年目标

完成大华北地区流动地震台阵探测、2 条跨越重要构造块体边界和强震震源区的综合剖面探测；完成南北地震带、天山、东北、东南沿海等地区约 40 条主要活动断层 1∶50000 填图和古地震研究、京津冀城市群隐伏活动断层地震危险性分析；完成 2 个地震信号气枪发射台建设；完成南北地震带和大华北地区综合地球物理场观测；完成南北地震带基于三维速度模型的走时表编制；发展基于全波形的介质结构反演成像技术、GNSS 与 InSAR 等数据融合技术。探测成果达到国际水平。

2. 2025 年目标

建立中国大陆高分辨率壳幔三维结构模型，获得 12 条横跨重要构造边界的精细物性结构剖面以及10个气枪发射台周边区域地壳介质物性时间变化图像；查明我国主要地震带约200条活动断层空间展布、活动性参数和变形带宽度；获得中国大陆综合地球物理场及时变图像，构建中国大陆动力学模型；观测、探测、探察及多源数据融合等技术达到国际先进水平。

二、解剖地震

（一）重点科技问题

典型发震构造模型与地震孕育发生物理过程；断层亚失稳观测与野外识别；活动地块边界带成组地震的孕育演化规律；区域地震概率预测和大数据数值模拟；与地震孕育发生相关的地震观测新技术，标准化、抗干扰、低功耗地震观测仪器设备。

（二）主要任务

1. 典型震例解剖与大震孕育发生机理研究

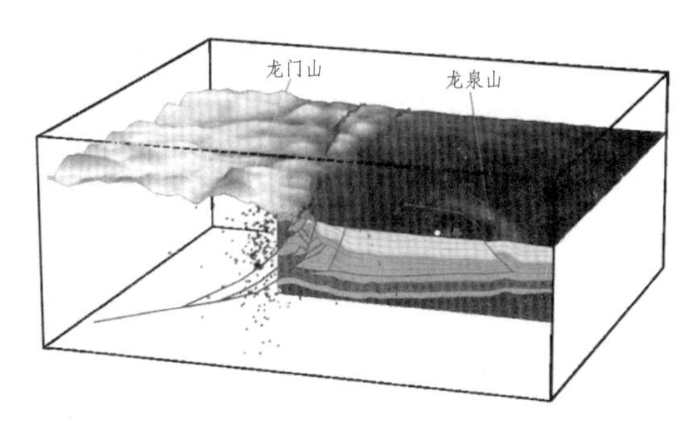

图 2.5-1 龙门山地区地壳和断裂三维结构

对海城、唐山、汶川、玉树等典型强震进行详细解剖研究，探索构建不同区域、不同构造类型的孕震模型，深化对地震发生机理的认识；在原有观测资料的基础上，有针对性地获取强震构造区壳幔结构、介质物性、现今地壳运动和构造变形等信息，综合区域变形、断层运动、应力演化与强震孕育发生和后效间的关系，结合岩石物理力学实验结果，构建地震孕震模型，研究地震孕育发生机理，并对观测到的地震前兆给出成因机理解释，探索强震动力学预测方法和技术。

2. 断层亚失稳观测与前兆机理研究

断层亚失稳阶段位于峰值应力和失稳时刻之间，是地震发生前的最后阶段。构造物理实验表明应力加速释放和断层加速协同化是此阶段的重要特征。有必要在实验室进一步研究影响亚失稳态断层演化的各种因素，建立野外实验台网，开展断层亚失稳状态的监测研究。抓住不同构造部位相互作用以及多物理场的演化特征，完善断层亚失稳理论，使之成为认识地震前兆机理的理论基础。相关结果对于了解地震机理，判断失稳的临近十分重要，也可使抽象的理论研究逐步接近实际，更有效地为地震预测服务。

3. 大陆活动地块边界带成组强震活动机理研究

开展中国大陆周边板块边界作用方式及其动力影响研究，活动地块边界带变形特征研究，地震危险区壳幔介质变化过程研究，构建我国大陆活动地块边界带强震发生的动力学模式；围绕强震发震构造和块体边界带断裂系统相互作用，认识活动地块运动和变形对强震迁移和触发的控制作用，研究活动地块边界带成组强震发生的机制和演化规律。

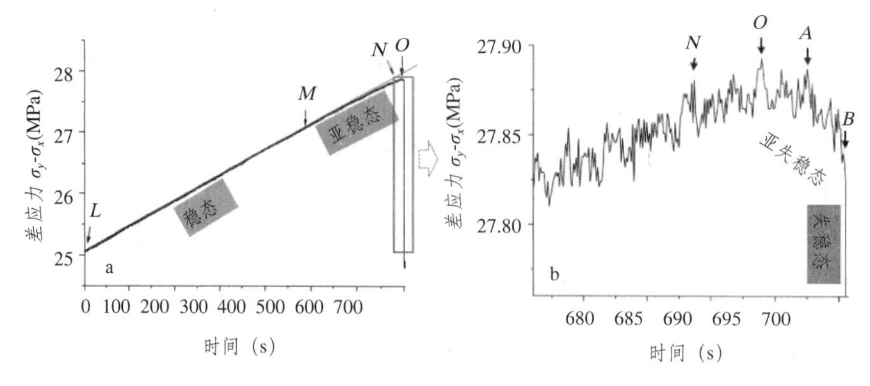

图 2.5-2　一次黏滑事件中差应力—时间过程及变形阶段的划分

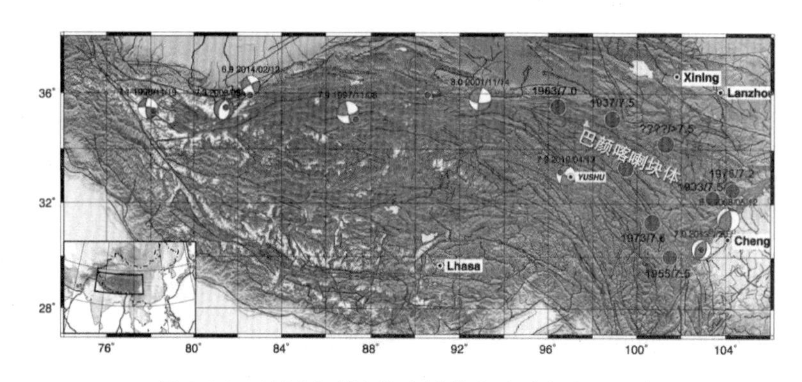

图 2.5-3　巴颜喀喇块体边界带大地震发生和迁移

4. 地震概率预测方法研究及具有物理基础的异常识别

在地球物理、大地测量、地球化学和地质学观测的基础上，依托川滇地震科学试验场，开展活动断层地震复发模式和滑动速率、区域应变速率、地震活动性研究，构建川滇地区地震孕育模型，发展地震概率预测方法；结合历史震例，对异常信息进行系统搜集、梳理和分析，揭示异常信息的物理内涵，甄别异常信息与地震发生的内在联系，开展前兆机理研究，发展多时空尺度地震预测新方法、新技术；开展人工诱发地震识别方法、活动特征和成因机制研究。

5. 地震大数据建模与超算模拟研究

综合地球物理、大地测量、地球化学和地质学观测资料，开展数据同化、提取与地震孕育发生物理过程相关的关键参数，构建基于大数据的地震发生物理过程及其数学表达，研发基于超算技术的相关计算方法和软件库，开展地震数值模拟实验与检验，探索人工智能等地震预测新方法。

6. 地震观测新技术与仪器研发

发展地震电磁卫星数据处理技术和综合应用分析技术；开展红外多角度、多波段天地一体化观测及其在地震监测中应用试验；研制针对地震观测研究的不同观测对象的系列化重力仪和电磁仪；研发地应力综合测量仪器、地埋式土壤化学组分等易于密集布设的测量仪器；研发高温高压环境下地震观测、在线标定等关键技术和地震观测设备；研发高频 GNSS 与强震仪集成于一体的新型观测系统。

（三）预期目标

1. 2020 年目标

完成汶川地震解剖研究，给出孕育发生机理研究结果；开展断层亚失稳室内实验与野外观测比对；初步构建我国大陆活动地块边界带强震发生的动力学模式；建立川滇地震概率预测模型 1.0 版，并给出中长期地震概率预测结果。

2. 2025 年目标

完成选定地震的解剖，开展大震孕育发生机理研究；基于亚失稳阶段演化过程与地震前兆机理，给出识别断层进入亚失稳阶段的判据与方法；给出活动地块边界带成组强震发生的演化规律；构建川滇地区的地震概率预测模型 2.0 版。地震大数据建模和超算模拟研究取得突破，地震观测技术智能化、标准化达到国际水平。

三、韧性城乡

（一）重点科技问题

工程场地和结构地震破坏与成灾机理；地震风险区划与地震灾害风险评估；地震灾害链形成机理与地震次生灾害风险评估；减隔震、新型材料、功能可恢复等工程韧性技术；防灾规划、性态设计理念、智能化应急救援辅助决策等韧性社会支撑技术；韧性城乡建设评价指标体系。

（二）主要任务

1. 地震作用与城市工程地震破坏机理研究

研究工程场地和结构强震动观测技术及强震动破坏作用，研究复杂场地非线性地震动反应分析方法；研究多龄期结构构件抗震性能和城市工程及重大基础设施系统在复杂地震动力环境下的破坏机理；发展多尺度、实用化的动力反应数值分析模型及高效模拟方法，构建多尺度城市工程地震破坏模拟实验平台。

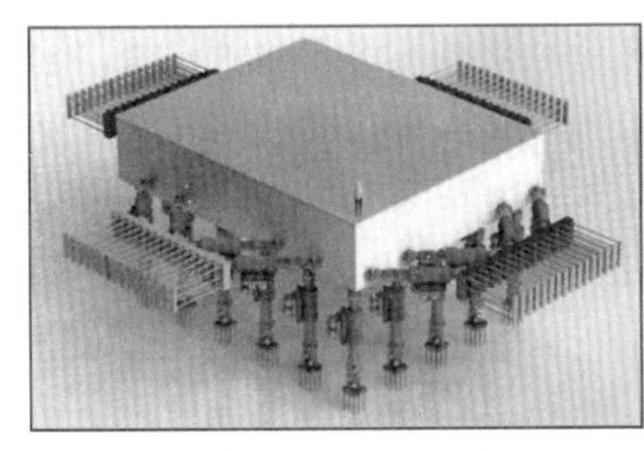

图 2.5-4 大型地震工程模拟研究设施——大尺寸大载荷地震模拟设施构造图和实验模拟图

2. 地震灾害风险评估技术研究及应用

研究基于断层三维结构的地震构造模型构建方法和时间相依的地震危险性分析技术，发展宽频带地震动数值模拟及城市地震区划技术；发展多风险水平、多参数地震区划图编制技术。研究不同工程结构与城市生命线工程的地震易损性和致灾性，发展基于地震动参数的地震灾害损失与人员伤亡预测技术，研发基于震前危险区调查的地震灾害损失预评估技术，建立城市尺度的地震灾害风险评估技术。构建三维断层模型及数据库，编制多参数中国地震动参数区划图、次生地震地质灾害区划图和海域地震区划图。在京津冀、长三角和珠三角等重点城市群编制多尺度地震灾害风险图。

3. 地震次生灾害风险评估与防御技术研究

研究地震灾害链的形成机理及地震次生灾害综合防御对策；研究滑坡、泥石流等地震地质灾害机理，发展地震地质灾害风险评估模型，建立地震地质灾害预报和预警及风险防范系统；研究城市可燃物输送管线系统的地震破坏机理和韧性工程技术；研究城市地震火灾的成灾机理和扩散模拟技术；研究危化物质扩散传播机理及风险评估技术；研究高坝、核电厂等重大工程震后安全和致灾影响快速评估技术。

4. 工程韧性技术研究

研究满足复杂城市系统和重大工业设施地震韧性需求的抗震设计理论和方法；研究工程结构地震损伤机理和损伤控制新技术；研究工程非结构构件与工业管线设备抗震技术与性态控制技术；发展新型工程结构隔震及消能减震关键技术；研究以自复位体系和可更换构件为特征的工程震后快速恢复技术，研究城市生命线工程快速恢复技术；研究基于地震韧性的既有建筑抗震加固新方法及加固后建筑抗震能力评估技术；研发经济、实用的农居建筑抗震技术，发展绿色适用不同民族风格的地震安全民居。

图 2.5-5　北京新机场设计效果图（左）和弹性滑板支座（右）

5. 社会韧性支持技术研究

发展工程场地和重大工程结构地震破坏多手段监测及震害评估方法；研究基于大数据的地震预警新技术，研发推广高铁、核电、大坝等重大工程地震紧急处置技术；研发城市地震灾害情景再现和虚拟现实交互技术；推广农居抗震技术的法规政策；发展针对我国地震活动特征和城乡建设环境的地震风险模型，探索地震保险模式；研究人流聚集区应急疏散、逃生、避险模型，提出城市社区地震灾害应急救援指标体系，发展智能预案系统和演练支撑平台；研究灾情规模判定、搜救目标确定、搜救和应急处置方案智能快速生成技术。

6. 韧性城乡建设标准体系及示范

建立国家地震韧性城乡建设标准和评价体系。选择雄安新区等 10 个城市构建城市信息模型，开展地震灾害风险评估、抗震鉴定与加固；推广隔震、减震等工程韧性技术应用，并在学校、医院等重点和特殊设防类建筑广泛采用；建设地震预警和地震韧性监测网络，建立基于城镇多种社会监控信息源的灾情快速获取系统，建设生命线工程地震紧急处置示范系统；建设地震应急救援辅助决策系统，完善防灾减灾设施和应急保障对策体系；建设地震工程综合试验场。

（三）预期目标

1. 2020 年目标

给出地震灾害风险评估模型；提出大尺度地震次生灾害风险评估技术；提出工程结构

减震隔震与基于地震韧性的抗震加固新技术；提出工程结构地震破坏多手段监测和性态评估方法；给出社区单元地震灾害应急与救援分析模式，提出人流聚集区应急情景分析技术。

2. 2025 年目标

提出大型工程结构地震损伤过程的模拟技术；建立近断层宽频带强震动模拟理论和方法，给出地震灾害风险评估与地震保险分析模型；提出地震次生灾害风险评估理论与技术；建立基于韧性需求的新型抗震设计理论，提出工程结构和生命线系统震后快速恢复新技术；提出地震预警和重大工程地震紧急处置新方法，发展智能化应急救援辅助决策技术；提出地震韧性城乡建设评价指标体系，完成 10 个示范城镇建设；完成新版中国地震动参数区划图、中国地震次生地质灾害风险图、地震应急区划图和重点城市群地震灾害风险图编制。

四、智慧服务

（一）重点科技问题

地震科学大数据管理与共享；防震减灾信息云端化的智慧服务；地震数据资源深度挖掘和公共服务新产品研发；地震标准体系完善。

（二）主要任务

1. 建设地震科学大数据中心

建设国家地震科学大数据中心，形成全国统一、分布管理、合作共享的地震数据资源体系。整理和集成我国地震行业的地球物理、地球化学、大地测量、地质学等学科领域的观测数据，实现各类数据的标准化归档和安全存储；建立数据质量自动评价系统；建立方便快捷的共享服务系统和效能自动评估系统；开展地震大数据的应用研究，发挥地震数据资源效益；逐步建设地球科学数据共享中心。

2. 构建防震减灾信息“云 + 端”智慧服务体系

统一建设地震信息云平台，逐步实现数据存储、业务运行、产品生成、信息发布和服务云端化，在此基础上搭建国家地震信息共享服务系统，重构地震监测预报、震灾预防、应急救援和科学研究等方面的业务信息化流程，包括地震预警、地震速报、烈度速报、灾情评估、灾情速报、地震区划精细服务、建筑物抗震能力、地震科学知识普及、抗震救灾等信息，产出相关服务产品，提高地震数据和产品在线存储、计算和服务能力，实现信息资源的集约化。

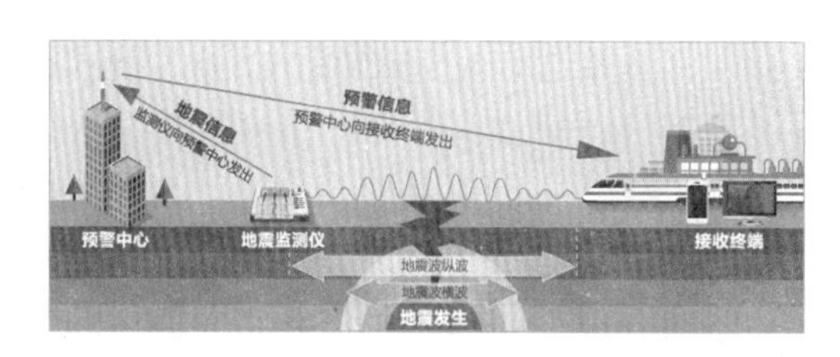

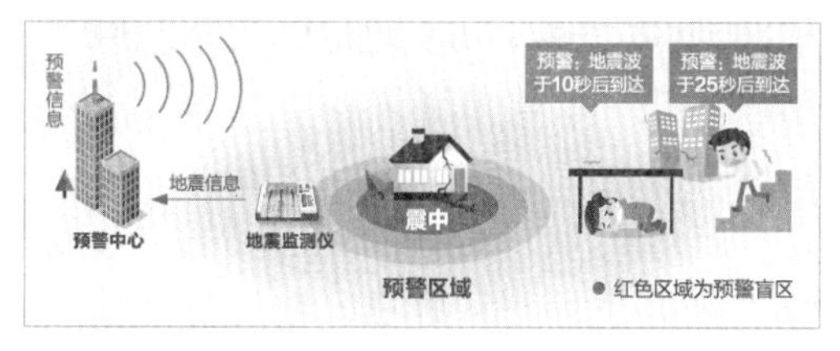

图 2.5-6　地震预警信息服务示意图

基于大数据、移动互联网、物联网、新媒体、人工智能等技术进行地震信息智能服务研究，设计开发针对政府、公众、行业和企业等不同需求的地震信息服务软、硬件智能化终端，实现不同用户群体的地震信息的个性化和精准化服务，以及多种场景下的应用交互服务，达到地震信息智慧服务的目标。

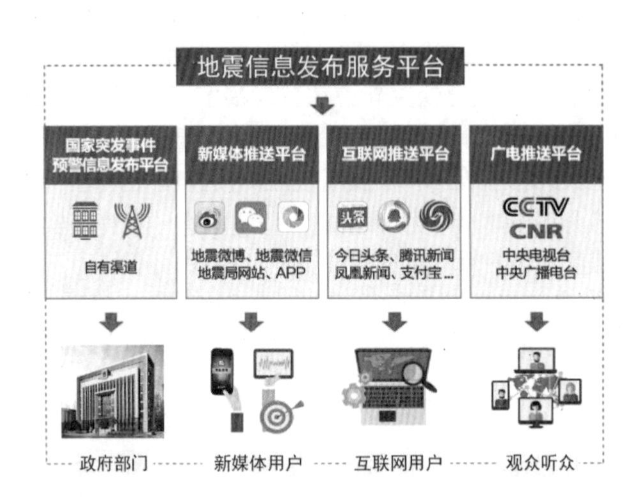

图 2.5-7　地震信息智能化服务平台网络

3. 地震信息服务产品深加工

针对移动互联网和新媒体技术传播特点，研发并提供各类地震信息服务新产品。开展地震监测产品数据处理自动化、可视化呈现；开展地震预测产品准确性、可靠度、实用性及应对策略研究，提供地震中长期预测、地震概率预测等相关产品；研发地震灾害风险图的系列服务产品；建立活动断层避让的法规和标准体系，提供活动断层信息查询和避让建议等服务产品；利用地震烈度速报与预警信息，提供不同尺度地震灾害情景分钟级再现产品；提供地震影响场快速判断、灾情快速获取与评估和地震灾害损失快速评估信息产品；创作社会公众喜闻乐见、通俗易懂的地震科普系列作品。

4. 设计和完善地震标准体系

设计地震服务标准化体系框架。以服务为导向，加强与国际标准和国家通用标准对接，建立健全地震观测仪器、数据、传输、存储、产品、服务等技术标准体系，形成地震标准体系表和项目库。制定地震数据资源开放、管理、保护等规范、标准和措施。

（三）预期目标

1. 2020 年目标

初步建成“管理规范、逻辑合理、访问透明、共享便捷”的地震大数据中心，推进地震科学及相关领域科学研究的共同进步；初步建成地震信息服务云平台，推进地震信息智慧服务工作；建成相对完善的地震标准体系框架。

2. 2025 年目标

建成相对完善的地震标准体系；实现地震信息服务的“数据资源化、业务云端化、服务智能化”，地震观测数据实时共享、质量可靠，地震信息服务云平台全面投入运行，服务产品不断丰富；地震事件和震后灾情信息发布精准及时，地震预测与地震风险信息产品定制化；地震科普宣传广覆盖、易接受、效果好，社会公众防震减灾意识普遍增强。

五、保障措施

1. 加强组织领导

成立国家地震科技创新工程领导小组，完善工作机制，负责统筹协调。围绕“工程”确定的目标和任务认真谋划工作格局、安排工作内容、确定工作重点，形成“工程”的落实合力。

2. 加大资金投入

按照中央财政科技计划管理改革方案要求，中国地震局协同发改委、财政部、科技部、自然科学基金委等共同筹措资金，建立稳定增长的中央财政投入机制。有关部门和地方各级政府研究制定相应计划，拓宽资金投入渠道，共同推进“工程”实施。

3. 优化人才队伍

围绕“工程”实施，强化人才队伍建设，组建创新团队，制定相关政策和措施，加大奖励力度。尊重科学规律，鼓励探索、宽容失败，营造宽松和谐的学术氛围，汇聚国内外优秀人才开展联合攻关，为“工程”的顺利实施提供人才保障。

4. 强化条件平台

瞄准“世界一流、国际领先”的目标，建成“大型地震工程模拟研究设施”等一批国家重大科技基础设施；打造以国家重点实验室为龙头、部门实验室为支撑的科学实验体系，以工程技术中心和中试基地为骨干的技术转化平台，夯实地震科技创新发展的条件平台基础。

5. 扩大开放合作

依托“工程”的实施，进一步扩大基础设施、仪器设备和数据资料等科技资源的跨部门开放共享，建立国家地震科学数据中心；国内相关行业部门、高校、科研院所和企业要加强协作，广泛开展国际合作与交流，努力提高我国地震科技创新水平和防震减灾能力。

6　国土资源部关于支持四川省九寨沟地震灾后恢复重建政策的通知

国土资发〔2017〕138 号

四川省国土资源厅：

2017 年 8 月 8 日，四川省阿坝藏族羌族自治州九寨沟县发生 7.0 级地震，造成重大的人员伤亡和经济损失。目前，地震灾区灾后恢复重建工作已全面启动，各级国土资源主管部门要按照党中央、国务院的部署和要求，切实发挥部门优势和专业优势，全力做好地震灾区恢复重建的支持保障工作。现就有关事项通知如下：

一、支持做好灾后地质灾害防治

（一）支持加强地震灾区地质灾害防治工作。在震后地质灾害应急排查评估基础上，深入开展地质灾害调查评价工作，特别关注隐蔽性强、危害性大的高位、远程隐患点。完善地质灾害信息网络系统和突发地质灾害应急响应平台，加强监测预警，提高地震灾区地质灾害群测群防、气象预警和应急处置能力。对险情明显、危害严重的隐患点，尽早实施工程治理或避险搬迁措施，最大限度减少次生地质灾害造成人员伤亡。

（二）指导科学编制灾后恢复重建地质灾害防治专项实施方案。选派专家指导四川省对城镇、交通干线、景区、基础设施周边地灾隐患开展危险性评估，针对排查发现的地质灾害隐患，科学编制灾后恢复重建地质灾害防治专项实施方案，为灾后恢复重建提供决策依据。

（三）加大地质灾害防治专项资金支持。积极支持四川省向国家发展改革委、财政部申请灾后恢复重建地质灾害防治专项资金，加大灾区地质灾害防治工作力度，促进灾区恢复重建。

（四）支持开展地质灾害恢复治理重大课题研究。支持和指导四川省把九寨沟地质灾害恢复治理作为重大课题进行研究，积累世界自然遗产地发生地震后在地质灾害恢复治理方面的经验。

二、保障灾后恢复重建用地需求

（一）合理确定灾后恢复重建用地规模。在调查摸清灾害损毁土地状况和国土空间开发适宜性评价的基础上，本着节约集约用地和切实保护耕地的原则，统筹考虑原地重建、易地重建等不同类型的用地需求，合理确定灾区建设用地规模、结构和布局，保障城镇、农村、基础设施、产业建设等各项重建用地，为灾后恢复重建总体规划提供依据和支撑。

（二）调整完善土地利用总体规划。在合理确定灾后恢复重建用地规模的基础上，根据灾后恢复重建用地实际，允许适时对县、乡级土地利用总体规划进行调整完善，优化各类用地规模、结构和布局，并按程序报原审批机关批准。

（三）优化调整永久基本农田布局。灾区永久基本农田因灾导致确实无法恢复的，可根据《土地管理法》和《基本农田保护条例》等有关规定，按照“布局基本稳定、面积不减少、质量不降低”要求，结合灾后恢复重建实际需要，调整完善土地利用规划，划入同等数量质量的耕地作为永久基本农田，不稳定耕地、劣地、生地、受污染耕地不得划为永久基本农田。灾区永久基本农田调整补划完成后，要全面落实“落地块、明责任、设标志、建表册、入图库”等工作任务，及时形成永久基本农田划定成果，并将经原审批机关验收合格的数据库汇交至国土资源部。

（四）保证灾后重建用地计划指标。灾后恢复重建期间，依据土地利用总体规划和灾后恢复重建总体规划，灾后恢复重建需要的新增建设用地，由四川省在国家下达的土地利用年度计划中优先安排，指标不足的，本着节约集约用地的原则预支安排，并做好统计报国土资源部认定。

（五）支持开展城乡建设用地增减挂钩试点。灾后恢复重建期间，对规划易地重建的村庄和集镇，凡废弃村庄和集镇具备复垦条件的，市县国土资源主管部门可使用城乡建设用地增减挂钩指标先行安排重建。在建设过程中再按照增减挂钩有关规定，设置建新拆旧项目区，经四川省国土资源厅审批后，在线报国土资源部备案和确认指标。增减挂钩节余指标可在省域范围内流转使用。

（六）积极支持灾区开展工矿地废弃复垦利用。支持因灾损毁废弃且具备复垦条件的合法工矿用地，享受历史遗留工矿废弃地复垦利用试点政策，由四川省国土资源厅指导受灾市、县级国土资源主管部门编制工矿废弃地复垦利用专项规划及实施方案。灾后恢复重建期间，对确需易地重建的工矿企业，其因灾损毁废弃的工矿用地，市、县级国土资源主管部门可根据实施方案申请使用工矿废弃地复垦利用指标并先行安排重建。在建设过程中再按照工矿废弃地复垦利用有关规定，设置复垦建新项目区，按程序审批后，在线报国土资源部备案和确认指标。复垦利用节余指标可在省域范围内流转。

（七）支持灾区农村新产业新业态发展。允许通过村庄整治、宅基地整理等节约的建设用地采取入股、联营等方式，重点支持灾区农村新产业新业态和一二三产业融合发展。积极保障乡村休闲旅游等用地需求，对旅游项目中的自然景观用地使用永久基本农田以外的农用地或未利用地，在不影响农业生产的前提下，可按原地类认定，不改变土地用途，按现用途管理；养殖业等生产设施、附属设施和规模化粮食生产的配套设施用地等，按设施农用地有关规定予以支持。

三、启动用地审批快速通道

（一）建立用地审批的快速通道。对于增强灾区防灾抗灾能力的新建基础设施和重点工程项目，需国土资源部进行用地预审的，按照“一事一议”原则，经部同意后由四川省国土资源厅办理。对于控制工期的单体工程，经四川省国土资源厅审核同意，可先行用地，其中需国务院批准用地的，报国土资源部备案，并及时按照法律规定补办用地手续。

（二）及时提供抢险救灾和灾后恢复重建用地。对于灾区交通、电力、通讯、供水等抢险救灾设施和应急安置、医疗、卫生防疫等急需使用的土地，可根据需要先行使用；使用结束后恢复原状，交还原土地使用者，不再补办用地手续。过渡性安置房及配套设施的用地，可根据需要先行使用，及时补办临时用地手续；使用期满不需转为永久性建设用地的，由当地政府组织复垦；需要转为永久性建设用地的，及时依法依规完善用地手续；凡被占地单位和群众的权益遭受损失的，应给予补偿。对于纳入灾后恢复重建总体规划的城镇村和配套基础设施用地，以及受灾企事业单位搬迁用地，由市县人民政府先行安排用地。不涉及农用地转用和土地征收的，由市县国土资源主管部门办理用地手续；涉及农用地转用和土地征收的，可以边建设边报批，按用地审批权限办理用地手续。

（三）允许采取承诺方式落实耕地占补平衡。灾后恢复重建项目用地报批时应尽可能利用现有补充耕地指标落实占补平衡，确实无法落实“占一补一、占优补优、占水田补水田”要求的，可按照承诺有关规定，利用尚未验收、已在国土资源部农村土地整治监测监管系统中立项备案的土地整治项目落实占补平衡，并抓紧组织实施土地整治项目，及时兑现补充耕地承诺。

四、大力推进土地整治

（一）统筹安排耕地保护和土地整理复垦。灾区各级国土资源主管部门要在当地政府的领导下，切实加强耕地保护，在保障灾后恢复重建各项用地的同时，引导各项建设尽量不占或少占耕地。要在调查摸清灾毁土地现状的基础上，对重建过程中临时用地、抢险救灾用地、废弃的城镇村、灾毁耕地特别是永久基本农田，统筹做出整理复垦安排，编制实施方案并组织实施土地整理复垦工程，对当前轻度受损的耕地、农田水利和农村道路等基础设施，应以村为单位尽快复垦和恢复利用，积极为灾区恢复生产生活创造条件。

（二）加大专项资金倾斜力度。支持用于农业土地开发的土地出让收入、中央分配和地方留成的新增建设用地土地有偿使用费以及其他可用于土地整治的资金，向灾后恢复重建土地整治工作倾斜。

五、降低用地成本

（一）采用行政划拨和协议出让供地政策。凡利用政府投资、社会捐助以及自筹资金为受灾群众重建自住用房的用地，可以比照经济适用住房政策划拨供地。对采取BOT（建设—运营—移交）、TOT（转让—运营—转让）等方式建设的经营性基础设施、公益性设施用地，市县人民政府可以采取划拨方式供地。对按规划需要整体搬迁的工业企业和流通业企业用地，在土地使用权人不变、土地用途不变的前提下，县政府在收回其原土地使用权的基础上，经批准协议出让方式为原土地使用权人安排用地，并挂牌公示。

（二）调整地价标准降低出让地价。对投资规模大，促进地区经济发展作用明显的新建工业或大型商业设施等项目的用地，可根据实际情况降低地价标准出让。凡工业项目用地低于工业用地出让最低价标准、商业等项目用地低于原评估地价的，报四川省国土资源厅备案。

六、切实维护灾区群众土地权益

维护各类土地权利人的合法权益。充分利用土地利用现状变更调查成果，作为灾后损失评估和恢复重建的依据。对于因灾导致土地权利消灭的，以及按规划需整体搬迁的，按照有关规定对原权利办理注销登记手续。要采取多种途径按规定做好被征地农民的补偿安置，协调相关权益，及时化解和裁决产权争议。

本通知仅适用于四川省九寨沟地震灾后恢复重建涉及的阿坝藏族羌族自治州九寨沟县漳扎镇、马家乡、陵江乡、黑河乡、大录乡、南坪镇、白河乡、双河镇、保华乡、罗依乡、勿角乡、玉瓦乡，松潘县川主寺镇、山巴乡、水晶乡、黄龙乡，若尔盖县包座乡，绵阳市平武县白马乡。有效期至2020年。

2017年11月1日

7　山东省建设工程抗震设防条例

山东省人民代表大会常务委员会

公告

第213号

《山东省建设工程抗震设防条例》已于2017年9月30日经山东省第十二届人民代表大会常务委员会第三十二次会议通过，现予公布，自2017年12月1日起施行。

山东省人民代表大会常务委员会

2017年9月30日

山东省建设工程抗震设防条例

（2017年9月30日山东省第十二届人民代表大会常务委员会第三十二次会议通过）

第一章　总则

第一条　为了加强建设工程抗震设防管理，提高建设工程抗震性能，减轻地震灾害损失，保护人民生命和财产安全，根据《中华人民共和国防震减灾法》、《建设工程质量管理条例》等法律、行政法规，结合本省实际，制定本条例。

第二条　本省行政区域内的建设工程抗震设防及其监督管理和服务，适用本条例。

第三条　本条例所称抗震设防，是指根据抗震设防要求和抗震设防技术标准，对建设工程进行抗震设计、施工等提高建设工程抗震性能的活动。

本条例所称抗震设防要求，是指建设工程抗御地震破坏的准则和在一定风险水准下抗震设计采用的地震烈度或者地震动参数。

第四条　建设工程抗震设防工作应当坚持以人为本、预防为主、城乡并重、分类监督的原则。

第五条　县级以上人民政府应当加强对建设工程抗震设防工作的领导，将建设工程抗震设防工作纳入国民经济和社会发展规划，有关工作经费列入本级财政预算。

第六条　县级以上人民政府地震工作主管部门负责建设工程抗震设防要求的监督管理工作。

县级以上人民政府住房城乡建设主管部门负责房屋建筑和市政工程抗震设防的监督管理工作；经济和信息化、交通运输、水利、电力、通信、铁路、民航等行业主管部门和单位按照职责分工，负责相关专业建设工程抗震设防的监督管理工作。

乡镇人民政府、街道办事处按照规定负责本辖区农村居民个人自建住宅等建设工程抗震设防的管理和服务工作；村民委员会、居民委员会应当协助做好乡村建设工程抗震设防的相关工作。

第七条　各级人民政府和地震、住房城乡建设等部门应当采取多种形式，组织开展经常性的建设工程抗震知识宣传教育，提高公民的防震、抗震意识和能力。

鼓励和引导公民、法人和其他组织参加建设工程地震灾害保险，增强抵御地震灾害风险的能力。

第八条　鼓励和支持建设工程抗震设防科学研究和技术开发，推广应用抗震设防新技术、新工艺和新材料。

第二章　抗震设防要求

第九条　建设工程应当按照抗震设防要求进行抗震设防。

建设工程抗震设防要求由县级以上人民政府地震工作主管部门确定。

第十条　县级以上人民政府地震工作主管部门应当根据国家地震动参数区划图、地震小区划图、地震安全性评价结果，结合建设工程类型、场地类别和其他因素，按照不低于地震动峰值加速度分区值0.10g确定抗震设防要求。

位于国家地震动参数区划图区划分界线两侧规定范围内和位于地震小区划图区划分界线两侧各二百米区域内的建设工程，其抗震设防要求应当按照就高原则确定。

第十一条　城市、县城的主城区和规划区建设用地面积超过十平方千米的镇，有下列情形之一的，当地人民政府应当组织开展地震小区划：

（一）跨地震动参数区划分界线的；

（二）跨地震活动断层的；

（三）跨不同工程地质单元的。

第十二条　重大建设工程和可能发生严重次生灾害的建设工程，其建设单位应当按照国家和省的规定开展地震安全性评价。

城市规划区特定区域的管理机构按照有关规定开展区域性地震安全性评价的，评价结果由区域内建设单位免费共享。

第十三条　灾害性地震发生后，当地人民政府应当及时组织对地震灾区抗震设防要求进行复核；复核结果经省人民政府地震工作主管部门初步审查后，报国务院地震工作主管部门审定。审定后的复核结果作为确定建设工程抗震设防要求的依据。

第十四条　对国家建设工程抗震设防技术标准以及工业、交通、水利、电力、核电、通信、铁路、民航等行业抗震设计规范规定的特殊设防类和重点设防类建设工程，有关部门和单位应当按照规定提高抗震设防要求或者提高抗震措施。

新建、改建或者扩建学校、幼儿园、医院、养老院等建设工程，其抗震设防要求应当在国家地震动参数区划图、地震小区划图、地震安全性评价结果的基础上提高一档确定，具体办法由省人民政府制定。

第十五条　县级以上人民政府应当将建设工程抗震设防要求管理纳入建设项目管理程序。建设工程可行性研究报告和项目申请书中应当明确抗震设防要求确定意见。

第三章　抗震规划与选址

第十六条　城市、县城总体规划应当包括城市、县城抗震防灾规划。城市、县城抗震防灾规划的规划范围应当与城市、县城总体规划相一致，并同步实施。

设区的市、县（市）人民政府有关部门组织编制城市、县城抗震防灾规划，应当依据国家地震动参数区划图以及地震重点监视防御区和地震重点危险区判定结果，加强重点区域的抗震设防。

城市、县城抗震防灾规划中的抗震设防技术标准、建设用地评价与要求、抗震防灾措施，应当列为城市、县城总体规划的强制性内容。

第十七条　城乡详细规划编制和工程勘察设计应当符合抗震防灾规划。

城乡规划主管部门核发建设项目选址意见书和规划许可证时，应当审查建设工程是否符合抗震防灾规划中的强制性要求。

第十八条　建设工程选址应当符合抗震防灾规划要求，依据地震活动断层调查和地震小区划等成果资料，按照有关技术标准，避开地震活动断层、地震地质灾害危险区；无法避开的，应当采取必要的工程处理措施。

除符合前款规定外，涉海建设工程选址，还应当符合近海地震区划；核电建设工程选址，还应当避开地震能动断层。

公路、铁路、输油输气管线、输电线路、城市地下综合管廊等线状建设工程的建设单位，应当依法进行专项地震地质灾害评估，并根据评估结果确定选址方案。

第十九条　位于地震动峰值加速度分区值0.20g以上地区的大型工矿、电力企业和易发生严重次生灾害的生产企业，应当编制本企业的抗震防灾规划方案。

第二十条　县级以上人民政府应当组织开展地震活动断层调查。调查成果作为编制城乡规划和核发建设项目选址意见书的依据。

第四章　抗震设计与施工

第二十一条　省人民政府住房城乡建设、交通运输、水利等有关主管部门应当组织制定建设工程抗震设计、施工等工程建设地方标准，完善工程建设标准体系并负责监督实施。

建设工程抗震设计、施工等技术标准，应当与抗震设防要求相衔接。

第二十二条　建设单位和勘察、设计、施工、监理、施工图审查、工程检测、抗震性能鉴定等单位，应当遵守建设工程抗震设防法律、法规和工程建设强制性标准，并依法承担相应责任。

第二十三条　建设工程勘察文件应当符合勘察深度要求，划分抗震有利地段、一般地段、不利地段和危险地段，确定场地类别，对场地液化判别等地震破坏效应作出评价，提出不良地质地段工程处理建议。

第二十四条　下列建设工程初步设计文件编制完成后，建设单位应当对初步设计文件进行抗震设计专项论证：

（一）重大基础设施工程；

（二）可能发生严重次生灾害的建设工程；

（三）采用没有国家技术标准的新技术、新材料、新结构体系，可能影响抗震安全的建设工程；

（四）国家和省规定需要进行抗震设计专项论证的其他建设工程。

第二十五条　超限建筑工程初步设计文件编制完成后，建设单位应当向省人民政府住房城乡建设主管部门申请抗震设防专项审查；学校、幼儿园、医院、养老院等建设工程设计文件编制完成后，建设单位应当向设区的市人民政府住房城乡建设主管部门申请抗震设防专项审查。未经抗震设防专项审查合格，建设单位不得交付施工。

工业、交通、水利、电力、核电、通信、铁路、民航等专业建设工程的抗震设防专项审查，按照国家有关规定执行。

第二十六条　对进行抗震设计专项论证或者抗震设防专项审查的建设工程，承担施工图审查的机构应当将专项论证意见和专项审查意见落实情况作为施工图设计文件审查的内容。

第二十七条　县级以上人民政府应当采取措施，支持减震、隔震技术研究开发和推广应用，鼓励建设单位采用减震、隔震技术，提高建设工程抗震性能。

第二十八条　减震、隔震工程施工图设计文件应当对减震、隔震装置性能参数以及相应的构造措施、检验检测、施工安装和使用维护提出明确要求。

施工单位应当编制减震、隔震装置安装专项施工方案，并组织论证。监理单位应当制定减震、隔震工程监理细则，并实施旁站监理。

建设单位应当组织对减震、隔震装置安装情况进行专项验收。

第二十九条　建设单位组织工程竣工验收时，应当将建设工程执行抗震设防要求和抗震设防技术标准的情况，纳入竣工验收内容。

建设工程不符合抗震设防要求和抗震设防技术标准的，有关部门应当依法责令建设单位停止使用，进行整改，重新组织竣工验收。

第三十条　任何单位和个人不得擅自改变建设工程抗震结构和改动减震、隔震装置等抗震设施，降低建设工程抗震性能。

第三十一条　县级以上人民政府应当组织实施农村民居地震安全示范工程，引导农村居民建造符合抗震设防要求的住宅。

县（市、区）人民政府住房城乡建设主管部门应当根据国家建筑抗震设计规范和乡村建筑抗震技术规程，加强对乡村建设工程抗震设计、抗震施工的监督管理和技术指导。

农村居民个人自建住宅符合农村民居建筑抗震技术要求的，按照国家和省有关规定享受补贴。

第三十二条　乡镇人民政府、街道办事处应当推广实行限额以下乡村建设工程服务协议制度。

乡镇人民政府、街道办事处所属的乡村规划建设监督管理机构，应当按照服务协议，为建设单位或者个人提供通用设计图集，进行抗震设防技术指导；建设单位或者个人应当按照设计图纸和技术规定施工，使用符合建设工程质量要求的建筑材料和建筑构件。

乡村规划建设监督管理机构按照服务协议提供服务不得收取任何费用。

本条例所称限额以下乡村建设工程，是指农村居民自建二层以下住宅工程和投资额不足三十万元并且建筑面积不足三百平方米的建设工程，公益事业建设工程除外。

第三十三条 乡村规划建设监督管理机构应当对限额以下乡村建设工程质量安全进行巡查、抽查，发现未落实抗震设防措施的，应当及时告知建设单位或者个人，并提出整改要求。建设单位或者个人应当按照要求进行整改。

第三十四条 各级人民政府应当支持文化体育、教育医疗等公共建筑和工业建筑、市政基础设施采用钢结构等抗震结构形式，鼓励因地制宜发展钢结构住宅。

第五章 既有建设工程抗震设防

第三十五条 县级以上人民政府应当定期组织开展本行政区域内既有建设工程抗震安全排查，并将排查结果书面告知建设工程所有权人或者管理单位。

县级以上人民政府应当根据当地经济社会发展水平、抗震设防技术标准和抗震安全排查情况，结合旧城改造、棚户区改造、农村危房改造、产业升级改造等，制定实施抗震加固改造工作计划。

第三十六条 下列既有建设工程所有权人或者管理单位应当按照国家和省有关规定对建设工程进行抗震性能鉴定：

（一）《中华人民共和国防震减灾法》规定需要进行抗震性能鉴定的建设工程；

（二）达到设计使用年限需要继续使用的建设工程；

（三）改变原设计使用功能，可能对抗震性能要求有影响的建设工程；

（四）存在明显抗震安全隐患的建设工程；

（五）其他法律、法规规定需要进行抗震性能鉴定的建设工程。

第三十七条 建设工程所有权人或者管理单位应当委托具有相应资质等级的勘察、设计单位进行抗震性能鉴定；需要进行实体检测的，应当由具有资质的工程质量检测机构进行检测。

经鉴定需要进行抗震加固或者拆除的建设工程，鉴定单位应当将鉴定结论报建设工程所在地县级以上人民政府住房城乡建设或者交通运输、水利等有关主管部门备案。

第三十八条 建设工程所有权人或者管理单位应当按照抗震性能鉴定结论对建设工程进行抗震加固或者拆除。

实施建设工程抗震安全排查、抗震性能鉴定和抗震加固，应当符合工程建设抗震设防技术标准。建设工程抗震加固有关结构形式或者技术未纳入现行工程建设抗震技术标准的，建设单位应当组织进行抗震设计专项论证。

经过抗震加固的建设工程，由加固设计单位按照规定重新界定使用期。

第三十九条 建设工程因改变使用功能需要提高抗震设防类别，或者因装修改造涉及抗震结构、承重构件的，其所有权人或者管理单位应当依法委托原设计单位或者具有相应资质等级的设计单位进行抗震加固设计，并报承担施工图审查的机构审查。未经审查合格的抗震加固设计图纸，不得用于施工。

第四十条 建设工程抗震性能鉴定、抗震加固费用由其所有权人或者管理单位承担。

公益事业、农村危房改造等建设工程抗震性能鉴定、抗震加固费用，由财政部门按照规定予以支持。

第四十一条 县级以上人民政府应当采取措施，加强对既有建设工程抗震性能鉴定和抗震加固工作的监督检查。

县级以上人民政府住房城乡建设主管部门应当督促有关房屋建筑所有权人或者管理单位，按照抗震性能鉴定结论进行抗震加固或者拆除。

工业、交通、水利、电力、核电、通信、铁路、民航等专业建设工程的抗震安全排查和抗震性能鉴定、抗震加固，按照国家有关规定执行。

第六章　法律责任

第四十二条　违反本条例规定，建设工程未依法进行地震安全性评价或者未按照地震安全性评价报告所确定的抗震设防要求进行抗震设防的，由县级以上人民政府地震工作主管部门责令建设单位限期改正；逾期不改正的，处三万元以上三十万元以下的罚款。

第四十三条　违反本条例规定，擅自改动建设工程减震、隔震装置等抗震设施，降低建设工程抗震性能的，由县级以上人民政府住房城乡建设、交通运输、水利等有关主管部门按照职责分工责令改正，处五万元以上十万元以下的罚款。

第四十四条　违反本条例规定，建设工程抗震加固设计图纸未经承担施工图审查的机构审查合格，建设单位擅自交付施工的，由县级以上人民政府住房城乡建设主管部门责令改正，处十万元以上三十万元以下的罚款。

第四十五条　各级人民政府和有关部门的工作人员在建设工程抗震设防工作中滥用职权、玩忽职守、徇私舞弊的，依法给予处分；构成犯罪的，依法追究刑事责任。

第四十六条　违反本条例规定的其他行为，法律、行政法规已经规定法律责任的，依照其规定执行。

第七章　附则

第四十七条　本条例自 2017 年 12 月 1 日起施行。

8　安徽省人民代表大会常务委员会关于批准《合肥市防震减灾条例》的决议

第 9 号

《合肥市防震减灾条例》已经 2015 年 9 月 24 日安徽省第十二届人民代表大会常务委员会第二十三次会议审查批准，现予公布，自 2015 年 11 月 1 日起施行。

合肥市人民代表大会常务委员会

2015 年 10 月 12 日

合肥市防震减灾条例

（2015 年 6 月 26 日合肥市第十五届人民代表大会常务委员会第十八次会议通过 2015 年 9 月 24 日安徽省第十二届人民代表大会常务委员会第二十三次会议批准）

第一章　总则

第一条　为了防御和减轻地震灾害，保护人民群众生命和财产安全，促进经济社会可持续发展，根据《中华人民共和国防震减灾法》、《安徽省防震减灾条例》等法律、法规，结合本市实际，制定本条例。

第二条　本市行政区域内的地震监测、地震灾害预防、地震应急救援等防震减灾活动，适用本条例。

第三条　防震减灾工作应当坚持预防为主、防御与救助相结合的方针。

第四条　市、县（市）区人民政府领导本行政区域内的防震减灾工作，制定防震减灾规划，建立健全防震减灾工作体系，完善地震监测、地震灾情速报和防震减灾宣传网络，加强防震减灾工作机构建设，做好相关监督管理与绩效评估工作，提高防震减灾工作能力。

第五条　市、县（市）区人民政府地震工作主管部门负责本行政区域防震减灾的监督管理工作，依法组织编制本行政区域的防震减灾规划，并与城乡规划等相关规划相衔接；做好地震监测、地震灾害预防、地震安全性评价监督管理、地震应急救援以及防震减灾宣传等工作。

发展改革、规划、城乡建设、农业、教育、公安、民政、财政、国土资源、交通、卫生、食品药品监督、环保、房产、审计、监察等有关部门以及开发区管理机构，应当在各自职责范围内共同做好防震减灾工作。

相关行政主管部门在防震减灾工作中未履行相应监督管理职责的，地震工作主管部门应当向同级人民政府或者上一级地震工作主管部门提出整改意见或者建议。

第六条　市、县（市）区人民政府应当将防震减灾工作纳入本级国民经济与社会发展规划，所需经费纳入本级财政预算，并保障防震减灾工作的正常开展。

第七条　市、县（市）区人民政府应当将防震减灾工作纳入年度目标考核，建立健全监督检查机制。

鼓励、支持、引导防震减灾科学技术研究和先进科技成果运用，提高防震减灾科学技术水平。

第八条　单位和个人有依法参加防震减灾活动的义务，鼓励、支持社会各界开展防震减灾工作。对在防震减灾工作中做出突出贡献的单位和个人给予表彰和奖励。对违反法律、法规规定，不依法履行有关防震减灾义务的单位和个人，列入不良信用档案，并向社会公布。

第九条　每年 5 月为全市防震减灾宣传、演练月。

第二章　地震监测

第十条　市、县（市）人民政府地震工作主管部门应当按照省级地震监测台网规划，制定本行政区域内的地震监测台网规划，报本级人民政府批准后实施。地震监测台网规划需要变更的，应当报原批准机关批准。

第十一条　市人民政府应当建立覆盖本市行政区域的地震监测网络。

水库大坝、港口、矿山、一百米以上的高层建（构）筑物、一千米以上的隧道、特大桥梁、广播电视发射塔等重大建设工程，应当按照国家有关规定设置强震动监测设施，其建设、运行、管理以及相关费用由建设单位负责和承担；产权发生转移的，其运行、管理及相关费用由产权单位负责和承担。强震动监测设施应当纳入本市地震监测台网，并接受地震工作主管部门的监督管理。

市、县（市）地震工作主管部门应当制定设置强震动监测设施的具体实施方案。

第十二条　市、县（市）区人民政府应当加强地震群测群防体系建设。

乡镇人民政府以及街道办事处应当建立地震群测群防信息站，配备防震减灾助理员，负责宏观异常观测、地震灾害速报、防震减灾宣传工作。

机关、企业事业单位、社区、村（居）民委员会、学校、幼儿园、医院、养老机构、大型商场等单位应当配备防震减灾辅导员或者联络员，负责防震减灾工作的宣传和联络。

助理员、辅导员、联络员工作区域应当形成网格化，接受地震工作主管部门的指导、培训。

第十三条　已纳入本市地震监测台网的台站、强震动监测设施、宏观异常观测点正式运行后，不得擅自中止或者终止；台站确需中止或者终止的，应当向市人民政府地震工作主管部门提出申请，并报省人民政府地震工作主管部门批准；强震动监测设施确需中止或者终止的，应当经市人民政府地震工作主管部门批准；宏观异常观测点或者其他监测点确需中止或者终止的，应当经本级人民政府地震工作主管部门批准，并报市人民政府地震工作主管部门备案。

第十四条　市、县（市）区、乡镇人民政府以及街道办事处应当依法保护本行政区域内地震监测设施和地震观测环境。

地震工作主管部门应当会同有关部门确定地震监测设施项目和地震观测环境保护范围，同级规划、国土资源等部门应当将其纳入城乡规划和土地利用总体规划。

在地震观测环境内的建设工程项目，有关行政主管部门在审批时应当征求地震工作主管部门意见。

第十五条　单位或者个人不得侵占、损毁、拆除、擅自移动地震监测设施，或者危害地震观测环境、对地震观测环境造成影响。

单位或者个人在地震监测设施和地震观测环境保护范围内从事爆破、钻井、采掘、抽水、堆放磁性物质、架设高压输电线等活动，应当事先征求所在地人民政府地震工作主管部门意见，并接受地震工作主管部门现场监测。

第十六条　单位或者个人观测到可能与地震有关的异常现象，应当及时向所在地人民政府地震工作主管部门报告，地震工作主管部门应当进行登记、调查、核实，并予以回复。

单位和个人不得制造、传播地震谣言。对扰乱社会秩序的地震谣言，市、县（市）区人民政府应当迅速采取措施并予以澄清。

第三章　地震灾害预防

第十七条　市、县（市）人民政府应当依法组织地震活动断层探测，开展地震小区划工作，并作为编制城乡规划和重大建设工程选址的依据。

市、县（市）地震工作主管部门负责地震活动断层探测与地震小区划的公布，并对建设工程抗震设防要求、地震安全性评价、地震小区划等进行监督管理。

第十八条　市、县（市）区人民政府应当将建设工程抗震设防要求纳入基本建设管理程序。

发展改革、规划、城乡建设、交通等有关部门应当依照抗震设防要求和工程建设强制性标准，加强对抗震设计、施工、监理和竣工验收的监督管理。

工程建设单位应当依法将抗震设防要求作为建设工程可行性研究报告和项目申请报告以及工程设计文件的内容。未包含经审定的抗震设防要求文件的建设工程，有关项目审批部门不得审批、核准或者备案。

第十九条　新建、改建、扩建建设工程，应当达到抗震设防要求。

重大建设工程、可能发生严重次生灾害的建设工程，应当进行地震安全性评价，并按照经审定的地震安全性评价报告确定的抗震设防要求进行抗震设防。

依法不需要进行地震安全性评价的一般建设工程，应当按照国家地震动参数区划图确定抗震设防要求；在完成地震小区划的地区，应当按照地震小区划结果确定抗震设防要求。

新建、改建、扩建学校、幼儿园、医院、养老机构、大型商场、公共娱乐场所、体育场馆等人员密集场所的建设工程，应当在本市抗震设防标准的基础上提高一档进行抗震设防。

第二十条　建设单位应当将建设工程的地震安全性评价业务委托具备相应资质的单位承担。

承担地震安全性评价的单位，应当依法办理项目备案手续。

市、县（市）区地震工作主管部门应当将地震安全性评价项目备案情况及时向社会公布，并对地震安全性评价工作进行现场监督。

第二十一条 建设、工程勘察、设计、施工图审查、施工、监理等单位应当严格按照抗震设防要求和工程建设强制性标准，依法做好各项工作。

建设工程竣工验收，应当包括抗震设防的内容。抗震设防不符合要求的，建设工程不得投入使用。

第二十二条 市、县（市）区人民政府地震工作主管部门应当会同城乡规划等部门，制定应急疏散通道和应急避难场所的建设方案，并对其建设、维护和管理给予指导。应急避难场所应当设置明显标志并予以公布。已建成的建（构）筑物未设立应急疏散通道的，业主单位应当及时设置。

第二十三 条市、县（市）区人民政府应当将抗震设防作为村镇规划的编制内容，加强对乡村公共建筑和农民居住房抗震设防的指导和管理，制定并推广房屋抗震设计方案，组织建设抗震设防示范工程，逐步提高农村住宅和乡村公共设施的抗震设防水平。

乡村公共建筑和集中建设的农民居住房应当纳入基本建设程序，并按照抗震设防要求和抗震设计规范进行设计和施工。

城乡建设、地震、农业等部门应当组织制定农村住宅建设技术标准，提供地震地质环境、建房选址技术咨询和服务，并对农村建筑人员进行建筑抗震基础知识、房屋结构抗震措施、房屋抗震加固等施工技术培训。

第二十四条 市、县（市）区人民政府应当组织地震、城乡建设、国土资源、水利、房产等部门，对本行政区域内已建成的建（构）筑物进行抗震性能检查；对未采取抗震措施或者未达到抗震设防要求的建（构）筑物，应当制定改造或者抗震加固计划。

学校、幼儿园、医院、养老机构、大型商场、公共娱乐场所、交通枢纽、体育场馆等人员密集场所的建（构）筑物，应当优先进行改造或者抗震加固。

第二十五条 市、县（市）区人民政府应当对已建成的重大建设工程、可能发生严重次生灾害的建设工程和学校、幼儿园、医院、养老机构、大型商场、大型文体活动场馆、高层建筑、交通枢纽等人员密集场所进行震害预测，建立健全震害预测数据库和震害评估系统。

第二十六条 城市轨道交通、铁路、枢纽变压站、供水、供电、供气、供油、供热等可能发生严重次生灾害的设施，应当设置地震紧急自动处置技术系统。

第二十七条 市、县（市）区、乡镇人民政府应当在重大建设工程、可能发生严重次生灾害的建设工程以及学校、幼儿园、医院、养老机构、大型商场等人员密集场所推广应用减震隔震等新型防震抗震技术，城乡建设、地震等有关部门应当对应用减震隔震的建设工程给予技术指导。

第二十八条 市、县（市）区、乡镇人民政府以及街道办事处应当组织开展经常性的防震减灾宣传教育和地震应急救援演练活动。地震工作主管部门应当指导、督促、协助有关单位做好防震减灾宣传教育和地震应急救援演练等工作，并给予技术咨询、指导和帮助。

市、县（市）区、乡镇人民政府及有关部门应当建立防震减灾科普、教育基地，利用地震监测台站、应急避难场所、社区活动中心、防震减灾科普专业展馆、科技馆、学校等场所，开展防震减灾知识宣传、普及、教育工作。

科协等单位应当将防震减灾科普知识纳入科普规划，普及防震减灾知识。

广播、电视、报刊、网络等媒体应当开展防震减灾公益宣传，地震工作主管部门应当给予配合并提供相应的宣传资料。

第二十九条 在全市防震减灾宣传、演练月期间，应当集中开展防震减灾宣传教育和地震应急救援演练等活动。

机关、企业事业单位、社区、村（居）民委员会、医院、养老机构、大型商场等单位，应当每年组织一次地震应急疏散、逃生自救、互救演练。

第三十条 学校应当将防震减灾教育作为安全教育重点纳入教学计划，幼儿园等学前保育、教育机构，应当将防震减灾教育作为日常活动的重要内容。

学校、幼儿园等单位应当每年至少组织二次地震应急疏散、逃生自救、互救演练。

第三十一条 市、县（市）区、乡镇人民政府及有关部门应当鼓励、引导保险机构开展住房地震安全保险工作，鼓励单位和个人参加住房地震安全保险。

第四章 地震应急救援

第三十二条 地震应急救援工作由市、县（市）区人民政府统一领导，实行分级分部门负责、属地管理、协调联动的应急救援机制。

市、县（市）区、乡镇人民政府以及街道办事处应当建立健全地震应急救援协作联动机制，建立地震灾害损失快速评估、灾情实时获取和快速上报系统，健全地震应急管理和应急检查等制度，做好地震应急准备工作。

第三十三条 市、县（市）区、乡镇人民政府及其有关部门、街道办事处、社区、村（居）民委员会应当制定地震应急预案。

县（市）区人民政府、乡镇人民政府以及街道办事处、社区、村（居）民委员会制定的地震应急预案应当报上一级地震工作主管部门备案；有关部门制定的地震应急预案应当报本级地震工作主管部门备案。

交通、通信、水利、供水、供电、供气、供油、供热等基础设施和学校、幼儿园、医院、养老机构、大型商场、公共娱乐场所、体育场馆、交通枢纽等人员密集场所，可能发生次生灾害的矿山，以及存放有易燃、易爆、有毒、腐蚀、放射性等危险物品的生产、经营、科研等单位，应当制定地震应急预案，报所在地县（市）区地震工作主管部门备案。

地震应急预案应当包括组织指挥体系及其职责、预防和预警机制、处置程序、应急响应和应急保障措施等内容，并适时进行修订。

第三十四条 市、县（市）区人民政府应当建立地震灾害专业应急救援队伍，消防、卫生、交通、环保、通信等部门应当建立相关专业救援队伍，配备相应的装备、器材，组织开展救援技能培训和演练。

鼓励公民、法人和其他社会组织建立地震灾害应急救援志愿者队伍，并给予指导和扶持；对在地震应急救援工作中伤亡的救援人员依法给予抚恤。

第三十五条 市、县（市）区、乡镇人民政府应当建立健全地震应急物资储备、调拨、配送、征用和监督管理机制，保障地震应急物资供应。

地震灾害发生后，地震灾区人民政府可以依法征用物资、设备或者占用场地，事后应当及时归还。造成毁损或者灭失的，应当给予补偿。

第三十六条　市、县（市）区、乡镇人民政府及其有关部门、街道办事处、社区、村（居）民委员会，应当根据省人民政府发布的地震预报意见，立即启动地震应急预案，并依据职责及时采取下列应急措施：

（一）加强技术监控，及时报告、通报震情变化，传达相关信息；

（二）督促地震灾害紧急救援队伍、各类专业救援队伍及相关人员进入待命状态，督促落实抢险救灾各项物资准备工作；

（三）责成交通、通信、水利、排水、供水、供电、供气、供油、供热等以及次生灾害源的生产、经营、科研单位采取紧急防护措施；

（四）宣传地震应急知识和避险技能；

（五）维护社会秩序；

（六）其他应急措施。

第三十七条　地震灾害发生后，市、县（市）区、乡镇人民政府应当根据地震应急预案和应急救援工作的实际需要做好下列工作：

（一）架设临时通信线路和设备，保障指挥、联络信息畅通；

（二）组织抢修交通、通信、水利、排水、供水、供电、供气、供油、供热、广播电视等基础设施；

（三）组织撤离危险地区居民，抢救受灾人员，实施紧急医疗救护，协调伤员转移、接收与救治；

（四）启用应急避难场所，设置临时避难场所、救济物品供应点和简易、临时居住场所，及时转移和安置受灾人员，加强卫生防疫，防止疫情延生，保障饮用水和饮食安全，做好心理疏导，妥善安排受灾群众生活；

（五）做好次生灾害的排查与监测预警，防范地震可能引发的火灾、水灾、爆炸，以及剧毒、强腐蚀性、放射性物质大量泄漏等次生灾害；

（六）及时、准确传达震情、灾情和抗震救灾信息，组织有关单位和人员开展自救、互救，调配志愿者队伍和有专长的公民有序参加抗震救灾活动，组织、协调社会力量提供援助；

（七）加强警戒和治安管理，预防和打击各种违法犯罪行为，维护社会稳定；

（八）其他工作。

第三十八条　市、县（市）区人民政府卫生、食品药品监督、工商、质监、物价等部门应当加强对抗震救灾所需的食品、药品、建筑材料等物资的质量、价格的监督检查；财政、民政、审计、监察等部门应当依法对地震应急救援的资金、物资以及社会捐赠款物的筹集、使用的情况进行监督管理，并向社会公布，接受社会监督。

第五章　法律责任

第三十九条　违反本条例规定有下列行为之一的，由地震工作主管部门或者其他有关行政主管部门责令改正，并依法给予处罚；造成损失的，依法承担赔偿责任；对直接负责的主管人员和其他直接责任人员，依法给予处分：

（一）建设单位或者管理单位未按照要求设置应急疏散通道及其标识的；

（二）建设单位未按照要求建立强震动监测设施的；

（三）建设单位未依法进行地震安全性评价或者未按照地震安全性评价报告所确定的抗震设防要求进行抗震设防的；

（四）建设单位在进行施工图设计时不将相关抗震设防要求提供给设计单位的，或者要求设计单位或者建筑施工企业降低抗震设防标准设计、施工的；

（五）工程勘察单位未按照工程建设强制性标准进行勘察、弄虚作假、提供虚假成果资料的，对建设工程地震安全性造成危害的；

（六）设计单位不按照抗震设防要求进行抗震设计的；

（七）施工单位不按照抗震设防设计标准和设计文件施工，降低抗震施工质量的；

（八）工程监理单位与建设单位或者施工单位串通，弄虚作假，降低抗震施工质量的；

（九）地震安全性评价单位超越资质承揽业务，未依法办理项目备案，弄虚作假、提供虚假安全性评价报告的；

（十）单位或者个人制造、传播地震谣言，侵占、损毁、拆除、擅自移动地震监测设施，或者危害地震观测环境、对地震观测环境造成影响的。

第四十条　在防震减灾工作中有下列行为之一的，由市、县（市）区人民政府或者有关行政主管部门责令改正，并对直接负责的主管人员和其他直接责任人员，依法给予处分：

（一）未将防震减灾工作纳入国民经济与社会发展规划、防震减灾工作经费纳入本级财政预算和年度目标考核的；

（二）未制定本行政区域内的地震监测台网规划、按照有关规定建设地震监测网络台站、建立震害预测数据库和震害评估系统、制定设置强震动监测设施的具体实施方案和应急疏散通道及应急避难场所建设方案，未将地震监测设施项目和地震观测环境保护范围纳入城乡规划和土地利用总体规划，地震监测台网以及观测点、监测点未经批准终止或者中止的；

（三）发现地震安全性评价报告严重失实或者不符合国家和省有关规定、未及时依法查处的；

（四）未按照规定对建设工程予以审批、核准、验收或者备案的；

（五）未按规定组织建（构）筑物抗震性能检查、加固并制定改造或者抗震加固计划的；

（六）未按照规定制定地震应急预案并备案、未组织地震应急救援演练的；

（七）接到与地震有关的异常自然现象的报告，未立即登记并组织调查核实的；擅自发布地震预报信息的；迟报、谎报、瞒报地震震情和灾情的；

（八）在实施监督检查过程中，索取、收受他人财物或者为个人和单位谋取其他不正当利益的；

（九）未按照规定采取应急准备和救援措施、震后临时征用物资、占用场地，事后不予归还或者造成毁损、灭失不予补偿的；

（十）其他违法行为。

第六章　附则

第四十一条　本条例自 2015 年 11 月 1 日起施行。

第三篇　标准篇

《建筑防灾年鉴 2012》、《建筑防灾年鉴 2013》标准规范篇已对目前我国现行的大多数工程建设国家标准、行业标准、协会标准以及地方标准做出了概括和总结，这些标准规范涵盖抗震防灾规划，抗震设施分类，防灾减灾的设计、施工、检测、鉴定和加固等方面，是我国近 20 年来城乡建设防灾减灾标准化工作成果的缩影。本篇主要收录标准化法、国家、行业、产品标准在编或修订情况的简介，主要包括编制或修编背景、编制原则和指导思想、修编内容与改进等方面内容，便于读者在第一时间了解到标准规范的最新动态，做到未雨绸缪。

1 《房屋建筑标准强制性条文实施指南——鉴定加固和维护分册》简介

高 迪
住房和城乡建设部防灾研究中心

为充分发挥工程建设强制性标准在贯彻国家方针政策、保证工程质量安全、维护社会公共利益等方面的引导和约束作用，进一步加强工程建设强制性标准的实施和监督工作，2013年，住房和城乡建设部标准定额司委托住房和城乡建设部强制性条文协调委员会（以下简称强条委）对现行工程建设国家标准、行业标准中的强制性条文进行了清理，并将清理后的强制性条文汇编成《工程建设标准强制性条文（房屋建筑部分）》（2013年版）（以下简称《强制性条文》）。

为使广大工程技术人员能够更好地理解、掌握和执行《强制性条文》，并便于有关监管部门和监督机构有效开展监督管理工作，受住房和城乡建设部标准定额司委托，强条委组织编制了《房屋建筑标准强制性条文实施指南》（以下简称《实施指南》）系列丛书。《鉴定加固和维护分册》为《实施指南》系列丛书之一，针对《强制性条文》第八篇“鉴定加固和维护”及其后批准实施的与房屋建筑工程鉴定加固和维护直接相关的工程建设强制性条文进行编制。

一、编写概况

强制性条文的文字表达具有逻辑严谨、简练明确的特点，且只作规定而不述理由，对于执行者和监管者来说可能知其表易，而察其理难。编制《实施指南》的首要目的即是准确诠释强制性条文的内涵，析其理、明其意，从而使执行者能够准确理解并有效实施强制性条文，使监管者能够准确理解并有效监督强制性条文的实施。为此，强条委秘书处统一部署，精心组织，邀请房屋建筑相关标准主要编写人员和房屋建筑标准化领域的权威专家，经过稿件撰写、汇总、修改、审查、校对、付印等过程，历时两年于2017年由建筑工业出版社出版发行。

二、书稿综述

该书为《实施指南》系列丛书的《鉴定加固和维护分册》，共纳入强制性条文167条，涉及标准17部。其中，结构安全性鉴定篇的强制性条文22条，涉及标准4部；抗震鉴定篇的强制性条文24条，涉及标准2部；结构加固篇的强制性条文115条，涉及标准10部；维护篇的强制性条文6条，涉及标准3部。书稿包括六部分内容，各部分主要内容如下：

第1篇强制性条文概论——全面介绍强制性条文发展历程，分析其属性和作用，并对强制性条文的编制管理、制定、实施和监督等方面作了系统阐述，以使读者对强制性条文有全面、清晰的了解和认识。

第2~5篇结构安全性鉴定、抗震鉴定、结构加固、维护——该书的技术内容部分，对强制性条文逐条解析，提出实施要点，并按照统一的体例进行编制，即“强制性条文”“技术要点说明”和“实施与检查”，部分强制性条文还辅以“实施细则”“示例”或“案例”和“专题”。其中：(1)“技术要点说明”主要包括条文规定的目的、依据、含义、强制实施的理由、相关标准规定（特别是相关强制性条文规定）以及注意事项等内容；(2)“实施与检查”主要指为保证强制性条文有效执行和监督检查应采取的措施、操作程序和方法、检查程序和方法等，具体包括实施与检查的主体、行为以及实施与检查的内容、要求四个方面。本书中强制性条文的实施主体主要是勘察、设计单位，检查主体主要是监管部门和监督机构（如施工图审查单位），为避免重复，实施与检查的主体一般予以省略。(3)“实施细则”“示例”“案例”或“专题”针对部分强制性条文给出，供读者参考，以便于读者更好地理解、掌握。

第6篇附录——收录与建筑工程施工强制性条文实施和监督相关的行政法规、部门规章、强条委简介及有关文件，以便于读者查阅。

三、编写说明

该书中强制性条文的收录原则为：(1) 以《强制性条文》为基础，并对2015年12月31日前新发布标准中的强制性条文进行了补充或替换；(2) 对于处于修订中的标准，2015年12月31日前已经完成强制性条文审查的，按强条委的审查意见纳入了相关条文，并在文中注明，未经过强制性条文审查的，纳入其原有的强制性条文。

该书中，某些对同一事物的规定且技术要点联系紧密的强制性条文，对其实施要点采取合并编写，以利于使用者更好地全面理解相关条文的含义。为了解释全面、详尽，个别强制性条文的实施要点涉及少量非强制性条文的内容，但这并不表示这些非强制性条文具有强制性，而是仅指这些非强制性条文与该强制性条文有相关性。

四、技术内容简介

1. 结构安全性鉴定篇

(1) 总体说明

结构安全性鉴定篇分为概述、结构构件、地基基础和危险房屋共四章，涉及4部标准、22条强制性条文（表3.1-1）。

结构安全性鉴定篇涉及的标准及强条数汇总表 **表3.1-1**

序号	标准名称	标准编号	强制性条文数量
1	《古建筑木结构维护与加固技术规范》	GB 50165-92	4
2	《民用建筑可靠性鉴定标准》	GB 50292-2015	8
3	《建筑边坡工程鉴定与加固技术规范》	GB 50843-2013	4
4	《危险房屋鉴定标准》	JGJ 125-2016	6

(2) 内容提要

结构安全性鉴定篇按内容大体可分为结构构件鉴定、地基基础鉴定和危险房屋鉴定三类。

1）结构构件鉴定

《民用建筑可靠性鉴定标准》GB 50292 根据《建筑结构可靠度设计统一标准》的可靠性分析原理和本标准统一制定的分级原则，分别对混凝土结构、钢结构、砌体结构和木结构构件承载能力安全性等级的评定作出了规定，包含了主要构件及节点、连接和一般构件。

要确保结构或构件的安全，除应保证构件承载能力能够满足要求外，结构构造的安全性也极为重要。因此《民用建筑可靠性鉴定标准》GB 50292 设置对结构构造安全性的检查项目，分别对混凝土结构、钢结构、砌体结构和木结构的构造安全性评级作出了规定。

由于古建筑木结构的实际使用年限远远超过设计使用年限，因此，《古建筑木结构维护与加固技术规范》GB 50165 将古建筑木结构按照其承重体系完好程度及工作状态划分为不同的可靠性类别，并对古建筑可靠性等级进行评定。为了让古建筑能够更好地保存，也要求对古建筑从整体到局部进行详细的检查。

2）地基基础鉴定

主要针对建筑边坡工程的鉴定。使用《建筑边坡工程鉴定与加固技术规范》GB 50843 进行边坡工程的鉴定时，应符合《混凝土结构加固设计规范》GB 50367、《建筑边坡工程技术规范》GB 50330、《建筑基坑工程监测技术规范》GB 50497、《工程测量规范》GB 50026 等标准中的相关规定，并注意与该规范中相关条文配套执行，包括一些非强制性条文，如第 9.2.4、9.2.5、9.2.6、9.2.7 条等。

3）危险房屋鉴定

房屋危险性鉴定必须确定鉴定内容和危险限值，《危险房屋鉴定标准》JGJ 125 对砌体结构构件、混凝土结构构件、木结构构件、钢结构构件危险性鉴定时现场应重点检查的内容和部位，以及可能出现的损坏特征。提出在地基危险状态及基础和上部结构构件危险性判定时，应综合分析构件的关联影响。并规定危房鉴定应采用“两阶段”的鉴定程序。

需要注意的是，现代建筑安全性鉴定的要求按现行规范的可靠度水平执行，属于可靠性鉴定，不同于古建筑的鉴定，也不同于建筑结构的抗震鉴定。古建筑木结构的安全性鉴定是供维修管理和经费排队之用，即使可靠性类别较高，仍需对检查发现的残损点进行维修。

2. 抗震鉴定篇

（1）总体说明

抗震鉴定篇分为概述、设防分类依据、一般规定、房屋抗震鉴定、古建筑木结构等 5 章，共涉及 2 部标准、24 条强制性条文，详见表 3.1-2。

抗震鉴定篇涉及标准及强制性条文汇总表　　　　**表 3.1-2**

序号	标准名称	标准编号	强制性条文数量
1	《建筑抗震鉴定标准》	GB 50023-2009	21
2	《古建筑木结构维护与加固技术规范》	GB 50165-92	3

《建筑抗震鉴定标准》GB 50023-2009 中的强制性条文是保证房屋建筑结构抗震鉴定质量必须遵守的最主要规定。主要特点是从建筑物抗震鉴定的需要出发，强调鉴定的程序、检查的项目和综合抗震能力评定结论的提出，使强制性条文更具有指导性。

在执行抗震鉴定强制性条文的过程中，应系统掌握《建筑抗震鉴定标准》GB 50023，全面理解强制性条文的准确内涵。为此，需要注意：(1) 现有建筑抗震鉴定的对象是设防烈度、设防类别偏低的建筑，不考虑地震作用时，其安全性一般是符合可靠性鉴定要求的，允许可靠指标降低 0.25，当降低 0.5 时则需要进行构件加固。(2) 抗震鉴定强调从综合抗震能力的评定来决定是否需要进行抗震加固，抗震鉴定的设防目标依据后续使用年限的不同而有所区别，当后续使用年限为 50 年时，应具有与新建建筑工程抗震设计规范相当的设防目标；当后续使用年限少于 50 年时则略低。因此，不应将抗震鉴定与新建建筑的抗震设计相混。

(2) 内容提要

抗震鉴定篇强制性条文按设防分类依据，一般规定，房屋抗震鉴定、古建筑木结构等四个方面进行分类，其主要内容包括：

1) 设防分类依据

《建筑抗震鉴定标准》GB 50023-2009 第 1.0.3 条：抗震鉴定的设防标准。

2) 一般规定

《建筑抗震鉴定标准》GB 50023-2009 第 3.0.1 条：抗震鉴定的程序和鉴定报告的基本内容；第 3.0.4 条：第一级鉴定的基本要求；第 4.1.2、4.1.3、4.1.4、4.2.4 条：场地地基抗震鉴定要点。

3) 房屋抗震鉴定

《建筑抗震鉴定标准》GB 50023-2009 第 5.1.2、5.1.4、5.1.5 条：砌体房屋的检查要点、逐级鉴定项目；第 5.2.12 条：砌体房屋的综合抗震能力评定；第 6.1.2、6.1.4、6.1.5、6.3.1 条：钢筋混凝土房屋的检查要点、逐级鉴定的项目；第 6.2.10 条：钢筋混凝土房屋的综合抗震能力评定；第 7.1.2、7.1.4、7.1.5 条：内框架房屋和底层框架房屋的检查要点、逐级鉴定项目和综合抗震能力评定；第 9.1.2、9.1.5 条：空旷房屋的检查要点、逐级鉴定项目和综合抗震能力评定。

4) 古建筑木结构

《古建筑木结构维护与加固技术规范》GB 50165-92 第 4.1.2 条：古建筑木结构抗震设防及鉴定基本规定；第 4.2.2 条：古建筑木结构抗震构造鉴定规定；第 4.2.3 条：古建筑木结构抗震能力验算规定。

3. 结构加固篇

(1) 总体说明

结构加固篇分为概述、修复加固、抗震加固、加固验收共四章，共涉及 10 部标准、115 条强制性条文（表 3.1-3）。

结构加固篇涉及的标准及强条数汇总表 **表 3.1-3**

序号	标准名称	标准编号	强制性条文数量
1	《古建筑木结构维护与加固技术规范》	GB 50165-92	11
2	《混凝土结构加固设计规范》	GB 50367-2013	11
3	《建筑结构加固工程施工质量验收规范》	GB 50550-2010	34
4	《砌体结构加固设计规范》	GB 50702-2011	14

续表

序号	标准名称	标准编号	强制性条文数量
5	《工程结构加固材料安全性鉴定技术规范》	GB 50728-2011	17
6	《建筑抗震加固技术规程》	JGJ 116-2009	17
7	《既有建筑地基基础加固技术规范》	JGJ 123-2012	6
8	《混凝土结构后锚固技术规程》	JGJ 145-2013	1
9	《建筑物倾斜纠偏技术规程》	JGJ 270-2012	2
10	《钢绞线网片聚合物砂浆加固技术规程》	JGJ 337-2015	2

（2）内容提要

根据强制性条文内容，结构加固篇的主要内容可分为以下三大部分：

1）修复加固

修复加固包括修复加固材料，混凝土结构、砌体结构、古建筑木结构修复加固，地基基础加固及建筑物倾斜纠偏的基本要求。具体有：①修复材料的安全性鉴定，结构加固的选材要求，加固材料的品种及质量要求，共 47 条；②混凝土结构、砌体结构、古建筑木结构加固的设计规定，地基基础加固的设计施工要求以及倾斜纠偏施工要求等，共 20 条。

2）抗震加固

《建筑抗震加固技术规程》JGJ 116-2009 中的强制性条文是保证房屋建筑结构抗震加固质量必须遵守的最主要规定，共 17 条。主要特点是：针对众多加固方法，明确规定了一些基本加固方法的关键技术要点，更体现强制性条文的原则性与实用性。

在执行抗震加固的《强制性条文》的过程中，应系统掌握《建筑抗震鉴定标准》和《建筑抗震加固技术规程》，全面理解强制性条文的准确内涵。为此，需要注意：①现有建筑抗震鉴定的对象是设防烈度、设防类别偏低的建筑，不考虑地震作用时，其安全性一般是符合可靠性鉴定要求的，允许可靠指标降低 0.25，当降低 0.5 时则需要进行构件加固。②综合抗震能力不足的结构抗震加固，应以相应的鉴定结果为依据；由于加固施工的技术难度较大，并需要某些不同于新建工程的施工技术，应由具备相应资质的人员和单位施工。

3）加固验收

加固验收包括材料检验和施工质量检验的基本要求，主要集中在《建筑结构加固工程施工质量验收规范》GB 50550-2010 中。具体有混凝土原材料、钢材、焊接材料、结构胶粘剂、纤维材料、聚合物砂浆原材料、锚栓的检验规定；混凝土构件增大截面工程、局部置换混凝土工程、混凝土构件外加预应力工程、外粘钢板工程、钢丝绳网片外加聚合物砂浆面层工程、砌体或混凝土构件外加钢筋网—砂浆面层工程、钢构件增大截面工程、钢构件焊缝补强工程、植筋工程、锚栓工程、灌浆工程等的施工质量检验规定。

4. 维护篇

（1）总体说明

维护篇分为概述和维护共两章，涉及 3 部标准、6 条强制性条文（表 3.1-4）。

维护篇涉及的标准及强条数汇总表 表 3.1-4

序号	标准名称	标准编号	强制性条文数量
1	《建筑变形测量规范》	JGJ 8-2016	2
2	《建筑外墙清洗维护技术规程》	JGJ 168-2009	2
3	《房地产登记技术规程》	JGJ 278-2012	2

（2）内容提要

《建筑变形测量规范》JGJ 8-2016 对必须进行变形测量的 6 类建筑以及异常情况处理作了具体规定，以保障建筑安全，积累信息和技术资料；《建筑外墙清洗维护技术规程》JGJ 168-2009 规定了保障建筑外墙清洗维护施工安全的具体措施；《房地产登记技术规程》JGJ 278-2012 对房屋登记的程序和要求作出了具体的规定。

五、结语

《实施指南》系列丛书之《鉴定加固和维护分册》由强条委组织编制，是对房屋建筑标准有关强制性条文的权威解读，适合房屋建筑相关勘察、设计、施工、工程监理单位以及有关监督管理机构的专业技术人员和管理人员参考使用，亦可作为强制性条文的宣贯培训用书。但需要特别指出的是，除强制性条文之外，该书的其他内容并不具有强制性。该书中强制性条文所属的国家标准、行业标准修订后，其新批准发布的强制性条文将替代《强制性条文》和该书中相应的内容。

2 《农家乐（民宿）建筑防火导则（试行）》编制简介

肖泽南
中国建筑科学研究院建筑防火研究所，北京，100013

一、背景

2016 年 4 月，习主席在浙江调研中了解到农家乐（民宿）的经营活动中存在无法开具发票、不能合法经营问题。住建部村镇司迅速带领中国建筑科学研究院建筑防火研究所的专家赴浙江省的 7 市县、10 个村镇进行了实地调研，与住建、工商、公安、消防、旅游、新农办等部门进行了深入座谈，找到了问题症结所在。即消防安全许可证是开办农家乐（民宿）的前置条件，但各地农家乐（民宿）普遍难以满足现行国家消防法律规范的要求，无法通过旅馆开业前的消防安全检查，从而无法办理后续手续，因而难以进行合法经营。

为了彻底解决这一制约农家乐（民宿）发展问题，促进乡村旅游经济的发展，住建部领导决定委托中国建筑科学研究院建筑防火研究所编制一部适用于农家乐（民宿）的消防指导性文件。编制组认真梳理了现行防火规范与农家乐（民宿）业态的冲突，在确保农家乐（民宿）基本安全的前提下编制了导则的初稿。同时，公安部消防局法标处的主要领导亦全面参与了导则的修订过程，确定了导则的适用范围、导则的内容框架以及最低设防要求。经过在全国住建系统、消防部门、旅游部门的多轮次征求意见，以及多次召开专家评审会和反复润色修改，该文件最终于 2017 年 2 月 27 日由住建部、公安部消防局、国家旅游局正式联合向全国发布。

二、编制原则和指导思想

1. 编制原则

编制导则的编制原则是解决实际的规范冲突问题，提出切实合理的消防设防标准，并全面涵盖消防管理问题。

2. 指导思想

一是要体现城乡有别、新旧有别、大小有别。将导则的适用范围限定为位于农村的、利用既有农宅改造而来的、不超过 14 个标间的农家乐（民宿）。通过严格限定适用范围，将导则的扶持对象精准地定位于广大农民开办的小微农家乐（民宿），切实放宽农家乐（民宿）的消防要求、摆脱不合理的标准束缚。

二是要从制度层面为农家乐（民宿）的发展脱困。导则明确了农家乐（民宿）不纳入建设工程消防监督管理和公众聚集场所开业前消防安全检查范围，从制度层面打破了束缚小微农家乐（民宿）发展的桎梏。

三是要该放就放。由农民利用既有农房改造开办的农家乐（民宿），建设标准低、投入少、收入低，提出过高的消防设防水平将减少农民的利润，甚至扼杀这一新的农民经济形式。导则在实际编制过程中，根据其客人数量、规模等因素，对导致农家乐（民宿）难以满足规范限制的关键因素——疏散楼梯的要求进行了适当放宽。

四是要该收就收。社会资本进入后，开办了一批新建的、高标准、高盈利的农家乐（民宿）。它们完全能够满足现行规范对消防安全的要求，导则将这部分业态进行了剔除。

三、主要编制内容

1. 消防基础设施的要求

导则明确指出消防基础设施应与农村基础设施统一建设和管理。地方各级人民政府应当将消防规划纳入城乡规划，并负责组织实施。城乡消防安全布局不符合消防安全要求的，应当调整、完善。导则明确指出应配消火栓、消防水池，并根据木结构连片建筑易火烧连营的特点提出应适当采取分隔措施。

2. 基本消防要求

导则给出了农家乐（民宿）“两不、一分隔、四配备”的基本消防要求，放宽了农家乐（民宿）疏散楼梯数量与形式的要求，使绝大部分农家乐（民宿）经过有限改造即可满足消防的最低要求。

导则对疏散楼梯的材质、数量进行了放宽。允许农家乐（民宿）采用敞开楼梯间疏散。对传统木结构建筑，甚至允许采用木楼梯疏散。允许小规模农家乐（民宿）仅设置 1 个安全出口。这是农家乐（民宿）最难以满足现行防火规范的一道鸿沟，导则移除了这个最大的障碍。

3. 消防管理的要求

导则从日常消防安全管理、施工现场消防安全管理、消防安全职责三个方面，全面梳理了对农家乐（民宿）的消防管理的要求。

在日常消防安全管理方面，针对农村火灾风险较大的人为致灾因素，导则从维护、用火、用电、用油和用气角度提出了管理要求。特别针对农村常见的电动自行车充电乱象、旅游区常见的燃放烟花爆竹和孔明灯现象进行了约束。

针对农家乐（民宿）施工管理水平较差的情况，导则提出了对施工现场分类、清理、用气等情况提出了要求，并特别针对用火隐患提出了“八不”、“五应”和“一清”等要求。

对于管理职责，导则明确指出农家乐（民宿）的业主（或负责人）是消防安全责任人，农民作为农家乐的建设者、经营者，依法肩负自我管理的责任。并明确指出政府、公安派出所、村民委员会、农村合作组、行业协会等肩负有防火检查、网格化管理和宣传教育的权限。

四、结束语

该导则首次从国家层面对农家乐（民宿）的内涵和外延进行了清晰的界定，将旅馆业与农家乐（民宿）进行了科学区分，科学合理地制定了农家乐（民宿）的适用消防标准，对农家乐（民宿）乃至乡村旅游发展具有重要意义，有利于进一步释放市场活力，推动农家乐（民宿）业态发展，受到了社会上的高度评价。

3 国家标准《建筑结构可靠性设计统一标准》修订简介

史志华
中国建筑科学研究院，北京，100013

一、修订背景

1. 任务来源

根据《住房城乡建设部〈关于印发2015年工程建设标准规范制订修订计划〉的通知》（建标[2014]189号）的要求，由中国建筑科学研究院会同有关单位共同修订国家标准《建筑结构可靠性设计统一标准》GB 50068-2001（以下简称《标准》）。

2. 技术背景

《标准》在我国工程建设标准体系中占有重要地位，作为第二层次基础性国家标准，要在上一层次标准指导下，构建我国建筑结构设计的理论体系，包括其概念体系和方法体系，内容涵盖各种材料建筑结构设计所面临的共性和基本的问题，即要规定建筑结构设计的基本原则、基本要求、基本方法及可靠度设置水平等各种材料建筑结构设计应共同遵守的准则。

本次修订是在下述背景下进行的：

（1）从原《建筑结构可靠度设计统一标准》GB 50068-2001发布到《标准》2015年开始修订，已历时14年，期间，上一层次国家标准《工程结构可靠性设计统一标准》GB 50153-2008经过修订已发布6年多，两本标准之间存在不少需要协调之处；

（2）随着我国科技水平提高，大量高新材料在工程建设中得到广泛采用，原有的建筑结构安全度设置水平已显得不相适应。

（3）21世纪以来，我国经济建设快速发展，综合国力显著提升，已具备全面调整建筑结构安全度设置水平的经济实力。

（4）国务院国办发[2015]67号文要求贯彻实施的"《深化标准化改革方案》行动计划（2015-2016）"中明确提出了"不断提高国内标准与国际标准水平一致性程度"，这一国家政策导向，为《标准》修订指明了方向。

（5）国际同类标准，国际标准化组织发布的最新版国际标准IOS 2394：2015，在结构设计中引入许多新理念，欧洲标准化委员会CEN批准通过的欧洲规范《结构设计基础》EN 1990：2002已发布实施多年，为借鉴国外先进标准提供了条件。

修订组认为，《标准》修订后应对建筑工程混凝土结构、砌体结构、钢结构、薄钢结构及木结构等各种材料结构设计的共性问题，即建筑结构设计的基本原则、基本要求和基本方法作出统一规定，以使我国各种材料的建筑结构设计在处理结构可靠性问题上具有统一性和协调性，并与国际接轨。

二、修订历程

1. 调研情况

（1）修订组搜集并翻译了最新国际标准 ISO 2394:2015《结构可靠性总原则》（General principles on reliability for structures），以了解掌握国际同类标准的最新动态。

（2）组织修订组成员及有关单位对中美欧混凝土结构、钢结构、薄钢结构及木结构安全度设置水平进行了对比研究，完成相关研究报告。

2. 征求意见情况

结合调研、对国际相关标准发展动态的分析、研讨，修订组于 2017 年 4 月初将征求意见稿通过邮寄、电子信箱等方式发送全国有关科研机构、设计部门、高等院校等单位广泛征求意见，并通过国家工程建设标准化信息网进行网上征求意见，共收到征求意见约 157 条。修订组对回函意见进行汇总、分析、归纳和处理，形成了《征求意见处理汇总表》。

3. 审查情况

2017 年 7 月 19 日，住房和城乡建设部建筑结构标准化技术委员会在北京组织召开了国家标准《建筑结构可靠性设计统一标准（送审稿）》审查会议。审查专家组认为修订后的新标准吸纳了最新国际标准和国外先进标准的设计理念，对促进结构设计理论和设计方法的完善和发展具有重要意义，总体上达到国际先进水平。

三、主要修订内容及工作

1. 与国家标准《工程结构可靠性设计统一标准》GB 50153-2008 相协调

作为第二层次国家标准，本《标准》修订的基本任务之一，是与上一层次国家标准《工程结构可靠性设计统一标准》GB 50153-2008 的协调。为此，在章节和内容安排上，《标准》在正文中列入了对各种材料建筑结构设计的共性要求，增加了第 3 章“基本规定”；在原《标准》“结构上的作用”一章中增加了“环境影响”的内容；扩展了原《标准》“结构分析”一章，增加了“试验辅助设计”的内容；将原《标准》的“8 质量控制要求”列入了附录 D“质量管理”，并增加了附录 A“既有结构的可靠性评定”、附录 B“结构整体稳固性”、附录 C“耐久性极限状态设计”、附录 E“结构可靠度分析基础和可靠度设计方法”、附录 F“试验辅助设计”等 6 个附录；其中附录 A 和附录 D ~附录 F 与《工程结构可靠性设计统一标准》GB 50153-2008 的内容相协调，附录 B 和附录 C 为本《标准》新增附录。

2. 对我国建筑结构安全度设置水平进行全面调整

我国建筑结构安全度设置水平是在 20 世纪 80 年代初通过对各种材料基本受力构件的安全度校准基础上奠定的，受到当时历史条件限制，总体安全度设置水平不高；30 多年来，随着我国国力的增强，经过标准规范的历次修订，安全度设置水平虽有所提高，但缺乏全面系统的调整。本次《标准》修订把全面调整我国建筑结构安全度的设置水平作为一个重要任务。为此，修订组对各种材料中外建筑结构安全度设置水平进行对比研究，为调整结构安全度设置水平提供依据。

（1）中外建筑结构安全度设置水平的比较

为弄清我国各种材料建筑结构安全度的实际水平，修订组各参加单位，分别对我国混凝土结构、钢结构、薄钢结构及木结构安全度与美国和欧洲规范进行了比较研究，提出了相关研究报告。研究表明，我国建筑结构安全度设置水平的现状：混凝土结构，比美国平均低 18%，比欧洲平均低 14%；钢结构比美国平均高 6%，与欧洲相当；薄钢结构，比美国平均低 8%，比欧洲则平均高 6%；木结构与美国基本相当，比欧洲平均低 23%。

（2）调整方案

在上述比较研究基础上，修订组提出了对我国建筑结构安全度设置水平的调整方案：

将永久作用和可变作用的分项系数分别由现行《标准》规定的 1.2 和 1.4 提高到 1.3 和 1.5（上述系数，美国分别为 1.2 和 1.6，欧洲分别为 1.35 和 1.5），从而使结构安全度设置水平的关键指标——作用分项系数，在取值上与美国和欧洲规范相当。需要说明的是，对作用标准值的调整，由荷载规范作出。

（3）可靠指标校核

根据调整方案，修订组对各种材料的结构构件可靠指标进行了校核计算，结果表明可靠指标的计算值有所提高，均可满足现行标准目标可靠指标的要求，但考虑到以下理由，修订组认为本次修订不宜上调我国建筑结构的目标可靠指标：1）目标可靠指标已由最初规定的“平均值”过渡为现在的“下限值”，实际上这一指标的内涵已有所提高；2）可靠指标作为计算值，与所考虑的基本标量及其不定性关系较大，目前我国在可靠指标计算中对国际上提出的有关“主观不定性”和“环境影响”等因素基本没有涉及，而这些因素的引入将会拉低可靠指标计算值；3）以欧洲规范作用分项系数取值和目标可靠指标（β=3.8）的关系为参照系，我国建筑结构目标可靠指标的规定（延性破坏结构为 β=3.2，脆性破坏结构为 β=3.7）是适宜的；4）为今后在可靠指标计算中考虑更多影响因素留有余地。

（4）作用分项系数调整后与国外相关标准结构安全度设置水平的对比

经过调整，我国建筑结构设计在作用分项系数的取值上，与美国和欧洲规范相当；在不考虑其他调整因素（如荷载等）情况下，结构作用效应的设计值在常用范围内与美国和欧洲规范基本持平。计算还表明，经过作用分项系数的调整，将使我国建筑结构安全度设置水平有较大幅度提高，平均提高 7% 左右。

（5）各种材料的结构工程试设计结果

修订组组织各成员单位并在有关单位协助下，对各种材料建筑结构进行了工程试设计，结果表明，建筑结构安全度设置水平提高后，由于各种高性能新材料的广泛应用和结构自身构造要求等原因，并不会由此引起建筑结构建造成本的大幅增加。

3. 结构整体稳固性

结构的安全性要求，既应包括在构件层面材料不发生破坏，也应包括在结构层面不发生连续倒塌，保证结构的整体稳固性。以往对前者是重视的，并通过承载能力极限状态设计来保障结构的安全，但对后者则重视不够。本次修订专门增加了附录 B“结构整体稳固性”，使结构的安全性设计得到进一步完善。该附录从设计原则、设计方法、安全管理与评估等方面进行了规定，是首次对结构整体稳固性作出的系统规定。

4. 提出耐久性极限状态的概念并增加有关耐久性极限状态设计的附录

耐久性是结构可靠性的重要组成部分，但以往在国内外标准中，一般把对耐久性的要求，笼统归结到对结构的正常使用极限状态要求中，未单独进行考虑，本次修订，借鉴最新国际标准 ISO 2394：2015《结构可靠性总原则》及 ISO 13823 2008《结构耐久性设计总原则》，首次引入了结构“耐久性极限状态”的概念，增加了专门的附录 C“耐久性极限状态设计”，其中，明确规定了各种材料出现耐久性极限状态的标志和限值，给出了耐久性极限状态设计的方法和措施，明确了耐久性极限状态设计的目标是使结构达到该极限状态的时间不应小于结构的设计使用年限。

5. 建筑结构抗震设计目标

《标准》结合我国实际在建筑抗震设计中肯定了我国提出的三水准设防目标，具有鲜明的中国特色和重要的意义。

四、结语

我国具有世界最大规模的工程建设体量，住房商品化也使得住房成为老百姓最重要的财富来源，适度提高建筑结构安全度设置水平将有利于降低工程风险，有利于高新建筑材料的采用；同时国家“一带一路”发展战略也使我国标准规范面临“走出去”的现实需要，所有这些客观需求都要求我国在建筑结构安全度设置水平上与国际先进标准接轨。完全有理由预期，随着本标准的发布实施，将会取得明显的经济效益和社会效益。

本标准在修订过程中，积极借鉴了国际标准化组织 ISO 最新发布的国际标准《结构可靠性总原则》ISO 2394：2015 和欧洲标准化委员会 CEN 批准通过的欧洲规范《结构设计基础》EN 1990：2002，同时认真贯彻了我国政府标准修订的方针政策，总结了我国工程实践的经验，贯彻了可持续发展的指导原则。修订后的《标准》在内容上有较大扩展，涵盖了建筑结构设计基础的基本内容，是一本建筑结构设计的基础性国家标准，同时在实用性方面也迈出了实质性的步伐。

《标准》在我国建筑结构标准体系中，既是一本基础性国家标准，同时也是一本具有可操作性的实用标准。经过本次修订，我国建筑结构设计的理论体系更加完善，本《标准》不仅与第一层次国家标准《工程结构可靠性设计统一标准》GB 50153-2008 相配套，同时还引入了国际标准的先进设计理念，通过增加“结构整体稳固性”及“耐久性极限状态设计”相关内容，对《工程结构可靠性设计统一标准》GB 50153-2008 构建的我国工程结构设计的理论体系有所发展，使建筑结构设计理论走在我国工程结构可靠性设计方面的前列。

4　行业标准《镇（乡）村建筑抗震技术规程》修订简介

朱立新[1]　葛学礼[2]
1. 中国建筑科学研究院，北京，100013
2. 住房和城乡建设部防灾研究中心，北京，100013

一、修订背景

1. 任务来源

根据住房和城乡建设部“住房城乡建设部关于印发2013年工程建设标准规范制订修订计划的通知”（建标[2013]6号）文的要求，由中国建筑科学研究院会同有关单位共同修订行业标准《镇（乡）村建筑抗震技术规程》。

2. 技术背景

行业标准《镇（乡）村建筑抗震技术规程》JGJ 61-2008（以下简称《规程》）的编制，密切结合我国农村经济发展状况和农村建筑的地域特点，充分考虑了基层设计单位和村镇建筑工匠等使用对象的技术水平，体现了因地制宜、就地取材、简单有效、经济合理的编制指导思想，可操作性强，安全适用，适用于我国6～9度地震区村镇建筑的抗震设计与施工。《规程》提出的抗震措施提高了农村低造价房屋的抗震能力，可大大减轻房屋震害。自2008年10月颁布实施以来，为广大村镇地区建筑抗震能力的提高提供了技术支持，多个省、市以此为依据，出台了地方性标准、导则等技术指导文件，在社会主义新农村建设和地震灾区重建中发挥了应有的作用。在国家先后启动的农村危房改造工程和抗震安居工程项目，以及其他相关扶贫、移民迁建等项目中，村镇农房抗震技术的应用越来越普遍，农村建筑的抗震能力也逐步提高。

随着我国城乡经济的发展，农民生活水平提高，对房屋安全性、宜居性也有了更高的要求。《规程》于2008年颁布实施以来距今已有五年时间，在此期间，我国又发生了多次破坏性地震，对村镇房屋造成了不同程度破坏，村镇房屋的抗震问题受到了政府的高度重视，随着震害调查的深入和相关研究的开展，科研人员对村镇房屋抗震有了进一步的认识，取得了新的研究成果，为《规程》的编制提供了技术依据。在此背景下，有必要对本标准进行修订。

二、修订主要工作

《规程》的修订由原主编单位中国建筑科学研究院负责。主编单位和各参编单位在村镇建筑抗震防灾领域进行了大量的科研工作，主编、参编多项相关国家、行业、地方标准以及标准图集、导则等，出版了多部专著，发表了多篇论文，并且与地方村镇抗震防灾实践相结合，在标准规范的应用和相关技术的推广示范方面取得了很大成效，成果得到了良好的转化。

1. 村镇建筑现场调研及震害调研

编制组成员进行了大量的村镇建筑实地调研工作，对我国村镇建筑的结构、抗震能力现状进行了总结和归纳。调研覆盖各种结构类型的房屋，调研地区广泛，对于重点地区的典型村镇房屋进行了专题调研并完成调研报告，为《规程》的编制奠定了良好的基础。

村镇建筑的震害调研是《规程》编制的重要基础资料，编制组成员具有丰富的震害调研经历，先后参加了云南丽江 7.0 级地震、内蒙古巴林左旗和东乌珠穆沁旗 5.9 级地震、新疆巴楚 6.8 级地震、云南大姚 6.2 级地震、江西九江—瑞昌 5.7 级地震、浙江文成 4.6 级地震、云南宁洱 6.4 级地震、四川汶川 8.0 级地震、西藏当雄 6.6 级地震、青海玉树 7.1 级地震、云南盈江 5.8 级地震、云南彝良 5.7 级地震、四川芦山 7.0 级地震、云南鲁甸 6.5 级地震的震害现场调研，收集了大量村镇房屋震害资料，并为震后重建工作和地方村镇抗震的示范工程建设提供了技术支持。

近几年的调研报告主要包括：四川汶川 8.0 级地震村镇房屋震害分析、四川汶川地震灾区农村恢复重建应注意的问题、云南鲁甸地震农村房屋震害调研及灾后重建建议报告、鲁甸地震村镇建筑震害调查与分析、《村镇住宅建筑设计标准研究》生土结构部分调研报告、《村镇住宅建筑设计标准研究》村镇住区部分调研报告、《住宅结构维修加固专项技术研究》调研报告、陕西省村镇民居抗震措施现状调研报告等。

在现状调研和震害调研的基础上，编制组搜集与积累了农村砌体结构、木结构、生土结构和石结构等房屋的现状资料，对各地村镇房屋的建筑风格、建筑材料、结构类型、构造措施、传统习惯、抗震能力、建筑造价等有较为深入的了解，对各类既有村镇住宅在抗震能力方面的现状进行了总结，掌握其抗震性能、震害特征，对于地震中的经验和教训进行总结，结合村镇建筑的特点，提出适用性强、经济有效的村镇建筑抗震措施。

2. 试验研究

村镇建筑的现状及震害调查主要是了解房屋的结构特点、破坏形态，了解结构构件的破坏原因，积累的宏观经验主要应用于总结村镇房屋抗震能力的主要决定因素，找出村镇房屋抗震能力的薄弱环节，确定各类房屋抗震性能评价的关键性项目，进一步有针对性地加以改进，采取有效的抗震加固措施。

在此基础上，为更好地验证村镇建筑的抗震能力，编制组针对不同类型的村镇建筑，进行了一系列的试验研究工作，包括材料试验、构件试验和整体模型试验等。试验手段包括静力试验、拟静力试验，模拟地震振动台试验等。编制组通过这些试验对村镇建筑的抗震概念设计和抗震构造措施进行了验证，为《规程》相关技术内容的制订提供了支撑。

主要的试验研究包括：村镇木构架土坯围护墙房屋模型模拟地震振动台试验研究（设防和未设防对比）、村镇两层空斗砖墙设防房屋模型振动台试验研究（设防和未设防对比）、村镇生土结构承重墙体抗震性能试验、温州大仓砖空斗墙房屋模型振动台试验研究（设防）、现代夯土农房抗震性能模拟地震振动台试验试验研究、机器切割料石砌筑石墙灰缝构造及抗震性能试验研究、条石砌筑石墙抗震性能试验研究、干砌甩浆砌石墙通缝抗剪强度试验研究、新型土坯砖砌体基本力学性能试验研究、带砖柱圈梁的承重生土墙体抗震性能试验、采用不同方法夯筑的承重夯土墙体抗震性能试验、带木构造柱圈梁的承重夯土墙体抗震性能试验等。

3. 专题研究

近年来在村镇抗震领域，国家加大投入支持科研工作的力度，从国家自然科学基金、科技支撑计划项目到住房和城乡建设部、各省级项目，开展了一系列专题研究，取得了丰富的成果。针对各类结构村镇房屋，编制组总结归纳了多部专题研究报告，包括：住宅灾后恢复重建关键技术研究课题研究报告，村镇生土结构房屋抗震性能研究，村镇砌体结构住宅研究报告，村镇既有土、木结构房屋节能与抗震改造技术研究，带竖向构造钢筋再生混凝土砖砌体抗震性能等等，这些专题研究对各类村镇建筑的抗震性能进行了深入的分析，是《规程》修订的重要依据。

三、修订原则

《规程》的修订遵循以下基本原则：

（1）贯彻执行国家和行业的有关法律、法规和方针、政策，将村镇建筑抗震的成熟研究成果和实用技术纳入《规程》修订中。

（2）遵循标准编制先进性、科学性、协调性和可行性的原则。

（3）做好与国内现行相关标准之间的协调，避免重复或矛盾。

（4）应符合《工程建设标准编写规定》的要求。

《规程》的修订除遵循上述基本原则之外，还充分考虑了适用范围和使用对象的要求。

《规程》2008 版的编制充分体现了“因地制宜、就地取材、简易有效、经济合理”的原则，是考虑到我国一些地区村镇经济尚不发达，个体农户并不富裕的现状，并且在建筑材料以及技术力量方面受到一定制约，因此，在考虑提高村镇建筑抗震能力时，不是让农民放弃长久以来传统采用的结构类型而选择另一种结构类型，而是针对现有结构类型在地震灾害中表现出的整体性不足、构造上的不合理、节点连接弱、习惯做法存在的缺陷等方面予以改进，或在构造措施方面予以加强等。这种改进或加强是本着只增加少量造价的原则而提高其抗震防灾能力的，即抗震措施所增加的造价控制在农民可承受的范围内。

本次《规程》的修订，在遵循上述原则的基础上，与近年来我国经济、技术的发展水平相配合，综合考虑国家加强村镇建设的推广力度、农民经济水平的提高、抗震防灾意识的增强、村镇建设的规范化管理的逐步推进等因素，对编制原则进行调整和提升，提出“因地制宜、技术合理、适用经济”的修订编制原则，在考虑抗震设防投入的经济性的同时，更注重抗震措施的有效性和适用性，突出技术合理的重点，与设防目标的调整相协调。

四、主要修订内容及依据

1. 重点内容

本次修订中，《规程》主要的修订内容包括以下几项：

（1）对总则中的抗震设防目标进行调整，由两二水准调整为与现行国家标准《建筑抗震设计规范》GB 50011 相协调的三水准，包括“大震不倒”；

（2）对各结构类型房屋的抗震设计和抗震构造措施进一步完善和加强，以保障达到“大震不倒”的设防目标；

（3）考虑近年来村镇建筑的发展现状，增加了低层钢筋混凝土框架结构一章；

（4）增加减隔震技术在村镇建筑抗震中的应用。

2. 修订依据

（1）抗震设防烈度的调整和相应技术内容的修改

《规程》2008版的抗震设防目标是两水准设计，考虑到我国一些地区村镇经济尚不发达，个体农户并不富裕，在建筑材料以及技术力量方面受到一定制约的现状，因此，在考虑提高村镇建筑抗震能力时，主要针对现有结构类型在地震灾害中表现出不足予以改进，这种改进或加强是本着只增加少量造价的原则而提高其抗震防灾能力的，即抗震措施所增加的造价控制在农民可承受的范围内。

本次《规程》的修订，与近年来我国经济、技术的发展水平相适应，配合村镇建筑在建筑材料、建房成本、抗震能力逐步改善和提高的现状，综合考虑国家加强村镇建设的推广力度、农民经济水平的提高、抗震防灾意识的增强、村镇建设的规范化管理的逐步推进等因素，对抗震设防目标进行调整和提升。在考虑抗震设防投入的经济性的同时，更加注重抗震措施的有效性、适用性，在《规程》相关内容的修订中，重点提高与村镇建筑抗震能力密切相关的技术要求，加强抗震构造措施，以满足“大震不倒”的设防目标。

通过村镇建筑抗震防灾的相关研究工作、试验验证和震害调研的总结，修订后的抗震设计和构造措施要求可以满足“小震不坏、中震可修、大震不倒”的三水准抗震设防目标。

（2）低层钢筋混凝土结构房屋数量增加

近年来在村镇建设中，低层钢筋混凝土房屋的建造数量越来越多，为了对这类房屋的建造提供针对性的技术指导，在《规程》中增设“低层钢筋混凝土结构房屋”一章。

钢筋混凝土框架结构按施工方法的不同可分为现浇整体式、装配式和装配整体式等。装配式框架结构机械运输吊装费用高，焊接接头耗钢量大，造价较高，结构的整体性差，抗震能力弱。装配整体式框架现场浇筑混凝土工作量小，可节省接头耗钢量，具有良好的整体性和抗震能力，但节点区现浇混凝土施工复杂。考虑到实际应用的可行性和村镇建筑队伍的施工装备和技术水平现状，《规程》要求村镇低层框架房屋应以现浇整体式为主，相关内容也主要针对现浇低层钢筋混凝土框架房屋，这也符合村镇建筑目前钢筋混凝土房屋的建造现状。

低层钢筋混凝土结构房屋的抗震设计和构造措施以现行国家标准《建筑抗震设计规范》GB 50011 和《混凝土结构设计规范》GB 50010 为主要技术依据，同时考虑村镇建筑体量小、规模有限的特点，对相关技术要求进行简化、明确，便于使用者理解使用。考虑到村镇房屋建造中以自行设计施工为主，编制组经过大量的试设计计算，在附录中以表格形式列出了按照现行国家标准《建筑抗震设计规范》GB 50011 和《混凝土结构设计规范》GB 50010 进行房屋抗震承载力验算和构件承载力的验算结果，进行规整化后，以地震烈度、房屋层数、层高、跨度等为基本参数，在基本确定拟建房屋的上述参数后，即可查得满足抗震承载力要求的截面尺寸和截面配筋，在同时满足本规程的各项抗震构造的要求时，房屋即可达到本规程中的抗震设防要求。与本《规程》其他各结构类型房屋相协调，为使用者提供方便。

（3）减隔震技术在村镇建筑抗震中的应用

近年来，因为村镇建筑基本未进行抗震设防，抗震能力差，而很多 6 度地区相继发生了中强地震，造成村镇房屋的严重震害。隔震和消能减震是建筑结构减轻地震灾害的有效技术，国内外大量试验和工程经验表明：采用隔震技术一般可使结构的地震加速度反应降低 60% 左右，从而消除或有效地减轻结构和非结构的地震损坏；而采用消能减震技术，即通过消能器增加结构阻尼来减少结构水平和竖向的地震反应也是十分有效的。因此，为适应我国经济发展的需要，有条件地利用减隔震技术来提高6~9度地区村镇建筑结构的地震安全性具有重要意义和广阔应用前景。

五、结语

《规程》是我国村镇建筑抗震的第一本重要技术性标准，适用于我国村镇建筑的抗震设计与施工。《规程》自2008年10月颁布实施以来，为广大村镇地区建筑抗震提供了有力的技术支持，部分省、市、自治区以本规程为基础，根据本地区的经济发展状况，制定了地方标准，或编制实用图集、指南、手册等，以指导本地区的村镇抗震建设。

村镇建筑抗震能力的提升，将减少地震人员伤亡，减轻经济损失，同时可大大减轻救灾资源调配和灾后重建的压力，减灾经济效益显著，同时具有重大的社会效益。

《规程》修订实施后，仍将为我国的新农村建设、灾后重建、农危房改造等国家惠民政策的顺利实施提供技术支撑，提升村镇建筑的防灾能力，为减轻村镇建筑的震害、减少灾害损失和人员伤亡、稳定民心、保障社会稳定等方面发挥重要的作用。

5　行业标准《预应力混凝土结构抗震设计规程》JGJ 140-2004 修订简介

徐福泉
中国建筑科学研究院，北京，100013

一、修订背景

1. 任务来源

根据住房和城乡建设部建标〔2014〕189 号文《关于印发 2015 年工程建设标准规范制订、修订计划的通知》的要求，中国建筑科学研究院和云南建投第三建设有限公司会同有关单位对行业标准《预应力混凝土结构抗震设计规程》JGJ 140-2004 进行全面修订。

依据建标标函〔2017〕140 号文的要求，《预应力混凝土结构抗震设计规程》变更为《预应力混凝土结构抗震设计标准》（以下简称《标准》）。

2. 技术背景

我国从 20 世纪 50 年代开始在房屋建筑中应用预应力技术，经过近六十年的发展，目前预应力混凝土已在大跨度多层框架结构、板柱结构、高层建筑、特种结构以及桥梁结构中得到大量推广和应用。发展和推广预应力混凝土结构，可显著改善和提高结构的受力性能，减少截面尺寸，节材环保。

我国地处世界上最活跃的两个地震带，地震分布范围广，强度大。2004 年，《预应力混凝土结构抗震设计规程》JGJ 140-2004 颁布实施，规定了预应力混凝土结构地震作用计算方法，预应力混凝土框架、门架及板柱结构的设计计算方法，为我国预应力混凝土结构在抗震设防区的应用起到了积极的推动作用。

随着技术的不断发展，《混凝土结构设计规范》、《建筑抗震设计规范》及《无粘结预应力混凝土结构技术规程》等相关规范均进行了修订，并颁布实施。预应力混凝土结构抗震相关研究及应用经验也有一定的发展，因此，需要及时更新和修改，与现行标准协调。

二、工作简况

1. 编制组成立暨第一次工作会议

编制组成立暨第一次工作会议于 2015 年 6 月 17 日在北京召开。编制组介绍了《预应力混凝土结构抗震设计规程》JGJ 140-2004 修订编制大纲（草案），并就立项背景、编制单位与编制组的组成、主要修订内容、工作分工以及进度安排等方面作了详细介绍。与会代表对编制大纲（草案）进行了认真的讨论，经过修改完善，形成并通过了《预应力混凝土结构抗震设计规程》JGJ 140-2004 修订编制大纲。

2. 编制组第二次工作会议

编制组第二次工作会议于 2015 年 9 月 17~19 日在大连召开。会议对《标准》框架性条文进行了梳理与讨论，并确定了下一步的工作计划。

3. 编制组第三次工作会议

编制组第三次工作会议于 2015 年 10 月 24~25 日在天津召开。针对《标准》自复位结构进行专题讨论，考察自复位框架节点试验。

4. 编制组第四次工作会议

编制组第四次工作会议于 2016 年 3 月 25~26 日在上海召开。讨论形成《标准》征求意见稿初稿。

5. 编制组第五次工作会议

编制组第五次工作会议于 2016 年 11 月 10~12 日在北京召开。讨论形成《标准》征求意见稿。

6. 征求意见稿的编制及征求意见情况

《标准》征求意见稿于 2017 年 3 月 9 日正式发出，编制组向各有关单位和专家发送征求意见稿 40 份，并在国家工程建设标准信息网上同时公开征求意见，在两个月内完成了征求意见工作，共收到修改意见和建议共 287 条。

编制组逐条讨论了《标准》征求意见回函中的各种意见、建议，以及相应的处理意见，完成了《标准》送审稿及其他送审文件。

7. 标准送审稿审查

《标准(送审稿)》审查会于 2017 年 6 月 1 日在北京举行。审查专家组一致认为《标准(送审稿)》达到国际先进水平并同意通过审查。审查专家委员会也对该规程送审稿提出了一些具体修改意见和建议。

三、修订原则

《标准》的修订遵循以下基本原则：

（1）遵守国家和行业有关的方针、政策、法律、法规，做到合理利用资源与能源、保证安全与环保，符合绿色、可持续发展战略的要求。

（2）遵循先进性、科学性和适用性兼顾的原则。从国情出发，以既有的科研成果、工程应用经验为基础，同时适当考虑工程建设和科技发展的需要，保证规范适度先进，不保护落后。能够促进技术进步和产业升级。

（3）《混凝土结构设计规范》GB 50010-2010、《建筑抗震设计规范》GB 50011-2010 及《无粘结预应力混凝土结构技术规程》JGJ 92-2013 均有预应力混凝土结构设计的相关内容，标准编制与相关规范协调。

（4）积极消化和吸收国外先进国家标准，经过认真分析论证或测试验证，符合我国国情的技术成果应当纳入标准或作为标准制定的基础。

（5）进行一定的试验及分析研究，包括：高强混凝土高强钢筋条件下，预应力混凝土框架的抗震性能试验研究；预应力自复位框架结构抗震性能试验研究；预应力自复位剪力墙结构抗震性能试验研究等。关键技术条文应有相应的研究报告。

（6）标准编制应符合《工程建设标准编写规定》的要求。

四、主要修订内容

（1）不同结构体系的适用高度及抗震等级

本次标准修订时，对板柱—框架结构的适用高度和抗震等级进行了调整，补充规定了板柱结构、板柱—支撑结构、预应力装配整体式框架结构和无粘结预应力全装配式框架结构四种结构体系，对不同的结构体系，参考有关规范的规定，对其适用高度及不同设防烈度下构件的抗震等级做出了具体规定。

（2）结构等效阻尼比的折算方法

本次标准修订时，结合《建筑抗震设计规范》GB 50011 的原则规定和工程算例，给出了预应力混凝土结构等效阻尼比的折算方法，便于结构计算采用。

（3）预应力强度比的有关规定

本次标准修订时，结合参编单位的多项试验研究成果，对预应力混凝土构件的预应力配筋强度比进行了调整与完善，便于预应力混凝土结构的推广应用。

（4）板柱结构、板柱—支撑结构的设计规定

结合试验研究成果并参考国内外有关标准与规范的规定，补充与完善了板柱结构、板柱 - 支撑结构的有关设计规定，扩大了预应力混凝土结构的应用范围。

（5）预应力装配式混凝土框架结构的设计规定

结合最新研究成果及国家大力推广装配式建筑的背景，补充了预应力装配整体式框架结构和无粘结预应力全装配式框架结构两种结构体系的设计规定。对无粘结预应力全装配式框架结构，由于工程经验较少且均用于国外，主要参考国外标准的规定，同时对其适用高度等进行严格限制。

五、结语

《标准》修订通过大量试验研究、广泛调研，总结了近年来国内外预应力结构抗震的研究成果和工程实践经验，借鉴了国内外相关标准，对预应力结构的发展具有指导意义，并为预应力结构抗震设计提供了依据。《标准》提出了预应力混凝土结构等效阻尼比的计算方法，调整了预应力强度比的有关规定，增加了板柱结构、板柱—支撑结构的设计规定，增加了预应力装配式混凝土框架结构的设计规定，技术内容科学合理、可操作性强，对于提高我国预应力混凝土结构的应用，具有重要的意义。

6 行业标准《屋盖结构风荷载标准》编制

陈 波
北京交通大学，北京，100044

一、标准的编制过程

根据住房和城乡建设部建标[2014]189号文的要求，由北京交通大学和重庆大学会同有关单位共同制订行业标准《屋盖结构风荷载标准》编制。参加编制的单位有哈尔滨工业大学、北京工业大学、同济大学、浙江大学、华南理工大学、中国建筑设计研究院、北京市建筑设计研究院有限公司、中国建筑西南设计研究院有限公司、安邸建筑环境工程咨询（上海）有限公司、浙江精工钢结构集团有限公司、中建钢构有限公司、浙江东南网架集团有限公司、Arup奥雅纳工程顾问和东南大学等，编制组成员共23人。

自2015年5月，规范编制组召开了六次工作会议。编制组成立暨第一次工作会议于2015年5月20日在北京召开；编制组第二次工作会议于2015年9月19~20日在北京召开；编制组第三次工作会议于2016年1月16~18日在哈尔滨召开；编制组第四次工作会议于2016年7月24~25日在北京召开；编制组第五次工作会议于2016年10月26~27日在杭州召开；编制组第六次工作会议于2017年5月14~15日在北京召开。

规范征求意见稿于2017年6月7日正式发出，并在两个月内完成了征求意见工作。编制组向各有关单位和专家发送征求意见稿70份，共收到修改意见和建议共115条。编制组组逐条讨论了规程征求意见回函中的各种意见、建议，以及相应的处理意见，完成了规程送审稿及其他送审文件。

《屋盖结构风荷载标准（送审稿）》审查会于2017年8月20日在北京举行。会议由住房和城乡建设部建筑结构标准化技术委员会主持。审查专家组和代表认真听取了编制组对标准编制过程和内容的介绍，对标准内容进行逐条讨论。目前该规范已经完成报批稿，已经报送至住房和城乡建设部建筑结构标准化技术委员会。

二、标准的主要内容

本标准包括总则、术语和符号、基本规定、屋盖主要承重结构风荷载、屋盖围护结构风荷载、屋风洞试验和计算流体动力学模拟和附录等内容。本规程适用于工业与民用建筑屋盖主体结构和屋盖围护结构的抗风设计。

屋盖表面风荷载的时间—空间分布特征复杂，屋盖主要承重结构的振动频率排列密集，脉动风荷载常常激励屋盖的多阶振型参与振动，相邻振型的风致振动具有显著的耦合效应。由于多阶振型参与振动，振型响应极值存在相位差，导致不同位置的屋盖脉动风振效应不在同一时刻达到极值。屋盖主要承重结构的风荷载标准值或设计风荷载需要考虑脉动风荷载引起的振动效应，工程设计过程中习惯采用等效静风荷载，即是基于风振效应极值的静力等效原则得到的静力风荷载。针对屋盖结构多振型参与风致振动特点，采用合理、简单方式确定针对多个位置风效应极值的等效静风荷载，成为确定屋盖主要承重结构风荷载标准值的关键问题。

在强风作用下，气流在屋盖的角部、边缘、屋脊等尖锐位置发生分离，气流分离区内的围护结构承受极大的风吸力，容易引发围护系统的局部构件破坏，进一步导致围护系统的连续破坏。围护结构的尺寸较小，自振频率相对较高，因此，通常不考虑风荷载引起围护结构风致振动，以围护结构从属面积内的风荷载全风向极值作为确定围护结构风荷载标准值的依据。围护结构的风荷载极值与构件风荷载从属面积、风向效应等因素存在密切关系，我国国家标准、行业标准在屋盖围护结构风荷载方面的规定较少，且较为模糊。围护结构风荷载极值与参考风压的比值称为风压系数极值；合理估计围护结构风压系数极值成为确定围护结构风荷载标准值的关键问题。

我国工程设计人员在屋盖抗风设计方面亟需规范、标准作为设计依据，为解决上述问题，本规范引入了屋盖结构风振等效体型系数和围护结构风压系数极值的概念，完善和发展了国内屋盖结构抗风设计的相关规定。针对多种屋盖主体结构的抗风设计，引入风振等效体型系数的概念，提出了脉动风荷载的等效静力荷载表达方式，给出了典型屋盖结构体系的体型系数图表和风振等效体型系数图表；引入围护结构风压系数极值的概念，发展和完善了围护结构风荷载标准值的表达方式，给出了低矮房屋屋盖、中高层房屋屋盖、开敞屋盖的风压系数极值图表。

7 产品标准《建筑隔震柔性接头》编制简介

曾德民
北京建筑大学，北京，100044

一、背景

建筑隔震是一种能有效提高建筑抗震能力的新技术，尤其是在汶川地震中，隔震建筑经受了强震的考验，表现出了良好的抗震性能。近年来隔震技术越来越为工程技术人员所重视，国内应用已经超过 3000 万 m^2 以上，新修订颁布的《建筑抗震设计规范》（2016 版）也将隔震技术作为重点推广的新抗震技术措施，国内隔震技术的应用即将进入快速发展期。

在近些年的工程实践中，隔震建筑的建设水平、质量也在逐步提高，但是对于穿越隔震层的管道、管线等连接部位的处理，仍然没有得到很好地解决。隔震相关的设计标准、规程、图集也仅提出了采用柔性连接措施，没有给出具体的产品技术指标、参数。2015 年 12 月 1 日正式实施的《建筑隔震工程施工及验收规范》也将穿越隔震层的重要管道列为强制性条文。因此，在隔震建筑不断增多、工程应用需求逐年增大的情况下，鉴于我国尚无隔震建筑管道柔性连接的相关标准，亟需编制关于隔震建筑管道柔性连接方面的产品标准。

本标准遵守"强化设计，适当从严"的编制原则。当前国内建筑隔震对于穿越隔震层管道的柔性连接并未引起足够重视，处理普遍较差，不能够满足隔震建筑的此部分功能要求，地震发生时极易产生二次灾害。

本标准广泛吸收相关研究成果和工程实践经验，确保标准的可靠性、先进性、实用性和代表性，提出的各项技术参数经过验证，严格保障技术的可靠性；符合我国国情，经济技术可行，提高行业标准的实用性。

二、编制原则和指导思想

《建筑隔震柔性接头》（报批稿）在编制过程中，编制组编制工作的指导思想主要有以下几点：

1. 符合国家环境保护的政策和发展方向，符合国家环境技术管理文件编制的要求，并与国家相关规章、标准、规范相协调。

2. 广泛吸收相关的研究成果和工程实践经验，确保标准的可靠性、先进性、实用性和代表性，提出的各项技术参数经过验证，严格保障技术的可靠性；符合我国国情，经济技术可行，提高行业标准的实用性。

另外，在具体的编制过程中，始终把握以下编制原则进行工作：

（1）标准中涉及的内容在有关国家、行业标准中已有规定时，直接引用这些标准代替详细规定，避免规范之间的重复和矛盾；

（2）成熟的内容纳入规范，不成熟的、争议较大的不纳入；

（3）广泛征求意见，编制过程中的不同意见由领导小组统一协调。

三、主要编制内容

《建筑隔震柔性接头》（报批稿）以建筑隔震技术的发展和完善为背景，对穿越隔震层的管线从隔震技术的角度出发，针对金属软管、橡胶软管、PVC 伸缩管在基本构造和产品性能等方面提出了成熟的制造检验方法。

本标准对建筑隔震柔性接头的术语和定义、分类与标记、要求、试验方法、检验规则、标志、包装、运输和贮存等作出了规定。

1. 标准的适用范围。适用于工业与民用建筑隔震用柔性连接。对相对变形能力要求高于一般建筑的配管也可参照使用。

2. 规范性引用文件

本标准中引用了现有金属软管、橡胶软管、PVC 伸缩管的相关标准。

3. 术语和定义

隔震柔性接头：此条术语在以往设计标准中出现过相似解释，在《建筑隔震工程施工及验收规范》JGJ 360-2015 里面是柔性连接，定义为：为使地震时不阻碍隔震层的水平位移，对穿过隔震层的设备管线、管道采用柔性接头、柔性连接段等处理措施。本标准中对“水平位移”进行细化同时简化其他内容，为：连接穿过隔震层设备管道且满足隔震层最大允许位移要求的柔性管件。

4. 分类与标记

（1）分类：对此标准中产品进行了材料分类，分别为金属软管、橡胶软管以及 PVC 伸缩管。

（2）标记：对柔性连接产品按照产品代号（FC）、材料类型、工作压力（MPa）、直径（mm）、柔性连接长度（mm）、最大允许位移（mm）进行标记。

5. 一般要求。对金属软管、橡胶软管、PVC 伸缩管的组成材料、应用范围、构造特点进行了详细规定。

6. 要求。本章分别对金属软管、橡胶软管、PVC 伸缩管的外观质量、尺寸、性能进行了规定，特别提出了三类柔性接头的最大允许水平位移要求，以及安装方式等内容，以满足建筑隔震技术的指标。同时提出了在最大允许位移条件下进行 10 次疲劳试验后完好的指标。

7. 试验方法。本章针对第 6 章的内容，提出相应的试验方法，尤其是三类建筑隔震柔性连接最大允许水平位移的试验方法的提出，完善了建筑隔震柔性连接的试验方法以及检测要求。

8. 检验规则。对建筑隔震柔性连接的检验进行了分类，即出厂检验和型式检验；并提出了相应的检验项目以及出厂检验和型式检验的判定准则，严格控制产品质量关。

9. 标志、包装、运输及贮存。本章对柔性连接产品的标志标签，包装内容，运输及贮存条件均进行了相应规定。

四、结束语

编制组依托专项研究课题《新型减隔震产品研发》的研究成果及大量的工程实践，对国内外建筑隔震柔性连接技术的相关文献进行详细的调查研究，认真总结实践经验，参考有关设计、产品等标准，在广泛征求意见的基础上，编制了《建筑隔震柔性接头》(送审稿)。

目前国外没有同类标准，我国国家标准、行业规范中尚未对建筑隔震柔性连接进行全面、详细、有针对性的分类、总结，更缺乏规范性的指导。《建筑隔震柔性接头》实施后将直接指导我国建筑隔震柔性接头的设计、生产及检测，对保证工程质量、降低工程造价起决定性作用，对我国建筑隔震技术应用的推广具有重大意义。

第四篇　科研篇

近年来，我国的防灾减灾工作取得了一定成效，但在重大工程防灾减灾等基础性科学研究方面距世界先进水平还有一定的差距，尤其是灾害作用机理和工程防御技术方面的原创性科学研究极度匮乏。随着中央政府对建筑防灾减灾能力的重视和人们对建筑安全要求的不断提高，全国各地众多的科研单位和企业的研发人员积极投身到防灾减灾的科研中，成功地解决了建筑防灾减灾领域中的一些技术难题，并将其以论文的形式共享。本篇选录了在研项目、课题的研究进展、关键技术、试验研究和分析方法等方面的文章15篇，集中反映了建筑防灾的新成果、新趋势和新方向，便于读者对近年来建筑防灾减灾领域的研究进展有较为全面的了解和概要式的把握。

1 城市抗震弹塑性分析

陆新征[1] 熊 琛[2] 曾 翔[1] 许 镇[3] 顾栋炼[1] 程庆乐[1]
1. 清华大学土木工程系，北京，100084
2. 深圳大学土木工程学院，深圳，518060
3. 北京科技大学土木与资源工程学院，北京，100083

一、研究背景

随着城市化的迅速发展，城市人口、建筑和基础设施的数量和密度迅速提高，地震对城市的威胁也在不断增加。2008年中国汶川地震[1,2]以及2011年新西兰Christchurch地震[3]都给当地造成了严重的损失。建筑物是城市地震灾害的主要承灾体。城市建筑震害模拟可以揭示地震对城市造成的破坏，服务震前防灾减灾规划和震后快速救援，对减轻城市地震灾害风险具有非常重要的意义。

目前广泛采用的城市建筑震害模拟方法主要有易损性矩阵方法[4]，能力—需求方法[5]等。易损性矩阵方法使用简单，得到了广泛的应用。但是该方法高度依赖于历史震害数据，是一种数据驱动（Data Driven）的方法。对于震害数据较少的地区以及缺少相应震害记录的特大地震场景，采用易损性矩阵方法预测难度较大。对于缺乏近期强震资料的我国大陆中东部城市，这一问题尤其突出。能力—需求分析方法能较好地反映结构的刚度、强度特性以及地震输入的强度以及频谱特性。然而，该方法同样也有它的局限性。首先，能力—需求分析方法本质上是基于单自由度体系的静力推覆分析方法，因此该方法难以考虑结构高阶振型对地震响应的影响；其次，能力—需求分析方法基于固定的振型形态，因此该方法难以考虑结构进入弹塑性以后损伤集中导致的振型变化（比如软弱层破坏形态）；最后，能力—需求分析方法是一种静力分析方法，因此难以充分考虑地震动的时域特性对结构的影响（比如速度脉冲的影响）。

因此，本研究提出可以采用“城市抗震弹塑性分析”来解决既有方法中存在的上述问题[6]。城市抗震弹塑性分析通过将完整的地震动时程记录输入城市建筑群，逐个建筑进行动力弹塑性时程分析，从而可以充分反映不同建筑的抗震特性差别及不同地震动的时域和频域特征。因此，从理论上说城市抗震弹塑性分析方法与已有方法相比有着明显的优势。但是，为了实现城市抗震弹塑性分析，需要解决海量建筑建模、高性能计算、高真实感可视化与次生灾害预测等一系列关键科学问题。本研究相应提出了以下解决办法：

(1) 基于物理驱动模型的建筑群多尺度模型；

(2) 基于CPU/GPU异构并行的高性能计算方法；

(3) 基于3D城市模型和物理引擎的震害高真实感展示方法；

(4) 基于精细化模拟和新一代性能化设计的震损预测和次生灾害模拟方法。

并采用上述方法，开展了地震震损应急评估、城市地震灾害预测、地震情境和次生灾害模拟等方面的研究工作，其成果可供相关科研和工程人员参考。

二、城市抗震弹塑性分析方法

1．技术框架

本研究提出的城市抗震弹塑性分析方法的整体技术框架如图 4.1-1 所示[7]。首先提出了基于物理驱动模型的城市建筑群多尺度模型，实现对不同类型建筑地震响应的模拟；其次提出了基于 CPU/GPU 异构并行的高性能计算方法，实现区域建筑震害模拟的高性能计算；之后提出了基于城市 3D 模型和物理引擎的震害高真实感展示方法，实现区域建筑震害模拟结果的浸入式展示；最后提出了基于精细化模拟和新一代性能化设计的震损预测和次生灾害模拟方法。

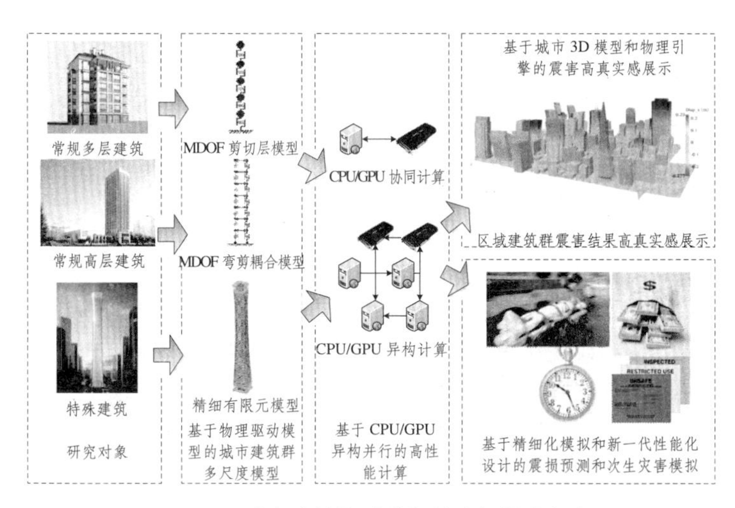

图 4.1-1　城市建筑抗震弹塑性分析技术框架

2．基于物理驱动模型的城市建筑群多尺度模型

城市中建筑数量和种类繁多，本研究将城市中的建筑划分成了常规多层建筑、常规高层建筑和特殊建筑三类，并针对这三类建筑提出了相应的基于弹塑性时程分析的震害预测方法。该方法与传统的基于数据驱动（Data Driven）的易损性矩阵方法有着本质的不同，是一种基于力学 / 物理驱动（Physics Driven）的震害预测模型。

城市区域中的常规多层建筑通常表现出较为明显的剪切变形模式，可以将每栋建筑结构简化成图 4.1-2a 所示的 MDOF 剪切层模型[8]。该模型假设结构每一层的质量都集中在楼面上，因此可以将每一层简化成一个质点。不同楼层之间的质点通过剪切弹簧连接在一起。楼层之间剪切弹簧的骨架线采用 Hazus 报告[5]中推荐的三线性骨架线（图 4.1-2c），层间滞回模型采用图 4.1-2d 所示的单参数滞回模型。

与多层建筑不同，高层建筑通常表现出较为明显的弯剪耦合变形形态。因此本研究针对常规高层建筑，采用图 4.1-2b 所示的 MDOF 弯剪耦合模型[9]。该模型每一层分别用一根弯曲弹簧和剪切弹簧来模拟。每层之间用刚性的链杆连接。弯剪耦合模型的弯曲弹簧和剪切弹簧同样采用图 4.1-2c 和图 4.1-2d 所示的骨架线和滞回模型。

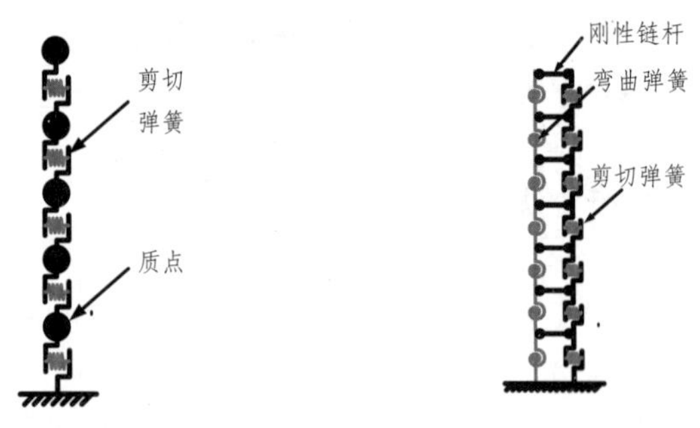

a. 常规多层建筑的 MDOF 剪切层模型　　b. 常规高层建筑的 MDOF 弯剪耦合模型

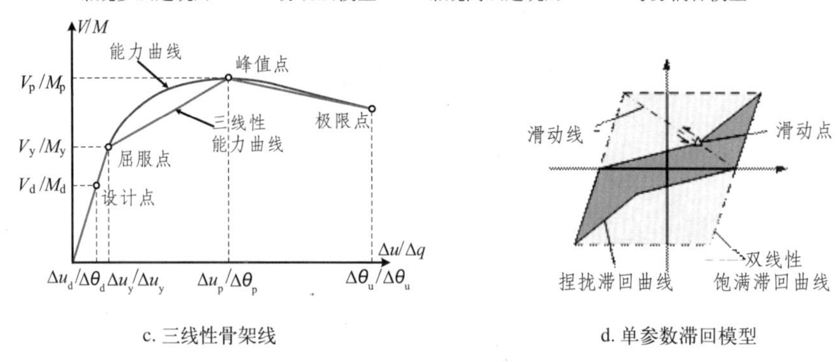

c. 三线性骨架线　　d. 单参数滞回模型

图 4.1-2　建筑计算模型

城市区域中常规多层建筑和高层建筑的数量巨大，每栋建筑可获取的信息较为有限。因此，本研究提出了图 4.1-2 中常规建筑模型计算参数的自动确定方法。其基本原理是：基于容易获取的宏观 GIS 数据（主要包括每栋建筑的结构高度、结构类型、建设年代、面积、层数、功能等信息），首先根据统计规律确定结构的振动特性；而后根据规范设计方法确定结构的设计抗震性能；最后根据大量试验和计算结果统计确定建筑实际抗震性能和设计抗震性能的比例关系。这样就可以非常高效地建立数量庞大的城市常规建筑计算模型。需要说明的是，对于可以获取更详细设计信息的建筑，还可以根据设计信息直接确定图 4.1-2 中模型的计算参数，从而获得更好的计算精度。

MDOF 模型能较好地模拟城市区域中常规建筑的地震响应。但是除了量大面广的常规建筑，城市区域中同样存在一些大跨空间结构、超高层结构与异型结构等特殊建筑，这些建筑的动力特性更为复杂，MDOF 模型无法满足这些建筑的分析需求。因此，对于这些建筑可以采用基于纤维梁和分层壳模型的精细有限元建模方法加以模拟 [10]。

3. 基于 CPU/GPU 异构并行的高性能计算

近年来，图形处理单元（GPU）技术飞速发展，相同价格的 GPU 相对 CPU 具有更高的计算性能，因而在不同领域得到了大量成功应用。本研究采用 CPU/GPU 异构并行计算，加速区域建筑震害模拟过程。为了充分利用 GPU 的计算能力，计算架构需要满足以下几点原则：

(1) 采用 GPU 进行每座建筑的非线性时程计算，避免其参与过多的逻辑计算。

(2) 采用 CPU 完成数据读取、计算任务分配等逻辑计算能力需求较高的工作。

(3) 应尽量减少内存和显存之间相互数据交换的次数，以降低数据传输延迟。

基于以上三点原则，本研究提出了图 4.1-3 所示的 CPU/GPU 异构并行计算流程，该流程主要包括三部分[6]。首先是 CPU 控制区域计算任务分配，将每栋建筑的计算任务分配给各个 GPU 核心；之后 GPU 开始区域海量建筑弹塑性时程分析并行计算；最后 CPU 将 GPU 的计算结果输出给后续可视化展示。

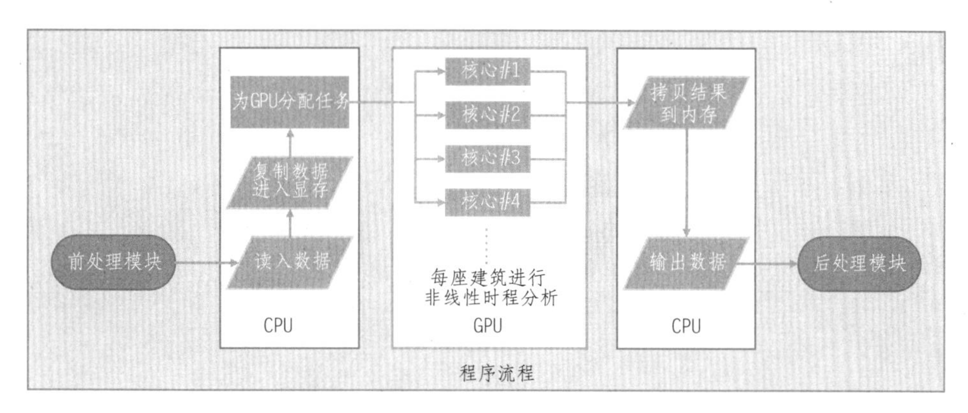

图 4.1-3　CPU/GPU 异构并行计算流程

算例表明，采用 GPU/CPU 异构并行计算，可以在相近的成本下，将计算效率提高 39 倍以上（图 4.1-4），满足了城市区域建筑震害模拟低成本—高效率的要求。

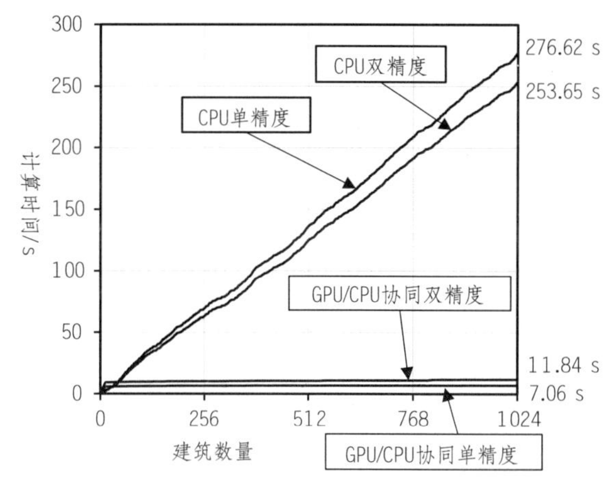

图 4.1-4　GPU/CPU 协同计算和仅 CPU 计算效率对比

4. 基于城市 3D 模型和物理引擎的震害高真实感展示

随着航空摄影技术以及激光雷达技术的发展[11, 12]，越来越多的城市开始拥有城市高真实感的 3D 模型[13, 14]。因此本研究采用城市 3D 模型对区域建筑的地震模拟结果进行动态展示。

基于城市 3D 模型的展示方法实现流程如图 4.1-5 ~ 图 4.1-7 所示[15]。主要包括建筑对象识别、楼层平面多边形生成与位移插值三个部分。(1) 建筑对象识别将每栋建筑的外表面多边形从城市 3D 多边形模型中提取出来，并与 2D-GIS 数据中每栋建筑的描述性信息对应生成 3D-GIS 数据；(2) 通过建筑对象识别，得到了每栋建筑的外表面多边形，如图 4.1-5d 所示。但是生成结构分析的计算模型往往需要建筑各楼层的平面多边形数据（图

4.1-6d)。为此提出了楼层平面多边形生成方法，对建筑的外表面多边形进行切片，得到每一楼层的平面多边形（图 4.1-6）；(3) 建筑时程计算通常生成几个离散高程处（如楼层位置）的结构响应结果，为了保证各层之间描述建筑细节的节点跟随各层发生位移，将采用图 4.1-7 所示的线性插值方法，计算位于两层之间所有节点处的建筑响应结果。其最终效果如图 4.1-8 所示。

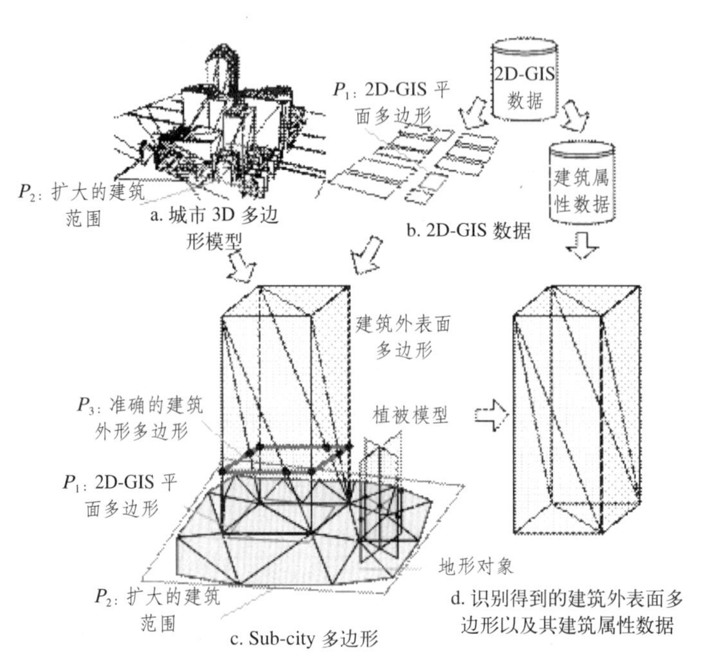

图 4.1-5　建筑对象识别

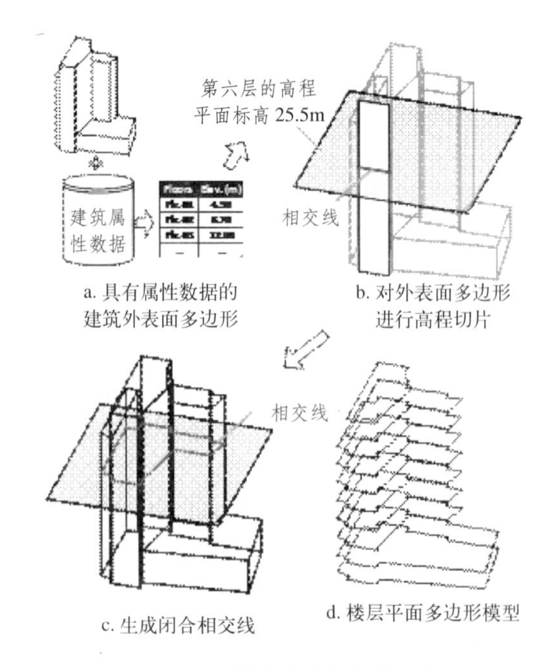

图 4.1-6　楼层平面多边形生成

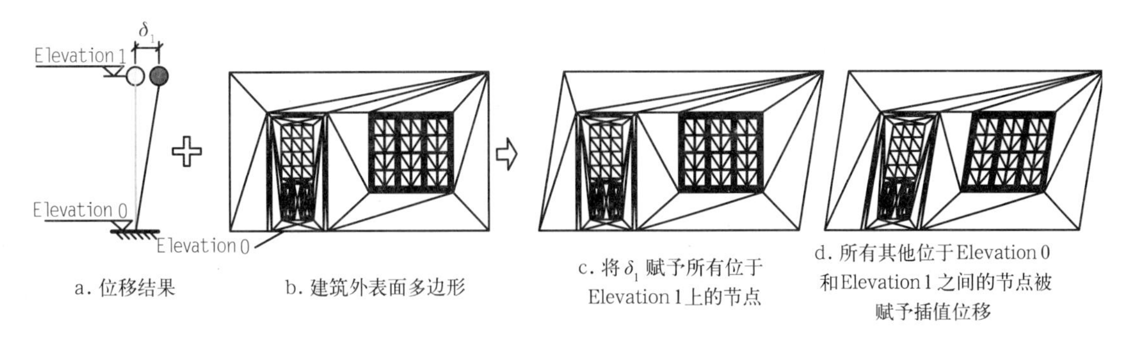

图 4.1-7 位移插值

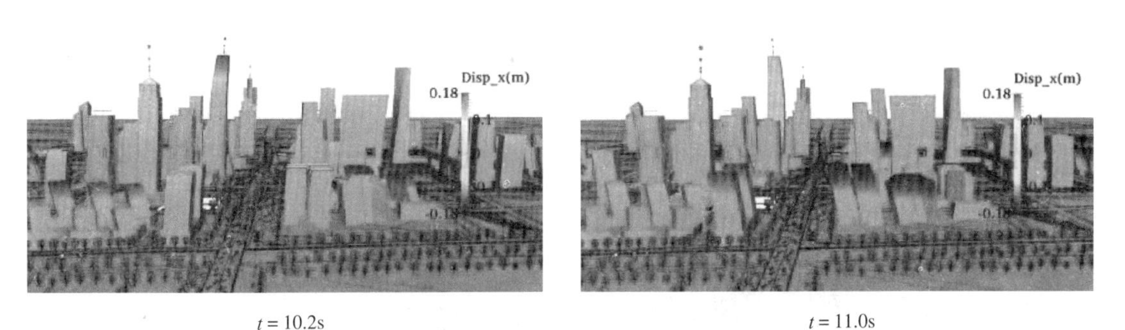

图 4.1-8 北京 CBD 地震场景 3D 可视化

采用有限元方法实现倒塌模拟计算成本较高。物理引擎是近些年计算机图形学发展的新技术，专门用于计算场景中刚体碰撞等复杂物理行为。本研究提出可以将物理引擎用于城市建筑群倒塌可视化模拟[16]。在 MDOF 模型中，采用倒塌层间位移角限值判定结构的倒塌状态（图 4.1-9a）。MDOF 模型可以给出不同楼层倒塌发生时的位移和速度，这些位移和速度作为初始状态传给物理引擎（如 PhysX）进行后续倒塌模拟（图 4.1-9b）。物理引擎模拟楼层刚体在重力作用下的运动，直到楼层刚体间相互碰撞或者接触到地面（图 4.1-9c）。

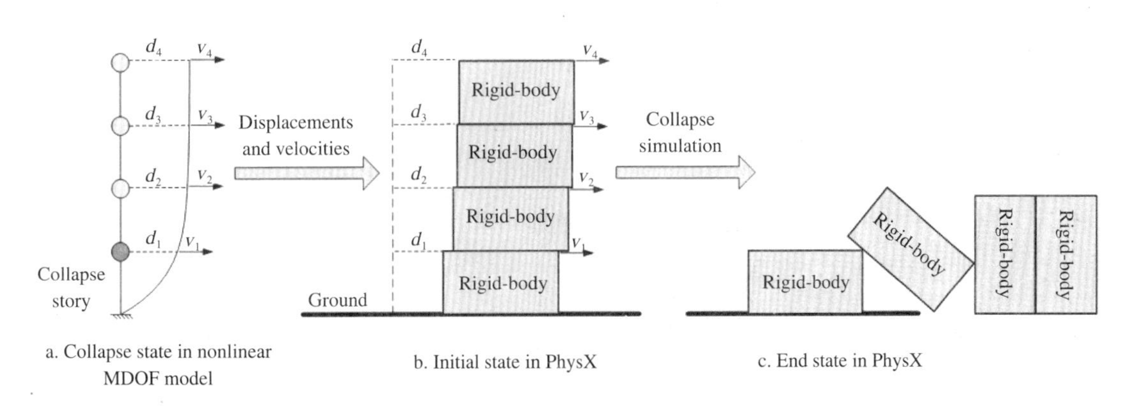

图 4.1-9 物理引擎倒塌模拟的过程

5. 基于精细化模拟和新一代性能化设计的震损预测和次生灾害模拟

地震可能对受灾区域带来严重的经济冲击。合理的地震经济损失预测可以为决策者提供重要的参考信息，从而有针对性地制定防震减灾规划、地震保险规划等对策。

本研究基于城市抗震弹塑性分析结果，结合 FEMA P-58 新一代性能化抗震设计方法[17]，开展建筑地震经济损失预测。其基本原理如图 4.1-10 所示：首先通过城市抗震弹塑性分析得到不同建筑、不同楼层的层间位移角和楼面加速度，然后通过 FEMA P-58 提供的建筑性能模型和构件易损性数据库，确定不同构件的修复费用、修复时间等震损指标。本研究采用该方法，预测了清华大学校园的地震经济损失（图 4.1-11）。与既有震损预测方法相比，该方法具有以下优势：(1) 基于精细化的结构模拟结果，可以得到不同楼层不同构件的损伤情况；(2) 既可以考虑楼层位移引起的损失，也可以考虑楼层加速度引起的损失，还可以考虑残余变形引起的损失。

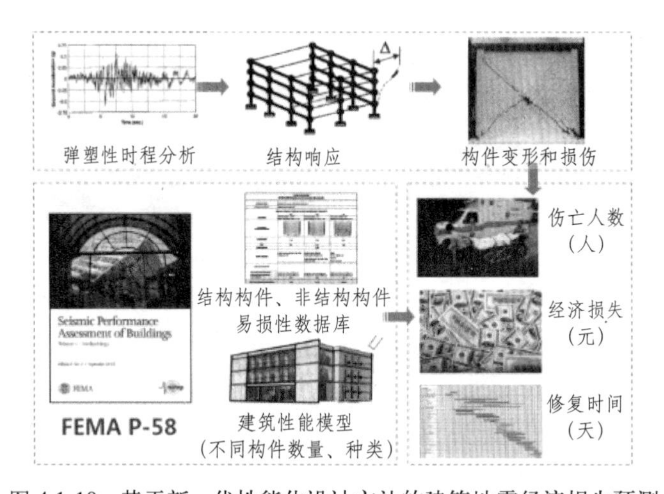

图 4.1-10　基于新一代性能化设计方法的建筑地震经济损失预测

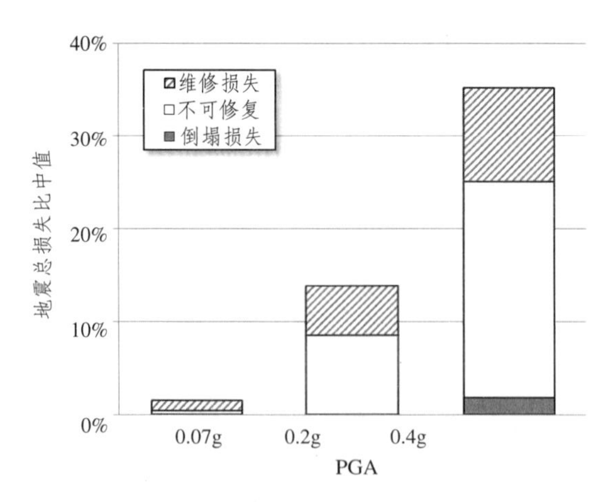

图 4.1-11　清华大学校园地震经济损失预测

精细化震损模拟结果可以进一步用于次生灾害的预测。例如，可以用于坠物分布的模拟，以及次生火灾的模拟等。随着建筑抗震安全性的提高，建筑倒塌造成的伤亡在不断下降，但是建筑外围护结构因地震脱落引起的坠物震害造成人员伤亡以及阻碍人员疏散问题日益突出，而现阶段还缺少合适的坠物次生灾害计算方法。本研究基于城市抗震弹塑性分析，可以得到不同建筑不同楼层的层间位移以及楼面速度，由层间位移可以预测外围护结构是否发生破坏，由楼面速度可以预测坠物的影响范围（图 4.1-12），进而为避难场所规划和疏散道路设计提供参考（图 4.1-13）[18]。

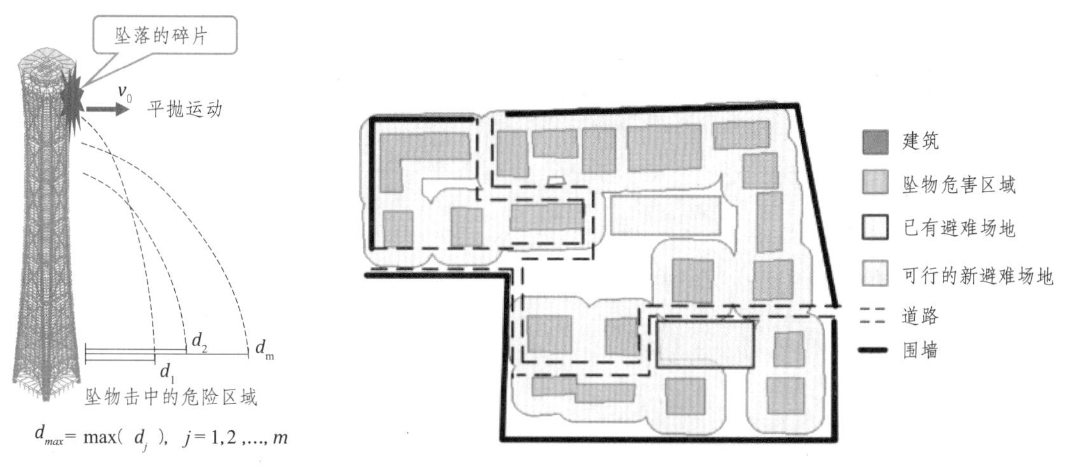

图 4.1-12 坠物次生灾害模拟示意

图 4.1-13 坠物危害影响区域与紧急避难场所选址

次生火灾是地震后导致人员伤亡的另一重要次生灾害。本研究基于城市抗震弹塑性分析得到的精细化震害结果，结合起火概率统计模型和火灾蔓延物理模型，可以预测城市次生火灾风险，并可以通过计算流体力学（CFD）模型得到次生火灾场景下的烟雾蔓延情况（图 4.1-14）[19]。为城市消防规划和灾后应急预案编制提供参考。

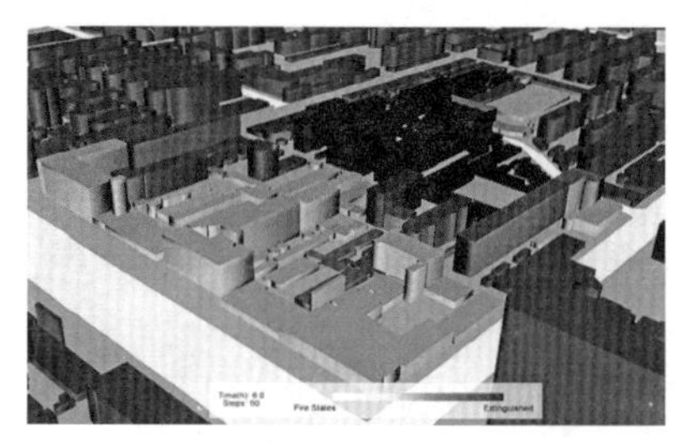

a. 次生火灾蔓延模拟

b. 城市次生火灾情境模拟

图 4.1-14 城市次生火灾模拟

三、城市抗震弹塑性分析的应用

1．地震后灾损近实时预测

在地震发生后及时预测真实地震损失对震后应急救援具有重要价值。随着国家强震台网等基础设施的建设，在震后可以及时获取震中附近的地面运动。如果可以充分利用这些真实的地震动信息，对提高震损预测的精度具有重要价值。本研究基于中国地震局工程力学研究所“国家强震台网中心”提供的真实地震动记录，输入受灾地区典型城市、乡镇和农村建筑群，采用城市抗震弹塑性分析，可以在 2 个小时内获得震损预测结果。2017 年 8

月 8 日在四川九寨沟发生了 7 级地震，本研究基于真实地震动记录，在地震发生后 5 小时内给出了本次地震的震害情况的预测结果，如图 4.1-15 所示。

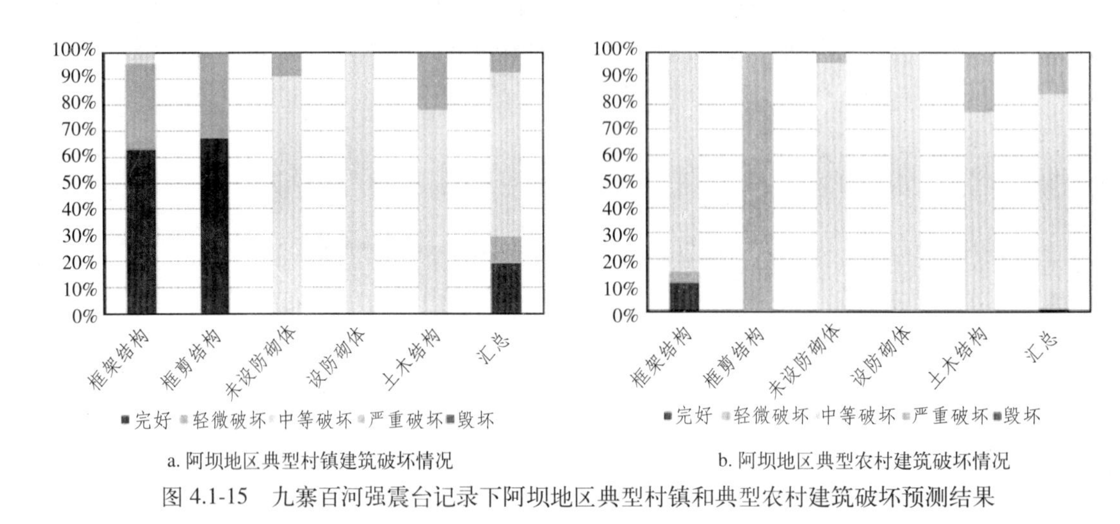

a. 阿坝地区典型村镇建筑破坏情况　　b. 阿坝地区典型农村建筑破坏情况

图 4.1-15　九寨百河强震台记录下阿坝地区典型村镇和典型农村建筑破坏预测结果

2. 城市地震灾害情境模拟

预测城市未来遭受地震灾害时的损失情况，对制定城市防震减灾决策具有重要价值。2016 年是唐山地震 40 周年，通过和唐山市以及清华同衡规划院合作，本研究采用城市抗震弹塑性分析方法，对今天的唐山市区 230683 栋建筑物再度遭遇 1976 年唐山地震可能导致的破坏进行了分析（图 4.1-16）。结果表明，预测得到的倒塌率为 33.84%，且大部分倒塌的建筑是老旧未设防建筑，而所研究的区域在 1976 年唐山大地震时倒塌率超过 80%，所以当前唐山市建筑的抗倒塌能力比 1976 年已经有显著提高。但是，有超过 1.0 亿 m^2 的建筑其损伤都非常严重，基本不具备修复价值。因此，提高城市的抗震“韧性”（Resilience）极为重要。

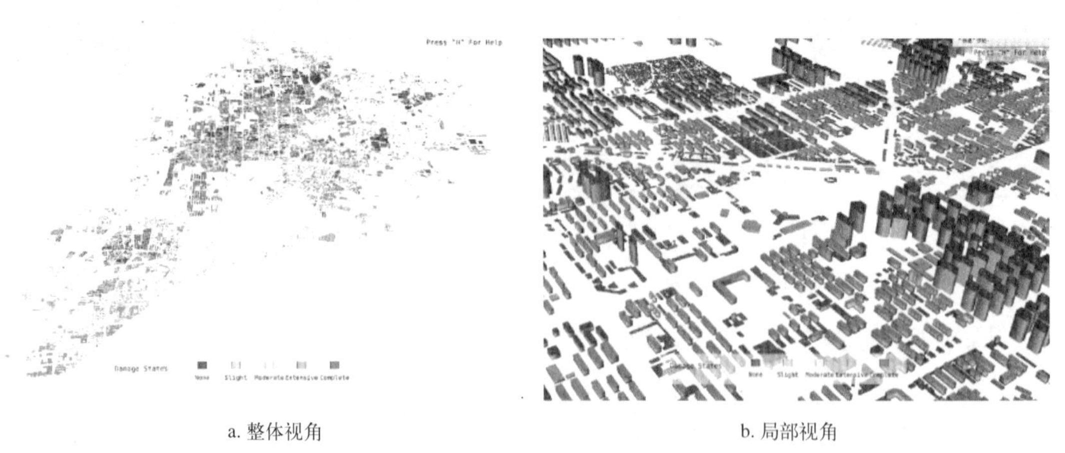

a. 整体视角　　b. 局部视角

图 4.1-16　唐山市震害情境模拟结果

3. 城市新区抗震设防水准评价

随着“韧性（Resilience）”防灾理念的发展，为了减轻灾害造成的损失并缩短灾后恢复时间，有必要适当提高重点建筑和重点城区的抗震设防要求。特别是对于重要新城区的建设，需要对抗震设防水准进行专门的研究，以期在防灾投入和减灾效益上获得较好的平衡。本研究采用城市抗震弹塑性分析方法，对某典型城区采用不同抗震设防水平时遭遇不同强度地震后的震损情况进行了分析（图 4.1-17），其结论可为制定城市规划方案提供参考。

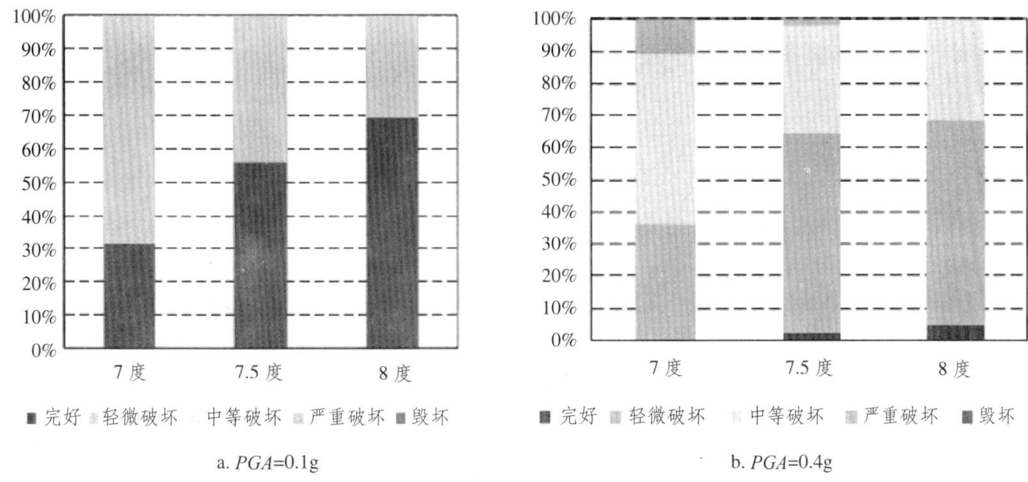

图 4.1-17 典型城区采用不同抗震设防水平时遭遇不同强度地震后的震损情况

四、结论和展望

科学、准确、直观地模拟城市地震情境并预测地震损失对城市防震减灾工作具有重要价值。随着强震台网的建设、数据传输网络的完善以及计算机分析速度的提高，基于逐个建筑动力弹塑性时程分析的城市抗震弹塑性分析方法在提升震害预测的准确性和真实感方面具有显著的优势和巨大的发展前景。本文介绍了城市抗震弹塑性分析方法的技术框架和典型应用，初步展示了该方法的可行性和优势。由于城市抗震弹塑性分析还是一个新生事物，现有的技术和方法还有诸多不完善之处，未来有必要在以下方面进一步开展深入研究：

1. 进一步完善建筑模型，特别是考虑建筑年代影响、不同地域特色的城市建筑模型。

2. 基于新一代性能化设计方法，进一步完善经济损失预测及人员伤亡、次生灾害预测方法。

3. 进一步考虑建筑以外其他基础设施（如桥梁等）的地震破坏。

参考文献

[1] Wang Z. A preliminary report on the Great Wenchuan Earthquake [J]. Earthquake Engineering and Engineering Vibration, 2008, 7 (2): 225-234.

[2] Lu X Z, Ye L P, Ma Y H, Tang D Y. Lessons from the collapse of typical RC frames in Xuankou School during the Great Wenchuan Earthquake [J]. Advances in Structural Engineering, 2012, 15 (1): 139-153.

[3] Stevenson J R, Kachali H, Whitman Z, Seville E, Vargo J, Wilson T. Preliminary observations of the impacts the 22 February Christchurch Earthquake had on organizations and the economy a report from the field (22 February-22 March 2011) [J]. Bulletin of the New Zealand Society for Earthquake Engineering, 2011, 44 (2): 65-76.

[4] ATC. Earthquake damage evaluation data for California (ATC-13) [S]. Redwood, California: Applied Technology Council (ATC), 1985.

[5] FEMA. Multi-hazard loss estimation methodology-earthquake model. HAZUS-MH 2.1 Technical Manual [R]. Washington, DC: Federal Emergency Management Agency (FEMA), 2012.

[6] Lu X Z, Han B, Hori M, Xiong C, Xu Z. A coarse-grained parallel approach for seismic damage simulations of urban areas based on refined models and GPU/CPU cooperative computing. Advances in Engineering Software, 2014, 70: 90-103.

[7] Lu X Z, Guan H. Earthquake Disaster Simulation of Civil Infrastructures: From Tall Buildings to Urban Areas, Singapore: Springer, 2017.

[8] Xiong C, Lu X Z, Lin X C, Xu Z, Ye L P. Parameter determination and damage assessment for THA-based regional seismic damage prediction of multi-story buildings, Journal of Earthquake Engineering, 2017, 21 (3): 461-485.

[9] Xiong C, Lu X Z, Guan H, Xu Z. A nonlinear computational model for regional seismic simulation of tall buildings, Bulletin of Earthquake Engineering, 2016, 14 (4): 1047-1069.

[10] Lu X, Lu X Z, Guan H, Ye L P. Collapse simulation of reinforced concrete high-rise building induced by extreme earthquakes, Earthquake Engineering & Structural Dynamics, 2013, 42 (5): 705-723.

[11] Förstner W. 3D-city models automatic and semiautomatic acquisition methods [J]. D. Fritsch, R. Spiller (Eds.), Photogrammetric Week 99, Wichmann Verlag, 1999: 291-303

[12] Michihiko S. Virtual 3D models in urban design [C]// Virtual Geographic Environment, Hong Kong, China, 2008.

[13] Batty M, Chapman D, Evans S, Haklay M, Kueppers S, Shiode N, et al. Visualizing the city communicating urban design to planners and decision-makers[C]// Centre for Advanced Spatial Analysis, University College London, London, UK, 2001.

[14] Shiode N. 3D urban models recent developments in the digital modelling of urban environments in three-dimensions [J]. GeoJournal, 2002, 52 (3): 263-269.

[15] Xiong C, Lu X Z, Hori M, Guan H, Xu Z. Building seismic response and visualization using 3D urban polygonal modeling. Automation in Construction, 2015, 55: 25–34.

[16] Xu Z, Lu X Z, Guan H, Han B, Ren A Z. Seismic damage simulation in urban areas based on a high-fidelity structural model and a physics engine. Natural Hazards, 2014, 71 (3): 1679-1693.

[17] Zeng X, Lu X Z, Yang T, Xu Z. Application of the FEMA-P58 methodology for regional earthquake loss prediction, Natural Hazards, 2016, 83 (1): 177-192.

[18] Xu Z, Lu X Z, Guan H, Tian Y, Ren A Z. Simulation of earthquake-induced hazards of falling exterior non-structural components and its application to emergency shelter design, Natural Hazards, 2016, 80 (2), 935-950.

[19] Lu X Z, Zeng X, Xu Z, Guan H. Physics-based simulation and high-fidelity visualization of fire following earthquake considering building seismic damage, Journal of Earthquake Engineering, 2017. DOI: 10.1080/13632469.2017.1351409.

2 斜筋对大洞口率单排配筋双肢墙的抗震性能影响研究

张建伟 吴蒙捷 曹万林 李琬荻 蔡 翀

北京工业大学城市与工程安全减灾教育部重点实验室，北京，100124

引言

单排配筋混凝土剪力墙因其具有良好抗震性能、造价低、施工简便等优势[1-4]，可应用于多层住宅建筑结构。为避免单排配筋混凝土剪力墙基底出现剪切滑移现象，可采用在混凝土剪力墙底部配置斜向钢筋的构造措施[5-7]，为此，笔者开展了较系统的带斜筋单排配筋混凝土剪力墙抗震性能研究工作[8-10]。为了解配置斜筋对洞口率较大的单排配筋混凝土双肢剪力墙的抗震性能影响，开展了两个底部有无斜筋的单排配筋混凝土双肢墙低周反复荷载试验研究。

一、试验概况

1. 模型设计

按 1/2 缩尺比例，设计 2 个洞口率为 27% 的单排配筋混凝土双肢剪力墙，编号分别为 CSWX-1、CSW-2。其中模型 CSW-2 用于对比，墙肢分布钢筋配筋率为 0.257%，模型 CSWX-1 与 CSW-2 配筋总量相同，在底部墙肢布置适量的交叉斜筋。双肢墙的边缘约束构件采用文献[1]的简化配筋方式，即采用 3 根或 2 根纵筋配筋方式。模型配筋及几何尺寸见图 4.2-1。两个模型均分两次浇筑，首先浇筑基础，最后浇筑墙体及加载梁。模型采用 C30 细石混凝土，其实测立方体抗压强度值为 36.4MPa，墙体钢筋力学性能见表 4.2-1。

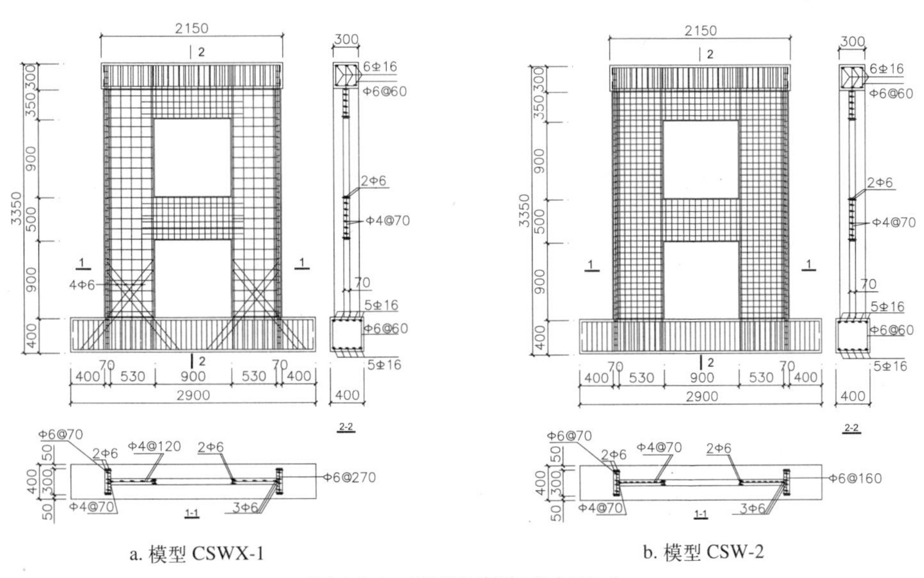

a. 模型 CSWX-1　　b. 模型 CSW-2

图 4.2-1 模型配筋与几何尺寸

钢筋力学性能　　表 4.2-1

钢筋直径	f_y /MPa	f_u /MPa	δ /%	E_s /MPa
Φ4	755	830	3.43	1.92 × 105
Φ6	384	523	16.77	1.82 × 105

2. 加载方案及量测内容

采用低周反复荷载加载方式对模型进行加载，模型加载装置示意见图 4.2-2。按照模型的试验轴压比控制为 0.1 要求，首先在竖向对试验模型施加 285kN 的荷载，并在试验过程中维持不变，然后采用力和位移混合控制方法施加低周反复水平荷载，首先按每级 50kN 增量进行力控加载，每级荷载循环 1 次，当模型顶点位移角达到 1/400 时，改为水平位移控制加载，每级顶点位移角增量为 1/400，循环 2 次，直至模型承载力下降至峰值荷载的 85% 以下时停止加载。

主要测试内容：轴压力、水平力、水平位移、钢筋应变等，量测数据通过 IMP 数据采集系统采集。加载全过程，手工描绘裂缝开展情况。钢筋应变测点布置包括：墙肢水平和竖向分布钢筋的应变测点 FBH 和 FBZ；连梁边缘水平和纵向构造钢筋的应变测点 YSH 和 YSZ；墙肢边缘纵向构造钢筋和斜向钢筋的应变测点 ZZ 和 X。模型 CSWX-1 钢筋应变测点布置情况见图 4.2-3。

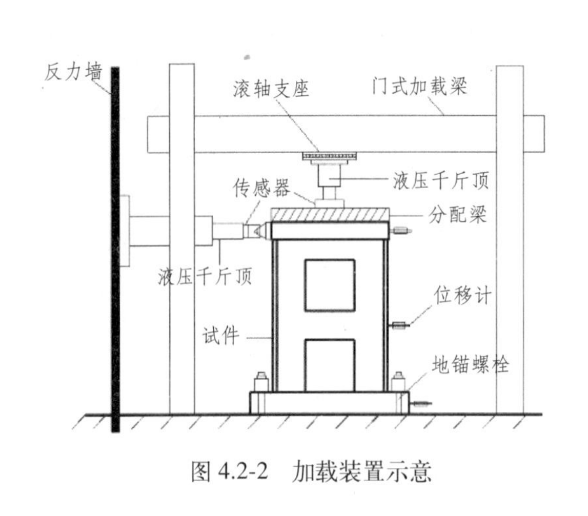

图 4.2-2　加载装置示意

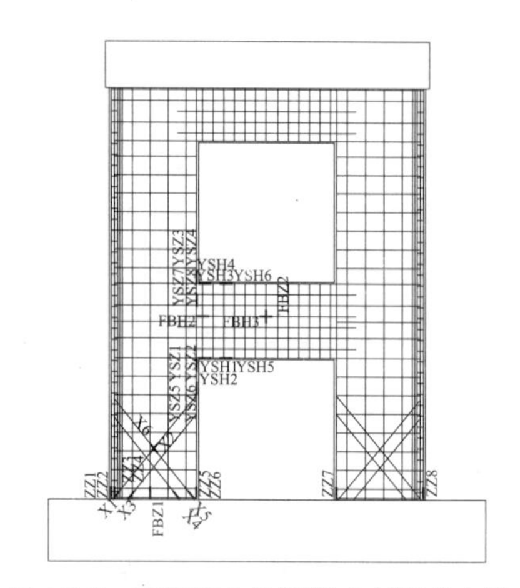

图 4.2-3　CSWX-1 的钢筋应变测点布置

二、试验结果及分析

1. 破坏特征

2 个模型的破坏特征相似，均为中间连梁首先发生弯曲破坏，随着墙肢弯曲变形占墙肢总变形的比例增大，二层洞口左上、右上角部位混凝土压碎，最终发生正截面弯曲破坏。纵观试验全过程，模型 CSW-2 的墙体裂缝发展以剪切斜裂缝为主，上下墙体斜裂缝分布均匀，在破坏后期墙肢底部施工缝处出现了一定程度的剪切滑移现象；模型 CSWX-1 的墙体裂缝主要集中在墙肢底部，且出现较多的弯曲裂缝，裂缝发展呈弯剪特征，裂缝分布较密，裂缝宽度较小。模型 CSWX-1 和模型 CSW-2 的墙体破坏形态及裂缝分布见图 4.2-4。

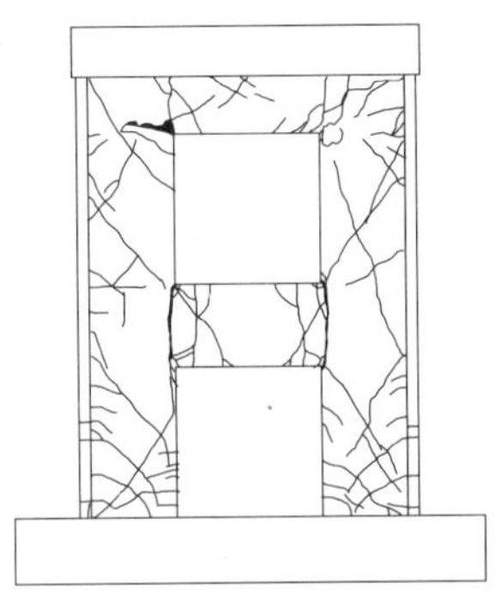

a. 模型 CSWX-1 破坏形态与裂缝分布

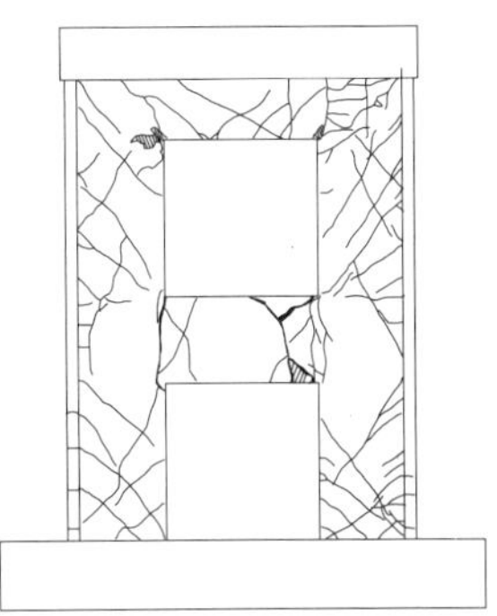

b. 模型 CSW-2 破坏形态与裂缝分布

图 4.2-4 模型破坏形态与裂缝分布

2. 滞回性能

模型的滞回曲线见图 4.2-5，骨架曲线见图 4.2-6。由图 4.2-5 和图 4.2-6 见，模型 CSWX-1 的滞回曲线略显饱满些；模型 CSWX-1 和 CSW-2 的骨架曲线差别不大，比较接近。

3. 承载力与变形

各模型的荷载特征值和相应位移值列于表 4.2-2。其中开裂荷载 F_{cr} 为出现第一条可见裂缝时的荷载值，屈服荷载 F_y（由能量法确定）、峰值荷载 F_u 为正负两向均值，破坏荷载 F_d 为峰值荷载下降至 85% 时的承载力值。μ 为延性系数（Δ_d / Δ_y），θ_P 为与极限位移 Δ_d 相对应的弹塑性位移角。

由表 4.2-2 可见：

1）与模型 CSWX-1 比较，模型 CSW-2 的负向峰值荷载略有提高。这是因为连梁作为第一道抗震防线破坏后，模型的峰值荷载取决于墙肢底部的正截面承载能力，在配筋量相当的条件下，斜筋的设置减少了竖向纵筋量，而斜筋的抗弯作用低于竖向纵筋，故导致模型 CSWX-1 的墙肢底部正截面抗弯承载力有所降低。

2）与模型 CSW-2 比较，模型 CSWX-1 的屈服位移相对较小，而极限位移相近。表明屈服前，斜筋能有效限制墙体剪切变形发展，屈服后，弯曲变形在墙体总变形中所占比例逐渐增大，斜筋的作用减弱，而此时墙体变形主要由墙体两端相同的约束边缘构件控制。

3）与模型 CSW-2 相比，模型 CSWX-1 的延性系数提高了 6.4%，表明配置斜筋可在一定程度上提高大洞口率的单排配筋混凝土双肢剪力墙延性。

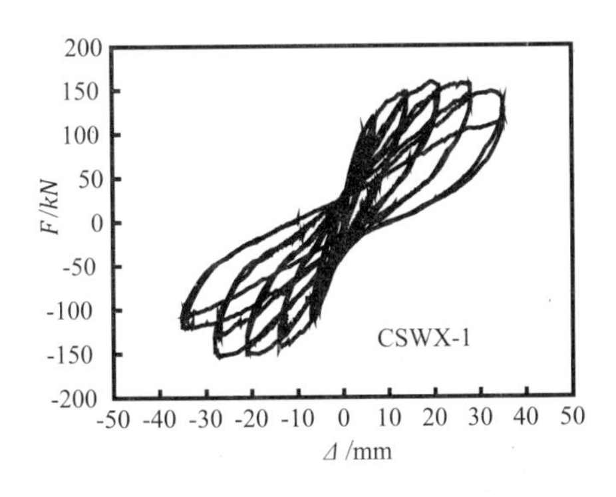

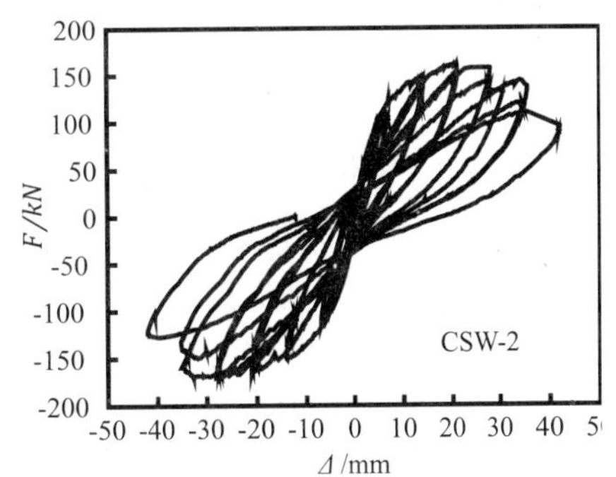

图 4.2-5 模型的滞回曲线

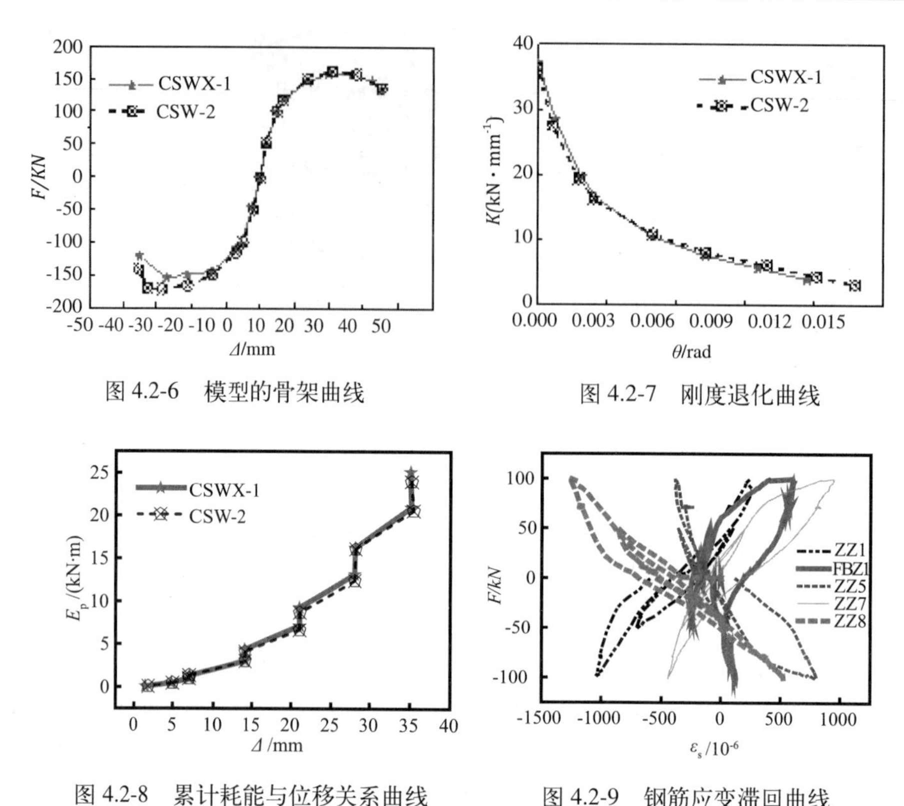

图 4.2-6　模型的骨架曲线

图 4.2-7　刚度退化曲线

图 4.2-8　累计耗能与位移关系曲线

图 4.2-9　钢筋应变滞回曲线

实测荷载及位移特征值　　　　表 4.2-2

模型编号	F_c/kN	F_y/kN	F_u/kN	F_d/kN	Δ_{cr}/mm	Δ_y/mm	Δ_u/mm	Δ_d/mm	θ_P	μ
CSWX-1	38.05	133.39	155.96	132.57	1.32	10.79	23.35	34.26	1/82	3.18
CSW-2	36.51	135.21	165.37	140.56	1.29	11.64	24.56	34.75	1/81	2.99

实测刚度值　　　　表 4.2-3

模型编号	K_0/（kN · mm^{-1}）	K_y/（kN · mm^{-1}）	K_u/（kN · mm^{-1}）	β_{yo}	β_{uy}
CSWX-1	37.18	12.36	6.68	0.33	0.54
CSW-2	36.23	11.62	6.73	0.32	0.58

4. 刚度

图 4.2-7 为各模型刚度退化曲线，表 4.2-3 为各模型的特征刚度实测值，其中，K_0 为初始刚度；K_y 为屈服割线刚度；K_u 为峰值割线刚度；$\beta_{yo}=K_y / K_o$ 为初始刚度与屈服刚度比值；$\beta_{uy}=K_u / K_y$ 为峰值刚度与屈服刚度比值。

由图 4.2-7 和表 4.2-3 可见：与模型 CSW-2 相比，模型 CSWX-1 的屈服割线刚度略有提高。这是因为斜筋可以限制墙体前期的剪切变形，一定程度上缓解刚度的衰减，但由于大开洞率的双肢墙主要以弯曲变形为主，斜筋对限制墙体总变形贡献有限，导致 2 个模型在试验全过程中刚度退化曲线趋于一致。

5. 耗能能力

取模型水平荷载降至峰值荷载 85% 前各滞回曲线所围成的累计面积 Ep 作为耗能代表值。模型累计耗能 Ep 与水平位移之间关系见图 4.2-8。

经计算，模型 CSWX-1 和模型 CSW-2 的累计耗能分别为 25.12kN · m 和 23.98kN · m。可见，模型 CSWX-1 的累计耗能提高了 4.7%，表明配置斜筋可在一定程度上提高大洞口率的单排配筋混凝土双肢剪力墙耗能能力。

6. 钢筋应变及分析

图 4.2-9 为模型 CSWX-1 水平荷载在屈服前，左墙肢底部两侧构造纵筋（测点 ZZ1、ZZ5）、中部竖向分布钢筋（测点 FBZ1）应变滞回曲线和右墙肢底部两侧构造纵筋（测点 ZZ1、ZZ8）的应变滞回曲线比较。

由图 4.2-9 可见：双肢墙左、右墙肢均呈现出内外边缘构造纵筋应变拉压状态相反的现象；而左墙肢中部竖向分布钢筋因靠近中和轴位置而导致应变较小，且与左墙肢外边缘构造纵筋同步受拉或受压。这表明 2 个墙肢在底部正截面呈独立的弯曲工作特征。

7. 数值模拟

采用 ABAQUS 有限元软件程序，对 2 个模型进行弹塑性有限元分析。建模过程中，钢筋采用理想弹塑性模型；混凝土采用混凝土损伤塑性模型，并通过损伤参数来定义；假定混凝土主要出现压缩破坏和拉伸破坏；混凝土采用三维实体线性减缩积分单元（C3D8R），钢筋采用 D3T2 桁架单元，混凝土与钢筋之间的相互作用通过钢筋嵌入来实现。加载控制点和面采用分布耦合。基础底面采用完全固结的边界条件。图 4.2-10 为各模型的试验骨架曲线和单向加载下有限元分析骨架曲线对比图；图 4.2-11 为模型 CSWX-1 的混凝土损伤和钢筋应力分析结果；图 4.2-12 为模型 CSW-2 的混凝土损伤和钢筋应力分析结果。

由图 4.2-10~ 图 4.2-12 可见：

1）模拟的应力和损伤云图与模型破坏特征相似，二层洞口左上角受压破坏严重，中间连梁两侧水平分布钢筋和边缘水平构造钢筋均达到屈服应力（755 和 384MPa）；与模型 CSW-2 相比，模型 CSWX-1 墙肢底部由于存在斜向钢筋，其拉压损伤较轻。

2）数值模拟分析骨架曲线和试验所得的骨架曲线比较吻合，模型 CSWX-1 和 CSW-2 计算峰值荷载分别为 159.39kN 和 155.85kN，与实际峰值荷载的相对误差均在 7% 以内。2 个模型的计算前期刚度偏大，主要有两方面原因：一方面是试验模型制作和固定安装不够理想，存在安装缝隙，在试验过程中产生滑移影响，造成实测初始刚度偏小；另一方面，建模时未能考虑钢筋与混凝土的粘结滑移影响，造成计算前期刚度偏大。

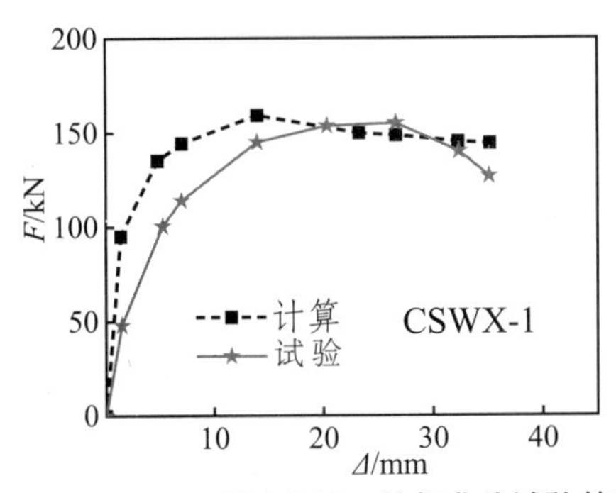

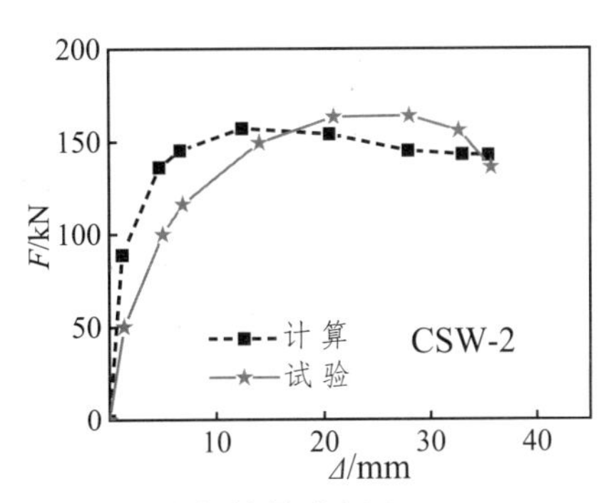

图 4.2-10 骨架曲线试验结果与有限元分析结果对比图

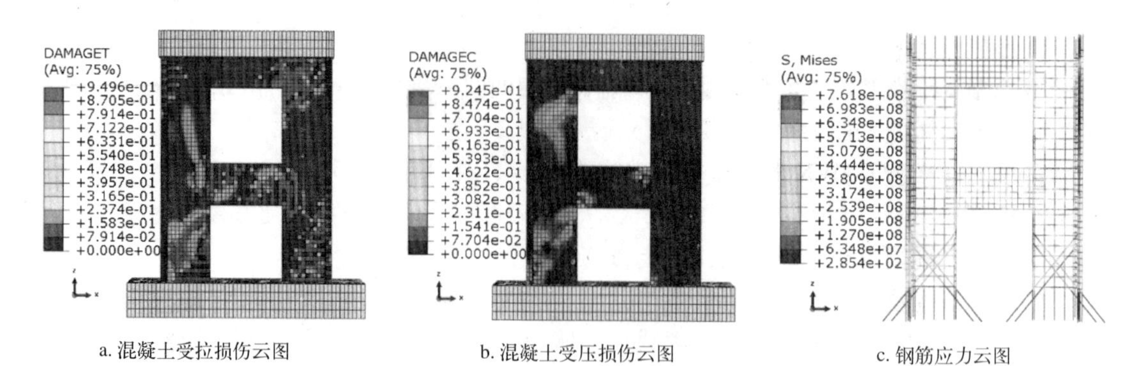

a. 混凝土受拉损伤云图　　b. 混凝土受压损伤云图　　c. 钢筋应力云图

图 4.2-11　模型 CSWX-1 的材料损伤分析结果

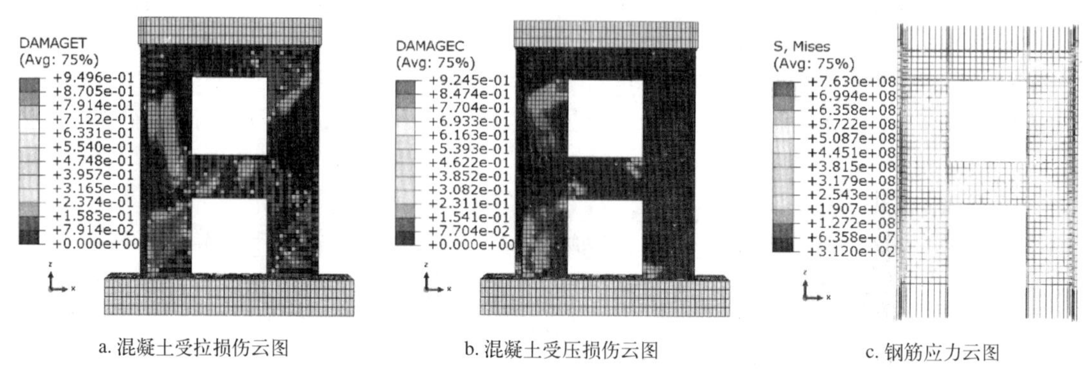

a. 混凝土受拉损伤云图　　b. 混凝土受压损伤云图　　c. 钢筋应力云图

图 4.2-12　模型 CSW-2 的材料损伤分析结果

三、结论

1. 在配筋总量不变条件下，墙肢底部配置适量的交叉斜筋，可一定程度上提高大洞口率单排配筋混凝土双肢剪力墙的延性和耗能能力，避免墙肢底部施工缝处发生剪切滑移，限制结构前期的剪切变形发展，但双肢墙的后期承载力略有下降。

2. 配置斜筋的大洞口率单排配筋混凝土双肢剪力墙的破坏机制为连梁首先发生弯曲破坏，然后墙肢发生正截面弯曲破坏，呈延性破坏特征，斜筋对其抗震性能的改善作用不如整体墙和小洞口墙效果明显。

3. 采用 ABAQUS 有限元软件对配置斜筋的大洞口率单排配筋混凝土双肢剪力墙进行数值模拟分析，能够得到与试验结果基本吻合的计算结果。

参考文献

[1] 张建伟，曹万林，殷伟帅．简化边缘构造的单排配筋中高剪力墙抗震性能试验研究 [J]．土木工程学报，2009，42（12）：99-104．

[2] 张建伟，杨兴民，曹万林等．单排配筋剪力墙结构抗震性能及设计研究 [J]．世界地震工程，2009，25(1)：77-81．

[3] 曹万林，孙天兵，杨兴民等．双向单排配筋混凝土高剪力墙抗震性能试验研究 [J]．世界地震工程，2008，24（3）：14-19．

[4] 曹万林，吴定燕，杨兴民等．双向单排配筋混凝土低矮剪力墙抗震性能试验研究 [J]．世界地震工程，2008，24（4）：19-24．

[5] Salonikios T N, Kappos A J, Tegos I A, et al. Cyclic Load Behavior of Low-slenderness R/C Walls: Design Basis and Test Results[J]. ACI Structural Journal, 1999, 96: 649-660.

[6] Chadchart Sittipunt, Sharon L. Wood. Influence of web reinforcement on the cyclic response of structural walls[J]. ACI Structural Journal, 1995, 92 (6): 745-756.

[7] Shaingchin S, Lukkunaprasit P, Wood S L. Influence of diagonal web reinforcement on cyclic behavior of structural walls[J]. Engineering Structures, 2007, 29 (4): 498-510.

[8] 张建伟,胡剑民,杨兴民等. 带斜筋单排配筋 Z 形截面剪力墙抗震性能研究 [J]. 施工技术,2014,43(9): 63-68.

[9] 张建伟, 程焕英, 杨兴民等. 带斜筋的 T 形截面单排配筋剪力墙翼缘方向抗震性能 [J]. 地震工程与工程振动, 2014, 34 (1): 165-171.

[10] 张建伟,吴蒙捷,曹万林等.配置斜筋单排配筋混凝土双肢剪力墙抗震性能试验研究[J].建筑结构学报, 2016, 37 (5): 201-207.

3　预应力加固两层足尺砖砌体房屋模型抗震性能试验研究

刘　航　韩明杰　兰春光
北京市建筑工程研究院有限责任公司，北京，100039

引言

砖砌体房屋在我国城镇和农村现有房屋中所占比例较大，且普遍抗震性能较差。尤其在广大农村地区，许多采用砖石砌体墙体承重的自建房由于长期缺乏规范监管和抗震知识，几乎完全未进行抗震设防，没有抗震能力，在强烈地震作用下很容易发生倒塌，导致大量的人员伤亡。因此，对现存的大量不满足抗震设防要求的房屋进行抗震加固改造，提高其抗震能力是当前迫切需要解决的问题。

砖砌体结构的传统抗震加固技术包括增设抗震墙法、修补和灌浆法、钢筋网片面层或板墙法、增设钢筋混凝土圈梁和构造柱法等。这些传统加固方法虽然能有效提高砖砌体结构的抗震安全性，但也会引起一些问题。如以湿作业为主，施工工序相对复杂，工期较长，质量较难控制；加固一般会减少使用面积，如板墙加固法可能减少使用面积 8%~10%；对建筑物影响大，通常会改变建筑物外观；施工阶段扬尘、噪声大，不环保；造价较高等。这些问题中，工程造价问题是最为突出的问题之一。不仅对于经济相对落后的村镇地区，即使是相对富裕的大城市，由于需改造加固的建筑数量太过庞大，不可能由政府提供全部资金，较高的改造工程费用将成为该项工作难以全面开展的最大障碍。因此，迫切需要研发价格低廉，抗震加固效果好，施工简便易于实施的新型加固技术。

为此，作者提出了对砖砌体墙体施加竖向预应力的抗震加固技术，并开展了相关墙体构件的试验研究[1-3]，结果表明预应力可以改善砖砌体墙体的破坏形态，显著提高墙体的抗剪承载力和延性耗能能力。同济大学也开展了采用体外预应力加固砖砌体结构模型的振动台试验，试验模型比例为 1：4，预应力筋按构造柱的位置设置，结果表明，预应力可以增强结构的整体性，改善墙体延性[4-5]。此外，新西兰、美国、澳大利亚等国研究者自 20 世纪 90 年代开始，开展了采用预应力技术对砖砌体结构进行抗震加固的研究，并已在实际工程中应用，研究结果表明，采用预应力技术加固砖砌体结构可以有效改善砌体墙体的面内和面外受力性能，提高其抗裂、抗剪能力以及延性和耗能能力[6-14]。

总体来看，砖砌体结构的预应力抗震加固技术在国际上的研究虽不少，但试验研究仍主要以墙体构件为主，振动台试验模型比例较小，缺少大比例房屋模型的试验研究；在国内的研究和应用则刚刚起步，需要开展深入的研究。为此，作者开展了预应力加固两层足尺砖砌体房屋模型模拟地震作用的拟动力试验与拟静力试验研究，研究了加固结构的动力特性、破坏形态和受力特点，验证了加固效果，为该项技术的推广提供了进一步的试验依据。

一、房屋模型的设计与制作

1. 房屋模型的设计

试验房屋模型为两层足尺结构模型，平面布置参考了国家建筑标准设计图集《农村民宅抗震构造详图》SG 618-1~4 中的 8 度区二层结构，考虑到试验是为研究预应力技术的加固作用，进行了降低抗震设防能力的调整。减少了两方向墙体的数量，削弱了抗震构造措施，只保留房屋四角的构造柱，取消了其他纵横墙连接部位的构造柱，也取消了全部墙体转角及交接处的拉结钢筋等。

图 4.3-1a、图 4.3-1b 分别为试验房屋模型的平、立面图。房屋平面纵向轴线长为 9.9m，横向轴线长 9.6m，层高 3.3m，总建筑面积为 199.56m^2。

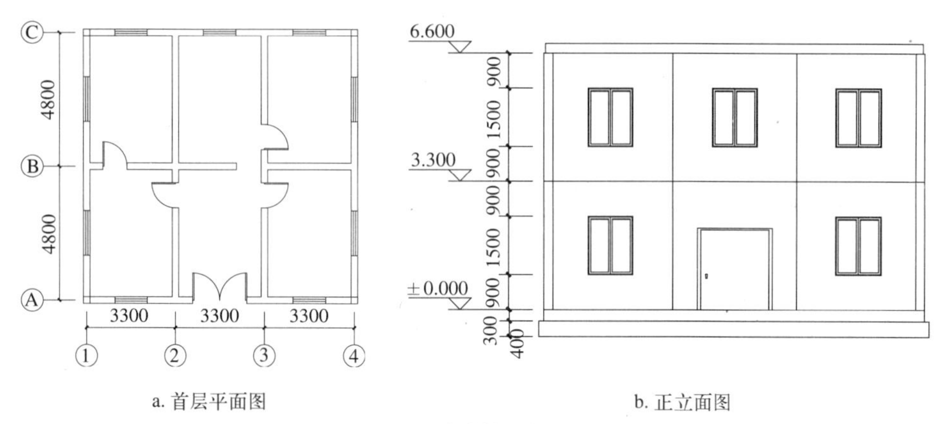

a. 首层平面图　　b. 正立面图

图 4.3-1　足尺试验模型平面及立面图

房屋模型墙体使用标准烧结黏土砖砌筑，其尺寸为 240mm × 115mm × 53mm，砖块体强度等级为 MU10，砌筑砂浆采用混合砂浆，强度等级为 M2.5。墙体砌筑采用一层顺，一层丁的传统砌筑方式。结构布置平面图如图 4.3-1a 所示，采用纵横墙混合承重方案，楼、屋面板采用现浇钢筋混凝土板。

为对比加固效果，采用 PKPM 设计软件对该结构进行了计算分析，地震作用取为 8 度 0.2g，图 4.3-2 为首层墙体的抗震验算结果。可以看出，房屋首层墙体不满足 8 度抗震设防要求，需要进行加固处理。

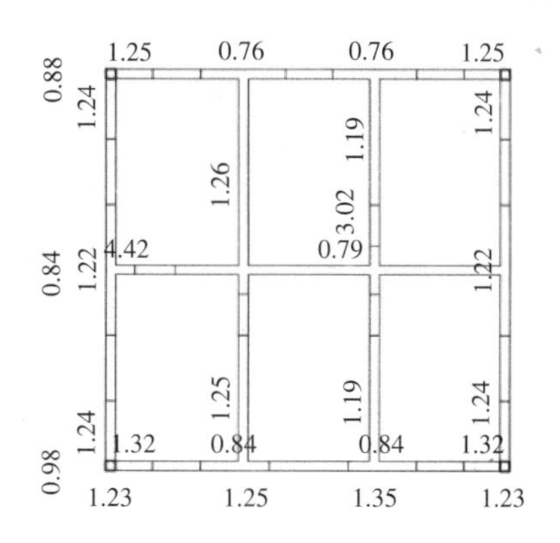

图 4.3-2　PKPM 软件抗震验算结果

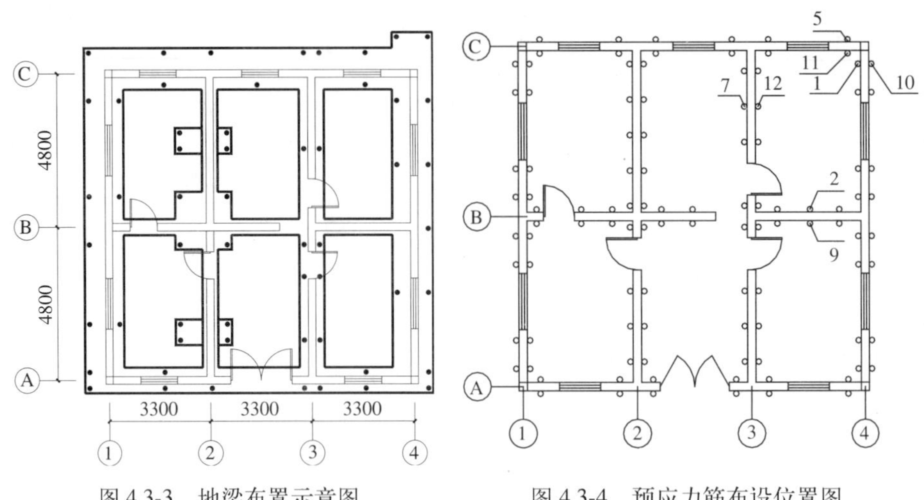

图 4.3-3　地梁布置示意图　　　　图 4.3-4　预应力筋布设位置图

模型底部坐落在高度为400mm的地梁上，用以模拟实际工程中的固接条形基础。地梁采用C40混凝土浇筑，其宽度根据地面锚孔间距、位置的不同采用不同的宽度，分别为500mm、800mm与1300mm，其平面布置见图4.3-3。

房屋四角构造柱截面尺寸为240mm×240mm，C20混凝土浇筑，纵筋为4Φ14，箍筋为Φ8@200。为实现预应力筋应力的均匀传递，在模型房屋屋盖上沿被加固墙体设置了截面尺寸为150mm×250mm的压顶梁，采用C40混凝土浇筑。纵筋为4Φ14，箍筋为Φ8@400。压顶梁与屋面板采用Φ14@400的锚筋进行连接。

该房屋模型纵、横向全部承重砖墙均设置预应力钢绞线进行加固。预应力筋布设位置图如图4.3-4所示（图中编号为预应力筋测点）。预应力筋间距介于800~1000mm之间，尽可能均匀布置，由预应力产生的墙体轴压比为0.2。预应力筋选用直径为15.2mm的1860级无粘结低松弛钢绞线。为保证预应力的可靠建立和传递，在其上下两端分别设计了几字形和靴型钢构件，分别安装于压顶梁和墙体基础上方。房屋模型加固前后的现场照片分别见图4.3-5和图4.3-6。

图 4.3-5　试验模型加固前照片

图 4.3-6　试验模型加固后照片

试验模型制作时，混凝土留置了标准试块，砖砌体预留了同条件砌筑试件，在试验前，对各种材料性能根据规范标准进行了材料性能测试。各材料主要力学性能指标如表4.3-1所示。

材料性能　　表 4.3-1

钢筋	HRB335Φ8	HRB335Φ14	HRB400Φ16	HRB400Φ20	砖砌体	MU10/M2.5
f_y（MPa）	270	327	472	420	f（MPa）	4.4
E_s（MPa）	2.09×10^5	1.98×10^5	2.01×10^5	2.01×10^5		
混凝土	C40	C20	砖块体	MU10	砂浆	M2.5
f_{cu}（MPa）	46.1	20.9	f_1（MPa）	13.5	f_2（MPa）	2.7
f_c（MPa）	30.9	14.0				

2．加载制度

（1）拟动力加载制度

图 4.3-7 为拟动力试验加载装置示意图。试验加载根据刚度的不同分为强轴和弱轴两个方向，分别进行两个方向的拟动力试验。每个方向试验时采用两台 100t 级静态电液伺服式作动器对试验体进行水平向加载，作动器一端连接在反力墙上，另一端连接在楼层的中间预埋件上，由反力墙提供反力。每层安装一个作动器。每台作动器最大推力 138t，最大拉力 100t，工作频率 0~2Hz，采样频率可达 5kHz。拟动力加载计算模型为两自由度模型，采用传统的 OS 算法进行步步积分，确定下一时段的加载值。

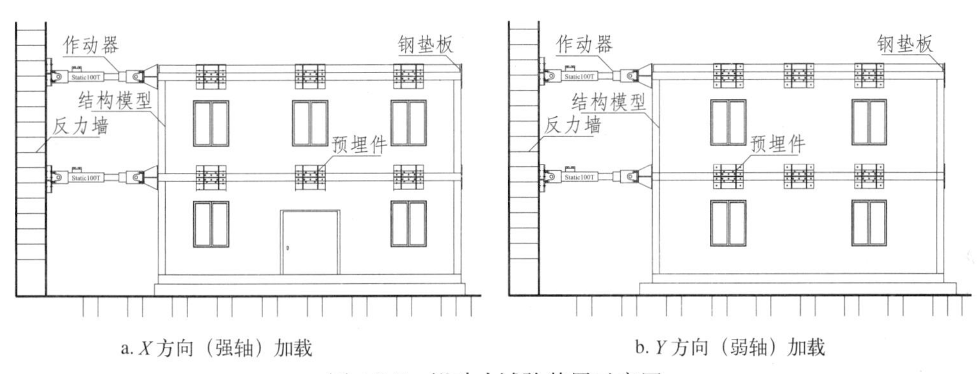

a. X 方向（强轴）加载　　b. Y 方向（弱轴）加载

图 4.3-7　拟动力试验装置示意图

试验输入地震波采用汶川地震过程中卧龙岗地震采集站获得的地震波。考虑到拟动力试验加载历程较长，从地震波中选取主震峰值出现较多的 10 秒钟作为本次试验的地震动，时间间隔 0.005s。选取地震波图谱如图 4.3-8 所示。北京地区的基本设防烈度为 8 度，试验模型也是按 8 度适当削弱进行设计，同时考虑加固技术对试验房屋的加固效果，为了合理适当地减少试验工况，选取试验烈度分别为 8 度和 9 度。具体加载工况如表 4.3-2 所示。

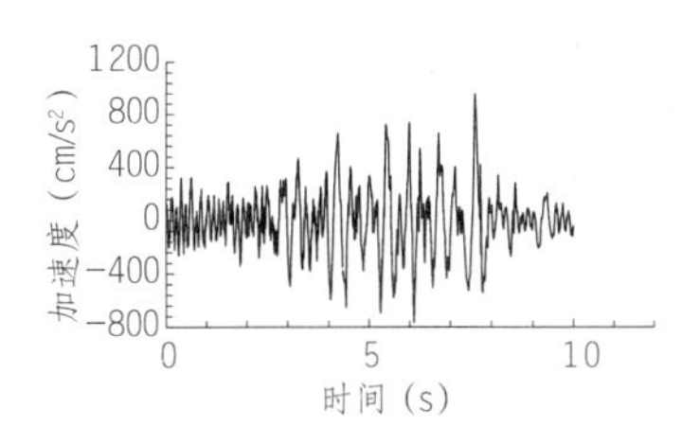

图 4.3-8　试验选取地震波图谱

拟动力试验加载工况　　表 4.3-2

工况	方向	峰值加速度（伽）	震级	加载方案
1	弱轴	70	8 度小震	力控
2	弱轴	200	8 度中震	力控
3	弱轴	400	8 度大震	力控
4	弱轴	620	9 度超大震	力控
5	强轴	70	8 度小震	力控
6	强轴	200	8 度中震	力控
7	强轴	400	8 度大震	力控
8	强轴	620	9 度超大震	力控

（2）拟静力加载制度

在拟动力试验的基础上，为了更全面地考察加固结构的破坏形态、承载力、变形能力等受力性能，继续对试验模型进行了拟静力加载试验。拟静力加载试验装置与拟动力试验装置相同（图 4.3-7），也分强轴和弱轴两个方向分别单向施加拟静力荷载。考虑到作动器的最大推力限值，为获得全过程加载数据，上下两层作动器的加载比例设为 1：1。为获得承载力下降段的数据，采用位移控制加载模式。加载制度为每个位移幅值循环两次，第一个循环正反向加载最大值时，记录裂缝开展情况；待承载力下降到峰值的 85% 时结束试验，前期经过数值模拟计算，以二层顶绝对位移为控制指标，确定弱轴加载到房屋总高度的 1/500（13.2mm）位移角和强轴加载到房屋总高度的 1/300（22mm）位移角时停止试验。两个方向的加载制度如图 4.3-9 所示。

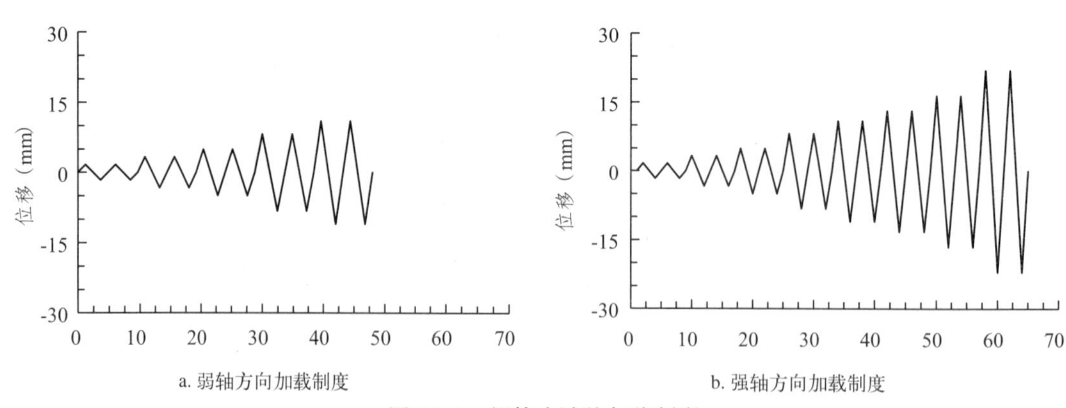

图 4.3-9　拟静力试验加载制度

二、试验结果分析

1. 拟动力试验结果分析

试验房屋模型两方向在 8 度大震与 9 度大震拟动力作用下，结构二层顶的位移时程曲线如图 4.3-10 所示。

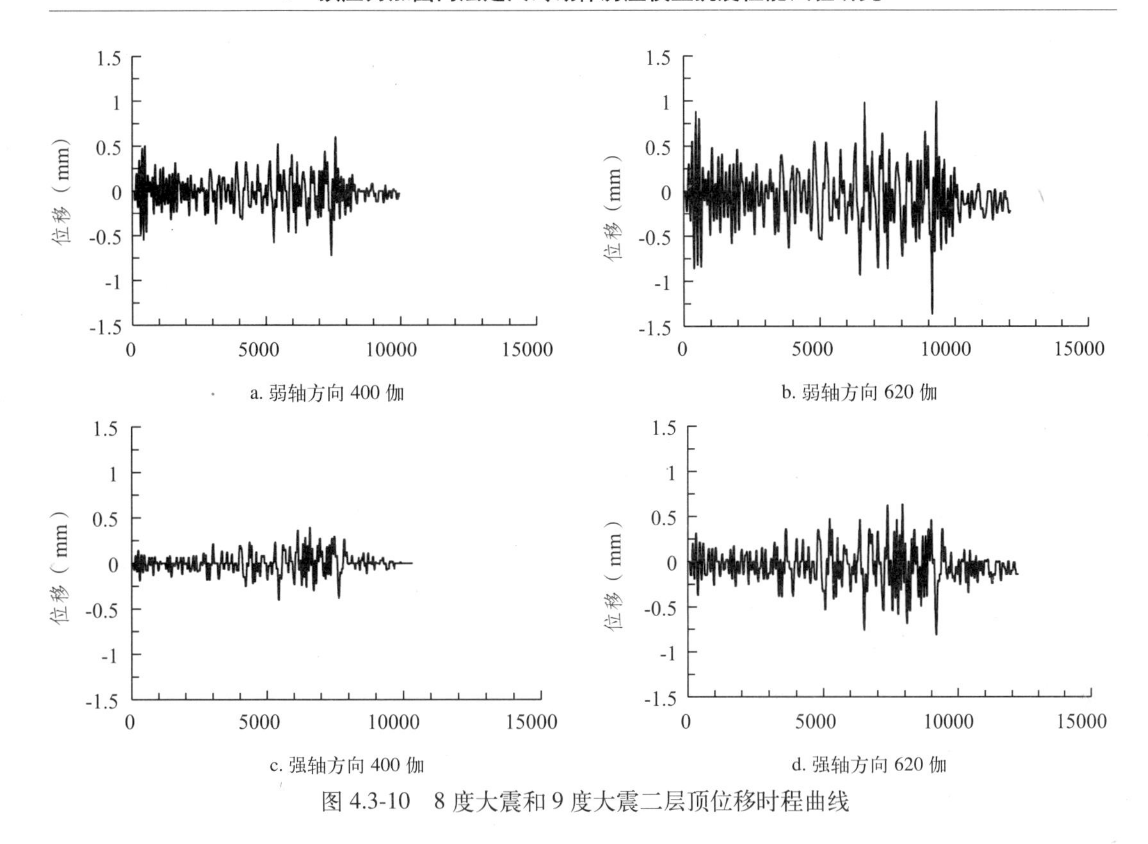

图 4.3-10　8 度大震和 9 度大震二层顶位移时程曲线

由图 4.3-10 时程曲线可以看出，试验房屋模型在相当于 8 度大震（400gal）及 9 度大震（620gal）的拟动力作用下，弱轴方向对应的最大位移分别为 0.72mm（1/9166）和 1.36mm（1/4853），而强轴方向对应的最大相对位移分别是 0.4mm（1/16500）和 0.81mm（1/8148），房屋模型基本处于弹性阶段。现场实际观测表明，即使在 620 伽的拟动力作用下，砌体墙体几乎未出现裂缝，只是在房屋四角构造柱底部有细微的裂缝。

试验房屋模型两方向在 8 度大震与 9 度大震拟动力作用下，结构的基底剪力—二层顶位移滞回曲线如图 4.3-11 所示。

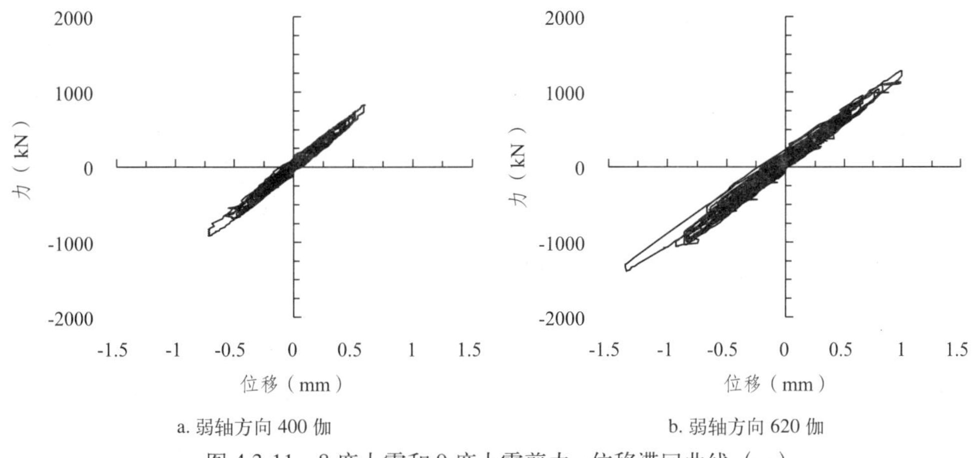

图 4.3-11　8 度大震和 9 度大震剪力 - 位移滞回曲线（一）

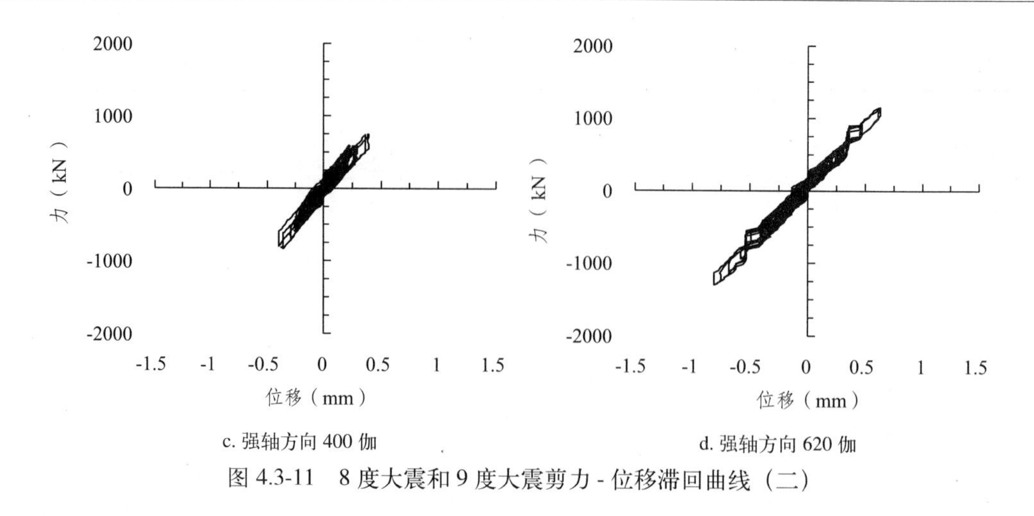

c. 强轴方向 400 伽　　d. 强轴方向 620 伽

图 4.3-11　8 度大震和 9 度大震剪力 - 位移滞回曲线（二）

由图 4.3-11 滞回曲线进一步可以看出，试验房屋模型在相当于 8 度大震（400gal）及 9 度大震（620gal）的拟动力作用下，弱轴方向基底剪力分别达到了 914kN 和 1389kN，强轴方向基底剪力分别达到了 840kN 和 1302kN。房屋模型处于弹性阶段，无任何残余变形。

图 4.3-12 为试验房屋两方向在拟动力试验中各工况地震作用下楼层最大位移分布图。

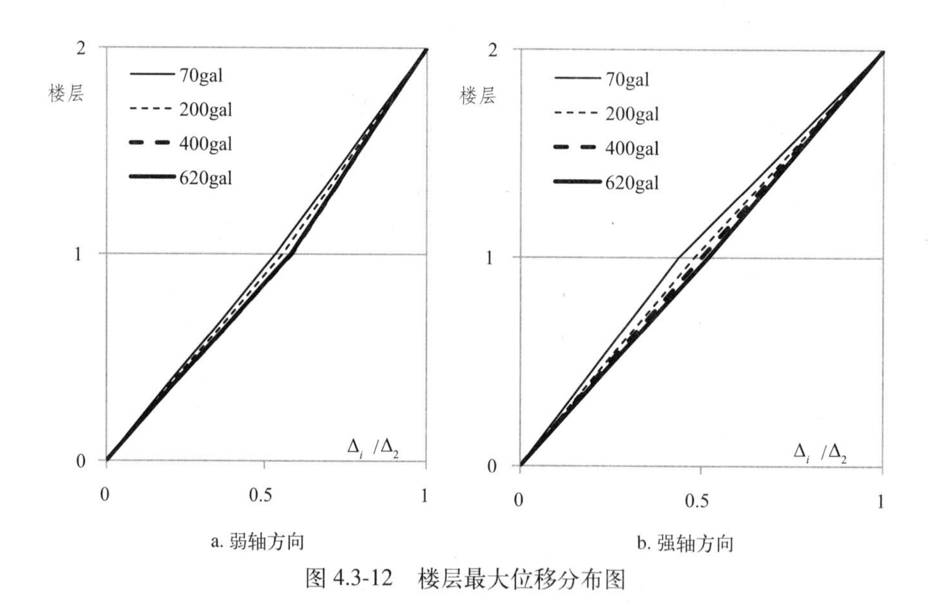

a. 弱轴方向　　b. 强轴方向

图 4.3-12　楼层最大位移分布图

可以看出，当地震波加速度幅值不超过 400 伽时，试验房屋两层的层间位移基本呈线性均匀分布，表明结构处于弹性状态，当地震波加速度幅值达到 620 伽时，弱轴方向底层变形略有增加，表明弱轴方向底层出现轻微损伤，而强轴方向仍保持线性均匀分布，几乎为零损伤，这与现场观察到的结构只在四角构造柱上出现轻微裂缝的现象相一致。

从上述拟动力试验结果可以看出，加固后的试验房屋在 8 度小震、中震、大震与 9 度大震作用后，房屋弱轴方向最大位移角 1/4853，强轴方向的最大位移角只有 1/8148，只是房屋四角构造柱上出现轻微裂缝，裂缝宽度均小于 0.1mm，结构仍基本处于弹性工作阶段，这表明加固结构的抗震能力大幅度提高。

2．拟静力试验结果分析

（1）受力全过程与破坏形态

试验房屋模型为两层结构，每层有 17 片墙体。各片墙体是否开洞、洞口位置等均不完全相同，因此本文以单片墙体为独立对象进行分析和描述。由于整个试验过程中，主要是首层墙体发生剪切破坏，二层墙体相对损伤较轻微，限于篇幅，选择首层较有代表性的弱轴方向和强轴方向各 3 片墙体进行描述。

1）弱轴方向

对弱轴方向进行加载时，当荷载达到特定值后，各墙体开始陆续出现裂缝；随着荷载的持续增大，裂缝继续出现的同时某些主裂缝的宽度变宽；最终破坏时一层各墙体裂缝较二层对应墙体的数量和宽度均大。具体情况如下：

① 0109 号墙片

当加载到 3.3mm(1/2000 位移角)时在左侧窗下墙角处出现裂缝，当加载到 8.25mm(1/800 位移角）时出现沿窗下墙所下至右上的较长斜裂缝，加载到 11mm（1/600 位移角）时，洞口右侧墙体中部出现斜裂缝，缝宽 1.5mm，窗下墙裂缝宽度增加到 3mm。随着位移的增加裂缝逐渐分布到整个墙身，至加载结束时裂缝分布如图 4.3-13 所示，最大缝宽 4mm。

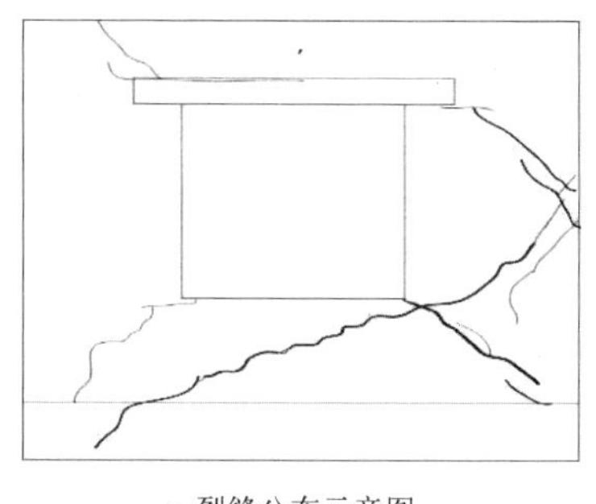

a. 裂缝分布示意图

b. 墙体裂缝照片

图 4.3-13　墙片 0109 的裂缝分布情况

② 0113 号墙片

当加载到 8.25mm（1/800 位移角）时墙体出现第一条裂缝，加载到 -8.25mm（-1/800 位移角)时裂缝宽度达到 2mm，随着荷载的增加裂缝逐渐发展到整个墙身，当加载到 +13.2(1/500 位移角）时，无新裂缝产生，最大裂缝宽度达到 1cm，其最终裂缝分布如图 4.3-14 所示。

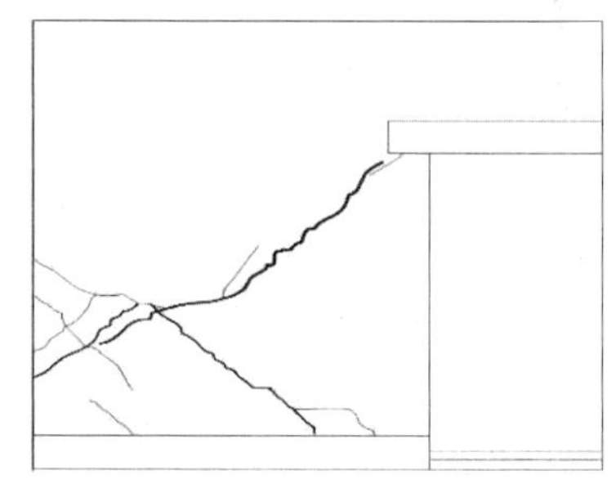

a. 裂缝分布示意图

b. 墙体裂缝照片

图 4.3-14　墙片 0111 的裂缝分布情况

③ 0116 号墙片

当加载到 3.3mm（1/2000 位移角）时，窗角处开始出现微小斜裂缝，随着荷载的增加裂缝逐渐增多，当加载到 +8.25mm（1/800 位移角）时，最大缝宽达到 3mm，当加载到 -8.25mm（-1/800）、11mm（1/600）、-11mm（-1/600）、13.2mm（1/500）时最大裂缝宽度分别为 5mm、8mm、1.2cm、1.5cm。当加载到 -13.2mm（-1/500 位移角）时，洞口右侧墙体破坏严重，缝宽达到 2.5cm。墙体最终破坏形态如图 4.3-15。

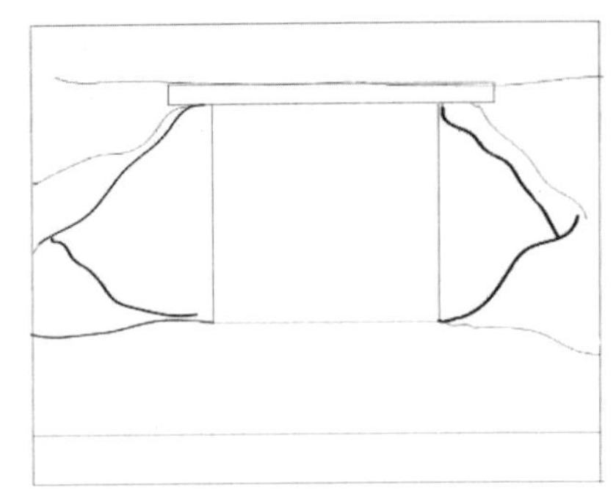

a. 裂缝分布示意图

b. 墙体裂缝照片

图 4.3-15　墙片 0116 的裂缝分布情况

2）强轴方向

强轴方向加载时，对应方向墙体的试验历程和破坏形态总体上和弱轴方向墙体相似。具体墙体描述如下：

① 0102 号墙片

当加载到 1.65mm（1/4000 位移角）时，门洞上方出现第一条水平裂缝，宽约 0.6mm。加载至 8.25mm（1/800 位移角）时，裂缝都集中在门洞上方和与 0109 号墙接触的墙端部，且裂缝较短，最大裂缝宽度为 3mm。当加载到 -8.25mm（-1/800 位移角）时出现第一条从墙左下角到门左上角的贯穿斜裂缝，缝宽 0.75mm。加载到 11mm（1/600 位移角）时，出现与 0101 号墙片交叉的斜裂缝，缝宽 1.2mm。随着荷载的增加裂缝主要沿着这两条交叉裂缝延伸扩展，当加载到 -16.5mm（-1/400 位移角）时，裂缝宽度达到 18mm，且有砖压碎。至加载结束时最大裂缝宽为 27mm，有砖发生明显压碎，最终裂缝如图 4.3-16 所示。

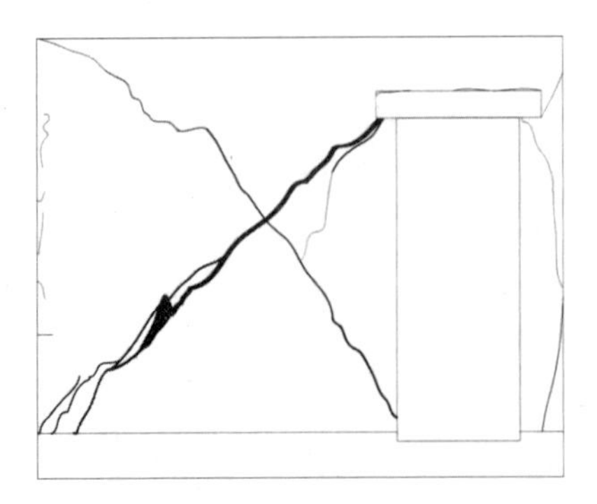

a. 裂缝分布示意图

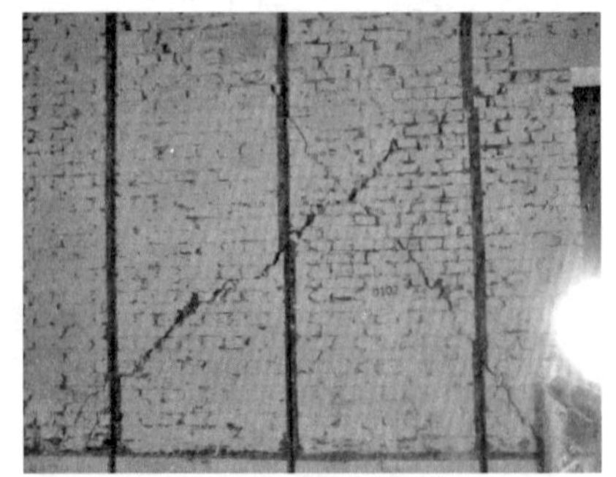

b. 墙体裂缝照片

图 4.3-16　墙片 0102 的裂缝分布情况

② 0103 号墙

该片墙体一侧进行了砂浆抹面装饰，另一侧未做处理。当加载到 -1.65mm（1/4000 位移角）时未装修面出现裂缝，裂缝分布在与 0110 号墙的连接处和门洞东侧，缝宽分别为 0.4mm 和 0.2mm。随着位移的增大，裂缝沿着门洞四角开展，最大裂缝宽 1.8mm。当加载到 -8.25mm（-1/800 位移角）时，出现墙左下角到门洞左上角的贯穿斜裂缝，裂缝最宽处为 0.8mm。当加载到 13.2mm（1/500 位移角）时出现与 -8.25mm 加载位移相交叉的斜裂缝，最大裂缝宽度为 9mm。随着荷载的增加，裂缝沿着这两条主交叉裂缝开展加宽并出现若干小裂缝，且当加载到 16.5mm（1/400 位移角）时开始整面墙开始错位，最终裂缝图如图 4.3-17a 和图 4.3-17b 所示，最大裂缝宽度达到 35mm。

当开始加载时装修面门洞右上角面层上便出现水平裂缝，缝宽 1.2mm。随着荷载的增加裂缝迅速增多，但都是水平微小裂缝。当加载到 -8.25mm（-1/800 位移角）时出现斜裂缝，裂缝宽度为 0.5mm，当加载到 -11mm（-1/600 位移角）时，该斜裂缝宽度增加到 3mm，有抹灰剥落。加载到 13.2mm（1/500 位移角）时，出现与上述斜裂缝交叉的斜裂缝，裂缝宽度 10mm，抹灰大面积脱落。随着荷载的增加裂缝主要是沿着这两条斜裂缝加宽扩展，当加载到 -22mm（-1/300 位移角）时装修面面层剥落，裂缝最宽处是 39mm，其最终裂缝如图 4.3-17c 和图 4.3-17d 所示。

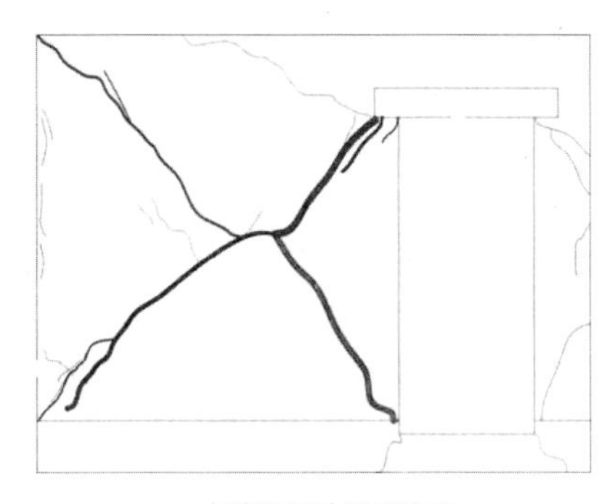

a. 未装修面最终裂缝图

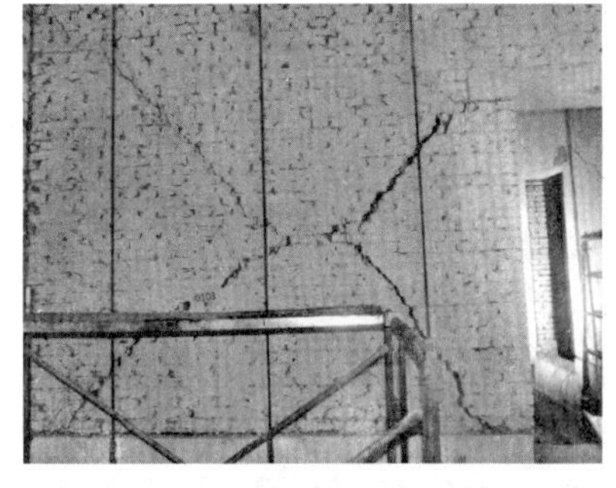

b. 未装修面墙体裂缝照片

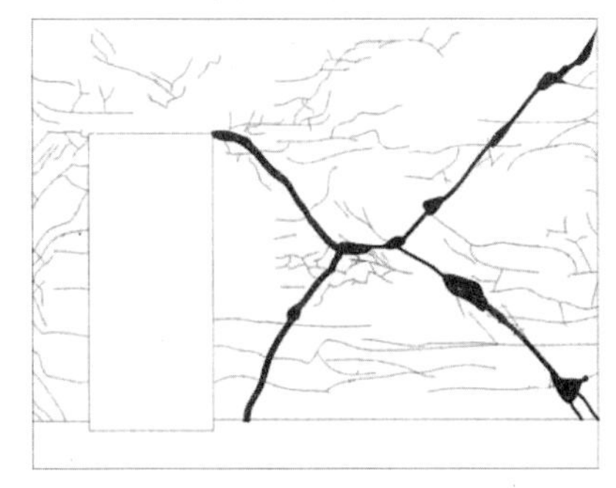

c. 装修面裂缝分布示意图

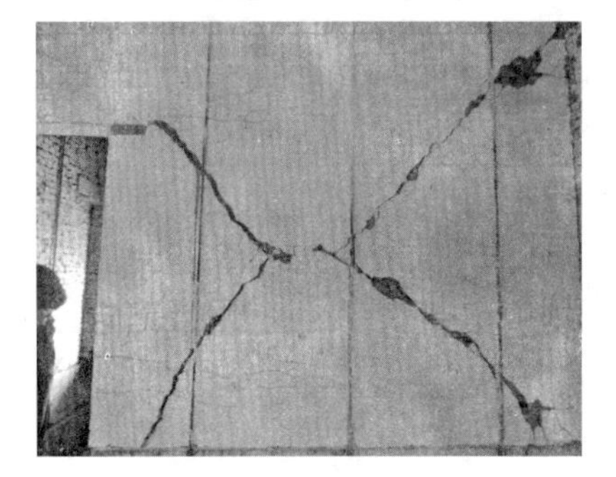

d. 装修面墙体裂缝照片

图 4.3-17　墙片 0103 的裂缝分布情况

③ 0105 号墙片

刚开始加载时窗左下角便出现一条斜裂缝，宽度为 0.3mm。直到加载到 -4.95mm（-3/4000 位移角）时裂缝都是出现在窗角处，缝宽最大时达到 0.65mm。加载到 8.25mm

(1/800 位移角）时窗下墙体出现斜裂缝，缝宽 0.25mm，原裂缝最大宽度为 1.6mm。当加载到 -11.0mm（-1/600 位移角）时，窗左侧墙体出现较长斜裂缝，缝宽 0.5mm，此时窗右下斜裂缝最大宽度为 5mm。位移幅值为 13.2mm（1/500 位移角）时，出现与上一工况相交叉的斜裂缝，裂缝宽度 2.5mm，右侧出现宽度为 3mm 的斜裂缝，当加载到 -13.2mm (-1/500 位移角）时，窗右侧墙体出现与上一工况交叉的斜裂缝，宽度为 3mm，此工况加载时出现墙体开裂的声音。在随后的加载过程中裂缝主要是沿着窗左右的交叉裂缝延伸加宽，当加载到 -22mm（1/300 位移角）时，墙片脱落，右数第 2 个预应力筋端部发生扭转，右侧裂缝宽 35mm，窗左下角压碎一块砖，左侧新出现裂缝宽度为 5mm 的斜裂缝。其最终裂缝如图 4.3-18 所示。

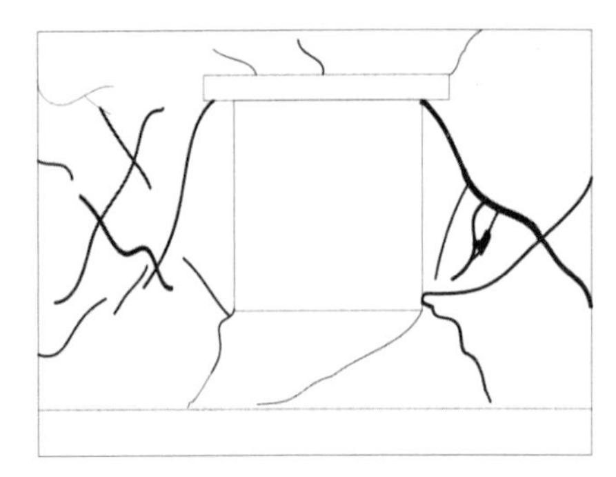

a. 裂缝分布示意图

b. 墙体裂缝照片

图 4.3-18　墙片 0105 的裂缝分布情况

从上述墙体破坏形态可以看出，两方向墙体在加载过程中，当荷载达到特定值后，开始陆续出现裂缝；随着荷载的持续增大，裂缝继续出现的同时开始出现主斜裂缝，并随着主斜裂缝的宽度变大，最终发生破坏。从各片墙体的破坏形态看，虽然仍属于剪切破坏，但是由于预应力筋的约束作用，各墙体在主斜裂缝宽度开展到 20~40mm，层间位移角超过 1/200 的情况下仍可以保持较高的承载能力，房屋的延性和抗震耗能能力大幅度提高。

（2）荷载—位移滞回曲线

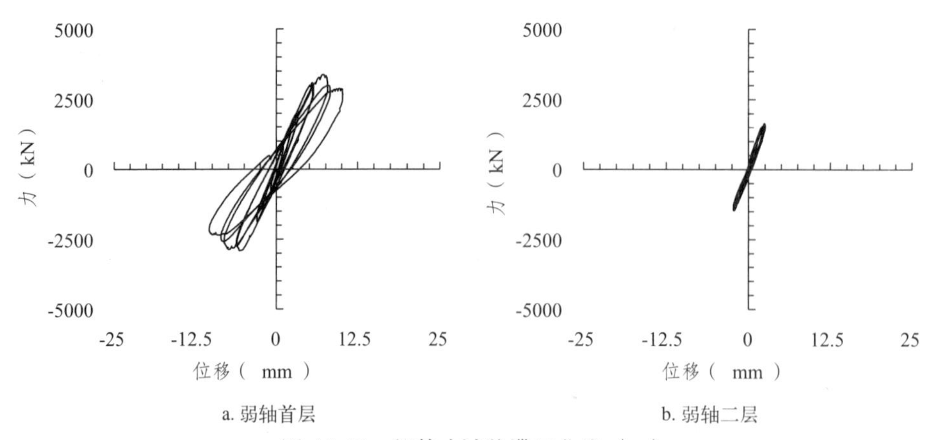

a. 弱轴首层　　b. 弱轴二层

图 4.3-19　拟静力试验滞回曲线（一）

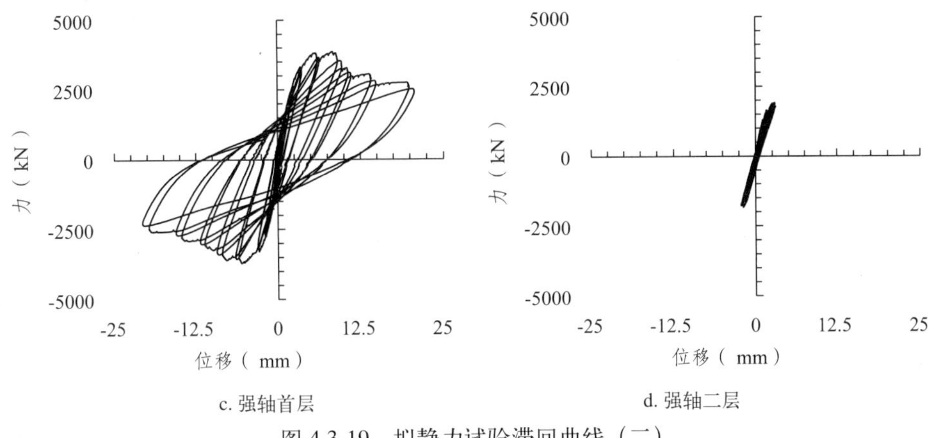

c. 强轴首层　　d. 强轴二层

图 4.3-19　拟静力试验滞回曲线（二）

图 4.3-19 分别为拟静力试验得到的弱轴和强轴方向的首层、二层荷载—位移滞回曲线。其中，首层荷载为基底剪力，二层荷载为该楼层剪力，所有曲线的位移均为层间位移。

从图 4.3-19 可以看出，对比首层和二层的滞回曲线，首层滞回环更加饱满，说明其耗能能力更强，二层滞回曲线基本上保持线性变化，没有出现明显的下降段，这与试验过程中二层破坏十分轻微的现象相吻合。两方向最终的破坏均发生于首层，其中强轴方向较弱轴方向的延性更好，承载力更高，同时滞回环更为饱满，耗能能力更大。

（3）剪力—位移骨架曲线

试验房屋模型强轴和弱轴方向拟静力试验得到的剪力—位移骨架曲线如图 4.3-20 所示。

由图 4.3-20a 可以看出，首层的骨架曲线开始为线性变化，然后随着荷载的增加，承载力达到最大值后有明显的下降段，且下降段较为平缓，表明结构可以在荷载保持的情况下发生较大的位移，具有明显的延性破坏特征。这表明后张预应力加固技术的应用改变了砌体结构房屋的破坏形态，由原来的危险突变的脆性破坏转为安全具有一定延性的延性破坏。

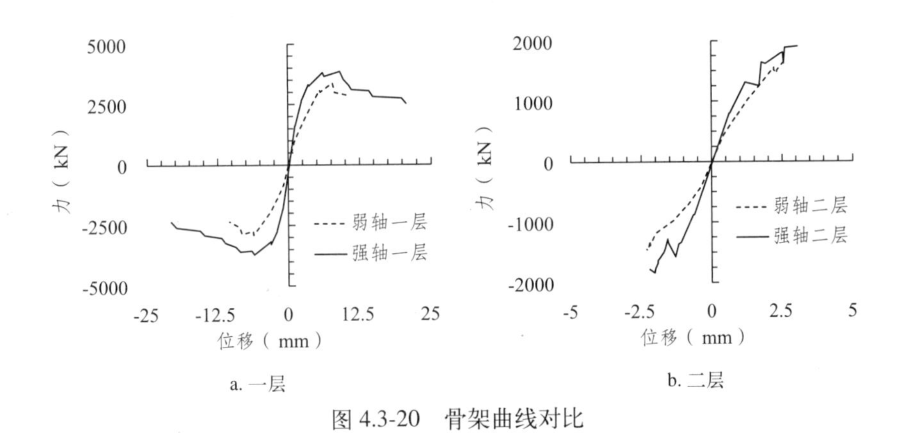

a. 一层　　b. 二层

图 4.3-20　骨架曲线对比

由图 4.3-20b 可知，二层的骨架曲线基本保持在线性阶段，与实验现象中二层墙片轻微破坏相一致。

试验房屋的主要受力性能指标列于表 4.3-3。

试验模型主要受力性能指标　　表 4.3-3

结构方向	P_{cr}（kN）	Δ_{cr}（mm）	P_y（kN）	Δ_y（mm）	P_u（kN）	$0.85P_u$ 位移（mm）	$0.65P_u$ 位移（mm）
弱轴	874.33	1.00	2963.93	5.00	3369	10.03	—
强轴	1611.98	1.22	3113.08	3.07	3852	11.08	20.26

从表 4.3-3 的数据对比可以看出，除了屈服位移 Δ_y 以外的其他各项特征值，强轴均优于弱轴。加固后的砌体结构房屋的极限荷载 P_u，弱轴方向可以达到 3369kN，强轴方向可以达到 3852kN，而房屋的总重量约 2723kN，结构两个方向的抗剪承载力与总重量之比分别达到 1.24 和 1.41，表明预应力加固对提高房屋的抗剪承载力有非常显著的作用。另外，加固后的结构表现出很好的变形能力，其荷载—位移骨架曲线下降段较为平缓，当水平荷载降低至 $0.85P_u$ 时，首层位移达到了 11.08mm，层间位移角约为 1/298，当水平荷载降低至 $0.65P_u$ 时，首层位移达到了 20.26mm，层间位移角约为 1/162，且当水平荷载卸除后，变形可以在较大程度上恢复。这表明，加固后的砌体建筑在超大地震作用下，即使墙体发生破坏，承载力开始下降，仍可维持较高的承载能力水平，结构可以实现真正意义的“大震不倒”。

（4）耗能能力和刚度退化

试验房屋模型首层两个方向的等效粘滞阻尼比与循环耗能指标如图 4.3-21 所示。

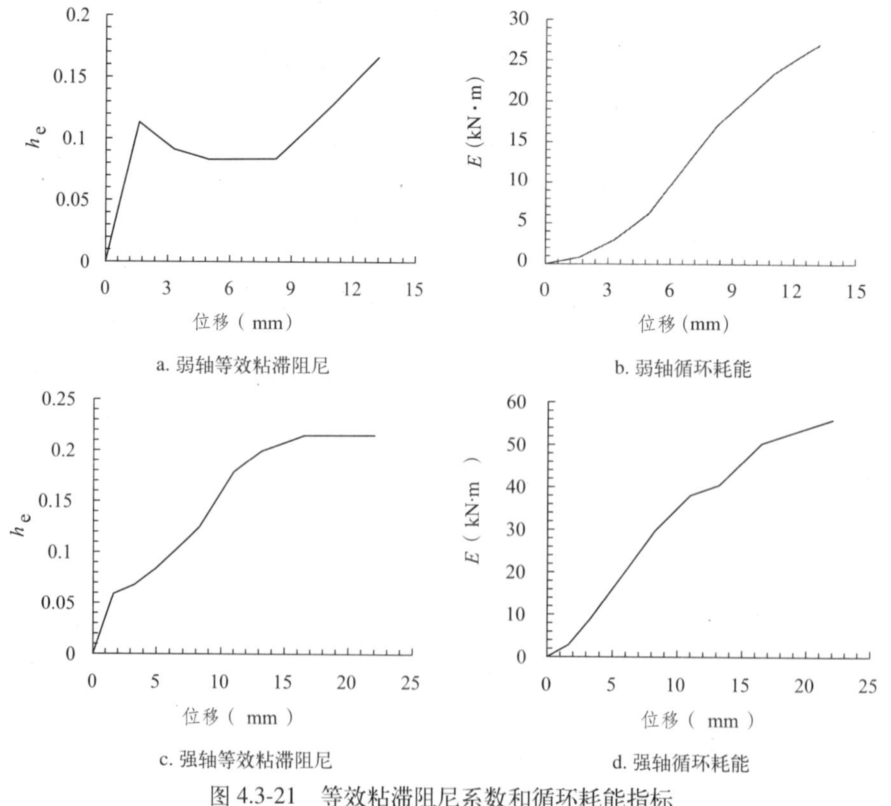

a. 弱轴等效粘滞阻尼　　b. 弱轴循环耗能

c. 强轴等效粘滞阻尼　　d. 强轴循环耗能

图 4.3-21　等效粘滞阻尼系数和循环耗能指标

由图 4.3-21 可知，结构房屋强轴和弱轴的等效粘滞阻尼比最大分别为 0.22 和 0.17，说明强轴方向的耗能能力优于弱轴方向。同时，强轴方向和弱轴方向的循环耗能值分别达到了 69kN · m 和 28kN · m,同样反映出强轴方向的耗能能力更强。后张预应力加固房屋后，可卓有成效地提高既有砌体结构的耗能能力，在地震力作用下能有效保护房屋的安全性。

试验房屋模型在反复荷载作用下，随着加载循环和位移幅值的增大，塑性变形不断发展，裂缝宽度增大，强度降低，刚度逐渐退化。图 4.3-22 为试验房屋首层沿两个方向的退化刚度比随位移变化的关系曲线。图中，纵坐标为退化刚度与初始弹性刚度之比，横坐标为水平位移（位移角）。

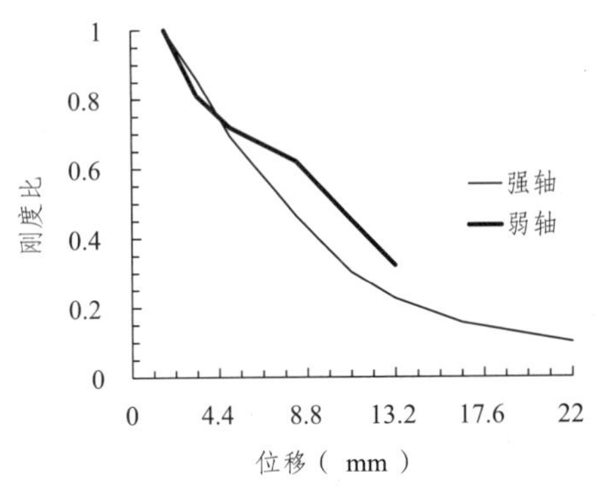

图 4.3-22 首层退化刚度比

从图中可以看出，房屋强轴方向的刚度退化比弱轴的快。结构在 4.4~13.2mm 之间刚度下降速率较快，但 13.2mm 之后变化速率减小，基本趋于平缓。

(5) 楼层位移分布

图 4.3-23 为试验房屋两方向在拟静力试验中各工况楼层最大位移分布图。

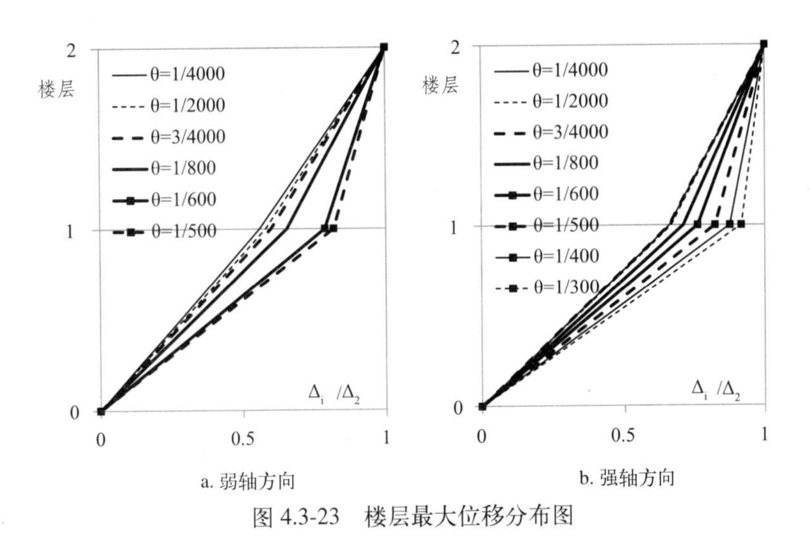

图 4.3-23 楼层最大位移分布图

从图 4.3-23a 可以看出，试验房屋沿弱轴方向，当加载位移角不超过 3/4000 时，首层和二层层间位移分布较为均匀，表明结构破坏较为轻微，当加载位移角超过 1/800 时，首层出现越来越明显的变形集中，发生较为严重的破坏。从图 4.3-23b 可以看出，试验房屋沿强轴方向，当加载位移角为 1/4000 时，首层的层间位移就明显大于二层层间位移，这主要是由于强轴方向拟静力试验是在弱轴方向之后进行，弱轴方向墙体加载至破坏时，对强轴方向也会造成一定程度的损伤。随加载位移角的增加，首层出现越来越明显的变形集中，到最终破坏时，首层层间位移占到房屋总位移的 91.5%。

（6）预应力筋应力曲线

试验中采用穿心式压力传感器测试了部分预应力筋应力的变化。预应力筋测点编号见图 4.3-24。图 4.3-24 为沿强轴方向施加拟静力荷载时，部分预应力筋应力的变化情况。沿弱轴方向加载时预应力筋应力的变化规律与之相似，限于篇幅，不再列出。

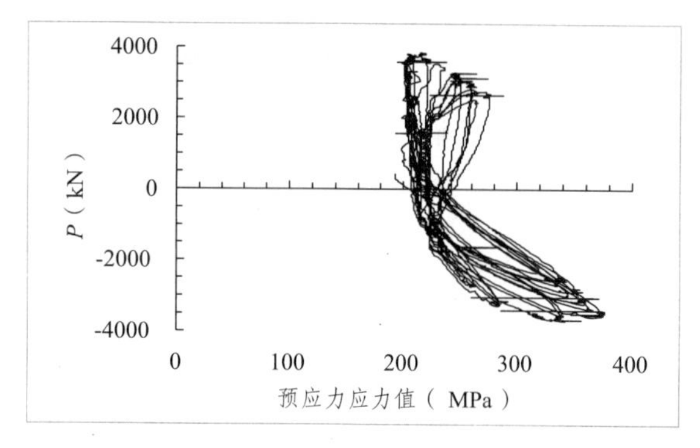

a. 5 号测点

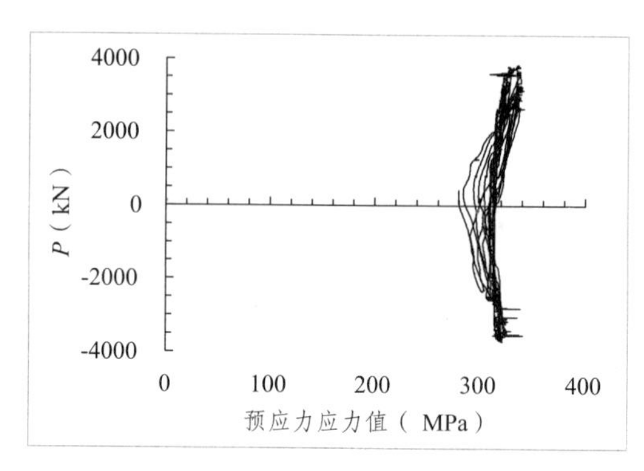

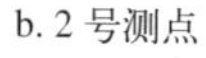

b. 2 号测点

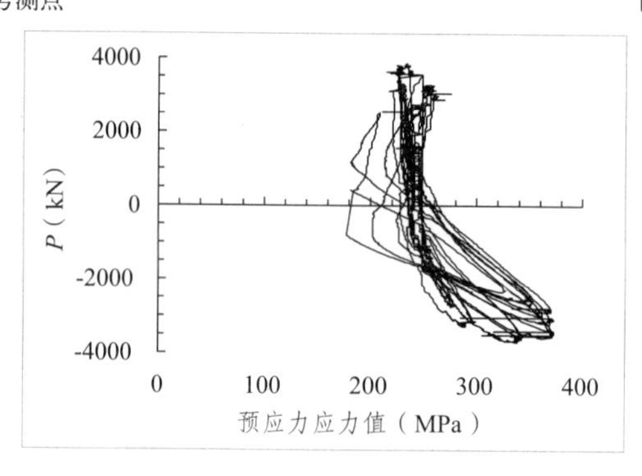

c. 10 号测点

图 4.3-24　预应力筋应力曲线

从图 4.3-24 可以看出，在房屋模型拟静力试验过程中，预应力筋始终保持在弹性状态，同时将产生明显的应力增量，该应力增量会提高预应力筋对墙体的约束作用，将离散性较大的砖砌体拉紧，增强其整体性，从而提高砌体结构的抗震性能。这也是骨架曲线下降段较为平缓，滞回环较为饱满的重要原因。另外，对比图 4.3-24 中不同位置预应力筋的应力变化情况还可以看出，当沿某一方向加载时，与该方向平行的墙体的预应力筋会有更为显著的应力增量，而与之垂直方向的墙体预应力筋增量较小，表明墙体主要承受面内荷载。但是，对于布置在角部或纵横墙交点的预应力筋，沿两个方向加载均会有较大的应力增量，表明该部位的预应力筋可以对墙体端部起到有效的边缘约束作用。

3．动力测试结果

整个试验过程中，采用超低频测振仪，通过拾振器对房屋模型在各工况下的自振频率进行了测试。拾振器放置在建筑物每层靠中央的部位，测扭转时一层保持不变，二层移动到建筑物角部。图 4.3-25 为实测第一自振频率随工况变化的情况，图中分别为结构弱轴南北向（NS）、强轴东西向（EW）、扭转（TT）一阶频率。

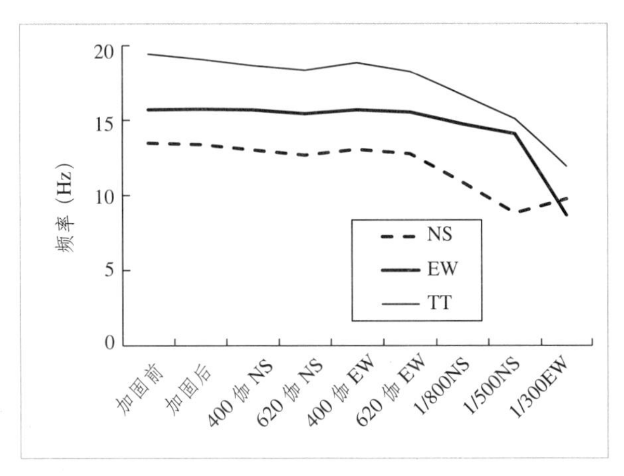

图 4.3-25　自振频率变化情况

从图 4.3-25 可以看出，结构采用预应力加固前后的自振频率几乎没有变化，表明预应力加固基本不改变结构的弹性刚度。结构在经历相当于 9 度大震的拟动力加载试验后，南北向自振频率降低了 6%，东西向只降低了 1.1%，扭转频率降低了 6.1%，表明结构损伤较小，且结构两方向刚度的耦合作用不明显，一个方向的破坏并不会显著影响到另一个方向，而扭转刚度受两个方向的影响，任一方向的破坏都会引起自振频率的下降，导致扭转刚度的降低。拟静力工况，三个方向的自振频率均出现显著下降，表明结构破坏程度逐步加深，这是与试验观察到的现象相一致的。

三、结论

本文提出了采用竖向无粘结预应力筋对砖砌体结构进行加固的新型抗震加固技术，并完成了一栋两层足尺砖砌体房屋模型模拟地震作用的拟动力试验与拟静力试验研究。从中可以得到如下结论：

砖砌体房屋采用竖向无粘结预应力筋加固后，抗震能力显著提高。加固前设防烈度不足 8 度的结构，加固后在经受了相当于 9 度大震（620 伽）的拟动力作用后，基本保持完好，只是房屋四角构造柱上出现轻微裂缝，首层和二层楼层位移分布均匀，整体结构仍处于弹性状态，表明该房屋在加固后，抗震能力显著提高。

拟静力试验结果表明，砖砌体房屋采用竖向无粘结预应力筋加固后，其剪力 - 位移滞回曲线的滞回环形状呈梭形，几乎无捏拢性，表明加固结构的抗震耗能能力显著增强，其中首层较二层的滞回曲线更加饱满。

加固后的砌体结构房屋的极限荷载，弱轴方向可以达到 3369kN，强轴方向可以达到 3852kN，而房屋的总重量约 2723kN，结构两个方向的抗剪承载力与总重量之比分别达到 1.24 和 1.41，表明预应力加固对提高房屋的抗剪承载力有非常显著的作用。

加固后的结构表现出较好的变形能力，其荷载—位移骨架曲线下降段较为平缓，当水平荷载降低至 $0.85P_u$ 时，首层位移达到了 11.08mm，层间位移角约为 1/300，当水平荷载降低至 $0.65P_u$ 时，首层位移达到了 20.26mm，层间位移角约为 1/162。

试验中随着荷载的增加，预应力筋的应力均有明显的增加，但始终保持在弹性状态，当水平荷载卸除后，房屋首层墙体虽然出现较大的裂缝，但是残余变形很小。预应力筋对于被加固墙体有明显的复位作用。

试验房屋的破坏形态表明，砌体房屋采用竖向无粘结预应力筋加固后，在超大地震作用下，即使墙体发生破坏，承载力开始下降，仍可维持较高的承载能力水平，结构可以实现真正意义的“大震不倒”。

该项技术目前已在北京怀柔红楼宾馆加固工程、欧马可办公楼加固工程、北京联合大学某校舍加固工程以及北京郊区多户村镇房屋推广应用，其成本较钢筋混凝土板墙等加固技术可以大幅度降低，且加固不减少使用面积，对结构影响小，施工对环境影响较小，扬尘少，噪声小。当前老旧房屋加固改造项目中，砌体建筑所占比例很大，本项加固技术为砌体建筑的抗震加固提供了一种新的解决方案，是一种值得大力推广的抗震加固新技术。

参考文献

[1] 刘航，华少锋．后张预应力加固砖砌体墙体抗震性能试验研究[J]．工程抗震与加固改造，2013，35(5)：71 ~ 78

[2] 刘航，兰春光，华少锋．村镇既有砌体结构抗震加固新技术研发与示范 [J]．世界地震工程，2014，30 (3)：156~162

[3] 刘航，华少锋．后张预应力加固砖墙抗震性能研究及工程应用 [J]．福州大学学报，2013，21 (4)：403~409

[4] 马人乐，蒋璐，梁峰等．体外预应力加固砌体结构振动台试验研究 [J]. 建筑结构学报，2011，32 (5)：92~99

[5] Ma R，Jiang L，He M，Fang C，Liang F，Experimental investigations on masonry structures using external prestressing techniques for improving seismic performance，(2012) Engineering Structures，42，297-307.

[6] Mojsilovic N，Marti P．Load tests on post-tensioned masonry walls [J]．TMS Journal，2000，18 (1)：65~70.

[7] Wight G D，Ingham J M，Wilton A R. Innovative seismic design of a post-tensioned concrete masonry house (2007) Canadian Journal of Civil Engineering，34 (11)，pp. 1393-1402.

[8] Ismail N，Ingham J M. Time-dependent prestress losses in historic clay brick masonry walls seismically strengthened using unbonded posttensioning (2013) Journal of Materials in Civil Engineering，25 (6)，pp. 718-725.

[9] Brooks J J.，Tapsir S H，Parker M D. Prestress loss in post-tensioned masonry：influence of unit type(1995) Structures Congress - Proceedings，1，pp. 369-380.

[10] S Chuang，Y Zhuge，P C McBean，Seismic retrofitting of unreinforced masonry walls by cable system，13th World Conference on Earthquake Engineering，Vancouver，B.C.，Canada，August 1-6，2004.

[11] Najif Ismail，Peter Laursen，Jason M Ingham. Out-of-plane testing of seismically retrofitted URM walls using posttensioning，Proceedings of The AEES Conference，Newcastle，Australia，11-13 December 2009.

[12] Wight G D, Kowalsky M J, Ingham J M（2007）. "Shake table testing of posttensioned concrete masonry walls with openings." J. Struct. Eng., 133（11）, 1551-1559.

[13] Wight G D, Ingham J M, and Kowalsky M J（2006）. "Shake table testing of rectangular posttensioned concrete masonry walls." ACI Struct. J., 103（4）, 587-595.

[14] Rosenboom O A, and Kowalsky M J,（2004）. "Reversed in-plane cyclic behavior of posttensioned clay brick masonry walls." J. Struc. Eng., 130（5）, 787-798.

4 半装配式工字形横截面钢筋混凝土剪力墙抗震试验研究

种 迅[1,2] 叶献国[1,2] 徐 林[1] 李 宁[1] 高 鹏[1,2]
1. 合肥工业大学土木与水利工程学院，合肥，230009
2. 安徽土木工程结构与材料省级试验室，合肥，230009

引言

随着我国经济的发展，推广符合建筑工业化生产模式的预制混凝土结构将带来巨大的经济和社会效益，已有越来越多的企业与研究人员开展了相关的研究工作[1~6]。

本文研究的半装配式钢筋混凝土剪力墙结构是一种以叠合式墙板和叠合式楼板为主要受力构件的结构体系（图4.4-1，图中斜线填充范围为预制混凝土部分）。其中，预制混凝土墙板由两层预制板与格构钢筋组成，预制楼板中也设置有格构钢筋。格构钢筋由三根截面呈等腰三角形的上下弦钢筋以及弯折成型的斜向腹筋组成（图4.4-1d），其作用主要是增强预制部分与现浇混凝土部分的连接和整体性，并保证预制构件在运输吊装过程中有足够的强度和刚度。预制构件现场安装就位后，设置必要的连接钢筋和受力钢筋，在预制墙板的核心部位、预制楼板的面层以及剪力墙的边缘构件等部位浇筑混凝土，从而形成叠合式受力结构。这种半装配式钢筋混凝土剪力墙结构与全装配剪力墙结构相比整体性能更好，是一种值得推广的用于住宅建筑的结构体系。这种结构系从德国引进，以往主要应用于德国非抗震设防地区，且以低、多层建筑居多。将其应用于我国抗震设防区的多、高层结构，必须对其抗震性能进行深入的研究。课题组已对四片采用不同类型边缘构件的单片半装配式剪力墙及用于做对比分析的两片现浇钢筋混凝土剪力墙试件进行了抗震性能试验研究[7]，并对半装配式剪力墙间竖向拼缝的受力性能进行了试验和理论分析[8]。为进一步研究剪力墙与基础之间的水平连接部位在水平地震作用下的受力和变形性能，纵横向剪力墙相交处T形边缘构件的形式对剪力墙受力和变形能力的影响，以及叠合楼板与墙板连接部位的受力情况，本文对两个带楼板工字型横截面的足尺半装配式钢筋混凝土剪力墙试件进行了低周反复加载试验，旨在为这种结构体系的推广应用提供可靠的科学依据。

一、试验方法

1. 试件设计及制作

本次试验的试件为两个由垂直方向的剪力墙和T形边缘构件以组成的足尺工字型横截面半装配式钢筋混凝土剪力墙，如图4.4-1所示。墙体顶部设有叠合式楼板，以研究叠合楼板与墙板连接部位在地震作用下的受力情况。两试件编号分别为SW1和SW2，尺寸及配筋情况见图4.4-1。两试件的差异在于边缘构件内箍筋的数量，以考察边缘构件内混凝土受约束程度的不同对剪力墙的承载力和变形能力的影响。SW1和SW2中边缘构件加密区内箍筋分别为ϕ 10@100 和ϕ 12@100（钢筋强度等级为 HRB335），体积配箍率分别为 1.57% 和 2.27%。非加密区箍筋相同，均为 φ8@150（强度等级为 HPB235）。箍筋加密区高度取 800mm。

试验采用的预制墙板和楼板均在德国生产并海运至国内，其混凝土等级为德国标准的 C35/45。现浇部分采用国产 C30 细石微膨胀混凝土，实测立方体抗压强度平均值为 26.0N/mm^2，强度略低。剪力墙基础插筋采用国产 HPB235 级钢筋，其实测力学性能见表 4.4-1。

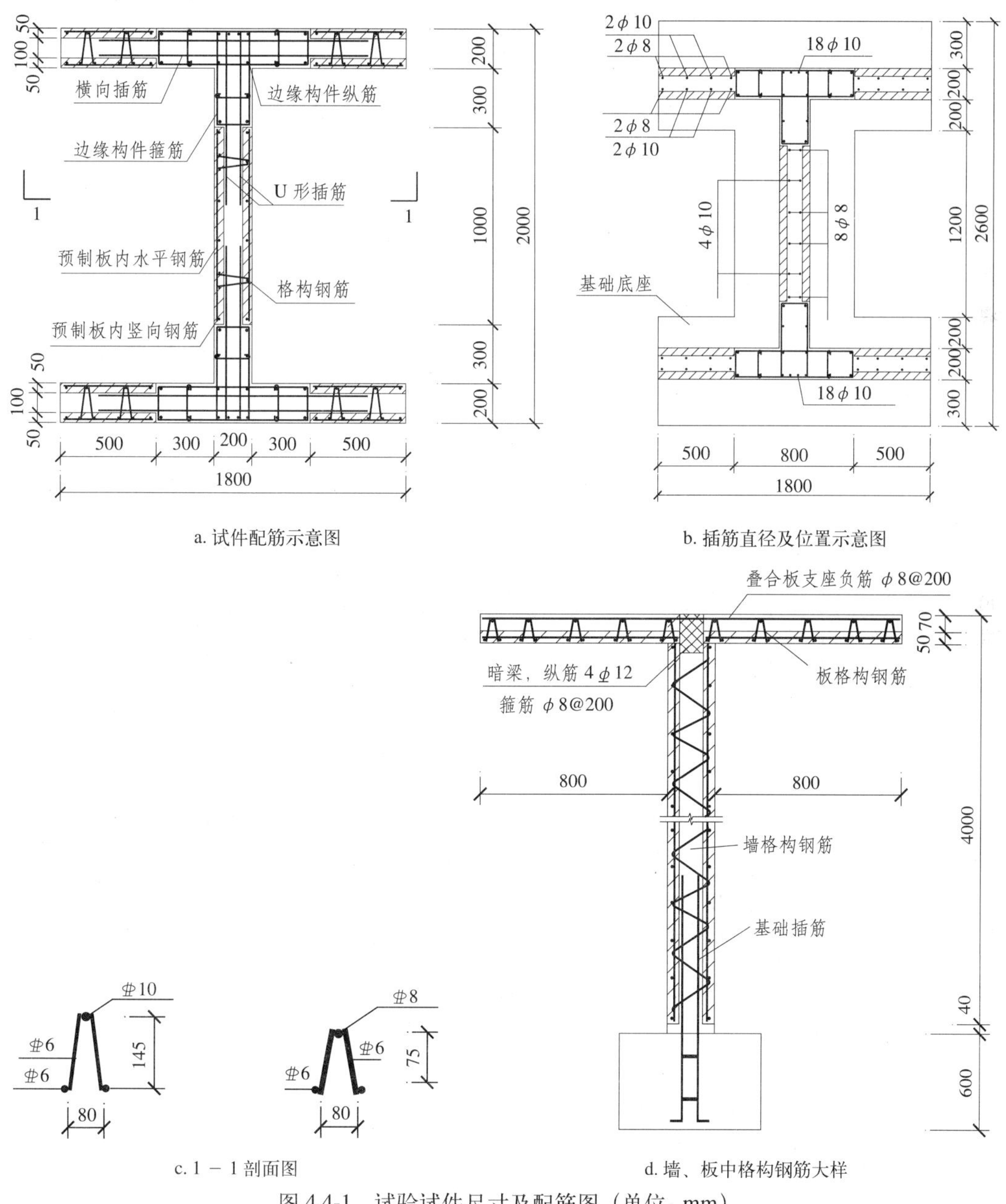

图 4.4-1 试验试件尺寸及配筋图（单位：mm）

钢筋材料力学性能　　表 4.4-1

直径 d /mm	屈服强度 f_y /MPa	极限强度 f_u /MPa	伸长率 A /%
8	398.09	495.62	34.5
10	407.64	499.36	27.0

2. 试验设备及加载方案

试验加载装置如图 4.4-2 所示。水平力由最大拉压能力分别为 1000kN 和 670kN 的 MTS 电液伺服作动器施加。由于试件截面尺寸较大，施加模拟剪力墙轴向力的竖向荷载较为困难，本次试验时没有考虑竖向荷载的影响。试验过程中，采用外置位移计及电液伺服作动器的内置位移计同时观测墙的顶点位移，并由加载控制系统自动记录每一时刻的水平荷载及位移值。由于半装配式剪力墙在水平地震作用下主要的变形模式为墙体底部与基础之间以及上下两层墙体之间水平连接部位缝隙的张开和闭合，在剪力墙底部与基础之间设置了位移传感器来测量底部裂缝的张开宽度。此外还设置了测量剪力墙和基础之间水平剪切滑移以及基础本身平动的位移传感器。在基础插筋上设置了钢筋应变片来测量钢筋在加载过程中的应变。

水平加载方式为双向反复加载，加载分为两个阶段：试件屈服前采用荷载控制，分五级加载，每级荷载反复一次；试件屈服后改为位移控制，按剪力墙顶部外置传感器测得水平位移的倍数逐级加载，每级循环三次，至试件承载力下降到最大承载力的 85% 左右时结束试验[8]。

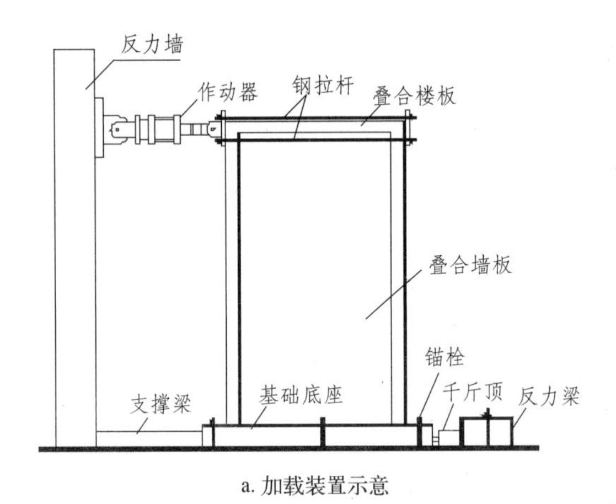

a. 加载装置示意　　b. 试件全景照片

图 4.4-2　试验装置情况

二、试验结果

1. 受力过程与破坏形态

由于仅在边缘构件的配箍率上有所区别，两试件试验时的破坏过程相差不大。从以下几个方面介绍试件的整个破坏过程。

（1）裂缝开展情况

当水平荷载较小时，试件均保持为弹性，未发现明显裂缝。由于剪力墙底部与基础连接处是新老混凝土的连接面，初裂荷载不易捕捉。当两试件水平荷载增加到 150kN 左右时，首先在剪力墙与基础的连接处观察到明显的弯曲裂缝，此荷载值实际大于理论上的初裂荷载值。剪力墙与基础连接处裂缝一出现便迅速向中和轴方向延伸，很快就开展到腹板中点位置附近，此时裂缝宽度很小，力－位移关系曲线仍基本呈线性状态，且卸载后残余变形很小，裂缝基本完全闭合。随着荷载继续增加，与现浇剪力墙不同，半装配式剪力墙裂缝的开展主要表现在墙板与基础连接处裂缝不断延伸和加宽，尽管墙体其他部位也陆续出现一些弯剪裂缝，腹板剪力墙中也出现了 *X* 形剪切斜裂缝，但这些裂缝宽度均很小，且卸载后基本完全闭合。图 4.4-3 为试验结束时试件 SW1 翼缘和腹板剪力墙典型的裂缝分布情况，图中填充斜线范围为混凝土保护层剥落区域。SW2 裂缝分布与 SW1 类似。图 4.4-4 为剪力墙与基础连接处裂缝张开最大宽度与剪力墙顶点位移的相关关系。可以看出，曲线基本呈两折线的形式。顶点位移较小时，构件处于弹性阶段，剪力墙的变形由底部裂缝的张开以及墙体本身的弯曲和剪切变形共同组成，底部裂缝张开宽度较小，所占总变形的比例也较小，相关曲线的斜率较低。随着试件进入塑性阶段，底部裂缝的张开成为剪力墙变形的主要组成部分，墙体本身的弯曲和剪切变形所占比例相对减小。裂缝张开宽度和墙顶位移近似呈正比，两试件裂缝张开的最大宽度分别为 22.1mm 和 21.3mm，此时墙顶位移 Δ_u 为 67mm 左右，剪力墙的位移角 Δ_u/H 约为 1/60（*H* 为剪力墙高度）。

（2）纵筋屈服与拉断

水平荷载达到 300kN 左右时，两试件中受拉边缘纵筋首先达到屈服强度。随着荷载和位移的增加，剪力墙底部裂缝不断开展，宽度迅速增加，纵筋的变形量也随之迅速增大，应变增长幅度较快，受拉区纵筋均逐渐达到屈服，整个翼缘部分纵筋均参与受力。试验接近破坏时，部分处于受拉边缘的纵筋甚至由于变形过大被拉断（图 4.4-5），导致试件强度进一步退化，并且限制了构件变形的增长，降低了构件的延性。

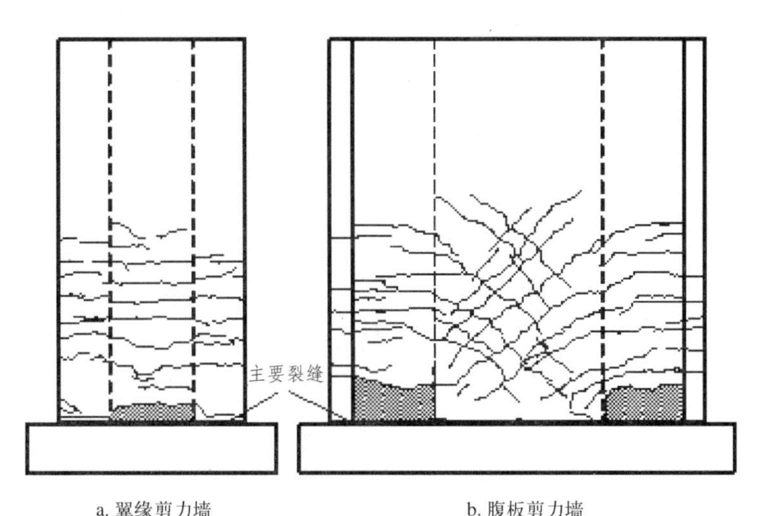

a. 翼缘剪力墙　　　　b. 腹板剪力墙

图 4.4-3　试件 SW1 破坏后裂缝分布情况

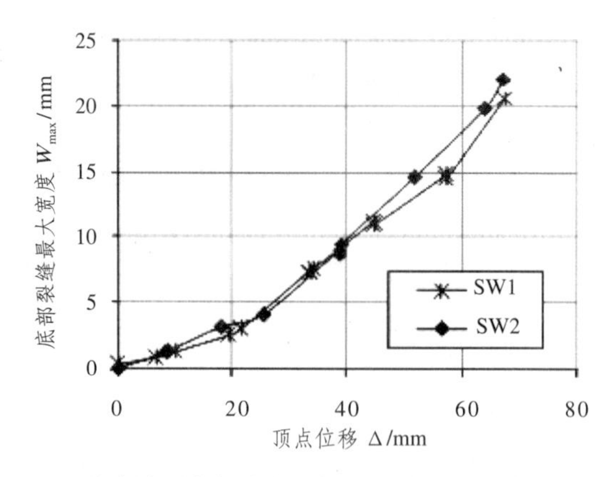

图 4.4-4　剪力墙顶点位移与底部裂缝张开最大宽度相关曲线

图 4.4-5　剪力墙底部裂缝张开及钢筋拉断

（3）混凝土压碎

加载到试件顶点位移为 $3\Delta_y$（Δ_y 为屈服位移）左右时，墙体底部现浇 T 形边缘构件的受压区混凝土保护层首先开始压碎剥落。由于约束箍筋的作用，核心区混凝土强度有所增加，试件所承受的荷载值没有因为保护层混凝土的剥落而大幅度降低。随着剪力墙顶点位移的增加，受压核心区混凝土逐渐被压碎，试件强度逐渐退化。到试件破坏时，保护层剥落范围大约距基础顶面 200 ~ 300mm，局部剥落范围较大（图 4.4-3）。剪力墙底部与基础顶面间 40mm 高度的缝隙内的混凝土由于没有任何约束，强度较低，受压区范围内几乎完全压碎。现浇 T 形边缘构件内的部分核心混凝土也被压碎，而叠合墙板的预制部分混凝土强度较高，破坏比较轻微，核心部分的现浇混凝土由于有预制墙板的约束作用，强度有一定程度的提高，压碎范围也较小。总体来说，与现浇混凝土剪力墙相比，半装配式剪力墙塑性变形范围较为集中，而且由于试件接近破坏时部分纵筋拉断，导致试件变形能力较差，混凝土强度没有充分发挥，破坏不够充分，混凝土压碎范围也较小。

（4）边缘构件受力情况

本次试验的试件采用现浇的 T 形边缘构件，见图 4.4-1。由试件中的裂缝分布图可以看出，剪力墙中的弯剪裂缝能够逐渐由现浇的边缘构件延伸至叠合墙板内。在水平荷载作用下，当剪力墙底部与基础间水平裂缝张开时，现浇边缘构件与叠合墙板中的预制部分的竖向拼缝在底部有轻微的受拉脱离现象，但此时叠合墙板的核心区现浇混凝土与现浇边缘构件仍为一个整体。因此，叠合墙板与现浇边缘构件能够有效地共同工作。

此外，由于现浇部分的混凝土强度较低，整个边缘构件均采用现浇的形式，导致边缘构件在水平地震作用下破坏较严重。

（5）剪力墙水平剪切滑移

尽管在试件制作时采取了将底座表面刮毛使其具有自然粗糙面的措施，试验过程中剪力墙与基础间仍然发生了较大的水平剪切滑移(图 4.4-6)。试验的初始阶段,水平滑移较小，且卸载后基本能完全恢复。当试件位移较大时，剪切滑移也逐渐增大，卸载时的残余变形也越来越大。SW2 水平剪切滑移 Δ_s 与墙顶位移 Δ 的相关关系如图 4.4-7 所示。正向和反向加载时最大剪切滑移相差较大，分别为 24.38mm 和 15.28mm，是墙顶点位移的 34.15% 和 19.31%。试验时未施加竖向荷载是产生较大剪切滑移的主要原因之一，实际结构中剪力墙中的轴力可以在一定程度上减少剪切滑移的大小。此外还可以采取进一步的抗滑移措施，使剪切滑移控制在可以接受的水平。

图 4.4-6　剪力墙底部水平剪切滑移

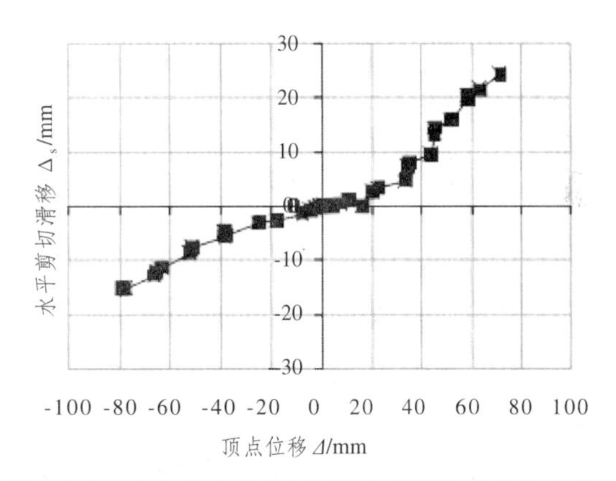

图 4.4-7　剪力墙水平剪切滑移与墙顶位移关系曲线

（6）叠合楼板与墙板的连接部位破坏情况

试验过程中，在试件 SW1 的叠合楼板和墙板连接部位发生了剪切脆性破坏，核心区混凝土沿角线方向拉裂（图 4.4-8）。该裂缝仅限于现浇混凝土范围内，并没有延伸至强度较高的预制墙板部分。实际工程中应采取提高混凝土强度、增大节点核心区面积或增设抗剪钢筋等措施来提高叠合楼板与墙板连接核心部位的抗剪能力。

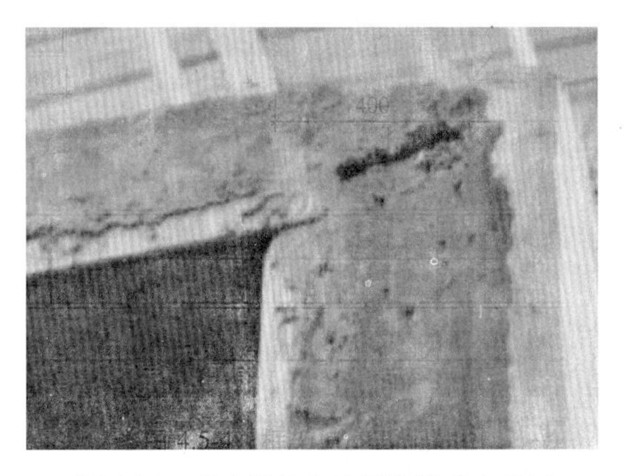

图 4.4-8　叠合楼板与墙板连接节点破坏

2．试验结果分析

（1）滞回曲线和骨架曲线

两试件的力－顶点位移滞回曲线和骨架曲线分别如图 4.4-9、图 4.4-10 所示。两试件从加载到破坏整个过程中表现出稳定的滞回特性。加载的初始阶段滞回环为梭形，随着剪力墙与基础间剪切滑移的逐渐增大，滞回环的反 *S* 形越来越明显，试件的滞回耗能较小。

试件在水平荷载下的反应可分为三个不同的阶段：第一阶段，顶点位移小于屈服位移 Δ_y 时，构件基本保持弹性，剪力墙底部裂缝张开宽度较小，破坏较轻微；第二阶段，顶点位移位于 $1\Delta_y \sim 3\Delta_y$ 范围时，为弹塑性阶段。这一阶段内剪力墙底部裂缝张开宽度逐渐增大，纵筋逐渐受拉屈服，试件刚度逐渐退化；第三阶段，顶点位移位于 $3\Delta_y \sim 6\Delta_y$ 范围时，为破坏阶段。这一阶段受压混凝土开始逐渐压碎，部分受拉钢筋被拉断，试件强度逐渐退化，最终达到破坏。

（2）承载力及刚度

表 4.4-2 中列出了两试件的屈服荷载 F_y、极限荷载 F_u，以及按现行规范计算得到的剪力墙压弯承载力 F_u' 值[9]。计算过程中钢筋取实测屈服强度，混凝土轴心抗压强度取 $0.76f_{cu}$，叠合墙板部分混凝土抗压强度取现浇混凝土和预制混凝土强度的平均值。计算时均未考虑箍筋约束对混凝土强度的影响。结果表明，承载力试验值均大于计算值，试件具有足够的强度。

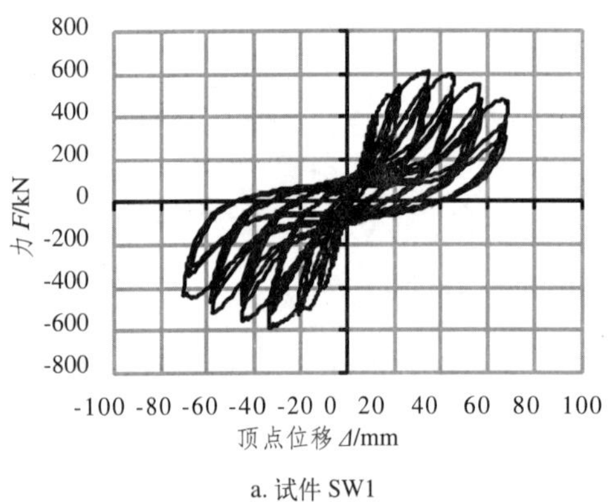

a. 试件 SW1

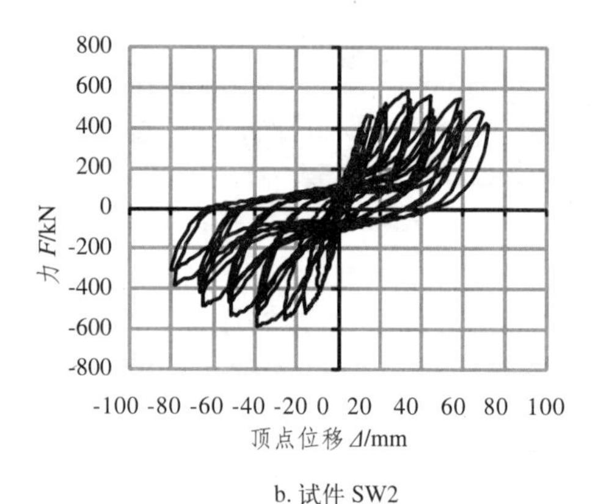

b. 试件 SW2

图 4.4-9　试件力－顶点位移滞回曲线

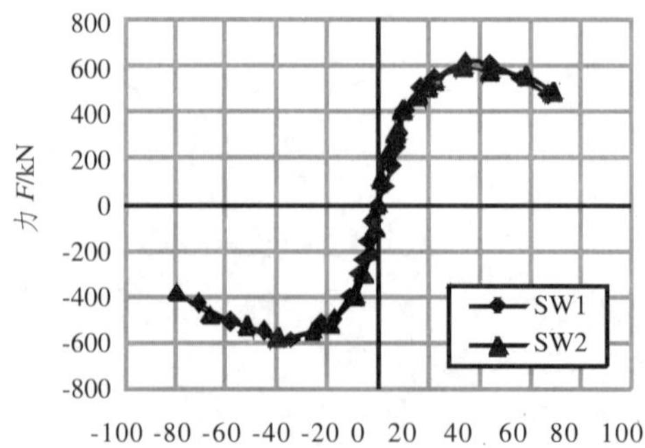

图 4.4-10　试件力－顶点位移骨架曲线

表 4.4-2 中还列出了试件的屈服时割线刚度 K_y 以及破坏时割线刚度 K_u 与 K_y 的比值。其中，$K_y=F_y/\Delta_y$，$K_u=0.85F_u/\Delta_u$，Δ_y 为屈服位移，Δ_u 为极限位移，即水平荷载下降到极限荷载的 0.85 倍时对应的顶点位移值。两试件破坏时的残余刚度为屈服刚度的 12% ~ 18% 左右。刚度的退化主要是由于反复荷载作用下混凝土被压碎以及剪力墙水平剪切滑移的发生。

试件不同阶段的水平力和刚度 表 4.4-2

试件		屈服荷载 F_y（kN）	极限荷载 F_u（kN）	计算极限荷载 F_u'（kN）	刚度	
					K_y	K_u/K_y
SW1	正向	480	583	547	43.6	0.18
	反向	510	607		56.7	0.15
SW2	正向	480	586		60.0	0.13
	反向	480	582		68.6	0.12

（3）变形能力

表 4.4-3 中列出了两试件的屈服位移 Δ_y、极限位移 Δ_u、延性系数 μ 及极限位移角 Δ_u/H。结果可见，尽管两试件 T 形边缘构件内配箍率不同导致约束混凝土的强度和延性有所差别，但由于试件接近破坏时部分钢筋被拉断，混凝土受压强度发挥不充分，两试件最终的极限位移及延性相差不大。试件极限位移角均大于 1/100，可以满足我国规范中罕遇地震下的变形要求 [10]。

试件不同阶段的变形及延性系数 表 4.4-3

试件		屈服位移 Δ_y(mm)	极限位移 Δ_u(mm)	延性系数 $\mu=\Delta_u/\Delta_y$	极限位移角 Δ_u/H
SW1	正向	11	62	5.64	1/65
	反向	9	60	6.67	1/67
SW2	正向	8	65	8.13	1/62
	反向	7	60	8.57	1/67

三、结论

本文通过两个工字型横截面半装配式钢筋混凝土剪力墙试件的低周反复加载试验，对这种结构的抗震性能进行了研究，主要得出以下几个结论：

（1）半装配式钢筋混凝土剪力墙水平地震作用下主要的破坏模式为剪力墙与基础间水平连接处缝隙的张开，而墙体本身的破坏较轻微，弯剪裂缝和剪切斜裂缝宽度很小，且卸载后基本闭合。

（2）试件水平荷载下的塑性变形集中在底部水平连接部位附近，混凝土压碎范围较小，接近破坏时部分纵筋拉断，导致混凝土强度没有充分发挥，降低了试件的延性。

（3）叠合墙板与现浇 T 形边缘构件能够有效地共同工作。边缘构件现浇混凝土由于强度低，破坏较严重。

（4）由于未施加模拟剪力墙轴力的竖向荷载，尽管采取了一定的构造措施，试验过程中剪力墙与基础底座间仍然发生了较大的水平剪切滑移。剪力墙轴向荷载与水平剪切滑移的关系以及剪力墙与基础连接截面抗剪承载力的计算有待进一步研究。

（5）试件具有足够的强度和稳定的滞回特性。由于剪力墙与基础间发生了水平剪切滑移，两试件的滞回曲线呈现明显的反 *S* 形，试件的滞回耗能较小。

参考文献

[1] 薛伟辰，杨新磊，王蕴等 . 六层两跨现浇柱叠合梁框架抗震性能试验 [J]. 建筑结构学报，2008，29（6）：25-32.

[2] 姜洪斌，陈再现，张家齐等 . 预制钢筋混凝土剪力墙结构拟静力试验研究 [J]. 建筑结构学报，2011，32（6）：34-40.

[3] 钱稼茹，杨新科，秦珩等 . 竖向钢筋采用不同连接方法的预制钢筋混凝土剪力墙抗震性能试验 [J]. 建筑结构学报，2011，32（6）：51-59.

[4] 种迅，孟少平，潘其健等 . 预制预应力混凝土框架结构形式及设计方法研究 [J]. 工业建筑，2006，36（5）：5- 8.

[5] Brian. J. Smith，Yahya. C. Kurama and Michael J. McGinnis. Design and measured behavior of a hybrid precast concrete wall for seismic regions [J]. Journal of Structural Engineering，doi：10.1061/（ASCE）ST. 1943-541X.0000327

[6] Tony Holden，Jose Restrepo and John B. Mander. Seismic performance of precast reinforced and prestressed concrete walls [J]. Journal of Structural Engineering，2003（129），3：286- 296

[7] 叶献国，张丽军，王德才等 . 预制叠合板式混凝土剪力墙水平承载力实验研究 [J]. 合肥工业大学学报，2009，32（8）：1215-1218.

[8] 沈小璞，周宏庚 . 竖向拼缝叠合板式混凝土剪力墙有限元分析 [J]. 沈阳建筑大学学报，2010，26（5）：905-912.

[9] 建筑抗震实验方法规程 JGJ 101-96 [S]. JGJ101-96 Specification of testing methods for earthquake resistant buildings [S]. (in Chinese)

[10] 混凝土结构设计规范 GB 50010-2002 [S]. 2002.

[11] 建筑抗震设计规范 GB 50011-2001 [S]. 2001.

5 城镇重要建筑框架结构性能化的抗震鉴定方法

唐曹明 罗 瑞 杨 韬 聂 祺
建研科技股份有限公司，北京，100013

引言

基于性能的抗震设计理论与现行抗震设计理念相比，具有多级设防的目标，既要保证生命安全又需避免经济损失超过业主和社会的承受能力。引入了投资—效益准则，可关注到建筑功能、结构安全及经济等多个方面，包含不同的性能目标，给了业主及设计人员更大的自由度。由此，各国设计标准中均在引入性能化设计的概念，既有建筑的抗震鉴定与加固同样适合引入性能化的概念，根据不同后续使用年限以及建筑分类可以设定不同的性能化目标，通过判定结构对这些性能目标的满足情况，对其现有及加固后抗震性能作出评定。由于既有建筑抗震构造措施等与新建建筑存在差异，部分适用于新建建筑的性能化指标并不能直接用于既有建筑中，因此有必要在建筑性能化设计的基础上，研究提出适用于既有建筑的性能化抗震鉴定与加固方法。由于量大面广的既有重要建筑工程中，钢筋混凝土框架结构最为普遍，因此重点研究钢筋混凝土框架结构抗震性能鉴定与加固技术。

一、既有建筑结构抗震鉴定及加固性能化指标研究

（一）既有建筑性能化鉴定加固的特点

既有建筑安全性能的保证及提高主要是基于以下几方面的因素[1]：

(1)既有建筑由于建造时所遵循的规范、标准要求低于现阶段所使用的规范、标准要求；

(2) 业主希望提高房屋的安全等级（目前的房屋设计主要是基于“生命安全的设计”，但事实表明，美国、日本近年来的几次地震所造成的房屋倒塌和人员伤亡虽不大，但经济损失及建筑使用功能的丧失和震后恢复重建费或所花费的时间可能大大超过社会和业主所能承受的限度[2, 3]）或延长房屋的设计使用年限；

(3) 建筑物由于改变建筑功能（加层、局部增设大开间、使用功能改变导致活荷载的增大等）；

(4) 地震后受损房屋的安全鉴定以及加固。

正因为既有建筑安全性能的改进是基于上述几个原因的，因而更倾向于基于性能的抗震鉴定和加固，针对不同的房屋、不同的功能改进要求，在满足现行规范基本要求的基础上，进一步优化设计，满足业主多方面或更高安全性能的要求。

基于性能的设计方法是结构设计的发展趋势，而对于既有建筑的加固改造由于其已存在并使用了一定的年限，所以与新建建筑基于性能设计时有一定的差异，性能指标应与其现有抗震构造措施及后续使用年限有关。

（二）既有建筑适用的抗震性能水准及目标

1. 地震动水准

在设计基准期内，定义一组参照的地震风险和相应的设计水平，是基于性能设计理论的一个重要目标。它的目的就是要控制结构在未来可能发生的地震作用下的抗震性能，使其地震风险控制在一个可接受的限度内。文献[4]认为基于性能的设计理论应追求能控制结构可能发生的所有地震波谱的破坏水准，为此，需要根据不同重现期选择所有可能发生的对应于不同等级的地震动参数的波谱，这些具体的地震动参数称为地震动水准[5]，表4.5-1为几种地震动水准。表中ASCE7MCE$_R$级别的地震动水准，对于多数地区为50年2%超越概率的地震动乘以风险系数，最终超越概率可能大于或小于2%[6]。

地震动水准　　　　**表4.5-1**

FEMA273	SEAOC Vision 2000	ATC40	GB50011	ASCE41-13
—	50%/30年	—	—	—
—	—	—	63.2%/50年	50%/50年
50%/50年	50%/50年	50%/50年	—	20%/50年
20%/50年	—	—	—	—
10%/50年	10%/50年	10%/50年	10%/50年	5%/50年
2%/50年	10%/100年	5%/50年	2%~3%/50年	ASCE7 MCE$_R$

本文参考国内外有关规范、标准和他相关资料，与国家现行建筑抗震规范保持一致，将既有建筑结构地震动水准划分为多遇地震（小震）、设防烈度地震（中震）和预估的罕遇地震（大震）三水准。

为了得到不同后续使用年限、不同地震动水准的地震动参数，还需要先将不同后续使用年限内不同水准的超越概率换算为50年内的相当超越概率。已有部分研究人员进行了相关研究[7-9]。本文采用具体换算公式如下：

$$P=1-\left(1-P'\right)^{50/t} \tag{4.5-1}$$

P'为后续使用年限为t年的既有建筑抗震设防三水准地震在t年内的超越概率，小震、中震、大震的超越概率分别为63.2%、10%、2%~3%；

P为设计使用年限为t年的既有建筑在50年内发生三水准地震的超越概率，即相对超越概率。

经过上式换算后，得到不同地震动水准、不同后续使用年限的50年内的相当超越概率如4.5-2。

不同后续使用年限各水准地震的相当超越概率　　　　**表4.5-2**

后续使用年限	设防水准		
	第一水准（小震）	第二水准（中震）	第三水准（大震）
30	81.1%	16.1%	3.3%~4.9%
40	71.3%	12.3%	2.5%~3.7%
50	63.2%	10%	2%~3%

通过求得的不同后续使用年限建筑三水准地震的相当超越概率，进一步根据如下公式[10]可以得到不同后续使用年限建筑各水准地震的地震影响系数 α_{max}、峰值加速度 A_{max} 如表4.5-3、表4.5-4。

$$\lg\left\{-\ln\left[1-P\left(I\geqslant i\right)\right]\right\}+0.9773=k\lg\left(\frac{0.85-\lg\alpha_{max}}{0.85-\lg\alpha_{max}^{10}}\right) \tag{4.5-2}$$

$$\lg\left\{-\ln\left[1-P\left(I\geqslant i\right)\right]\right\}+0.9773=k\lg\left(\frac{1.5-lg\ A_{max}}{1.5-lg\ A_{max}^{10}}\right) \tag{4.5-3}$$

式中 α^{10}_{max}、A^{10}_{max} 为50年超越概率为10%地震的地震影响系数与峰值加速度，即后续使用年限为50年时中震水准地震的参数，其地震影响系数和峰值加速度在现行抗震规范中可以查得。

不同后续使用年限各水准地震的地震影响系数 α_{max}　　表4.5-3

后续使用年限	设防水准	设防烈度			
		6	7	8	9
30	第一水准（小震）	0.029	0.060	0.115	0.227
	第二水准（中震）	0.090	0.185	0.364	0.734
	第三水准（大震）	0.207	0.415	0.755	1.168
40	第一水准（小震）	0.034	0.070	0.136	0.272
	第二水准（中震）	0.102	0.210	0.411	0.825
	第三水准（大震）	0.230	0.457	0.828	1.283
50	第一水准（小震）	0.040	0.080	0.160	0.320
	第二水准（中震）	0.112	0.230	0.450	0.900
	第三水准（大震）	0.250	0.500	0.900	1.400

不同后续使用年限各水准地震的峰值加速度 A_{max}（gal）　　表4.5-4

后续使用年限	设防水准	设防烈度			
		6	7	8	9
30	第一水准（小震）	13	26	51	101
	第二水准（中震）	40	80	162	326
	第三水准（大震）	93	181	336	519
40	第一水准（小震）	15	30	60	120
	第二水准（中震）	45	91	183	367
	第三水准（大震）	103	200	368	570
50	第一水准（小震）	18	35	70	140
	第二水准（中震）	50	100	200	400
	第三水准（大震）	125	220	400	620

根据上表不同后续使用年限建筑不同水准地震的 α_{max} 与 50 年后续使用年限对应值的比，可以得到不同后续使用年限的各水准地震的地震作用调整系数如表 4.5-5。

不同后续使用年限各水准地震作用调整系数　　表 4.5-5

后续使用年限	设防水准	设防烈度			
		6	7	8	9
30	第一水准（小震）	0.725	0.750	0.729	0.721
	第二水准（中震）	0.804	0.804	0.810	0.816
	第三水准（大震）	0.828	0.830	0.840	0.837
40	第一水准（小震）	0.850	0.875	0.857	0.857
	第二水准（中震）	0.911	0.913	0.915	0.918
	第三水准（大震）	0.920	0.914	0.920	0.919
50	第一水准（小震）	1	1	1	1
	第二水准（中震）	1	1	1	1
	第三水准（大震）	1	1	1	1

2. 结构抗震性能水准

目前，国内外各个文献对结构性能水准的设定不尽相同。《高层建筑混凝土结构技术规程》JGJ 3-2010[11] 将结构抗震性能分为如下五个水准：

第 1 抗震性能水准：结构满足弹性设计要求；

第 2 抗震性能水准：结构处于基本弹性状态；

第 3 抗震性能水准：结构仅有轻度损坏；

第 4 抗震性能水准：结构中度损坏；

第 5 抗震性能水准：结构有比较严重的损坏，但不致倒塌或发生危及生命的严重破坏。

结构性能水平示例　　表 4.5-6

性能水平	使用良好	使用无害	生命安全	防止倒塌	倒塌
房屋震害程度	基本完好	轻微	中等	严重	全部破坏
震害指数	9~10	7~8	5~6	3~4	1~2
瞬时层间位移比容许值	<0.2%	<0.5%	<1.5%	<2.5%	>2.5%
永久层间位移比容许值	-	-	<0.5%	<2.5%	>2.5%

表 4.5-6 是美国加州工程师协会（SEAOC）对钢筋混凝土框架结构所规定的标准。

结构性能水平的确定是抗震加固设计的关键因素。在满足规范的前提下还要充分考虑结构现状和业主的使用要求。结构的抗震性能决定其破坏形式，而破坏形态又可由结构的反应参数或破坏指标确定。根据国内外划分结构性能水准资料，既有建筑结构抗震性能可参照《高层建筑混凝土结构技术规程》JGJ 3-2010[11]（以下简称高规）及文献 [12] 划分为如下六个水准：

水准 1　基本完好：受力构件和主要非结构构件无破损，个别非结构部件偶有轻微损坏，结构基本处于弹性状态；

水准 2　轻微破坏：结构构件较好，部分非结构构件有可修复性损伤，但对承载能力和正常使用无明显影响；

水准 3　中等破坏：结构发生中等程度破坏，有 10% ~ 30% 结构构件进行修复或加固后可继续使用；

水准 4　较大破坏：结构发生较大程度破坏，有 30% ~ 50% 结构构件进行修复或加固后仍可继续使用；

水准 5　严重破坏：结构主体承载力不足，修复在技术和经济上都不可行，变形较大但未倒塌；

水准 6　倒塌：结构局部或整体倒塌。

3. 结构抗震性能目标

结构抗震性能目标[13]是指结构对于每个设防地震作用下所期望达到的抗震性能水准。抗震设计性能目标的建立需要综合考虑场地特征、结构功能与重要性、投资与效益、震后损失与恢复重建、潜在的历史或文化价值、社会效益及业主的承受能力等诸多因素。结构抗震性能目标可以是多重的。

我国现行抗震规范的性能目标实际是：当遭受多遇地震影响时，一般不受损坏或不需修理可继续使用，当遭受相当于本地区抗震设防烈度的地震影响时，可能损坏，经一般修理或不需修理仍可继续使用，当遭受高于本地区抗震设防烈度预估的罕遇地震影响时，不致倒塌或发生危及生命的严重破坏。简称“小震不坏、中震可修、大震不倒”。《高层建筑混凝土结构技术规程》JGJ 3-2010[11] 则将结构抗震性能目标分为 A、B、C、D 四个等级，结构抗震性能分为 1、2、3、4、5 五个水准，每个性能目标均与一组在指定地震地面运动下的结构抗震性能水准相对应。详见表 4.5-7。A 级性能目标是最高等级，依次降低，D 级性能目标是最低等级。

JGJ 3-2010 规定的性能目标　　表 4.5-7

建筑抗震设防分类 / 性能水准 / 地震水准	A	B	C	D
多遇地震	1	1	1	1
设防烈度地震	1	2	3	4
预估的罕遇地震	2	3	4	5

抗震鉴定及加固的设防要求很大程度上依赖于建筑的重要性、经济政策和技术水平。既有结构设防性能目标的确定，是结构鉴定与加固基于性能抗震设计的基础。由于抗震加固设计是对已有结构进行局部改造，原有结构的性能对性能水平的确定影响相当大，特别是某些旧结构形式和抗震构造措施均无法满足现行规范要求的建筑，若强行加固后使之满足要求，不仅造价过大，严重影响原建筑的使用功能，有时还受客观条件限制而无法实现（如保护性建筑、加固施工难度大等）。此时性能水平宜按较低的要求划分，以生命安全为首要保证。设计人员应建议业主降低结构使用功能或限制使用部分功能，例如可降低使用等级和使用年限等措施。此外，对于性能水平的确定，还要考虑到初期加固投资和震后修

复费用的关系。对于重要结构或有特殊要求的结构建议提高性能水平，虽然初期的抗震加固费用较高，但地震损失小，震后修复费用低甚至可立即恢复使用。对使用功能降低或使用年限缩短的结构，可在保证安全的前提下，适当减少初期投资。可将不同性能目标下的费用关系进行比较，以便制定合理的性能目标。既有建筑抗震鉴定及加固，当后续使用年限为 40 年及以上时，可参照高规中定义的性能目标来确定，如表 4.5-8 所示；当后续使用年限为 30 年时，其性能目标确定如表 4.5-9 所示。

不同设防类结构性能目标（后续使用年限 40 年及以上）　　表 4.5-8

地震水准 \ 性能水准 \ 建筑抗震设防分类	特殊设防类	重点设防类	标准设防类	适度设防类
多遇地震	1	1	1	2
设防烈度地震	1	2	3	4
预估的罕遇地震	2	3	5	5

不同设防类结构性能目标（后续使用年限 30 年）　　表 4.5-9

地震水准 \ 性能水准 \ 建筑抗震设防分类	标准设防类	适度设防类
多遇地震	1	2
设防烈度地震	4	5
预估的罕遇地震	5	6

4. 抗震鉴定标准中不同分类建筑层间位移角性能指标

对于不同的结构破坏状态，采用不同的定量指标进行描述。试验研究表明，层间位移角能够反映框架结构层间各构件变形的综合结果和层高的影响，而且与结构的破坏程度有较好的相关性。在框架体系之类的剪切型结构中，各楼层的层间侧移基本上是相互独立的。文献 [14] 对一批工程实例的弹塑性地震反应计算表明，最危险楼层的层间最大位移角，一般均大于同一楼层中最危险杆件的位移角 [15]。为了把基于性能的结构抗震加固设计与我国的有关规范相结合，这里采用结构的最大层间位移角作为框架结构性能水准的控制指标，从而将结构抗震加固的设防目标转化为工程应用中的具体数值。结合《建筑抗震设计规范》GB 50011-2010 的有关规定以及文献 [16]，对应上述水准 1 ~ 水准 6，新建钢筋混凝土框架结构的层间位移角限值分别为 1/550、1/550 ~ 1/450、1/450 ~ 1/300、1/300 ~ 1/150、1/150 ~ 1/50 和 >1/50；钢结构的层间位移角限值则可分别为 1/250、1/250 ~ 1/200、1/200 ~ 1/150、1/150 ~ 1/100、1/100 ~ 1/50 和 >1/50。

由于既有建筑与新建建筑在抗震构造措施等方面存在差异，由此，抗震规范中针对新建建筑的层间位移角指标并不适用于既有建筑。本节在试验研究基础上，给出适用于既有建筑的不同性能水准层间位移角限值。结合抗规中给出的建筑结构地震破坏分级参考位移角指标以及结构构件实现抗震性能要求的层间位移参考指标，本文给出框架柱（剪跨比不小于 2 的常规框架柱）设置不同间距箍筋时的层间位移角性能水准指标如表 4.5-10 ~ 表 4.5-12。

轴压比 0.4 时不同箍筋间距的层间位移角性能指标　　表 4.5-10

箍筋间距	水准 1 基本完好	水准 2 轻微破坏	水准 3 中等破坏	水准 4 较大破坏	水准 5 严重破坏	水准 6 倒塌
300mm	1/550	1/400	1/100	1/60	1/40	>1/35
200mm	1/550	1/400	1/100	1/60	1/40	>1/35
100mm	1/550	1/400	1/100	1/60	1/40	>1/35

轴压比 0.6 时不同箍筋间距的层间位移角性能指标　　表 4.5-11

箍筋间距	水准 1 基本完好	水准 2 轻微破坏	水准 3 中等破坏	水准 4 较大破坏	水准 5 严重破坏	水准 6 倒塌
300mm	1/550	1/400	1/130	1/100	1/85	>1/80
200mm	1/550	1/400	1/130	1/80	1/60	>1/50
100mm	1/550	1/400	1/130	1/70	1/55	>1/45

轴压比 0.8 时不同箍筋间距的层间位移角性能指标　　表 4.5-12

箍筋间距	水准 1 基本完好	水准 2 轻微破坏	水准 3 中等破坏	水准 4 较大破坏	水准 5 严重破坏	水准 6 倒塌
300mm	1/550	1/400	1/180	1/140	1/120	>1/110
200mm	1/550	1/400	1/180	1/120	1/90	>1/85
100mm	1/550	1/400	1/180	1/100	1/70	>1/55

根据前面给出的既有建筑鉴定及加固性能目标，结合不同箍筋间距层间位移角性能指标，得到既有建筑实现不同性能目标的层间位移角指标如表 4.5-13、表 4.5-14。A 类、B 类框架是指抗震构造措施满足抗震鉴定标准中规定的 A、B 类框架。

既有建筑实现不同性能目标的位移角指标（B 类框架）　　表 4.5-13

轴压比限值	地震动水准	建筑抗震设防分类			
		特殊设防类	重点设防类	标准设防类	适度设防类
0.8	多遇地震	1/550	1/550	1/550	1/400
	设防烈度地震	1/550	1/400	1/180	1/100
	预估的罕遇地震	1/400	1/180	1/70	1/70
0.6	多遇地震	1/550	1/550	1/550	1/400
	设防烈度地震	1/550	1/400	1/130	1/70
	预估的罕遇地震	1/400	1/130	1/55	1/55
0.4	多遇地震	1/550	1/550	1/550	1/400
	设防烈度地震	1/550	1/400	1/100	1/60
	预估的罕遇地震	1/400	1/100	1/40	1/40

既有建筑实现不同性能目标的位移角指标（A 类框架）　　表 4.5-14

轴压比限值	地震动水准	建筑抗震设防分类	
		标准设防类	适度设防类
0.8	多遇地震	1/550	1/400
	设防烈度地震	1/120	1/90
	预估的罕遇地震	1/90	>1/85
0.6	多遇地震	1/550	1/400
	设防烈度地震	1/80	1/60
	预估的罕遇地震	1/60	>1/50
0.4	多遇地震	1/550	1/400
	设防烈度地震	1/60	1/40
	预估的罕遇地震	1/40	>1/35

5. 现行抗震鉴定标准参数建议

根据框架柱的拟静力试验，得到不同箍筋间距的框架柱位移延性系数比如表 4.5-15 ~表 4.5-18。

不同箍筋间距的位移延性系数比值　　表 4.5-15

箍筋间距（mm）	轴压比		
	0.4	0.6	0.8
100	1	1	1
200	0.90	0.85	0.80
300	0.80	0.70	0.60

根据表不同箍筋间距框架柱的位移延性系数比，可以得到不同箍筋间距下体系影响系数取值如下表。

轴压比＜ 0.4 时不同箍筋间距下体系影响系数取值　　表 4.5-16

柱箍筋间距实际值（mm）	柱箍筋间距规定值（mm）		
	100	150	200
100	1.00	1.05	1.10
150	0.95	1.00	1.05
200	0.90	0.95	1.00
300	0.80	0.85	0.90

轴压比 0.4 ~ 0.6 时不同箍筋间距下体系影响系数取值 表 4.5-17

柱箍筋间距实际值（mm）	柱箍筋间距规定值（mm）		
	100	150	200
100	1.00	1.05	1.20
150	0.90	1.00	1.05
200	0.85	0.90	1.00
300	0.70	0.75	0.80

轴压比 >0.6 时不同箍筋间距下体系影响系数取值 表 4.5-18

柱箍筋间距实际值（mm）	柱箍筋间距规定值（mm）		
	100	150	200
100	1.00	1.10	1.25
150	0.90	1.00	1.10
200	0.80	0.90	1.00
300	0.60	0.65	0.75

将箍筋间距转换为体积配箍率，得到不同体积配箍率下体系影响系数取值如表 4.5-19。

不同体积配箍率下体系影响系数取值 表 4.5-19

柱加密区体积配箍率	轴压比		
	< 0.4	0.4 ~ 0.6	> 0.6
$0.6\rho_{sv}^{min}$	0.85	0.80	0.70
$0.8\rho_{sv}^{min}$	0.95	0.90	0.85
ρ_{sv}^{min}	1.00	1.00	1.00
$1.2\rho_{sv}^{min}$	1.15	1.10	1.05
$1.4\rho_{sv}^{min}$	1.30	1.25	1.20

注：ρ_{sv}^{min}为鉴定标准要求的最小体积配箍率

（三）既有建筑框架柱箍筋需求公式

文献[17，18]给出了配箍特征值与轴压比、极限位移角的关系式如下，式中 n、R_u 分别为轴压比和极限位移角，A_g、A_{co} 为柱全截面面积及核心区混凝土面积，将模型轴压比参数以及模拟得到的极限位移角代入公式，计算得到的配箍特征值与模型实际配箍特征值对比如图 4.5-1a，公式计算时已将设计轴压比转换为实际轴压比。通过图 4.5-1a 可知，两公式计算得到的结果均大于有限元模型配箍特征值，说明两公式均能保证结构安全，但两公式计算结果均与实际值偏差较大，这是由于两公式主要是针对新建结构，对于既有建筑由于存在配箍特征值低于现行规范的情况，并不属于其适用范围。

$$\lambda_V=(0.18+0.25n)\left(1-\sqrt{1-R_u/(0.062-0.033n)}\right) \tag{4.5-4}$$

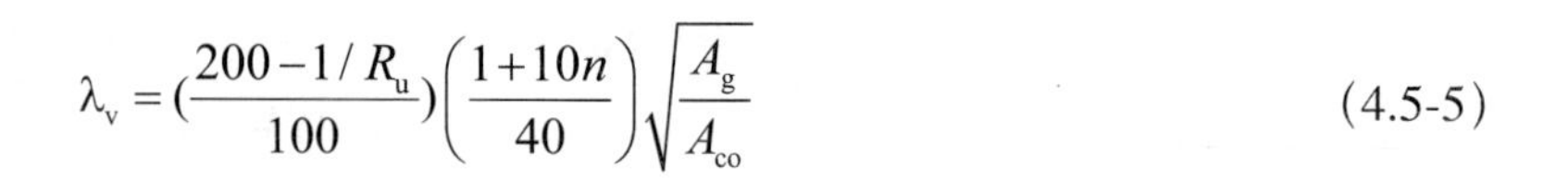

$$\lambda_v=(\frac{200-1/R_u}{100})\left(\frac{1+10n}{40}\right)\sqrt{\frac{A_g}{A_{co}}} \tag{4.5-5}$$

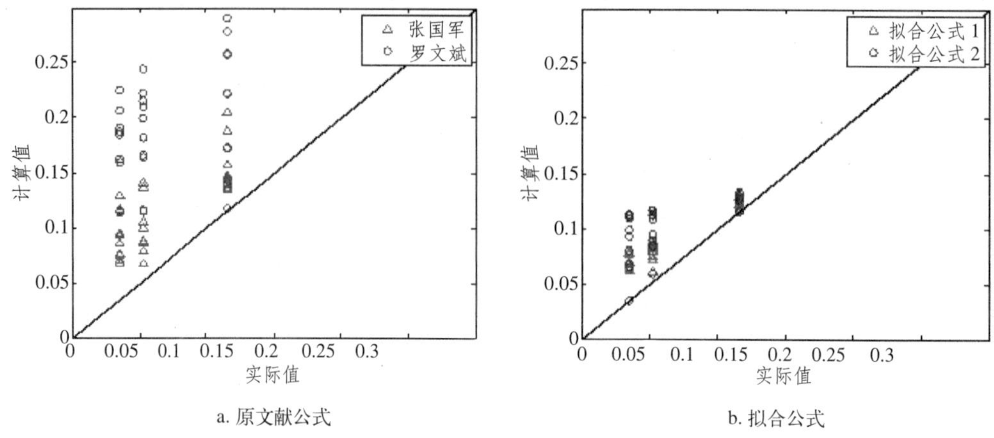

a. 原文献公式　　b. 拟合公式

图 4.5-1　公式计算结果与实际配箍特征值对比

在文献公式的基础上，通过上一章有限元模拟结果进行公式拟合，拟合时除考虑残差平方和最小外，为保证结构安全，还要求公式计算值大于模型实际的配箍特征值，拟合得到的公式如下，公式计算值与实际值对比如图 4.5-1b。对比可知，新拟合的公式与实际值更加吻合，并且拟合式 4.5-6 的吻合程度高于拟合式 4.5-7。图 4.5-13 是拟合公式所得的各变量之间的关系曲面，由图可知，两公式所得曲面均在实际值上方，说明二者均能保证结构安全，同时发现拟合式 4.5-7 的曲面过于平缓，在轴压比高、极限位移角高的情况下，计算得到的配箍特征值较小甚至低于抗规规定的配箍特征值，因此拟合式 4.5-6 适用性更好（图 4.5-2）。

$$\lambda_v=(0.0237+0.5614n)\left(1-\sqrt{1-R_u/(0.0574-0.0132n)}\right) \tag{4.5-6}$$

$$\lambda_v=(2-0.0157/R_u)(0.0470+0.0499n)\sqrt{\frac{A_g}{A_{co}}} \tag{4.5-7}$$

将箍筋需求公式换算后得到箍筋配置与极限位移角的关系公式，在已知箍筋配置情况后根据该公式便可得到框架柱的极限位移角。

$$R_u=\frac{1-\left(1-\lambda_v/(0.0237+0.5614n)\right)^2}{(0.0574-0.0132n)} \tag{4.5-8}$$

$$R_u=\frac{0.0157}{2-\lambda_v/\left((0.0470+0.0499n)\sqrt{\frac{A_g}{A_{co}}}\right)} \tag{4.5-9}$$

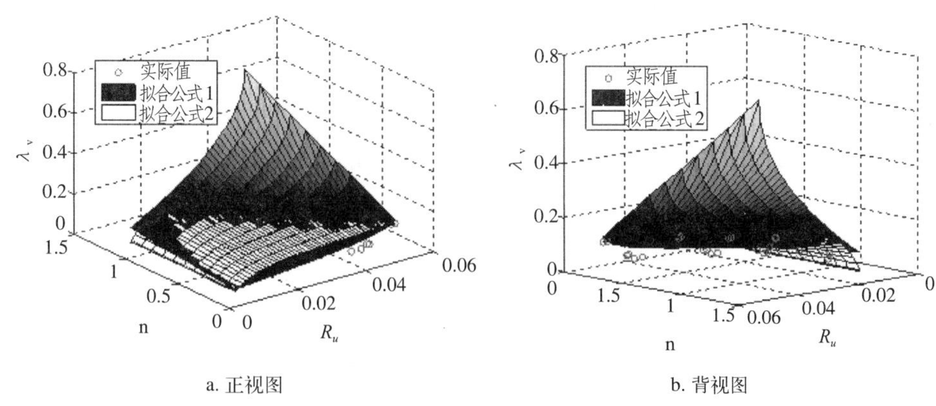

a. 正视图　　b. 背视图

图 4.5-2　拟合公式曲面

（四）箍筋配置对框架结构抗震性能的影响

1. 配置不同箍筋框架的试验研究

设计一五层两跨的钢筋混凝土框架结构，横向、纵向柱距分别为 6m、3.6m，框架柱截面尺寸为 400 × 400，横向、纵向框架梁截面尺寸为 250 × 500 和 250 × 450，层高 3.0m，设防烈度为 8 度，分别按照后续使用年限 30 年（A 类）和 40 年（B 类）的地震作用进行配筋验算，然后取其中的一榀横向框架的底部三层按缩尺比 1 ∶ 1.5 进行模型设计，模型配筋图 4.5-3 ~图 4.5-4，模型实际加载图如图 4.5-5。

模型的框架梁、柱施加竖向荷载后，A、B 框架均无明显变化；开始水平加载后，框架 A 的开裂荷载小于框架 B，但框架 A 和框架 B 各构件的裂缝出现顺序基本一致，模型开裂顺序大致为：各层边柱上端→各层中柱上端→梁端下部和跨中→二层顶梁端翼缘→各层柱下端→一、三层梁端翼缘→节点区。柱端裂缝在开展初期均为水平弯曲裂缝，随着位移加大逐渐斜向发展为弯剪裂缝。

对比 A 框架和 B 框架的破坏程度可知，无论是框架梁还是框架柱，相同部位的破坏程度均是 A 框架比 B 框架严重较多，主要原因是框架 A 的梁、柱箍筋加密区箍筋间距大于框架 B，框架 A 的梁、柱纵筋屈曲现象明显。

从最终破坏现象看，框架 A 和框架 B 有如下共同特点：

（1）梁柱节点区未出现混凝土压碎破坏现象，虽有斜裂缝出现，但裂缝开展程度较小；

（2）各层梁端翼缘混凝土均有受拉裂缝出现；

（3）各层框架梁均出现了弯曲裂缝和少量剪切裂缝；

（4）一、二层框架梁在边节点端破坏较为严重，三层框架梁破坏较轻；

（5）轴压比最大的三层中柱柱顶破坏严重，轴压比稍小的一、二层柱破坏较轻，同一层中也是轴压比较大的中柱破坏严重，轴压比小的边柱破坏轻微（模型由于施工原因三层混凝土实测强度为 C20，一、二层为 C30，因此三层轴压比更大）；

（6）各层柱根部破坏均较轻。

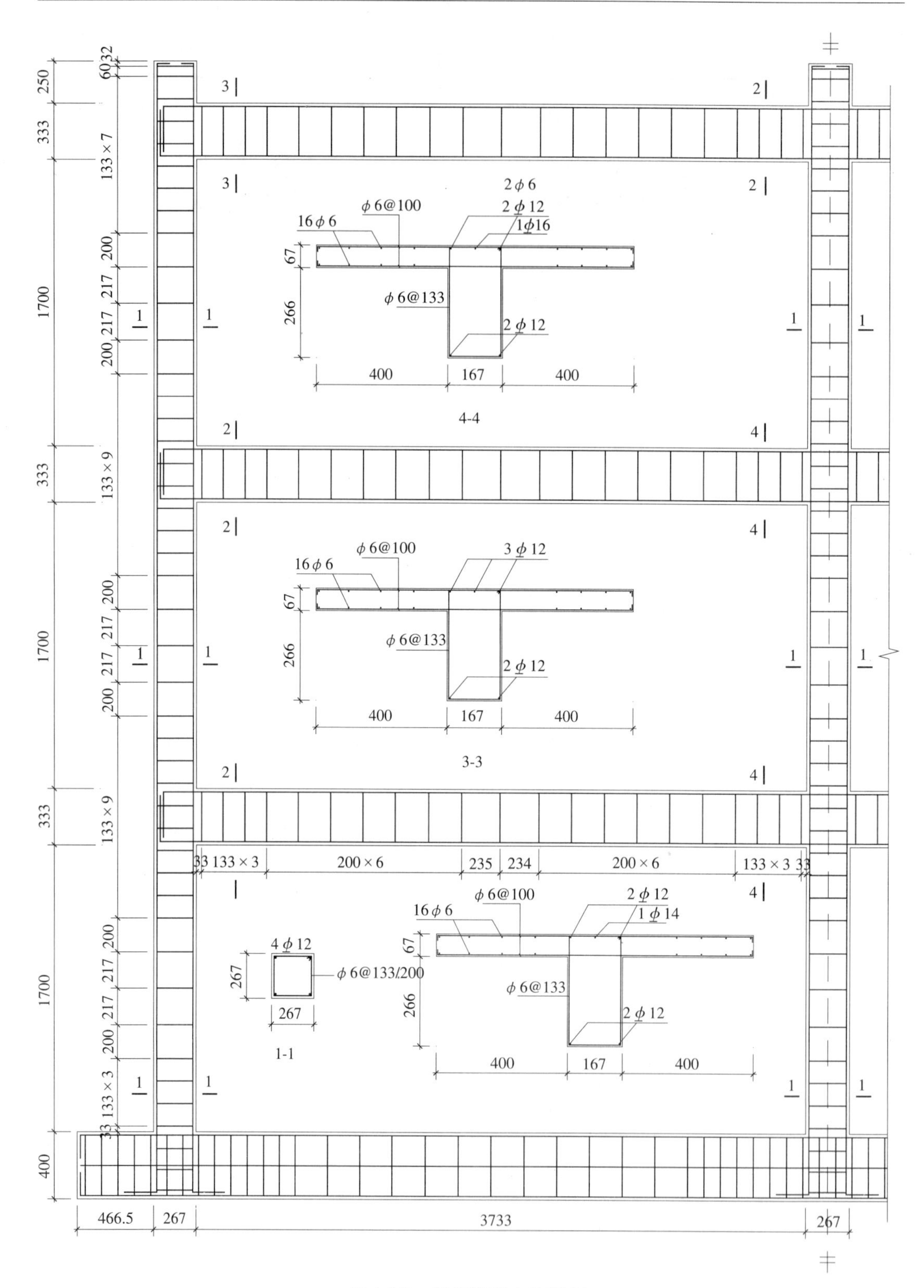

图 4.5-3　框架模型 A 配筋图

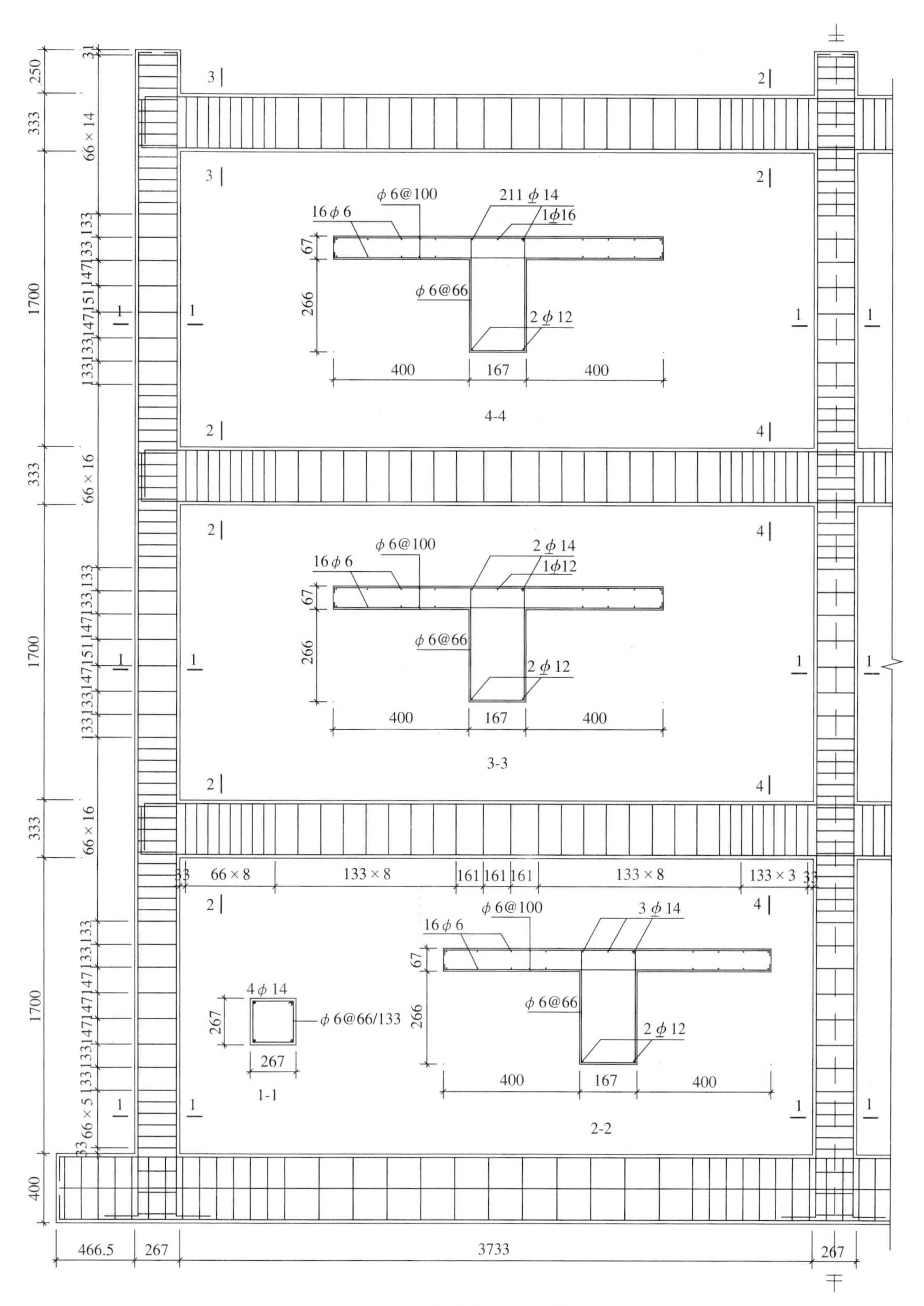

图 4.5-4 框架模型 B 配筋图

图 4.5-5　实际加载装置

2. 配置不同箍筋框架有限元模拟

为研究箍筋间距不同框架的工作机理，按照试验参数建立有限元模型，模型图如图 4.5-6。

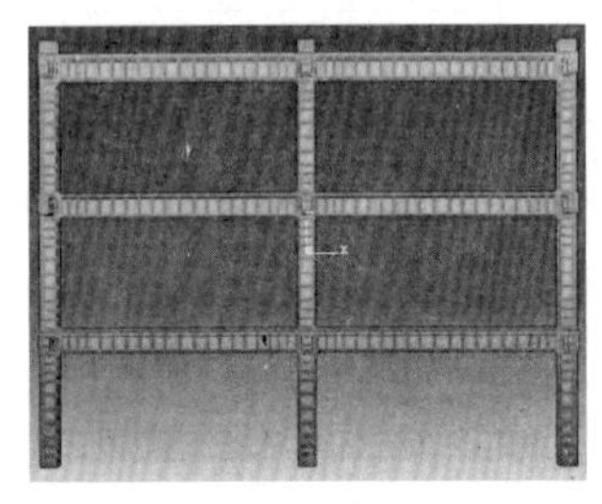

a. 框架 A 模型

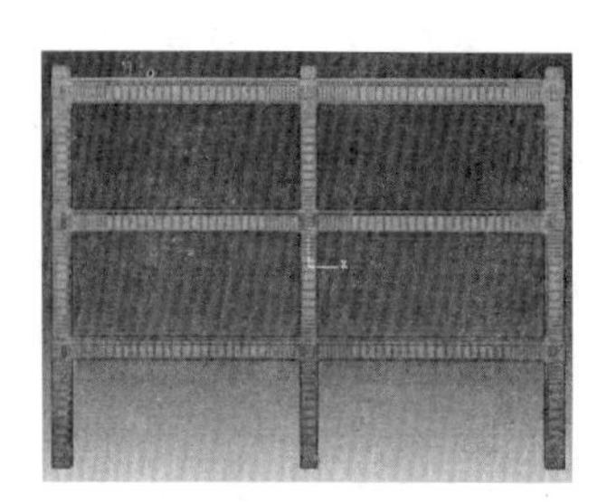

b. 框架 B 模型

图 4.5-6　有限元模型

通过对两榀框架进行推覆分析，得到如下结果。A、B 框架在平均层间位移角达到 1/40 时，混凝土的塑性分布大致相同，梁上塑性发展大于框架柱，同时 B 框架中梁进入塑性的部位更长。A 框架的最大塑性应变为 3.605E-2，B 框架为 3.419E-2 如图 4.5-7~ 图 4.5-9 所示，塑性应变最大位置均位于二层中柱梁柱节点位置。由此说明加密箍筋配置可有效降低混凝土的损伤程度，并且可以让框架梁混凝土的塑性分布更广，更充分地发挥混凝土的性能。

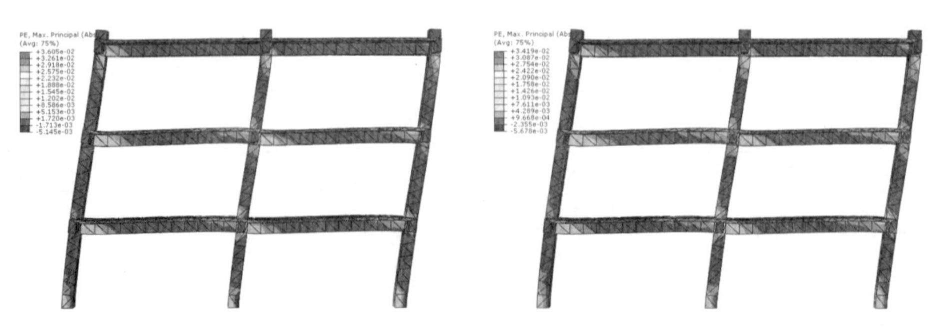

a. A 框架　　　　b. B 框架

图 4.5-7　框架最终塑性应变分布

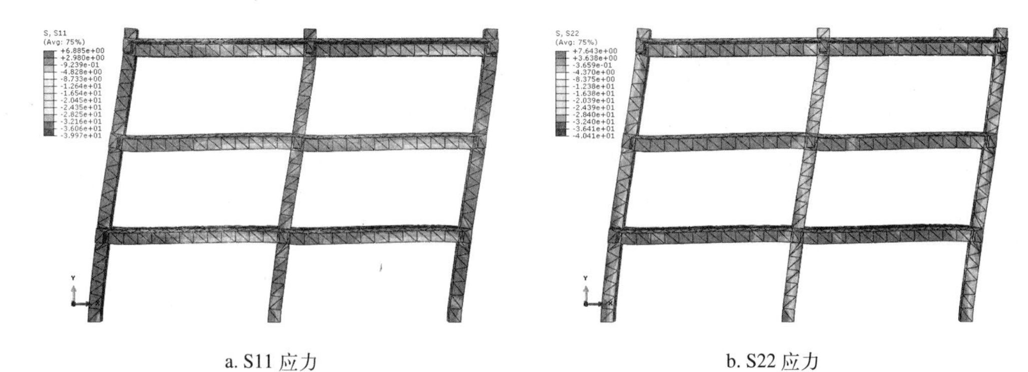

a. S11 应力　　　　b. S22 应力

图 4.5-8 A 框架最终应力分布

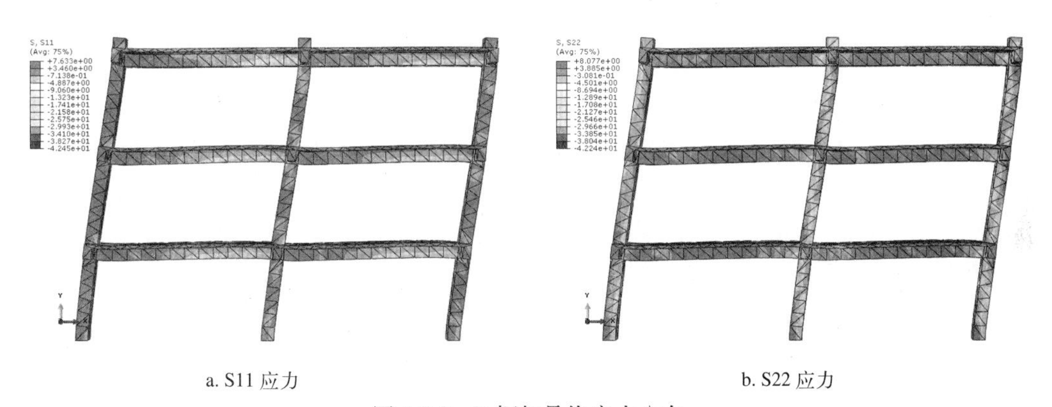

a. S11 应力　　　　b. S22 应力

图 4.5-9 B 框架最终应力分布

加载结束时混凝土的应力分布如图所示，A 框架加载结束时应力 *X*（S11）、*Y*（S22）方向的最大拉、压应力分别为 6.88MPa、39.97MPa 和 7.64MPa、40.41MPa，B 框架分布为 7.63MPa、42.45MPa 和 8.08MPa、42.24MPa，两框架的应力分布基本一致。通过对加载过程中框架内力分布的统计，A 框架加载过程中 *X*（S11）、*Y*（S22）方向的最大拉、压应力分别为 7.37MPa、40.54MPa 和 9.15MPa、47.57MPa，对应的顶点位移分别为 87.03mm、92.43mm 和 43.47mm、91.91mm；B 框架加载过程中 *X*（S11）、*Y*（S22）方向的最大拉、压应力 7.92MPa、42.88MPa 和 9.23MPa、49.06MPa，对应的顶点位移分别为 115.29mm、100.15mm 和 45.69mm、98.77mm。

以上对比可知，箍筋间距更密的框架 B 混凝土受压峰值应力更大，混凝土受拉峰值应力和 A 框架大致相当，同时达到峰值应力的对应顶点位移较 A 框架更大，加载结束时混凝土强度衰减也更少，与约束混凝土轴心抗压试验得到的结果相同。

二、既有建筑结构基于性能的抗震鉴定及加固方法

（一）结构抗震设计方法的发展

结构抗震设计方法的发展 [19] 历史是人们对地震作用和结构抗震能力认识不断深化的过程。对结构抗震设计方法发展历史的回顾，有助于对结构抗震原理的认识。

结构抗震设计方法经历了静力法、反应谱法、延性设计法、能力设计法、基于能量平衡的极限设计法、基于损伤设计法和近年来正在发展的基于性能 / 位移设计法几个阶段。有些设计方法的发展阶段相互交错，并相互渗透。

（二）结构抗震设计方法的比较

现行规范规定的构件截面的抗震构造措施，主要是根据结构类型和重要性、房屋高度、地震烈度、场地类别等因素确定，是对结构抗震性能的宏观定性控制。设计人员被动地采取抗震构造措施，并不清楚在采取了这些措施以后结构在地震时的性能如何。

基于性能的抗震设计是根据结构在一定强度地震作用下的变形需求，通过对构件截面进行变形能力设计，使结构有能力达到预期的性能水平。这样可以把结构的性能目标要求与抗震措施联系起来，是一种定量的抗震措施，设计人员主动通过抗震措施来控制结构的抗震性能，因而对结构在未来地震时的性能比较清楚。与现行抗震设计方法相比，基于性能的抗震设计理念更科学、更合理，基于性能结构抗震设计立论在抗震加固中的应用，具有明确的现实需求，会对抗震加固技术起到重要的理论指导作用。

（三）基于性能的抗震鉴定方法

1. 性能化抗震鉴定方法的特点

现有抗震鉴定标准中，根据检验结构体系、材料实际达到的强度等级、结构整体性连接构造及局部易损易倒部位四个方面来进行第一级鉴定；通过对楼层平均抗震能力指数或构件抗震承载力的验算进行第二级鉴定。根据鉴定结果确定建筑的后续使用年限。基于性能的抗震鉴定方法的特点主要有以下几方面：

（1）基于等超越概率，确定建筑在不同后续使用年限时的各地震动水准（小震、中震、大震）指标；

（2）建筑抗震构造措施不同时，其结构各性能水准的指标不同；

（3）结构分析计算方法丰富，计算结果以位移指标复核为主。

2. 性能化抗震鉴定基本流程（图 4.5-10）

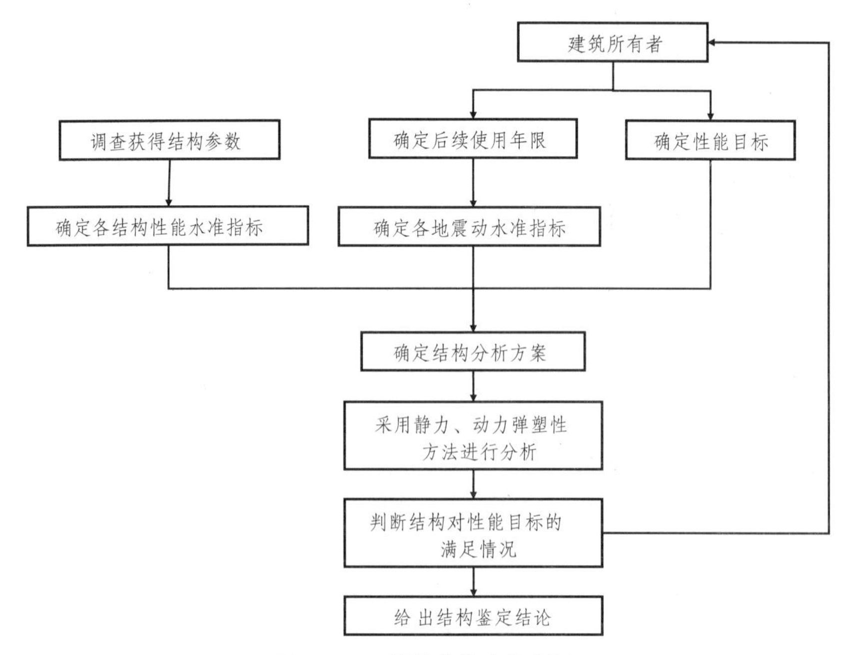

图 4.5-10　性能化鉴定流程图

根据前面研究成果，性能化抗震鉴定的流程可按图 10 进行。

(四）基于性能的抗震加固方法

1. 性能化抗震加固方法的特点

历次震害表明，结构破坏、倒塌的主要原因是变形过大，超过了结构构件能承受的塑性变形能力。基于性能的抗震设计要求进行定量分析，使结构的变形能力满足在预期的地震作用下的变形要求。因此除了验算构件的承载力外，要控制结构在地震作用下的层间位移角限值或位移延性比，根据构件变形与结构位移关系，确定构件的变形限制值；并根据截面达到的应变大小及应变分布，确定构件的构造要求。

确定结构在地震作用下的层间位移角限值，是基于性能抗震设计的重要内容，实质就是确定允许的结构震害程度或确定地震后结构能保持的使用功能目标。不同的震害程度或功能目标，可以做出不同的设计结果。若期望大震后建筑结构能立即使用或略加修理就能使用，位移角控制要严一些，相应的构件尺寸或构件配筋会大一些；若允许结构在大震中破损，位移角限值可以放松些，则设计结果会与前者不同。

大震作用下结构的位移限值以多大为宜，至少涉及两个问题：一是抗震投资；二是对于不同的结构体系，层间位移角大小与结构破坏程度之间需要有明确的量化对应关系 [20]。基于性能的抗震加固设计就是根据建筑物的结构形式、使用功能、加固要求等，确定各级性能水平，针对不同的性能水平提出抗震设防标准，以此进行加固设计。这样在不同强度地震作用下，能有效控制建筑物的破坏形态，使建筑物实现明确的不同性能水平。结构在其整个生命周期中，在遭受不同水平的地震作用下，总的加固费用达到最小[21]，即是“投资—效益”准则。

2. 性能化抗震加固过程

基于性能的抗震加固设计过程可分为三个阶段，即概念设计阶段、计算设计阶段和性能评估阶段，按这三个设计过程对结构的性能目标进行控制。

基本加固设计步骤[12]如图 4.5-11 所示：

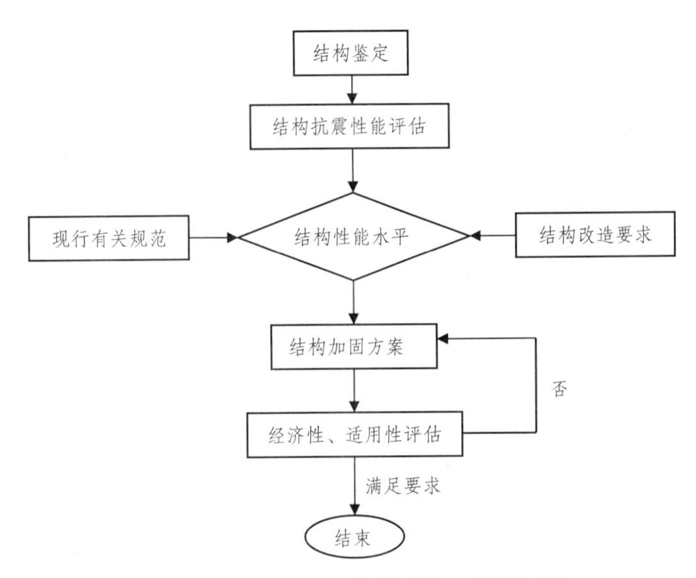

图 4.5-11　基于性能的抗震加固设计框图

（五）结构性能化抗震鉴定与加固计算分析方法

1. 基于性能的建筑抗震设计分析计算方法

确定了建筑的性能目标和相应的抗震措施后，采用何种计算方法进行结构反应分析，就成为基于性能的抗震设计的关键环节。不同性能水准的结构，具有不同的性能状况，包括保持弹性和进入后屈服状态等。因此，对于建筑的不同性能目标要求应选用不同的计算分析方法。

（1）完全线弹性分析方法

完全线弹性分析方法是一种经典、完善、成熟的结构分析方法，其分析对象是处于线弹性范围内的结构体。采用完全弹性分析法进行结构抗震分析的优点是，所有的结构构件均为弹性，结构分析简单、易行，精度相对要高一些；其缺点就是不能对结构屈服后的性能状态，乃至破坏机制有一个很好的估计。因此，我国现行抗规在采用这种方法进行抗震设计的同时，还根据国内外的地震震害经验提出了相应的抗震措施（含内力调整、构造等），确保结构在中等地震作用下也具有良好的抗震性能。完全线弹性分析方法根据所采用手段又法分为如下几种方法：

1）底部剪力法

2）振型分解反应谱法

3）线性时程分析法

（2）非线性分析方法

1）弹塑性时程分析方法

2）静力弹塑性分析方法

2. 既有建筑性能化抗震鉴定及加固计算分析方法

性能化抗震设计中的计算分析方法都能适用于既有建筑的性能化抗震鉴定中，下面具体分析各方法在性能化抗震鉴定中的使用。

动力弹塑性分析方法是与实际情况最为符合的方法，其大致分析过程如下：

（1）根据结构特性和所在场地选取符合抗规要求数量的天然地震波和人工合成地震波，根据建筑的后续使用年限对地震动参数（峰值加速度）进行调幅，使不同水准地震动在 50 年的超越概率与新建建筑相等。

（2）建立结构模型，并将选取的各地震波按不同水准（小震、中震、大震）输入结构，根据所选取地震波的数量按照抗规要求取包络或平均值进行评估，依据前述有关表格判断结构在各水准地震下的性能情况，进而判断是否达到性能目标。

静力弹塑性分析方法虽然是一种近似方法，但其同样可以反映结构进入塑性后的性能，同时计算过程更为简便，对于性能化抗震鉴定是一种较为理想的计算分析方法，其计算过程如下：

（1）根据结构的后续使用年限，保证 50 年的超越概率与新建建筑一致，确定不同水准地震的地震影响系数最大值。

（2）建立结构模型，得到结构的推覆曲线，根据位移系数法或能力谱法确定结构的目标位移，进一步通过第二章中的箍筋需求公式复核框架柱箍筋是否满足要求，同时也可根据前面表中给出的不同箍筋间距、轴压比下框架的层间位移角性能水准指标，判断结构在目标位移处的性能水平。

性能化抗震加固计算分析方法同样可采用静力或动力弹塑性分析方法，基本过程和性能化抗震鉴定基本相同，同样需要根据后续使用年限确定地震动水准，建立加固后结构的有限元模型进行分析。由于目前不少加固方式是按照承载力进行设计计算的（如框架柱外包钢板、碳纤维等），对于这类框架结构的建模还需要考虑这些加固方法对结构变形性能带来的有利作用。对于增加阻尼器加固或增设隔震层加固的结构，性能化抗震加固设计时首选的分析方法是动力弹塑性分析方法，因为该方法能更加精细地分析结构在动力作用下的抗震性能。

三、性能化抗震加固工程案例分析

（一）某板柱—抗震墙结构消能减震设计

1. 工程概况

某少年宫教学楼建于 1991 年，地下 1 层，地上 9 层，局部为 11 层，大屋面建筑高度为 34m，总建筑面积为 7848m^2。结构体系为钢筋混凝土板柱—抗震墙结构，基础形式为箱型基础。地上首层至八层中部采用无梁楼盖，其余部分为梁板式楼盖，结构三维整体模型如图 4.5-12 所示。

图 4.5-12 某板柱—抗震墙结构三维模型

根据现场检测及计算复核 [22]，原结构存在如下主要问题：

（1）抗震墙布置不均匀，单片抗震墙最大长度为 14.6m，单片抗震墙底部承担水平剪力达到 45%，远超过结构基底剪力 30%，结构抗侧刚度均匀性较差。

（2）鉴定结果表明：原结构在多遇地震作用下，较多框架梁纵筋及箍筋不满足抗震承载力要求。框架梁纵筋实配钢筋量与需配筋量之比在 0.70 ~ 0.95 之间，箍筋直径及间距均不符合《建筑抗震鉴定标准》GB 50023-2009 规定的梁端箍筋加密区范围内箍筋直径不小于 10mm、间距不大于 100mm 的要求。

（3）框架柱箍筋加密区的体积配箍率均不满足规范最小体积配箍率的要求。箍筋直径及间距均不满足《建筑抗震鉴定标准》GB 50023-2009 中规定的柱上、下端箍筋加密区范围内箍筋直径不应小于 10mm、间距不大于 100mm 的要求。

（4）原设计执行 78 抗震规范，抗震墙两端和洞口两侧均未设置边缘构件，不满足《建筑抗震鉴定标准》GB 50023-2009 规定抗震墙两端及洞口两侧设置边缘构件的要求；抗震墙底部加强区边缘构件纵筋实配钢筋量与需配钢筋量之比为 0.2 ~ 0.5 之间，抗弯承载力相差较多，同时抗震墙底部加强区部分墙肢抗剪承载力不满足要求。

2. 抗震加固目标及方案

（1）抗震加固目标

该教学楼竣工于 1991 年，是依据 78 抗震规范丙类建筑进行抗震设计的，现因该建筑物属于教育类建筑，根据《建筑工程抗震设防分类标准》GB 50223-2008 需要按照乙类建筑进行抗震加固。如果对所有构件都进行加固，则涉及面广，加固工程量大，工期长，投资高。经论证确定抗震设防目标如下：该建筑的后续使用年限按 40 年考虑，加固后的结构满足《建筑抗震鉴定标准》GB 50023-2009 关于 B 类建筑的相关要求。

（2）加固方案

抗震加固的目的是提高房屋抗震承载能力、变形能力和整体抗震性能。选择何种加固方案需要综合考虑功能、美观、经济、安全等多方面因素，就该工程而言，首先对单一方式加固方案进行分析：

1）构件加固，对不满足要求的结构构件均进行加固。加固量大，施工周期长，改造费用较高，所有梁、柱及抗震墙构件都要加固。

2）增设抗侧力构件。原结构体系为板柱—抗震墙结构，需要增设较多抗震墙或支撑才能较为有效地改善原结构的抗震性能，但是此方案对原建筑平面及立面影响较大，对建筑功能及内部交通疏散影响也较多。同时如果增加抗震墙，原有基础无法承担增设抗震墙带来的竖向荷载及水平荷载，需要对基础进行加固以确保安全。

3）增设消能器。在原结构内部增设消能器相当于提高了整个结构的阻尼比，从而达到减小地震作用的目的。减震设备往往可以工厂制作，现场安装，因而施工方便简单，施工周期短且不改变原有建筑的风貌，同时减震效果显著，再配合其他加固措施可实现结构抗震性能的明显提升。经过试算，如果全部采用增设阻尼器方案，阻尼器数量较多，从而导致加固改造费用过高，并且对建筑内部交通疏散影响也较大。

对比上述方案可以看出，如果采用单一加固方案，基本上无法兼顾抗震性能、功能、经济、美观这四个基本要素，因此只有通过综合使用不同的加固方案，取长补短，方能得到较为满意的效果。在满足规范的前提下，加固设计遵循“最小干预”和“可逆”的原则，从性能化抗震加固角度着手，一是通过增设阻尼器办法提高建筑物的整体耗能性能，二是加固主要针对关键构件，而对于普通构件以及耗能构件则仅进行适当补强。

经过多轮试算和比选，最后综合上述各加固方案的优点，采用如下措施进行抗震加固：

1）从降低结构地震作用效应的角度出发，对结构进行卸载，将原建筑物内黏土砖围护墙及隔墙拆除，换成轻质墙体，减轻重量，从而减小地震作用。

2）采用增设消能器的加固方法将结构由纯抗震改为消能减震及抗震。选择消能器类型时，主要考虑到原结构体系为板柱 - 抗震墙结构，抗震墙较多且比较集中，侧向刚度大，如果选用位移型消能器，由于其对位移敏感，在小震作用下较难发挥作用；而速度型消能器，由于其对速度敏感，在小震下就可以迅速发挥作用，在中大震阶段，可以充分耗能减震，有效地提高结构抗震安全性，因此工程最终选择了速度型消能器。从地下室顶板开始沿结构竖向均匀布置，其中 X 向 13 套消能器，Y 向 17 套消能器，首层消能器平面布置图如图 4.5-13 所示，典型轴线消能器立面布置图如图 4.5-14 所示。

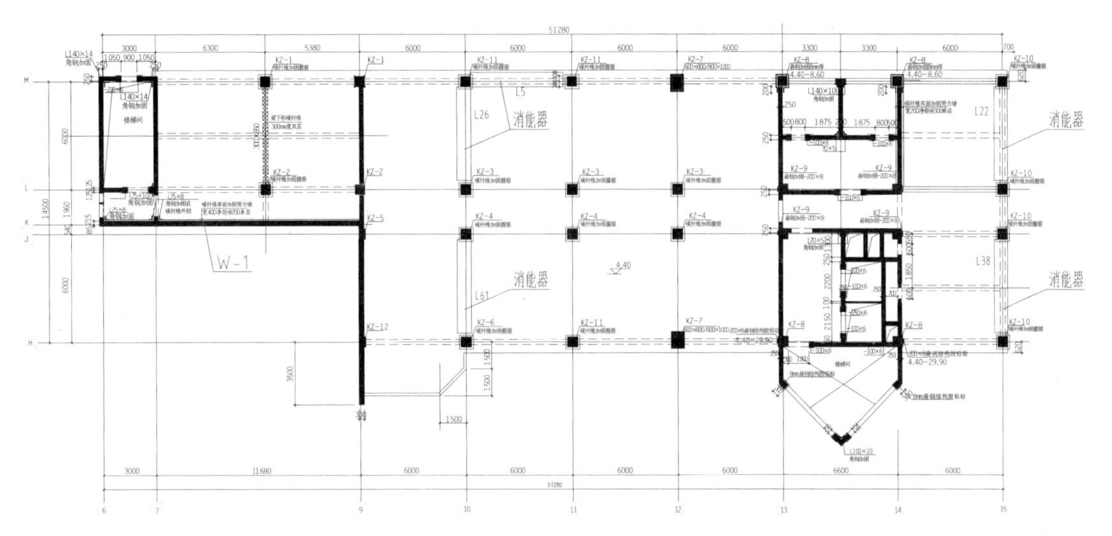

图 4.5-13　首层加固平面布置图

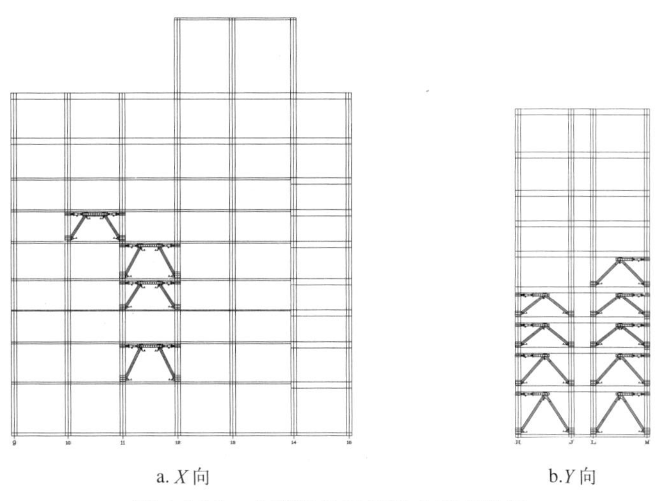

a. X 向　　　　b.Y 向

图 4.5-14　典型轴线阻尼器立面布置图

3）对于抗弯承载力不足且不超过 40% 的框架梁采用梁顶粘贴钢板（负筋不足）和梁底粘贴碳纤维布（正筋不足）的方式进行加固，该方法的优点在于不改变构件外形和使用空间，对建筑功能影响较小。

4）框架柱加密区范围箍筋不足，通常情况下可采用钢构套方法或者粘贴碳纤维布方式加固，但由于有很多框架柱两个方向的框架梁偏心搁置在柱角，使得钢构套角钢不能上下贯通，因此对此类框架柱采用粘贴碳纤维布箍进行加固，环向粘贴碳纤维布构成环向围束作为附加箍筋等代箍筋加密作用，提高框架柱抗剪能力及抗震延性。

5）加固设计中，对抗震墙两端及洞口两侧未设置边缘构件部位采用增加钢构套方法进行加固；对仅抗剪承载力不足的抗震墙采用粘贴碳纤维布方式进行加固；对于抗震墙底部加强区边缘构件纵筋相差较多的问题，主要通过粘滞阻尼器的减震作用来解决，这样大大减少了抗震墙边缘构件纵筋的加固量。

3．加固前后抗震性能分析

（1）侧向变形

加固前后多遇地震作用下层间位移角对比如图 4.5-15 所示。层间位移角曲线较为平缓，未出现突变，说明阻尼器竖向布置较为合理，未出现明显的薄弱层效应。相比加固前，加固后 X 向层间位移角由 1/1886 降低为 1/2380，降幅为 20%，Y 向层间位移角由 1/2075 降低为 1/3448，降幅为 33%，说明增设阻尼器以后有效地减少了作用在主体结构上的地震作用，提升了结构整体抗震性能。

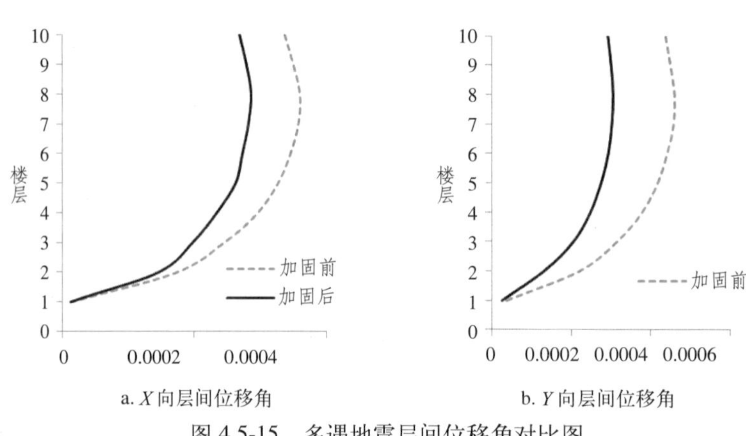

图 4.5-15　多遇地震层间位移角对比图

加固前后罕遇地震作用下层间位移角对比如图 4.5-16 所示。加固前后 X 向最大层间位移角均发生在首层，具体数值由 1/149 下降为 1/322，降幅为 53%，相比弹性分析，发展到弹塑性以后，X 向首层成为薄弱层，原结构 X 向底层塑性变形集中现象更为明显。加固前后 Y 向最大层间位移角均发生在顶层，具体数值由 1/139 下降为 1/314，降幅为 41%，原因在于为满足顶部大空间的需要，顶部两层减少了两排框架柱，导致顶层形成薄弱层，增设消能器以后薄弱层效应明显缓解。

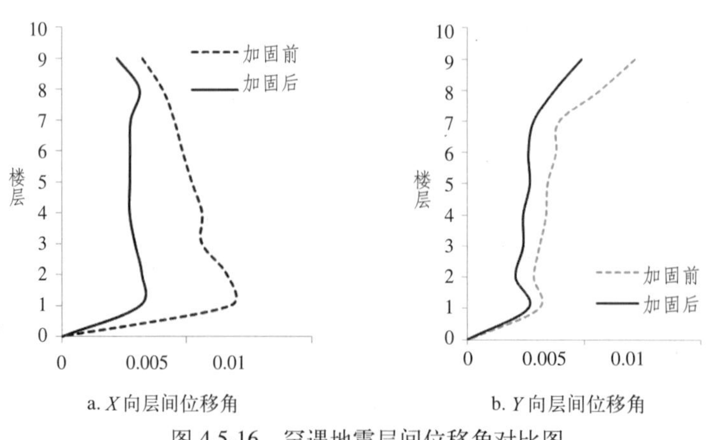

图 4.5-16　罕遇地震层间位移角对比图

综合来看，加固以后楼层应力集中现象得到大大缓解，层间位移角曲线竖向变得较为平缓，未出现突变，说明阻尼器竖向布置较为合理，薄弱层效应大大降低。加固以后有效地减少了作用在主体结构上的地震作用，提升了结构整体抗震性能。

（2）关键抗震墙分析

针对关键抗震墙 W-1 分别计算多遇地震、设防地震震及罕遇地震作用下结构构件受力情况，计算结果分别见表 4.5-20～表 4.5-22。从表中可以看出，W-1 在多遇地震作用下墙肢组合轴力为拉力，构件为拉弯构件，该片抗震墙刚度过大，所承担的内力过大，导致该墙处于不利的拉剪、弯受力状态，在地震作用下易导致脆性破坏，延性较差。

多遇地震 W-1 截面验算（轴力受压为负）　　表 4.5-20

墙肢	X 向地震内力			组合内力			配筋验算	
	N	M	V	N	M	V	As	Ash
W-1	5415	44665	4354	587	64419	6060	6473	316

从表 4.5-21 中可以看出：相比多遇地震，在设防地震作用下 W-1 暗柱配筋量大幅增加。原因在于墙肢 W-1 受力特点发生较大变化，设防地震作用下墙肢组合轴拉力大幅增加，所以暗柱配筋量大幅增加，设防地震设计与多遇地震设计墙肢暗柱配筋相差 7.3 倍。

设防地震 W-1 验算（轴力受压为负）　　表 4.5-21

墙肢	X 向地震内力			组合内力			配筋验算	
	N	M	V	N	M	V	As	Ash
W-1	15231	25620	12246	13797	171192	16296	47827	737

如果按常规加固设计，即仅作多遇地震的分析设计，对于该工程很难保证中、大震的抗震安全，结构在中震时进入强弹塑性，导致内力重分布。所以采用简单的小震弹性分析进行设计，与实际情况有较大出入。只有结构在中震时构件刚度退化不是很大时，小震弹性分析才能在一定程度上保证结构的中、大震性能（表 4.5-2.2）。

罕遇地震 W-1 截面抗剪验算　　表 4.5-22

方向	墙肢	剪力（kN）	0.15*fc*B*Ho
X	W-1	23636	12707

表验算结果表明，该墙不能满足大震作用下抗剪截面验算。为解决该问题，对消能器减震效果进行分析，通过设置合理的消能器数量并增加该墙抗剪承载力的方法使得该墙满足大震抗剪截面验算。加固后最终使得该抗震墙满足《高层建筑混凝土结构技术规程》JGJ 3-2010 抗震性能目标 C 的要求，即多遇地震作用下满足弹性设计要求，设防地震作用下正截面承载力满足不屈服设计要求，罕遇地震作用下满足受剪截面控制要求。

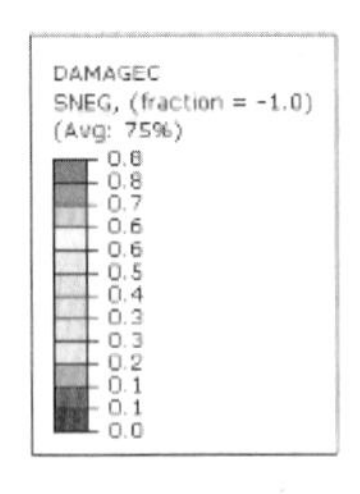

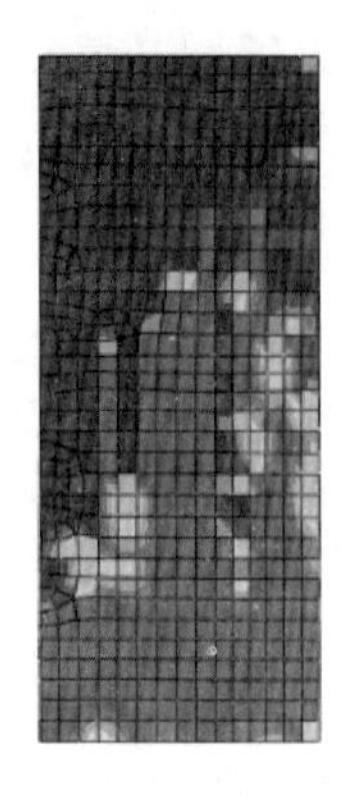

a. 加固前

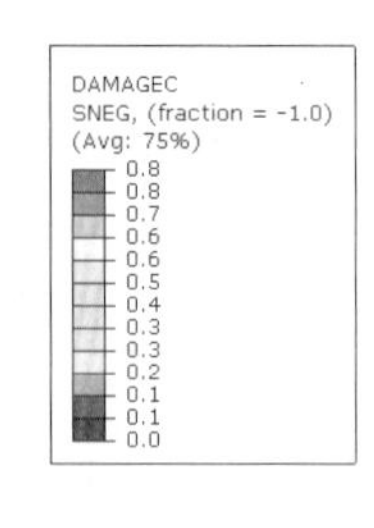

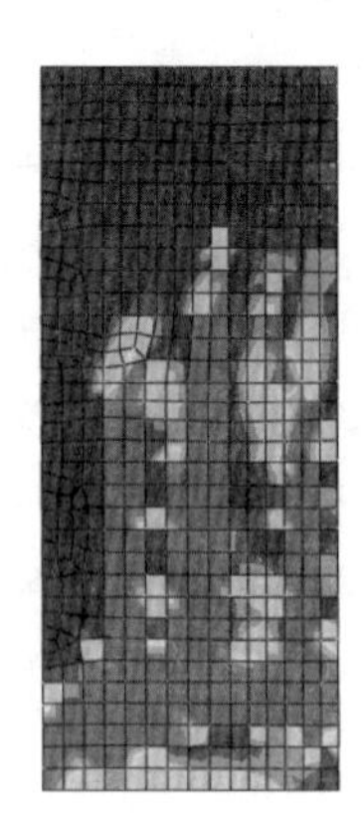

b. 加固后

图 4.5-17　加固前后 W-1 墙损伤云图

以抗震墙 W-1 作为关注对象进行整体结构罕遇地震作用下动力弹塑性时程分析。加固前抗震墙混凝土受压损伤因子分布如图 4.5-17 所示。大震作用下外墙混凝土最大受压损伤因子达到 0.9，说明墙肢出现严重破坏。墙肢破坏首先从中部开始，逐渐向墙肢外边缘扩展，最终受压损伤因子达到 0.9 的区域超过墙肢宽度的 1/2，破坏较为严重。综合来看，墙肢破坏机理为拉伸、剪切破坏，属于脆性破坏，构件延性较差。由图中可见加固后抗震墙的破坏部位减少较多且分布较为均匀，破坏程度也有所减轻，破坏机理及部位较为合理，避免了竖向关键构件集中破坏的问题，说明采用的技术措施达到了加固目的。

4. 小结

针对某重点设防类教学楼，对其进行抗震加固改造，通过对该工程的抗震性能化加固实践，得到如下结论：

（1）对使用年限已经较长的学校类乙类建筑，除了传统的“抗震”加固以外，还可以从“减震”角度来考虑，采用抗震与减震相结合的办法来提高结构的抗震性能，通过“减震”方法降低结构上的地震作用，利用加固构件的办法提高关键构件的抗震承载力，从而减少加固工程量，协调建筑保护与抗震加固之间的关系。

（2）对于板柱—抗震墙体系，由于抗震墙要承担全部地震作用，局部抗震墙承担地震作用偏大形成薄弱部位的问题，可以采用增设消能器方法及增加关键部位构件承载力的方法解决，从而有效地降低局部抗震墙震害程度。

（3）对于抗侧体系存在楼层应力集中的既有建筑，采用增设消能器的方法可以有效地改善抗侧力体系的竖向均匀性问题，避免出现薄弱层效应，减轻地震作用下的楼层破坏程度。

四、成果及展望

1. 研究成果

本课题主要研究成果及创新点如下：

（1）提出适合既有建筑性能化抗震鉴定及加固的关键指标。

以保证 50 年超越概率与新建建筑相等为基础，提出适合不同后续使用年限既有建筑的不同水准地震动指标；根据既有建筑的特点并参考现行规范中性能化抗震设计方法，给出适合既有建筑的 6 级结构性能水准指标；基于既有建筑的不同设防分类和后续使用年限给出了建议的性能目标。

（2）提出既有框架结构满足不同性能目标的层间位移角指标。

根据15个框架柱拟静力试验，得到了既有框架结构在满足抗震鉴定中不同分类建筑的抗震构造措施时，实现不同性能目标的层间位移角指标，可方便地用于既有建筑基于性能的抗震鉴定及加固。

（3）得到既有低配箍率框架结构极限位移计算公式。

通过建立有限模型，分析了现有约束混凝土本构的对既有框架结构的适应性，在此基础上，通过有限元参数分析得到了既有低配箍率（大箍筋间距）框架柱适用的极限位移计算公式，为基于变形的抗震鉴定提供参考。

（4）得到了低配箍率（大箍筋间距）对框架结构抗震性能的影响。

根据2榀框架结构模型(分别满足鉴定标准中A类、B类建筑构造措施)的拟静力试验，得到了框架结构在配箍率及箍筋间距低于新建建筑时的破坏过程和破坏形态；通过三维实体有限元模型，从混凝土、纵筋的角度详细分析了低配箍率（大箍筋间距）对框架结构抗震性能的影响，得到了减小箍筋加密区的箍筋间距可以降低混凝土及纵筋的破坏程度，提高混凝土的最大应力和变形能力等结论。

（5）给出了既有低配箍率框架结构性能化抗震鉴定及加固的具体实施方法和步骤。

在全文研究的基础上，给出了性能化抗震鉴定及加固的具体实施方法和步骤，分析了弹性分析方法以及静力、动力弹塑性分析方法对性能化抗震鉴定及加固的适用性，并建议性能化抗震鉴定采用静力弹塑性分析方法中的位移系数法，性能化抗震加固采用动力弹塑性分析方法，最后通过两个工程案例，分别介绍了既有建筑增加阻尼器和增设隔震层时，性能化抗震加固方法的实际应用。

2. 研究展望

通过本课题的研究，对既有低配箍率框架结构基于性能的抗震鉴定及加固方法给出了具体的实施步骤，和可供参考的性能指标。在如下几个方面还需要进一步研究：

（1）对于除框架结构之外的既有建筑，尚需通过进一步研究给出性能化指标和极限位移计算公式。

（2）采用静力弹塑性分析方法或动力弹塑性分析方法进行性能化抗震鉴定及加固时，还存在一定程度的繁琐，有待进一步研究得出更加简便，适合工程设计人员使用的计算分析方法。

（3）研究对象为工程中最为常见的剪跨比大于2的普通框架柱，对于剪跨比小于2的短柱还需进一步研究给出相关指标。

参考文献

[1] 高向玲，李杰，张自立等．既有建筑结构基于性能的设计方法初探．既有建筑综合改造关键技术研究与示范项目交流会．深圳，2009：534-539.

[2] Hu J，Xie L，Dai J. Characteristics of engineering damage and human mortality in Mianzhu areas in the great 2008 Wenchuan，Sichuan，earthquake[C]. 14th WCEE，2008：12-17.

[3] 邢燕，牛荻涛．基于结构性能的抗震设计与抗震评估方法综述 [J]. 西安建筑科技大学学报：自然科学

版，2005，37（1）：24-28.

[4] 周锡元 . 抗震性能设计与三水准设防 [J]. 土木水利（台湾），2003，30（5）：21-32.

[5] 门进杰，史庆轩，杨君 . 基于性能的抗震设计理论研究述评 [C]. 第七届全国地震工程学术会议 . 2006：670-675.

[6] ASCE/SEI 41-13，Seismic Evaluation and Retrofit of Existing Buildings[S]. American Society of Civil Engineers，2014.

[7] 毋剑平 . 考虑结构设计使用年限的抗震功能设计 [D]. 北京：中国建筑科学研究院，2003.

[8] 周锡元，曾德民 . 估计不同服役期结构的抗震设防水准的简单方法 [J]. 建筑结构，2002，32（1）：37-40.

[9] 刘培 . 屈服强度系数在钢筋混凝土框架结构抗震鉴定中的应用研究 [D]. 中国建筑科学研究院，2014.

[10] 谢礼立，马玉宏，翟长海 . 基于性态的抗震设防与设计地震动 [M]. 北京：科学出版社，2009.

[11] 高层建筑混凝土结构技术规程 JGJ 3-2010 [S]. 北京：中国建筑工业出版社，2010.

[12] 张祥龙 . 基于性能的抗震加固初探 [J]. 工程抗震　加固改造，2007，29（3）：102-103.

[13] California office of Emergency Services，Vision 2000，Performance-based seismic engineering of buildings[S]. California：SEAOC Vision 2000，1995.

[14] 魏琏 . 高层及多层钢筋混凝土建筑抗震设计手册 [M]. 地震出版社，1990.

[15] 闫熙臣，高小旺 . 钢筋混凝土框架结构抗震评估的新方法 [J]. 工程抗震与加固改造，2007，29（1）：103-105.

[16] 李应斌 . 钢筋混凝土结构基于性能的抗震设计理论与应用研究 [D]. 西安建筑科技大学，2004.

[17] 罗文斌，钱稼茹 . 钢筋混凝土框架基于位移的抗震设计 [J]. 土木工程学报，2003，36（5）：22-29.

[18] 张国军，吕西林，刘建新 . 高强约束混凝土框架柱基于位移的抗震设计 [J]. 同济大学学报（自然科学版），2007，(02)：143-148.

[19] 叶列平，经杰 . 论结构抗震设计方法 [C]. 第六届全国地震工程会议论文集，2002.

[20] 方鄂华，钱稼茹 . 高层建筑抗震设计几点建议 [C]. 北京：第五届全国地震工程学术会议论文，1998：57-64.

[21] 周定松 . 钢筋混凝土框架结构基于性能的抗震设计方法 [D]. 同济大学，2004：1-160.

[22] 建筑抗震鉴定标准 GB 50023-2009 [S]. 北京：中国建筑工业出版社，2009.

6 火灾后型钢混凝土框架结构抗震性能试验研究

王广勇[1] 张东明[2]
1. 中国建筑科学研究院，北京，100013；
2. 建研凯勃建设工程咨询有限公司，北京，100013

引言

型钢混凝土框架结构在高层及超高层建筑结构应用十分广泛，由于抗震性能好，型钢混凝土框架结构多用在地震设防烈度较高的地区，以抵抗设计地震作用。目前，对火灾后型钢混凝土结构的力学性能研究方面已经取得部分成果。徐玉野等[1]进行了 CFRP 加固火灾后钢筋混凝土短柱抗震性能的试验研究，提出了 CFRP 加固的钢筋混凝土柱火灾后抗剪承载力的计算方法。Du EF 等[2]提出了火灾后型钢混凝土柱力学性能分析的有限元计算模型，计算结果与试验结果吻合较好。李俊华[3]等进行了火灾后型钢混凝土梁力学性能试验，试验结果表明，经历高温作用后，其破坏形态与常温试件基本相同，承载力均有不同程度的降低，同时具有较好的变形能力。Song TY 等[4-5]对火灾后钢管混凝土柱—钢梁节点进行了试验研究，并建立了相应的有限元分析模型，进一步提出了节点弯矩—转角关系。谭清华[6]进行了考虑火灾升降温全过程的型钢混凝土柱—钢筋混凝土梁框架的火灾后力学性能试验，在试验的基础上建立了火灾后型钢混凝土柱—钢筋混凝土梁框架结构的有限元分析模型，对其火灾后的力学性能进行了研究。Zhang C 等[7]对火灾后偏心受压型钢混凝土柱力学性能进行了系统的试验研究，分析了受火时间、荷载比和含钢率等参数对火灾后型钢混凝土柱剩余承载力的影响。王广勇等[8]进行了火灾全过程后型钢混凝土柱的力学性能试验，建立了考虑升温阶段、降温阶段以及火灾后不同阶段材料本构关系的火灾后型钢混凝土柱力学性能分析的计算模型，试验结果与计算结果吻合较好。王广勇等[9]进行火灾后型钢混凝土柱抗震性能的试验，试验考虑了受火试件、轴压比、栓钉、含钢率等参数的影响，对火灾后型钢混凝土柱的承载能力、滞回特性等抗震性能进行了研究。史本龙等[10]进行了高温后型钢混凝土柱抗震性能试验，考虑轴压比和受火时间的影响，对其破坏形态及滞回性能进行了详细的研究。王广勇等[11]提出了可考虑型钢与混凝土之间界面滑移的火灾后型钢混凝土柱抗震性能计算模型，计算结果与试验结果吻合较好。上述研究多针对型钢混凝土构件火灾后的力学性能进行研究，对考虑火灾作用全过程的火灾后型钢混凝土框架抗震性能的研究成果还没有报道。

本文进行了考虑火灾作用全过程的火灾后型钢混凝土框架结构抗震性能的试验研究，考虑受火时间和轴压比等参数的影响对火灾后型钢混凝土框架的温度场分布、破坏形态、滞回性能、刚度、延性及耗能能力进行了详细研究，本文成果可为火灾后型钢混凝土框架结构的抗震性能评估及修复加固提供参考依据。

一、试验概况

（一）试件设计

采用单榀单跨平面框架试件，试验参数包括受火时间和柱轴压比，共设计了 5 榀框架。试件 SRCF01 为常温对比试件，试件 SRCF02~SRCF05 为全过程火灾后抗震性能试验试件。考虑实际火灾中火灾不同持续时间，受火时间 th 分别取 30min 和 60min 两个参数。柱轴压比 n 取 0.26 和 0.44，柱顶竖向集中压力荷载 N 分别为 360kN 和 600kN。试件详细情况见表 4.6-1，试件尺寸及配筋如图 4.6-1 所示。

试件情况表　　　　**表 4.6-1**

试件编号	n /N	t_h（min）	试验类型
SRCF01	0.26（360kN）	0	常温下抗震
SRCF02	0.26（360kN）	60	火灾后抗震
SRCF03	0.26（360kN）	30	火灾后抗震
SRCF04	0.44（600kN）	30	火灾后抗震
SRCF05	0.44（600kN）	60	降温阶段破坏

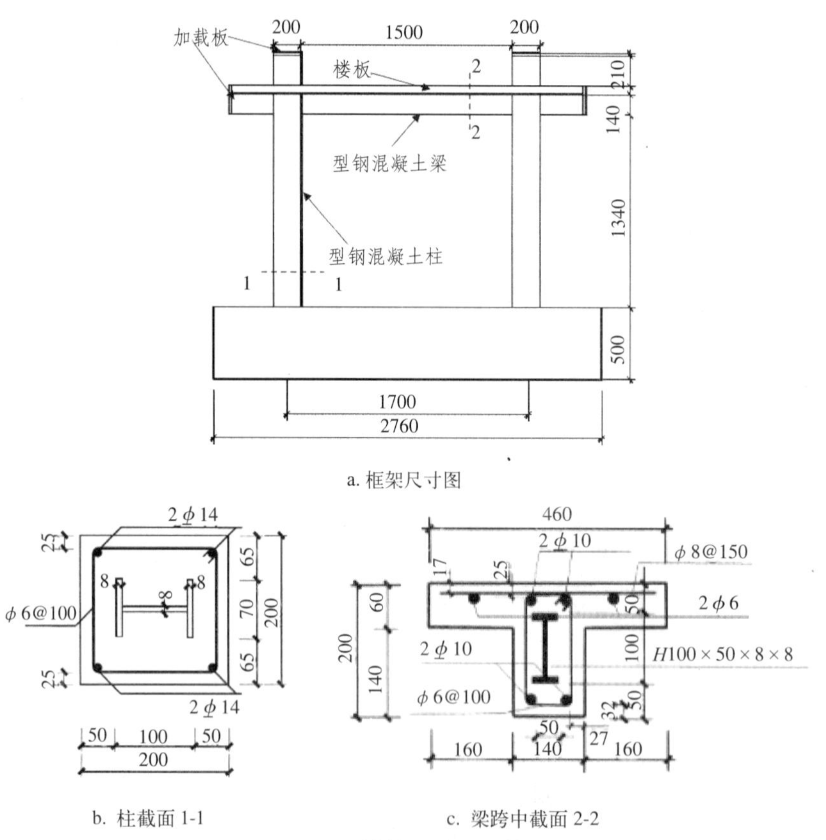

图 4.6-1　试件尺寸及配筋图

关于框架梁和框架柱的抗弯承载力之间关系，实际的框架结构中有两种形式，分别为强柱弱梁和强梁弱柱，本文试件按照强柱弱梁设计。

（二）试验装置及试验过程

火灾试验炉炉膛的净尺寸为 3m × 2m × 3.3m，试验装置如图 4.6-2 所示。试件温度降至常温后进行型钢混凝土框架结构抗震性能试验——拟静力试验，试验装置如图 4.6-3 所示。火灾后进行框架试件抗震性能试验时，水平力由水平 MST 液压伺服作动器提供，水平 MST 液压伺服作动器固定在反力墙上。框架竖向加载装置为竖向加载架，柱顶的竖向力由竖向千斤顶通过水平分配梁施加，抗震性能试验时柱顶荷载保持与升降温过程中的荷载相同，这样就保证了升降温过程中及火灾后阶段框架所受竖向荷载保持不变。

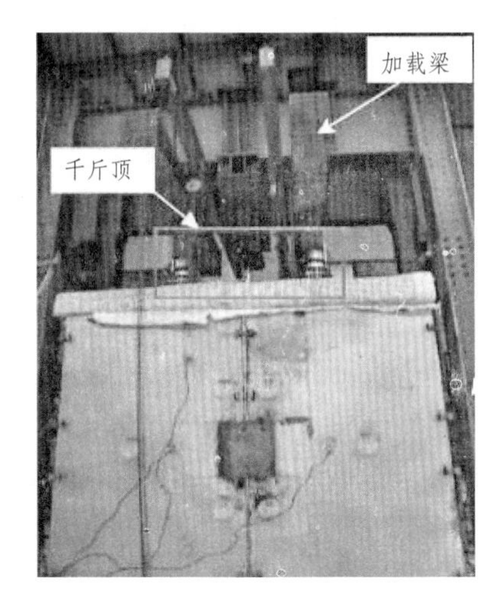

图 4.6-2　火灾升降温试验装置

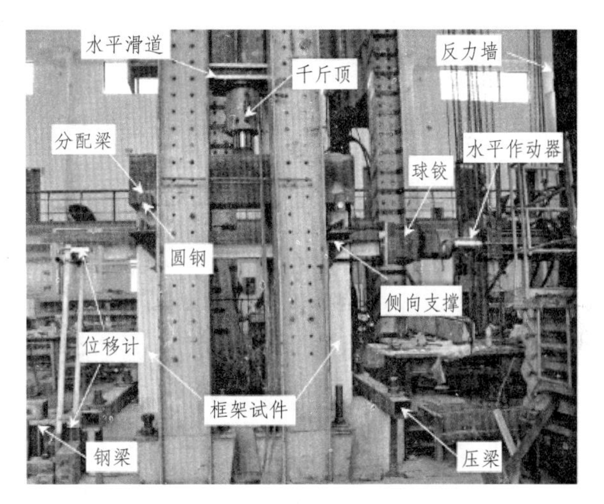

图 4.6-3　火灾后抗震性能试验装置

为了模拟建筑结构首先遭受火灾、火灾后遭受地震的实际受力过程，试验过程包括火灾升降温试验阶段及火灾后框架结构的抗震性能试验阶段两个连续的过程。首先在火灾试验炉进行升降温试验。试验过程中，首先分部施加柱顶荷载至设计荷载，然后保持柱顶荷载大小不变，炉内温度按照 ISO-834 标准升温曲线进行升温，升温至预定受火时间后打开炉盖降温，当试件温度降至室温后卸掉柱顶荷载。

当框架试件温度降至常温后，将框架试件移动到反力墙附近的竖向加载架上进行火灾后型钢混凝土框架抗震性能试验。首先分级施加柱顶竖向荷载，竖向荷载稳定 20min 后开始施加水平荷载。水平荷载在框架屈服之前首先按力施加，之后按位移施加水平荷载。

二、升降温阶段的试验结果及分析

（一）试验现象及破坏特征

升降温阶段待炉内试件温度降至室温后卸除荷载，打开炉盖，试件 SRCF02 的形态如图 4.6-4 所示。从图 4.6-4 可知，试件 SRCF02 经历升降温到达室温后试件颜色变浅，柱和梁表面均出现了微小不规则的龟裂裂缝，试件 SRCF03、SRCF04 与试件 SRCF02 相似，上述试件升降温过程中均没有发生破坏。

试件 SRCF05 在炉温的降温阶段（点火后 117min 时）出现了破坏，破坏情况如图 4.6-5 所示。在炉温的降温阶段，尽管试件周围温度已经开始降低，但试件由于升温滞后，试件内部的温度仍在上升。同时，试件柱截面外部开始降温，材料预冷收缩出现拉应力，进一步使截面内部处于升温区的混凝土及钢材的压应力增加，最终导致了柱受压破坏。

图 4.6-4　框架 SRCF02 试件升降温后的形态

图 4.6-5　试件 SRCF05 破坏情况

（二）位移—时间关系

实测的型钢混凝土框架试件柱顶竖向位移—时间曲线如图 4.6-6 所示。位移以向上为正，向下为负，位移基准点取受火前试件加载变形稳定后的位置。从图中可见，试件 SRCF02~SRCF04 在炉温的升温阶段及降温阶段的前期，柱顶会发生向上的热膨胀变形，所有试件的左右柱顶平均膨胀变形大小分别为 1.6mm、0.9mm。膨胀之后，柱顶发生向下的压缩变形，至试件温度降至室温时，柱顶向下的变形大于热膨胀变形，柱顶的总体变形为向下，而且向下的位移比受火前还大。与受火前相比，经历高温后，框架的钢材和混凝土材料弹性模量、抗压强度等出现了不同程度的降低，导致构件刚度降低，柱的向下的竖向变形比受火前大。可见，受火后，框架试件的刚度出现降低。

试件 SRCF05 为火灾后降温段破坏的试件，从图可以看出，左柱柱顶在升温阶段及降温的初始阶段变形很小，当降温 20min 时，右柱柱顶位移—时间曲线曲率逐渐变大，即此时柱顶轴向变形增大较快。当降温 55min 时，左柱柱顶位移增大至 13mm，左柱破坏，此时右柱柱顶的位移为 0.36mm，方向向下。

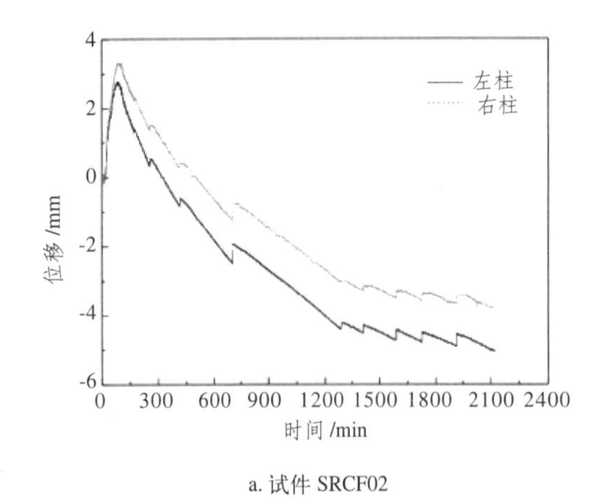

a. 试件 SRCF02

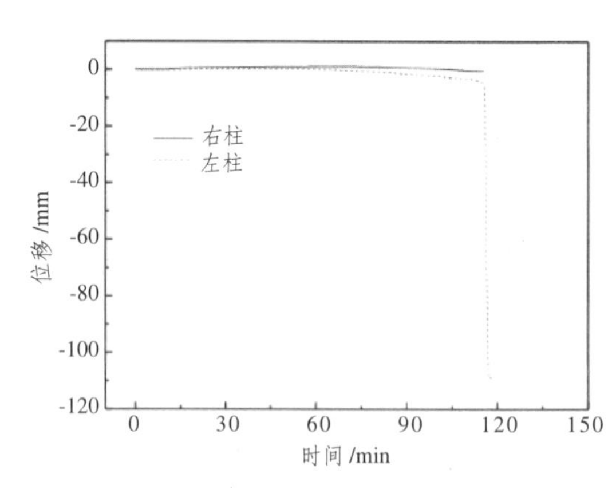

b. 试件 SRCF05

图 4.6-6　升降温过程中实测柱顶位移—时间关系曲线

三、火灾后抗震试验现象及破坏特征

下面以试件 SRCF02 为例说明试验中框架试件的裂缝开展及破坏过程，其余试件与试件 SRCF02 相似。框架水平位移 Δ=80mm 时试件 SRCF02 裂缝开展及破坏形态如图 4.6-7 所示。

a. 试件裂缝开展及破坏情况

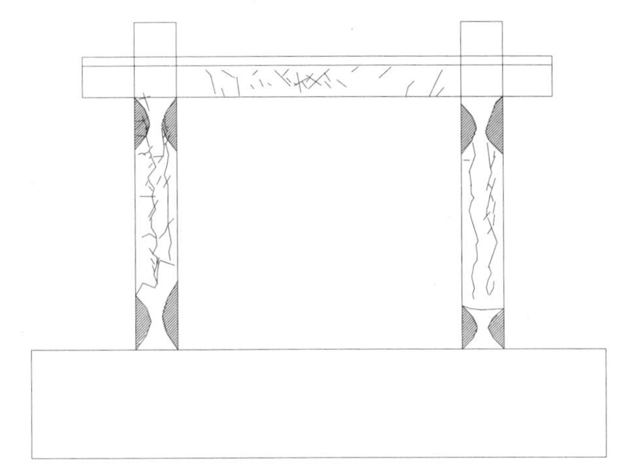

b. 裂缝分布

图 4.6-7 Δ=80mm 时框架试件 SRCF02 裂缝分布及破坏情况

试验中发现，随着框架顶端水平位移增加，框架柱前后面跨越型钢与混凝土交界面出现混凝土受拉斜裂缝。随着这类斜裂缝的开展及数量增加，逐渐在柱的型钢—混凝土界面上形成较为明显的混凝土—型钢界面滑移裂缝。由于型钢刚度较大，混凝土刚度较小，当框架柱发生剪切变形时，型钢—混凝土界面要发生相对滑移，当型钢—混凝土截面的剪应力超过其粘结强度时，型钢—混凝土界面产生滑移裂缝。这类裂缝是由于型钢—混凝土界面的粘结破坏导致的，这也与常温下型钢混凝土柱的粘结裂缝类似。随着框架水平位移增加、滞回次数增加，这些裂缝长度逐渐增加，粘结裂缝有贯通的趋势。

从图 4.6-7 可见，当水平位移 Δ=80mm 时，框架柱底端混钢筋混凝土保护层脱落殆尽。这时右柱上端混凝土也被压碎，右柱上下两端都出现了塑性铰。可见，本文框架破坏时框架柱上下两端均出现塑性铰，混凝土逐渐压碎，框架逐步失去水平承载力，本文框架为柱破坏模式。

从图 4.6-7 还可见，随着框架柱顶水平位移增加，框架梁出现两类典型的受力裂缝。其中一类裂缝，在梁端部的底面首先出现受弯裂缝，由于梁的剪力影响，受弯裂缝在梁侧面向梁截面形心轴的发展过程中逐渐转变为斜裂缝。另外一类裂缝首先出现在梁腹部，与水平方向大体成 45° 方向。这类裂缝与钢筋混凝土构件的腹剪裂缝非常相似，是由梁的剪应力导致的，这类裂缝没有扩展到梁的顶面和底面，也可称为腹剪裂缝。从图上可见，框架梁的腹剪裂缝出现的较多。

试件 SRCF02 火灾后抗震性能试验后试件最终的破坏形态如图 4.6-8 所示。从图中可见，框架柱型钢—混凝土界面处出现了明显的粘结滑移裂缝，框架柱两端出现明显的双向斜裂缝，试件最终的破坏形态为框架柱破坏，框架破坏时柱上下两端出现塑性铰，框架形成机构而发生破坏。框架的梁柱节点发生少量裂缝，但没有破坏，框架梁侧面出现了较多的腹剪裂缝，框架梁顶面没有出现受弯裂缝，框架梁底面端部出现少量弯曲斜裂缝，框架梁没有发生破坏。

本文试件按照强柱弱梁设计，但从各试件的破坏形态来看，各试件均出现了框架柱两端的破坏导致的框架整体破坏。由于柱型钢—混凝土界面的粘结破坏，削弱了型钢和混凝土的整体性，降低了柱截面的抗压弯承载力，使柱截面的抗压弯承载力小于梁截面的抗弯承载力，导致柱端首先出现塑性铰而破坏，而梁截面则没有发生破坏。可见，地震中，由于型钢—混凝土界面的粘结破坏，型钢混凝土框架柱端界面抗弯承载力降低，本来按照强柱弱梁设计的框架有可能出现强梁弱柱的破坏形态，这种现象需要引起重视。

图 4.6-8 试件 SRCF03 破坏形态

四、火灾后滞回性能的参数分析

（一）受火时间

试件 SRCF01（常温）、试件 SRCF02（受火时间 t_h=60min）、试件 SRCF03（受火时间 t_h=30min）的滞回曲线的比较如图 4.6-9 所示。从图中可见，试件 SRCF02 和 SRCF03 的滞回曲线形状接近，加卸载刚度接近，延性相近。与试件 SRCF02 和 SRCF03 相比，SRCF01 的加卸载刚度较大，而延性较差。试件受火后混凝土材料的极限压应变增加，延缓了混凝土的破坏，在一定程度上提高了试件的延性，所以受火试件 SRCF02 和 SRCF03 的延性比非受火试件 SRCF01 增加。受火后混凝土材料的弹性模量降低，导致受火试件 SRCF02 和 SRCF03 的刚度比非受火试件 SRCF01 的有所降低。试件 SRCF02 和 SRCF03 各测点的过火最高温度均在 400℃以下，这个温度下钢材的材性还没有出现明显损伤，而两个试件由于混凝土过火最高温度不同导致的性能差别在试件总的性能中所占比例较小，因此，试件 SRCF02 和 SRCF03 的滞回曲线比较接近。

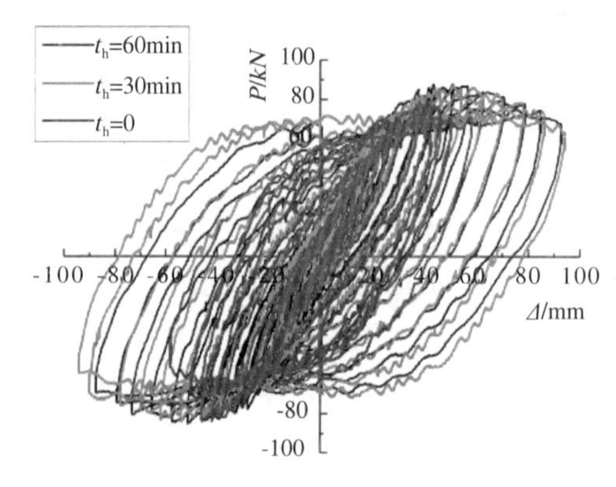

图 4.6-9 受火时间对滞回曲线的影响（n=0.26）

（二）轴压比

试件 SRCF03 和 SRCF04 的受火时间 t_h 均为 30min，试件 SRCF03 的柱轴压比 n 为 0.26，SRCF04 的轴压比 n 为 0.44，上述两个试件的滞回曲线如图 4.6-10 所示。从图 4.6-10 可见，试件 SRCF04 较试件 SRCF03 很快到达承载能力，荷载到达承载能力之后快速下降。另外，试件 SRCF04 的加卸载刚度较试件 SRCF03 大。试件 SRCF03 到达承载能力之后，试件有稳定的滞回环，试件延性较好。当柱的轴压比增加后，柱的承载能力增加，但延性变差，试件破坏较早。

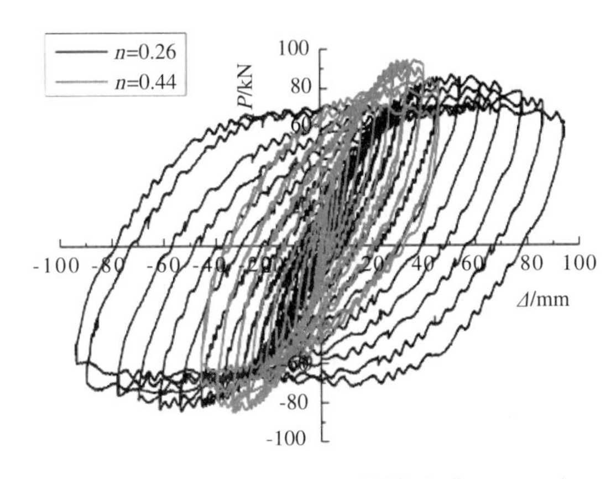

图 10　轴压比对滞回曲线的影响（t_h=30min）

五、结论

本文进行了火灾升降温及火灾后型钢混凝土框架结构的静力及抗震性能试验，对火灾后型钢混凝土框架的承载能力、典型滞回环的形状、耗能能力、刚度、延性和阻尼系数等特性进行了系统的试验研究和分析。在本文试件的参数条件下，可得到如下结论：

（1）本文受火时间较长、轴压比较大的框架试件 SRCF05 在炉温的下降阶段出现了破坏，在实际的建筑火灾消防救援中要充分注意火灾降温阶段及火熄灭后建筑结构倒塌的可能性。

（2）火灾后框架试件受水平反复荷载时，在受荷载初期，框架柱型钢—混凝土界面处出现了明显的粘结滑移裂缝，表明型钢—混凝土界面是框架柱的薄弱环节，导致型钢混凝土框架的抗震性能出现降低。在火灾后承受水平反复荷载的破坏阶段，框架柱两端出现明显的双向斜裂缝，框架试件最终的破坏形态为两根框架柱破坏，框架破坏时柱上下两端出现塑性铰，框架形成机构而发生破坏。

（3）本文框架试件滞回曲线的滞回环形状为梭形，形状饱满，耗能能力较强。本文框架为型钢混凝土结构，无论高温前后，试件内的型钢都保持了较好的滞回性能，导致整个框架试件的滞回曲线饱满，耗能能力较强。

致谢

本文得到了国家自然科学基金项目（51278477，51778595）和北京市自然科学基金项目（8172052）的资助，特此感谢。

参考文献

[1] 徐玉野，林燕青，杨清文等 . CFRP 加固火灾后型钢混凝土短柱抗震性能的试验研究 [J]. 工程力学，2014，31（8）：92-100.

[2] Du E F，Shu GP，Mao X Y. Analytical Behavior of eccentrically loaded concrete encased steel columns subjected to standard fire including cooling phase [J]. International Journal of steel structures，2013，13（1）：129-140.

[3] 李俊华，刘明哲，唐跃锋等 . 火灾后型钢混凝土梁受力性能试验研究 [J]. 土木工程学报，2011（4）：84-90.

[4] Song T Y，Han L H，Uy B. Performanc e of CFST column to steel beam joints subjected to simulated fire including the cooling phase [J]. Journal of constructional steel research，2010，66（4）：591-604.

[5] Song T Y，Han L H. Post-fire behavior of concrete-filled steel tubular column to axially and rotationally restrained steel beam joint [J]. Fire Safety Journal，2014，69：147-163.

[6] 谭清华 . 火灾后型钢混凝土柱、平面框架力学性能研究 [D]. 北京：清华大学，2012.

[7] Zhang C，Wang G Y，Xue S D，Yu H X. Experimental Research on the Behaviour of Eccentrically loaded SRC Columns Subjected to the ISO-834 Standard Fire Including a Cooling Phase [J]. International Journal of Steel Structure，2016，16（2）：425-439.

[8] 王广勇，张东明，郑蝉蝉等 . 考虑受火全过程的高温作用后型钢混凝土柱力学性能研究及有限元分析 [J]. 建筑结构学报，2016（3）：44-50.

[9] 王广勇，史毅，张东明等 . 火灾后型钢混凝土柱抗震性能试验研究 [J]. 工程力学，2015，32（11）：160-169.

[10] 史本龙，王广勇，毛小勇 . 高温后型钢混凝土柱抗震性能试验研究 [J]. 建筑结构学报，2017，38（5）：117-124.

[11] 王广勇，刘庆，张东明等 . 火灾后型钢混凝土柱抗震性能有限元计算模型 [J]. 工程力学，2016，33（11）：183-192.

7 基于改进层次分析法的火灾高危单位消防安全评估

孙 旋 陈一洲 袁沙沙 王志伟 周欣鑫
中国建筑科学研究院，北京，100013

一、引言

火灾高危单位是指发生火灾的危险性较大，且一旦发生火灾容易造成重大人身伤亡或财产损失的单位或场所[1]。消防安全评估是消防监管的一种有效方法，有助于加快消防工作社会化进程，提高维护公共安全的能力，促进社会和谐稳定[2-3]。

我国每年都会发生多起消防安全事故，据统计，2015年共发生33.8万起火灾，造成1742人死亡，1112人受伤，直接经济损失达39.5亿元[4]。消防安全越来越受到国家和人民的重视，火灾高危单位消防安全评估得到了稳步发展。2011年，国务院出台了《关于加强和改进消防工作的意见》（国发［2011］46号），指出火灾高危单位应建立消防安全评估制度，由具有消防安全评估资质的机构定期开展评估[5]。公安部消防局制定了《火灾高危单位消防安全评估导则（试行）》（公消[2013]60号）[6]。同时，各地方也出台了相关规定或管理办法，如《北京市火灾高危单位消防安全管理规定》。此外，国内外学者为消防安全评估的发展进行了大量研究。1996年，李引擎翻译了加拿大《消防工程师杂志》中的一篇文章，在国内首次提到消防安全评估的概念[7]。任常兴等[2]探讨了火灾高危单位的界定范围和研究对象，对主要评估内容及要点进行了分类。李光华[8]依据专家评议法和层次分析法，按照《火灾高危单位消防安全评估导则》的要求，构建了一种商场消防安全评估模型。彭华[9]采用改进的模糊综合评估方法和Delphi法建立了机场航站楼火灾风险评估方法。张朝晖[10]采用层次分析法对医院进行了定量消防安全评估。

然而，我国消防安全评估指标体系和评估方法缺乏合理性、针对性，导致火灾高危单位消防安全评估缺乏有效指导。因此，本文根据实际管理需求，对火灾高危单位进行深入调研，提出具有可操作性的消防安全评估指标，采用层次分析法对影响消防安全评估的各项指标进行量化分析，确定其权重。在实际评估中，一般通过估计调整判断矩阵，为了更加满足一致性要求，对层次分析法进行改进，以提高评估的有效性和可操作性。

二、层次分析法

1. 概念

层次分析法是Saaty于20世纪70年代提出的一种决策方法，将与决策总是有关的元素分解成目标、准则、方案等层次，在此基础上进行定性和定量分析，是进行消防安全评估的一种行之有效的方法，得到了广泛应用[11，12]。

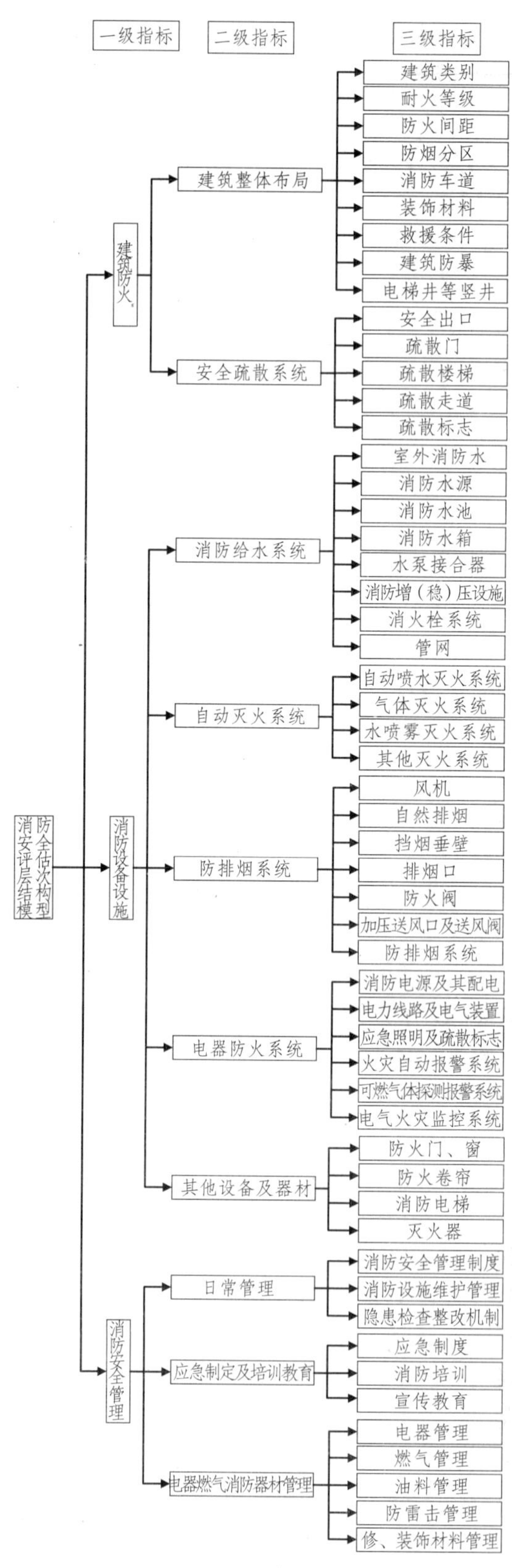

图 4.7-1　消防安全评估层次结构模型

2. 层次结构模型建立

本文结合火灾高危单位的特点，参照《火灾高危单位消防安全评估导则（试行）》（公消[2013]60号）、《北京市火灾高危单位火灾风险评估导则》及相关规定、规范、标准等，建立火灾高危单位消防评估指标体系层次结构模型。该模型包括目标层（一级指标）、准则层（二级指标）、方案层（三级指标）。其中一级指标包括建筑防火、消防设备设施和消防安全管理3项，二级指标包括建筑整体布局、安全疏散系统、消防给水系统、自动灭火系统、防排烟系统、电气防火系统、其他设备及器材、日常管理、应急制度及培训教育、电器燃气消防器材管理10项，三级指标包括建筑类别、耐火等级、防火间距、防烟分区、消防车道、装饰材料、救援条件等54项。具体层次结构模型见图4.7-1。

3. 判断矩阵构造

层次分析结构模型建立后，将问题转化为层次中各因素相对于上层因素相对重要性的排序问题。在排序计算中，采取成对因素的比较判断，并根据一定的比率标度形成判断矩阵[11]。判断矩阵标度及含义见表4.7-1。

判断矩阵标度及含义　　表4.7-1

标度 a_{ij}	含义
1	i和j因素相同重要
3	i比j因素稍微重要
5	i比j因素明显重要
7	i比j因素强烈重要
9	i比j因素极端重要

注：2、4、6、8表示第i因素相对于j个因素的影响介于上述两个相邻等级之间；若j因素与i因素比较，则判断值$a_{ji}=1/a_{ij}$，$a_{ii}=1$。

设A为构造的判断矩阵，则

$$A=\begin{pmatrix} a_{11} & a_{12} & \cdots & a_{1n} \\ a_{21} & a_{22} & \cdots & a_{2n} \\ \vdots & \vdots & \cdots & \vdots \\ a_{n1} & a_{n2} & \cdots & a_{nn} \end{pmatrix} \tag{4.7-1}$$

4. 指标权重确定

层次分析法计算权重的步骤如下[10, 13, 14]。

（1）计算判断矩阵每一行元素的乘积M_i。

$$M_i=\prod_{j=1}^{n} a_{ij} \quad j=1, 2, 3, \ldots, n \tag{4.7-2}$$

（2）计算M_i的n次方根$\overline{W_i}$。

$$\overline{W_i}=\sqrt[n]{M_i} \tag{4.7-3}$$

（3）对向量$\overline{W}=\left(\overline{W_1},\overline{W_2},\cdots,\overline{W_n}\right)$进行正规化，即

$$W_i=\frac{\overline{W_i}}{\sum_{i=1}^{n}\overline{W_i}} \tag{4.7-4}$$

则 $W=(W_1, W_2, \cdots, W_n)T$ 即为所求评估指标权重向量。

（4）计算判断矩阵的最大特征根。

$$\lambda_{max}=\sum_{i=1}^{n}\frac{(AW)_i}{nW_i} \tag{4.7-5}$$

式中 $(AW)_i$ 表示向量 AW 的第 i 个元素。

5. 一致性检验

Saaty 将 $CI=\frac{\lambda_{max}-n}{n-1}$定义为一致性指标 [15]。$CI$=0 时 A 为一致矩阵；CI 越大，表明 A 的不一致程度越高。CI 相当于除 λ_{max} 外，其余 n-1 个特征根的平均值。对于 $n \geqslant 3$ 的成对比较矩阵 A，将其 CI 与同阶的随机一致性指标 RI 之比称为一致性比率 CR，当 $CR=CI/RI<0.10$ 时，认为 A 的不一致性程度在允许范围内，否则要对矩阵 A 进行调整。随机一致性指标见表 4.7-2。

随机一致性指标　　表 4.7-2

n	1	2	3	4	5	6	7	8	9	10	11
RI	0	0	0.58	0.90	1.12	1.24	1.32	1.41	1.45	1.49	1.51

6. 层次分析法改进

Saaty 提出的 1 ~ 9 的标度虽然对定性问题的定量分析提出了一种可行的方法，但由于“稍微重要”、“明显重要”、“强烈重要”、“极端重要”这些术语的概念模糊，打分人员往往根据自己的理解和经验来赋分；此外，每个人对这些概念的理解也存在差异，对层次分析法中这些概念的特殊含义的理解也不够透彻，特别是这些模糊概念对应的量化权重 [16]。

本文采用改进的层次分析法，即将判断矩阵中的 a_{ij} 由原来的 1、3、5、7、9 改为 $a_{ij}=w_i/w_j$，即用两两指标的权重比代替原来的 1、3、5、7、9 标度。设由改进层次分析法建立的判断矩阵为 A'，则

$$A'=\begin{pmatrix} w_{11} & \frac{w_1}{w_2} & \cdots & \frac{w_1}{w_n} \\ \frac{w_2}{w_1} & w_{22} & \cdots & \frac{w_2}{w_n} \\ \vdots & \vdots & \vdots & \vdots \\ \frac{w_n}{w_1} & \frac{w_n}{w_2} & \cdots & w_{nn} \end{pmatrix} \tag{4.7-6}$$

7. 算例

对已建立的火灾高危单位消防安全评估三级指标体系，征求多位相关领域专家的意见，

对3项一级指标、10项二级指标、54项三级指标进行两两比较，构造判断矩阵，并计算指标权重。以一级指标层A中建筑防火B1、消防设备设施B2、消防安全管理B3为例，计算过程如下。构造的判断矩阵为

$$\boldsymbol{A}=\begin{pmatrix} 1 & \frac{1}{5} & \frac{1}{2} \\ 5 & 1 & 3 \\ 2 & \frac{1}{3} & 1 \end{pmatrix}$$

通过式（2）~（4）求得$W=(W_1, W_2, \cdots, W_n)T=(0.122, 0.648, 0.230)T$，$\lambda_{max}=3.004$，$CI=0.002$，$CR=0.0045<0.1$，表明该判断矩阵通过一致性检验，具备满意一致性。

用改进的层次分析法构造判断矩阵A'，则

$$\boldsymbol{A}'=\begin{pmatrix} 1 & \frac{0.122}{0.648} & \frac{0.122}{0.230} \\ \frac{0.648}{0.122} & 1 & \frac{0.648}{0.230} \\ \frac{0.230}{0.122} & \frac{0.230}{0.648} & 1 \end{pmatrix}$$

通过式（2）~（4）求得$W'=(W'_1, W'_2, \cdots, W'_n)T=(0.121, 0.649, 0.230)T$，$\lambda'_{max}=3.003$，$CI'=0.0015$，$CR'=0.0026<CR=0.0045<0.1$，表明改进层次分析法的判断矩阵一致性效果更好。同理，可确定其他评估指标的权重。

三、消防安全评估

1. 风险特征描述

设火灾高危单位的火灾风险为R，则

$$R=\sum_{i=1}^{n}W_iF_i \tag{4.7-7}$$

式中 W_i为最基层指标对火灾高危单位火灾危险的权重，F_i为最基层指标的评价得分。

2. 风险分级量化

根据火灾高危单位消防管理实际，参考《北京市火灾高危单位火灾风险评估导则》火灾风险等级划分、相关文件规定及研究成果，将火灾风险划分为4个等级，见表4.7-3。

风险分级量化和特征 表4.7-3

风险等级	名称	量化范围	风险等级描述
I	极高风险	[0，30)	很可能发生重大火灾
II	高风险	[30，60)	可能发生较大火灾
III	中风险	[60，80)	可能发生一般火灾
IV	低风险	[80，100]	几乎不发生火灾

3. 消防安全评估

选取某火灾高危单位进行消防安全评估，通过现场消防安全检查及检测，以及多位专家赋分、分析计算，得到该单位实际消防安全评估情况，见表 4.7-4。

通过改进层次分析法对上述各风险指标逐级加权求和，计算得到该单位火灾风险的最后得分为 70.18。按照表 4.7-3，该单位整体火灾风险属于第Ⅲ级，为中风险。

火灾高危单位消防安全评估　　表 4.7-4

<table>
<tr><th>一级指标</th><th>二级指标</th><th>三级指标</th><th>权重</th><th>赋分</th><th>三级分数</th><th>二级分数</th><th>一级分数</th></tr>
<tr><td rowspan="14">建筑防火
0.121</td><td rowspan="9">建筑整体布局
0.565</td><td>建筑类别</td><td>0.121</td><td>75</td><td>9.075</td><td rowspan="9">67.475</td><td rowspan="14">7.787</td></tr>
<tr><td>耐火等级</td><td>0.124</td><td>80</td><td>9.92</td></tr>
<tr><td>防火间距</td><td>0.103</td><td>70</td><td>7.21</td></tr>
<tr><td>防烟分区</td><td>0.112</td><td>70</td><td>7.84</td></tr>
<tr><td>消防车道</td><td>0.102</td><td>65</td><td>6.63</td></tr>
<tr><td>装饰材料</td><td>0.109</td><td>60</td><td>6.54</td></tr>
<tr><td>救援条件</td><td>0.104</td><td>65</td><td>6.76</td></tr>
<tr><td>建筑防爆</td><td>0.106</td><td>60</td><td>6.36</td></tr>
<tr><td>电梯井等竖井</td><td>0.119</td><td>60</td><td>7.14</td></tr>
<tr><td rowspan="5">安全疏散系统
0.435</td><td>安全出口</td><td>0.237</td><td>70</td><td>1.659</td><td rowspan="5">60.299</td></tr>
<tr><td>疏散门</td><td>0.231</td><td>80</td><td>18.48</td></tr>
<tr><td>疏散楼梯</td><td>0.198</td><td>80</td><td>15.84</td></tr>
<tr><td>疏散走道</td><td>0.188</td><td>75</td><td>14.1</td></tr>
<tr><td>疏散标志</td><td>0.146</td><td>70</td><td>10.22</td></tr>
<tr><td rowspan="16">消防设备
设施 0.649</td><td rowspan="8">消防给水系统
0.213</td><td>室外消防水</td><td>0.133</td><td>85</td><td>11.305</td><td rowspan="8">81.555</td><td rowspan="16">46.038</td></tr>
<tr><td>消防水源</td><td>0.133</td><td>90</td><td>11.97</td></tr>
<tr><td>消防水池</td><td>0.122</td><td>60</td><td>7.32</td></tr>
<tr><td>消防水箱</td><td>0.119</td><td>70</td><td>13.93</td></tr>
<tr><td>水泵接合器</td><td>0.124</td><td>80</td><td>11.2</td></tr>
<tr><td>消防增（稳）压设施</td><td>0.121</td><td>70</td><td>8.47</td></tr>
<tr><td>消火栓系统</td><td>0.124</td><td>80</td><td>9.92</td></tr>
<tr><td>管网</td><td>0.124</td><td>60</td><td>7.44</td></tr>
<tr><td rowspan="4">自动灭火系统
0.212</td><td>自动喷水灭火系统</td><td>0.322</td><td>65</td><td>20.93</td><td rowspan="4">67.655</td></tr>
<tr><td>气体灭火系统</td><td>0.322</td><td>60</td><td>19.32</td></tr>
<tr><td>水喷雾灭火系统</td><td>0.215</td><td>75</td><td>16.125</td></tr>
<tr><td>其他灭火系统</td><td>0.141</td><td>80</td><td>11.28</td></tr>
<tr><td rowspan="4">防排烟系统
0.188</td><td>风机</td><td>0.192</td><td>75</td><td>14.4</td><td rowspan="4">71.955</td></tr>
<tr><td>自然排烟</td><td>0.192</td><td>75</td><td>14.4</td></tr>
<tr><td>挡烟垂壁</td><td>0.151</td><td>70</td><td>10.57</td></tr>
<tr><td>排烟口</td><td>0.121</td><td>70</td><td>8.47</td></tr>
</table>

续表

一级指标	二级指标	三级指标	权重	赋分	三级分数	二级分数	一级分数
消防设备设施 0.649	防排烟系统 0.188	防火阀	0.117	75	8.775		
		加压送风口及送风阀	0.117	70	8.19		
		防排烟系统功能	0.110	65	7.15		
	电气防火系统 0.224	消防电源及其配电	0.192	75	14.4		
		电力线路及电气装置	0.192	70	13.44		
		应急照明及疏散标志	0.161	75	12.075		
		火灾自动报警系统	0.155	65	10.075	70.24	
		可燃气体探测报警系统	0.150	70	10.5		
		电气火灾监控系统	0.150	65	9.75		
	其他设备及器材 0.163	防火门、窗	0.312	65	20.28		
		防火卷帘	0.312	55	17.16	61.11	
		消防电梯	0.111	70	7.77		
		灭火器	0.265	60	15.9		
消防安全管理 0.230	日常管理 0.302	消防安全管理制度	0.350	70	24.5		
		消防设施维护管理	0.350	70	24.5	68.5	
		隐患检查整个机制	0.300	65	19.5		
	应急制度及培训计划 0.328	应急制度	0.430	70	30.1		
		消防培训	0.285	65	18.525	65.725	
		宣传教育	0.285	60	17.1		16.354
	电器燃气消防器材管理 0.37	电器管理	0.200	75	15		
		燃气管理	0.200	70	14		
		油料管理	0.200	80	16	78	
		防雷击管理	0.200	85	17		
		修、装饰材料管理	0.200	80	16		

四、结论

1. 基于对不同火灾高危单位特性及消防系统的深入调研，建立了火灾高危单位消防安全评估指标体系，通过改进层次分析法确定了体系各指标的权重。

2. 通过对某火灾高危单位进行现场消防安全检查及检测、专家赋分及分析计算，得出该单位火灾风险得分。该单位在安全疏散系统、自动灭火系统、防火卷帘、灭火器等设备器材，以及应急管理制度、培训教育等方面还需加强监管。

3. 消防安全评估是提升火灾高危单位消防安全管理水平的有效手段，改进的层次分析法可使评估结果更加有效，能够准确辨识火灾危险性来源，及时采取应对措施。

参考文献

[1] Zhou Jingmin. Countermeasures of fire supervision and management in the high fire risk units[J]. Fire Technique and Products Information, 2016 (2): 53–55.

[2] Ren Changxing, Li Jin, Sun Xiaotao, et al. Study on fire safety assessment of high fire risk unit[C]// Information technology for risk analysis and crisis response: Proceedings of the 6th Annual Meeting of Risk Analysis Council of China Association for Disaster Prevention. Paris: Atlantis Press, 2014: 725–729.

[3] Huang Yanbo, Han Bing, Zhao Zhe. Research on assessment method of fire protection system[J]. Procedia Engineering, 2011, 11: 147–155.

[4] Shenhua Fire. Fire accident statistics of China in 2015. [2016–01–18]. http: //www.shxf.net/a/20161182399/ html.

[5] Liu Qingen. A fire safety evaluation method of high fire risk unit and the mechanism construction of early-alarming system[J]. Journal of Chinese People' s Armed Force Academy, 2014, 30 (4): 58–64.

[6] Wu Hongyou. Discussion on fire safety assessment of high fire risk unit[J]. Fire Science and Technology, 2015, 34 (6): 816–820.

[7] Li Yinqing. Risk assessment model for the cost-benefit of fire safety in Canadian building[J]. Fire Technique and Products Information, 1996 (8): 35–41.

[8] Li Guanghua. On fire control safety assessment methods and applications o fire high-risk units of shopping malls[J]. Journal of Chinese People' s Armed Force Academy, 2015, 31 (12): 65–68.

[9] Peng Hua. Study on fire risk evaluation method of large airport terminal[J]. Building Science, 2016, 32 (1): 108–113.

[10] Zhang Chaohui. Hospital fire safety assessment based on AHP[J]. Fire Science and Technology, 2014, 33 (8): 954–957.

[11] Wang Shaojun, Wang Lu. Comparison and application of fire safety assessment method in public entertainment[J]. Fire Science and Technology, 2015, 34 (7): 963–966.

[12] Zhang Zhiyuan. Fire risk assessment of schools based on AHP[J]. Fire Science, 2011, 25 (4): 71–75.

[13] Gao Junpeng, Xu Zhisheng, Liu Dingli, et al. Application of the model based on fuzzy consistent matrix and AHP in the assessment of fire risk of subway tunnel[J]. Procedia Engineering, 2014, 71: 591–596.

[14] Yagmur L.Multi-criteria evaluation and priority analysis for lo-calization equipment in a thermal power plant using the AHP[J]. Energy, 2016, 94: 476–482.

[15] Liang Xiaohui. Consistency of judgment matrix in AHP controlled standard[J]. Journal of Beihua University, 2012, 13 (3): 279–282.

[16] Zhuang Chunji, Wang Zhirong, Zhang Yu, et al. Safety evaluation model for the large musement rides based on the AHP-grey fuzzy[J]. Journal of Safety and Environment, 2015, 15 (2): 42–46.

8　扰流板减小低矮房屋屋面风压实验研究

李　钢　甘　石　李宏男
大连理工大学海岸与近海工程国家重点实验，大连，116000

引言

我国东南沿海地区属于台风多发地带，风灾频发。近年来登陆我国东南沿海地区台风频次、强度呈逐年递增之势[1]，造成损失也愈发严重，如2016年9月15日，“莫兰蒂”台风登陆福建省，造成福建省70.4万人受灾，因灾死亡7人，失踪9人，直接经济损失16.6亿元。2015年8月8日，第13号台风“苏迪罗”从我国福建省莆田市秀屿区登陆，造成4省339.1万人受灾，3200余间房屋倒塌，4.8万间不同程度损坏，直接经济损失96.89亿元。历次风灾调查表明：村镇低矮房屋抗风能力不足所引起的房屋损、坏倒塌是造成巨大生命财产损失的重要原因，而双坡屋顶房屋是东南沿海地区村镇建筑的主要形式[2, 3]，因此提高此类房屋抗风能力具有重要意义。

对于村镇建筑，屋面往往在风灾中破损最为严重，主要原因为气流在屋脊、屋檐、山墙处会发生分离，形成柱状涡和锥形涡，在屋面产生强大的吸力。目前，提高低矮房屋屋面抗风能力的方式主要有两种：一种是提高屋面本身强度和整体性，例如在屋檐、屋脊、山墙处放置重物，防止瓦片被吹落；在屋面设置压杆、压条增加屋面的整体性。该方法对屋面抗风能力提升有限，且经济成本较高。另一种方法是根据空气动力学原理，在屋面增设气动控制措施，改变屋面流场，影响气流分离，抑制锥形涡与柱状涡形成，实现减小屋面风压的目的，该方法相对于传统方法更为经济和有效。近年来，国内外学者对气动抗风控制措施的研究已经取得了一定的进展，Huang 等[4]针对8种不同类型的低矮房屋檐口进行了风洞试验研究，对比了不同檐口形状对双坡房屋屋面风压的影响。陶玲[5]研究了出山和屋脊对双坡低矮房屋屋面风压的影响，研究表明：出山和屋脊可以很好地减小屋面风压。Kopp[6, 7]系统研究了女儿墙高度对屋面风压的影响，并对比了不同形式女儿墙减少屋面风压的效果，包括局部女儿墙、连续式女儿墙、开孔女儿墙，扰流板等，结果表明：开孔式女儿墙和扰流板减小屋面风压的效果较好。与出山、屋脊、檐口、女儿墙这些传统的气动抗风措施相比，扰流板作为一种新的气动抗风措施，以其良好的减小风压效果和简便的安装方式受到了国内外学者关注。Wu[8]通过现场实测试验和风洞试验，研究了扰流板对平坡屋顶房屋的影响，验证了扰流板可以有限减小屋面风压。Franchini[9]研究了扰流板对弯曲屋顶低矮建筑的影响，结果表明扰流板可以有效减小弯曲屋顶建筑屋面风压。周显鹏[10]通过风洞试验研究了扰流板高度和宽度对门式钢架房屋屋面风压的影响。彭兴黔[11]用数值模拟的方法研究了扰流板高度与宽度对平屋顶低矮房屋屋面风压的影响。但目前国内外对扰流板的研究大多以平坡屋面房屋或坡度小于 10° 的门式钢架房屋为研究对象，而双坡屋顶较平屋顶在气动特性上有显著不同[12]，双坡房屋屋面流场较平坡房屋更为复杂，扰流板等气动控制措施在双坡房屋上是否适用还有待验证。此外，关于扰流板几何因素的研究还不够系统完善，未给出相关的设计建议。

本研究提出了在双坡屋顶增设扰流板的气动控制措施，并开展了风洞试验研究，系统研究了扰流板高度、宽度与屋面夹角对于屋面风压的影响，对扰流板的位置及形状尺寸进行了系统研究。最后给出了扰流板设计建议，并提出了屋面风压设计折减系数。

一、风洞试验

1. 实验模型

在强风中，低矮双坡房屋屋檐、屋脊和山墙处会由于气流分离产生柱状涡和锥形涡（图 4.8-1），在屋面引起巨大的负压力，这是导致屋面破坏的主要原因。扰流板可以改变双坡房屋屋檐、屋脊与山墙处的流场，干扰气流分离抑制锥形涡的形成（图 4.8-2），从而减小屋面负压，屋面的抗风能力。根据气流分离位置与扰流板工作机理，分别在房屋屋檐、屋脊与山墙处安装扰流板，如图 4.8-3 所示。

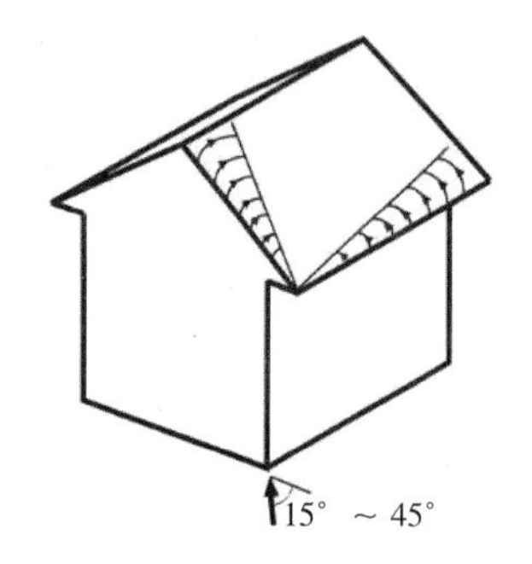

图 4.8-1　双坡房屋屋面锥形涡

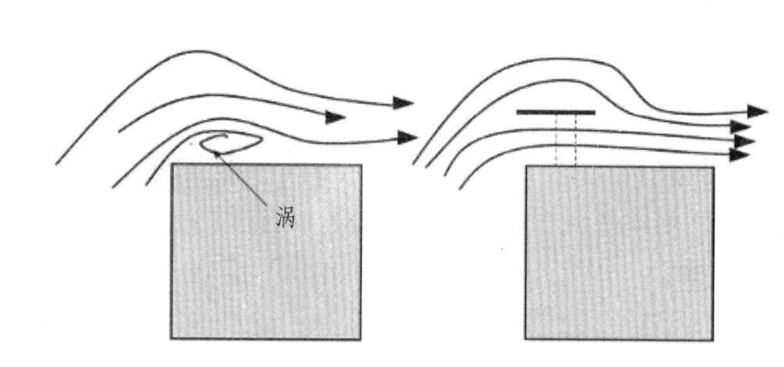

图 4.8-2　扰流板工作机理

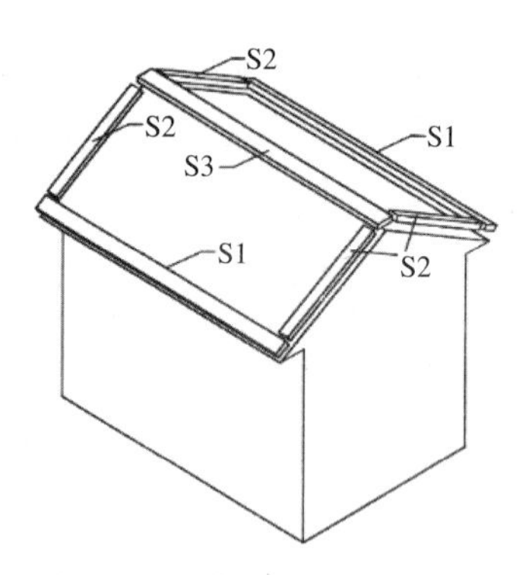

图 4.8-3　扰流板布置方式

试验中低矮房屋模型采用有机玻璃制作，模型比尺为 1∶20，足尺长度为 10.5m，宽 7m，挑檐高 7m，挑檐长 1m，房屋坡脚为 30°（图 4.8-4）。屋面共布置 192 个测点，在屋檐和屋脊处适度加密，如图 4.8-5 所示。图 4.8-6 给出了扰流板几何参数，如扰流板宽度 b_{m}，扰流板距屋面高度 h_{m}，扰流板与屋面角度 β_{m}，m 为扰流板编号。为研究扰流板几何因素，将模型工况按照扰流板 S1、S2、S3 分为三组，具体尺寸如表 4.8-1 ~表 4.8-3 所示。

扰流板 S1 工况　　表 4.8-1

模型	高度 h_1（m）	宽度 b_1（m）	夹角 β_1
S1-β	0.4	0.6	β_1=0°，10°，20°，25°，30°，35°，40°
S1-h	h_1=0.1，0.2，0.3，0.4，0.5，0.6	0.6	0°
S1-b	0.2	b_1=0.4，0.5，0.6，0.7，0.8	0°

注：此工况中h_2=h_3=0.4m；b_2=b_3=0.6m；β_2=β_3=0°

扰流板 S2 工况　　表 4.8-2

模型	高度 h_2（m）	宽度 b_2（m）	夹角 β_2
S2-β	0.4	0.6	β_2=0°，10°，20°，25°，30°，35°，40°
S2-h	h_2=0.1，0.2，0.3，0.4，0.5，0.6	0.3	0°
S2-b	0.2	b_2=0.4，0.5，0.6，0.7，0.8	0°

注：此工况中h_1=h_3=0.4m；b_1=b_3=0.6m；β_1=β_3=0°

扰流板 S3 工况　　表 4.8-3

模型	高度 h_3（m）	宽度 b_3（m）	夹角 β_3
S3-h	h_3=0.2，0.3，0.4，0.5，0.6	0.3	0°
S3-b	0.2	b_3=0.4，0.5，0.6，0.7，0.8	0°

注：此工况中h_1=h_2=0.4m；b_1=b_2=0.6m；β_1=β_2=0°

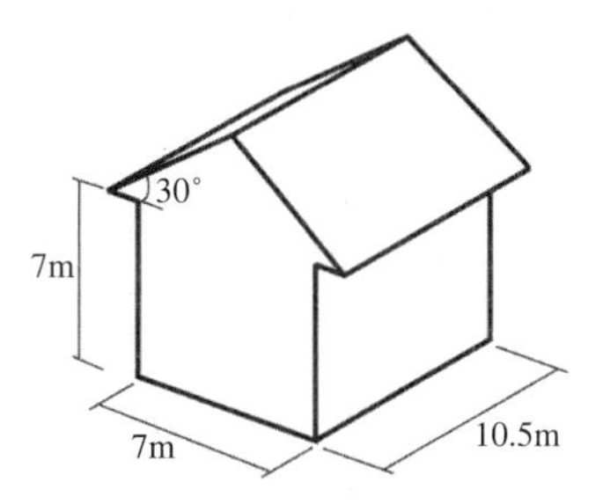

图 4.8-4　模型几何尺寸示图

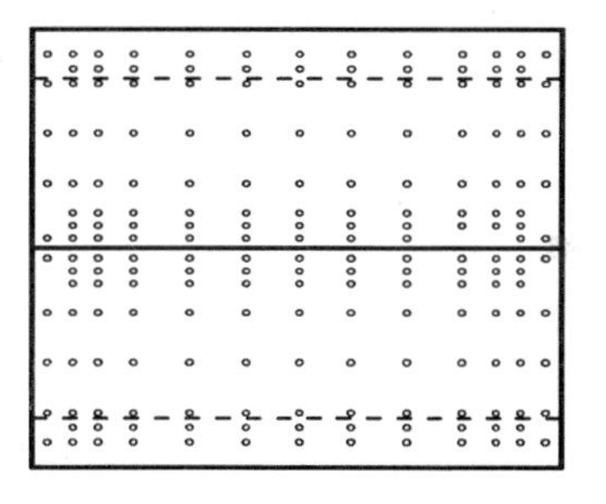

图 4.8-5　模型测点分布图

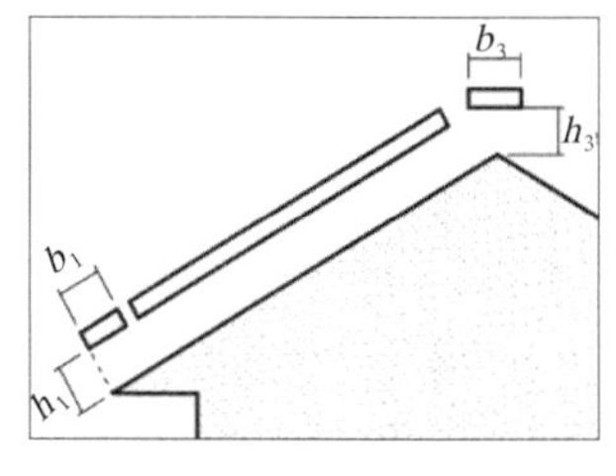

a. 扰流板 S1 与 S3 高度与宽度

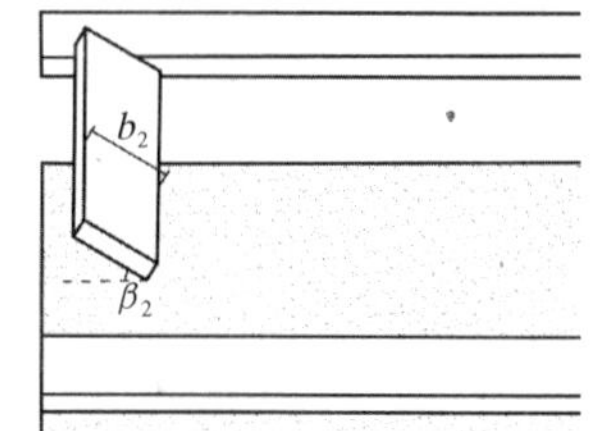

b. 扰流板 S2 角度与宽度

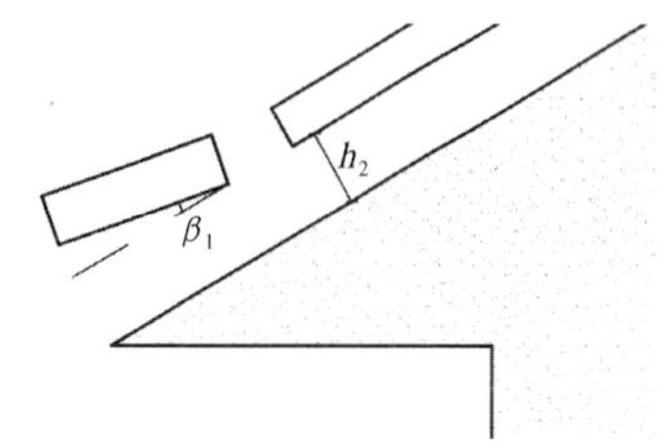

c. 1 号板角度与 2 号板高度

图 4.8-6　扰流板几何因素

2. 实验条件

试验在大连理工大学风洞实验室（DUT-1）进行，风洞截面宽 3m，高 2.5m，最大设计风速 50m/s，如图 4.8-7 所示。大气边界层流场参考《日本建筑学会对建筑物荷载建议》(简称，日本规范）[13] 的 II 类风场，地面粗糙度指数 α=0.15，模型顶部（实际高度 10m）的紊流度 I_u 约为 22%，速度 V_H 为 9.3m/s，V_H 为实验的参考速度。风速采样频率为 312.5hz，采样时间为 30s，风压采样频率为 200Hz，采样时间为 50s。试验实测风速、湍流强度剖面与日本规范中设计值对比如图 4.8-8a 所示，参考点速度功率谱与 Karman 谱 [14] 对比如图 4.8-8b，Karman 谱表达式如下

$$S_u(z,n)=4\sigma_u^2\frac{f}{n\left[1+70.8f^2\right]^{\frac{5}{6}}} \tag{4.8-1}$$

其中 $f=\dfrac{nL_u(z)}{\overline{v}_z}$，$L_u$ 为纵向湍流积分尺度，$\overline{v}_z$ 为标准高度处的平均风速，n 为脉动风频率，σ_u 为风速根方差，S_u（z，n）为功率谱密度。可见，试验中大气边界条件接近规范值和理论值。

图 4.8-7　DUT-1 风洞试验室

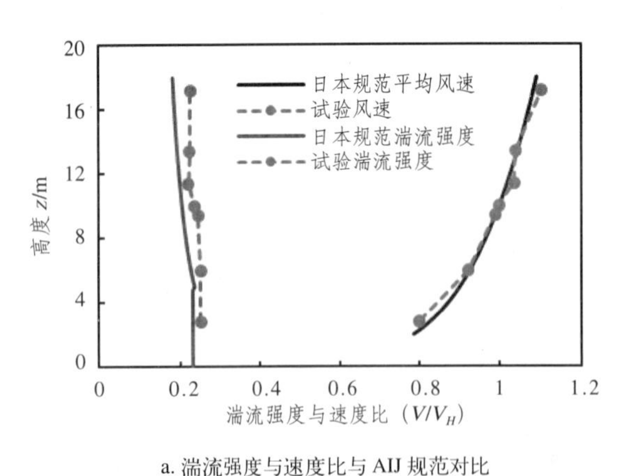

a. 湍流强度与速度比与 AIJ 规范对比

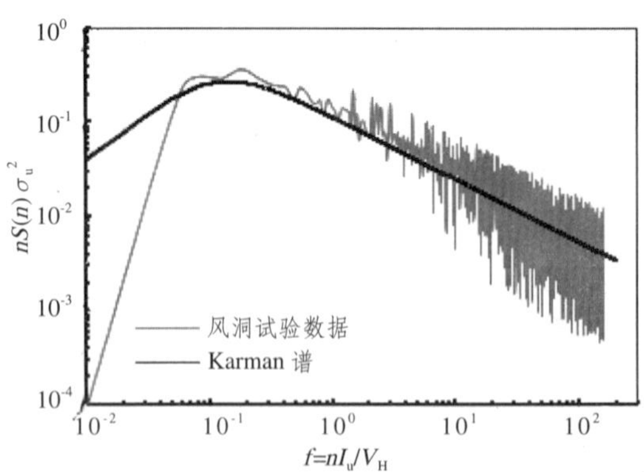

b. 参考点风速功率谱与 Karman 谱对比

图 4.8-8　风洞试验大气边界条件

二、数据处理与验证

图 4.8-5 中第 i 测点在 t 时刻 θ 风向角下的风压系数由式（4.8-2）计算：

$$C_{\mathrm{p}}(i,t,\theta)=\frac{p(i,\theta,t)}{0.5\rho V_{\mathrm{H}}^{2}} \tag{4.8-2}$$

式中，$p(i, \theta, t)$ 为第 i 点在 t 时刻 θ 风向角下的风压，ρ 为空气密度。$C_{\mathrm{p,\ mean}}(\mathrm{i}, \theta)$ 为测点 i 在 θ 风向角下的平均风压系数。为了能够准确反映扰流板对屋面局部风压影响，采用美国荷载规范 [16] 中屋面分区方法，将屋面分为 18 个区域，如图 4.8-9 所示，其中 a=1m。试验模型为中心对称，风向角变化范围为 0°~90°，间隔为 15°，即风向角 θ=0°，15°，30°，45°，60°，75°，90°，在风向角为 θ 时各分区的在 t 时刻平均风压系数和风压极值系数由式（4.8-3）确定

$$C_{\mathrm{ap}}(t,\theta)=\frac{\sum C_{\mathrm{p}}(i,\theta,t)\cdot A_{i}}{\sum A_{i}} \tag{4.8-3}$$

$C_{\mathrm{ap,\ mean}}(\theta)$ 为各分区平均风压系数，各分区极值风压系数 $C_{\mathrm{ap,\ peak}}$ 的计算方法采用 Kwon 所提出的改进的极值因子法 [15]

$$C_{\mathrm{ap,peak}}(\theta)=C_{\mathrm{ap,mean}}(\theta)-g\cdot C_{\mathrm{ap,rms}}(\theta) \tag{4.8-4}$$

式中，g 为峰值因子；$C_{\mathrm{ap,\ rms}}(\theta)$ 为在 θ 风向角下各分区风压系数均方根值。屋面风压基本为负值，本文所提到的风压增大和减小都是指风压系数的绝对值。选取屋面各分区在 7 个风向角下风压系数最小值作为该区域的最不利风压系数，如式（4.8-5）

$$C_{\mathrm{ap,mean}}=\min_{\theta=0^{\circ}\sim 90^{\circ}}\left[C_{\mathrm{ap,mean}}(\theta)\right] \tag{4.8-5}$$

$$C_{\mathrm{ap,peak}}=\min_{\theta=0^{\circ}\sim 90^{\circ}}\left[C_{\mathrm{ap,peak}}(\theta)\right] \tag{4.8-6}$$

定义升力系数（C_{f}）来反映屋面整体风压的变化，即：

$$C_{\mathrm{f}}(\theta,t)=\frac{-\sum C_{\mathrm{p}}(i,\theta,t)\cdot A_{i}}{\sum A_{i}} \tag{4.8-7}$$

则 $C_{\mathrm{f,\ mean}}(\theta)$、$C_{\mathrm{f,\ rms}}(\theta)$ 为屋面升力系数的平均值和均方根，极值升力系数计算方法与风压系数极值相同，即：

$$C_{\mathrm{f,peak}}(\theta)=C_{\mathrm{f,mean}}(\theta)+g\cdot C_{\mathrm{f,rms}}(\theta) \tag{4.8-8}$$

同理不同风向角情况下最不利升力系数均值和最不利升力系数极值由式（4.8-9）、式（4.8-10）得出

$$C_{\mathrm{f,mean}}=\max_{\theta=0^{\circ}\sim 90^{\circ}}\left[C_{\mathrm{f,mean}}(\theta)\right] \tag{4.8-9}$$

$$C_{\mathrm{f,peak}}=\max_{\theta=0^{\circ}\sim 90^{\circ}}\left(C_{\mathrm{f,peak}}(\theta)\right) \tag{4.8-10}$$

↓ θ =0°　　a

LD1	LC	LD2
LB1	LA	LB2
LF1	LE	LF2
RF1	RE	RF2
RB1	RA	RB2
RD1	RC	RD2

θ=90° →　　a　　a

图 4.8-9　屋面分区

三、结果分析

1. 扰流板气动控制效果

以S1-β=0° 模型为例(见表4.8-1),将其屋面风压系数与未加扰流板时风压系数进行对比。由图 4.8-10 可见，加扰流板的屋面大部分区域平均风压系数 $C_{\mathrm{ap,\ mean}}$ 与极值风压系数 $C_{\mathrm{ap,\ peak}}$ 都有所减小，极值风压系数 $C_{\mathrm{ap,\ peak}}$ 减小效果最为显著，平均风压系数 $C_{\mathrm{ap,\ mean}}$ 最大减少 0.6（LF1 区），减小幅度可达 30%，极值风压系数 $C_{\mathrm{ap,\ peak}}$ 最大可减小 3.28（RD1 区），最大减小幅度可达 49%（RC 区）。屋面角部 RD1、LF1、LD1 区风压减小最为明显，主要原因为当风向角为 30° ~ 60° 时，LD1、LF1、RD1 区为迎风边缘，锥形涡的形成会在此产生强大的吸力，而扰流板干扰了锥形涡形成，减小了该区域的风压。屋面在安装扰流板后，其平均升力系数 $C_{\mathrm{f,\ mean}}$ 与极值升力系数 $C_{\mathrm{f,\ peak}}$ 均小于未加扰流板情况（表 4.8-4），减小幅度都在 25% 左右。可见，扰流板可以有效减小双坡房屋屋面风压。

屋面升力系数对比　　**表 4.8-4**

	未安装扰流板	安装扰流板
平均升力系数 $C_{\mathrm{f,\ mean}}$	0.75	0.55
极值升力系数 $C_{\mathrm{f,\ peak}}$	1.3	0.98

2. 扰流板几何因素影响

为研究扰流板几何因素对屋面风压的影响，对表 4.8-1 ~表 4.8-3 中的各种不同模型进行 7 个风向角 θ=0°、15°、30°、45°、60°、75°、90° 下的风压系数测定，将不同模型屋面风压与不加扰流板双坡屋面风压进行对比。本节所讨论的平均风压系数 $C_{\mathrm{ap,\ mean}}$ 与极值风压系数 $C_{\mathrm{ap,\ peak}}$ 为 7 个风向角下最小值。

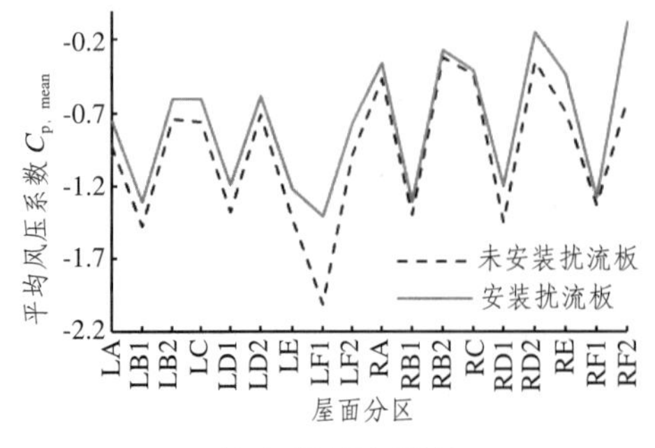

a. 屋面平均风压对比图

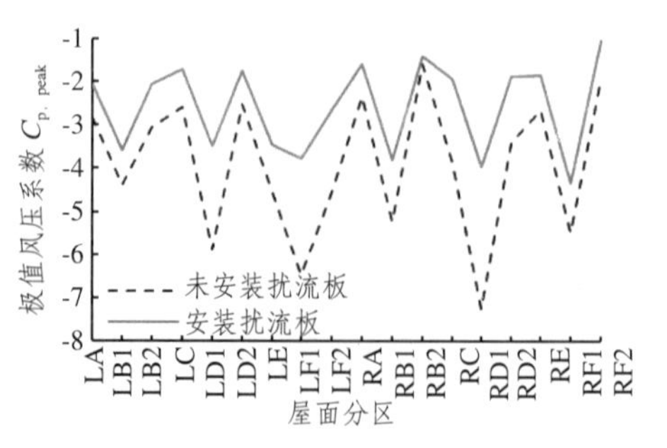

b. 屋面极值风压对比图

图 4.8-10　屋面风压系数对比

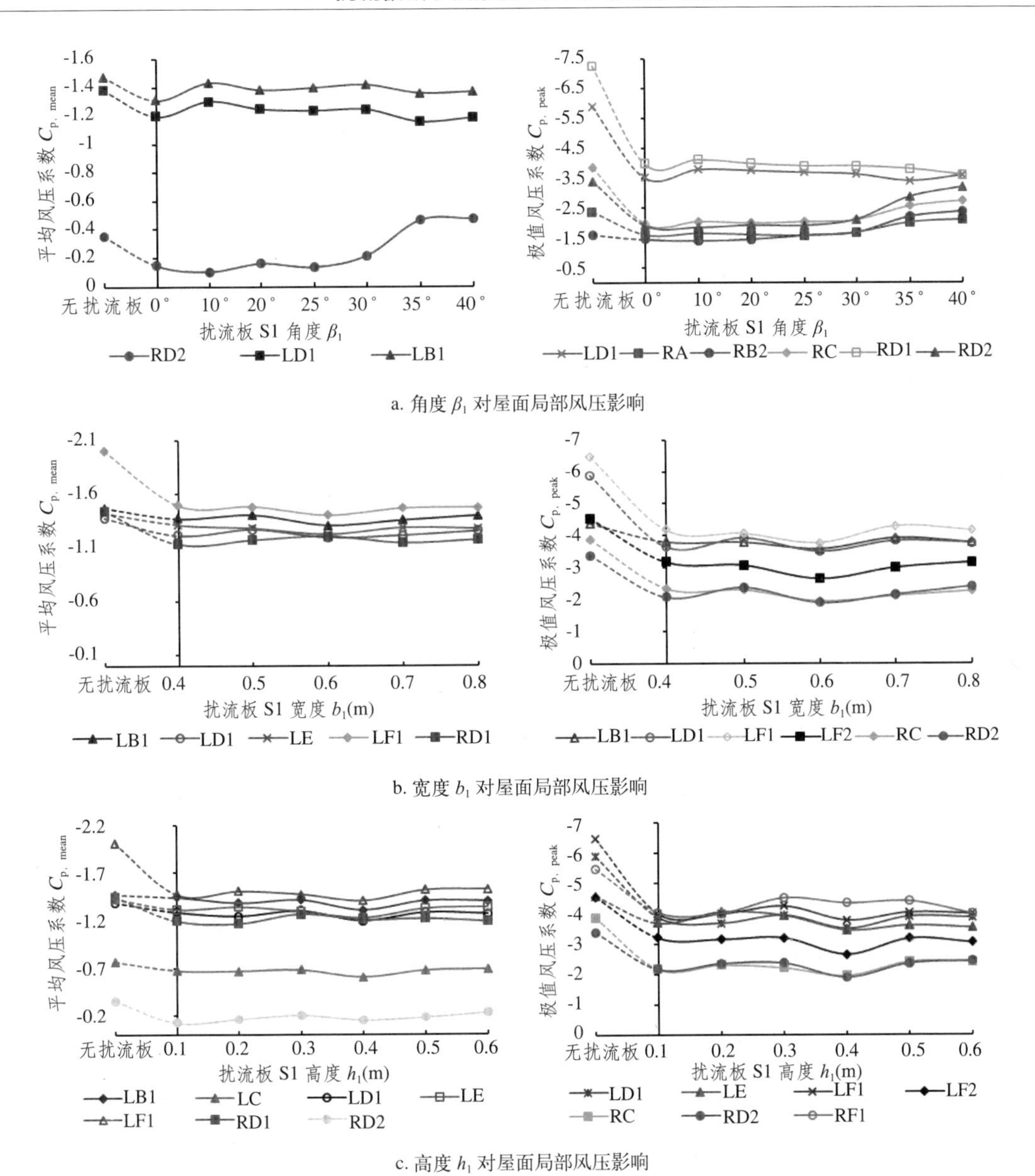

a. 角度 β_1 对屋面局部风压影响

b. 宽度 b_1 对屋面局部风压影响

c. 高度 h_1 对屋面局部风压影响

图 4.8-11 扰流板 S1 几何因素对屋面各区域风压系数的影响

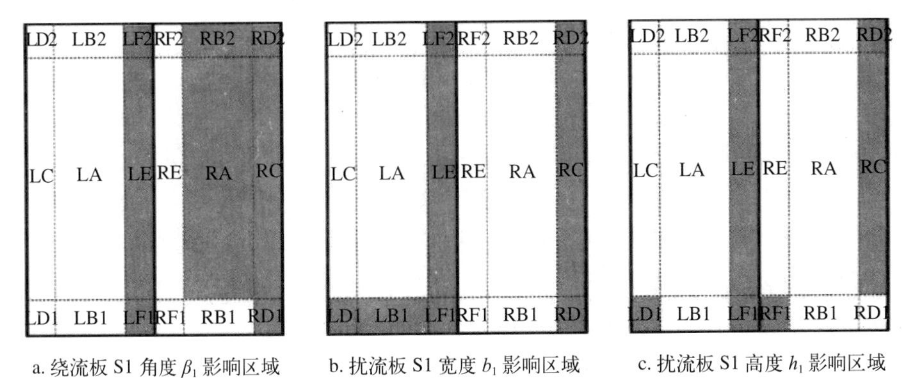

a. 绕流板 S1 角度 β_1 影响区域　b. 扰流板 S1 宽度 b_1 影响区域　c. 扰流板 S1 高度 h_1 影响区域

图 4.8-12 扰流板 S1 影响较大屋面区域

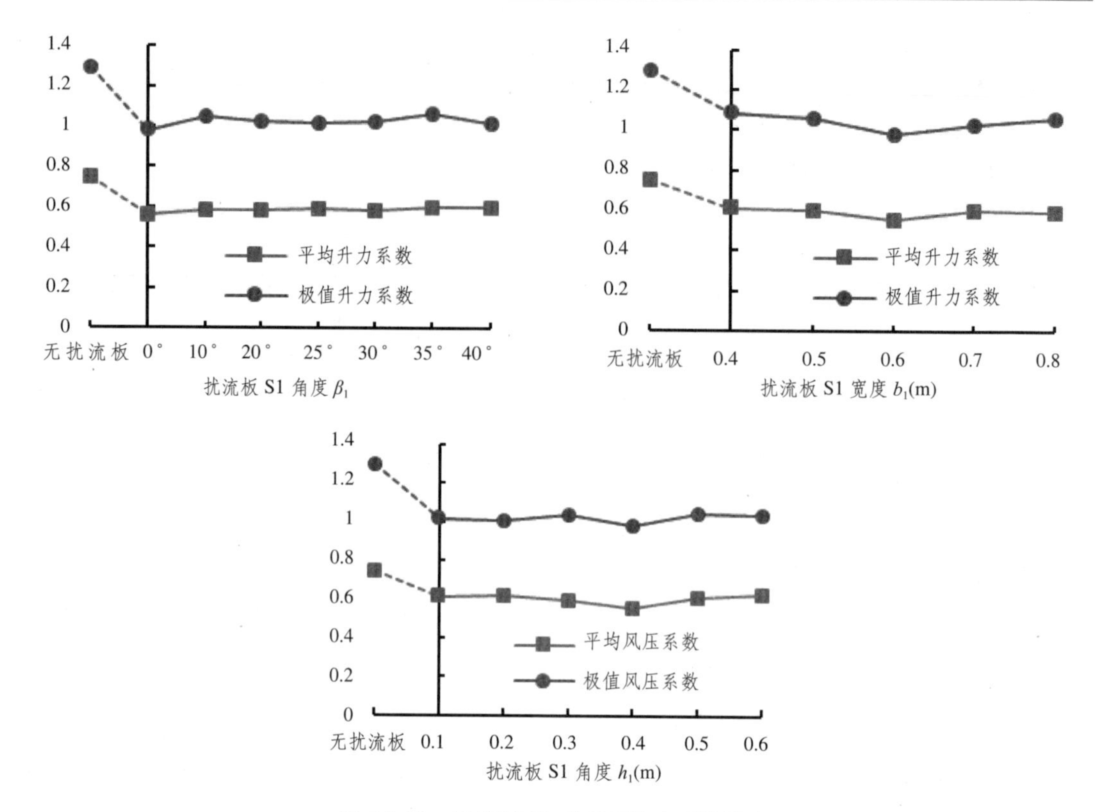

图 4.8-13 扰流板 S1 对屋面升力系数影响

（1）扰流板 S1

由于屋面分区较多，且当一种扰流板几何因素变化时，只有少数区域风压会有明显变化，因此，图 4.8-11 给出了风压变化较为明显区域的局部风压系数，并且将这些区域在图 4.8-12 中标出。当扰流板角度 β_1 大于 30° 时，迎风屋面 RC、RD2、RA、RB2 区极值风压系数 $C_{ap,\ peak}$ 随着角度 β_1 增大而增大，β_1=30° 时屋面风压极值减小效果最好，此时其主要影响区域（图 4.8-12a）极值风压系数 $C_{ap,\ peak}$ 平均减少 36%；对于宽度 b_1 与高度 h_1，极值风压系数 $C_{ap,\ peak}$ 分别在 b_1=0.6m 与 h_1=0.4m 时风压减小效果最好，其主要影响区域（图 4.8-14b、图 4.8-14c）极值风压系数 $C_{p,\ peak}$ 分别平均减少 40% 与 37%。扰流板 S1 几何因素对屋面平均升力系数 $C_{f,\ mean}$ 和极值升力系数 $C_{f,\ peak}$ 影响较小，二者减小幅度始终在 20% 左右（图 4.8-13）。

扰流板 S1 三种几何因素中，角度 β_1 对屋面局部风压的影响最大，其平均风压系数 $C_{p,\ mean}$ 最大相差 0.37（RD2），最大变化幅度可达 77%（RD2），极值风压系数 $C_{ap,\ peak}$ 最大相差 1.36（RD2），最大变化幅度可达 42%（RD2）。总体上看，迎风屋面屋脊区域（LF1 LE LF2 区）和背风屋面屋檐区域（RD1，RC，RD2 区）是扰流板 S1 主要影响区域（如图 4.8-12），并且由图 4.8-11 可知，扰流板 S1 几何因素对于极值风压的影响要更为明显。扰流板 S1 对大部分区域的平均风压系数 $C_{ap,\ mean}$ 与极值风压系数 $C_{ap,\ peak}$ 没有明显的影响，主要原因是：对于坡脚为 30° 的双坡房屋，最不利风向角出现在 30° ~60° ，此时屋檐并不是气流分离的主要位置，所以扰流板 S1 对屋面风压的影响有限。

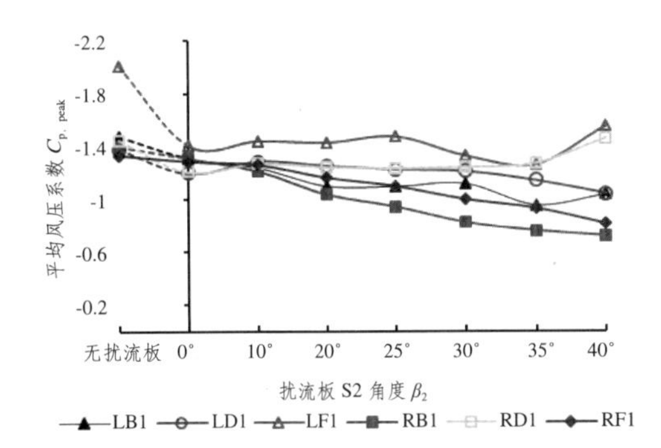

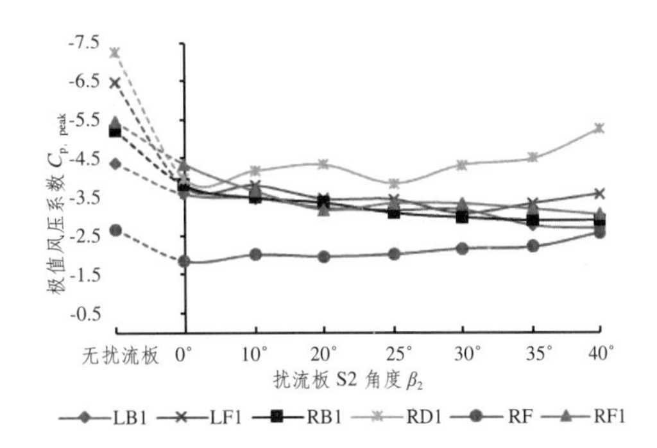

a. 角度 β_2 对屋面局部风压影响

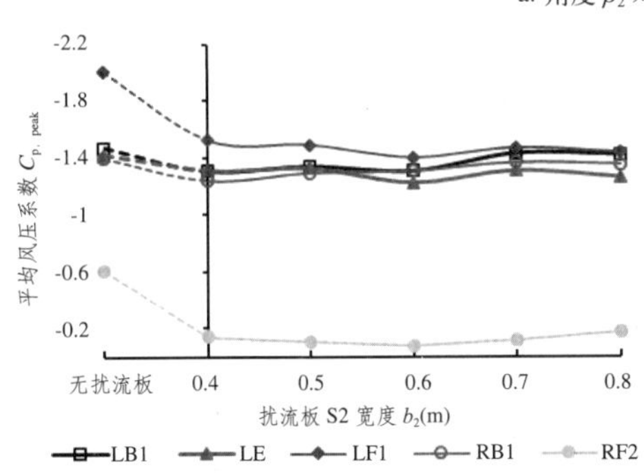

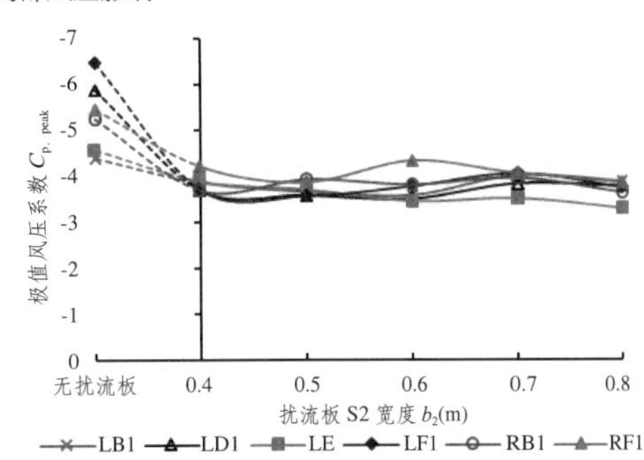

b. 宽度 b_2 对屋面局部风压影响

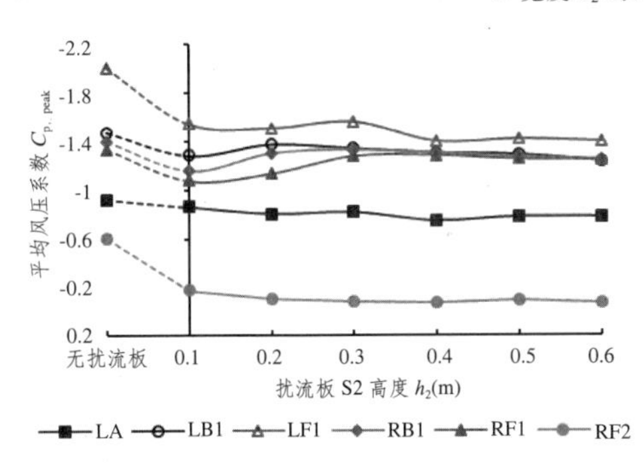

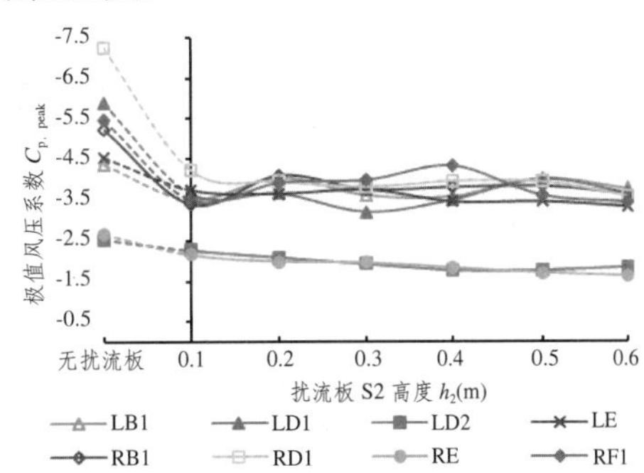

c. 高度 h_2 对屋面局部风压影响

图 4.8-14　扰流板 S2 几何因素对屋面各区域风压系数的影响

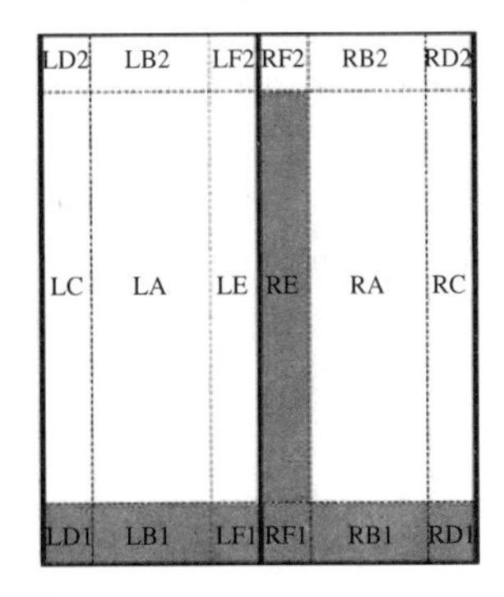

a. 角度 β_2 影响区域

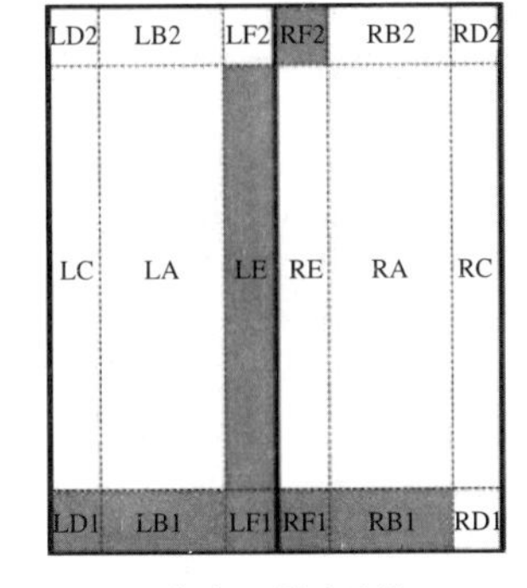

b. 宽度 b_2 影响区域

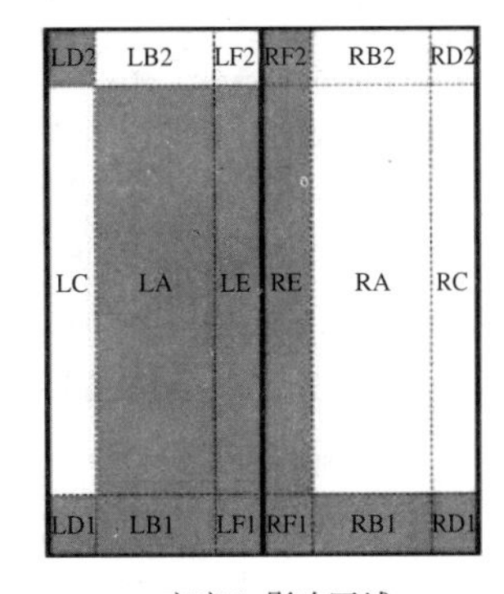

c. 高度 h_2 影响区域

图 4.8-15　屋面受扰流板 S2 影响较大区域

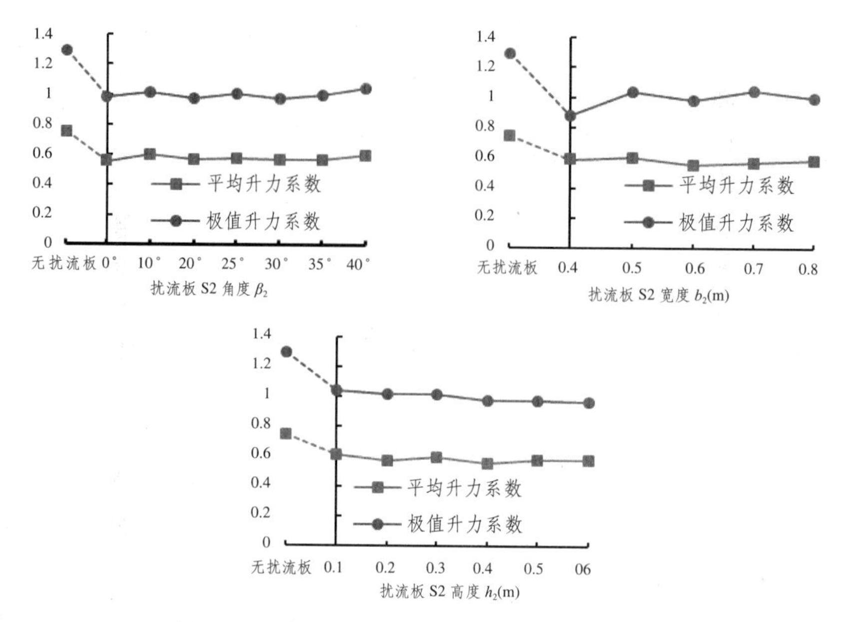

图 4.8-16 扰流板 S2 对屋面各区域升力系数影响

（2）扰流板 S2

由图 4.8-14 可见，屋面风压系数变化有较强的规律性，当角度 β_2 增大时，山墙处（LB1，LD1，RF1，RB1 区）的平均风压系数 $C_{ap,\ mean}$ 和极值风压系数 $C_{ap,\ peak}$ 会随着角度 β_2 增大而减小，当 β_2=40° 时，影响区域（图 4.8-15a）风压平均值最小，极值风压平均可减小 34%，平均风压减少 26%；对于宽度 b_2，其影响区域（图 4.8-15b）风压随着宽度 b_2 增大而减小，当宽度 b_2=0.8m 时，影响区域极值风压减小效果最好，可达 27%；当高度 h_2 增大时，山墙区域（LB1，LF1，RB1，RF1 区），平均风压基本平稳无变化，极值风压虽有波动，但是无增大减小趋势，其影响区域平均风压减小 28% 左右，极值风压减小 32% 左右。由图 4.8-16 可见，当宽度 b_2 为 0.4m 时，屋面极值升力系数明显小于其他宽度，减小幅度可达 20%，除此之外扰流板 S2 高度 h_2、角度 β_2 对屋面整体的升力系数影响不大。

在扰流板 S2 三个几何因素中，角度对于屋面局部风压的影响最大，其中平均风压 $C_{ap,\ mean}$ 最大相差 0.58（RB1），最大变化幅度为 65%（RF2），极值风压系数 $C_{ap,\ peak}$ 最大相差 1.4（RD1），最大变化幅度为 30%。其次是高度 h_2。宽度 b_2 对于屋面风压影响相对最小，当其变化时，屋面风压减小幅度仅相差 8%。由图 4.8-14 可见，扰流板 S2 对屋面平均风压系数 $C_{ap,mean}$ 和极值风压系数 $C_{ap,peak}$ 都有显著影响，主要原因是：在房屋不利风向角下（θ=30~60°），迎风屋面山墙附近区域（LB1，LF1 区）是气流分离的主要位置，而背风屋面山墙附近区域（RF1，RB1 区）是锥形涡的形成区，扰流板 S2 直接干扰了迎风屋面气流的分离和背风屋面锥形涡的形成 [18]，所以扰流板 S2 对屋面风压有显著影响，这也解释了扰流板 S2 主要影响区域为山墙（LB1，LF1，RF1，RB1 区）和屋脊（RE，LE 区）区域。

（3）扰流板 S3

由图 4.8-17 可见，当宽度 b_3 增大时，屋脊区域（LE，LF1，LF2，RE，RF1 区）极值风压减小，宽度 b_3=0.8m 时，受影响区域极值风压平均减少 34%。对于高度 h_3，屋脊区域平均风压基本稳定无变化，极值风压有波动但无增加减小趋势。由图 4.8-19 可见，扰流板 S3 对屋面极值升力系数 $C_{f,\ peak}$ 有一定影响，其减小幅度相差 10%，而对平均升力系数 $C_{f,\ mean}$ 影响较小。

宽度 b_3 对屋面风压影响较小，其平均风压系数 $C_{p,\ mean}$ 最大仅相差 0.1，极值风压系数 $C_{p,\ peak}$ 最大仅相差 0.55，受影响区域极值风压减小幅度仅相差 6%。高度 h_3 对屋面风压影响略大于宽度 b_3，受影响区域极值风压减小幅度相差 14%。扰流板 S3 对屋面风压影响相对于扰流板 S1、S2 较弱，这是由于气流在屋面边缘已受到扰流板 S1、S2 干扰，屋脊处锥形涡已经得到抑制，在这种情况下扰流板 S3 对于屋面局部和整体抗风能力的提升就相对较小。由图 4.8-18 可以看出，扰流板 S3 主要影响屋脊附近区域（LE，LF2，LF1，RF1，RE）的风压系数。

（4）总结

扰流板几何因素对屋面局部风压影响较大，尤其是极值风压，而对屋面整体升力影响相对较小。对于三种不同位置的扰流板，扰流板 S2 对屋面风压的影响最为显著，其次是扰流板 S1，扰流板 S3 对屋面风压的影响最小。角度是对屋面风压影响最为明显的几何因素，对于扰流板 S1，角度 β_1 等于 30° 时减压效果最好，大于 30° 时，背风屋檐区域风压会随角度增大而增大；对于扰流板 S2，山墙区域风压随角度增大而减小，角度 β_1 等于 40° 时减压效果最好。对于扰流板高度，可以预测出当扰流板增加或减小到某一高度后，对于锥形涡干扰会逐渐减弱，屋面风压会逐渐增大到未加扰流板的状态。而扰流板高度在 0.1~0.6m 时，受影响区域风压均有减小，且随高度增加无明显变化趋势，由此可知：在此高度区间内，扰流板都能干扰到锥形涡形成，并且屋面风压减小效果基本相同。因此，当扰流板高度为 0.1~0.6m，与屋檐高度比为 1/70~1/12 时，屋面风压减小效果最好。扰流板宽度对屋面风压影响相对较小，屋面风压会随扰流板宽度增加而减小，但受影响区域极值风压减小幅度仅相差 8% 左右。

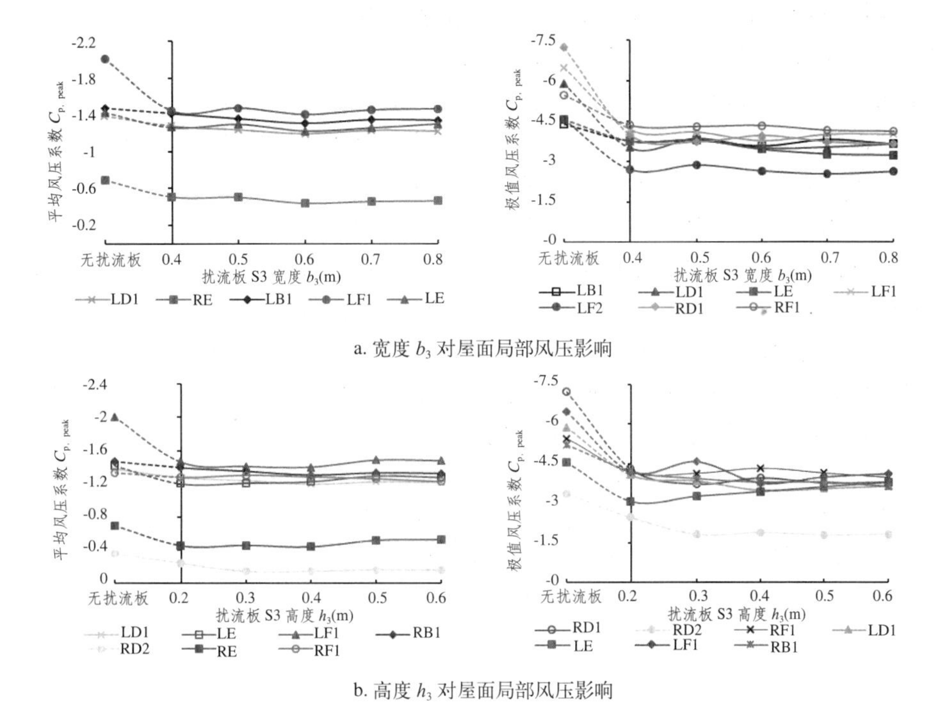

a. 宽度 b_3 对屋面局部风压影响

b. 高度 h_3 对屋面局部风压影响

图 4.8-17　扰流板 S3 对屋面各区域风压系数的影响

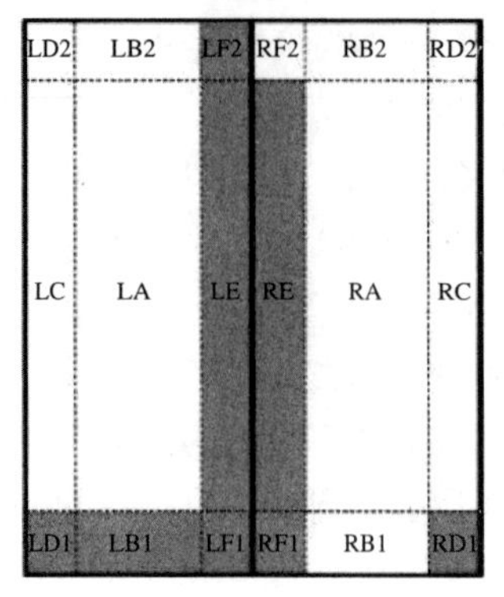

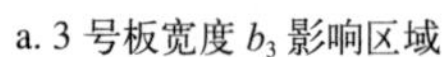
a. 3 号板宽度 b_3 影响区域

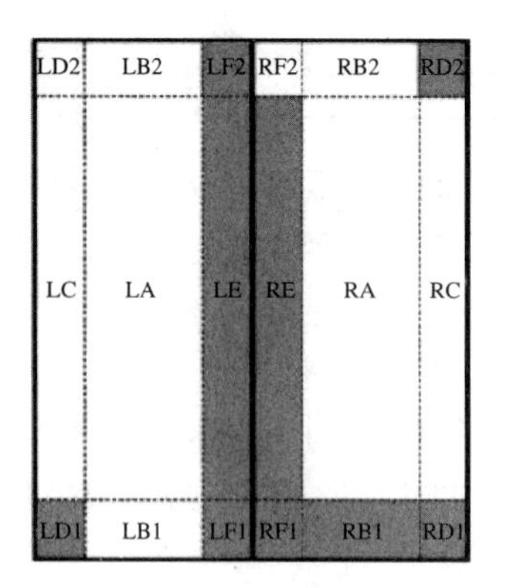

b. 3 号板高度 h_3 影响区域

图 4.8-18 屋面受扰流板 S3 板影响较大区域

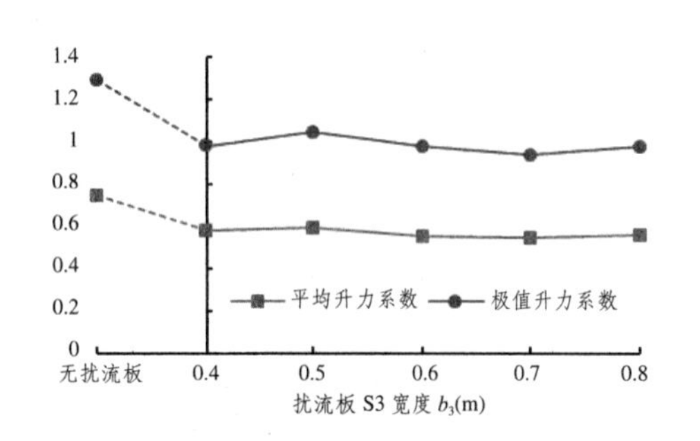

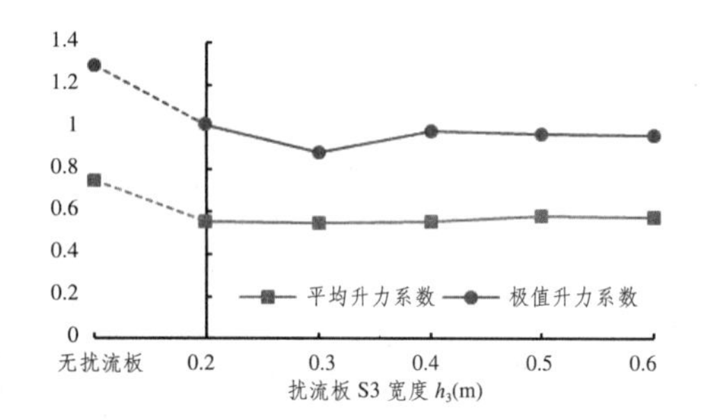

图 4.8-19 扰流板 S3 对屋面各区域升力系数影响

四、结论

本文通过对加扰流板的双坡房屋进行风洞试验研究，可以得到以下结论：

（1）在低矮双坡房屋上安装扰流板，可以有效减少屋面局部平均风压、极值风压和屋面整体平均升力、极值升力，尤其对于极值风压效果十分显著，最大减小幅度可达 49%。

（2）扰流板安装位置建议可选择屋檐、山墙和屋脊处。但山墙处扰流板对屋面风压的影响最为显著，其次是屋檐处扰流板，屋脊处扰流板对屋面风压作用相对最小。

（3）扰流板几何因素对屋面局部风压影响较大，尤其是极值风压，而对屋面整体升力影响较小。扰流板与屋面角度是对屋面风压影响最为明显的几何因素，对于屋檐处扰流板，当其与屋面角度为 30° 时减压效果最好，大于 30° 时，背风屋檐处风压会随角度增大而增大；对于山墙处扰流板，屋面风压随角度增加而减小，当其与屋面角度为 40° 时减压效果最好，但考虑到扰流板角度过大会使扰流板表面受力增加，且山墙处扰流板与屋面角度为 30° 和 40° 时屋面风压相差较小，山墙处扰流板与屋面角度建议取为 30° 。扰流板高度与挑檐高度之比为 1/70~1/12 时较为合理，在此区间内屋面风压减小效果最好，屋面风压基本不随高度变化。从理论上分析，扰流板宽度越大屋面风压越小，但综合考虑经济与构造措施等因素，且扰流板宽度对屋面风压影响相对较小，扰流板宽度与房屋长度比值为 1/20 左右时较为合理，可以较好地减小屋面风压。

参考文献

[1] 史文海．低矮房屋与高层建筑的风场和风荷载特性实测研究 [D]. 湖南大学，2013.

[2] 胡尚瑜，宋丽莉，李秋胜．近地边界层台风观测及湍流特征参数分析 [J]. 建筑结构学报．2011，32（4）：1-8.

[3] 刘阳，郭子雄，黄群贤．东南沿海村镇房屋安全性现状调查及统计分析 [C]. 2009.

[4] uang P，Peng X，Gu M. Aerodynamic devices to mitigate rooftop suctions on a gable roof building[J]. Journal of Wind Engineering and Industrial Aerodynamics. 2014，135：90-104.

[5] 陶玲，黄鹏，全涌等．屋脊和出山对低矮房屋屋面风荷载的影响 [J]. 工程力学，2012（4）：113-121.

[6] Kopp G A，Mans C，Surry D. Wind effects of parapets on low buildings：Part 4. Mitigation of corner loads with alternative geometries[J]. Journal of Wind Engineering and Industrial Aerodynamics. 2005，93（11）：873-888.

[7] Kopp G A，Surry D，Mans C. Wind effects of parapets on low buildings：Part 1. Basic aerodynamics and local loads[J]. Journal of Wind Engineering and Industrial Aerodynamics. 2005，93（11）：817-841.

[8] Wu F. Full-scale study of conical vortices and their effects near roof corners[D]. Texas Tech University，2000.

[9] Franchini S，Pindado S，Meseguer J，et al. A parametric，experimental analysis of conical vortices on curved roofs of low-rise buildings[J]. Journal of Wind Engineering and Industrial Aerodynamics. 2005，93（8）：639-650.

[10] 周显鹏．水平悬挑女儿墙对低矮双坡屋面风压的影响 [D]. 华侨大学，2008.

[11] 彭兴黔，张松．悬挑女儿墙对低矮平屋面房屋风压影响的数值模拟 [Z]. 南京：2007467-470.

[12] 陶玲，黄鹏，顾明等．低矮建筑屋面风荷载分区体型系数研究 [J]. 建筑结构，2014（10）：79-83.

[13] Architectural Institute Of Japan. AIJ Recommendations for Loads on Buildings[S]. 2004.

[14] Karman T V. Progress in the Statistical Theory of Turbulence[J]. Proceedings of the National Academy of Sciences of the United States of America. 1948，34（11）：530-539.

[15] Kwon D K，Kareem A. Peak Factors for Non-Gaussian Load Effects Revisited[J]. Journal of Structural Engineering. 2011，137（12）：1611-1619.

[16] America Society Of Civil Engineers. Minimum Design Loads For Buildings and Other Structures[S]. 2010.

[17] Quan Y T Y M. TPU aerodynamic database for low-rise buildings[Z]. Cairns，Australia，pp：2007.

[18] 顾明，黄强，黄鹏等．低层双坡房屋屋面平均风压影响因素的数值模拟研究 [J]. 建筑结构学报．2009，30（05）：205-211.

9 强台风作用下输电导线的风振响应研究

陈波[1] 杨登[1] 冯珂[1] 陶祥海[2]
1. 武汉理工大学道路桥梁与结构工程湖北省重点实验室，武汉，430070
2. 广东电网公司湛江供电局，湛江，524037

输电塔线体系是重要的电力基础设施和生命线工程。作为一种典型的高柔结构，输电塔线体系在强台风作用下容易发生损伤破坏甚至倒塌，这将导致严重的社会经济损失和次生灾害。在强风灾害中输电导线多发损伤破坏甚至断裂灾害。输电导线的力学性能和强度设计关系到输电线路的安全性和可靠性，常规的输电导线设计一般不考虑导线内不同层的力学性能，以往有关导线设计计算方法没有考虑导线的分层特性而将其视为一个柔索。实际上，由于导线的材质、结构特点的复杂性，使得导线内部不同层、不同材料之间存在力学性能上的差异。本文建立了的输电导线细观力学模型并考察了其在强风作用下的承载力特性。文中首先建立了输电塔线体系的强台风荷载模型，进一步考虑输电导线的挤压效应建立了导线分层细观力学模型。文中以沿海某实际输电塔线体系为工程背景，考察了在强台风作用下导线的细观承载力特点。

一、输电塔线体系的强台风荷载模型

对传统的大气边界层自然风而言，输电塔线体系的风场通常由平均风速剖面、脉动风的功率谱密度函数以及脉动风之间的相干函数进行表达。到目前为止，这些风场信息经过多年的观测已建立了诸多可用的经验公式。对经过复杂地形的台风风场，由于此状况下的台风风速时程为高度非平稳的随机过程，因此这些风场信息将不同于传统的大气边界层自然风信息。理论上根据足够多的台风风场实测数据可建立用于输电线路响应分析的非平稳台风风场。但实际应用中受到实测数据的限制，更为方便的是首先建立单点的非平稳台风风场，然后进一步将此点的台风风场扩展到整个台风风场。实际应用过程中，首先将单点的台风风速时程分解为顺风向、横风向以及垂直向风速时程。对单点的台风风速时程，顺风向风速时程可分解为时变平均风$\overline{U}(t)$以及零均值的非平稳脉动风 $u(t)$，由此顺风向风速 $U(t)$ 可表达为：

$$U(t)=\overline{U}(t)+u(t) \tag{4.9-1}$$

其中：时变平均风$\overline{U}(t)$可通过一段时间 T_0 内的短时平均法得到：

$$\overline{U}(t)=\frac{1}{T_0}\int_{t-T_0/2}^{t+T_0/2}U(t)\,\mathrm{d}t \tag{4.9-2}$$

考虑竖直平面的平均风速剖面，时变平均风速可表示为：

$$\overline{U}(t)=\overline{U}_0(z)\cdot\eta_0(t) \tag{4.9-3}$$

式中：$\overline{U}_0(z)$为时变平均风速$\overline{U}(t)$的均值，它取决于离地的高度 z；$\eta_0(t)$为平均风速的时变函数，它通常可以认为与高度无关。由此，可以将平均风速剖面加入非平稳风速模型。

在台风期间，在输电线路所在地区的平均风剖面通常不能采用传统的指数率或者对数律来表示。由于演变谱函数可以反映台风的幅值以及风速谱的时变特性，因此非平稳台风脉动风 u（t）可通过演变谱 S_{uu}（ω,t）进行描述。此演变谱函数可以利用对观测得到的台风风速时程进行拟合得到的经验函数进行描述。同理，对近似可认为零均值的非平稳垂直向风速 w（t）也可利用经验演变谱函数 S_{ww}（ω,t）进行描述。

通过将单点非平稳台风风场模型进行扩展，可得到用于大跨度输电线路非平稳风致响应分析的整个非平稳台风风场的非平稳向量：

$$V(t)=\overline{V}(t)+v(t) \tag{4.9-4}$$

其中：$\overline{V}(t)$为整个风场的时变平均风向量，v（t）为零均值的非平稳脉动风速向量。

由于演变谱函数可以反映台风的幅值以及风速谱的时变特性，因此非平稳台风脉动风 u（t）可通过演变谱 S_{uu}（ω,t）进行描述。此演变谱函数可以利用对观测得到的台风风速时程进行拟合得到的经验函数进行描述。同理对近似可认为零均值的非平稳垂直向风速 w（t）也可利用经验演变谱函数 S_{ww}（ω,t）进行描述。通过将此单点非平稳台风风场模型进行扩展，可得到用于大跨度输电线路非平稳风致响应分析的整个非平稳台风风场的非平稳向量。采用的经验演变谱函数是通过对在单点观测到的风速时程进行拟合得到。在风速时程中剔除了时变平均风速后剩下的脉动风速分量仍然具有时变特性。时间 t 时刻的 u（t）的演变功率谱密度函数可表示为：

$$S_{uu}(\omega,t)=\left|A(\omega,t)\right|^2\mu(\omega) \tag{4.9-5}$$

式中：$A(\omega,t)$为时间的渐变函数；$\xi(\omega)$为零均值的高斯正交增量过程。

二、输电导线细观力学模型

钢芯铝绞线具有结构简单、造价低、传输量大等优点，被广泛应用于输电线路。图 4.9-1 给出了钢芯铝绞线示意图。钢芯铝绞线为多层结构组成，内层一般由单股或多股直线镀锌钢组成，主要承担结构的张力。外层一般由单股或多股铝绞线组成，外层股线每层均以一定的角度呈螺旋状缠绕于相邻内层，同时，为了抵消由于同向缠绕产生的扭转效应，每层股线的缠绕方向与其相邻内层相反。钢芯铝绞线的外层铝绞线主要用来导电。输电导线的力学性能和强度设计关系到输电线路的安全性和可靠性，常规的输电导线设计一般不考虑导线内不同层的力学性能，以往有关导线设计主要参考《电力工程高压送电线路设计手册》。该手册中将导线看作各向同性的悬索，不考虑导线的分层，采用经验公式求解输电导线服役荷载下的各种响应。实际上由于导线的材质、结构特点的复杂性，使得导线内部不同层、不同材料之间存在力学性能上的差异。导线运营过程中，有可能出现钢芯退出工作，铝绞线完全承受外荷载的情况，即所谓“张力拐点”现象。因此，我们需要结合导线的材质和结构特点，建立合理的导线分层模型，并研究其承载力特性。

荷载沿索长均布的导线其初始线形为悬链线，其方程为：

$$z=\frac{H}{q}[\cosh\frac{ql_{a}}{H}-\cosh\frac{(l_{a}-x)q}{H}] \tag{4.9-6}$$

$$l_{a}=\frac{L}{2}+\frac{H}{q}\mathrm{arsh}\frac{h}{\frac{2H}{q}\sinh\frac{qL}{2H}} \tag{4.9-7}$$

式中：H 为导线初始水平张力；σ 为和初始水平应力；q 为导线单位长度的自重；l_a 为导线最低点与原点的距离；h 为导线左右两端的高差。导线张力与最大弧垂的关系可表示为：

$$f=\frac{H}{q}[\cosh\frac{ql_{a}}{H}-\cosh(arsh\frac{h}{L})]-\frac{h}{L}(l_{a}-\frac{H}{q}arsh\frac{h}{L}) \tag{4.9-8}$$

材料在承载过程中都要经历弹性阶段、屈服阶段、强化阶段和变形阶段。在研究导线的张力分层过程时所采用的物理参数均为导线弹性阶段的取值，如弹性模量 E、泊松比 μ 等，当材料处于塑性阶段时，其受力状态很难描述。因此，本文研究的导线张力分层特性均采用弹性范围公式。当导线处于张拉状态时，各层股线除沿有自身的轴向伸长外，与其相邻层还存在相互挤压。假设导线第 i 层单股线纵向张拉力为 f_i，该张拉力是由单股线自身轴力的分量产生，因此，第 i 层单股线沿自身轴线方向的张拉力为 $T_i=f_i/\sin\alpha_i$，α_i 为第 i 层股线的螺旋升角。第 i 层股线沿导线轴向的应变由两部分产生：一部分是由张力 f_i 作用产生的轴向伸长 H_{if}，另一部分是由于泊松效应，层间挤压力 p_i 产生的 H_{ip}。由弹性力学原理可得：

$$\begin{cases}H_{\mathrm{if}}=\varepsilon_{\mathrm{if}}f_{i}S_{i}\\H_{\mathrm{ip}}=\varepsilon_{\mathrm{ip}}p_{i}S_{i}\end{cases} \tag{4.9-9}$$

式中：

$$\begin{cases}\varepsilon_{\mathrm{if}}=\dfrac{\sin^{2}\alpha_{i}}{E_{i}A_{i}}+k\dfrac{\cos^{2}\alpha}{G_{i}A_{i}}+\dfrac{R_{i}^{2}\sin^{2}\alpha_{i}}{E_{i}I_{\mathrm{fi}}}+\dfrac{R_{i}^{2}\cos^{2}\alpha_{i}}{G_{i}I_{\mathrm{fi}}}\\\varepsilon_{\mathrm{ip}}=\left(\dfrac{1}{E_{i}A_{i}}+\dfrac{k}{G_{i}A_{i}}+\dfrac{R_{i}^{2}}{E_{i}I_{\mathrm{fi}}}+\dfrac{R_{i}^{2}}{G_{i}I_{\mathrm{fi}}}\right)R_{i}\sin\alpha_{i}\end{cases} \tag{4.9-10}$$

式中：R_i 为第 i 层股线所在节圆半径；A_i 为第 i 层截面积；E_i 为第 i 层弹性模量；G_i 为第 i 层剪切模量。

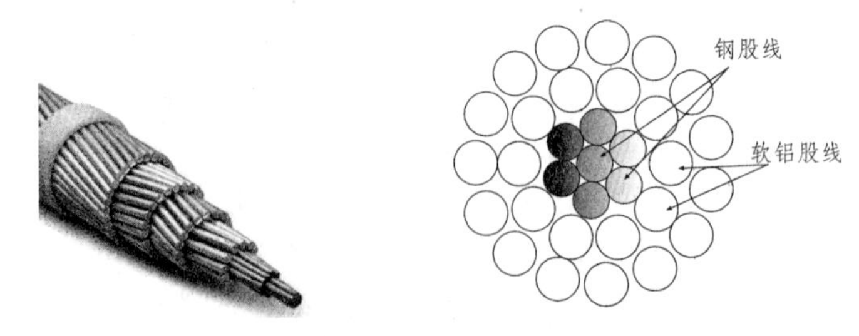

图 4.9-1　钢芯铝绞线示意图

第 i 层股线的沿纵向的变形可表示为：

$$H_{i}=H_{if}+H_{ip} \tag{4.9-11}$$

导线的横向变形也由两部分组成：第一部分当导线有沿自身轴向的伸长时，在泊松效应的影响下，导线股线截面沿径向产生一定的收缩量 Δr_1，第二部分是由于层间挤压力作用产生的径向压缩 Δr_2。图 4.9-2 给出了导线径向变形截面示意图。

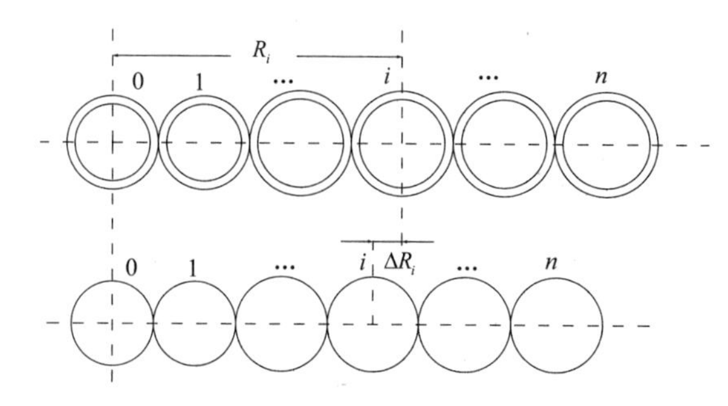

图 4.9-2　导线径向变形截面图

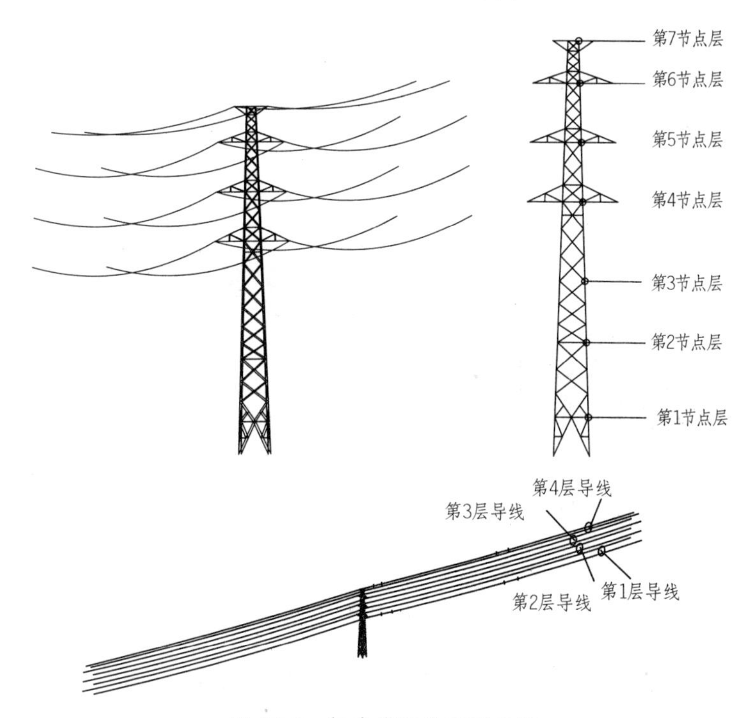

图 4.9-3　输电塔线体系示意图

第 i 层股线总的横向变形为：

$$\Delta R_i = \Delta r_1 + \Delta r \tag{4.9-12}$$

式中：Δr_0、Δr_i、Δr_j 分别为中心层，第 i 层、第 j 层股线因纵向拉伸产生的径向收缩。

不考虑螺旋升角的变化则第 i 层股线纵向变形满足变形协调方程，由此可进一步推导可得：

$$\frac{f_0 / \sin\alpha_i}{E_0 A_0} = \frac{f_i / \sin\alpha_i}{E_i A_i} + \frac{\Delta R_i \cos^2\alpha_i}{R_i} \tag{4.9-13}$$

式中：ΔR_i 为第 i 层股线所在节圆半径的减少量。导线各层股线承受的纵向力值和等于导线整体所受的张拉力：

$$f_0+\sum_{i=1}^{n} f_i n_i = f \tag{4.9-14}$$

式中，n_i 为导线第 i 层股线的根数；f 为导线承受的纵向力。

由此可以求出导线的张力 f 并通过联立式（4.9-13）、(4.9-14）及相关公式可得到 f_i 和 p_i 的数值解，即可得到导线各层的张力分配规律。

三、输电塔线体系分析模型

本文研究的输电塔位于我国南部沿海地区，图 4.9-3 给出了该塔线体系的示意图。该塔为直线塔，杆件截面为 L 形角钢，底部根开 2.2m。塔呼高为 15m。横担以上高度为 9.5m，塔总高度为 24.5m。该塔两侧所连的输电线为等长档距，其中档距为 150m，两边各连 8 根线，最上面一层为地线。全塔高 24.5m，材料弹性模量为 $2.01\times10^{11}\text{N/m}^2$，密度为 $7.85\times10^3\text{kg/m}^3$。该塔共有 235 个节点，650 根杆件。输电塔线体系出平面方向（横向）为 X 轴，在平面方向（纵向）为 Y 轴，沿塔高为 Z 向。图 4.9-4 给出了该输电塔线体系塔身部分节点层和导线跨中节点台风风速时程曲线。

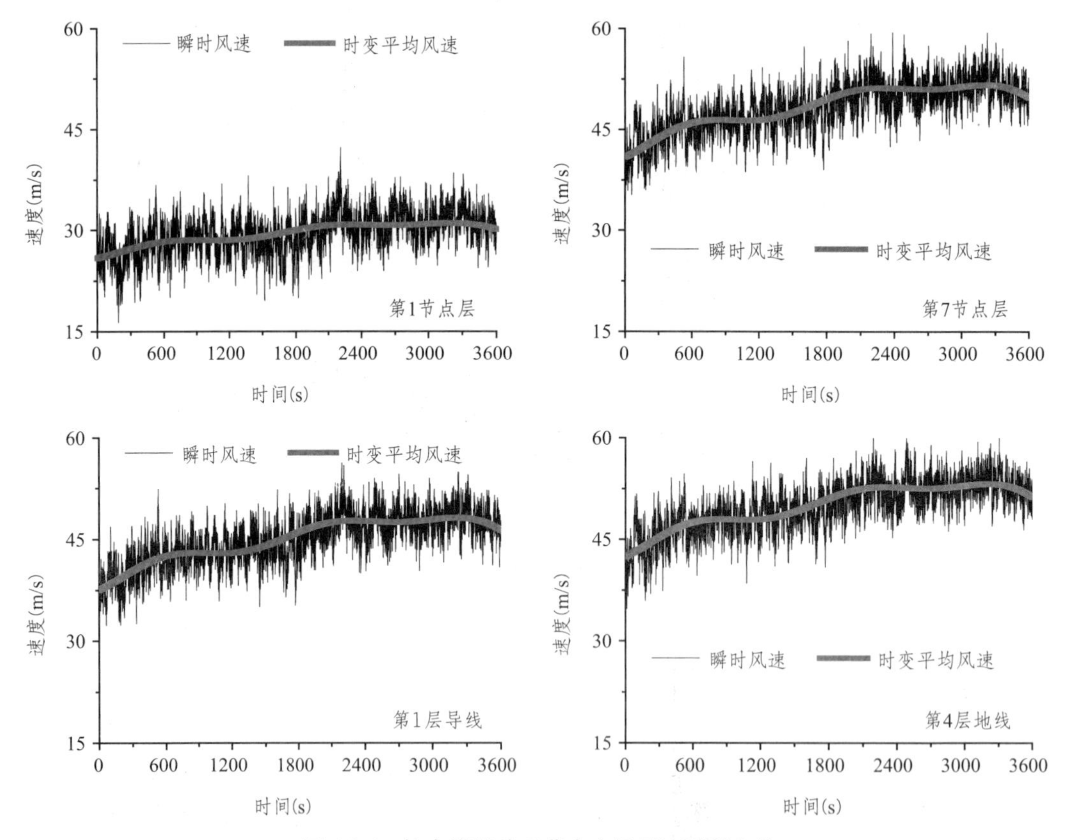

图 4.9-4　输电塔线体系节点台风风速时程曲线

分析过程中采用 LGJQ-600 型钢芯铝绞线，图 4.9-5 给出了导线中点处单根股线内力时程曲线。图中 f_0、f_1、f_2、f_3、f_4、f_5 分别表示导线中点处中心层和外层单根股线的应力和张力。由图中结果可知：各层单股线应力和张力时程曲线都具有相同的形状，每层单股线的张力值相差不大，中心层和第 1、第 2 层单股线的张力时程曲线非常接近。第 3、4 层单股线张力时程曲线基本重合，由于各股层截面面积相差不大，所以各层应力值之间的关系与张力值基本相同。同时还发现钢芯铝绞线单根股线内力值由内层到外层逐渐减小。

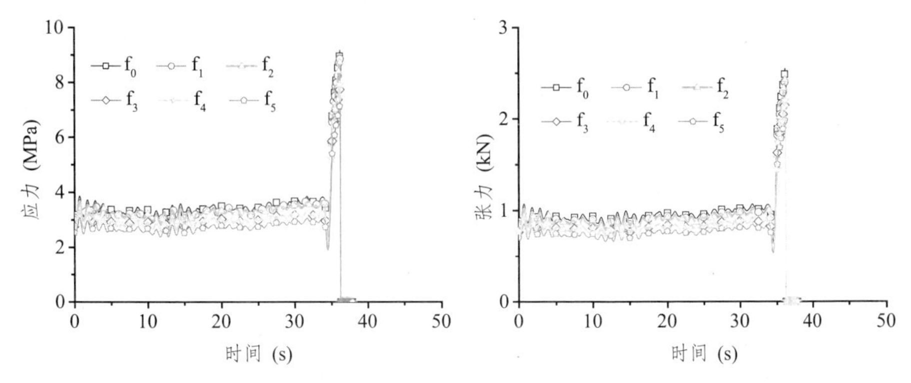

图 4.9-5　导线中点处单根股线内力时程曲线

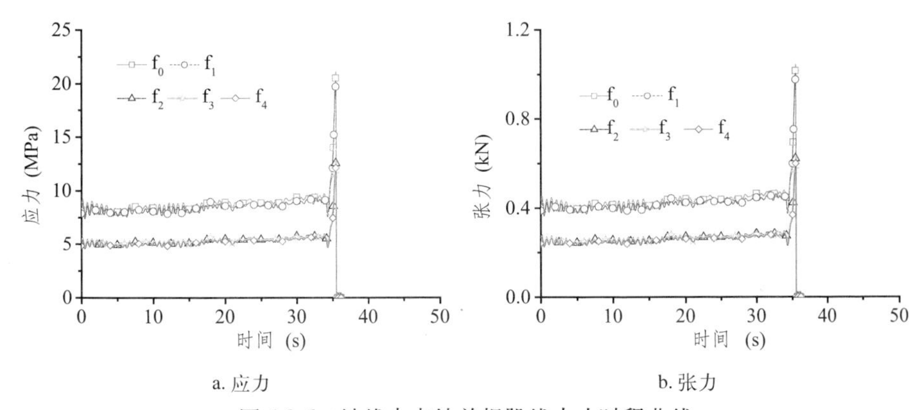

a. 应力　　b. 张力

图 4.9-6　地线中点处单根股线内力时程曲线

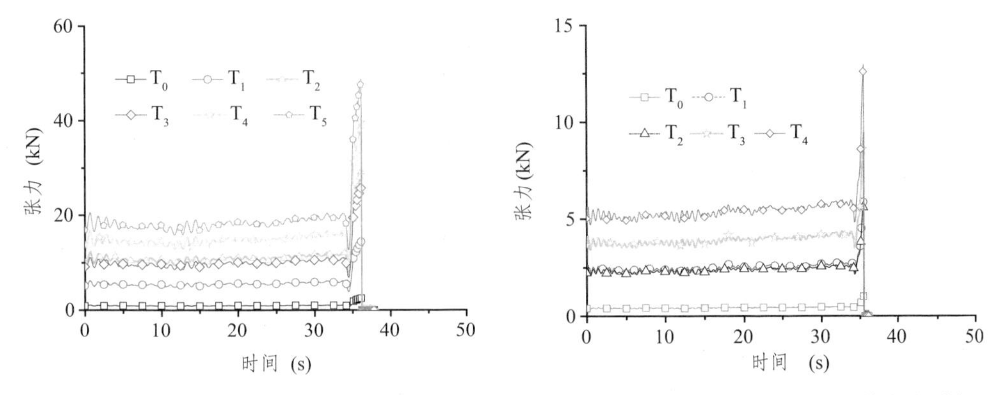

图 4.9-7　导线中点处每层股线的张力时程曲线　　图 4.9-8　地线中点处每层股线的张力时程曲线

图 4.9-6 给出了地线中点处单根股线内力时程曲线。由图可知，各层单股线张力和应力时程曲线都具有相同的形状，中心层和第 1 层单股线的张力值基本重合，第 2、3、4 层

单股线张力值基本重合，且上述两组曲线之间区分很明显；由于各股层截面面积相差不大，所以各层应力值之间的关系与张力值基本相同。同时可以发现，该钢芯铝绞线单根股线内力值由内层到外层逐渐减小。

图 4.9-7 和图 4.9-8 分别给出了导线和地线中点处每层股线的张力时程曲线。图中 T_0、T_1、T_2、T_3、T_4、T_5 分别表示输电导线中点处各层股线的总张力。分析结果表明：导线各股层总张力时程曲线差异较为明显。第 2、3 层股线总张力相接近，除第 2 层股线总张力稍大于第 3 层股线总张力外，其余各层股线总张力从内到外逐渐增大。其原因是导线每层股线根数由内到外逐渐增大，而第 2 层单股线张力值远大于第三层单股线张力值。

四、结论

本文建立了输电导线细观力学模型并考察了其在强风作用下的承载力特性。文中首先建立了输电塔线体系的强台风荷载模型，进一步考虑输电导线的挤压效应建立了导线分层细观力学模型。研究表明：在强风作用下各层单股线张力和应力时程曲线都具有类似的趋势，导线内张力和应力由内层到外层逐渐减小。通过对季风和台风作用下考虑塔线耦合效应的输电导线分层力学性能的研究分析，可以得出以下结论：本文提出的导线分层模型不仅适用于静力荷载，同时也适用于动力荷载；动力荷载作用下导线同种材料单股张力值相接近。除了不同种材料接触的两个股线层外，各层股线张力合力从内到外依次增加，最外层股线总张力最大。

致谢

基金项目：住房和城乡建设部研究开发项目（编号 2017-K5-003）、国家自然科学基金（51678463）、南方电网公司科技项目（GDKJXM20161994（030800KK52160004））和武汉市青年科技晨光计划（2016070204010107）资助。

参考文献

[1] 何敏娟，杨必峰 . 江阴 500kV 拉线式输电塔脉动实测 [J]. 结构工程师，2003（4）：74-79.

[2] 陈波，郑瑾，瞿伟廉 . 基于磁流变阻尼器的输电线路的风致振动控制 [J]. 振动与冲击，27（3）：71-74.

[3] H Yasui，H Marukawa，Y Momomura，and T Ohkuma. Analytical study on wind-induced vibration of power transmission towers[J]. Journal of Wind Engineering and Industrial Aerodynamics，1999，83（1-3）：431-441.

[4] P Harikrishna，A Annadurai，S Gomathinayagam，N Lakshmanan. Full scale measurements of the structural response of a 50m guyed mast under wind loading[J]. Engineering Structure，2003，25（1）：859-867.

[5] 李鹏云，陈波，张峰，王干军，宋春芳 . 不对称导线对输电转角塔动力性能影响研究 [J]，武汉理工大学学报，2012，34（8）：113-117.

[6] Farrar C R，and James G H，III. System identification from ambient vibration measurements on a bridge. Journal of Sound and Vibration，1997，205（1）：1-18.

[7] James G. H，Carne T G，and Lauffer J P. The natural excitation technique for modal parameter extraction from operating wind turbines[R]. Rep. No. SAND92-1666，UC-261，Sandia National Laboratories，Sandia，N.M. 1993.

[8] 陈波，瞿伟廉，郑瑾．输电塔线体系风振反应的半主动摩擦阻尼控制 [J]. 工程力学，2009，26（1）：221-226.

[9] Chen B, Zheng J Qu W L. Control of wind-induced response of transmission tower-line system by using magnetorheological dampers[J]. International Journal of Structural Stability and Dynamics. 2009, 9（4）：661-685.

[10] 杨繁，陈波，王干军．建筑结构安全评估模型修正方法研究 [J]. 中国安全科学学报，2014，24（5）：104-108.

[11] 李鹏云，陈波，宋春芳．输电钢塔结构支座的沉降监测与模拟，南方电网技术，2003，7（1）：68-71.

[12] Chen B, Guo W H, Li P Y, Xie W P. Dynamic responses and vibration control of the transmission tower-line system：a state-of-the-art-review [J]. The Scientific World Journal, Vol.2014, Article ID 538457, 1-20, 2014.

[13] Bathe K J. Finite Element Procedures[M]. New Jersey：Prentice 2 Hall, 1996.

[14] Hu L, Xu Y L, Huang W F. Typhoon-induced non-stationary buffeting response of long-span bridges in complex terrain, Engineering Structures, 2013, 57, 406-415.

10　木结构古建筑安全性评估方法研究

郭小东　葛威珍
木结构古建筑安全评估与灾害风险控制国家文物局重点科研基地，北京，100013

一、引言

第三次全国文物普查结果表明，全国不可移动文物共计766722处，其中古建筑类263885处，近现代重要史迹及代表性建筑类141449处，两者和占比52.87%。同时，全国重点文物保护单位4296处（共七批），主要分布在北京、山西、河南、陕西、四川、浙江、福建、广东等省份，其中古建筑1882处，近现代史迹及纪念性建筑709处，两者和占比约60.3%[1]。

木结构古建筑是文物建筑的最主要的组成部分。据统计北京现有各级文物保护单位1700余处，而其中木结构建筑的数目是1200余处（包括纯木质建筑和砖木混合建筑），约占总文物建筑的74%左右。山西古建筑遗存总量多达28027处，其中，木结构建筑上起魏晋，下至民国，时代连续，品类齐全，有中国“木建筑宝库”的美誉。山西宋辽金以前木结构古建筑120座，中国共有160座，山西占到了总量的75%；元代以前木结构建筑现存470座，占全国现存同期同类建筑的近80%。其中全国重点文物保护单位有311座，山西南部有157座，占全国总数的50.5%。

但是，长期以来这些古建筑时刻遭受着各种各样的灾害风险。第三次全国文物普查结果表明，不可移动文物中保存状况较差的占17.77%；保存状况差的占8.43%，二者数据相加超过1/4。

全国重点文物保护单位分布与中国重大自然灾害点位、中国强震及地震带分布高度重合。1976年唐山地震，河北、北京、天津等地的众多重要文物建筑遭受不同程度损坏。2008年汶川地震中，169处全国重点文物保护单位遭受不同程度的破坏，近80处完全倒塌或濒临倒塌，250处省级文物保护单位受到不同程度损害，直接经济损失超100亿[2]。2016年7月11日，受台风“尼伯特”影响，闽清古民居宏琳厝部分坍塌。2016年9月15日11时58分，全国重点文物保护单位薛宅桥被洪水冲垮，整体倒塌。

因建造历史久远，古建筑本身或材料性能退化，或部分构件残损，或整体残损，都存在安全性风险。2004年5月，北京香山公园香山寺前牌楼突然坍塌，调查发现其中一根柱子底部腐烂，但建筑表面无异样。2009年6月，东城区原左宗棠故居配房因木构糟朽突然局部坍塌。2011年，据中国文化遗产研究院监测和测绘表明，应县木塔结构倾斜和扭转是其整体结构当前最为严重的安全隐患，其中以二层明层局部倾斜程度尤甚，倾斜柱最大倾角已达11.3°之多。

除此之外，不当的人为因素也会破坏古建筑的安全性。某些古建筑由于加固方法不当，导致原有建筑结构传力机理改变，出现新的安全稳定性问题。地铁施工及运营振动也会影响古建筑的安全。

综上所述，影响木结构古建筑安全性的因素有很多，详见图 4.10-1。

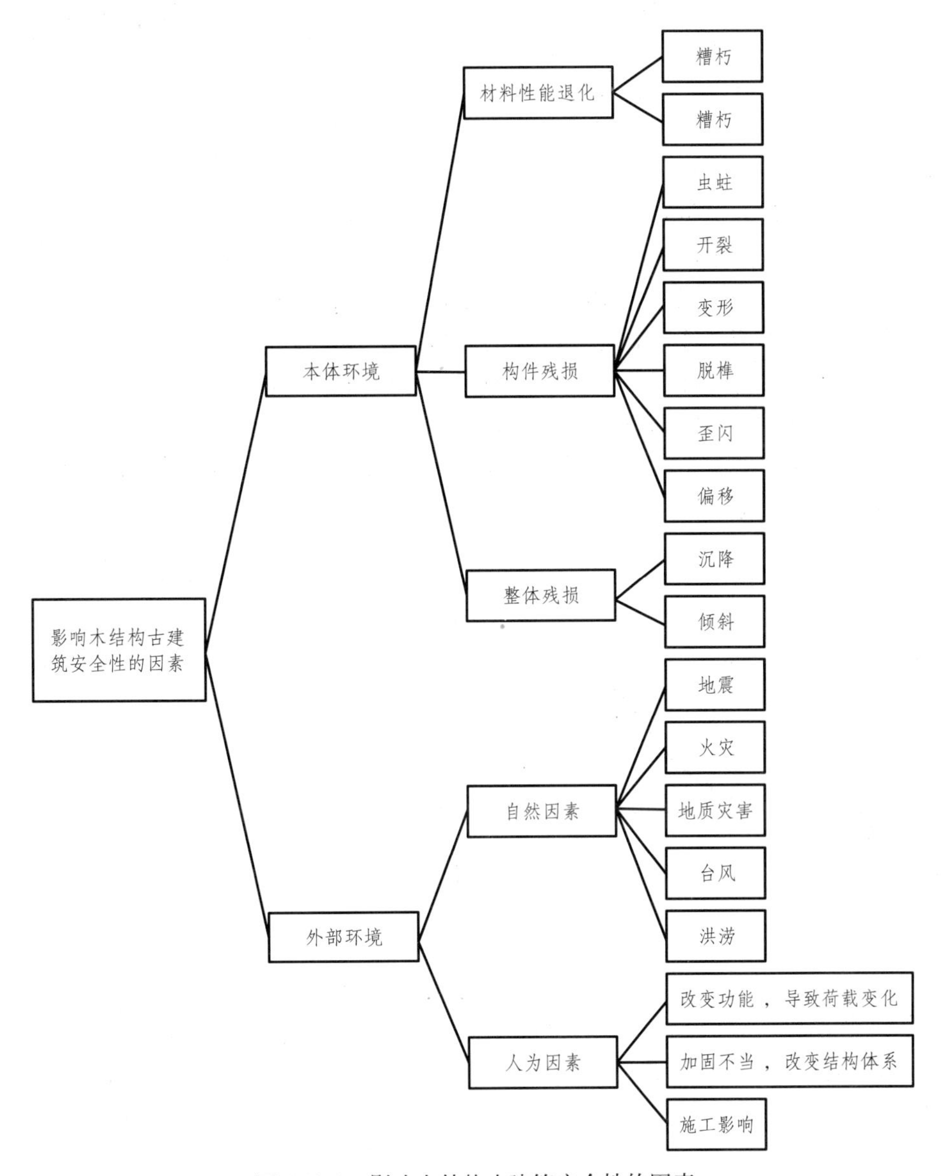

图 4.10-1　影响木结构古建筑安全性的因素

木结构古建筑具有极高的历史、文化和艺术价值，是中华民族乃至全人类的建筑艺术瑰宝。长久以来，它们处在各种风险中，安全性受到极大的挑战。因此，对木结构古建筑的安全性评估问题的研究由来已久，评估方法也多种多样。了解这些方法及研究成果，分析、比较它们的优劣，找到更加合理、准确的评估方法，科学、高效地维修和加固木结构古建筑，无疑意义重大。为此，本文从木结构古建筑的安全性评估方法的思路出发，对各种评估方法的特点给予介绍，并展望了今后木结构古建筑安全性评估方法研究方向和重点。

二、木结构古建筑安全性评估的基本思路

现代结构对安全性的定义：结构及其构件在各种可能的内在或外加作用下，防止破坏和倒塌的能力。木结构古建筑的安全性可以从三方面评定，即强度、平衡性、稳定性。强度，即结构或结构的任何一部分必须有足够的强度，保证在预计的荷载作用下安全可靠。平衡性，即在没有外界干扰下，结构或结构的任何一个部分都不发生运动。稳定性，即整体结构或结构的一部分作为整体不允许发生危险的运动，如倾覆和滑移等，过大的斜倾和侧向变形都可能导致结构丧失整体稳定而破坏。

就与钢结构比较而言，木结构的稳定性与钢结构有共同之处：一是结构的局部构件失稳，导致结构中的应力重新分布，从而导致结构的破坏。二是结构在没有局部失稳的情况下，突然整体结构失稳。但是，木结构与钢结构的稳定性破坏也存在本质的不同：一是木结构具有独特的卯榫节点连接，比钢结构的焊接或铆接更复杂；二是木材具有各向异性的力学性质，木结构的稳定性与木质构件的布置和方位有密切关系；三是木材是一种天然生物材料，其性能随时间逐渐退化，而且与湿度、温度等环境因素有关。

工程结构必须满足安全性、耐久性、适用性的功能要求[2]，结构的功能函数可用方程$Z=g(R,S)=R-S$描述，R、S之间的关系见图4.10-2。

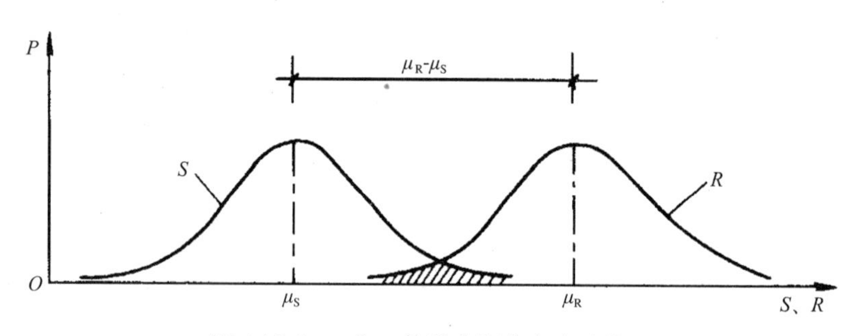

图4.10-2　R和S的联合概率密度函数

式中S为结构的作用效应，影响因素：灾害发生的水平、频率、强度、保护级别、赋存价值等；R为木结构古建筑的承灾能力，与结构本体特性和规划要素都相关，影响因素：材料强度、结构形式、保存现状、应急处置能力等。

R、S都是随机的变量，符合一定的概率分布，当$Z>0$时，结构功能处于可靠状态。图4.10-3中重叠部分的面积表示失效概率，重叠部分面积越小，失效概率越小，则结构功能越可靠，结构越安全。

木结构古建筑结构安全性不足的主要原因有以下几点：一、当初设计和建造时的安全设置水准过低，即冗余度不够；二、缺乏正常检测、维修与保护；三、材料性能退化；四、内力或外部作用下的局部或整体损伤；五，维修或加固不当导致传力机理改变。

通过影响古建筑木结构安全的要素及其获取，以及获取到的信息如何去评价结构安全性能，参考灾害风险的管理流程，见图4.10-3，可以得到安全性评估的基本思路，如图4.10-4所示。

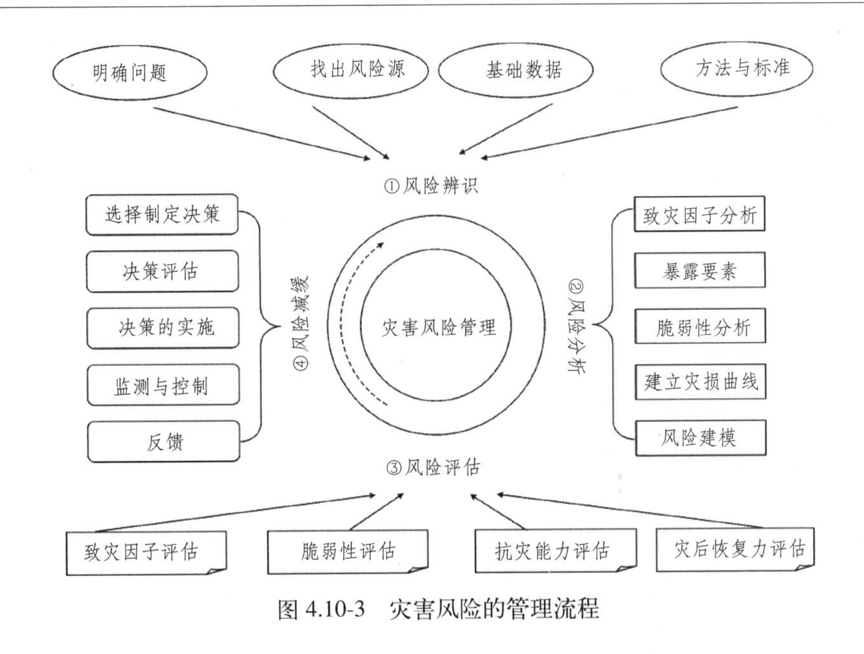

图 4.10-3　灾害风险的管理流程

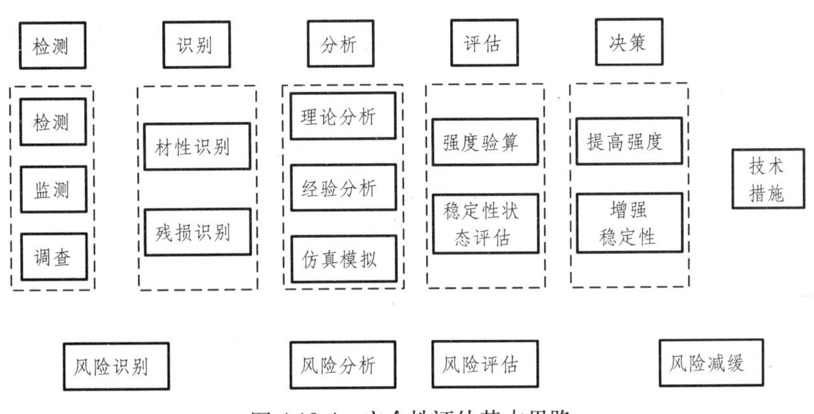

图 4.10-4　安全性评估基本思路

三、各种木结构古建筑安全性评估方法及其比较

木结构古建筑的安全性是一个复杂的力学问题，需要考虑木结构的特点，并结合我国传统木结构历经百年的实际情况，采用合适的方法进行研究。主要研究方法：模型实验法、简化的理论计算法、有限元法、经验评估法。

1. 模型实验法

模型实验法是在相似条件下，按一定比例搭建结构模型进行试验，测量、记录、分析模型的力学参数，并根据相似关系换算到原型中，进而对古建筑进行安全性评估，例见图 4.10-5。

模型实验法的理论基础是相似理论，需要满足的相似条件有几何相似、质量相似、荷载相似、物理相似、时间相似和边界初始条件相似[3]。

模型设计必须遵循三条法则：一、相似第一定理：两相似现象的相似指标为 1，相似准则相同；二、相似第二定理（π 定理）：若在一个物理方程中共有 n 个物理参数 x_1，

$x_2, \cdots, x_n$ 和 k 个基本量纲，则可组成（n-k）个独立的无量纲组合，无量纲参数组合简称“π 数”；三，相似第三定理：单值条件相似，且由单值条件导出来的相似准数的数值相等[3]。

模型实验法具有可以取得基本的实验数据的优点，但是也存在如下缺点：结构模型与实际结构有一定差距；材料与实际的结构材料有差异；只能考虑极少的载荷工况；费用高。目前，多数实验研究仅针对木材本身的力学性质，对于整体结构的实验极少。

图 4.10-5　模型实验法

2. 简化的理论计算法

简化的理论计算法是保证木构架在传力路径不变的前提下，根据木构架的力学特性，对木构架计算模型进行简化的一种评估方法。根据构架受力方向，模型可分为竖向承载力计算模型和侧向承载力计算模型。

（1）木框架竖向承载力计算模型

在垂直荷载作用下，由榫卯节点连接梁、柱构件组成的古建筑木构架可简化为如图 4.10-6 所示的排架体系。木构架支承的屋盖结构简化为作用在木构架柱顶的集中荷载。梁柱榫卯节点简化为能承受弯矩的铰节点，柱底与基础简化为有限的刚性节点。柱顶重力荷载对木框架的稳固、侧向承载力和变形恢复力均有显著影响。柱顶重力在柱顶和柱底的构件连接部位产生的压力，可伴生摩擦力和侧向承载力。

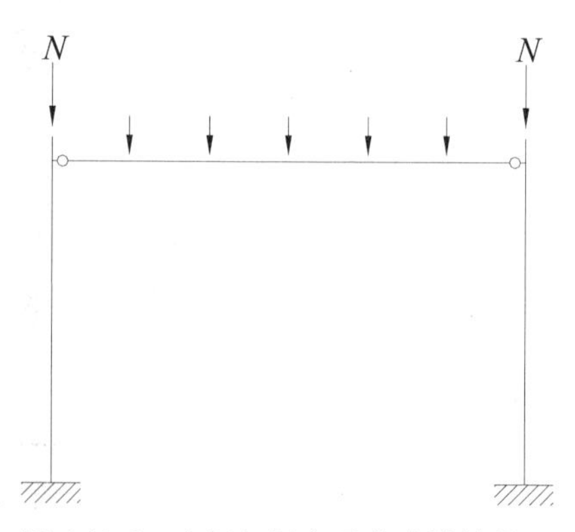

图 4.10-6　木框架竖向承载力计算模型

（2）木框架侧向承载力计算模型

木框架在柱顶水平外力作用下，木框架产生水平侧移，柱产生侧向倾斜角。木框架节点进入非线性受力阶段。木框架在侧向力作用下，柱顶产生侧向位移，偏斜的柱体在上部竖向荷载的作用下产生恢复力。该力与柱底偏心反力组成重力恢复弯矩，设其作用在柱底部（图 4.10-7、图 4.10-8）。

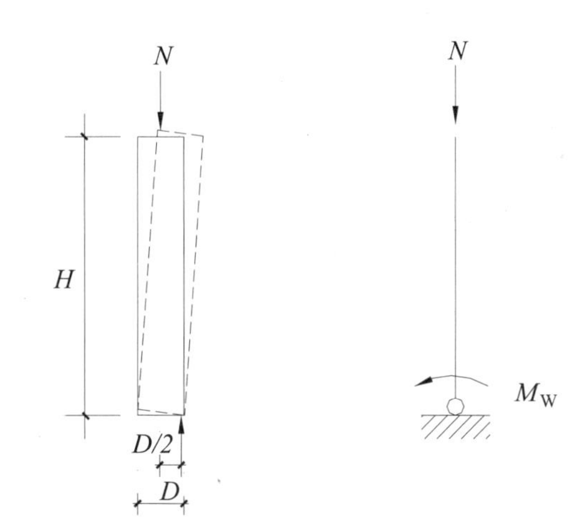

图 4.10-7　柱偏转时的重力恢复力矩作用原理和计算简图

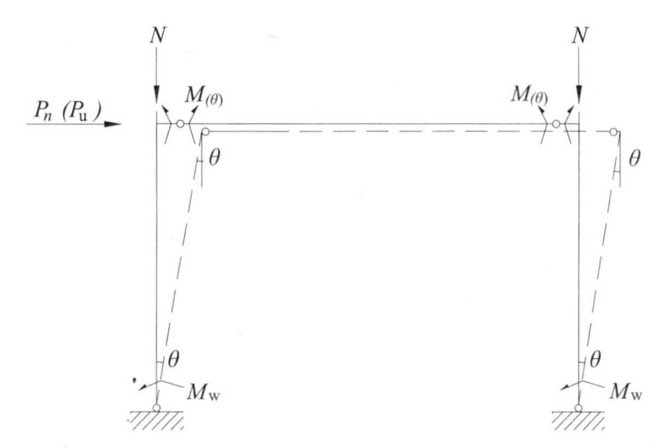

图 4.10-8　木框架侧向承载力计算模型

木框架在侧向力作用下，榫卯节点和柱底连接均为有抗弯刚度的铰，木框架受力状况类同有转动约束的侧移机构。柱倾角与榫卯节点转角相同，榫卯节点的转角中，梁、柱的杆端转角只占节点转角中很小的一部分，节点性质很接近铰接。采用静力平衡方程或虚功方程验算木框架侧向承载力，在柱倾角为 0.02rad 左右时，柱的重力恢复作用对木框架承载力的贡献很大。柱倾角继续增加，重力恢复作用逐渐减小，但节点抗弯承载力贡献增加，提高了木框架的抗倒塌能力。

简化的理论计算法需要确定以下几个参数。

结构上的作用木结构古建筑上的作用一般情况下可根据实际荷载情况并考虑不利位置确定，或参照《古建筑木结构维护与加固技术规范》GB 50165-92[4] 的规定确定荷载值。

木材力学性能验算木结构古建筑时，其木材设计强度和弹性模量应按实测值采用，但不得高于《木结构设计规范》GB 50005-2003[5] 所规定的同种木材的强度等级。

几何参数结构或构件的几何参数应取实测值，并应计入腐蚀、虫蛀、风化、裂缝、缺陷以及施工偏差等的影响。

3. 有限元法

有限元法是复杂结构力学分析的现代方法，可以考虑结构的非线性大变形、材料的各向异性、材料性能的退化等因素，能够模拟结构的局部破坏和整体倒塌（失稳）的全过程。常用的有限元模拟软件：ANSYS，Abaqus，Midas，SAP2000。

有限元法分析步骤如下。

（1）收集勘察中的相关数据：能够真实地建立有限元分析模型，要根据古建筑勘察中相关数据，如测绘图、各构件残损状况、屋面系做法、树种分析及剩余动态弹性模量等数据。

（2）建立有限元模型：根据不同的结构类型合理选用软件；依据收集的数据，定义构件、建立模型。

（3）各种荷载组合下的强度、刚度和稳定性验算：进行工况组合，对构件进行各工况下的强度、刚度和稳定性验算。分析最不利的工况组合下，各构件应力、应变是否满足规范要求。

（4）综合分析计算所得数据对古建筑安全性进行评定及修复建议。

有限元方法要解决的关键问题如下。

（1）建立能够符合实际情况的合理的力学模型，包括卯榫节点的半刚性化处理、结构的实际几何参数与处理、实际载荷的确定等。

（2）材料性质参数的确定：木材性能退化非常严重，如何获取真实的材料性能参数。

（3）模拟结构破坏的全过程：有限元模拟固定状态下的受力和变形较为常见。但模拟结构破坏的全过程需要考虑非线性大变形、单元失效、应力重分布、迭代算法等一系列问题。

4. 经验评估法

经验评估法是结合承重构件的承载力校核与结构残损情况，进行综合判别的一种方法。该方法是基于层次分析法的一种评估方法。

经验评估法分析流程见图 4.10-9。

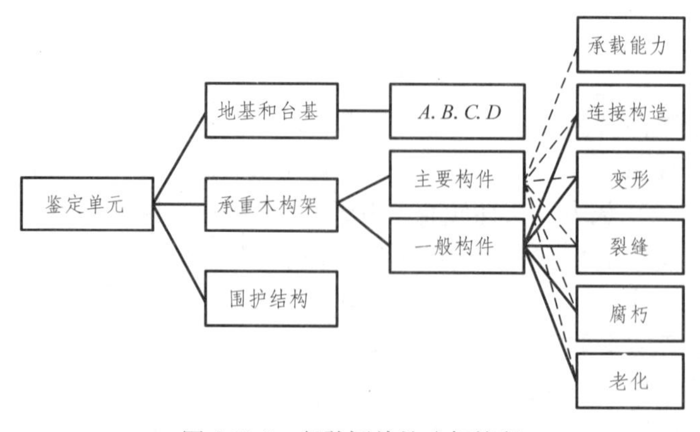

图 4.10-9　经验评估法分析流程

构件评定按从高至低分为a、b、c、d四个等级。单个构件的安全性等级，应按承载能力、连接构造、裂缝、变形、缺陷和损伤等不同项目评定结果的最低等级确定。

根据构件的安全性评定结果，综合考虑各等级构件的数量、分布及其重要性等因素，按地基和台基、承重木构架和围护结构三个子单元分别确定安全性等级，进而确定鉴定单元的安全性等级。

5. 四种木结构古建筑安全性评估方法比较

模型实验法、简化的理论计算法、有限元法和经验分析法在操作性、准确性、实用性上的特点比较见表4.10-1。

四种评估方法比较　　表4.10-1

	模型实验法	简化的理论计算法	有限元法	经验评估法
操作性	较差	较高	较差	较高
准确性	较高	一般	较高	一般
实用性	较差	一般	较差	较高

比较四种评估方法的特点，可以得出结论：国宝级古建筑评估可采用有限元法，省级古建筑评估可采用以经验分析法为基础的理论分析法，一般古建筑评估可采用经验分析法。

四、结语与展望

1. 结语

（1）本文总结了木结构古建筑安全性评估的四种方法，比较了它们各自的特点，模型实验法准确性较高，简化的理论计算法可操作性更强，有限元法更加准确，经验评估法操作性和实用性较高。

（2）本文的研究在安全性评估方法的选择上具有指导意义，有助于古建筑保护专家、科研工作者更科学、高效地检测、评估、加固木结构古建筑。

2. 展望

目前，木结构古建筑的安全性评估方法研究主要集中在古建筑单体上，对木结构古建筑集中区域、历史文化街区安全性评估方法的研究较少，而这些区域和街区恰恰是城市历史和灿烂文化的见证，同样具有保护价值。未来，应对木构古建群、历史街区的安全性评估方法进行相应研究，发展安全性评估技术，建立科学、严谨、系统的安全性评估体系。

参考文献

[1] 薛林平．建筑遗产保护概论[M]. 北京：中国建筑工业出版社，2017.

[2] “5·12”汶川地震房屋震害研究专家组．“5·12”汶川地震房屋建筑震害分析与对策研究报告[J]. 四川地震，2009，总131期：42～47.

[3] 李之光．相似与模化[M]. 北京：国防工业出版社，1982.

[4] 古建筑木结构维护与加固技术规范GB 50165-92 [S].

[5] 木结构设计规范GB 50005-2003 [S].

11 地铁车站暗挖施工下穿桩基建筑物变形控制研究

张剑涛[1, 2] 衡朝阳[1, 2] 滕延京[1, 2] 郑轩[3]
1. 住房和城乡建设部防灾研究中心，北京，100013
2. 中国建筑科学研究院建研地基基础工程有限责任公司，北京，100013
3. 中国核电工程有限公司，北京，100840

引言

随着我国城市地下空间的大力开发利用，轨道交通得到迅速发展。地铁车站大多位于乘客流量大、交通需求大的区域，在其建设过程中，往往不可避免地要穿越一些建（构）筑物[1～4]。为了保证施工过程中上覆建筑物的安全及正常使用，浅埋暗挖法作为地铁车站施工的重要方法被广泛应用，但是，浅埋暗挖施工过程中必然造成邻域土体卸荷，改变土体原有应力状态，诱发建筑物产生附加变形，若控制不当，建筑物将出现严重的不均匀沉降或倾斜[5～8]，甚至发生危及人员安全的灾害。

北京某拟建地铁车站位于城市核心敏感区，车站主体东侧恰好位于一桩基建筑物正下方，须采用浅埋暗挖法穿越桩基建筑物施工。该建筑物为一地上三层框架，采用一柱一桩结构体系，施工难度大风险高，须对桩基变形严格控制。桩基变形可否控制在允许值范围内，是地铁车站暗挖设计和施工的关键技术。因此，须对该设计施工方案进一步优化，并对桩基变形进行预测。

多位地基专家于 2008 年，通过对北京地铁十号线一期工程 10 个典型区间隧道施工实测与模拟数据的对比分析，提出了一种数值模拟参数取值方法[9]，能够较为可靠地预测北京地区地铁暗挖施工诱发的变形。本文应用该数值模拟取值方法，进行了该地铁车站暗挖施工下穿桩基建筑物多方案对比分析，为该工程提供了设计施工技术支撑，同时为类似工程提供参考。

一、工程概况

1. 工程简介

北京某地铁车站位于城市核心区，周围为建筑物林立，管线密集。地铁暗挖车站为三层岛式车站，车站长 150.4m，有效站台长 118.0m，站台宽度为 16.0m，车站主体覆土约 5.7～11.2m，车站东端三层三跨结构、西端三层三跨结构均采用暗挖法施工，中部暗挖三层三跨结构采用 PBA 工法，逆筑施工，底板埋深约 31.9m。车站主体结构东侧位于某桩基建筑物正下方，地铁暗挖车站施工将对该建筑物产生一定影响。

该桩基建筑物始建于 1993 年，三层钢筋混凝土全现浇框架结构，独立扩底桩（一柱一桩）基础，桩（桩）长 9.6～10.1m，直径 800～1000mm，扩底直径 1300～2400mm。桩基建筑物采用一柱一桩结构体系，基础桩均为端承桩，桩顶荷载大，对持力层承载力要求高。在桩基础下方进行地铁车站暗挖施工时，应采用适宜措施，对建筑物变形进行严格控制。桩基建筑物扩底桩底部与地铁暗挖车站管幕顶部最近距离 408mm，地铁暗挖车站与桩基础建筑相对位置如图 4.11-1 所示。

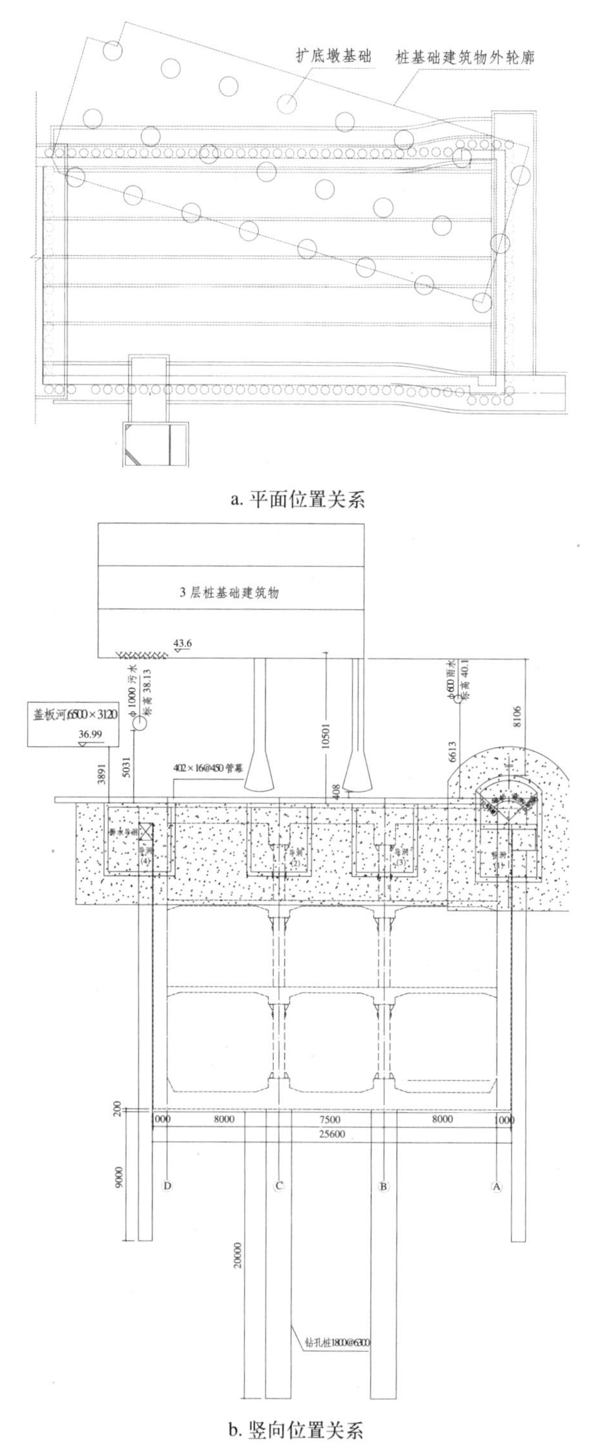

a. 平面位置关系

b. 竖向位置关系

图 4.11-1 地铁暗挖车站与桩基础建筑相对位置

2. 工程地质条件

本工程岩土地层层序，自上至下，依次为杂填土①层、黏质粉土、砂质粉土②层、黏质粉土、砂质粉土③层、细砂、中砂④ 1 层、粉质黏土⑤层、卵石、圆砾⑥层和粉质黏土⑧层。北京地铁八号线拟建某站主体结构上层导洞拱顶主要位于细中砂层，下层导洞拱顶主要位于圆砾—卵石，细砂—中砂，粉质粉土—砂质粉土（局部粉质黏土）；导洞底部主要位于圆砾—卵石层，局部位于粉质黏土层。工程地质剖面如图 4.11-2 所示。

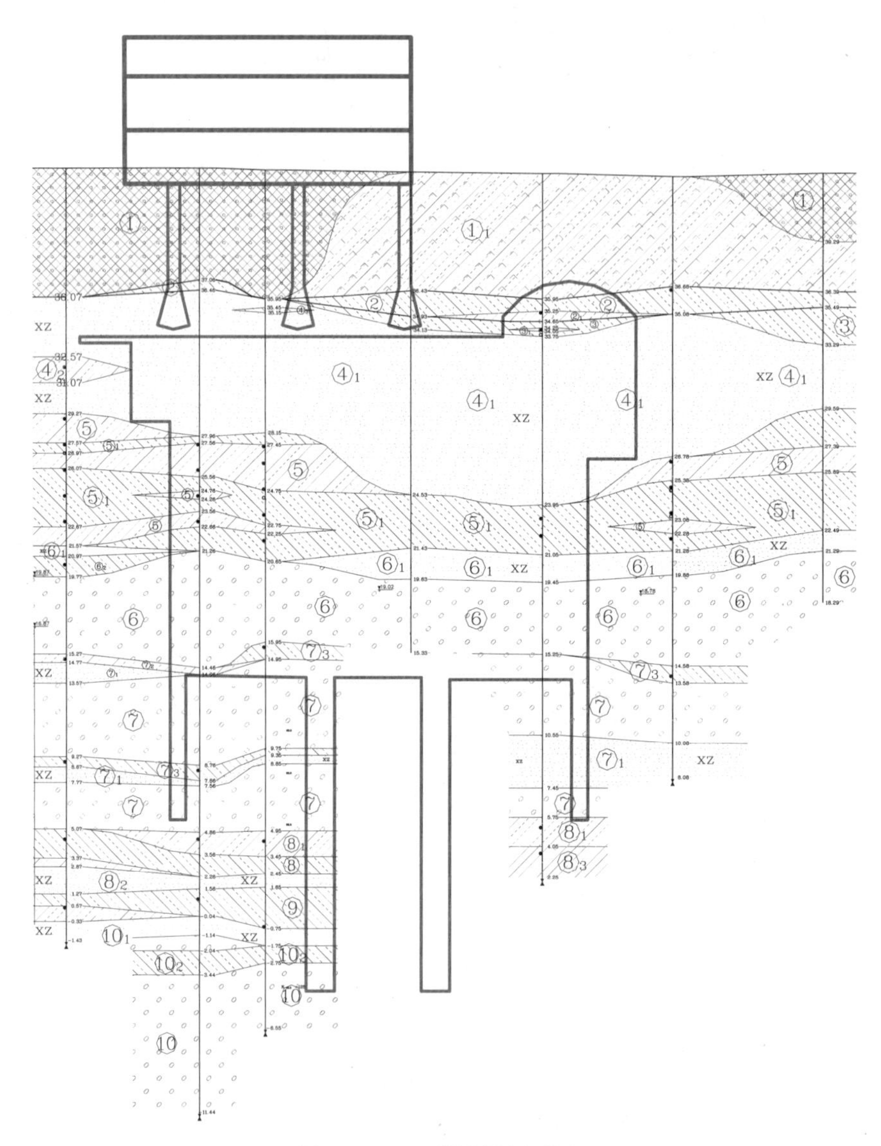

图 4.11-2　工程地质剖面图

二、地铁暗挖车站施工方案

1. 初步设计方案

根据设计单位提供的初步设计方案，地铁暗挖车站施工工序如下（导洞编号及位置如图 4.11-3a 所示，导洞施工步序如图 4.11-3b 所示）。

(1) 施工导洞①，施工前先采用拱部深孔注浆的方法加固地层，台阶法开挖小导洞并施工初期支护（台阶长度不大于3.0m）。自导洞②施工管幕及其他范围深孔注浆。

(2) 自东端横导洞进洞施工其余导洞，先施工导洞②/④及对应边桩及中柱、钢管柱及顶梁，上述三者施工完成后，施工东侧横向导洞范围围护桩及降水井，最后施工导洞①边桩及冠梁。

(3) 自主体暗挖段进洞施工中跨①，开挖完成后，施工顶板二衬。然后施工对称施工边跨②、③，对称施工二衬。二衬施工分段为6.0m，边施工二衬边拆除相应范围初支。

(4) 向下分层开挖土体至第一层中板下，施工对应中板及侧墙。

(5) 按第四步顺序，向下分层开挖土体至第二层中板下，施工对应中板及侧墙，一直到开挖至底板下，施工底板及侧墙，形成封闭结构。

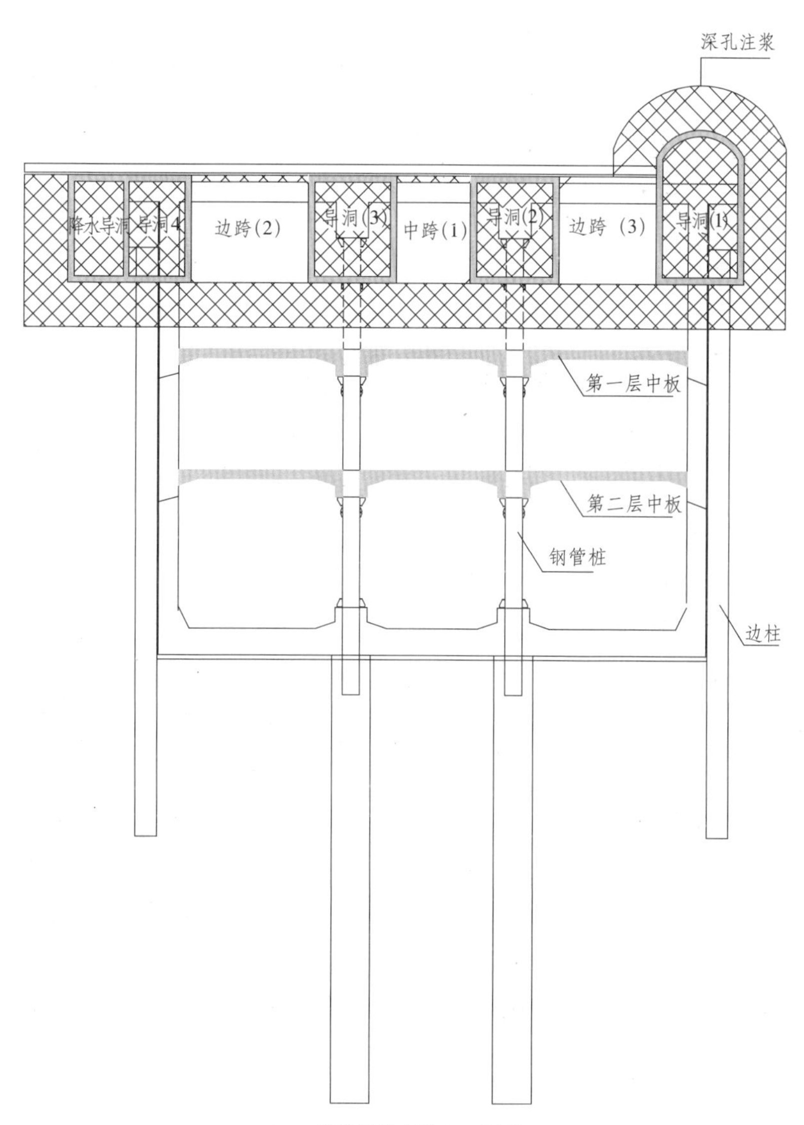

a. 地铁暗挖车站 A-A 剖面

图4.11-3　地铁暗挖车站施工方案（一）

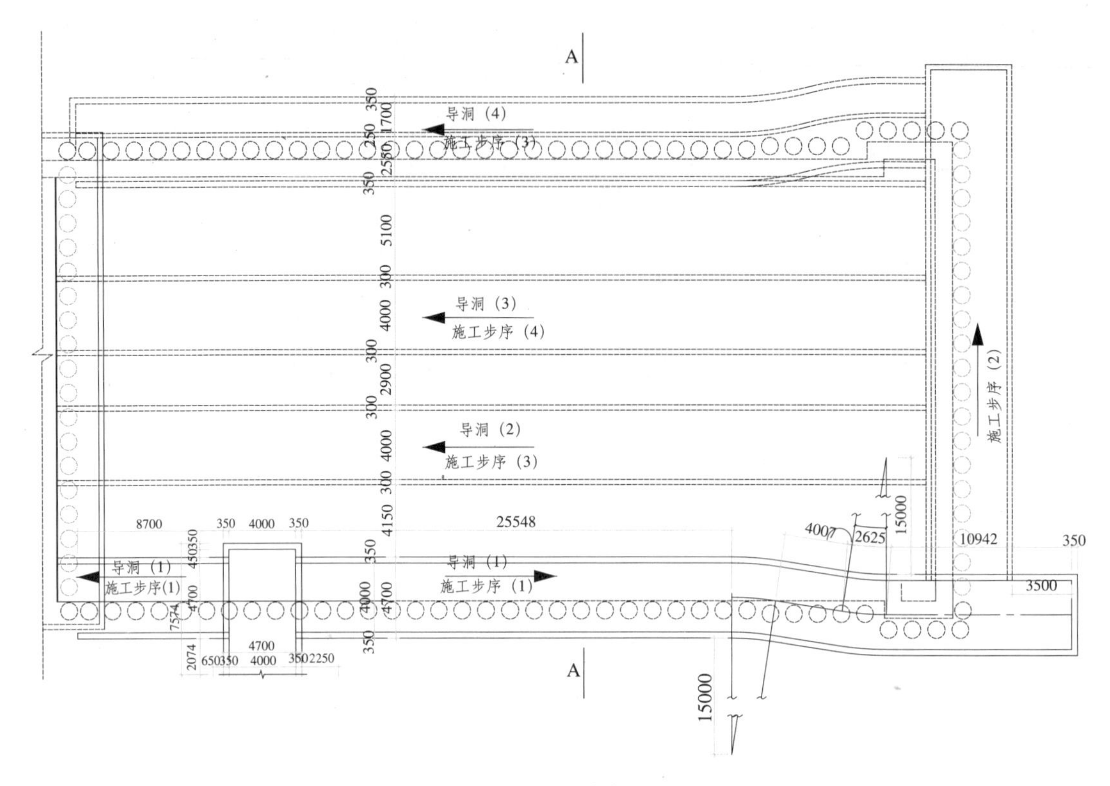

b. 导洞施工步序

图 4.11-3 地铁暗挖车站施工方案（二）

2. 桩基建筑物变形控制方案

按现有设计方案施工，桩基础建筑变形量是否可以控制在允许值范围内是技术关键，同时也须优化施工方案，具体比选方案如下：

（1）方案Ⅰ：按照现有初步设计方案施工。

（2）方案Ⅱ：在地铁暗挖车站顶部打入管幕钢管（钢管直径 402mm、壁厚 16mm、间距 450mm），并填筑混凝土。

（3）方案Ⅲ：在方案Ⅱ管幕钢管内部插入型号Ⅰ 28b 工字钢，并填筑混凝土。

三、数值分析模型建立

1. 模型尺寸及网格划分

本文应用 MIDSA/GTS 软件进行数值计算，地铁车站外侧地基土体范围取 3 倍以上地铁车站跨度，模型厚度取 3 倍以上地铁车站高度，即长、宽、高分别为 240m × 180m × 80m，满足忽略边界效应的要求。网格剖分采用线性梯度（长度）的方法，即通过输入起始单元线和结束单元线的长度，按线性插值自动设置各节点位置，以达到地铁车站及建筑物周围网格相对密集，而边界处网格相对稀疏的划分效果。计算模型中，共划分单元 393427 个，网格节点 66603 个。数值计算模型网格划分如图 4.11-4 所示。

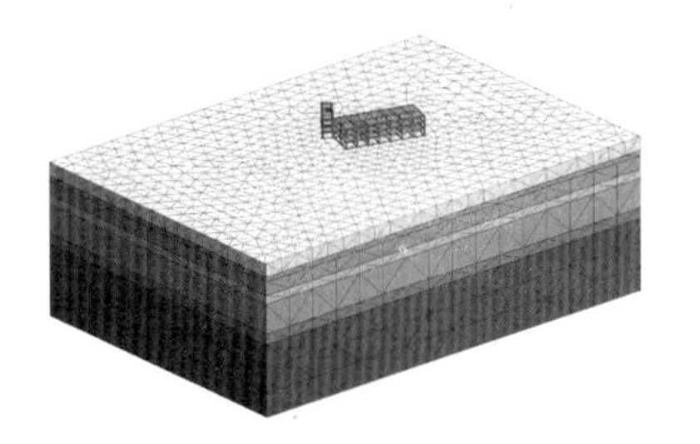

a. 整体计算模型网格划分

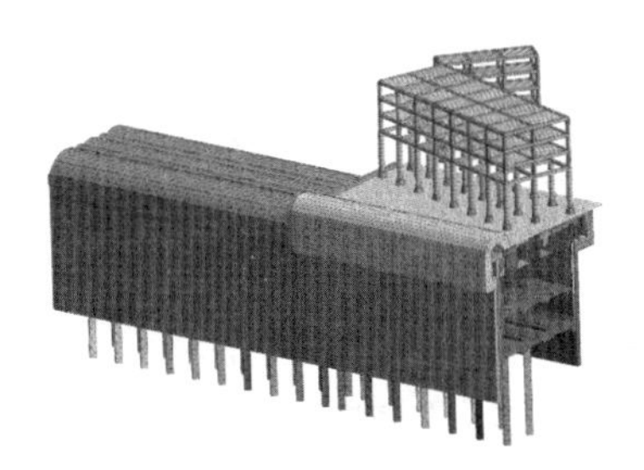

b. 建筑物与地铁车站相对位置

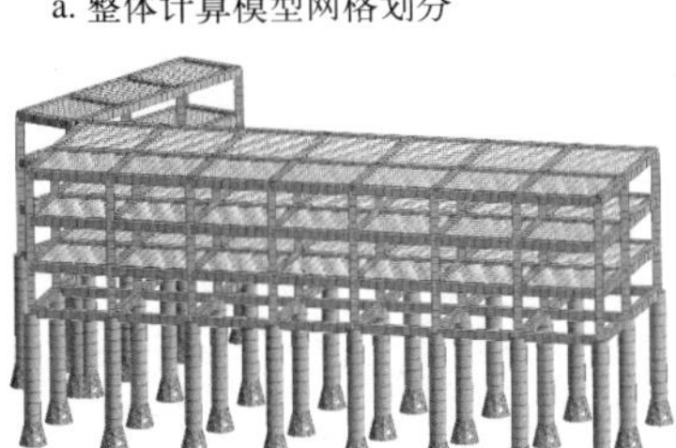

c. 建筑物网格划分

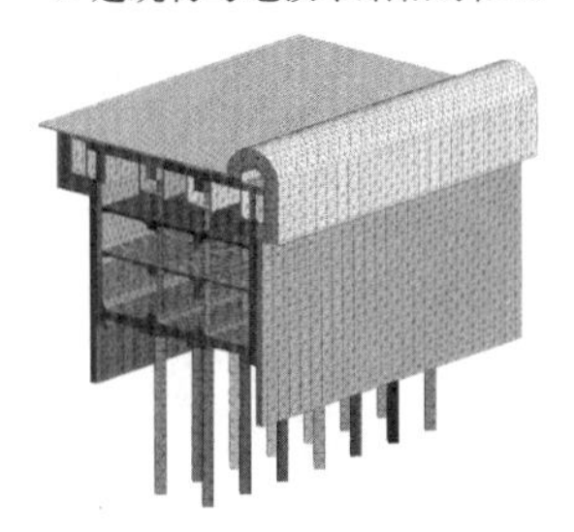

d. 地铁车站结构网格划分

图 4.11-4 计算模型网格划分

2. 模型材料参数取值

根据岩土工程勘察报告，结合北京地铁十号线一期类似工程对比经验，本次数值模拟土层材料参数取值见表 4.11-1，结构材料参数取值见表 4.11-2。

土层材料参数取值表 表 4.11-1

序号	土层名称	密度（kg/m³）	压缩模量（MPa）	泊松比	内摩擦角（°）	内聚力（kPa）	厚度
1	杂填土①	1700	5.0	0.32	12	0.0	7.3
2	黏质粉土、砂质粉土②	1990	10.6	0.28	20	18	2.5
3	细砂、中砂④ 1	2000	30.0	0.24	32	0.0	7.1
4	粉质黏土⑤	1970	13.5	0.26	20.8	31	4.6
5	卵石、圆砾⑥	2250	90.0	0.28	40	0.0	15.3
6	粉质黏土⑧	2030	17.3	0.26	15	35	5.6
7	卵石、圆砾⑩	2250	90.0	0.28	42	0.0	-

结构材料参数取值表 表 4.11-2

序号	名称	厚度（m）	密度（kg/m³）	弹性模量（GPa）	泊松比	黏聚力（kPa）	内摩擦角（°）
1	注浆加固	2.0	2300	10	0.25	200	35
2	初衬	0.3	2600	20	0.2	–	–
3	二衬	–	2600	32.5	0.25	–	–
4	边墙	1	2600	20	0.2	–	–
5	冠梁	–	2600	32.5	0.25	–	–
6	钢管柱	0.9	7600	210	0.25	–	–
7	管幕	0.016	7600	210	0.25	–	–

3. 计算点布置及变形控制标准

为深入研究地铁车站暗挖施工下穿桩基建筑物过程中，上部桩基础建筑的变形控制方法，在建筑物桩顶位置布置位移计算点，计算点编号如图 4.11-5 所示。根据《建筑地基基础设计规范》GB 50007-2011 规定：对于框架结构相邻柱基的沉降差允许值为 0.002l（l 为相邻柱基的中心距离）。经过对桩基建筑物变形现状进行检测，从 1995 年竣工至今，相邻柱基沉降差不大于 0.001l。基于此，在地铁车站暗挖施工过程中，对桩基建筑物地基基础产生的相邻柱基附加沉降差须控制在 0.001l（l 为相邻柱基的中心距离）范围内。

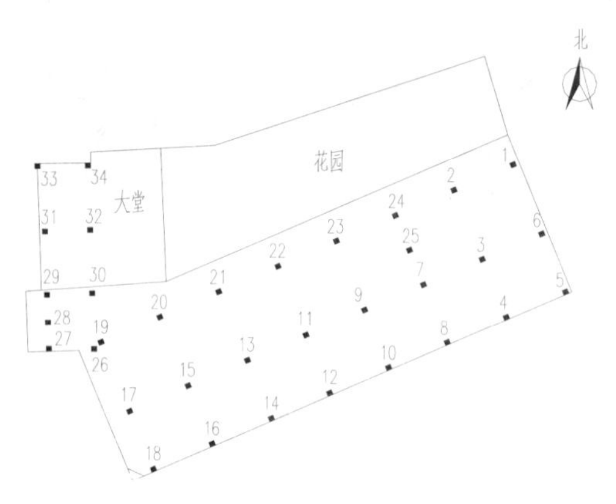

图 4.11-5　桩基建筑物位移计算点编号

四、计算结果与分析

1. 桩基建筑物整体沉降分析

地铁暗挖车站施工完成后，桩基建筑物沉降云图如图 4.11-6 所示，图中，竖向位移正值表示上浮，负值表示下沉。

由图 4.11-6 可知，方案 Ⅰ ~方案Ⅲ桩基础建筑沉降云图分布形态基本相同，最大沉降量均出现在计算点 8 位置，方案Ⅰ为 94.2mm、方案Ⅱ为 54.5mm、方案Ⅲ为 29.2mm。采用在地铁暗挖车站顶部打入管幕钢管，并填筑混凝土加固方案，可降低约 42% 的沉降量，在此基础上，管幕钢管内部插入工字钢并填筑混凝土，可降低约 69% 的沉降量。

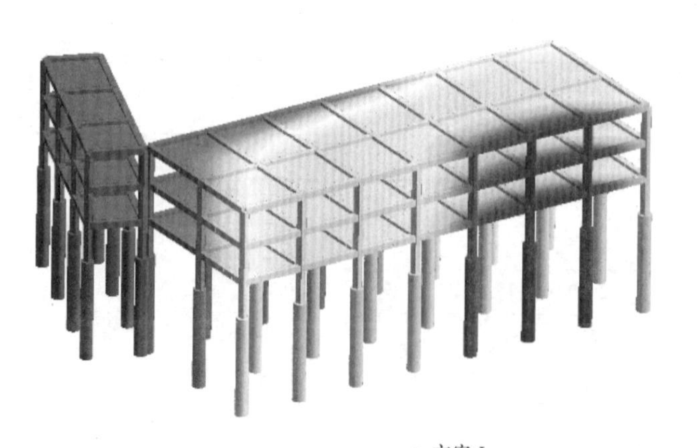

a. 方案 Ⅰ

图 4.11-6　桩基建筑物整体沉降（一）

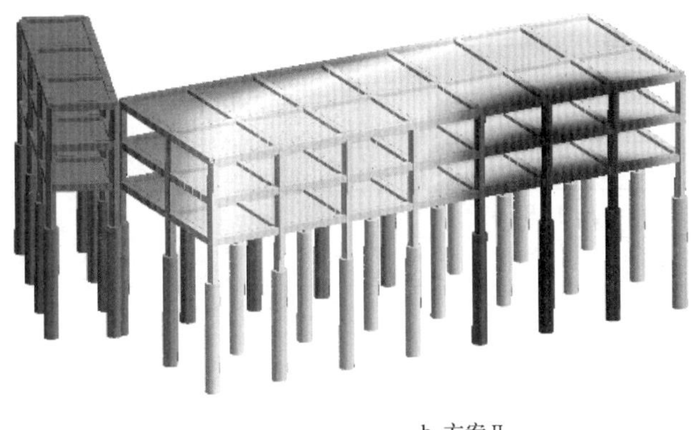
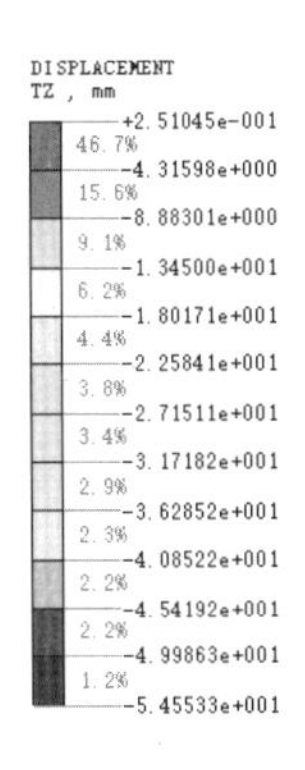

b. 方案Ⅱ

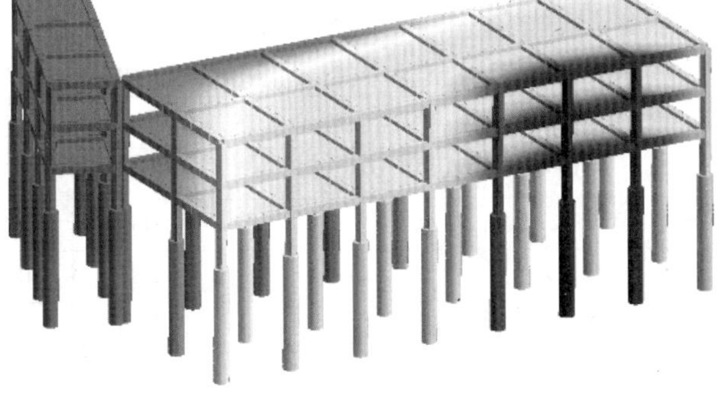

c. 方案Ⅲ

图 4.11-6 桩基建筑物整体沉降（二）

2. 相邻柱基沉降差分析

地铁暗挖车站施工完成后，桩基建筑物相邻柱基沉降差见表 4.11-3。桩基建筑物东西方向柱中心距为 7000mm，即地铁车站暗挖施工过程中，桩基建筑物东西方向地基基础产生的相邻柱基附加沉降差须控制在 7.0mm 以内。

由表 4.11-1 可知：按方案Ⅰ施工，相邻柱基沉降差有 23 处不满足变形控制标准 $0.001l$；按方案Ⅱ施工，相邻柱基沉降差有 18 处不满足变形控制标准 $0.001l$；按方案Ⅲ施工，共有 4 处不满足控制标准，但此 4 处相邻柱基沉降差均略大于 $0.001l$，可另在桩基建筑物内部采取适当加固措施。

建筑物相邻柱基沉降差 表 4.11-3

东西方向相邻柱基沉降差				南北方向相邻柱基沉降差				
计算位置	附加沉降差（mm）			计算位置	附加沉降差允许值（mm）	附加沉降差（mm）		
	方案Ⅰ	方案Ⅱ	方案Ⅲ			方案Ⅰ	方案Ⅱ	方案Ⅲ
5～4 柱	23.3	16.6	9.4	34～32 柱	7	2.0	1.2	0.7
4～8 柱	3.8	0.9	0.5	32～30 柱	7	1.7	1.1	0.6
8～10 柱	5.5	0.6	0.3	30～26 柱	6	4.9	3.0	1.7
10～12 柱	14.3	7.0	4.0	33～31 柱	7	0.9	0.6	0.3
12～14 柱	5.8	7.2	4.1	31～29 柱	7	1.3	0.9	0.5

续表

东西方向相邻柱基沉降差				南北方向相邻柱基沉降差				
计算位置	附加沉降差（mm）			计算位置	附加沉降差允许值（mm）	附加沉降差（mm）		
	方案Ⅰ	方案Ⅱ	方案Ⅲ			方案Ⅰ	方案Ⅱ	方案Ⅲ
14 ~ 16 柱	13.6	8.5	4.8	29 ~ 27 柱	6	2.6	1.8	1.0
16 ~ 18 柱	18.6	11.8	6.7	19 ~ 17 柱	8	2.6	1.8	1.0
6 ~ 3 柱	9.5	6.0	3.4	17 ~ 18 柱	7	6.1	3.8	2.1
3 ~ 7 柱	2.9	0.6	0.3	20 ~ 15 柱	8	6.5	4.2	2.3
7 ~ 9 柱	1.5	0.3	0.2	15 ~ 16 柱	7	14.6	9.4	5.2
9 ~ 11 柱	5.1	3.2	1.8	14 ~ 13 柱	7	9.4	7.2	4.0
11 ~ 13 柱	10.9	6.9	3.9	13 ~ 21 柱	8	11.3	6.0	3.3
13 ~ 15 柱	16.9	10.6	6.0	12 ~ 11 柱	7	6.6	7.6	4.2
15 ~ 17 柱	10.1	6.3	3.6	11 ~ 22 柱	8	10.3	6.7	3.7
1 ~ 2 柱	12.6	7.9	4.5	10 ~ 9 柱	7	15.4	11.6	6.4
2 ~ 24 柱	16.4	10.2	5.8	9 ~ 23 柱	8	11.4	7.2	4.0
24 ~ 23 柱	3.9	2.3	1.3	8 ~ 7 柱	7	19.4	12.5	6.9
23 ~ 22 柱	4.0	2.6	1.5	7 ~ 24 柱	8	9.0	4.5	2.5
22 ~ 21 柱	10.0	6.2	3.5	4 ~ 3 柱	7	18.5	13.9	7.7
21 ~ 20 柱	14.0	8.8	5.0	3 ~ 2 柱	8	22.5	14.5	8.0
20 ~ 19 柱	6.2	4.1	2.3	5 ~ 6 柱	7	4.7	3.0	1.7
				6 ~ 1 柱	8	25.6	16.5	9.1

3. 施工阶段影响分析

地铁车站暗挖施工过程复杂，为了更好地分析动态施工对既有建筑物产生的影响，将地铁车站暗挖施工过程分为 4 个特征阶段：

（1）导洞支护开挖施工阶段；

（2）桩、柱、冠梁施做阶段；

（3）扣拱完成阶段；

（4）结构施做阶段。

提取上述 4 个施工阶段中桩基础计算点 8 所在位置的沉降值，并计算所占比例，见表 4.11-4。

各阶段桩顶沉降值及占比　　　　**表 4.11-4**

施工阶段	方案Ⅰ		方案Ⅱ		方案Ⅲ	
	最大沉降值 /mm	所占比例	最大沉降值 /mm	所占比例	最大沉降值 /mm	所占比例
导洞支护开挖施工	46.8	49.65%	27.3	50.17%	14.7	50.34%
桩、柱、冠梁施工	52.0	5.59%	30.8	6.28%	16.3	5.48%
扣拱完成	84.6	34.52%	49.9	35.14%	26.3	34.25%
结构施做	94.2	10.24%	54.5	8.41%	29.2	9.93%

建筑物桩基沉降主要发生在导洞施工及扣拱施做阶段。其中，导洞开挖阶段引起沉降量约占总沉降量的一半，扣拱阶段所引起的沉降量约为 35%，这两个施工步序所产生沉降占总沉降量的 85% 左右。因此,暗挖施工中桩基建筑物的沉降量控制关键为上述两个阶段。

五、结论

本文以北京核心敏感区某地铁车站暗挖施工下穿桩基建筑物为实例，应用数值分析方法，工前深入分析了地铁暗挖车站施工过程中，上覆建筑物桩基变形控制方法，得出以下结论：

1. 在地铁车站施工中，为了保证其上覆建筑物安全正常使用，须控制其地基基础附加变形始终在控制值范围。框架结构建筑物应控制其相邻柱基倾斜值，即沉降差与其柱距比值，对于一柱一桩结构仅需控制其相邻桩基的差异沉降。

2. 地铁车站下穿建筑物浅埋暗挖法施工，因其设计方案及施工工艺组合工况众多，为确保其上覆建筑物相邻桩基附加变形始终在控制值范围，需要多方案对比并进行优化。数值模拟分析手段作为工前预测有一定的技术优势，尤其对于施工难度大风险高的浅埋暗挖工程，须进行各个工况下的变形预测。

3. 分析表明，该工程在地铁车站暗挖支护时，顶部不仅须打入钢管形成管幕，而且还须在钢管内及时置入工字钢并填实混凝土，增大管幕刚度，方可显著降低建筑物桩基沉降量及相邻柱基沉降差，保证其相邻桩基附加变形始终在控制值范围。需要说明数值计算反映了随开挖变形的规律性，但其预测值须根据后期施工实测值进行修正，方能进一步提高预测精度。

4. 在地铁车站暗挖下穿桩基建筑物时，可采用管幕、注浆超前加固，将大断面分割成若干小断面、短进尺开挖、PBA 法等。但若管幕钢管直径受限时，考虑在其钢管中心置入型钢并浇筑混凝土，可有效提高管棚刚度。

参考文献

[1] 衡朝阳，滕延京，孙曦源等 . 地铁隧道下穿单体多层建筑物评价方法 [J]. 岩土工程学报，2015，37（s2）：148-152.

[2] 周智，衡朝阳，孙曦源 . 隧道下穿施工诱发框架结构建筑物变形规律研究 [J]. 岩土工程学报，2015，37（s1）：110-114.

[3] 姚爱军，向瑞德，侯世伟．地铁盾构施工引起邻近盾构隧道侧穿筏板基础变形响应与安全评估建筑物变形实测与数值模拟分析［J］．北京工业大学学报，2009，35（7）：910-914．

[4] 李进军，王卫东，黄茂松等 . 地铁盾构隧道穿越对建筑物桩基础的影响分析 [J]. 岩土工程学报，2010（s2）：166-170.

[5] 汪成兵，高文生，王昆泰 . 建筑物下地铁车站穿越施工数值模拟方法分析 [J]. 隧道建设，2010（s1）：145-150.

[6] 徐帮树，丁万涛，刘林军等 . 复杂地铁车站施工对邻近建筑物变形影响数值分析的位移叠加法 [C]// 中国建筑学会地基基础分会 2014 年学术会议 . 2014.

[7] 余阳 . 长春地铁十字换乘站开挖对临近高层建筑物影响的数值分析研究 [D]. 吉林大学，2014.

[8] 刘新，林源，张军等 . 某地铁车站深基坑施工期围护结构及邻近建筑变形监测与分析 [J]. 施工技术，2014，43（13）：55-58.

[9] 滕延京，衡朝阳，姚爱军等 . 地铁隧道施工对周边建（构）筑物影响与灾害防治关键技术研究 [R]. 北京：2008.

12　平原感潮河网区域城市洪涝分析模型研究

张念强[1, 2, 3]　李　娜[1, 3]　王　静[1, 3]　陈　升[4]　邱绍伟[4]　徐卫红[1, 3]
1. 中国水利水电科学研究院，北京，100038
2. 河海大学，江苏南京，210098
3. 水利部防洪抗旱减灾研究中心，北京，100038
4. 上海市防汛信息中心，上海，200050

一、引言

我国沿海平原河网区域多为经济发达区，人员和财产分布较为集中，洪涝灾害造成的损失相比其他区域将更为严重。建立洪涝分析模型，对本地及过境洪水等引起的河网洪水和地面洪涝情况进行模拟、分析，是开展区域防洪减灾工作的一项重要技术手段。但平原河网区域河流密度大，大小河流交叉纵横，呈网状分布，建模较为复杂。由于平原河流之间的水位差较小，河流的汇流关系不明显，天然条件下不利于洪水排泄，洪水流动多通过泵、闸等工程的联合调度实现，洪涝模拟必须要考虑防洪工程的调度影响。而对于感潮区域，沿海河道常受海洋天然潮汐或风暴潮的影响，呈现出类潮汐特性，上游及本区域洪水受高潮位顶托，较难排泄，防洪工程调度还需考虑潮水位的高低变化。

针对平原感潮河网区域的洪涝模拟与其他区域不同，当前已有相关研究。如建立河道的一维模型、河道交汇点的控制方程，联立求解[1、2]，或针对较窄河道建立一维模型，对较宽河道建立二维模型，并耦合分析[3、4]，这两种方式对于河道洪水模拟具有较大优势，能够对河网中较小的河流进行模拟，但因未建立地面模型，不能模拟河道洪水漫溢或溃决后的地面洪水演进过程。也有研究针对地面洪水建立纯二维洪水模型，如程晓陶等[5]采用差分和有限体积相结合的方法开展了分蓄洪区的洪水演进数值模拟；马建明等[6]针对沂河防洪保护区建立了大容量高分辨率计算网格的二维洪水演进模型，分析了沂河左堤溃决情况下的洪水演进；唐兵等[7]采用 Godunov 格式离散，利用近似 Riemann 解求解界面通量，采用二阶精度的 HLLC 算法求解二维洪水演进方程，开展了大名泛区的洪水演进数值模拟。但选用纯二维的方式受网格尺寸限制，较小河流将不能模拟，或者采用小网格时将面临网格数量巨大，时间步长变小，计算效率低等问题。为此又有研究建立一、二维耦合的数学模型，如 MORALES-HERNANDEZ 等[8]基于守恒迎风单元—中心格式的有限体积法，建立了一、二维水动力学模型，并提出了基于数值通量的耦合方法，开展了浅水水流模拟；陈文龙等[9]建立了侧向联解的一、二维耦合水动力学模型，通过构造和求解 Riemann 问题实现了模型的耦合，开展了防洪保护区溃堤及漫堤洪水模拟。LIU 等[10]提出了复杂地形和不规则边界条件下的一、二维耦合水动力学模型，并基于 HLLC 算法计算数值通量，采用 MUSCL-Hancock 预测—校正方式获取高精度和高分辨率的结果。中国水利水电科学研究院的多位学者提出了利用二维水动力学方程模拟地面洪水演进，并建立特殊通道模拟河道和城市中的道路行洪，基于堰流公式实现了一、二维耦合，该种方式原理简单、计算稳定，并在多个城市和防洪保护区中得到应用[11~13]。选用一、二维耦合的方式开展区域的洪水演进模拟能够针对河道和地面洪水分别建模，在模拟方式和建模的适用性上均有较大改善，但考虑到模型的复杂度及计算效率等，现有研究对于河网地区的大部分小河流未能模拟，由于河网区域的洪水流动主要通过工程调度实现，对较小河流概化时由于未能模拟这些河流上的工程，与实际相比防洪排涝能力减小，往往不能反映真实下垫面与工况。为此，本文提出了河网排涝单元的概念，分类考虑了较小河流上水闸、泵站等工程的综合影响，并与二维仿真模型耦合，开展暴潮影响下平原河网区域的城市洪涝模拟研究。

二、模型原理

1. 洪水演进模型

采用二维浅水方程，模拟洪水在地表和河道洪水中的演进。对于宽度较大河流，剖分为二维网格；对于宽度较小河流，建立特殊河道通道；对于道路，建立特殊道路通道[11~14]。计算方程如下

$$\frac{\partial H}{\partial t}+\frac{\partial M}{\partial x}+\frac{\partial N}{\partial y}=q \tag{4.12-1}$$

$$\frac{\partial M}{\partial t}+\frac{\partial (uM)}{\partial x}+\frac{\partial (vM)}{\partial y}+gH\frac{\partial Z}{\partial x}+g\frac{n^2u\sqrt{u^2+v^2}}{H^{1/3}}=0 \tag{4.12-2}$$

$$\frac{\partial N}{\partial t}+\frac{\partial (uN)}{\partial x}+\frac{\partial (vN)}{\partial y}+gH\frac{\partial Z}{\partial y}+g\frac{n^2v\sqrt{u^2+v^2}}{H^{1/3}}=0 \tag{4.12-3}$$

式中，H 为水深（m）；Z 为水位（m）；M、N 分别为 x、y 方向的单宽流量（m^2/s）；u、v 分别为流速在 x、y 方向的分量（m/s）；n 为糙率系数；g 为重力加速度（m/s^2）；t 为时间（s）；q 为源汇项（m/s），模型中代表有效降雨强度和排水强度。

2. 河网排涝单元模拟

（1）河网排涝单元的定义

河网排涝单元为河流、工程（主要为堤防、圩堤）等边界围成的封闭区域，如图 4.12-1 所示，在建立数学模型时，将其概化为由边界河流、单元内部河流、网格和泵、闸等防洪工程组成的单元体。河网排涝单元内部的洪水相对独立，主要有两部分组成，一为单元内部河流的洪水，二为因降雨产流或从河网排涝单元边界河道漫溢、溃决后在地面上的洪水，用如下公式描述：

$$Q_{\mathrm{rp}}=Q_{\mathrm{r}}+Q_{\mathrm{c}}=A_{\mathrm{rp}}(Z_{\mathrm{rp}})\frac{\partial Z_{\mathrm{rp}}}{\partial t} \tag{4.12-4}$$

式中，Q_{rp} 为河网排涝单元内部的洪水（m^3/s）；Q_{r} 为河网排涝单元内部河流的洪水（m^3/s）；Q_{c} 为河网排涝单元地面上的洪水（m^3/s）；A_{rp}（Z_{rp}）为排涝单元内部的总有效存储面积（m^2）；Z_{rp} 为排涝单元的存储水位（m）；t 为时间（s）。

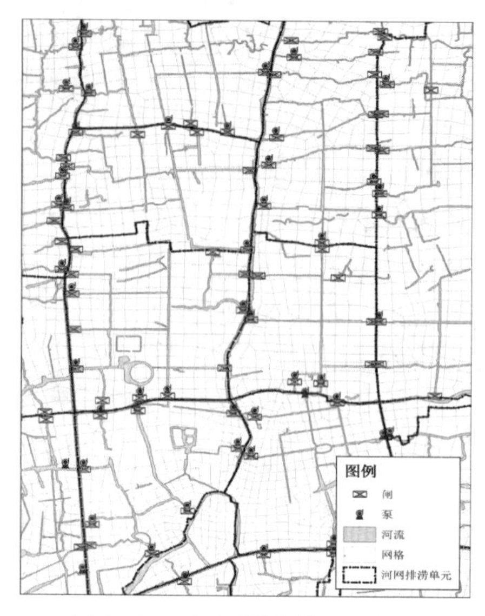

图 4.12-1　河网排涝单元示意图

河网排涝单元边界河流为单元体的洪水外排通道，单元内部河流一般级别较小，为单元边界河流的支流，是单元内部洪水的排泄通道。平原感潮河网区域的河流之间坡降较小，单元内部河流之间水位基本无变化，并且受潮水位影响，洪水排泄时多通过工程调度完成。高潮位时，为防止洪水倒灌，边界河流水闸关闭，依靠泵站抽排；低潮位时，边界河流水闸开启，依靠自排排泄。在模型中，针对边界河流建立一维河网模型，模拟洪水演进与洪水在河道中的存蓄；针对单元内部河流进行概化，通过在与较小河流空间重叠的网格上设置虚拟洪水存蓄面积和水深，只模拟河流的洪水存蓄功能，定义为“虚拟蓄水容积”，其中虚拟洪水存蓄面积和水深两个参数由河流在网格上的分布和河流的断面确定。式(4.12-4)可表示为：

$$Q_{\mathrm{rp}}=\sum_{i=1}^{n}A_{\mathrm{r}_i}(Z)\frac{\partial Z_{\mathrm{r}_i}}{\partial t}+\sum_{i=1}^{n}A_{\mathrm{c}_i}(Z)\frac{\partial Z_{\mathrm{c}_i}}{\partial t} \tag{4.12-5}$$

式中，i 为河网排涝单元包含的网格；A_{r_i}为 i 网格的虚拟蓄水面积，A_{c_i}为 i 网格的面积（m^2）；Z_{r_i}为 i 网格的虚拟蓄水深，Z_{c_i}为 i 网格的淹没水深（m）。

（2）洪涝排泄模拟

河网排涝单元的洪涝排泄模拟主要是计算单元内部洪水与单元边界河流洪水的交换。对于河网排涝单元边界河流上的泵、闸，根据调度规程，泵按照排水能力，闸按照堰流公式计算即可；对于单元内部的工程，由于承载工程的河流被概化，无法建立泵、闸与河道的对应关系，需要以建立的河网排涝单元为单位模拟工程调度。

在平原感潮河网区域，泵、闸一般在同一位置设置，实现单元内部河流与单元边界河流的洪水交换，在高潮位时，利用泵站排泄洪水，排水量由泵站的排水能力确定；在低潮位时，开启闸门排泄洪水，排水量由过闸能力确定。基于这个特点，开展河网排涝单元模型洪涝水模拟时，对泵站和闸门分类计算，分别设定其排水功能。泵的总排水能力按照式(4.12-6）计算，闸的总排水能力按照式（4.12-7）计算。

$$\sum q_{\mathrm{p}} = \sum k q_{\mathrm{pmax}} \tag{4.12-6}$$

式中，q_{p} 为泵站的实际排水能力，q_{pmax} 为泵站最大排水能力（$\mathrm{m^3/s}$）；k 为泵站排涝系数，由泵的控制规程等确定。

$$\sum q_{\mathrm{g}} = \sum m\sigma A\sqrt{2gh} \tag{4.12-7}$$

式中，q_{g} 为闸门的实际排水能力（$\mathrm{m^3/s}$）；m 为流量系数；σ 为淹没系数；h 为边界河流与虚拟蓄水容积的水位差（m）。由于平原区的河流水位相差不大，并且单个河网排涝单元的面积一般较小，在计算 h 时，假定排涝单元内部河流的水位相同，虚拟蓄水容积的水位取为单元内各网格虚拟蓄水容积的平均水位。

3. 市政排水模拟

平原感潮河网区域的洪涝主要由河道洪水不能及时排出引起。对城市区域模拟时，还需要考虑市政排水系统的影响。市政排水一般按照分区设计，各区按照排水能力布置排水泵站、排水管道、出入水口等设施。当前针对市政排水的模拟有等效容积法 [11]、等效排水管网 [12] 等概化方式，以及建立真实管网的水动力学模型，如 SWMM 模型等。本次建立的河网区域模型以河网的洪水演进和洪涝水蓄排为重点，建模尺度比针对城市中心区域的暴雨积水模拟模型大，市政排水采用等效容积法，按照排水分区的排水能力考虑市政排水，计算公式如下

$$q_{\mathrm{cd}_i} = q_{\mathrm{dd}} \times A_{\mathrm{c}_i} / A_{\mathrm{dd}} \tag{4.12-8}$$

式中，q_{cd_i} 指 i 网格的排水能力（m/s）；q_{dd} 为 i 网格所在排水分区的排水能力（m/s）；A_{dd} 为 i 网格所在排水分区的面积（$\mathrm{m^2}$）。

4. 数值离散与求解

对连续方程和动量方程的离散参考已有的研究成果 [5, 12, 15]，利用非结构不规则网格对研究区域离散，在网格形心计算水深，在网格周边通道上计算流量。针对任一网格，式(4.12-1）显式离散为

$$H_i^{\mathrm{T+2DT}} = H_i^{\mathrm{T}} + \frac{2DT}{A_i}\sum_{j=1}^{n} Q_{i_j}^{\mathrm{T+DT}} L_{i_j} + 2DTq_i^{\mathrm{T+DT}} \tag{4.12-9}$$

式中，A_i 为网格的面积；T 为当前计算时刻；DT 为时间步长的一半；j 为组成网格的通道（边）的编号；Q_{ij} 为 i 网格 j 通道（边）的单宽流量；n 为 i 网格中的通道总数；L_{ij} 为 i 网格 j 通道的长度；q_i 为源汇项（m/s）。

源汇项 q_i 的计算公式为

$$q_i^{\mathrm{T+DT}} = q_{rf_i}^{\mathrm{T+DT}} - q_{cd_i}^{\mathrm{T+DT}} - q_{r_i}^{\mathrm{T+DT}} \tag{4.12-10}$$

式中，q_{rf} 为 i 网格的雨强，q_{ri} 为排入 i 网格虚拟蓄水容积的能力（m/s）。

针对动量方程（4.12-2）和（4.12-3）式离散时，按照对城市陆面、河道、线状工程与地物等不同模拟需求分为一般型通道和阻水型通道。

一般型通道指河道内的通道和普通的陆面通道，离散形式为

$$Q_{j}^{T+DT}=Q_{j}^{T-DT}-2DTgH_{j}^{T}\frac{Z_{j2}^{T}-Z_{j1}^{T}}{DL_{j}}-2DTg\frac{n^{2}Q_{j}^{T+DT}\left|Q_{j}^{T-DT}\right|}{\left(H_{j}^{T}\right)^{\frac{7}{3}}} \tag{4.12-11}$$

式中，Z_{j1}、Z_{j2} 分别为第 j 通道两侧网格的水位；H_j 为第 j 通道的平均水深；DL 为空间步长。

阻水型通道指阻水型道路、铁路、堤防等，采用宽顶堰公式计算，文中不再单独列出公式。特殊型通道分为河道型通道和道路型通道，需要计算洪水沿特殊通道方向的流动，以及特殊通道与两侧网格的交换，将连续方程离散为

$$H_{dk}^{T+2DT}=H_{dk}^{T}+\frac{2DT}{A_{dk}}\left(\sum\nolimits_{j}^{n}Q_{k_j}^{T+DT}b_{k_j}+\sum\nolimits_{j}^{2n}Q_{k_j}^{T+DT}L_{k_j}/2\right)+2DTq_{dk}^{T+DT} \tag{4.12-12}$$

式中，H_{dk}、A_{dk} 分别为特殊通道计算单元的平均水深和面积；$\sum\nolimits_{j}^{n}Q_{k_j}^{T+DT}b_{k_j}$ 为与特殊结点 k 相连的 n 条特殊通道上沿通道方向的流量之和；$\sum\nolimits_{j}^{2n}Q_{k_j}^{T+DT}L_{k_j}/2$ 为与特殊通道结点 k 相连的 n 条特殊通道与其两侧网格之间的流量之和；q_{dk}^{T+DT} 为特殊通道计算单元的源汇项；b_{k_j} 为特殊通道 j 的宽度；L_{k_j} 为特殊通道 j 的长度。

对于特殊河道型通道计算单元的源汇项，包括降雨、市政排水和河网排涝单元泵闸排入的洪涝水，计算公式为

$$q_{dk}^{T+DT}=q_{rf_{dk}}^{T+DT}+q_{dd_{dk}}^{T+DT}+q_{p_{dk}}^{T+DT}+q_{g_{dk}}^{T+DT} \tag{4.12-13}$$

式中，$q_{rf_{dk}}^{T+DT}$ 为特殊通道的雨强（m/s）；$q_{dd_{dk}}^{T+DT}$ 为市政排水分区排入特殊通道结点 k 的排水能力（m/s）；$q_{p_{dk}}^{T+DT}$ 为河网排涝单元的泵排入特殊通道结点 k 的排水能力（m/s）；$q_{g_{dk}}^{T+DT}$ 为河网排涝单元的闸排入特殊通道结点 k 的排水能力（m/s）。

对于河网虚拟蓄水容积，只计算其蓄水变化情况。若网格虚拟蓄水容积未达到最高蓄水位，在二维洪水演进计算时假定网格中的水优先排入虚拟蓄水容积。网格虚拟蓄水容积水位和排入虚拟蓄水位积的排水能力计算公式分别为

$$Z_{r_i}^{T+2DT}=Z_{r_i}^{T}+\min[(Z_{r_i\max}-Z_{r_i}^{T})/2DT,(q_{rf_i}+H_i^{T}/2DT-q_{gc_i}^{T+DT}-q_{pc_i}^{T+DT})]\,2DT \tag{4.12-14}$$

$$q_{r_i}=(Z_{r_i}^{T+2DT}-Z_{r_i}^{T})/2DT \tag{4.12-15}$$

式中，Z_{ri} 为 i 网格虚拟蓄水容积的水位；$Z_{r_i\max}$ 为 i 网格虚拟蓄水容积的最大水位；q_{gc_i} 为河网排涝单元的闸对 i 网格的排水能力(m/s)；q_{pc_i} 为河网排涝单元的泵对 i 网格的排水能力(m/s)。

河网排涝单元作为整体单元引入，与其他单元通过边界河道堤防隔离，相对独立，各单元的工程只排除本单元的水，因此，式 (4.12-6) 和 (4.12-7) 用式 (4.12-16) 和式 (4.12-17) 表示

$$\sum q_{p}=\min\left(\sum_{i=1}^{n_1}A_{r_i}(Z_{r_i}^{T+DT}-Z_{r_i\min})/2DT,\sum_{j=1}^{m_1}k_{j}q_{p_j}\right) \tag{4.12-16}$$

$$\sum q_{\mathrm{g}}=\sum_{i=1}^{m_2} m_i \sigma_i A_i \sqrt{2g(Z_{\mathrm{rp}}-Z_i)} \tag{4.12-17}$$

式中，n_1 为河网排涝单元的网格数；m_1 为河网排涝单元中泵站的个数；m_2 为河网排涝单元中闸门的个数；Z_{rp} 为河网涝单元所有网格虚拟蓄水容积的平均水位；Z_{i} 为河网排涝单元各闸排入的特殊河道结点水位。

河网排涝单元内网格的洪涝水排泄仅通过本单元的工程实现，排泄能力按网格的虚拟蓄水容积占排涝单元所有网格虚拟蓄水容积的比值折算确定，计算公式为

$$q_{\mathrm{pc}_i}=\frac{A_{\mathrm{r}_i}(Z_{\mathrm{r}_i}^{\mathrm{T+DT}}-Z_{\mathrm{r}_i\,\mathrm{min}})}{\sum_{i=1}^{n_1} A_{\mathrm{r}_i}(Z_{\mathrm{r}_i}^{\mathrm{T+DT}}-Z_{\mathrm{r}_i\,\mathrm{min}})}\times\sum q_{\mathrm{p}} \tag{4.12-18}$$

$$q_{\mathrm{gc}_i}=\frac{A_{\mathrm{r}_i}(Z_{\mathrm{r}_i}^{\mathrm{T+DT}}-Z_{\mathrm{r}_i\,\mathrm{min}})}{\sum_{i=1}^{n_1} A_{\mathrm{r}_i}(Z_{\mathrm{r}_i}^{T+DT}-Z_{\mathrm{r}_i\,\mathrm{min}})}\times\sum q_{\mathrm{g}} \tag{4.12-19}$$

式中，$Z_{\mathrm{r}_i\mathrm{min}}$ 为网格虚拟蓄水容积的最低水位。

河网排涝单元的边界河流在模型中被作为特殊河道通道计算，排入特殊河道通道结点 k 的洪涝水由排入该结点泵或闸的能力占排涝单元所有泵或闸排水能力的比值折算确定，计算公式为

$$q_{\mathrm{p}_{\mathrm{dk}}}=\frac{k_{\mathrm{dk}}q_{\mathrm{p}_{\mathrm{dk}}}}{\sum_{j=1}^{m_1} k_j q_{\mathrm{p}_j}}\times\sum q_{\mathrm{p}} \tag{4.12-20}$$

$$q_{\mathrm{g}_{\mathrm{dk}}}=\frac{q_{\mathrm{g}_{\mathrm{dk}}\,\mathrm{max}}}{\sum_{j=1}^{m_1} q_{\mathrm{g}_j\,\mathrm{max}}}\times\sum q_{\mathrm{g}} \tag{4.12-21}$$

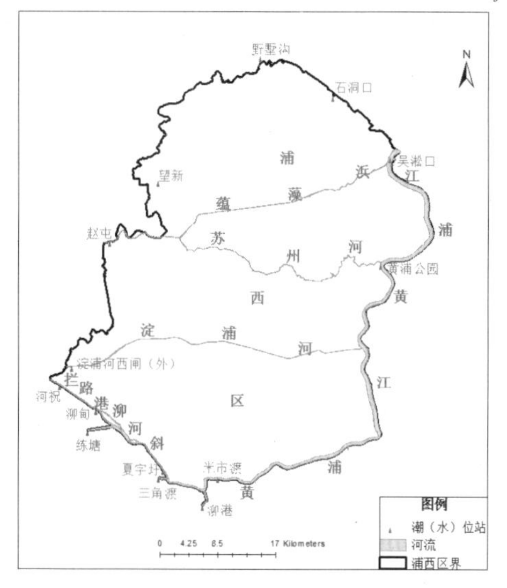

图 4.12-2 浦西区位置图

式中，q_{gmax} 为闸门的最大排水能力。

三、应用实例

1. 研究对象

本文以上海市浦西防洪保护区（以下简称“浦西区”）为例开展研究。浦西区位于黄浦江左岸，南以拦路港—泖河—斜塘及黄浦江上游为界，西、北以苏、沪省市分界线及长江江堤为界，涉及上海市的宝山、嘉定、杨浦等 13 个行政区，总面积 $2136\mathrm{km}^2$，如图 4.12-2 所示。

2. 建立模型

（1）网格剖分

以研究范围为外边界，堤防、阻水铁路和道路等为内边界控制剖分网格，计为 134723 个。

将较宽的黄浦江剖为二维网格；挑选区、县管和重要镇管河流作为特殊河流通道，共为10053条，将一、二、三级道路按特殊道路通道的形式处理计为29687条。

（2）河网排涝单元

将浦西区边界、黄浦江、特殊河流通道，以及浦西区圩堤交汇组成的多边形作为河网排涝单元，总计308个（图4.12-3），对有泵、闸调度工程的233个开展模拟，并在模型中建立河网排涝单元与网格及泵、闸等防洪排涝工程的拓扑关系。

图4.12-3　浦西区河网排涝单元

（3）市政排水

浦西区总计有157个排水系统，在模型中均设置为排水分区，建立排水分区与单元格的拓扑关系，在建立拓扑关系过程中，不考虑排水分区与河网排涝单元的重叠关系。输入各排水分区的排水能力，并按照设计标准估算和率定排水分区的等效库容。

（4）雨量和潮（水）位计算条件

选用2013年“菲特”台风期间的降雨过程开展模拟，模拟时段为10月6日0时~13日0时。雨量选取浦西区内及附近93个雨量站的实测降雨过程，通过时空插值输入模型。潮（水）位边界通过图4.12-2所示站点输入，在黄浦江及上游支流分别选择河祝站、练塘站、三角渡站和泖港站为边界，黄浦江下游以吴淞口站为边界，西北边界直排入海的河道以石洞口站为边界，西部淀浦河以淀浦河西闸（外）站，吴淞江—苏州河以赵屯站为边界，西部其他河流通过闸门控制，无入流。

3. 计算结果

对于平原河网城市区域，由河流漫溢或溃决造成的洪水淹没和损失常比暴雨积水严重，河网的模拟情况在区域洪水模拟中较为关键。

（1）黄浦江

黄浦江承担了浦西区的主要洪水排泄，其洪水模拟精度能够反映浦西区河网洪水的整体模拟效果。表4.12-1和图4.12-4分别为黄浦公园站、米市渡站、夏字圩站的实测与模拟潮（水）位过程。由表 4.12-1，各站模拟的最高水位与实测相比误差均小于 0.1m，最高水位出现时间误差均小于 30min。由图 4.12-4 看出各站模拟与实测的潮(水)位过程较为一致，但在低潮位时，模拟值整体偏低，分析其原因主要为仍有部分泵、闸未考虑，并且只计算了浦西区排入黄浦江左岸的洪涝水，忽略了右岸的浦东区排水。

2013 年“菲特”台风期间代表水位站最高水位实测与计算值对比表　　表 4.12-1

站名	最高水位 /m			出现时间 /min		
	实测	计算	误差	实测	计算	误差
黄浦公园	5.12	5.04	0.08	10/8 14：35	10/8 15：00	25
米市渡	4.60	4.58	0.02	10/8 16：00	10/8 16：10	10
夏字圩	4.35	4.35	0.00	10/8 16：00	10/8 16：05	5

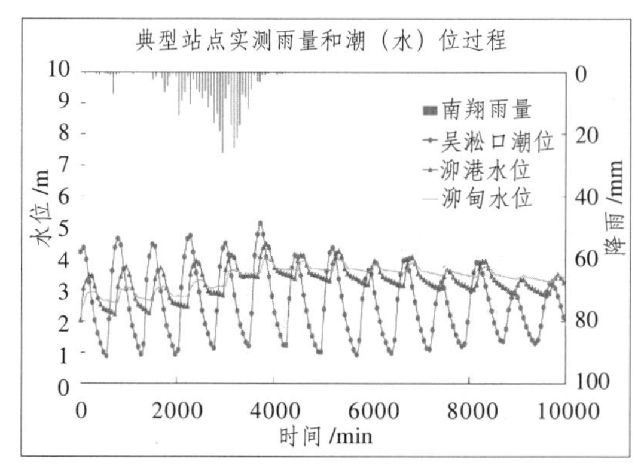

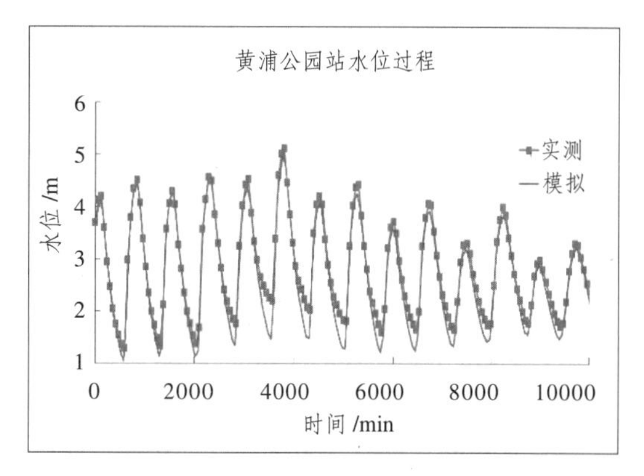

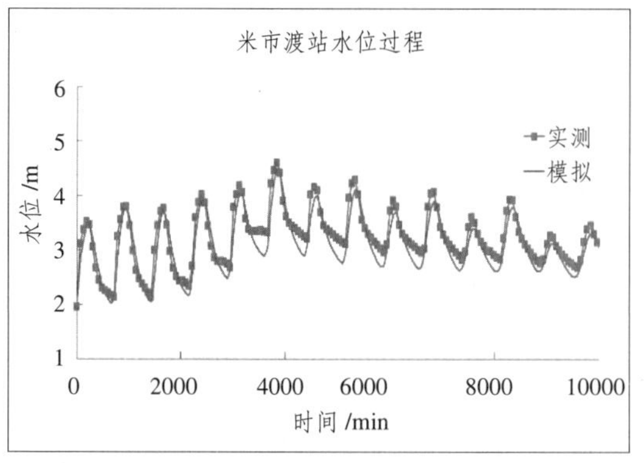

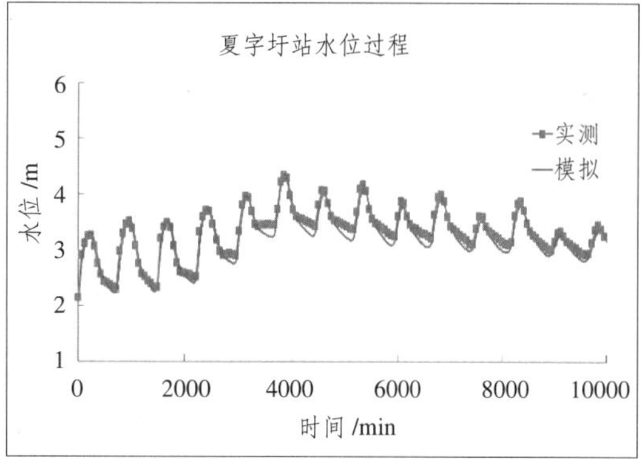

图 4.12-4 “菲特”台风期间典型站点潮（水）位和降雨过程

(2) 其他河流

对于河网排涝单元边界河流，本次通过对比河道模拟与实际出险情况确定模拟效果。由于潮（水）位超过堤防设防能力，苏州河一线堤防发生多处渗漏和漫溢，青浦区油墩港、柘泽塘、西大盈港、淀浦河等发生漫溢 [16]；根据模拟结果统计，苏州河沿线、淀浦河、西大盈港、油墩港、柘泽塘、黄姑塘、上澳塘等发生漫溢，造成周边地区淹没（图 4.12-5），与实际情况基本一致。

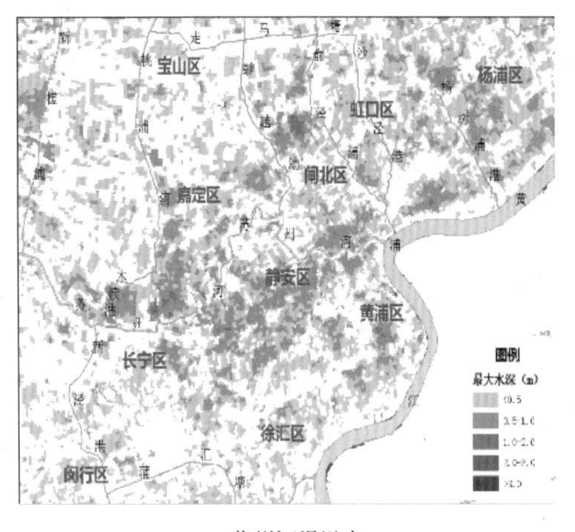

a. 苏州河漫溢点

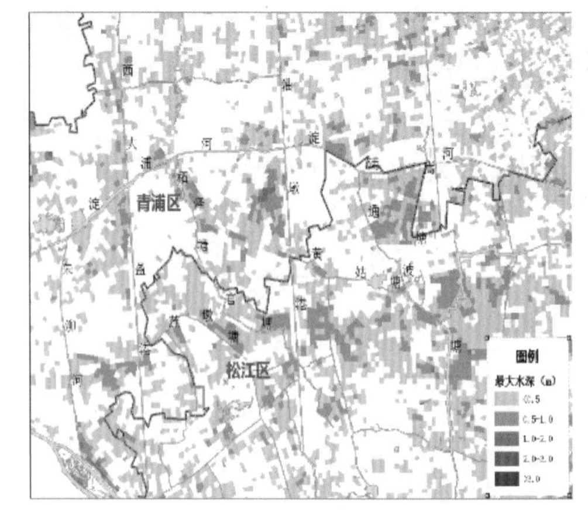

b. 西大盈港、�泽塘、黄姑塘、上澳塘漫溢点

图 4.12-5 部分河流模拟漫溢点分布图

四、结论

本文综合考虑平原感潮河网区域河流和城市下垫面的特点，提出河网排涝单元的概念和基于单元整体的防洪工程洪涝排泄模拟方式，建立了二维洪水演进与河网排涝单元模拟相结合的洪涝分析模型，并开展了示例研究。本次建立的模型具有以下特点：

（1）对河网区域较小河流按照河网排涝单元整体计算，避免考虑所有河道建立一、二维模型造成的模型繁杂和模拟效率低的问题；

（2）基于泵、闸的位置，以及在河网排水中的功能分类，分别模拟了泵、闸等防洪工程的调度影响；对作为特殊通道处理的河流，泵、闸的计算按传统方式，利用泵排公式和堰流公式计算；对于未作为特殊通道的较小河流，泵、闸排涝按照河网排涝单元的排泄方式模拟，解决了因未针对较小河流建模而导致的防洪工程不能模拟的问题；

（3）河网排涝单元中泵闸工程的调度考虑了沿海高、低潮的影响，高潮位时闸门关闭，采用泵抽的方式排水，低潮位时，闸门开闭，实现自流排水，该种方式与感潮河网区域的工程调度方式一致。

本文中河网排涝单元主要基于上海市网格状河网和较小河流底坡的特点提出，目的是减小对河流模拟的繁杂性，并考虑较小河流和防洪排涝工程对洪涝排泄的效果，该种计算方式可为其他区域的河网模拟提供参考，但在应用时需根据河网分布、地形和防洪排涝工程的特点做适当修改，并需尽量将级别较高和连通性较好的河流作为河网排涝单元的边界河流。

对于平原河网区域，通过各种方式合理简化洪涝分析模型和建模繁杂度是洪涝模拟的关键。除本文提出的简化河网和防洪工程的河网排涝单元方式外，也可结合区域特点开展其他简化计算。此外，洪涝分析模型的率定也是河网模拟需重点关注的研究内容。

参考文献

[1] 徐贵泉，陈庆江，陈长太等 . 吴淞江分洪对上海防洪除涝影响及其对策研究 [J]. 城市道桥与防洪，2007（5）：193-195.

[2] 徐祖信，卢士强．平原感潮河网水动力模型研究 [J]. 水动力研究与进展（A 辑），2003（2）：176-181.

[3] 徐祖信，尹海龙．平原感潮河网地区一维、二维水动力耦合模型研究 [J]. 水动力研究与进展（A 辑），2004，19（6）：744-752.

[4] 王船海，向小华．通用河网二维水流模拟模式研究 [J]. 水科学进展，2007，18（4）：516-522.

[5] 程晓陶，杨磊，陈喜军．分蓄洪区洪水演进数值模型 [J]. 自然灾害学报，1996，5（1）：34-40.

[6] 马建明，徐旭，张念强等．沂河左堤洪水风险图编制 [C]// 中国水利学会青年科技工作委员会．中国水利学会第三届青年科技论坛论文集．郑州：黄河水利出版社，2007：310-316.

[7] 唐兵，雷晓辉，张峰等．大名泛区洪水演进数值模拟 [J]，南水北调与水利科技，2012，10（4）：61-65.

[8] MORALES-HERNANDEZ M，GARCIA-NAVARRO P，BURGUETE J，et al. A conservative strategy to couple 1D and 2D models for shallow water flow simulation[J].Computers & fluids. 2013，81（9）：26-44.

[9] 陈文龙，宋利祥，刑领航等．一维—二维耦合的防洪保护区洪水演进数学模型 [J]. 水科学进展，2014，25（6）：848-855.

[10] Liu Q，Qin Y，Zhang Y，et al. A coupled 1D–2D hydrodynamic model for flood simulation in flood detention basin [J]. Natural hazards，2015，75（2）：1303-1325.

[11] 仇劲卫，李娜，程晓陶等．天津市城区暴雨沥涝仿真模拟系统 [J]. 水利学报，2000，31（11）：34-42.

[12] 王静，李娜，程晓陶．城市洪涝仿真模型的改进与应用 [J]. 水利学报，2010，41（12）：1393-1400.

[13] Cheng Xiaotao.Urban flood prediction and its risk analysis in the coastal areas of China[M]. Beijing：China Water & Power Press，2009.

[14] 李智，窦玉颖，王昊等．基于 GIS 和 SWMM 的山地临海城市内涝模拟分析——以象山县为例 [J]. 水利水电技术，2016，47（9）：143-147.

[15] 马建明，陆吉康，张念强等．二维水动力学洪水风险分析平台设计与研发 [J]. 中国水利水电科学研究院学报，2009，7（1）：21-27.

[16] 上海市防汛指挥部办公室．上海市防御“菲特”强台风工作总结评估报告 [R]. 上海：上海市防汛指挥部办公室，2013.

13　用于雷电防护的雷电流波形参数

何金良　杨　滚　余占清
清华大学电机系电力系统及发电设备控制和仿真国家重点实验室，北京，100084

引言

雷电是一种常见的自然现象，但其产生的瞬时大电流和高电压对电子设备、建筑物、人类都具有严重的危害。雷击建筑物时，产生的空间电磁场会对室内电子系统的电源线和信号线上产生骚扰，当雷电直击建筑物的雷电流幅值达到 200kA 时，室内的磁感应强度最大值可达 10mT，该值大大超过电子系统的耐受水平[1]。由此可见，雷电产生的雷电流以及电磁场是影响建筑物室内设备运行稳定的主要因素，其中，建筑物防雷用的浪涌保护器 SPD，所采用的测试波形为首次雷击 10/350 μs，后续雷击 0.25/100 μs。故充分了解雷电参数特性，尤其是雷电流参数特性，是建筑物防雷的基础。

本文主要讨论了雷电流的获取方法，分析了雷电流幅值和波形的特性，并对当前的雷电监测设备智能化存在的问题提出了一些建议。

一、雷电流参数获取方法

1. 雷电定位系统

雷电活动特征在全国范围内由于气候或地形的不同而不同，故传统的雷电参数不能全面地反映全国各地的雷电活动特征。自 Krider 等人于 1980 年提出雷电定位系统（Lightning Location System，LLS）以来[2]，LLS 已经广泛应用于国内外[3-5]，是当前主要监测雷电的技术平台。雷电定位系统可获取雷击的发生时间、位置、回击次数、雷电流幅值和雷电极性等参数。自 1993 年以来，我国已建立跨 29 个省域的 LLS，该系统可为研究者提供具有地域特征的雷电数据，为研究者了解各地域的雷电活动特征提供了有效可靠的数据支撑。近年来，国网电力科学研究院在雷电参数统计方法方面做出了许多有价值的工作[6]，其提出的基于现代雷电自动监测资料的雷电日、地闪密度、地面落雷密度、地闪频数的网格统计法，对我国已经展开的大规模雷电参数及其分布的统计研究具有重要意义。另外，中国气象科学研究院也在国家气象局的领导下构建全国气象系统雷电监测及预警系统。

2. 高塔雷电流测量

雷击地面物体具有选择性，对于空旷地区，由于物体的尖端效应，一般雷击在比较高的物体，故安装在高山或高塔上的雷电流波形监测装置更容易监测到雷电流波形。雷电流波形监测装置一般采用 Rogowski 线圈对雷电流波形进行测量，它可直接测量得到各地雷电流幅值和雷电流波形。

Berger 等人利用安装在瑞士 Mount San Salvatore 塔上的监测装置，在 1943~1972 年共监测到了 101 次负极性的首次雷击电流波形和 135 次后续雷击电流波形[7]。Janischewskyj

等人利用安装在553m高的加拿大多伦多电视塔上的雷电流监测装置，成功获得1978~1995年的雷电监测数据[8]，Mohammad Sadegh Rahimian等人还对多伦多电视塔上监测得到的雷电流波形进行了分析和计算[9]。

20世纪90年代，为促进输电线路雷电防护工作的开展，日本东京电力公司在其500kV同塔双回输电线路杆塔上安装了60套雷电流波形监测装置，在1994~2004年间，共得到120个雷电流波形数据[10]。

近年来，我国已开展了雷电流波形监测装置的研究，并已经安装在电网输电线路上。由清华大学高压研究所设计开发的雷电流波形记录装置，于2008年5月在山东电网公司泰安市供电公司220kV党红线和天楼线上安装了两套，见图4.13-1。另外也在华北电网广泛安装。其基本原理是通过柔性Rogowski线圈的电磁耦合采集雷电流波形的信号，然后通过现场的信号处理系统进行处理，将数据压缩打包通过GPS发射到远端的接收装置，该系统的电源由太阳能电池提供。为了有效捕捉雷电流，在杆塔顶部安装一根避雷针，线圈套在其上。

图4.13-1 山东泰安安装的雷电流波形记录装置

3. 人工引雷

人工引发雷电（即人工引雷）技术是指向带电的雷暴云体，发射拖带金属导线的专用引雷火箭以触发雷电的专门技术，常被称为火箭—拖线型人工引雷技术。人工引雷可以控制其触发的时间和空间，故为测量雷电放电电流波形提供了条件[11]。

1960年美国最早利用火箭拖带导线技术成功实现人工引雷[12]，随后，法国、日本和中国都相继实现了人工引雷[13-15]。

中国广东省地处南岭以南，是我国的多雷地区，“中国气象局 - 广州野外雷电试验基地”便建立在广东省广州从化市光联村附近 [16]。该试验场地北面依山，南面平原，此类地形十分有利于局部强对流天气的生成。图 4.13-2 所示为试验场地的火箭引雷装置，由该装置触发的闪电电流波形被安装在引流杆下面的 Rogowski 线圈测量得到。

图 4.13-2　火箭引雷装置

4. 闪电电磁场反推

相比于上述利用测量雷电流的测量装置直接测量得到雷电流幅值和波形，有研究者提出一种间接测量雷电流的方法，即利用闪电产生的电磁场反推得到雷电流。因为闪电产生的电磁场相比于雷电流在空间中更易测量得到，并且利用 LLS 测量得到的闪电电磁场数据相比于雷电流数据更多。

Willet 等人利用人工引雷得到的雷电流和远处电场数据，提出了雷电流幅值与远处电场峰值之间关系的经验公式 [17]：

$$I_{\mathrm{p}} = -2.7 - 0.039DE_{\mathrm{p}} \tag{4.13-1}$$

式中，I_{p} 为雷电流幅值，单位 kA；D 为电场测量点距闪电产生地的水平距离，单位 km；E_{p} 为闪电产生的远处电场峰值，单位 V/m。

随后 Rakov 等人对 Willet 经验公式进行了修正 [18]：

$$I_{\mathrm{p}} = 1.5 - 0.037DE_{\mathrm{p}} \tag{4.13-2}$$

故在已知地闪的回击速度和远处电场的峰值，利用此经验公式便可反推得到雷电流幅值。

除了利用雷电产生的电磁场反推雷电流幅值外，研究者还采用其反推得到雷电流的整个波形，Izadi 等人采用粒子群寻优算法，利用闪电近距离电磁场数据反推得到了整个雷电流的波形 [19、20]。图 4.13-3 为笔者采用时间序列神经网络，并利用闪电电磁场数据反推得到了整个雷电流的波形和实测雷电流波形的比较 [21]。

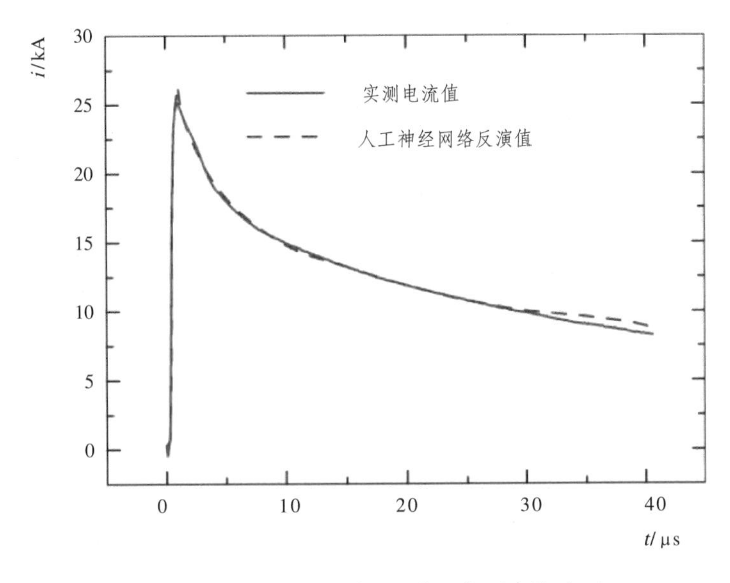

图 4.13-3 时间序列神经网络反推雷电流波形

二、雷电流幅值

1. 雷电流幅值概率

雷电幅值概率 P 被定义为雷电流幅值超过 I_p（单位为 kA）的概率。我国电力行业标准 DL/T 620-1997 中采用的雷电流幅值概率公式（规程公式）为：

$$\lg P = -\frac{I_p}{88} \tag{4.13-3}$$

该公式是由浙江省电力试验研究院自 1962 年到 1988 年，历时 27 年，通过安装磁钢棒对 220kV 新杭线 I 回路的雷电流进行了长期的监测，并通过对新杭 I 线的 106 个雷击塔顶的雷电流幅值数据和其中 97 个负极性雷电数据的统计得来 [22]。然而，雷电活动具有明显的地域特征，针对单一地区线路的雷电流幅值概率公式显然不能满足全国地区的雷电活动特征 [23]。

故雷电流幅值概率一般采用：

$$P = \frac{1}{1+(\frac{I_p}{a})^b} \tag{4.13-4}$$

其中，a、b 为与被统计地区雷电活动相关的参数，IEEE 推荐值为 a=31，b=2.6。例如针对重庆地区 a=37，b=2.8[23]。

2. 雷电流幅值与其他参数的联系

美国 NASA（1985，1887，1988 年）和法国（1986 年）利用人工引雷技术，得到雷电流幅值 I_p 以及波头部分 dI/dt 之间的关系如图 4.13-4 所示 [24]，从图中可以看出雷电流波头部分 dI/dt 与电流幅值 I_p 之间呈现出正相关的关系。

同样利用人工引雷技术，Leteinturier 等人发现，在 1985 年 Florida 测得的数据和 1986 年法国测得的数据都有电场微分的幅值（dE/dt）$_p$ 与雷电流波头部分幅值 dI/dt 之间呈线性相关 [25]，如图 4.13-5 所示。

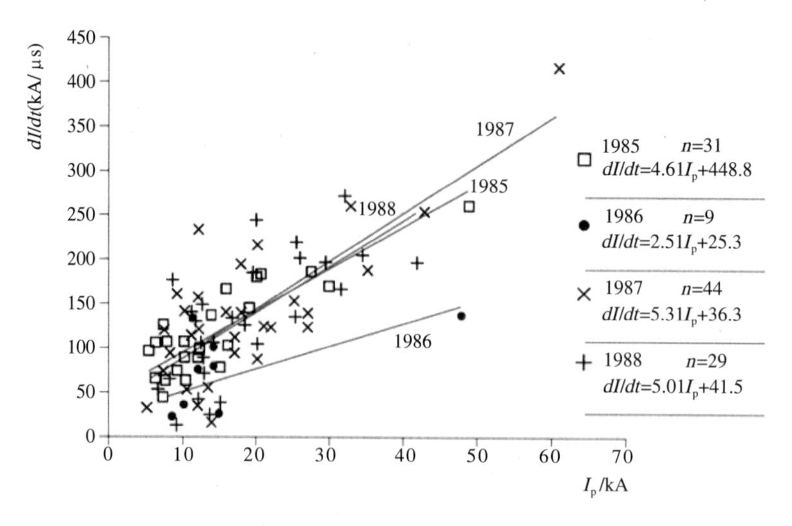

图 4.13-4　火箭引雷得到的雷电流幅值 I_{p} 及波头部分的 dI/dt 之间的关系

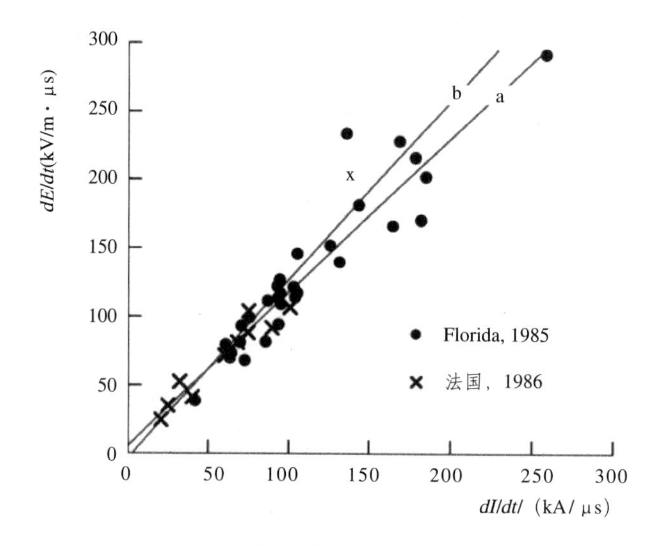

图 4.13-5　火箭引雷得到的电场微分的幅值 dE/dt 及波头部分的 dI/dt 之间的关系

三、雷电流波形

1. 雷电流波形参数

通常利用电流测量装置测得的雷电流为闪电通道底部的雷电流，也称为雷电基底电流。我国一般采用 2.6/50 μs 的波形作为自然雷电流的标准波形，而采用 8/20 μs 作为设备测试用的雷电流波形。

雷电基底电流在工程应用中通常可用双指数函数表达 [26]：

$$i(0,t)=I_{m}(e^{-\alpha t}-e^{-\beta t}) \tag{4.13-5}$$

其中，I_{m} 是电流峰值，α 是波前衰减系数，β 是波尾衰减系数，这三个系数可以决定雷电基底电流的波形参数：电流峰值，波头时间，半波时间。

雷电基底电流也可用 Heidler 函数表达[27]：

$$i(0,t)=\frac{I_{\mathrm{m}}}{\eta}\frac{(t/\tau_1)^n}{(t/\tau_1)^n+1}e^{-t/\tau_2} \tag{4.13-6}$$

其中，I_m 是电流峰值，τ_1 是波头时间常数，τ_2 是波尾时间常数，$\eta=e^{-\frac{\tau_1}{\tau_2}(n\frac{\tau_2}{\tau_1})^{\frac{1}{n}}}$是峰值修正系数，$n$ 是描述电流陡度的阶数，通常取 2 或 10，国际电工委员会 IEC 标准中 n 取 10。

Heidler 函数较双指数函数更优，因为它在 t=0 时刻电流对时间的导数为零，这与实测雷电基底电流波形更为一致。

近年来，Javor 等人提出了一种新的雷电基底电流表达式 NCBC[28]：

$$i(0,t)=\begin{cases} I_m\tau^{a}e^{a(1-\tau)} & 0\leqslant\tau\leqslant 1 \\ I_m\sum\limits_{i=1}^{n}c_i\tau^{b_i}e^{b_i(1-\tau)} & 1\leqslant\tau\leqslant\infty \end{cases} \tag{4.13-7}$$

其中，a 和 b_i 是可调参数，c_i 是分配比例的系数，满足$\sum\limits_{1}^{n}c_i=1$，$\tau=t/t_m$，其中 t_m 是指到达峰值 I_m 的时间，n 是下降沿可调个数，n 的取值可以改变波尾下降沿的波形。

相比于双指数函数和 Heidler 函数，NCBC 函数更易调节峰值电流，峰值时间等波形参数。

图 4.13-6 为 IEEE 采用的 CIGRE 雷电流推荐波形[23]，其波形参数：峰值 31.1kA，T_{10}=4.5μs，T_{30}=2.3μs，波头时间 3.83μs，半波时间 77.5μs，S_{10}=5kA/μs，S_{30}= 7.2kA/μs。

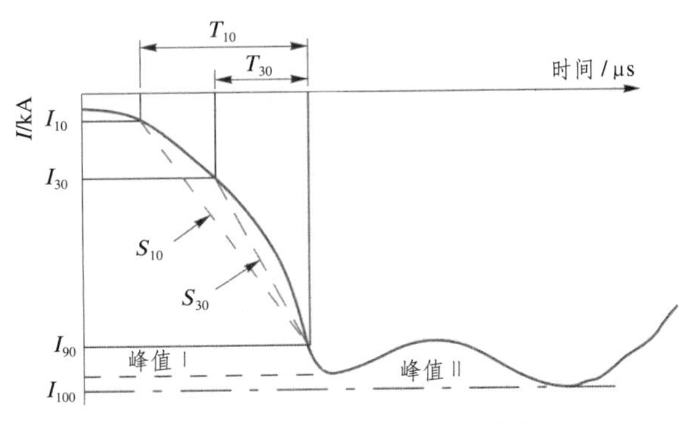

图 4.13-6 典型雷电主放电电流波形

2. 雷电流波形参数辨识

对于测量得到的雷电流波形，若能快速识别得到其波形参数：电流峰值，波头时间，半波时间，这对雷电监测设备的数字化和智能化以及改进雷电定位系统的雷电流波形参数识别等具有重要的应用价值，还有助于包括电力系统、电子系统、建筑物等在内的各行各业的雷电防护。

有研究者在这方面开展了一些卓有成效的工作，刘平等人利用 Nelder-Mead 单纯形法 + 粒子群算法成功实现对雷电流波形参数的快速识别[29]。Chandrasekaran 等人也利用遗传算法（GA）成功实现对雷电流波形参数的识别[30]。

图 4.13-7 所示实线为一次人工引雷获得的雷电基底电流波形，其试验场地是在广东省广州从化市。笔者采用 Powell+ 粒子群算法，以及上文提到的 NCBC 函数，也成功实现对雷电流波形参数的快速识别，识别得到的波形参数：I_m=14.6893kA，a=1.6849，t_m=0.4008μs，c_1=0.1798，c_2=0.3058，c_3=0.5144，b_1=0.0269，b_2=0.1042，b_3=0.0066，n=3。利用此波形参数得到的雷电流波形如图 4.13-7 中虚线所示，可以看出结果与实测结果相当吻合，该方法也可实现对雷电流波形参数的快速识别。

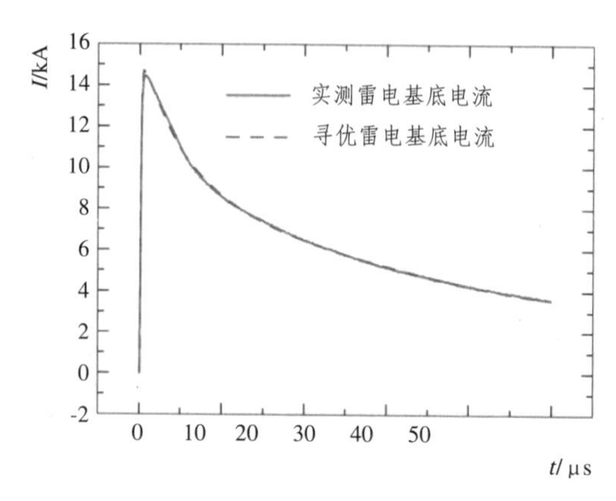

图 4.13-7　Powell+ 粒子群算法识别雷电基底电流波形参数

四、结语

雷电活动中雷电流是建筑物防雷中需要考虑的一个重要因素，本文综述了自然雷电流和人工引雷雷电流的幅值或波形的获取方法：包括采用 Rogowski 线圈直接测量得到和利用闪电电磁场反推得到。本文还对雷电流的幅值和波形特性进行了研究讨论，并对当前雷电监测设备的数字化和智能化以及雷电定位系统的改进提出了建议。

参考文献

[1] 何金良 . 电磁兼容概论 [M]. 科学出版社，2010.

[2] Krider E P，Noggle R C，Uman M A. Lightning detection system utilizing triangulation and field amplitude comparison techniques：US，US4245190[P]. 1981.

[3] Scholtan W. Cloud-to-ground lightning in Austria：A 10-year study using data from a lightning location system[J]. Journal of Geophysical Research Atmospheres，2005，110（D9）：1637-1639.

[4] Chen J H，Qin Z，Feng W X，et al. Lightning Location System and Lightning Detection Network of China Power Grid[J]. High Voltage Engineering，2008，24（1）：269-281.

[5] Rodrigues R B，Mendes V M F，Catalao J P S. Lightning Data Observed With Lightning Location System in Portugal[J]. Power Delivery IEEE Transactions on，2010，25（2）：870-875.

[6] 陈家宏，冯万兴，王海涛等 . 雷电参数统计方法 [J]. 高电压技术，2007，33（10）：6-10.

[7] Berger K. Novel observations on lightning discharges：Results of research on Mount San Salvatore[J]. Journal of the Franklin Institute，1967，283（6）：478-525.

[8] Janischewskyj W，Hussein A M，Shostak V，et al. Statistics of lightning strikes to the Toronto Canadian

National Tower（1978-1995）[J]. Power Delivery IEEE Transactions on，1997，12（3）：1210 - 1221.

[9] Rahimian M S，Hussein A M. ATP Modeling of Tall-Structure Lightning Current：Estimation of Return-Stroke Velocity Variation and Upward-Connecting Leader Length[J]. IEEE Transactions on Electromagnetic Compatibility，2015，57（6）：1576-1592.

[10] Takami J，Okabe S. Observational Results of Lightning Current on Transmission Towers[J]. IEEE Transactions on Power Delivery，2007，22（1）：547-556.

[11] 郄秀书，杨静，蒋如斌等. 新型人工引雷专用火箭及其首次引雷实验结果 [J]. 大气科学，2010，34（5）：937-946.

[12] Newman M M，Stahmann J R，Robb J D，et al. Triggered Lightning Strokes at Very Close Range[J]. Journal of Geophysical Research，1967，72（72）：4761-4764.

[13] Fieux R P，Gary C H，Hutzler B P，et al. Research on Artificiallyu Triggered Lightning in France[J]. IEEE Transactions on Power Apparatus & Systems，1978，97（3）：725-733.

[14] Horii K，Sakurano H. Observation on Final Jump of the Discharge in the Experiment of Artificially Triggered Lighting[J]. 1985，104（10）：2910-2917.

[15] Liu X，Wang C，Zhang Y，et al. Experiment of artificially triggering lightning in China[J]. Journal of Geophysical Research，1994，991（D5）：10727-10732.

[16] 周方聪. 地闪连续电流过程的光电观测与特征分析 [D]. 成都信息工程学院，2012.

[17] Willett J C，Bailey J C，Idone V P，et al. Submicrosecond intercomparison of radiation fields and currents in triggered lightning return strokes based on the transmission line model[J]. Journal of Geophysical Research，1989，94（D11）：13275–13286.

[18] Rakov V A，Thottappillil R，Uman M A. On the empirical formula of Willett et al. relating lightning return-stroke peak current and peak electric field[J]. Journal of Geophysical Research Atmospheres，1992，971（D11）：11527-11533.

[19] Izadi M，Kadir M Z A A，Askari M T，et al. Evaluation of lightning current using inverse procedure algorithm[J]. International Journal of Applied Electromagnetics & Mechanics，2013，41（3）：267-278.

[20] M. Izadi，M Z A Ab Kadir，V Cooray，et al. Estimation of Lightning Current and Return Stroke Velocity Profile Using Measured Electromagnetic Fields[J]. Electric Power Components & Systems，2014，42（42）：103-111.

[21] Yang G，Chen K，Yu Z，et al. An Inversion Method for Evaluating Lightning Current Waveform Based on Time Series Neural Network[J]. IEEE Transactions on Electromagnetic Compatibility. 2016，PP（99）：1-7.

[22] 孙萍，郑庆均，吴璞三等. 220kV 新杭线 I 回路 27 年雷电流幅值实测结果的技术分析 [J]. 中国电力，2006，39（7）：74-76.

[23] 陈水明，何金良，曾嵘. 输电线路雷电防护技术研究（一）：雷电参数 [J]. 高电压技术，2009，35（12）：2903-2909.

[24] Leteinturier C，Hamelin J H，Eybert-Berard A. Submicrosecond characteristics of lightning return-stroke currents[J]. IEEE Transactions on Electromagnetic Compatibility，1991，33（4）：351-357.

[25] Leteinturier C，Weidman C，Hamelin J. Current and electric field derivatives in triggered lightning return strokes[J]. Journal of Geophysical Research Atmospheres，1990，95（D1）：811–828.

[26] Uman M A，Hornstein J. The Lightning Discharge[J]. Philosophical Magazine，1975，42（192）：75.

[27] Heidler F, Cvetic J M, Stanic B V. Calculation of lightning current parameters[J]. IEEE Transactions on Power Delivery, 1999, 14（2）：399-404.

[28] Javor V, Rancic P D. A Channel-Base Current Function for Lightning Return-Stroke Modeling[J]. IEEE Transactions on Electromagnetic Compatibility, 2011, 53（1）：245-249.

[29] 刘平，吴广宁，隋彬等 . 雷电流波形参数估计仿真研究 [J]. 中国电机工程学报，2009（34）：115-121.

[30] Chandrasekaran K, Punekar G S. Use of Genetic Algorithm to Determine Lightning Channel-Base Current-Function Parameters[J]. IEEE Transactions on Electromagnetic Compatibility, 2014, 56（1）：235-238.

14 基于社交媒体信息不同灾害的社会响应特征比较研究

刘宏波 翟国方
南京大学建筑与规划学院，南京，210093

引言

全球自然灾害与人为灾害的频发严重影响了经济的发展与人们的生活环境，各种自然和社会安全风险交织并存的现状是城市发展中面临的极大威胁和挑战。随着“互联网 +”时代的来临，信息化对我国应急管理体系建设提出了新的要求[1]。国家“十三五”规划纲要中明确提出了“健全网络与信息突发安全事件应急机制，建成与公共安全风险相匹配、覆盖应急管理全过程和全社会共同参与的突发事件应急体系”。社交媒体——作为灾情及救援信息的重要载体，公众自由行使知情权、参与权、表达权与监督权的特性使其成为政府应对突发事件中新的信息治理工具。中国正处于社交媒体发展的快速阶段[2]，特别是2015 年 8 月天津滨海新区大爆炸事件以来，以微博、微信等双微为代表的社交媒体在灾害事件中的地位得到显著提升。

从灾害类型角度出发，灾害事件可分为自然灾害和人为灾害两类。灾害应急领域中，以往研究多利用灾害系统论等方法[3]，从灾害本身属性寻找差异[4~7]；针对不同灾害的对比研究多以同类型自然灾害为主，分析灾害的时空变化特征[8]，通过报刊数据等分析社会的响应程度、不同主体的响应特点[9，10]。随着新媒体时代的到来，社交媒体在灾害应急领域中的应用日渐受到关注，其参与度广、信息量大、传播途径多等特点为政府提供了有效的灾害管理参考[11]。在灾害事件的研究上多基于 twitter[12]、Facebook[13]、微博数据[14]等利用问卷调查的方式[15]探讨灾害发生的时空演变及社会经济模式[14，16]、灾害风险和危机管理[17]、受众行为特征[18]、灾前、灾中及灾后的行为意向[19~22]，分析社交媒体在灾害事件中角色的动态性[23]。目前，国内仅仅基于微博数据的分析覆盖性有所局限，不能全面反映公众诉求，而利用社交媒体针对不同灾害类型的对比分析留有很大讨论空间。

针对目前灾害事件研究中的问题，根据百度平台搜索度广的特性，本文基于百度指数反映社交媒体信息。百度指数在分析区域城市网络特征[24]、房价的空间模式[25]、网络舆情变化[26]等方面体现了良好的信息价值，作为海量网民行为数据的分享平台，可呈现任意关键词最热门的相关新闻、微博、问题和帖子等社交媒体信息，它能形象地反映该关键词每天的变化趋势，对社交媒体工具的应用反映较为全面。本文选取近期发生的天津大爆炸、深圳山体滑坡、丽水山体滑坡事件进行对比，认清不同灾害类型中社会响应特征所呈现的阶段性并探析差异原因，通过社会群体对不同主题的关注热度分析，解析受众在灾害不同阶段的特征，从而为不同类型灾害发生的不同阶段提供受众特征信息，辅助决策者作出应急响应。

一、案例介绍

1. 天津滨海新区爆炸事件

2015 年 8 月 12 日 23：00 许，天津滨海新区第五大街与跃进路交叉口的一处集装箱码头发生爆炸。在这场悲剧事件中，中国官方媒体以及官方媒体所承载的政府危机处理能力、应对表现、舆论管控手段等成为社交媒体热议、批判的对象，而以“双微”为代表的社交媒体更是在本次事件中发挥了重要作用。

本次爆炸事件为人为灾害事件，由于瑞海公司违反相关法律法规，违法经营储藏导致爆炸。事故发生以来，以“天津爆炸”为关键词的搜索量达到 4354882 条（百度指数），新浪微博检索显示，话题榜中出现的相关话题达 163 个，阅读次数超过 10 亿次的有 6 个，其中话题 # 天津塘沽大爆炸 # 的话题阅读量最高超过 75 亿次。

2. 深圳山体滑坡事件

2015 年 12 月 20 日，深圳光明长圳洪浪村煤气站旁发生山体滑坡，造成多栋楼塌陷，截至 2016 年 1 月 12 日，共 69 人遇难。

此次事件由于管理疏忽导致生产安全灾害，是由受纳场渣土堆填体滑动引起的自然与人为混合的灾害事件。事故发生后，截至 21 日，以“深圳山体滑坡”为词条搜索量达到 2074101 条（百度指数），微博热搜达到 83389 条。

3. 浙江丽水山体滑坡事件

2015 年 11 月 13 日 22：50 许，浙江省丽水市莲都区雅溪镇里东村发生山体滑坡，塌方量 $30\times10^4m^3$，27 户房屋被埋，房屋进水 21 户，当地立即启动地质灾害特别重大 I 级响应预案。

本次山体滑坡事件为自然灾害事件，主要由降雨引起。事故发生后，以“丽水山体滑坡”为词条的搜索量达到 242009 条（百度指数），截至 11 月 14 日中午，相关微博数量达到 39771 条（新浪微博）。灾害后期，政府部门做了相关反思工作，对相关灾害的预防和整治提出了目标和方向。

二、案例分析

1. 分析方法

选取 2015 年以来发生的天津滨海新区爆炸事件、深圳山体滑坡事件、丽水山体滑坡事件为例进行分析，通过不同类型灾害不同阶段的社会响应指数及主题热度反映社会响应特征及规律。

（1）本文数据来源于百度指数（http://index.baidu.com/），以搜索指数及需求图谱为主。针对不同灾害有针对性地对数据信息进行筛选，时段为 2015 年 8 月 ~2016 年 1 月。其中，天津爆炸事件以“天津爆炸”为关键词检索，深圳滑坡事件以“深圳山体滑坡”为关键词检索，丽水山体滑坡事件以“丽水山体滑坡”为关键词检索，获取相应灾害事件搜索指数。

（2）考虑到社交媒体搜索指数的浮动性，根据灾前灾后公众对事件的反馈程度，将灾害分成爆发期、持续期和消退期，从事件爆发开始以 20d 为灾害发生基本单位进行分析比较。

（3）在分析社交媒体对灾害不同阶段的反应特征时选取背景相同的不同灾害类型（人为灾害、人为灾害 + 自然灾害、自然灾害）对比分析，寻求其社会响应特征阶段差异性的原因及各阶段的关注主题。

2. 不同类型灾害社会响应阶段模式探讨

（1）不同类型灾害阶段社会响应曲线

灾害事件发生时，社会公众渴望获取灾害的相关信息，探讨不同类型灾害社会响应阶段的总体趋势，分析趋势异同点有利于探究不同类型灾害社会响应规律，为政府应对灾害事件提供信息参考。

阶段模式探讨中为方便不同灾害阶段的比较，对搜索指数进行数据归一化处理，把数据映射到 0 ~ 1 范围之内处理，社会响应指数值为：

$$y=(x\text{-MinValue})/(\text{MaxValue-MinValue})。\tag{4.14-1}$$

式中：x、y 分别为转换前、后的值，MaxValue、MinValue 分别为样本的最大值和最小值。

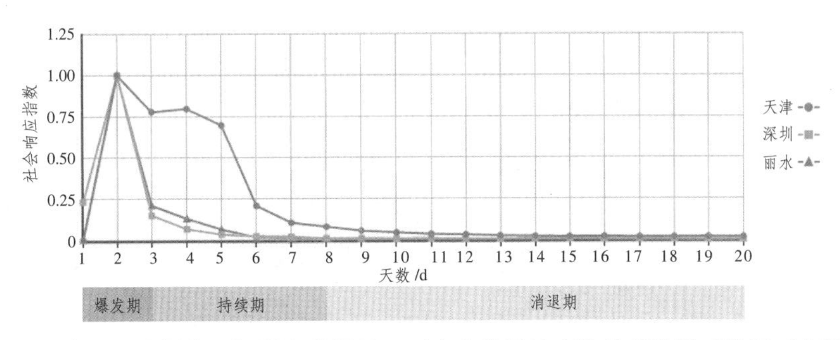

图 4.14-1　社交媒体对天津爆炸、深圳山体滑坡、丽水山体滑坡事件搜索阶段对比图（来源：百度指数）

如图所示，天津爆炸事件（人为灾害）、深圳山体滑坡事件（自然人为混合灾害）、丽水山体滑坡事件（自然灾害）的社会响应曲线在灾害的爆发期、消退期变化趋势基本相同，持续期变化趋势及幅度差异较大。（图 4.14-1）

灾害爆发期，不同类型灾害社会响应指数均出现最高峰；持续期，人为灾害出现响应次高峰，幅度变化较爆发期小，自然及人为混合灾害、自然灾害的社会响应指数变化幅度急剧下降，趋于稳定状态，自然灾害稳定状态迟于自然人为混合灾害；消退期，自然及人为灾害的社会响应指数均趋于平缓稳定状态，人为灾害的社会响曲线趋于平缓的时间迟于自然灾害。

整体而言，不同类型灾害事件社会响应趋势不同，灾害的不同阶段存在阶段差异性。

（2）社会响应阶段模式差异性原因

灾害事件的影响程度和范围、产生的社会危害、政府部门的应对能力等都是影响社会响应指数阶段差异性的重要因素 [27]，本文从社会公众角度出发，分为灾害影响程度及政府的危机应对能力两方面剖析阶段模式差异性原因。

1）灾害影响程度分析

灾害事件的规模大小、影响范围等直接关系到公众对灾害的关注程度，从而影响社交媒体公众响应指数的判断，综合本文选取的灾害事件，采用定性及定量分析的方法，定性对比其事故损失及伤亡人数、影响范围，通过 log 函数转换定量分析法综合判断灾害事件的大小。

基于百度指数的搜索指数对灾害事件的社会关注度分析，由于三起灾害事件搜索数量的差异无法在同一个坐标系中清晰展示，通过以 10 为底的 log 函数转换的方法对各灾害事件的搜索指数进行标准化统一，用社会关注度指标反映灾害事件的大小：

$$X^{*}=\log10（X） \quad (4.14\text{-}2)$$

式中，X^* 为社会关注度，反应灾害事件的大小，X 为不同日期的搜索指数。

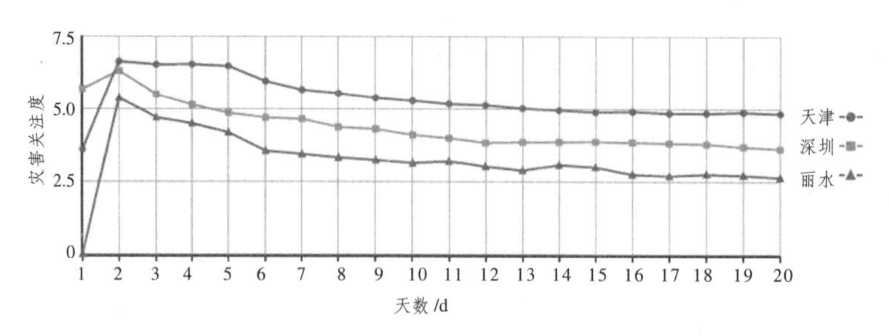

图 4.14-2　灾害事件社会关注度分析（数据来源：百度指数）

如图 4.14-2 所示，除灾害爆发初期社会关注度不同，整体社会关注曲线趋势基本相同，三类事件在爆发期达到社会关注度最高峰。天津爆炸事件的社会关注度最大，丽水山体滑坡的社会关注度最小。综合表 4.14-1 定性分析判别后，天津爆炸事件的灾害影响程度 > 深圳山体滑坡事件 > 丽水山体滑坡事件。

天津爆炸、深圳山体滑坡、丽水山体滑坡的事故损失及伤亡人数　　　　表 4.14-1

	事故损失	伤亡人数
天津爆炸事件	天津塘沽、滨海、河北河间等地均有震感，轻轨东海路站建筑及周边居民楼受损，直接经济损失 68.66 亿元	死亡 165 人，失联 8 人
深圳山体滑坡事件	17 栋楼房被埋，其中 2 栋为宿舍	截至 2016 年 1 月 12 日，69 人遇难，8 人失联
丽水山体滑坡事件	滑坡事故造成近 20 幢房屋被埋	截至 2015 年 11 月 19 日下午，38 人遇难

通过定性及定量结合分析，灾害事件的大小是影响不同类型灾害响应阶段模式不同的直接因素。由于灾害事故损失、伤亡人数及影响范围的差别，天津爆炸事件的公众关注度相对持久，从而导致阶段变化曲线持续期搜索量次高峰的变化。

2）政府危机应对能力

灾害类型的不同对政府的应急措施要求不同，在危机应对中，政府机构和社会系统的结合是完善应急管理体制的重要手段，社会系统的响应特征是政府主导灾害事件、应对危机的有益补充，同时也可引导社会道德和舆论。

如表 4.14-2 所示，从信息发布、救援工作、应急措施及后期保险理赔、灾后恢复等来看，深圳市政府及丽水市政府救援、事故原因调查、灾后安置等工作同步进行，应急措施启动、信息发布等较天津市政府更为完善，这是导致天津爆炸事件的灾害持续期社会响应指数居高不下，而深圳及丽水滑坡事件的持续期曲线趋于平稳的主要原因；两类滑坡事件社会响应曲线趋势基本相同，深圳市政府的事故初步原因发布及对受众的抚慰工作处理较丽水更为全面，是两类滑坡事件持续期社会响应曲线出现差异的主要原因，其持续期社会响应曲线平稳时间早于丽水山体滑坡事件。

天津、深圳、丽水政府在灾害发生后各阶段的反应　　表 4.14-2

政府反应	爆发期	持续期	消退期
天津爆炸事件	12 日天津政府对爆炸未进行报道 12 ~ 14 日展开救援，12 日晚消防员现场扑救，13 日暂停救援，进行危化产品清查	15 ~ 17 日进行事故处理，15 日防化团搜救生命，进行环境监测，17 日确定危化产品数量 16 日开始展开追责调查	继续展开追责调查 8 月 22 日开始区域恢复——环境监控、住宅补贴等相关措施
深圳山体滑坡事件	事故发生后，政府部门已调 18 中队、185 名消防员、37 辆消防车和搜救犬分队赶赴现场，副市长现场指挥开展救援活动 12 月 21 日灾害应急响应由三级提升至二级，国土部发布事故初步调查结果 12 月 22 日，应急响应提升至一级	12 月 23 日，国务院深圳光明新区“12•20”滑坡灾害调查组在深圳成立 12 月 23 日，救援现场指挥部举行第七次发布会，举行默哀仪式 12 月 24 日深圳市政府为受影响员工发放抚慰金 12 月 25 日，事故原因确定——生产安全事故	12 月 28 日深圳警方对责任人采取强制措施 12 月 30 日，对受灾企业员工安置完毕 12 月 31 日，深圳宝安区人民检察院对责任人批准逮捕并追查嫌疑犯 搜救工作仍在继续
丽水山体滑坡事件	13 日丽水市、区两级立即启动地质灾害特别重大 I 级响应预案 14 日，当地政府及时抽调区直相关部门 160 多人，第一集团军成立救援指挥部，同时部队、医院、疾控中心待命 进行保险理赔工作	16 日，救援工作继续 19 日，救援工作基本结束	全力做好受灾群众生活安置、遇难者家属安抚和保险理赔等相关工作。同时，对丽水全市的地质灾害隐患点进行全面排查，及时做好群测群防和隐患整治工作

纵观三类灾害政府的处理水平，不同阶段政府的行为是社会响应曲线变化的原因之一，是影响社会响应特征的重要因素。

3. 不同类型灾害阶段主题热度对比

随着灾害事件的发展变化，人们关注的重点也不断发生变化，探讨不同灾害发生时主题热度有利于了解不同灾害不同阶段受众特征信息。应用百度指数中的需求图谱，通过搜索指数的大小及与中心词的相关度来表示公众对主题的关注热度，其中检索关键词采用来源检索词及去向检索词结合分析主题的关注热度。综合三起事件，深圳山体滑坡事件的关注主题与天津爆炸事件关注主题更为相近，趋于人为事件，主题热度分析整合三起事件按人为灾害及自然灾害分类进行分析。

（1）人为灾害中主题热度

灾害发生的三个阶段中，对于人为灾害而言，除对事件名称本身的搜索外，事故原因、现场及死亡人数是贯穿整个事件的焦点，社会救助、次生灾害等话题伴随灾害的持续及消退期。

1）由表 4.14-3 可看出，在灾害爆发期，人们关注的话题和热点是灾害的发生过程及现场、原因和死亡人数，更渴望获取灾害发生的直接信息，因此在此阶段的信息发布中，政府应真实还原现场，明确其追责立场，引导舆论方向。

2）在灾害发展的持续期，人们关注的除了能真实反映现场的信息外，还有次生灾害的影响，同时，社会捐助等也在此阶段获得关注；此阶段信息处理中应有效发布防次生灾害措施，社会救助等相关信息，对受众心理起到抚慰作用。

3）在灾害发生的消退期，事故原因和追责则是此阶段的特点。社交媒体在此阶段充分发挥其监督及反馈作用，将追责进行到底，政府应急管理信息化中应对事件进度进行跟踪详实的报道，稳定民心，增强民众对政府的信任度。

（2）自然灾害中主题热度

对于自然灾害而言，与人为灾害不同的是，在灾害发生的整个事件中，事故现场及过程、相关灾害搜索及灾后反思是整个事件的关注焦点，政府在信息发布中重点应放在现场还原、救助及灾后重建中来，以安抚民心为主。

1）灾害爆发期事件过程及现场、相关灾害搜索是检索关键词，热度较大，从同类事件中获取经验教训成为关注话题，政府应及时发布应对灾害事件的处置方法，抚慰民心。

2）自然灾害发生的持续期，事件过程、现场及死亡人数、相关灾害搜索仍是搜索重点，灾害发生的原因搜索词的出现表明社会对灾害剖析能力的提升，从自然灾害中发现致灾原因，总结经验，政府在此阶段应在灾害发生过程中积极调查事故的直接及间接原因，提供预警及整治方案。

3）自然灾害发生的消退期，灾害事件的原因及分析、相关灾害搜索为关注重点，自然灾害中学习经验教训，同时针对灾害事件进行剖析和反思，将预警能力和整治能力制度化、技术化。在此阶段，政府应注重总结经验教训，组建专家及技术团队研究相关灾害预警技术，同时发布相关科普知识及灾害来临时的求生之道，为民众提供经验。

三、结论与讨论

社交媒体作为灾害事件中捕捉信息的新手段，在应急管理中发挥着越来越重要的作用，其信息、沟通、协作功能不容小觑。在灾害发生的不同阶段，即时信息的提供可以有效应对复杂的灾害情况，尽管现阶段社交媒体发展中仍然受到谣言等负面因素的影响，但有研究表明，有害的和不准确的谣言不会因为社交媒体的使用而增强[13]。

对天津滨海爆炸事件、深圳山体滑坡事件、丽水山体滑坡事件的对比分析可看出：①不同类型灾害中社交媒体应对不同类型灾害的社会响应模式不同。自然灾害及自然人为混合灾害中，在事件爆发期出现搜索最高峰，持续期和消退期逐步趋于平稳；人为灾害中，在事件爆发期出现最高峰，持续期出现次高峰，在消退期趋于平稳。②灾后社会响应特征受灾害事件影响程度及政府部门应急管理水平的影响，灾害的影响程度及政府应急管理水平直接影响持续期社会响应特征及灾害主题关注度，政府应针对不同灾害类型及同种灾害的不同阶段分级、分类采取响应措施。③灾害发生的不同阶段主题关注度因灾害类型而异，在自然灾害中，人们更为关注的是灾害现场及过程、相关灾害搜索及灾后反思；人为灾害中，人们更为关注的除灾害过程、死亡人数外，事故发生的原因及追责贯穿整个事件的各个发生阶段。不同类型灾害中公众对灾害不同阶段主题关注热度不同，决策者应针对公众关注热点分级分类构建灾害应急预案，真实还原灾难的现场和真相，发布救援信息，提高公众对政府的信任度。

不同灾害不同阶段主题热度对比分析（来源检索词：反映用户在搜索中心词之前的搜索需求，去向检索词：反映用户在搜索中心词之后的搜索需求）表 4.14-3

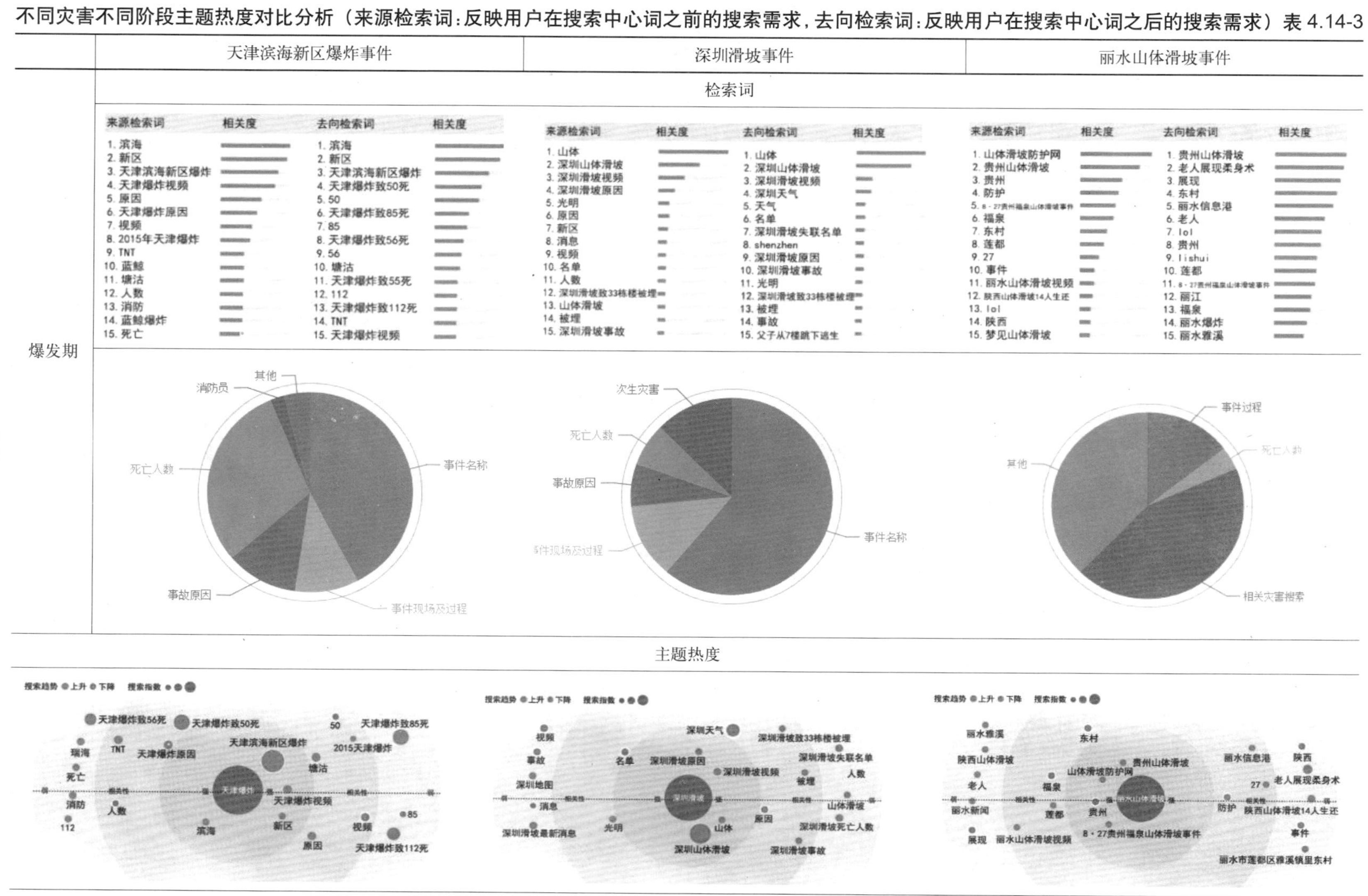

续表

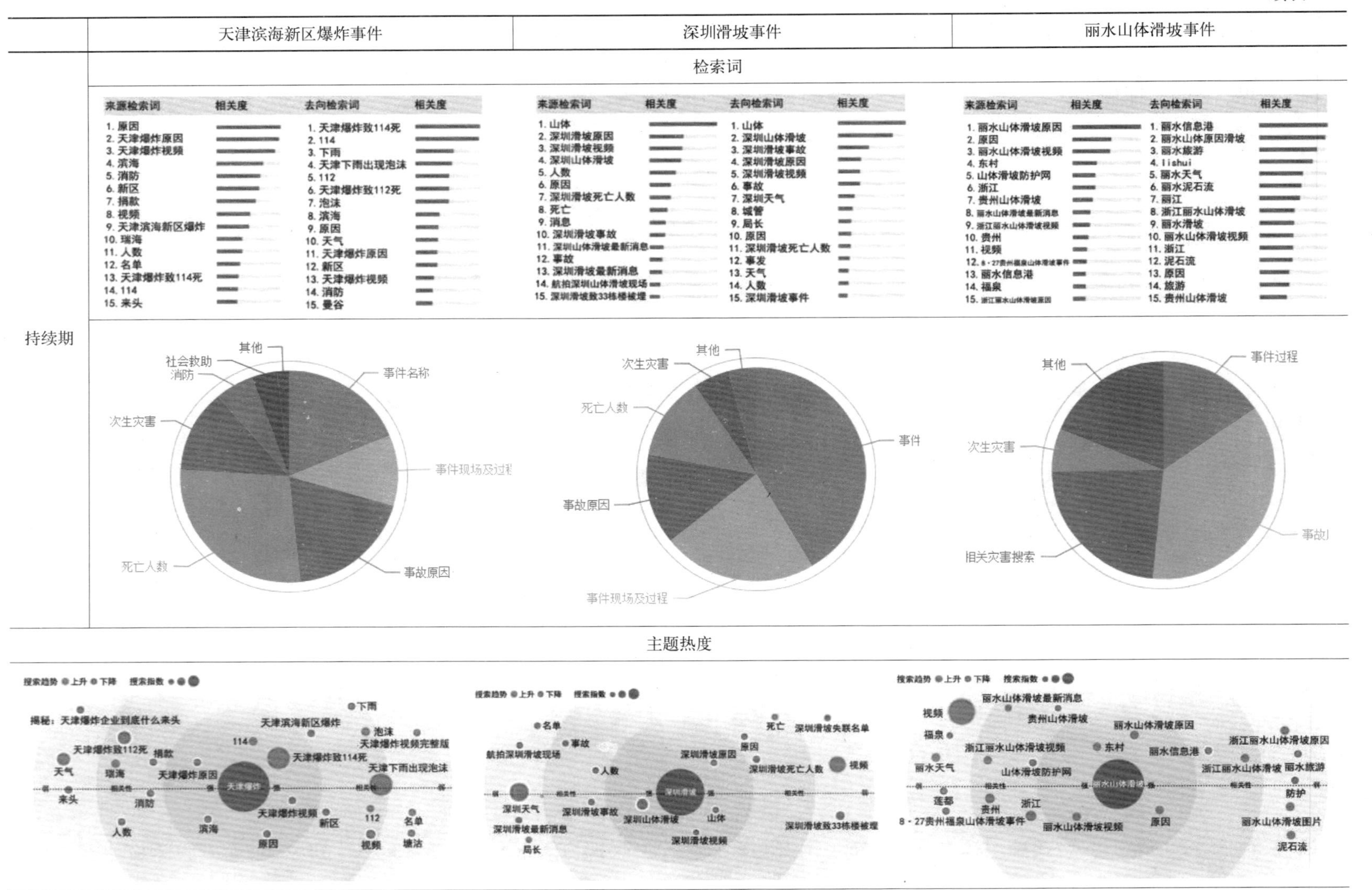

天津滨海新区爆炸事件
深圳滑坡事件
丽水山体滑坡事件
持续期
检索词
来源检索词 相关度 去向检索词 相关度
1. 原因 2. 天津爆炸原因 3. 天津爆炸视频 4. 滨海 5. 消防 6. 新区 7. 捐款 8. 视频 9. 天津滨海新区爆炸 10. 瑞海 11. 人数 12. 名单 13. 天津爆炸致114死 14. 114 15. 来头
1. 天津爆炸致114死 2. 114 3. 下雨 4. 天津下雨出现泡沫 5. 112 6. 天津爆炸致112死 7. 泡沫 8. 滨海 9. 原因 10. 天气 11. 天津爆炸原因 12. 新区 13. 天津爆炸视频 14. 消防 15. 曼谷
1. 山体 2. 深圳滑坡原因 3. 深圳滑坡视频 4. 深圳山体滑坡 5. 人数 6. 原因 7. 深圳滑坡死亡人数 8. 死亡 9. 消息 10. 深圳滑坡事故 11. 深圳山体滑坡最新消息 12. 事故 13. 深圳滑坡最新消息 14. 航拍深圳山体滑坡现场 15. 深圳滑坡致33栋楼被埋
1. 山体 2. 深圳山体滑坡 3. 深圳滑坡事故 4. 深圳滑坡原因 5. 深圳滑坡视频 6. 事故 7. 深圳天气 8. 城管 9. 局长 10. 原因 11. 深圳滑坡死亡人数 12. 事发 13. 天气 14. 人数 15. 深圳滑坡事件
1. 丽水山体滑坡原因 2. 原因 3. 丽水山体滑坡视频 4. 东村 5. 山体滑坡防护网 6. 浙江 7. 贵州山体滑坡 8. 丽水山体滑坡最新消息 9. 浙江丽水山体滑坡视频 10. 贵州 11. 视频 12. 8·27贵州福泉山体滑坡事件 13. 丽水信息港 14. 福泉 15. 浙江丽水山体滑坡原因
1. 丽水信息港 2. 丽水山体原因滑坡 3. 丽水旅游 4. lishui 5. 丽水天气 6. 丽水泥石流 7. 丽江 8. 浙江丽水山体滑坡 9. 丽水滑坡 10. 丽水山体滑坡视频 11. 浙江 12. 泥石流 13. 原因 14. 旅游 15. 贵州山体滑坡
其他 社会救助 消防 事件名称 次生灾害 事件现场及过程 死亡人数 事故原因
其他 次生灾害 死亡人数 事件 事故原因 事件现场及过程
其他 事件过程 次生灾害 事故 相关灾害搜索
主题热度
搜索趋势 上升 下降 搜索指数
揭秘：天津爆炸企业到底什么来头 下雨 天津滨海新区爆炸 泡沫 天津爆炸视频完整版 天津爆炸致112死 114 天津爆炸致114死 捐款 天气 瑞海 天津爆炸原因 天津下雨出现泡沫 来头 消防 天津爆炸视频 112 名单 人数 滨海 新区 原因 视频 塘沽
名单 死亡 深圳滑坡失联名单 事故 原因 航拍深圳滑坡现场 深圳滑坡原因 人数 深圳滑坡死亡人数 视频 深圳天气 深圳滑坡事故 深圳山体滑坡 山体 深圳滑坡最新消息 深圳滑坡致33栋楼被埋 局长 深圳滑坡视频
视频 丽水山体滑坡最新消息 贵州山体滑坡 福泉 丽水山体滑坡原因 浙江丽水山体滑坡视频 东村 丽水信息港 浙江丽水山体滑坡原因 丽水天气 山体滑坡防护网 浙江丽水山体滑坡 丽水旅游 防护 莲都 贵州 浙江 8·27贵州福泉山体滑坡事件 丽水山体滑坡视频 原因 丽水山体滑坡图片 泥石流

续表

	天津滨海新区爆炸事件	深圳滑坡事件	丽水山体滑坡事件
	检索词		
消退期	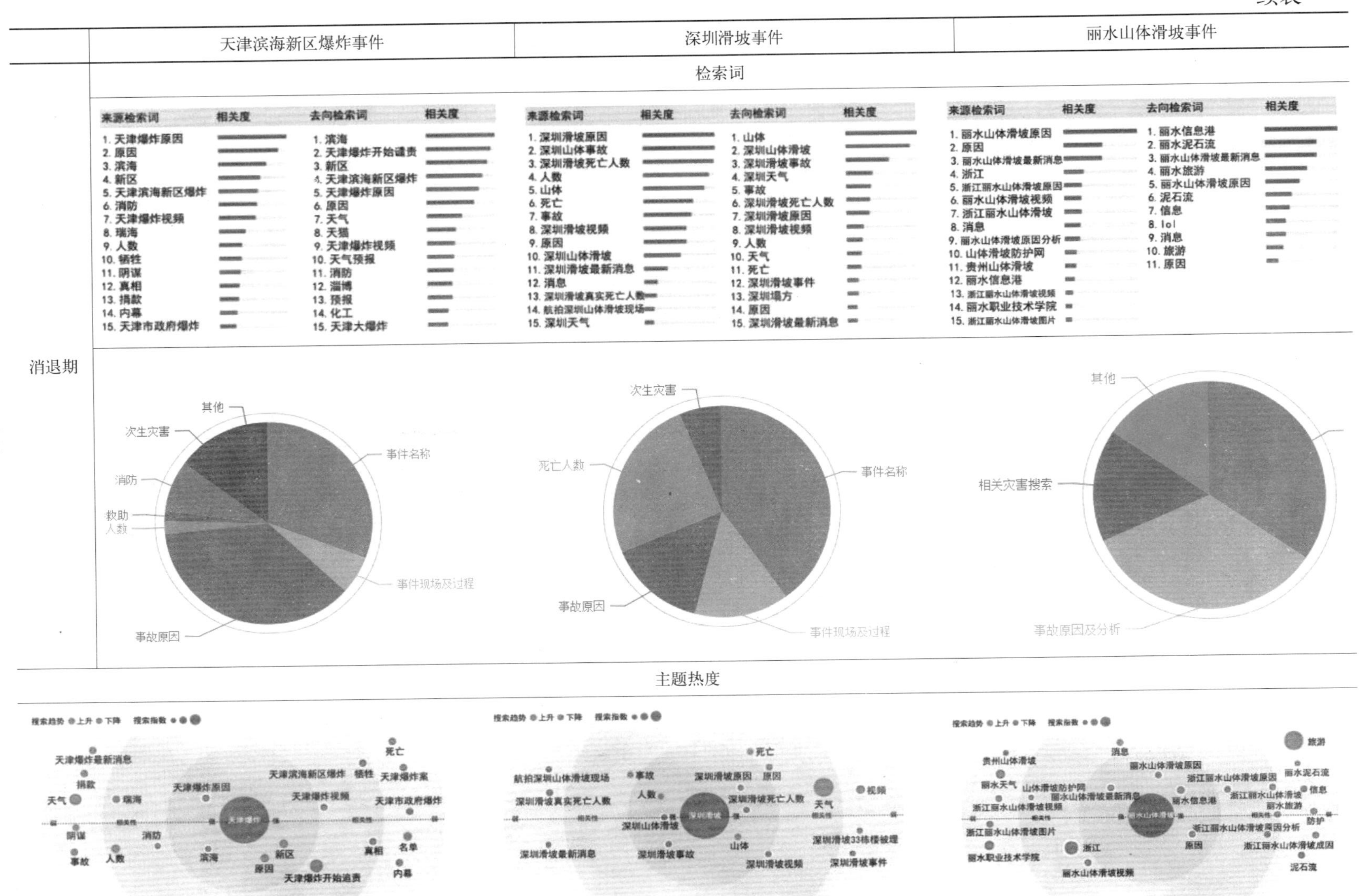		
	主题热度		

本文基于百度指数对不同地区不同类型灾害进行对比分析，从社会响应主体出发划分事件响应阶段，比传统报刊数据分析及微博数据处理更能真实还原受众需求，增强了公共参与度，能更准确、有效地把握灾害中社会整体响应特征。社交媒体的兴起与繁荣为政府对灾害事件的治理提供了新思路，目前，美国等发达国家已建立了较为完整的政策和制度，通过社交媒体平台将内容丰富、意图明确、针对性强的信息及时传递给公众[28]，因此充分利用社交媒体信息数据源的功能，在灾害的不同阶段根据社会响应特征及主题关注度制定应急方案，有利于健全政府应急管理的信息化体系，增强我国政府灾害应对能力。

参考文献

[1] 袁莉，姚乐野．政府应急管理信息化困境及解决之道 [J]. 西南民族大学学报，2016（1）：147-151.

[2] 凯度．凯度 2016 中国社交媒体影响报告 [R]. 凯度中国观察：http：//cn.kantar.com/，2016.

[3] 白媛，张建松，王静爱．基于灾害系统的中国南北方雪灾对比研究——以 2008 年南方冰冻雨雪灾害和 2009 年北方暴雪灾害为例 [J]. 灾害学，2011，26（1）：14-19.

[4] 洪海春，尤捷，陶小三等．2014 年云南鲁甸地震和景谷地震的震害对比研究 [J]. 地震工程学报，2015，37（4）：1013-1022.

[5] 李秀珍，孔纪名．芦山和汶川地震诱发次生地质灾害的规律及特征对比分析 [J]. 自然灾害学报，2014，23（5）：11-18.

[6] 姚蓉，许霖，张海等．湖南 2008/2011 年两次低温雨雪冰冻灾害成因与影响对比分析 [J]. 灾害学，2012，27（4）：75-79.

[7] 殷志强，赵无忌，褚宏亮等．“4·20”芦山地震诱发地质灾害基本特征与“5·12”汶川地震对比分析 [J]. 地质学报，2014，88（6）：1145-1155.

[8] 刘毅，杨宇．历史时期中国重大自然灾害时空分异特征 [J]. 地理学报，2012，67（3）：291-300.

[9] 陈正洪．社会对极端冰雪灾害响应程度的定量评估研究 [J]. 华中农业大学学报，2010（3）：119-122.

[10] 刘璐，张琨佳，苏筠．北京 2012、2013 年汛期暴雨响应行为的对比研究 [J]. 自然灾害学报，2016，25（1）：26-34.

[11] 顾福妹，翟国方，阮梦乔等．新媒体背景下的南京市应急管理流程 [J]. 现代城市研究，2012（5）：88-93.

[12] Takeshi Sakaki，Makoto Okazaki，et al.Tweet Analysis for Real-Time Event Detection and Earthquake Reporting System Development[J].IEEE TRANSACTIONS ON KNOWLEDGE AND DATA ENGINEERING，2013，25（4）：919-931.

[13] Brid，D Ling，M & Haynes，K Flooding Facebook：The use of social media during the Quessland and Victorian floods.Australian Journal of Emergency Management，2012，27（1）：27-33.

[14] 王艳东，李昊，王腾等．基于社交媒体的突发事件应急信息挖掘与分析 [J]. 武汉大学学报，2016，41（3）：290-297.

[15] 李曼，邓砚，苏桂武．基于问卷调查的四川民众地震灾害响应能力分区评价 [J]. 灾害学，2012，27（2）：140-144.

[16] Linna Li，Michael F，Goodchild&Bo Xu. Spatial，Temporal，and socioeconomic patterns in the use of Twitter and Flickr.Cartography and Geographic Infromation Science. 2013，61-77.

[17] David E Alexander.Social media in disaster risk reduction and crisis management[J].Sci Eng Ethics，2014，20：717-733.

[18] 吴先华，刘华斌，郭际等．公众应对气象灾害风险的行为特征及其影响因素研究 [J]. 灾害学，2015，29（1）：103-108.

[19] Clarissa C David，Jonathan Corpus Ong，Erika Fille T Legara. Tweeting Supertyphoon Haiyan：Evolving Functions of Twitter during and after a Disaster Event[J].PLOS ONE，2016，11（3）.

[20] J Brian Houston and Joshua Hawthorne，et al. Social media and disasters：a functional framework for social media use in disaster planning，response，and research..Disasters，2014，39（I）：I-22.

[21] Joo-Young Jung，Munehito Moro. Multi-level functionality of social media in the aftermath of the Great Japan Earthquake[J].Disasters，2014，38（S2）：S123-143.

[22] 赵凡，赵常军，苏筠．北京"7·21"暴雨灾害前后公众的风险认知变化 [J]. 自然灾害学报，2014，23（4）：38-45.

[23] Margaret C Stewart and B Gail Wilson. The dynamic role of social media during Hurricane#Sandy：An introduction of the STREMII model to weather the storm of the crisis lifecycle .Computer in Human Behavior，2016，54：639-646.

[24] 熊丽芳，甄峰，王波等．基于百度指数的长三角核心区城市网络特征研究 [J]. 经济地理，2013，33（7）：67-73.

[25] Zuo Zhang，Wenwu Tang. Analysis of spatial patterns of public attention on housing prices in Chinese cities：A web search engine approach[J].Applied Geography，2016，70：68-81.

[26] 陈福集，胡改丽．网络舆情热点话题传播模式研究 [J]. 情报杂志，2014，33（1）：97-101.

[27] 薛澜，钟开斌．突发公共事件分类、分级与分期：应急体制的管理基础 [J]. 中国行政管理，2005（2）：102-107.

[28] 朱正威，刘泽照，张小明．国际风险治理：理论、模态与趋势 [J]. 中国行政管理，2014（4）：95-101.

15　基于消费级无人机和倾斜摄影测量的建筑三维建模

郭　洁　杨明桃　何翠叶　姜山红　周　畅　吴雨萱　许　镇
北京科技大学土木与资源工程学院，北京，100083

引言

倾斜摄影测量技术是国际测绘领域近些年发展起来的一项高新技术[1-3]。它改变了以往航测遥感影像只能从垂直方向拍摄的局限性，它通过同一飞行平台搭载多台传感器，从不同的角度进行数据的采集，获取真实的地物信息，从而反映地面的客观情况。随着倾斜摄影测量的发展，在航摄效率、清晰度、分辨率等方面有了更高的要求，促进了无人机倾斜摄影测量的出现与发展。无人机摄影测量日益成为一项新兴的测绘重要手段，其具有续航时间长、成本低、机动灵活等优点，是卫星遥感与有人机航空遥感的有力补充。

随着倾斜摄影技术的发展和人们对于真实世界再现需求的不断强烈，倾斜建模技术也不断向前发展。区别于传统的3D模型建立，如CAD技术，利用二维信息建立3D模型，其纹理是依靠专门的3D软件如3DMAX等进行人工粘贴，工作量大，成本也较高。倾斜模型建技术借助于专门的系统软件进行3D建模[4, 5]，生成基于影像纹理的高分辨率的，更具真实感的三维模型。

倾斜摄影测量可以创建真实感的三维建筑或建筑群模型，在防灾减灾领域具有重要应用。一方面，利用倾斜摄影得到的建筑三维模型可以进行数值风洞、火灾数值蔓延等灾害模拟；另一方面，可以利用倾斜摄影照片级真实感的建筑模型创建逼真的灾害场景，进行虚拟现实展示或应急演练，提升防灾减灾能力。总之，倾斜摄影测量可以为防灾减灾研究提供真实感的建筑三维模型，具有重要应用价值。

一、消费级无人机在倾斜摄影中的应用前景

目前国内使用倾斜相机按载体不同可分为有人相机和无人机机载相机[6]。用有人机机载相机，虽成像效果优良，但价格十分昂贵，高达百万以上，倾斜摄影测量用的无人机相机价格也在数十万元左右，搭配相应的无人机飞行平台，总价也接近百万余元。对于小范围的数据采集来说，性价比极低。目前倾斜摄影测量多采用固定翼无人机挂载5镜头，同时从垂直、倾斜等5个不同角度采集影像。但通过对数据后处理过程的分析，数据采集的核心要求是获取目标全方位的影像信息。基于此，用单个相机通过多角度顺序序列曝光获取目标影像信息完全可以代替5视倾斜摄影相机航线间隔曝光的数据采集过程，这使得消费级无人机完全可以利用在倾斜摄影技术中。而且随着无人机行业的持续发展，消费级无人机越来越普及，价格也十分亲民，市价仅万余元。目前消费级无人机多配备三轴自稳云台相机，小巧灵活，操作过程也十分简单易学[7]。因此利用消费级无人机搭载但相机系统，设计拍摄路径，控制曝光角度、曝光间隔，完全可以完成小范围倾斜摄影数据采集的过程。

而且相较于传统方式，利用消费级无人机也将降低测绘成本与测绘难度。

二、研究设备及要求

1. 硬件系统

研究选用的无人机设备为大疆 DJI“Phantom 4”。该无人机采用立体视觉定位系统，具备精确的视觉悬停辅助功能，定性极大提高飞行安全和可靠性。全新设计的三轴增稳云台，能消除飞行中的抖动和颠簸，赋予 Phantom 4 更稳定的拍摄效果。云台上搭载的高性能航拍相机具备 1200 万有效像素、f /2.8 光圈的超低畸变的镜头，成像清晰锐利。动力系统方面，Phantom 4 优化了电机效率、电源管理系统，智能电池容量高达 5350 mAh，飞行时间最高可达 28min。该无人机具有五大智能飞行模式，如兴趣点环绕、指点飞行，可以根据实际拍摄情况进行更加详细的拍摄规划。利用 DJI“Phantom 4”进行小型建筑倾斜摄影测量，具有稳定、安全、灵活等特性。

2. 软件系统

本项目建模利用 Smart3DCapture ™系统，它是一套无需人工干预，通过影像自动生成高分辨率的三维模型的软件解决方案[8]。Smart3D 需要以一组对静态建模主体从不同的角度拍摄的数码照片作为数据源。这些照片的额外辅助数据需要：传感器属性（焦距、传感器尺寸、主点、镜头失真），照片的未知参数（如 GPS），照片姿态参数（如 INS），控制点等等。Smart3D 采用了主从模式（Master-Worker）。两大模块是 Context Capture Master 和 Context Capture Engine。在用 Smart3DCapture ™系统建立 3D 模型时，首先生成的是点云图，然后利用点云构建 TIN 模型，经过真实纹理映射，构建出 3D 模型。利用 Smart3DCapture ™系统进行建模，具有速度快，纹理真实等特点。

3. 照片要求

照片的采集是整个建筑三维建模中非常重要的一步[9]。为使建成的三维模型效果，应时影像分辨率高、重叠度大、清晰度高，拍摄光照条件好。影像获取时，建模对象的每一部分应至少从 3 个不同的视点进行拍摄，物体的同一部分的不同拍摄点间的分隔应该小于 15°。一般来说，连续影像之间的重叠部分应该超过 60%。同时采集拍照的时候要注意分层，可以由远至近拍三个距离，但是太多的拍照层次又会使得照片在进行空三运算时失败。对于有一定高度的物体，在高度上要进行分层拍摄。由于 Smart3D 能够自动识别不同精度的影像来生产三维模型，因此不需要固定统一精度的影像，整个项目可以允许不同影像精度、不同影像重叠度组成的多重数据源。但是，Smart3D 不能自动识别处理精度区别过大的影像，如果项目需要必须采集精度跨度较大的影像，可以通过补充采集数个中间精度级别的影像以建立平滑过渡。在光照选择上进行室外建筑拍摄时，多云的天气比大晴天更好。如果必须在晴天拍摄，最好选择中午左右使阴影区域最小化。在把原始影像导入 Smart3D 之前，不要进行任何编辑。

三、单体建筑三维建模

为了探讨用消费级无人机对单体建筑进行数据采集的建模效果，选择了 3 座小型建筑，采用了不同的飞行与拍摄方式采集影像进行建模。

1. 四角凉亭拍摄建模

某小区内休息凉亭，凉亭高约 4m。拍摄照片时利用 Phantom 4 自带的兴趣点环绕系统飞行模式（控制飞行器飞到兴趣点上方，设置兴趣点位置，飞行器将记录兴趣点位置，飞行高度需达到5m或以上。操控飞行器向外到想要的环绕半径处，半径需达到5m及以上。可以通过遥控器设置环绕高度、半径，速度，飞行器将绕兴趣点缓慢飞行）。以建筑物中心为兴趣点，进行环绕拍摄，拍摄一周后，改变拍摄高度以及拍摄角度，再次进行拍摄。取上中下三周，每周的环绕半径均每张照片均不同，获取整个建筑全部外观细节。由于建筑高度及无人机旋转角度限制，绕行拍摄时建筑物房檐下等遮挡处影像信息缺失，采用手持机器仰拍方式弥补。拍摄示意图如图4.15-1所示。此次拍摄照片共计126张，建模时有效照片113张，建模效果如图4.15-2所示，建筑整体完整，外形无扭曲变形但局部细节有缺失。

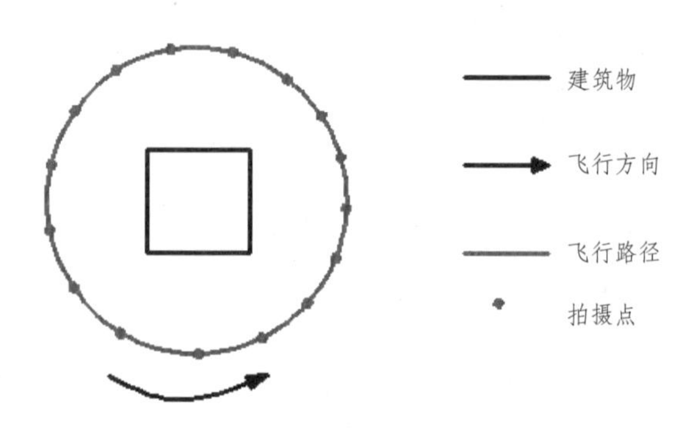

图4.15-1　凉亭拍摄方式示意图

图4.15-2　凉亭三维模型

2. 六角凉亭拍摄建模

某小区地下车库通风口六角亭（图4.15-3），高约5m。拍摄时同样利用Phantom 4自带的兴趣点环绕模式，以建筑物中心为圆心，进行定点环绕密集拍摄，在建筑上围处采取照片数据。并在建筑物外围虚设拍摄点，在每个拍摄点进行三个方向拍摄，相机左右旋转角度均为30°。进一步增加连续影像之间的重叠度。整个建筑物绕行拍摄四周，同时改变环绕半径。对于花头梁等亭盖遮挡部分，同样采用手持机器绕亭拍摄。此次拍摄照片共计287张，建模时有效照片271张，建模效果如图4.15-4所示，建筑整体完整，亭盖细节详实，纹理真实。花头梁、吊挂楣子等中上部构件细节完整无扭曲，座凳楣子等下部结构构件有缺失和扭曲（图4.15-5）。

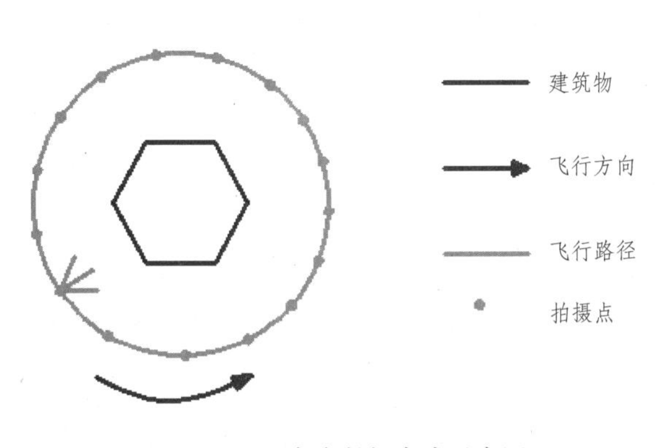

图 4.15-3　六角亭拍摄方式示意图

图 4.15-4　六角亭三维模型

图 4.15-5　六角亭细节三维模型

3. 钟楼拍摄建模

南京市静海纪念馆钟楼下部是正方形基座，上部是双层楼体，高约 9m。根据其形状及周边有电线存在的情况，此次拍摄不采用定点环绕的飞行方式。而是以建筑物为中心，采用矩形环绕中心拍照的方式。飞行路线距离建筑外轮廓 5m，每绕行一圈，共有 20 个拍摄点，每个拍摄点进行三个方向拍摄，相机左右旋转角度均为 30°，拍摄时共沿钟楼飞行拍摄 6 圈。考虑的光照，建筑部分处于阴影下，有的照片拍摄后清晰度不够，每个方向拍摄时均多次曝光，同时在上下午两个不同时间段进行拍摄工作。此次拍摄照片共计 472 张，建模时有效照片 453 张，建模效果如图 4.15-7 所示，建筑整体完整，纹理真实。

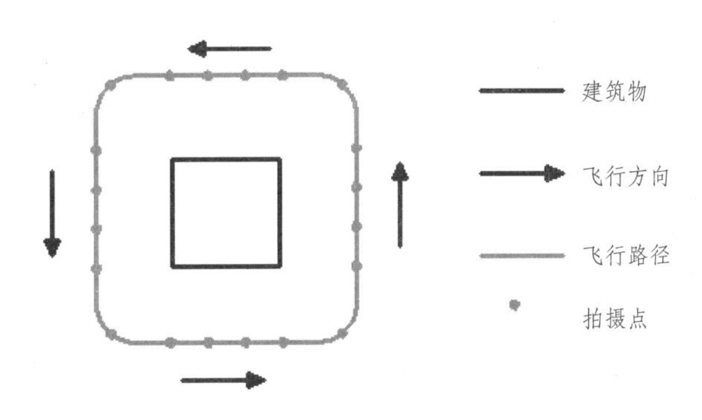

图 4.15-6　钟楼拍摄飞行方式示意图

a. 整体视角

b. 局部视角

图 4.15-7 钟楼三维模型

4. 建筑拍摄方式总结

对小型单体建筑进行拍摄建模时，根据建筑物周边环境与建筑外型，可选择不用的飞行方式与拍摄方式。对于周边环境空旷，障碍物较少，外型较为规则简单的建筑，可使用无人机的兴趣点环绕职能模式，环绕建筑物拍摄，绕行一圈的拍摄点数要保证连续影像的重叠度。根据建筑高度，确定绕行圈数。若建筑外型细节较多，可在绕行拍摄的每一个拍摄点多角度拍摄，以求建模后建筑的细节更为详实。若建筑周边环境不适合自动环绕飞行，可预先根据建筑外型计划飞行路径，操控无人机沿飞行路径飞行拍摄。若建筑物存在房檐下等遮挡处，使拍摄时影像信息缺失，可在手持拍摄或其他方法进行补充拍摄。

四、结语

本文利用消费级无人机照片拍摄与基于图片的三维重建相结合，用一种低成本、低技术门槛的方法实现了倾斜摄影数据的采集，实现了小型单体建筑精细化建模。特别指出，本文方法可被引入古建筑的防灾减灾研究中。目前常用的激光雷达扫描、工业 CT 扫描等手段，仪器价格高昂、操作复杂，而且对文物表面有损害等不便之处。相较于此，利用无人机倾斜摄影测量可以再无损情况下建立古建筑的 3D 模型。一方面可以利用其 3D 模型进行火灾蔓延等灾害分析，另一方面可与 VR 技术结合，用作虚拟三维展示面向民众古建筑的防灾应急方法及相关知识。该方法可进一步延伸为小范围的三维实景模型制作，在防灾规划、区域灾害模拟等方面都有重要的应用前景。

参考文献

[1] 吴波涛，张煜，李凌霄等. 基于多旋翼单镜头无人机的三维建模技术 [J]. 长江科学院院报，2016, 33（11）: 99-103.

[2] 张平，刘怡，蒋红兵 . 基于倾斜摄影测量技术的“数字资阳”三维建模及精度评定 [J]. 测绘，2014（3）: 115-118.

[3] 金伟，葛宏立，杜华强等 . 无人机遥感发展与应用概况 [J]. 遥感信息，2009（1）: 88-92.

[4] Le Besnerais G，Sanfourche M，Champagnat F. Dense height map estimation from oblique aerial image

sequences [J]. Computer vision and image understanding，2008，109（2）：204-225.

[5] Nyaruhuma A P，Gerke M，Vosselman G. Line matching in oblique airborne images to support automatic verification of building outlines [EB/OL]. 2012.

[6] 李安福，曾政祥，吴晓明 . 浅析国内倾斜摄影技术的发展 [J]. 测绘与空间地理信息，2014，(9)：57-59.

[7] 刘根 . 消费级无人机何时走向“消费”[N]. 科技日报，2015.

[8] 谭金石，黄正忠 . 基于倾斜摄影测量技术的实景三维建模及精度评估 [J]. 现代测绘，2015，38（5）：21-24.

[9] 杨国东 . 倾斜摄影测量技术应用及展望 [J]. 测绘与空间地理信息，2016 (1)：13-15.

第五篇 成果篇

“十一五”和“十二五”期间，国家、地方政府和企业都加大了防灾减灾的科研投入力度，形成了众多具有推广价值的科研成果，推动了我国建筑防灾减灾领域相关产业的不断进步。通过对科技成果的归纳总结，一方面可以正视自己取得的成绩并进行准确定位，另一方面可以看出行业发展轨迹，确定未来发展方向。本篇选录了包括城镇减灾、抗震技术、避雷减灾、防灾信息化在内的9项具有代表性的最新科技成果。通过整理、收录以上成果，希望借助防灾年鉴的出版机会，能够和广大科技工作者充分交流，共同发展、互相促进。

1　城市高密集区大规模地下空间建造关键技术及其集成示范

一、完成单位

同济大学，上海申通地铁集团有限公司，上海城建市政工程（集团）有限公司（原上海市第二市政工程有限公司），重庆大学，上海交通大学，中国建筑科学研究院，上海市城市建设设计研究总院，广州大学，上海大学

二、主要完成人

朱合华　刘新荣　周　松　闫治国　张季超　白廷辉　沈水龙　徐正良　衡朝阳　张继红

三、成果简介

本项目属土木工程领域。聚焦国家城市可持续发展的重大需求——高效开发利用城市地下空间资源、解决日益严重的“城市病”，依托国家和地方重大科技计划，通过 18 年来大范围、多部门、高强度的产、学、研协同攻关和全方位的工程集成示范，本项目攻克了当前我国在城市高密集地区（地上高楼林立、车水马龙，地下设施纵横交错）大规模、集群化建造地下空间面临的周边环境控制、改扩建及安全穿越等关键难题，建立了以点状新建与改扩建、线状穿越、面上集成示范为主线的具有自主知识产权和经工程验证的核心技术成果体系：

（1）高密集区超近距地下施工安全控制新技术。针对在城市高密集区、软弱复杂地下环境中新建大规模地下空间对既有交通与周边影响大、安全控制难的难题，创新性地提出了盖板与基坑支撑体系相结合的新型盖挖逆作法和可 100% 回收的低能耗新型基坑围护系统；形成了复杂环境下超浅埋、特大跨车站暗挖施工方法和考虑地下结构对地下水渗流阻挡效应的软土深大基坑安全控制理论与技术。

（2）大型换乘枢纽站改扩建技术。针对在城市高密集区地下空间开发与改扩建大型换乘枢纽站面临的难题，在国际上首创了将既有地下空间改造为地铁换乘枢纽站的新模式与新方法，创造性地提出了大型枢纽站“零换乘”改扩建新技术，日本、加拿大等著名地下空间专家认为该技术具有开创性。

（3）高敏感环境地下穿越新技术。针对在近距离、浅覆土、急曲线、软弱地层等高敏感环境下新建线状长大隧道穿越机场、运营地铁及重要建筑物等所面临的难题，首创了为地下穿越支撑的隧道新型衬砌结构三向多功能足尺试验方法体系，自主研发了大刀盘泥水平衡顶管掘进机等地下穿越施工装备，形成了超长距离三维及曲线地下穿越施工控制理论与方法，建立了基于数字化技术的地下穿越安全控制技术。

（4）地下空间建造新技术固化与集成示范。首次建立了城市地下空间新技术示范模式与定量化评价方法，编制了城市地下空间建设和运营管理标准，填补了国内空白，提升了地下空间建造新模式、新技术的应用固化水平，为城市高密集区大规模地下空间建造提供了技术支撑和示范。

项目授权发明专利 39 项、实用新型专利 15 项、软件著作权 6 项；出版著作 4 部，发表论文 170 篇（含 SCI/EI 检索 114 篇）、国际会议特邀报告 15 次；授权国家工法 2 项、编制技术标准和规范 4 项；获教育部和上海市科技进步一等奖 2 项、中国施工企业管理协会科学技术特等奖 1 项、科技部国家科技计划执行突出贡献奖 1 项；已培养 200 余名地下空间领域人才，研究成果被选为注册土木工程师（岩土）继续教育培训内容，已培训了 1 万余名注册工程师。成果经权威机构最新检索及国内外著名专家评价：总体为国际先进水平，部分关键原创技术处于国际领先水平。成果已成功应用于北京、上海、广州、重庆、南京、苏州、印度等 30 余项有重大影响的代表性工程中，创造经济效益 15.8 亿元，促进了地下空间学科与行业的跨越发展，全面提升了自主创新能力和核心竞争力。

本项目成果在我国北京、上海、广州、天津、宁波、重庆、苏州等不同地区建设的几十项典型城市地下空间工程中得到了成功的示范应用，应用范围涵盖了地下空间综合开发、轨道交通以及市政工程等不同类型、不同规模的地下空间开发利用形式，取得了良好的经济、社会和环境效益。这些示范工程在开发利用模式、设计建造及运营管理等方面的新理念、新方法也为今后类似工程提供了借鉴。

2　城市消防信息管理与辅助灭火决策系统—FCIS

一、主要完成单位

中国建筑科学研究院，住房和城乡建设部防灾研究中心

二、主要完成人

葛学礼　于文　申世元　朱立新

三、成果简介

“城市消防信息管理与辅助灭火决策系统——FCIS”软件（以下简称“消防信息系统FCIS”）具有独立图形平台，可建立图形与城市工程设施的档案信息关系（FCIS界面见图5.2-1）。能够运用该软件对城市（镇）现有房屋、道路、桥梁、水库（水塘）、消防栓等工程设施图形及其档案信息进行数字化和动态管理，并可给出辅助灭火决策方案。

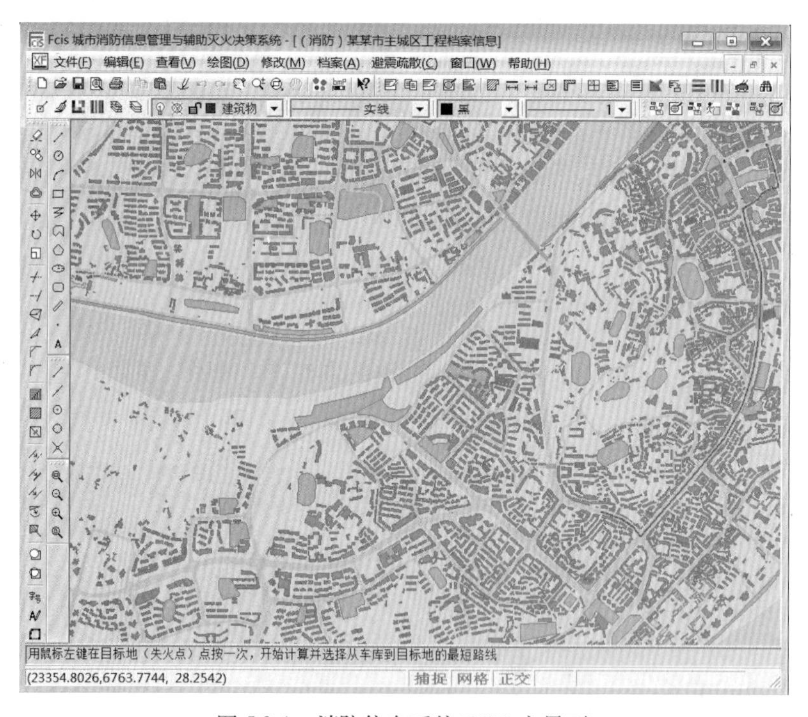

图5.2-1　消防信息系统FCIS主界面

1. 消防信息

消防信息系统FCIS可给出的消防信息主要包括：到达失火建筑用时，沿途路况信息，沿途桥梁信息、失火建筑信息，失火建筑附近的水源信息，失火建筑周围的环境信息等。

2. 辅助灭火决策

消防信息系统FCIS对灭火决策主要有如下辅助功能：

(1)由房屋内部易燃易爆物品种类及存放位置情况，确定应携带的主要灭火剂种类(水、泡沫、干粉等化学灭火剂)。

(2)各消防站根据消防信息系统 FCIS 给出的最短路径，利用系统“查询沿途信息”功能，查看沿途的道路和桥梁状况，包括路面、桥面的宽度、平整度、桥梁的结构类型和载重量等。当这些信息数据满足消防车通行条件时，由于路径最短，可沿着该路径前往；当其中有不满足消防车通行条件时，可人为选择另外路径前往。

(3) 根据消防栓供水量、供水压力、失火楼层的高度等信息，当消防栓供水量不足时，可确定是否到附近的河流或水塘取水，在压力不足情况下，确定应采取的增压措施。

(4) 根据失火建筑环境信息，可确定消防车进出火场的路线、摆放位置、群众疏散场地、取水位置等。

3. 系统的建立

一座城市，图形与其档案信息量很大，以地级市为例，在计算机屏幕上显示的图形及其附带的标示文字大约为 20 万左右，每个图形基本都带有档案信息。如此大量的图形和信息数据，建立一套完整的系统一般需要 6 个月到一年左右的时间。系统一旦建立完成，管理和应用非常方便，每个消防中队可指派一名经过培训的队员管理。当城市某处的地面工程有变化时，可随时对图形和档案信息采用本系统对话框的形式进行修改、更新操作，进行动态管理。

(1) 城市现状图的建立

将城市电子版 CAD 现状图转换成消防信息系统 FCIS 用图，即将 CAD 的线状图进行人工矢量化，形成消防信息系统 FCIS 用的面状图，可进行图形的档案信息的输入。

(2) 图形档案信息的录入

图形档案信息采取一行档案数据对应一个图形的方式录入方式，录入速度快，需要事先按要求的格式将档案信息数据准备好，并存储为电子版表格。

图 5.2-2 至图 5.2-5 为分别为录入后道路、桥梁、消防栓、水库的工程档案信息表。

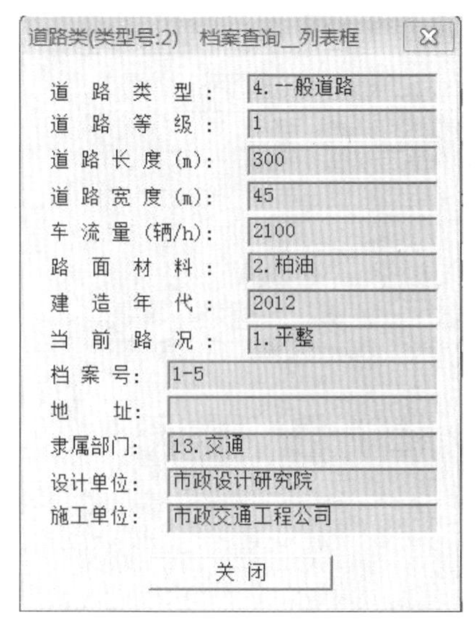

道路类(类型号:2) 档案查询_列表框

道路类型：	4.一般道路
道路等级：	1
道路长度(m)：	300
道路宽度(m)：	45
车流量(辆/h)：	2100
路面材料：	2.柏油
建造年代：	2012
当前路况：	1.平整
档案号：	1-5
地址：	
隶属部门：	13.交通
设计单位：	市政设计研究院
施工单位：	市政交通工程公司

关 闭

图 5.2-2 道路档案信息表

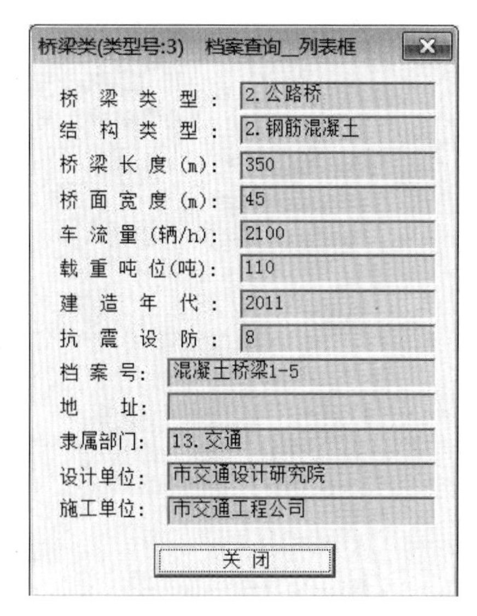

桥梁类(类型号:3) 档案查询_列表框

桥梁类型：	2.公路桥
结构类型：	2.钢筋混凝土
桥梁长度(m)：	350
桥面宽度(m)：	45
车流量(辆/h)：	2100
载重吨位(吨)：	110
建造年代：	2011
抗震设防：	8
档案号：	混凝土桥梁1-5
地址：	
隶属部门：	13.交通
设计单位：	市交通设计研究院
施工单位：	市交通工程公司

关 闭

图 5.2-3 桥梁档案信息表

消防栓(类型号:6)　档案查询_列表框

水源编号：	2
制作材料：	1.钢
管直径(mm)：	100
供水量(m3/h)：	200
供水压力(kPa)：	150
敷设年代：	2003
埋置深度(cm)：	150
档案号：	消防3-210
工程地址：	东二环北路与泰安路口东120m
隶属部门：	7.消防
设计单位：	市政设计研究院
施工单位：	市政工程公司二分公司

关闭

图 5.2-4　消防栓档案信息表

水库类(类型号:4)　档案查询_列表框

库容量(m3)：	50000
坝体类型：	6.浆砌石坝
坝体高度(m)：	5
坝顶宽度(m)：	3
防洪标准(年)：	20
建造年代：	1998
抗震设防：	7
档案号：	197543-29-1
地址：	泰安西路
隶属部门：	1.公用
设计单位：	
施工单位：	

关闭

图 5.2-5　水库（塘）档案信息表

（3）建立消防安全重点单位的灭火预案

灭火预案包括 2 个方面：

1）在建筑档案信息表（图 5.2-6）的“房屋名称与简历”栏中记录建筑中易燃易爆物品存放的楼层和具体位置，以及各楼层都存放什么物品，应采用的灭火剂等。宜简单扼要，一目了然，该项信息可采用指派填表。

2）在建筑档案信息表的“图件名称”栏中记录所做灭火预案的图形文件名，用消防信息系统 FCIS 查询状态下在灭火预案的文件名上用鼠标双击，即可打开此灭火预案图。图件名称也可以是建筑的立面照片等 .bmp 光栅文件。

灭火预案图可在城市图的基础上复制，复制消防安全重点单位及其周围的建筑、道路、场地、河流、水塘、消防栓等，再按不同风向布置消防车、画出进出场指示路线等，进一步标示、完善灭火预案信息。灭火预案图应考虑各种可能风向情况下消防车的布置方案。

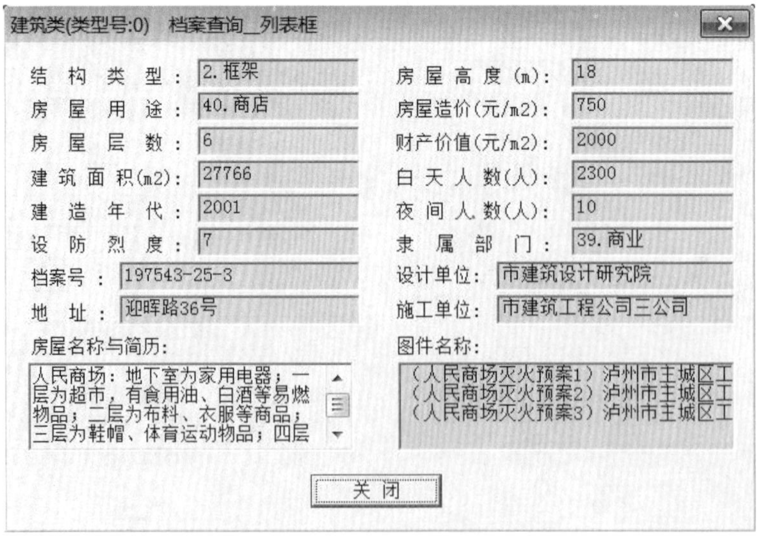

建筑类(类型号:0)　档案查询_列表框

结构类型：	2.框架	房屋高度(m)：	18
房屋用途：	40.商店	房屋造价(元/m2)：	750
房屋层数：	6	财产价值(元/m2)：	2000
建筑面积(m2)：	27766	白天人数(人)：	2300
建造年代：	2001	夜间人数(人)：	10
设防烈度：	7	隶属部门：	39.商业
档案号：	197543-25-3	设计单位：	市建筑设计研究院
地址：	迎晖路36号	施工单位：	市建筑工程公司三公司

房屋名称与简历：

人民商场：地下室为家用电器；一层为超市，有食用油、白酒等易燃物品；二层为布料、衣服等商品；三层为鞋帽、体育运动物品；四层

图件名称：

（人民商场灭火预案1）泸州市主城区工
（人民商场灭火预案2）泸州市主城区工
（人民商场灭火预案3）泸州市主城区工

关闭

图 5.2-6　建筑档案信息表

4. 结论

消防信息系统 FCIS 可在消防部门得到实际应用，并在以下方面提高消防工作的信息化水平：

（1）给出失火建筑的结构类型、用途、层数、总高度、白天和夜间人数，室内易燃易爆物品种类及其存放位置与熄灭方法、消防安全重点单位的多套灭火预案等信息数据。

（2）找到并显示从车库到失火点的最短路径，给出距离数值。

（3）给出沿途道路的状况：道路的类型、等级、路宽、设计车流量、路面材料、当前路况（平整、较平整、颠簸等）等数据。

（4）给出沿途桥梁的状况：桥梁的结构类型（钢结构、混凝土结构、石结构、木结构）、桥面宽度、设计车流量、载重吨位等信息数据。

（5）可了解或查取失火建筑的周围环境情况，如建筑密度、有无易燃易爆物品堆场、有无河流或水塘、有无消防栓等信息。

（6）可查取水塘储水量、到失火点的距离等。

（7）可查取消防栓的供水量和供水压力、到失火点的距离等。

应用消防信息系统 FCIS，有利于快速扑灭火灾，减少人员伤亡和经济损失，同时也可大大减少消防队员在灭火过程中的安全隐患。

参考文献

[1] 朱立新，葛学礼，江静贝等 . 信息管理系统在城市抗震防灾规划中的应用 [J]. 土木建筑与环境工程，2010，32（2）：143-145.

[2] 葛学礼，朱立新，陈庆民 . 避震疏散微机模拟在城市及企业抗震防灾规划中的应用 [J]. 工程抗震，1996（4）：43-45.

3　村镇住宅简易成套消防技术开发及应用

一、主要完成单位

北京工业大学

二、主要完成人

李炎锋褚利为王超赵明星张靖岩

三、成果简介

近年来，国内多家单位对不同地区的农村消防情况以及消防管理进行过深入调研[1~4]，发现农村地区消防自救管理主要存在的问题包括以下两点：

（1）备用消防水源无法保证。由于没有足够的消防水源，村民面对火灾束手无策。在干旱地区，水源匮乏是导致农村火灾无法进行自救的主要因素。

（2）村镇有效消防设施配置严重不足，导致发生火灾时村民往往束手无策，望火兴叹。在火灾初期不能采取有效灭火措施，任由火灾发展造成重大损失。在农村地区，年轻人到城市务工，留守人员多为老人、妇女和儿童，他们对火灾初期的判断处置能力不足，这给本已十分脆弱的农村消防工作增加了难度。

因此，为了提高农村的消防自救能力，北京工业大学消防研究团队经过深入调研、研究、开发及试验后研发了一套基于用水灭火的村镇住宅简易式成套消防技术。该成套技术包括家用多功能消防水池、家用轻型消防水龙以及简易高效节水型机动消防车，综合考虑了农村的经济条件、地域气候特征、村镇住宅建筑结构、消防水源以及消防设备需求等因素。通过将该成套技术应用于示范工程发现，该成套技术经济适用，能够快速扑灭初期火灾。该成套技术具有良好的经济性和较高的社会效益。通过成套技术相应消防装置建设，不仅能使每个家庭成为单个消防基地，而且通过多个家庭消防设施以及村级单位的移动消防设施建设，能够形成村级层面互相支援的消防援助体系，有助于提升农村消防能力和消防管理水平。

四、简易成套消防技术的主要内容

1. 家用多功能消防水池建造技术

农村家用消防水池由一个简易水池和水泵的相关元件及管路构成，如图 5.3-1 所示。对于新建住房，需在房屋建造前挖好消防水池；对于既有建房，可在房屋的一侧挖消防水池。用砖砌筑水池的池底和四壁，水泥砂浆抹面，预制板作为水池的顶盖。在顶盖的合适部位预留检修口，检修口下的池壁上安装梯子以便人员下到池底检修，同时该检修口可作为消防水泵的吸水口。水泵和水池通过弯头连接，平时密封，平屋顶依靠设计的雨水口，坡屋顶则在屋檐处安装雨水收集装置将雨水输送至消防水池，以达到充分利用雨水来节约用水的目的。该水池分为饮用水和消防用水两个水池，中间有隔墙，利用虹吸单向阀连接两个水池，保障消防水池的水量，虹吸单向阀依靠水的自重实现启闭，不消耗其他能源。当消防水池的水位低于设定的限值时，虹吸单向阀会自动开启，从饮用水池对其进行补水。在消防水池中安装浮球标尺，以保证干旱季节消防水池的蓄水量满足火灾初期灭火所需的用水量。同时，在枯水季节，引用其他水源对消防水池进行补水。该水池通过收集雨水蓄水，除了满足消防用水外，还可以用于家庭的日常生活用水需求。由于具有多种使用功能，特别适用于水资源短缺的北方农村地区。

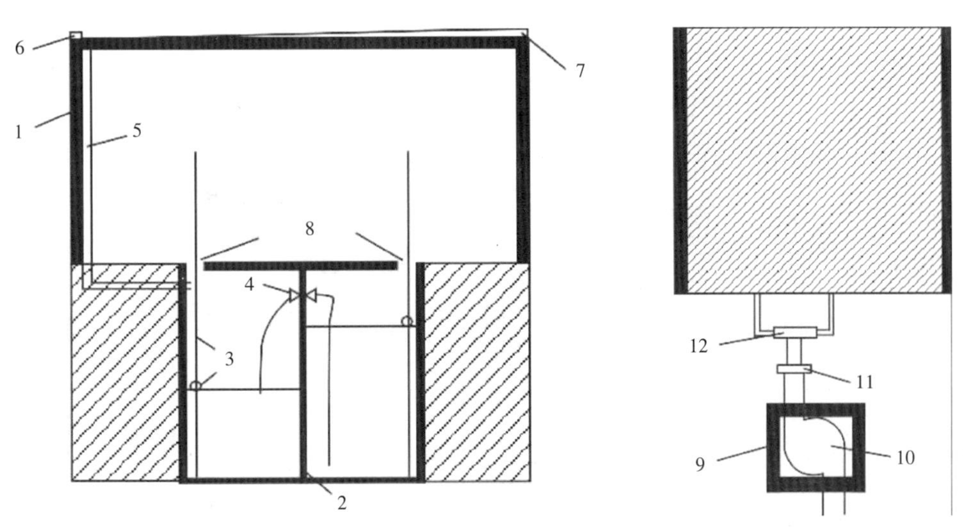

a. 平屋顶房子和水池侧剖面示意图　　b. 水泵及管线与消防水池连接方式俯视图

1- 平顶房子，2- 水池（包括消防水池和饮用水池），3- 浮球标尺，4- 虹吸单向阀，5- 雨水输水管，6- 挡水板，7- 平顶屋的微小斜坡，8- 检修口，9- 水泵房，10- 离心泵，11- 过滤器，12- 三通转向阀。

图 5.3-1　多功能消防水池及附属设备结构

2. 家用轻型简易消防水枪技术

轻型简易消防水枪结构如图 5.3-2 所示。其中，消防水枪外观侧面如图 5.3-2a 所示，水枪主体部分由喷水调节头、喷腔、手柄、开关把手和枪尾组成。本装置设计了与自来水管连接的快装接头座，配以快装接头、橡胶水管，与消防水枪枪尾连接的地方另配有一个快装接头，其连接水管的端部设置了卡紧圈，如图 5.3-2b 所示。多功能水枪头部的喷水调节头，只需旋转就可以控制水流喷出形式，喷出水流的形状分为花伞状、淋浴状、直冲状、雾状，以便增强灭火效果。

从图 5.3-2 可以看出，该技术设计简单，水枪的各个接口都采用快接口配置，组装方便，能避免由于安装失误而出现漏水现象。快装接头与水枪的枪尾的尺寸大小匹配，能实现即插即用。

本消防水枪适合在装有自来水的家庭、公共场合使用，用于扑灭初期阶段的火灾。尤其适合在没有安装消火栓的场合，如一般农村地区家庭使用。本产品可以作为消防水枪的补充。使用过程如下：(1) 将快速接头、卡紧圈、紧固后垫、水管及水枪连接好，并与水龙头的快装接头座相连；(2) 打开水龙头进行加压；(3) 旋转螺帽，调节出水量的大小；(4) 当长时间用水导致手部疲劳时，可以将卡环卡住开关把手的上部，即可固定阀门调节拉杆，以实现不间断的长时间喷水；(5) 灭火完毕时，松开水枪手柄，使喷头朝下，排出喷头中的剩余水量，以避免水枪中金属部件生锈。

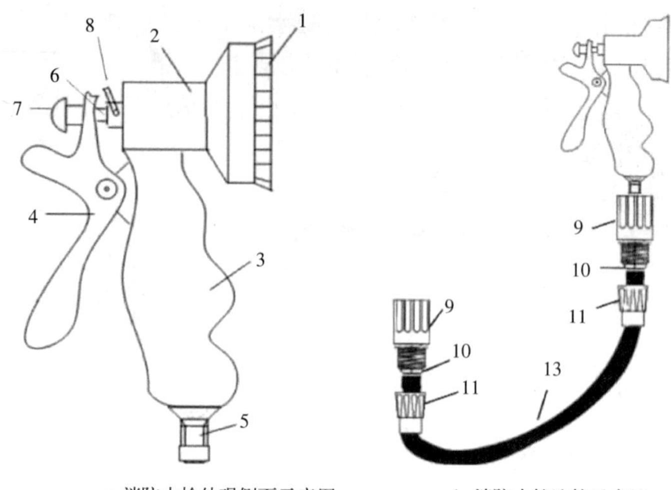

a. 消防水枪外观侧面示意图　　b. 消防水枪连接示意图

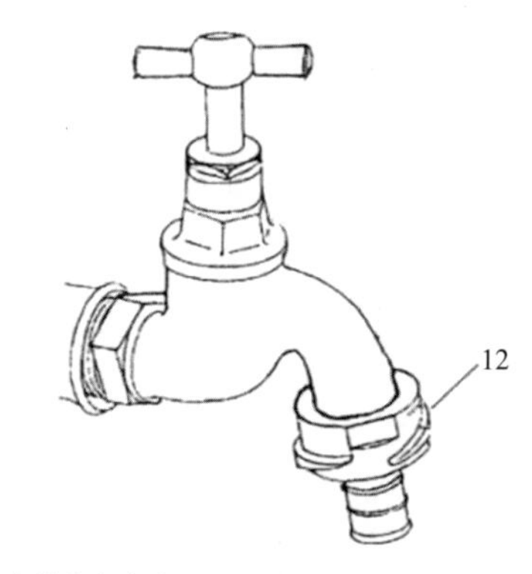

c. 安装在自来水龙头上的消防水枪用快装接头座

1- 喷水调节头，2- 喷腔，3- 手柄，4- 开关把手，5- 枪尾，6- 阀门调节拉杆，7- 螺帽，8- 卡环，9- 快装接头，10- 卡紧圈，11- 紧固后盖，12- 快装接头座，13- 橡胶水管

图 5.3-2　家用轻型消防水龙技术示意图

3. 农用简易高效、节水型机动消防车技术

本项技术设备主要由移动基座以及加装在移动基座上的消防系统和独立水箱组成，如图 5.3-3 所示，主要与农用车配合使用。消防系统包括汽油机、活塞泵、取水管、出水管、细水雾系统。其中汽油机为活塞泵提供动力，取水管连接活塞泵与水箱，消防出水管连接活塞泵与细水雾系统，在取水管端头设有过滤装置，在水箱的进水口处设置水箱盖。发生火灾时可以迅速将所需的消防设备放置在农用车上加以固定，同时将水箱进行注水，迅速赶往火场实施扑救。本系统的各个部分之间连接构造简单明确，便于组装使用。该装置利用汽油机提供动力，灭火时确保动力安全可靠。细水雾系统采用七喷头消防喷组，可有效扑灭电气火灾，提高灭火效率。

该消防车适合经济条件一般的村镇配备使用，尤其适用于一些远离城镇、发生火灾时短期内得不到消防队伍支援的地方，可有效扑灭初期阶段的火灾。装置使用如下：(1) 取出水箱，将水箱盖取下向水箱中注水，直至注满为止；(2) 将注满水的水箱放置于农用车上并加以固定，避免其发生大幅度的晃动；(3) 将普通消防水管与细水雾系统相连，柴油机通过消防水管从水箱中取水；(4) 启动农用车开至灭火区域，打开柴油机的风门和油门，发动柴油机；(5) 柴油机中的泵带动活塞泵进行加压，观察压力表，直至压力达到 4.0MPa；(6) 打开细水雾喷头，将喷头对准火场进行灭火；(7) 在灭火过程中，可向水箱中注水，保证灭火工作的连续性。

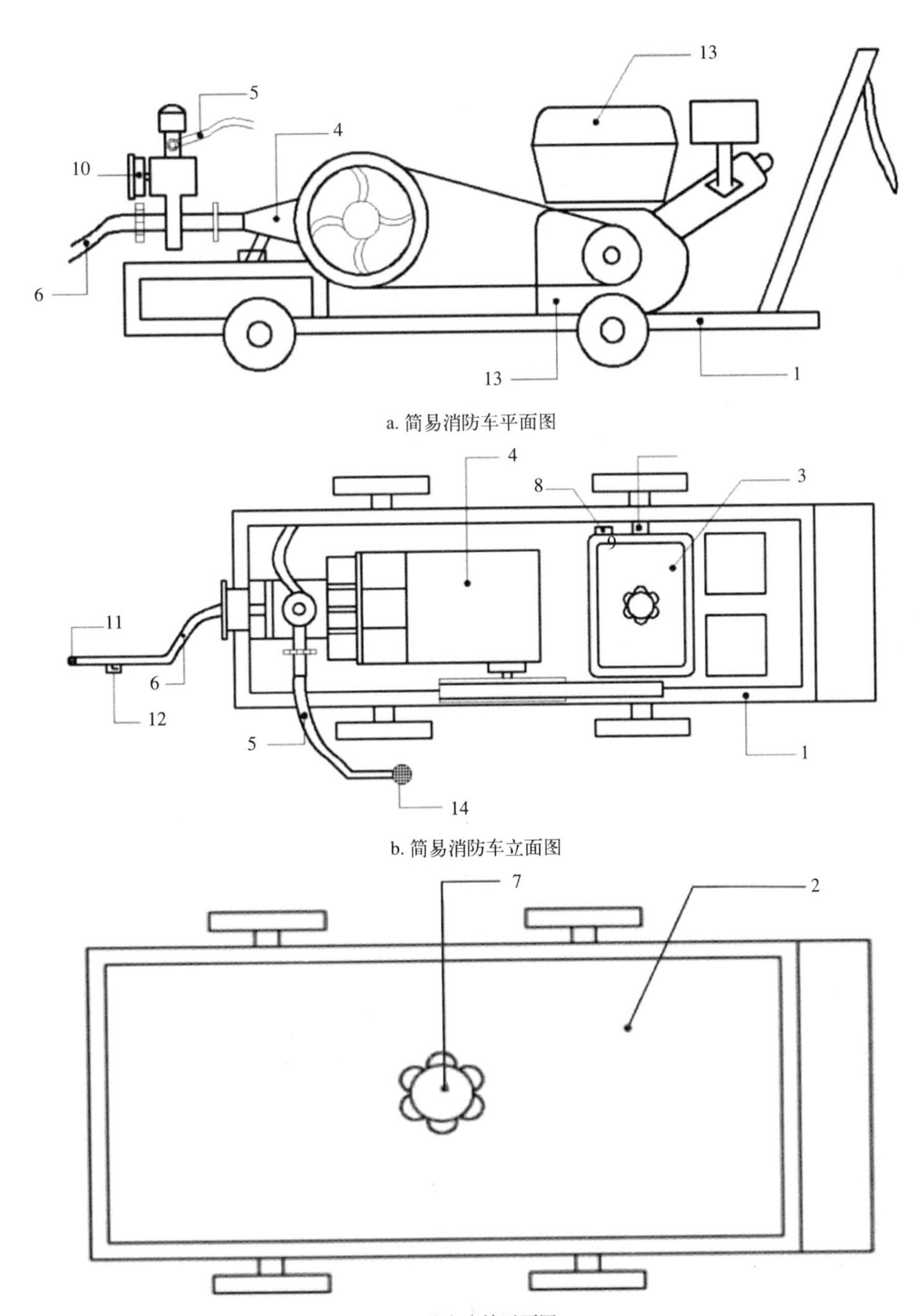

a. 简易消防车平面图

b. 简易消防车立面图

c. 独立水箱平面图

1- 移动基座，2- 水箱，3- 汽油机，4- 活塞泵，5- 取水管，6- 消防出水管，7- 水箱盖，8- 供油阀门，9- 汽油机开关，10- 压力表，11- 细水雾系统，12- 开关，13- 油箱，14- 过滤装置

图 5.3-3　简易高效、节水型机动消防车

五、成套技术优势

1. 考虑了农村的经济特点、建筑布局、生产生活要求，将消防和生产、生活紧密结合，家用消防水池的多点布局能够为火灾提供充足的救火水源保障。

2. 操作简单、经济适用。家用消防水池和轻型消防水龙的设置和安装，可以在房屋发生火灾时第一时间提供扑救。

3. 简易高效、节水型机动消防车技术可以提高村级甚至居民组的火灾扑救能力，细水雾系统能够在火灾初期有效扑救和控制火灾，减少火灾造成的人员伤亡和财产损失。

4. 有助于形成村级单位的有效消防救援体系。通过每位住户建造水池，配备简易灭火水龙；村级单位配备消防车，可以在广大农村地区形成多点布局、由点及面、机动全面的农村地区基于用水灭火的消防救援体系。

成套技术相关设施的性能参数及造价，见表 5.3-1。

成套技术相关设施的性能参数（推荐）以及造价　　表 5.3-1

技术设施名称	装置性能参数（推荐值）	造价
消防水池	3m×2m×2m（长 × 宽 × 高），分为两个水池，离心水泵扬程 30~35m，流量≥ 24L/min	约 3000 元
轻型消防水龙	充实水柱长度不小于 9m	消防水龙每套 300 元
高效、节水型机动消防车	细水雾喷头有效保护面积 2.5~3.5m^2，工作压力范围 0.8~1.6MPa	节水型机动消防装置每台配置费用 4000 元，可以在村级单位配置 2 ~ 3 台

从表 5.3-1 可以看出，实施该套技术装置投资少，而且设施能满足消防和日常生活、生产使用等多项要求。根据幸雪初 [5] 等对湖南农村火灾损失调查，农村平均每起火灾损失为 2.4 万元。为了实现村级住户联防互救，配备消防成套技术装置投入费用包括：

1. 考虑 3 户相邻住宅为一组，建设消防水池（水源互相备用）和配备轻型费用为 0.99 万元。

2. 以居民组 30 户配备 1 台高效、节水型机动消防车。3 户均摊消防车台费用为 0.4 万元；

3. 考虑每年设施维护费用 0.05 万元。合计年投入费用 1.44 万元。消防技术装置直接效益与投入比值约为 1.6。因此，该成套技术装置经济性好而且能有效提高农村消防自救能力，适合在广大农村推广使用。

该成套技术相关设施已经成功申请国家专利，并在北京市平谷区的示范工程得到应用，取得了良好的社会经济效益。

参考文献

[1] 王彦生 . 新《消防法》颁布实施对加强农村消防工作的几点思考 [J]. 科技创新导报，2009（24）：161-163.

[2] 公安部消防局. 2013 年中国消防年鉴 [M]. 北京：中国人事出版社，2013.

[3] 李经明 . 浅析农村火灾事故及消防安全管理 [J]. 消防科学与技术，2014，33（3）：343-345.

[4] 楚道龙 . 农村消防安全现状调查于消防投入效益模型分析 [D]. 长沙：中南大学，2013.

[5] 幸雪初 . 湖南农村火灾区域分布与消防管理研究 [D]. 长沙：湖南师范大学，2014.

4　城市区域消防安全评估主要评估方法

一、主要完成单位

中国建筑科学研究院

二、主要完成人

孙旋　晏风　袁沙沙　王志伟　周欣鑫

三、成果简介

本研究的城市区域消防安全评估方法如下。

城市区域消防安全评估是剖析全市消防安全工作，掌握全市火灾风险的一种手段，评估城市消防安全风险，需综合分析高风险场所的火灾危险性、火灾防范水平、后勤保障的建设情况和灭火救援的实际能力。根据分析的内容，可以采用调研访谈、隐患排查、数据分析相结合的方式，探索并建立一个科学合理且适用的评估指标体系，进而对城市消防安全状况、城市火灾水平、灭火救援能力、后勤保障能力和总体消防安全状况进行客观评价。具体评估流程如图 5.4-1。

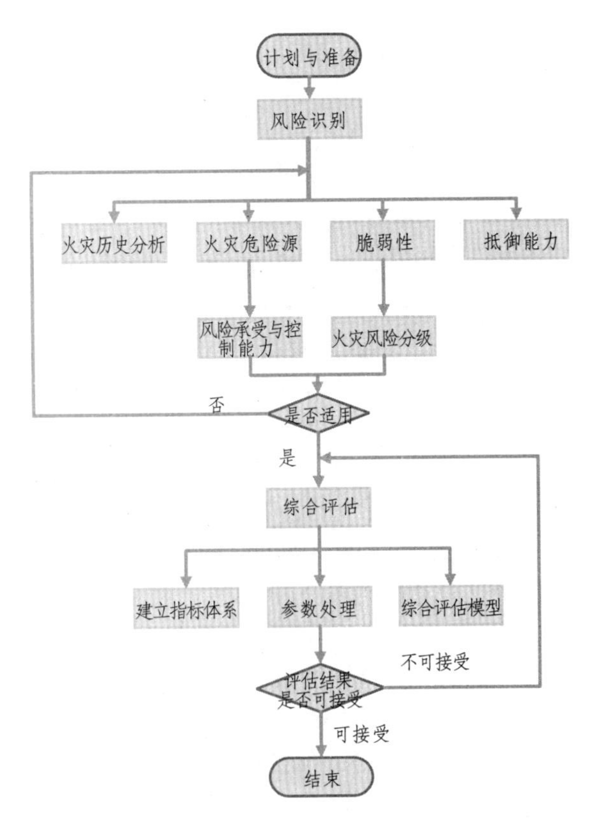

图 5.4-1　评估流程图

（一）样本量确定方法

隐患排查是城市区域消防安全评估的一部分，通过现场排查可以获取大量基础数据，作为判断城市区域高风险场所火灾危险性的依据。一般来说，城市区域高风险场所数量多，受到人力、财力、物力和时间上的限制，难以进行全覆盖式的排查。确定合理的抽样比例，可以确保对高危险场所火灾危险性分析的准确性。抽样比例的具体计算方法如下。

在简单随机抽样下，通常使用误差限和估计量的标准差来确定所需的样本量。例如，在调查中常用的不放回简单随机抽样情况下，总体均值估计量的标准差（即抽样平均误差）的表达式为：

$$\sigma_{\bar{y}} = \sqrt{(1-\frac{n}{N})}\frac{S}{\sqrt{n}} \tag{5.4-1}$$

其中，S 是总体的标准差的估计值。

如果误差界限设为 e，那么：

$$e = z\sqrt{(1-\frac{n}{N})}\frac{S}{\sqrt{n}} \tag{5.4-2}$$

这里 Z 是对应于某一置信水平的标准正态分布的分位点值。

解得 n：

$$n = \frac{z^2 S^2}{e^2 + \frac{z^2 S^2}{N}} \tag{5.4-3}$$

因此，为确定 n，需要知道允许的误差界限 e，与给定置信水平相对应的标准正态分布的分位点值 z，总体规模 N 和总体方差 S^2。其中，总体方差 S^2 是最不容易得到的，通常需要根据过去对类似总体所做的研究确定一个近似值或用用样本指标替代。

对于具有正态分布的估计量来说，95% 的置信区间意味着在同样的条件下，反复抽样 100 次所得的 100 个样本中，有 95 个样本的估计值所确定的区间包含总体真值，这个区间以样本的估计值为中心，半径为 1.96 倍的标准误差（常用的 z 值包括：对于 90% 的置信度，对应的 z 值为 1.65；对于 95% 的置信度，对应的 z 值为 1.96；对于 99% 的置信度，对应的 z 值为 2.56）。

对于简单随机抽样，给定成数估计 p 的精度，将方差 p（1-p）代入公式即可。若在以往调查中可得总体成数的一个较好估计 p，那么直接将它代入公式就可以得到所需的样本量；否则可以用 p=0.5，因为这时总体的方差最大。

（二）指标体系确定方法

评估指标体系是城市区域消防安全评估最重要的核心部分，通过采用模糊综合评估、模糊集值统计等方法，在建立的城市消防安全风险评估指标体系中，既有定量指标，也有定性指标。定量指标反映出对火灾认识的确定性，定性指标则反映出对火灾认识的不确定性。将定性与定量相结合，以定性分析为主，辅以定量分析，对定性指标进行量化评估计算，最终获得一个统一的结果。

1. 风险等级

城市区域消防安全评估拟将火灾风险分为五级，如表 5.4-1 所示。

风险分级量化级特征描述 **表 5.4-1**

风险等级	名称	量化范围	风险等级特征描述
Ⅰ级	低风险	〔85，100〕	几乎不可能发生火灾，火灾风险性低，火灾风险处于可接受的水平，风险控制重在维护和管理
Ⅱ级	中风险	〔70，85）	可能发生一般火灾，火灾风险性中等，火灾风险处于可控制的水平，在适当采取措施后可达到接受水平，风险控制重在局部地区整改和加强消防管控力度
Ⅲ级	次高风险	〔55，70）	可能发生较大火灾，火灾风险性较高，火灾风险处于较难控制的水平，风险控制重在整体布局整改和完善消防管理措施
Ⅳ级	高风险	〔35，55）	可能发生重大火灾，火灾风险性高，火灾风险处于难控制的水平，应采取措施加强消防基础设施建设和提高消防管理水平
Ⅴ级	极高风险	〔0，35）	可能发生重大或特大火灾，火灾风险性极高，火灾处于很难控制的水平，应当采取全面的措施对主动防火设施进行完善，加强对危险源的管控、增强消防管理和救援力量

2. 风险计算

（1）风险因素量化及处理

考虑到人的判断的不确定性和个体的认识差异，运用集体决策的思想，评分值的设计采用一个分值范围，并分别请多位专家根据所建立的指标体系，按照对安全有利的情况，越有利得分越高，进行评分，从而降低不确定性和认识差异对结果准确性的影响。然后根据模糊集值统计方法，通过计算得出一个统一的结果。

（2）模糊集值统计

对于指标，专家依据其评估标准和对该指标有关情况的了解给出一个特征值区间 []，由此构成一集值统计系列：[]，[]，…，[]，…，[]，如表 5.4-2 所示。

评估指标特征值的估计区间 **表 5.4-2**

评估专家	评估指标					
	u_1	u_2	…	u_i	…	u_m
P_1	$[a_{11}, b_{11}]$	$[a_{21}, b_{21}]$	…	$[a_{i1}, b_{i1}]$	…	$[a_{m1}, b_{m2}]$
P_2	$[a_{12}, b_{12}]$	$[a_{22}, b_{22}]$	…	$[a_{i2}, b_{i2}]$	…	$[a_{m2}, b_{m2}]$
⋮	⋮	⋮	⋮	⋮	⋮	⋮
P_j	$[a_{1j}, b_{1j}]$	$[a_{2j}, b_{2j}]$	…	$[a_{ij}, b_{ij}]$	…	$[a_{mj}, b_{mj}]$
⋮	⋮	⋮	⋮	⋮	⋮	⋮
P_q	$[a_{1q}, b_{1q}]$	$[a_{2q}, b_{2q}]$	…	$[a_{iq}, b_{iq}]$	…	$[a_{mq}, b_{mq}]$

则评估指标的特征值可按下式进行计算，即

$$x_i = \frac{1}{2}\sum_{j=1}^{q}\left[b_{ij}^2 - a_{ij}^2\right] \Big/ \sum_{j=1}^{q}\left[b_{ij} - a_{ij}\right] \tag{5.4-4}$$

式中：$i=1,2,\cdots,;j=1,2,\cdots$。

（3）指标权重确定

目前国内外常用评估指标权重的方法主要有专家打分法（即 Delphi 法）、集值统计迭代法、层次分析法等、模糊集值统计法。本课题采用专家打分法确定指标权重，这种方法是分别向若干专家咨询并征求意见，来确定各评估指标的权重系数。

设第 j 个专家给出的权重系数为：$(\lambda_{1j},\lambda_{2j},\cdots\lambda_{ij},\cdots,\lambda_{mj},)$

若其平方和误差在其允许误差 ε 范围内，即

$$\max_{1\leqslant j\leqslant n}\left[\sum_{i=1}^{m}\left(\lambda_{ij}-\frac{1}{n}\sum_{j=1}^{n}\lambda_{ij}\right)^{2}\right]\leqslant\varepsilon \tag{5.4-5}$$

则：

$$\bar{\lambda}=\left(\frac{1}{n}\sum_{j=1}^{n}\lambda_{1j},\cdots,\frac{1}{n}\sum_{j=1}^{n}\lambda_{ij},\cdots,\frac{1}{n}\sum_{j=1}^{n}\lambda_{mj}\right) \tag{5.4-6}$$

为满意的权重系数集，否则，对一些偏差大的 λ_i 再征求有关专家意见进行修改，直到满意为止。

（4）风险等级判断

根据基本指标的分值范围，可以通过下述公式计算上层指标的风险分值。

$$x_i=\frac{1}{2}\sum_{j=1}^{q}\left[b_{ij}^{2}-a_{ij}^{2}\right]\Big/\sum_{j=1}^{q}\left[b_{ij}-a_{ij}\right] \tag{5.4-7}$$

式中：$i=1,2,\cdots,m;j=1,2,\cdots,q$。

最终应用线性加权方法计算火灾风险度：

$$R=\sum_{i-1}^{n}W_{i}*F_{i} \tag{5.4-8}$$

式中：R 为上层指标火灾风险；W_i 为下层指标权重；F_i 为下层指标评估得分。

根据 R 值的大小可以确定评估目标所处的风险等级。

（三）现场排查方法

为了能够量化高危险场所建筑的火灾危险性，建立了抽查对象的检查评分表格，通过此表格进行打分，可以得到各单项得分和建筑总得分，从而可以直观了解到被评估建筑的火灾风险大小。

1. 单项得分计算

本项得分算法：分数 $F=55-55\times X-25\times Y-25\times Z-15\times L-10\times M$

抽查对象检查评分表示例——建筑防火　　表 5.4-3

检查项目	检查内容	检查标准	违规数量	拍照	得分
建筑防火及安全疏散（55 分）	1. 设置人员住宿的“三小”场所是否符合分隔要求	不符合《小档口、小作坊、小娱乐场所消防安全整治技术要求》5.1、5.2 条规定，扣 55 分	X		F

续表

检查项目	检查内容	检查标准	违规数量	拍照	得分
建筑防火及安全疏散（55分）	2. 安全疏散是否符合要求	安全出口设置不符合《小档口、小作坊、小娱乐场所消防安全整治技术要求》4.6、4.7条要求的，扣25分	*Y*		*F*
		楼梯间形式不符合《小档口、小作坊、小娱乐场所消防安全整治技术要求》5.3、5.4条要求的，扣25分	*Z*		
		疏散通道、安全出口存在堵塞、占用、锁闭的，扣15分	*L*		
		设置人员住宿的“三小”场所的外窗、阳台上的防盗网未设置紧急逃生口、二层（含二层）以上紧急逃生口未设置逃生缓降器、消防逃生梯或辅助爬梯等辅助疏散逃生设施的扣10分	*M*		

2. 评估对象总得分算法

本评估对象总得分 $=a+b+c+d+e$

各类高风险评分表示例　　　　**表5.4-4**

评估对象	检查项目	检查内容	检查标准	违规数量	拍照	得分
总分 $=a+b+c+d+e$	建筑防火及安全疏散（55分）					*a*
	消防设施和灭火器材（20分）					*b*
	火灾危险源控制（10分）					*c*
	日常消防管理（5分）					*d*
	消防宣传教育培训（10分）					*e*

为了提高现场检查效率和后期数据整理效率，开发了针对城市火灾风险检查APP、PC端数据处理软件。该软件具有移动端功能和PC端功能，移动端功能主要表现在可以将传统的电子打分表进行软件化，并可直接在打分表中进行数据采集（问题拍照和问题记录）；PC端功能主要是对评估文档进行处理，形成excel和word版报告。

图 5.4-2　现场检查评估软件界面图

（四）其他软件的使用

通过调研访谈和现场排查取得的数据资料，可采用 Arcgis、Bigemap 等软件对城市消防站布局、消防道路状况、城中村火灾蔓延及区域火灾风险等级等进行量化分析和图形化处理。

Bigemap 地图下载器具有地图叠加、无缝拼接、地图坐标转换、地图数据分析、地名查询等功能，在工程实践中可以根据需要下载被评估的城市地图，并对城市地图进行相应的数据分析与处理。

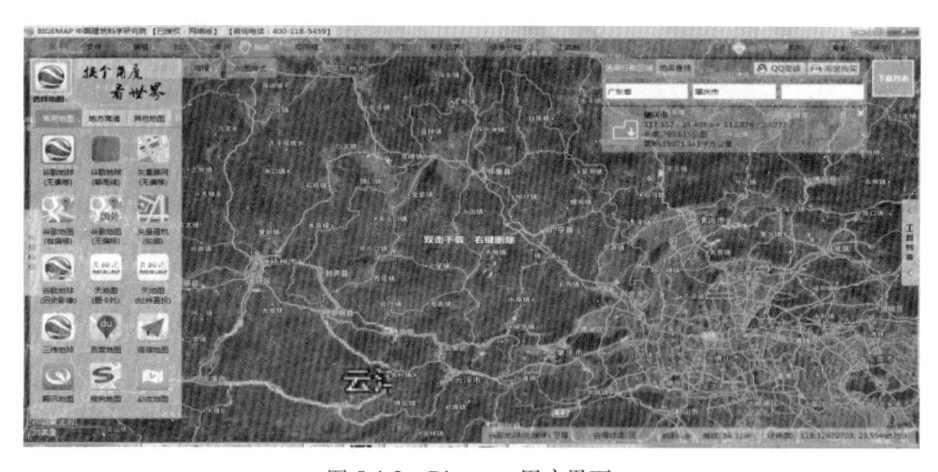

图 5.4-3　Bigemap 用户界面

ArcGIS 可提供一个可伸缩的，全面的 GIS 平台。ArcObjects 包含了许多的可编程组件，从细粒度的对象（例如单个的几何对象）到粗粒度的对象（例如与现有 ArcMap 文档交互的地图对象）涉及面极广，这些对象为开发者集成了全面的 GIS 功能。基于关键指标的分析与选取，可利用 Arcgis 进行城市火灾风险分析和站点智能规划，以解决区域火灾风险快速评定与消防站点的空间布局问题。

火灾风险分析

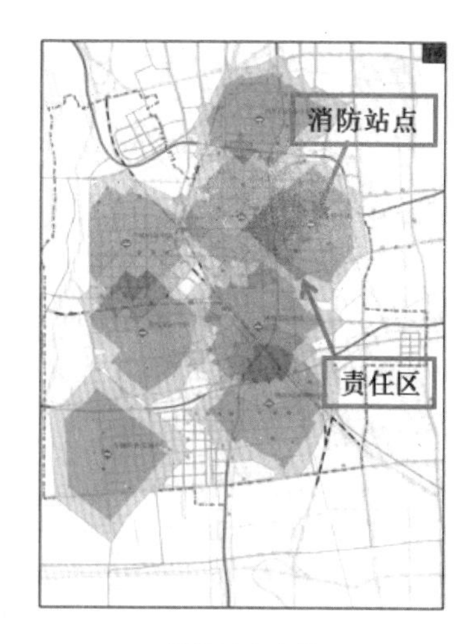

消防站点布局

图 5.4-4 某地区采用 Arcgis 消防风险量化示意

本研究采用了调研访谈、隐患排查、数据分析相结合的方式，通过抽样理论确定样本数量，然后设定量化表格判断建筑火灾危险性大小，为了提高检查效率，开发火灾风险检查软件，同时运用 Bigemap 和 ArcGIS 软件对城市火灾风险和站点智能规划进行分析，最后建立科学合理和适用的评估指标体系，通过指标体系可以对城市消防安全工作进行剖析，找准火灾防范工作、公共消防基础设施建设、灭火救援能力等方面存在的问题，进而对城市消防安全状况、城市火灾水平、灭火救援能力、后勤保障能力和总体消防安全状况进行客观评价。

参考文献

[1] 徐宗国 . 城市区域消防安全评估方法研究 [J]. 建材与装饰，2013（6）：249-250.

[2] 杨瑞，侯遵泽 . 城市区域消防安全评估方法研究 [J]. 武警学院学报，2003，19（5）：17-21.

[3] 连旦军，董希琳，吴立志 . 城市区域火灾风险评估综述 [J]. 消防科学与技术，2004，23（3）：240-242.

[4] 董法军，吴立志 . 基于指标体系的城市区域火灾风险评价系统开发 [J]. 火灾科学，2005，14（1）：47-54.

[5] 张欣，王宝伟，杜霞等 . 城市区域火灾风险评估方法探讨 [J]. 消防科学与技术，2006，25（2）：198-201.

[6] 陈朝阳 . 城市区域火灾风险评估的实践与探讨 [J]. 消防科学与技术，2008，27（9）：685-687.

[7] 吴立志，董法军 . 城市区域火灾风险评价软件开发及应用 [J]. 安全与环境学报，2005，5（3）：98-102.

[8] 伍爱友 . 城市区域火灾风险评估理论及应用 [D]. 湖南科技大学，2008.

[9] 屈波 . 城市区域火灾风险评估研究 [D]. 重庆大学，2005.

[10] 董法军，何宁，杨国宏 . 基于单体对象的城市区域火灾风险评价方法研究 [J]. 安全与环境学报，2006，6（2）：122-125.

[11] 王梦超 . 城市区域火灾风险评估与对策研究 [D]. 中国地质大学（北京），2010.

[12] 马春红 . 基于 GIS 的城市区域火灾风险评估的研究及应用 [D]. 昆明理工大学，2010.

[13] 张琦 . 天津滨海新区中心商务区火灾风险评估及消防站布局研究 [D]. 天津大学，2014.

[14] 李成瑶 . 广州市住宅消防风险评估及现状调研分析 [D]. 华南理工大学，2014.

[15] 郭铁男 . 我国火灾形势与消防科学技术的发展 [J]. 消防科学与技术，2005，24（6）：663-673.

[16] 易立新 . 城市火灾风险评价的指标体系设计 [J]. 灾害学，2000，15（4）：90-94.

[17] 李引擎 . 建筑防火工程 [M]. 化学工业出版社安全科学与工程出版中心，2004.

[18] 郑双忠 . 城市火灾风险评估的研究 [D]. 沈阳：东北大学，2003.

[19] 李杰，宋建学 . 城市火灾危险性分析 [J]. 自然灾害学报，1995（2）：98-103.

[20] 李华军，梅宁 . 城市火灾危险性模糊综合评估 [J]. 火灾科学，1995（1）：44-50.

[21] 中国人民武装警察部队学院课题组 ."十五"国家科技攻关计划"城市区域火灾风险评估技术的研究"研究报告 [R]. 廊坊：中国人民武装警察部队学院，2004.

[22] 景绒，吴立志，董希琳等 . 城市居住区火灾风险评价 [J]. 消防技术与产品信息，2005（2）：5-8.

[23] 李志宪，杨漫红，周心权 . 建筑火灾风险评价技术初探 [J]. 中国安全科学学报，2002，12（2）：30-34.

[24] 倪照鹏，邱培芳 . 我国开展建筑性能化防火设计技术研究的思路 [J]. 消防科学与技术，2002，21（5）：18-23.

[25] 霍然，袁宏永 . 性能化建筑防火分析与设计 [M]. 安徽科学技术出版社，2003.

[26] 公安部天津消防研究所 . 建筑性能化防火设计方法与评估技术研讨会论文集 [D]. 中国：徐州，2003，11.

5 抗震设防区架空通风基础房屋的改良方案

一、主要完成单位

黑龙江省寒地建筑科学研究院

二、主要完成人

陈建华　朱磊

三、成果简介

（一）研究背景

我国多年冻土面积约 215 万 km^2，占国土面积的 22.3%。主要分布在东北高纬度地区的大小兴安岭和松嫩平原北部及西部高山和青藏高原。

随着我国社会经济的发展，多年冻土地区的经济建设项目也日益增多。铁路、公路、机场、工业与民用建筑、输油管线等工程建设，在我国多年冻土地区迅速发展。近年来，冻土工程的设计、施工和运营，都取得了长足的进步，积累了许多宝贵的经验。但冻土工程的设计、施工仍然面临一个共同问题：如何处理多年冻土地基，才能确保冻土工程的长期稳定？

多年冻土地区，房屋地基基础工程中，需要解决的复杂难题，是基础与地基多年冻土之间的热传输问题。由于地坪和基础的渗热，常使地基多年冻土出现衰退和融化，引起房屋的变形和破坏。通风散热基础能将地坪渗、漏热量和基础导入的热量拦截，释放于大气中，确保地基多年冻土的热稳定，达到防止建筑物变形、损坏的目的。因此，通风散热基础是多年冻土地基上最为合理的基础形式 [1]。

现阶段国内外关于架空通风基础的研究工作，都集中在多年冻土的热稳定方面，关于架空层的结构体系及抗震性能方面的研究目前还处于空白状态。

（二）改良架空基础方案的必要性

架空通风基础属于通风散热基础的一种，是指地基地表与建筑物一层地板底面间，留有一定高度通风空间的基础。架空通风基础下地基表面的温度，无论是暖季，还是寒季，都比天然地面要低；这说明架空通风基础可有效拦截地坪渗、漏热量，消除房屋采暖对地基多年冻土的热影响，因此，从热力学角度看，架空通风基础是多年冻土地区最合理的基础形式。发展到现在，架空通风式桩基础是保持地基土冻结稳定状态有效类型之一 [2]，对于采暖房屋，该类基础是最为有效的基础形式 [3]。尤其是热桩架空通风基础，适应各种类型的多年冻土地基，特别是高温多年冻土地基。

架空通风桩基础是多年冻土区最有发展前途的基础形式，因它向下传力可以不受深度影响，施工方便，实现架空通风构造上也不太繁杂，采用高桩承台即可完成。架空通风措施安全可靠，构造简单，使用方便，经济合理。这种高承台桩基也是俄罗斯西伯利亚多年冻土地区目前普遍采用的架空通风基础形式（工程实例照片详见图 5.5-1~ 图 5.5-5）。

这种架空通风基础虽然具有构造简单、造价较低等优点，但也存在抗震性能较差的缺点，这在抗震设防区是很致命的弱点。所以，我国多年冻土区当处于抗震设防区时，不应直接采用这种架空通风形式。

图 5.5-1　雅库茨克地区早期的架空通风基础外观

图 5.5-2　雅库茨克地区早期的架空层内部情况

图 5.5-3　雅库茨克地区的热棒、热桩架空通风基础形式

图 5.5-4　雅库茨克地区目前采用的架空层内部情况

2008 年中国汶川“5·12”8.0 级地震、2011 年日本东北部太平洋海域“3·11”9.0 级地震等国内外特大地震灾害事件为我国的工程抗震领域提供了重要的经验教训；同时，随着我国社会和经济的快速发展，新型城镇化、“一带一路”等国家发展战略持续推进，广大人民群众对地震安全需求不断提高，对防震减灾工作提出了更新、更高的要求。按照《中华人民共和国防震减灾法》的规定，中国地震局于 2007 年启动了 GB 18306—2001 的修订工作。2015 年 5 月 15 日，国家质量监督检验检疫总局和国家标准化管理委员会批准发布了强制性国家标准《中国地震动参数区划图》GB 18306—2015（代替 GB 18306-2001），该标准于 2016 年 6 月 1 日开始实施。新一代区划图给出的全国设防参数整体上有了适当提高，最显著特点是消除不设防区 [4]。

国家标准 GB 18306—2015 的颁布实施，意味着我国多年冻土地区均处于抗震设防区，多年冻土区的工程结构都将按照国家现行标准《建筑抗震设计规范》GB 50011 来进行抗震设计。因此，对多年冻土地区架空通风基础形式进行抗震性能改良是势在必行的。

对于架空通风基础的应用，在与俄罗斯有关专家学者交流时了解到，俄国采用架空基础的目的仅是为了解决基础与多年冻土之间的热传输问题，确保地基多年冻土的热稳定，而未考虑这种处理方式给上部结构带来的不利影响，工程设计时很少考虑或者基本不考虑结构的抗震设防要求。所以俄罗斯多年冻土地区的房屋，无论上部结构是什么类型，架空层均为短柱（桩）框架，为了减少热传递途径，上部结构即使有钢筋混凝土剪力墙（或抗震墙）也不能直接落地，必须由高位承台承托起来，然后通过框支柱（或桩）与地面下的基桩相连。这种架空构造的缺点是：架空层将形成严重的薄弱层或者软弱层，在地震作用下（尤其是水平地震作用）房屋将出现严重破坏甚至倒塌，因此，有必要对该架空基础形式进行改良。

另外，对于俄罗斯远东地区架空通风桩基础普遍采用的高承台桩基，如果直接用于我国多年冻土地区建筑工程基础设计也存在问题。这种桩基础形式在我国主要用于桥梁、港口建设，民用建筑领域几乎没有应用。我国现行《建筑桩基技术规范》JGJ 94 仅以低承台桩基为研究对象，尚未列入此种高承台桩基；如果按此种基础形式进行工程设计也缺乏相应的规范依据。从这一点上考虑，也有必要对该架空基础形式进行改良。

（三）架空基础改良方案

鉴于上述相关因素，在我国多年冻土地区进行工程建设，当采用架空通风基础时，建议采用“低承台桩基—架空通风基础”；具体改良方式为：当上部结构形式为框架结构时，将上部结构的框架柱向下延伸形成架空层竖向承重结构，同时将高位承台及基桩下移并埋入回填土中（填料应采用冻胀不敏感的粗颗粒土），形成低承台桩基—框架结构架空层；当上部结构形式为框架—剪力墙结构或底部框架抗震墙砌体结构时，可以采用支撑—框架结构转换层，即在抗震墙部位，采用局部设置带支撑的框支框架进行转换，以增强架空层的水平抗侧刚度、减少墙下转换部位的刚度突变。支撑形式可采用中心支撑、偏心支撑或屈曲约束支撑，支撑材料可采用钢筋混凝土支撑、钢结构支撑或者钢管混凝土支撑。此外，也可在架空层的角部或边缘部位各框架柱之间同时增设此类支撑，具体数量以满足转换层上下结构的刚度比、位移比等规则性指标要求为准（方案改良前后对比示意图详见图 5.5-5、图 5.5-6）

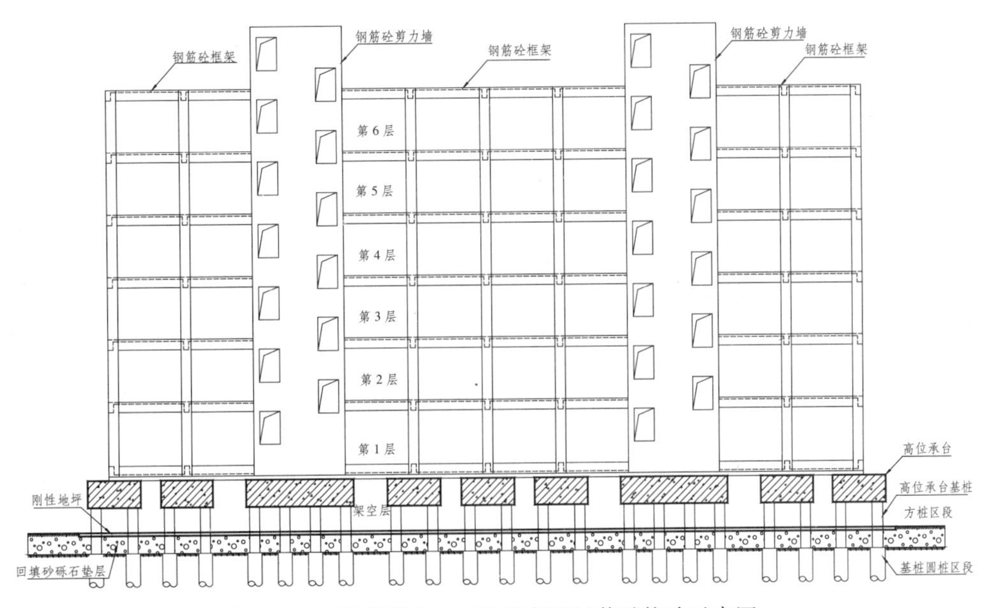

图 5.5-5　雅库茨克地区的架空通风基础构造示意图

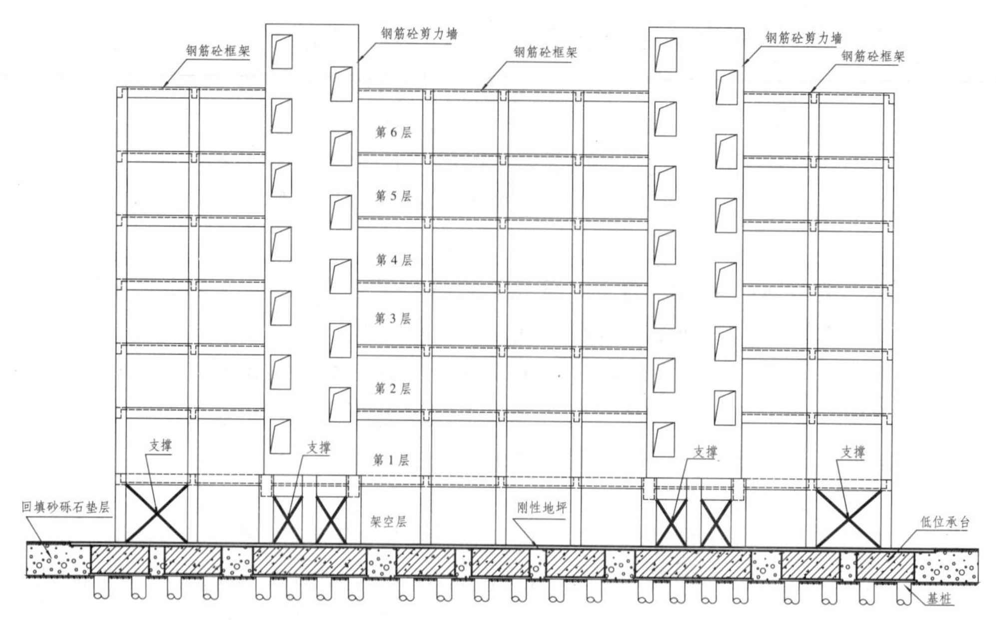

图 5.5-6　考虑抗震因素的改良架空通风基础构造示意图

基础架空方案这样处理后，避免了架空层竖向承重构件由于高位承台的存在而形成短柱或超短柱，对于桩基础的水平受力性能及抗震性能是有利的；同时，与高位承台方案相比，此方案架空层竖向构件数量减少了，房屋与基础之间的热传输线路也减少了，对于防止上部结构的热量传入地基也是非常有利的，唯一不利的因素是：季节冻结层（融化层）的冻胀作用会对埋入土中的桩基承台产生一些不利影响，但是这些问题可以通过采取防冻胀措施来解决。

（四）基础改良方案算例

前文对架空基础在抗震设防区的应用给出了概念性改良意见，为了验证该方案是否具有可行性，有必要选取工程实例进行试设计，并给出定量分析结论。

本次试设计采用建筑结构辅助设计软件 YJK，对我国多年冻土地区常见的住宅形式（底部商服 + 上部住宅）进行抗震有限元分析，定量得到架空层的受力状态及抗侧刚度分布形态，为实际工程应用提供了参考性意见。

1. 工程概况介绍

（1）上部建筑结构概况

该房屋使用功能为商住综合楼，底层为商铺、上部各层为住宅；房屋为矩形平面，长度 L=54.4m、宽度 B=13.6m，建筑面积为 4676.11m^2，房屋层数为 6 层，一层层高 3.9m、2~6 层层高均为 2.9m；房屋结构体系为底部框架—抗震墙结构（上部为多层砌体结构），基础形式为桩基础（低承台桩基）。各层结构布置概况详见图 5.5-7~ 图 5.5-8。

（2）架空层结构概况

架空层为全敞开式，层高为 2.5m（架空层板顶 ~ 架空层地面高度），架空层结构形式为“局部设置中心支撑的框架结构”，即上部框架柱直接延伸至架空层，上部钢筋混凝土抗震墙采用带钢筋混凝土中心支撑的密柱框支框架承托，同时在周边区域适当增设支撑，以增强该层抗侧刚度及抗扭刚度。架空层结构布置概况详见图 5.5-9~ 图 5.5-10。

（3）材料性能、荷载工况

上部砌体结构采用 MU10 烧结多孔砖、M7.5~M10 混合砂浆砌筑；首层及架空层钢筋混凝土结构构件采用 C30 级混凝土、HPB300 及 HRB400 级钢筋。各层楼面活荷载标准值为 2.0kN/m^2，屋面雪荷载标准值为 0.55kN/m^2。

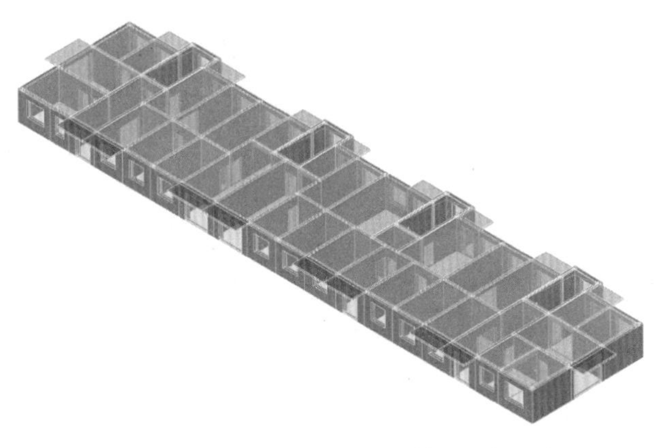

图 5.5-7 标准层砌体结构布置情况三维示意图

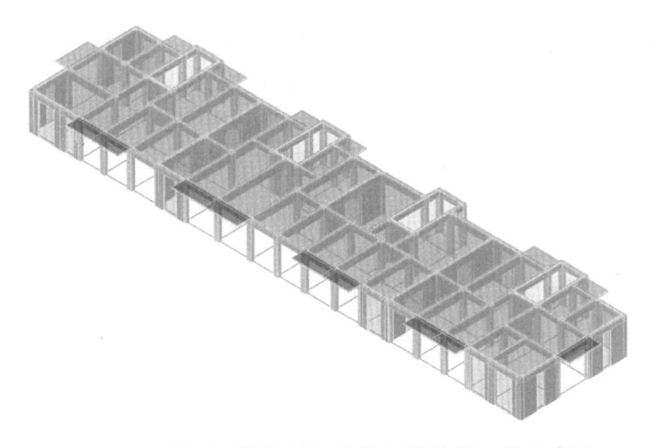

图 5.5-8 首层（转换层）结构布置情况三维示意图

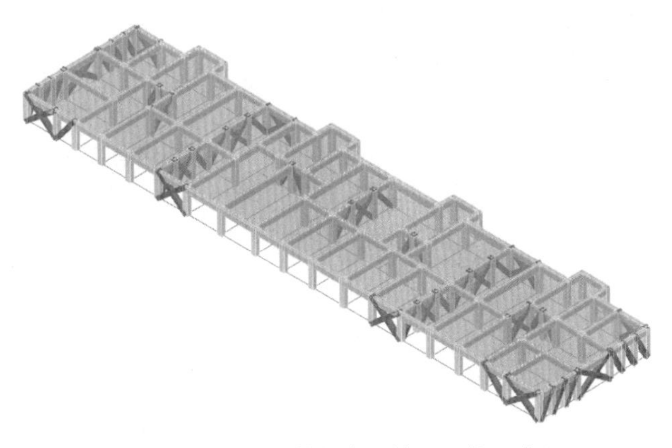

图 5.5-9 架空层结构布置情况三维示意图

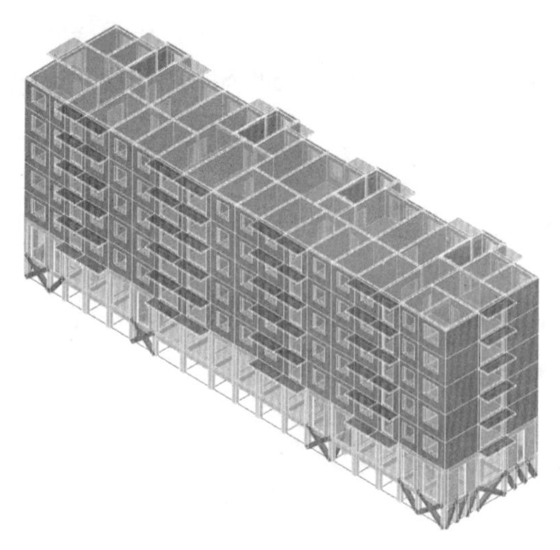

图 5.5-10　全楼组装后结构布置情况三维示意图

2. 抗震有限元分析结果

采用 YJK Building Software 进行抗震有限元分析，由于本算例建筑物为底部框架抗震墙砌体结构房屋，房屋底部两层（即架空层、转换层）为钢筋混凝土结构，上部各层为砌体结构，因此本次计算分析重点研究底框层的受力形态和抗震性能，底部两层结构计算模型简图（轴测图）及组装后的结构计算模型简图详见图 5.5-11~ 图 5.5-13。本算例房屋从建筑概念上划分，商服层应为首层，但是由于底部设置了架空通风层，所以从结构概念上划分，商服层（即转换层）应为第二层、架空层应为第一层，房屋的结构体系应划为“底部两层框架—抗震墙砌体结构”。根据国家现行标准《建筑抗震设计规范》GB 50011—2010 第 7.1.8 条规定：“底部两层框架—抗震墙砌体房屋纵横两个方向，底层与底部第二层侧向刚度应接近，第三层计入构造柱影响的侧向刚度与底部第二层侧向刚度的比值，6、7 度时不应大于 2.0，8 度时不应大于 1.5，且均不应小于 1.0”[5]。该规范第 3.4 节对建筑形体及其构件布置的规则性也有明确规定，主要控制指标除刚度比之外，还需控制结构的位移比和楼层承载力突变。

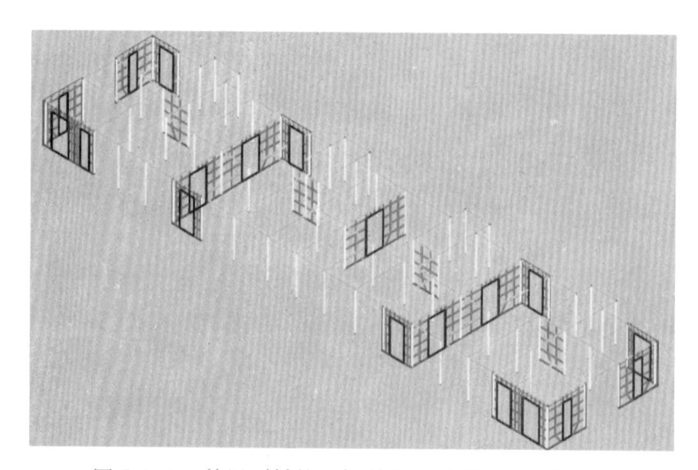

图 5.5-11　首层（转换层）结构计算简图（轴测图）

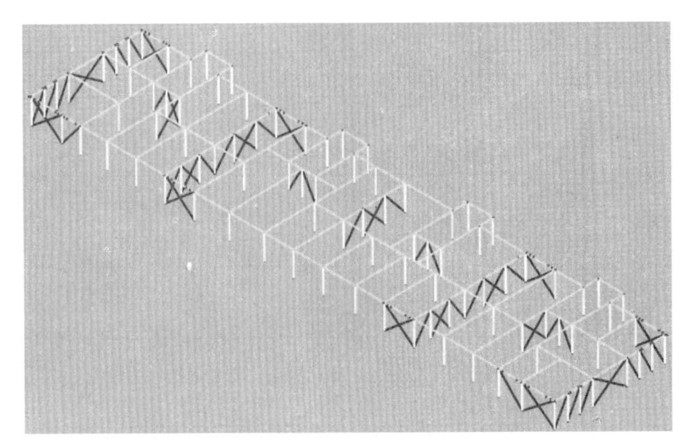

图 5.5-12 架空层结构计算简图（轴测图）

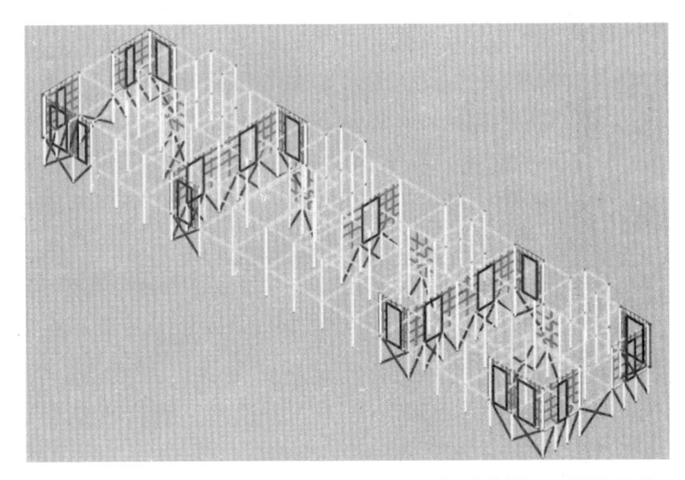

图 5.5-13 架空层 + 首层整体组装后结构计算简图（轴测图）

按该房屋初步结构布置方案进行整体抗震计算分析，主要验算房屋底部各层的刚度比、楼层受剪承载力比及位移比。其中底部三层（即第零层——架空层、第一层——转换层、第二层——过渡层）侧向刚度比值计算结果详见表 5.5-1，底部两层框架（架空层、转换层）楼层受剪承载力及其比值计算结果详见表 5.5-2，底部两层（框架架空层、转换层）在地震作用下的楼层最大位移比及位移角计算结果详见表 5.5-3。

结构侧移刚度及刚度比 表 5.5-1

建筑层号（结构层名）	X 向		Y 向	
	K^x_{i+1}/K^x_i	侧移刚度（kN/m）	K^y_{i+1}/K^y_i	侧移刚度（kN/m）
0（架空层）	1.0000	2.1504×10^7	1.0000	2.4336×10^7
1（转换层）	0.7774	1.6718×10^7	0.8918	2.1703×10^7
2（过渡层）	1.1898	1.9891×10^7	1.6834	3.6535×10^7

各楼层受剪承载力、承载力比值　　表 5.5-2

建筑层号（结构层名）	X 方向		Y 方向	
	受剪承载力（kN）	与上一层受剪承载力之比	受剪承载力（kN）	与上一层受剪承载力之比
0（架空层）	33539.73	2.14	36758.80	2.07
1（转换层）	15636.86	1.00	17719.74	1.00

地震作用下的楼层最大位移比及层间位移角　　表 5.5-3

建筑层号（结构层名）	X 方向			Y 方向		
	层位移比	层间位移比	层间位移角	层位移比	层间位移比	层间位移角
0（架空层）	1.02	1.02	1/9802	1.01	1.01	1/13595
1（转换层）	1.01	1.01	1/4212	1.01	1.01	1/6415

从表 5.5-1、表 5.5-2 计算结果可以看出，架空层的侧向刚度和楼层受剪承载力均大于转换层（首层）相应指标，即架空层未形成软弱层和薄弱层，过渡层与转换层双向刚度比均处于 1.0~2.0 之间，亦满足国家现行标准《建筑抗震设计规范》GB 50011 有关规定，据此判断，房屋整体结构的软弱层（薄弱层）仍处于转换层；从竖向不规则角度判断，这种竖向抗侧刚度分布是合理的，因为架空层净高相对较小，导致竖向构件高宽比偏小，易形成短柱效应，地震作用下结构延性较差，易产生脆性破坏，故软弱层（薄弱层）不宜出现在该区域。从表 5.5-3 计算结果可以看出，架空层的层间位移角很小，说明其侧向刚度足够大，结构整体变形符合剪切变形特征，水平地震作用计算亦可以按 GB 50011 有关规定确定；层位移比和层间位移比也很小（均小于 1.2），说明通过合理的布置支撑，可以有效地调整结构的平面规则性，减小地震时结构的扭转效应。

3. 结论

本次试设计算例采用建筑结构辅助设计软件 YJK Building Software，对我国多年冻土地区常见的住宅形式进行了抗震有限元分析，基于结构计算结果，得到以下结论和建议：

（1）通过对架空层采用合理的结构布置，房屋的抗震性能是可以满足国家现行标准《建筑抗震设计规范》GB 50011 有关规定的；

（2）建议：①架空层净高不宜小于 2.0m，避免短柱效应，保证该层结构有一定的延性；②对于重要的建筑物，当需要进行消能减震设计时，架空层局部设置的支撑可采用偏心支撑或屈曲约束支撑；当需要采用隔震设计时，也可将架空层设置为隔震层。

（五）结束语

我国多年冻土地区面积较大，且分布广泛，尤其是东北地区北部，既有季节冻土又有多年冻土，近几年，随着工程建设的发展，屡屡出现冻土地基方面的工程质量事故，漠河、满洲里等地这几年就有诸如漠河县民生家园小区多栋住宅楼、满洲里鑫华源小区 2 号楼等工程项目，由于地基出现多年冻土退化、热稳定丧失等问题而导致的工程质量事故。因此，多年冻土地基的热传输与热稳定等相关技术问题亟待解决。架空通风基础可以有效地解决基础与地基多年冻土之间的热传输问题，确保地基多年冻土的热稳定，达到防止建筑物变形、损坏的目的。

以往关于架空通风基础技术的抗震性能研究尚不完善，通过本文的初步理论分析及试设计可以确认，经过方案优化改良的架空通风基础技术，作为一项地基基础防灾技术在理论上是可靠的，工程上是可行的，在多年冻土地区工程建设中应该能够起到防灾减灾的作用，该技术应该在多年冻土地区得到大力推广和应用。

参考文献

[1] 中华人民共和国住房和城乡建设部．冻土地区建筑地基基础设计规范 JGJ 118-2011 [S]. 北京：中国建筑工业出版社，2012.

[2] 李英武，马伟芳．多年冻土区采暖房屋架空不通风式桩基础应用 [J]. 冰川冻土，1989，11（2）：167-171.

[3] 朱林楠，李东庆，郭兴民等．多年冻土区短桩架空通风基础房屋的模型试验研究 [J]. 冰川冻土，1995（2）：164-169.

[4] 刘晓东．新版国家标准《中国地震动参数区划图》GB 18306-2015 的主要变化 [J]. 中国标准导报，2015（9）：23 － 26.

[5] 中华人民共和国住房和城乡建设部．建筑抗震设计规范 GB 50011-2010 [S]. 北京：中国建筑工业出版社，2010.

6 超长复杂隔震体系分析及监测

一、主要完成单位

兰州理工大学

二、主要完成人

杜永峰　李　慧　李万润　何晴光　刘　迪　赵丽洁　张尚荣　王　宁　武大洋

三、成果简介

国家自然科学基金项目“超长复杂隔震体系的全寿命时变结构力学行为研究及非载荷变形监测”（项目编号：51178211，项目负责人：杜永峰）顺利完成规定任务并按期结题。该项目利用时变结构力学理论对隔震结构进行全寿命受力性能分析，对隔震结构的施工建造及使用全过程进行动、静力分析，对平面不规则的超长复杂隔震结构进行现场监测、缩尺模型试验和数值模拟，并将结构减震控制理论和结构健康监测技术结合起来，对隔震结构的施工建造及使用过程进行跟踪监测，并利用实测的监测数据对结构参数进行动态识别，掌握隔震结构力学参数变化。该项目发表论文60余篇，其中被EI收录20余篇。利用有限元软件对不同结构方案和不同施工策略的超长复杂隔震结构进行大量的数值仿真分析，利用时变结构力学的模型建立了超长复杂隔震结构的施工力学初步构架，结合对超长复杂隔震结构实际工程跟踪监测，对超长复杂隔震结构全寿命静、动力可靠度、地震概率损伤、近断层地震易损性及考虑施工全过程的结构响应特性及其对隔震结构全寿命性能的影响等一系列创新科学问题进行了探索。针对施工期时变特性等诱发的动态监测数据的不确定性，提出了基于模糊理论考虑测量数据不确定性的结构物理参数识别方法，利用不同比例的缩尺模型框架锤击试验、隔震框架振动台模型试验作为检验手段进行了验证。对多个典型的超长复杂隔震建筑实际工程构建了从施工建造直到使用阶段的长期健康监测系统。本项目对超长复杂隔震结构施工期载荷及非载荷变形、个别工程隔震层梁板裂缝的机理有了较深入的理解，在超长复杂隔震结构实际工程的理论分析、结构方案、施工构造及后期使用的规范性等方面都为从事隔震领域研究的科研人员和工程技术人员提供了重要的参照，避免了国内多个新建超长隔震结构对施工期非载荷变形治理的盲目性。有关超长隔震结构的结构单元划分、施工期后浇带间距等研究成果对国家和地方标准编制有重要参考价值，而超长隔震结构施工力学研究对揭示隔震结构非载荷变形规律、减小隔震层裂缝等混凝土结构早期病害有重要指导作用。团队还利用本项目的部分成果主持编制或参编多项与隔震结构相关的国家标准和地方标准，并针对超长复杂隔震结构，对西北地区各大设计院人员进行多期专项技术培训，在地方政府行业主管部门的支持下建立了西部土木工程减震隔震行业技术中心，不但为西部隔震应用开展技术咨询服务，而且还为海南、东北、福建等地的超长复杂隔震结构建设提供技术服务。

7 隔震混凝土矩形贮液结构流—固耦合地震响应

一、主要完成单位

兰州理工大学

二、主要完成人

程选生　赵玉蕊　张爱军　李沛江

三、成果简介

1. 隔震混凝土矩形贮液结构流—固耦合共振响应

当液体发生微幅晃动时，可以得到混凝土矩形贮液结构液—固耦合液动压力的解析解。此解显示，在结构受到的外界激励频率为液体自振频率时，贮液结构会发生共振现象，动力响应将趋于无穷大。当液体发生大幅晃动时，亦可通过数值解法得到贮液结构的液固耦合动力响应，如果发生同微幅晃动类似的共振响应，也会对实际设计产生诸多困扰。通过数值分析：不论液体发生何种幅度的振动，橡胶隔震支座都可有效地过滤贮液结构所受到的外界激励的高频振动分量，不会使结构产生理论上的高频共振现象，更不会出现因高频共振引发结构破坏。隔震设计时，应将重点放在如何避开水体的第一阶自振频率上。

2. 微幅晃动下隔震混凝土矩形贮液结构的液—固耦合地震响应

（1）隔震混凝土矩形贮液结构在受到不同烈度的地震作用时，由于地震波频域特性与时域特性的影响，使其结构受到的地震反应随不同地震烈度的变化有所差异，其隔震混凝土贮液结构的壁板位移、液体晃动高度、等效应力都随地震烈度的增大而不断增大。

（2）液体高度对隔震混凝土矩形贮液结构的地震反应产生一定的影响，液位高度越低，等效应力值变的越大，壁板位移也越大，液体晃动幅度亦越大；反之，液位高度越高，隔震混凝土矩形贮液结构中的液体晃动高度变小，应力值也变小，壁板的位移也将变小。

（3）在天津波（南北向）和兰州波（Ⅱ类场地）作用下，线性混凝土隔震矩形贮液结构的壁板位移和液体晃动高度的峰值明显小于非线性的壁板位移和液体晃动高度的峰值；但在天津波（南北向）作用下，非线性的混凝土隔震矩形贮液结构的等效应力的峰值小于线性的等效应力的峰值，而在兰州波（Ⅱ类场地）作用时，线性混凝土矩形隔震贮液结构的等效应力的峰值小于非线性的等效应力的峰值。

（4）在多遇 El-Centro 波的双向地震作用下，当液体发生微幅晃动时，考虑隔震混凝土矩形贮液结构中混凝土的线性弹性和非线性弹性对贮液结构中的壁板位移、液体晃动高度、等效应力的影响，得出在不同烈度的地震波作用下，利弊不一。

3. 大幅晃动时隔震混凝土矩形贮液结构液—固耦合地震响应

（1）液体产生明显的非线性无规律晃动，并且在液体晃动波高最大处的壁板位移最大，所以在研究贮液结构的抗震性能时，液动压力对池壁的影响不可忽略。

（2）隔震矩形贮液结构在地震作用下，贮液的晃动波高、池壁的位移和应力均随着地震烈度的增大而增大。

（3）材料特性的改变主要影响了结构池壁的位移与应力，对贮液的晃动波高影响不大，可以忽略。在实际工程中对防止液体的飞溅可以采用合适的隔震垫、加盖钢筋混凝土顶盖或设置内部防晃挡板结构等方法来予以避免。

（4）混凝土贮液结构池壁的薄弱部位为各壁板之间连接处、壁板与底边连接处、池壁的上部中心部位、池壁的几何中心部位。

（5）考虑混凝土非线性在 7 度 El-Centro 波作用下液体的晃动幅值、池壁的位移和应力与考虑线性混凝土时差别不大，但在大震（8 度、9 度）作用时，两种材料特性的贮液结构波高、位移、应力差别较大，因此，大震时应分析非线性材料特性下结构的响应。

8　限流接闪器在高层建筑中的应用

一、完成单位

北京爱劳高科技有限公司

二、主要完成人

刘旭　姜克强

三、成果简介

近年来随着我国经济和技术的不断发展，大量的高层建筑拔地而起，从广州 610m 高的“小蛮腰”到苏州 729m 高的“中南中心”，全国各地处处可见高层建筑的身影；众所周知，这些高层建筑大都采用了互联网、计算机、通信、人工智能等技术，安装使用了大量的微电子设备。虽然这些建筑物的雷电防护设计均已按照相关的标准进行了“接闪、分流、屏蔽、均压、接地、保护”设计，并且设计方案和防雷装置均通过了相关部门的审核和验收，但是伴随高层建筑的投入运行，微电子设备的雷电事故频现。针对近年来全国各地高层建筑中微电子设备雷电事故频发的现状，本文运用雷电理论，从直击雷引起的反击和雷电电磁场的角度，系统地分析雷电事故频发的原因，提出安装限流接闪器的解决方法，通过理论分析、火箭引雷试验的方式，验证了限流避雷针在高层建筑应用的可行性和必要性。

1. 传统接闪器应用于高层建筑中的不足主要体现在反击的危害和雷击电磁场的风险，主要原因是雷击电流的幅值较大，而现代的微电子设备的抗扰度较低。因此，如果能有效地将雷电直击接闪器的电流幅值降低几个数量级，那么雷击接闪器导致的电位升高幅值和雷击电磁场强度也会降低几个数量级，因雷击接闪器而导致的微电子设备损坏概率将大大降低。

2. 限流接闪器

限流接闪器是在富兰克林传统接闪器的基础上发展起来的一种新型接闪器，它采用导电硅橡胶高分子材料，在保留了普通接闪器的功能、满足保护范围设计要求的同时，能利用导电硅橡胶的电阻特性，延缓雷击主放电时间、降低雷电流幅值，从而大大减低接闪器接闪后的雷电电磁场幅值和电位升高。AR 限流接闪器结构简单、安装方便、机械强度高、免维护，可用于各种建筑物的直击雷防护。

（1）工作原理

众所周知，起电后的雷云和大地之间相当于一个充了电的电容器（如图 5.8-1 所示），在雷云对接闪器的放电相当于电容器的放电过程，如在电容器放电回路中串入阻抗后可以降低电容器放电时的电流大小和延长放电时间。限流接闪器就是利用串入阻抗后电容器放电的这一特性来实现雷击接闪器的限流功能。

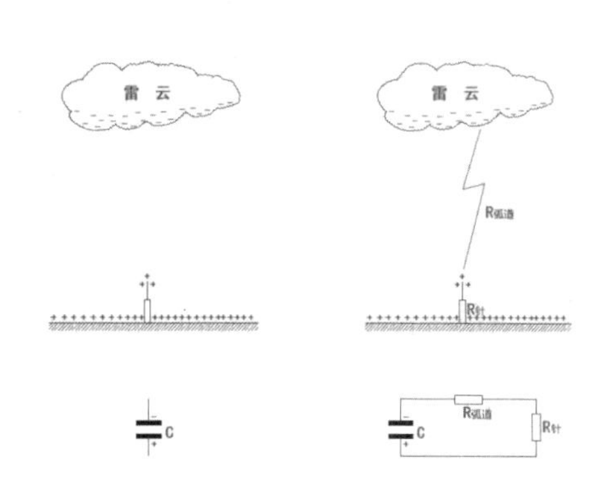

图 5.8-1　雷云和大地之间相当于一个电容器

我们知道电容器在放电过程中（不同时间）的放电电流函数由下式确定：

$$i(t)=\frac{Q_0}{RC}\times e-\frac{t}{RC}$$

其中，Q_0 为充电电荷量，R 为回路的放电电阻值，C 为电容器的容量，t 为放电时间。

由上式可知，电容器放电电流的初值大小与回路电阻成反比，也就是说，接闪器接闪雷电过程中，回路放电电阻越大，雷电流的幅值就会越小。然而由于传统接闪器的针体电阻 $R_{针}$很小（几乎为零），导致弧道电阻 $R_{弧道}$也较小，所以回路放电电阻 R（$R_{针}$与 $R_{弧道}$之和）值就很小、雷电流的幅值就较大。采用限流接闪器后，由于其针体电阻 $R_{针}$高达数十千欧姆，从而导致弧道电阻 $R_{弧道}$也高达数兆欧，所以 R 值就很大，雷电流的幅值就被大大降低了，试验证明通常可以减低雷电流幅值两个数量级左右。

（2）火箭引雷试验结论

为研究和证实限流接闪器在雷电防护中的限流性能，我们和武汉大学等研究机构曾对限流接闪器进行了火箭引雷试验。从典型的火箭引雷对比光学照片（图 5.8-2 和图 5.8-3）中可看出，相同能量的雷云被火箭引雷到限流接闪器上时，其主放电电流（约 90A）刚刚打到引雷钢丝的发光电流范围，故雷电通道的余晖很细且较暗；而被火箭引雷到传统接闪器上时，其主放电电流（约 16kA）已超过引雷钢丝的汽化电流值，故雷电通道的余晖很粗（宽）且非常明亮，从而说明 AR 限流接闪器实现了对雷电流的限制功能。

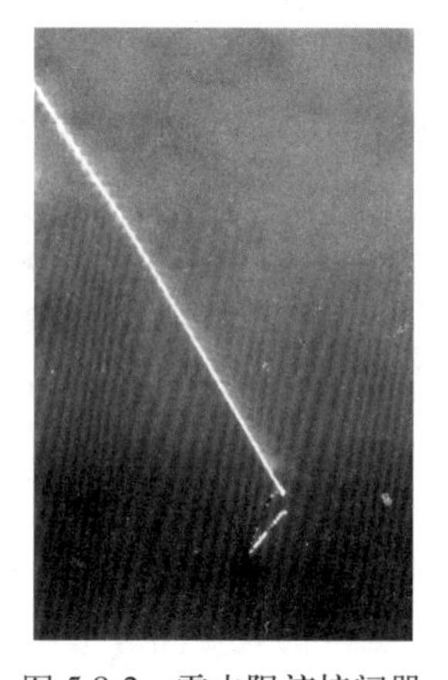

图 5.8-2　雷击限流接闪器

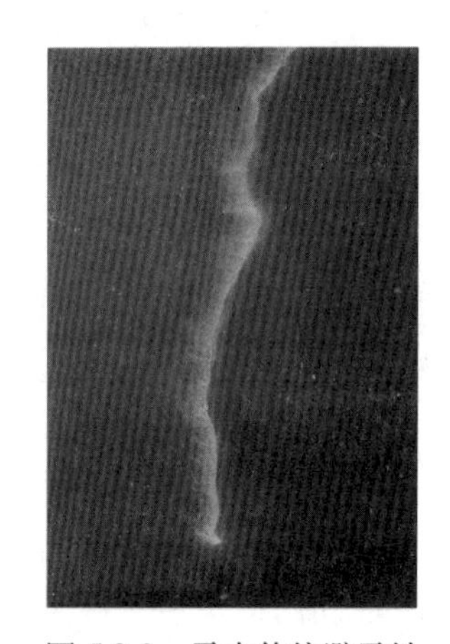

图 5.8-3　雷击传统避雷针

经反复多次的对比试验和统计，试验结果表明：

a. 火箭引雷到限流接闪器上时，雷电流比引到普通接闪器上时小了两到三个数量级。

b. 限流接闪器即便是在闪络后仍有很好的限流能力，可将雷电流限制到数十到数百安。

c. 限流接闪器在强雷击时仍能将雷电流限制到原值的 12.6% 左右。

3. 结语

限流接闪器按照 GB 50057-2010 进行保护范围的设计，多年来在高层建筑中已得到了广泛的应用，提高了大楼微电子设备保护的可靠性。

9 电涡流阻尼减振技术在土木工程中的应用

一、主要完成单位

湖南大学风工程与桥梁工程湖南省重点实验室

二、主要完成人

陈政清 牛华伟 华旭刚 李寿英

三、成果简介

针对土木工程领域常用的油阻尼器存在的漏油、性能受温度影响大、启动灵敏度低等缺点，开发了用于大型土木工程结构减振的电涡流阻尼技术，研发了电涡流阻尼调谐质量减振器（TMD）和轴向电涡流阻尼器两类减振产品，相关技术在高层建筑、大跨度桥梁、大型机场等土木工程结构中得到应用。

开发和应用阻尼器抑制结构有害振动，减轻或消除地震、大风和其他原因产生的灾害是土木工程领域和结构动力学的前沿研究课题。大型工程结构质量巨大，设计寿命长，对阻尼器的基本要求是牢固可靠，出力大，少维护，耐疲劳。目前，土木工程领域使用的阻尼器或 TMD 阻尼单元部分主要使用油阻尼器，但是国内外实际工程应用中都先后出现了阻尼器在设计使用期内发生密封件破坏、漏油，以及油阻尼器在较高温度条件下性能退化严重的现象，如 Konstantinidis 等（2011）报道的美国 San Francisco–Oakland Bay Bridge 和 Vincent Thomas Bridge 使用的阻尼器漏油问题，以及 Weber 和 Feltrin（2010）报道的油阻尼器在冬天和夏天阻尼性能变化明显的状况。此外，油阻尼器还有一个缺点就是启动荷载比较大，导致用于结构抗风领域时灵敏度不够，需要在较大的风振荷载作用下才开始工作。比如使用了 16 台油阻尼器作为耗能原件的台北 101 大楼 TMD，在低风速作用下并不能够发生振动而开始耗能减振。

为此，开发了便于在土木工程领域应用的电涡流阻尼单元，与目前常用的粘滞阻尼器依靠流体粘滞力产生阻尼不同，该电涡流阻尼新技术利用电磁力产生阻尼，结构简化，性能提高，成本降低，而且不需要电源，已在包括世界最大调谐质量阻尼器（TMD）在内的一系列减振工程中应用，使我国成为最先在工程结构减振领域应用电涡流阻尼的国家，改变了国际上关于电涡流阻尼无法应用于大型工程结构的观点和现状。

随着社会的进步和土木工程领域的不断发展，人们对结构安全和舒适性要求越来越高，土木工程结构减振与减隔震技术必将得到长远的发展，而新兴的电涡流减振技术也将具有广阔的应用前景。特别是对阻尼器启动灵敏度要求比较高的建筑结构风振控制领域，采用非接触式的电涡流阻尼技术必将成为该领域的第一选择。同时，随着工程结构使用粘滞阻尼器带来的漏油、寿命短等一系列问题，寻找新的替代产品已经成为阻尼器领域发展的共识，而电涡流阻尼器也将成为土木工程领域一类重要的替代产品。伴随土木工程领域电涡流阻尼技术的发展和稀土永磁铁技术的不断进步，电涡流阻尼技术未来必将在机械、汽车、航天、军事等领域得到新的发展和应用。

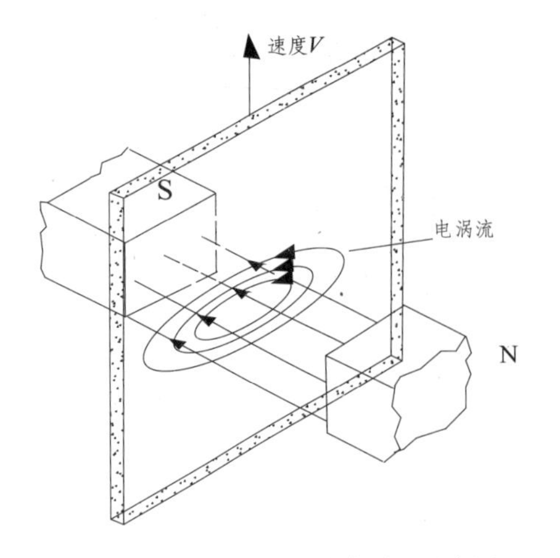

图 5.9-1　电涡流阻尼形成原理示意图

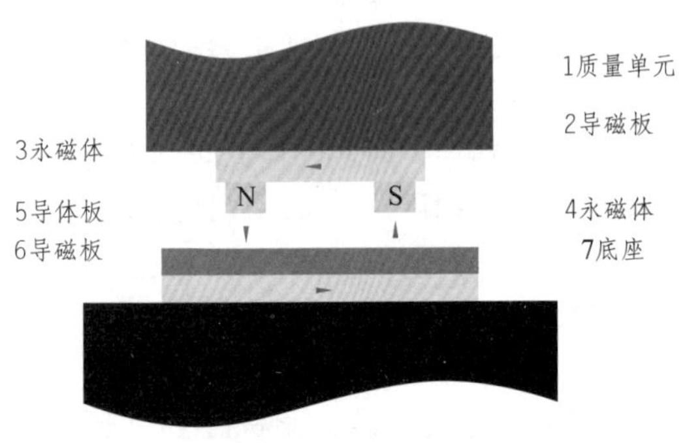

图 5.9-2　板式电涡流阻尼单元的结构示意图

四、技术原理

电涡流阻尼（Eddy Current Damping）也称为电磁阻尼，是基于电磁感应原理的一种物理现象。如图 5.9-1 所示，当导体板在局部磁场中运动时，导体板内的磁通量发生变化，由电磁感应原理，在导体板内马上产生感应电流，并自动在板内形成涡电流，这就是电涡流效应。涡电流与磁场作用，又产生一个阻碍导体板运动的力，即电涡流阻尼力。在这一过程中，导体板与磁场相对运动的动能先转变为电能，再在导体板内转化为热能消耗于大气中，于是起到耗能减振的作用。

电涡流阻尼是最接近结构动力学线性粘滞阻尼的力学模型的一种阻尼，性能优良。它的阻尼力由磁体和导体板之间的相对运动产生，两者之间不相互接触。因此，电涡流阻尼是一种没有机械摩擦，没有工作流体，基本结构没有疲劳寿命问题的阻尼装置，在仪表、机械行业早已应用，并且很适合在外层空间技术中应用。但是，电涡流阻尼在低频振动环境中出力小，难以满足固有频率低的大型工程结构减振要求，因此到目前为止，国外尚没有在大型工程结构中应用电涡流阻尼的实例。为解决这一难题，课题组在反复试验和有限元分析的基础上，提出了专门的板式电涡流阻尼单元，如图 5.9-2 所示。该阻尼单元具备如下基本优点：1）模块之间没有接触，不产生摩擦力，因此在结构发生微小振动时就可以发挥减振作用；2）不需要电源，结构简单经久耐用，几乎没有后期维护工作。疲劳寿命取决于所用永磁体的寿命，而目前在风力发电机上使用的永磁体已可以使用 30 年以上，因此可以从根本上解决其他类型阻尼单元的疲劳寿命难以满足要求的问题；3）由电磁感应原理可知，电涡流阻尼的速度系数等于 1，完全符合结构动力学中线性粘滞阻尼的假定；4）对工作速度无限制，不存在其他类型阻尼器在高速冲击下失效的问题。

五、成果应用

课题组采用发明的板式永磁体电涡流阻尼单元，发展了一系列土木工程应用的不同类型的电涡流 TMD，该类 TMD 在结构发生微小振动时就能发挥减振作用；它结构简单，没有后期维护问题，并且 TMD 的工作行程越大，相对成本越低；它使用方便，改变导体板与磁体之间的间距就可以调节阻尼系数。因此，电涡流 TMD 在工作性能和生产成本上具有极大竞争优势，发明后立即在重大工程中得到应用，如世界上最大的 TMD——调谐质量 1000t 的上海中心大厦 TMD、高 254m 的世界上最大的太阳能集热发电塔 TMD 系统（摩洛哥）、厦深铁路榕江特大桥吊杆减振系统、张家界大峡谷玻璃桥人行减振 TMD 系统等。

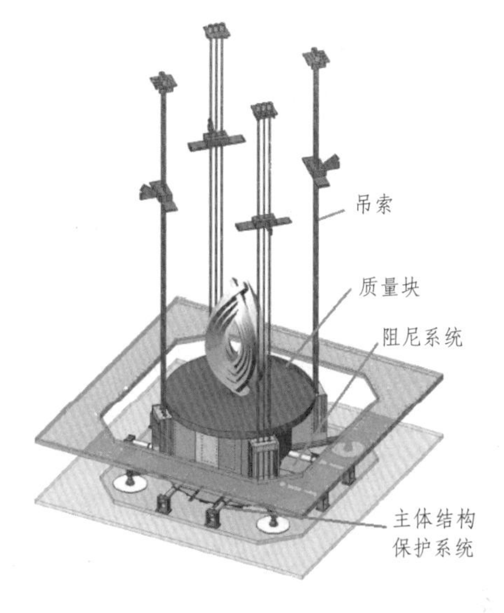

图 5.9-3　上海中心大厦减振电涡流 TMD 系统（调谐质量 1000t）
（电涡流技术授权，工程方案由上海材料所实施）

图 5.9-4　摩洛哥 254m 高太阳能集热发电塔电涡流减振系统（调谐质量 40t）
（电涡流技术授权，由柳州东方橡胶制品有限公司实施）

图 5.9-5　厦深铁路榕江特大桥吊杆风振控制电涡流系统
（安装 144 套减振 TMD，湖南大学实施）

图 5.9-6　张家界大峡谷玻璃桥人行减振 TMD（共安装 38 套）
（由湖南省潇振工程科技有限公司实施）

目前速度型大吨位阻尼器几乎全是粘滞流体阻尼器，结构复杂，要求很高的加工工艺水平，特别是成本随工作行程的加大急剧上升，并且在大速度工作条件下可能失效。课题组发明了应用螺旋传动原理的速度型轴向电涡流阻尼器，可用于制造几吨至上百吨阻尼力的大型阻尼器，改变了无法应用电涡流效应制造大型阻尼器的传统观点。本项发明继承了电涡流本身固有的无工作流体和磁体与导体板不接触的优点，与具备相同功能和技术指标的粘滞流体阻尼器相比，不仅简化了结构，降低了工艺要求，而且在疲劳寿命、大速度工作性能等方面优于粘滞阻尼器。为适用抗震阻尼器速度指数小于 1 的要求，课题组也发展了相关理论与解决方案。基于螺旋传动原理加电涡流阻尼技术，可以开发从几百公斤至 200t 阻尼力的轴向阻尼器，且阻尼器不同行程可以变换丝杠长度灵活实现，相关产品已经在广州大学地震台模型试验与大型桥梁工程中实际应用。

图 5.9-7　广州大学建筑结构振动台试验采用的电涡流轴向阻尼器
（最大阻尼力 30kN，启动摩擦力小于 0.3kN，行程 ±100mm）

图 5.9-8　张家界玻璃桥使用的轴向电涡流阻尼器
（最大阻尼力 500kN，行程 ±250mm，最大速度达 0.7m/s）

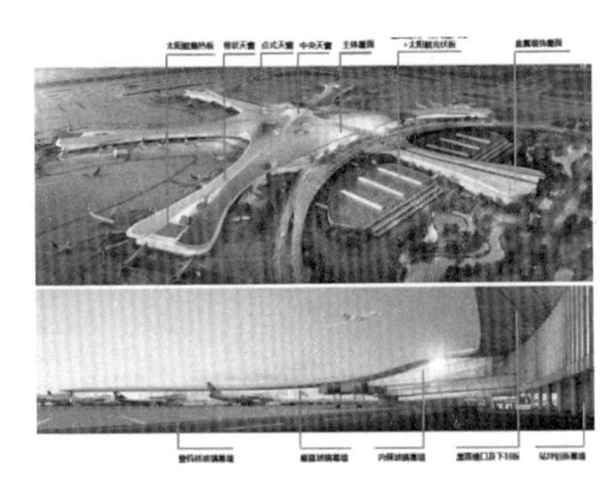

图 5.9-9　以北京新机场减隔震体系需求为目标研制的轴向电涡流阻尼器
（最大阻尼力 1000kN，行程 ±800mm，最大速度达 1m/s）

图 5.9-10　主跨 1480m 的杭瑞高速岳阳洞庭湖悬索桥塔—梁阻尼器
（最大阻尼力 1500kN，行程 ±1200mm）

第六篇　工程篇

中国幅员辽阔，地理气候条件复杂，自然灾害种类多且发生频繁。我国2/3以上的国土面积受到洪涝灾害威胁，约占国土面积60%的山地、高原区域因地质构造复杂，滑坡、泥石流、山体崩塌等地质灾害频繁发生。此外，现代化城市生产、人口、建筑集中，同时伴有可燃易燃物品多、火灾危险源多等现象，从而导致城市火灾损失呈增长趋势。防灾减灾工程案例，对我国防灾减灾技术的推广具有良好的示范作用。

本篇选取了有关低能耗抗灾、建筑消防、抗震加固、结构抗风、农房改造等领域的工程案例10个，通过对实际工程如何实现防灾减灾的阐述，介绍了防灾减灾实践经验，以促进防灾减灾事业稳步前进。

1　装配式空腔 EPS 模块现浇混凝土结构低能耗抗灾房屋研究与应用

林国海　张司本　翟洪远
哈尔滨鸿盛房屋节能体系研发中心，哈尔滨，150036

引言

近年来，国内外自然灾害频发（风灾、水灾、雪灾、火灾、地震、山体滑坡等），其中大都以地震灾害为主。因地震灾害倒塌的房屋，围护结构大都是块材组砌墙体或框架砌块填充墙体。灾害造成大量死伤事故，造成了严重的社会负担，制约了经济发展，增加了社会不稳定因素，也造成了不良的政治影响。尽早实现我国农村房屋既节能环保（减少冬季取暖造成的大气污染）又告别因地震灾害造成的房屋倒塌和人身伤亡，做到 8 级震灾“零死亡”和受灾不受害，是我国亟待快速解决的实实在在的民生问题。

装配式空腔 EPS 模块现浇混凝土（或再生混凝土）结构低能耗抗灾房屋快速建造成套技术，是将工厂标准化生产的 EPS 空腔模块经积木式错缝插接组合成空腔墙体，空腔内设置单排钢筋，浇筑混凝土（或再生混凝土），由此所构成的复合墙体适用于耐火等级为三级及以下、抗震设防烈度 8 度及以下、建筑高度不大于 15m、地上建筑层数 3 层及以下的低层低能耗抗震房屋、农作物温室、无采暖农用机械库房、冷藏库等。

一、工程概况

2014 年，吉林省珲春市农村危房改造项目采用装配式空腔 EPS 模块现浇混凝土结构低能耗抗灾房屋建造技术，在梨树沟村、营子村、三家子乡等三地建设抗灾房屋，总建筑面积 20000m^2，建筑造价 1100 元 /m^2。该技术易施工性强，房屋建造如同摆积木，彻底取代了黏土砖和块状组砌墙体，淘汰落后技术和产能，摒弃了传统的房屋建造施工工艺，为村镇建造抗灾房屋提供了便利，实现了建筑保温与建筑模板一体化和建筑保温与建筑结构一体化，进一步验证了技术成果的科学性、完整性和适用性（图 6.1-1、图 6.1-2）。

图 6.1-1　珲春美丽乡村建设项目 1

图 6.1-2　珲春美丽乡村建设项目 2

二、装配式空腔 EPS 模块现浇混凝土结构低能耗抗灾房屋

1. 空腔 EPS 模块的定义和外观形状

空腔 EPS 模块（简称空腔模块）是将可发性聚苯乙烯珠粒加热发泡后，通过工厂标准化生产设备一次成型制得的具有闭孔结构、不同种类、不同规格、不同形状、不同建筑用途，符合模数扩大基数 3nM，满足低能耗建筑标准需求，四周边有插接企口，板体上有空腔构造，内外表面有均匀分布的燕尾槽，并与建筑构造和施工方法及生产工艺有机结合的聚苯乙烯泡沫塑料型材，不是用传统大板机制成聚苯型方大块，再通过电阻丝反复切割成型的聚苯板。部分空腔模块的外观形状如图 6.1-3 ~图 6.1-12 所示。

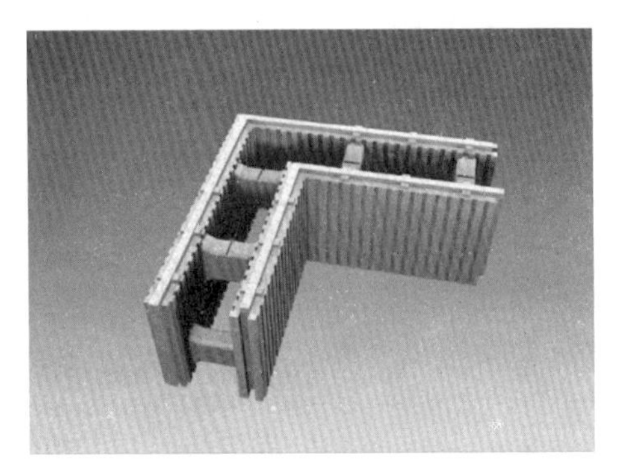

图 6.1-3　直角空腔模块

图 6.1-4　直板空腔模块

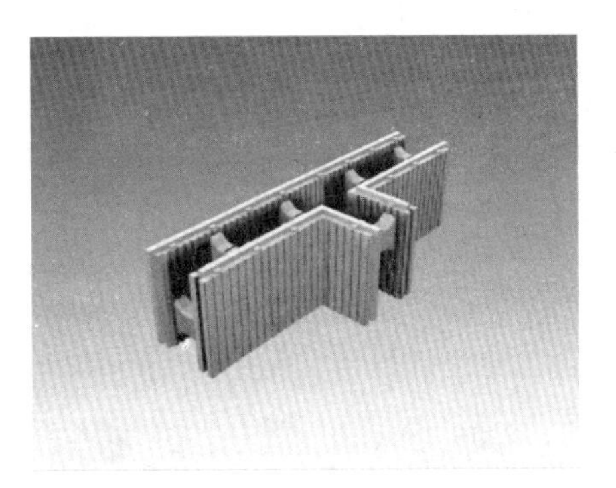

图 6.1-5　T 形空腔模块

图 6.1-6　左撇扶墙柱空腔模块

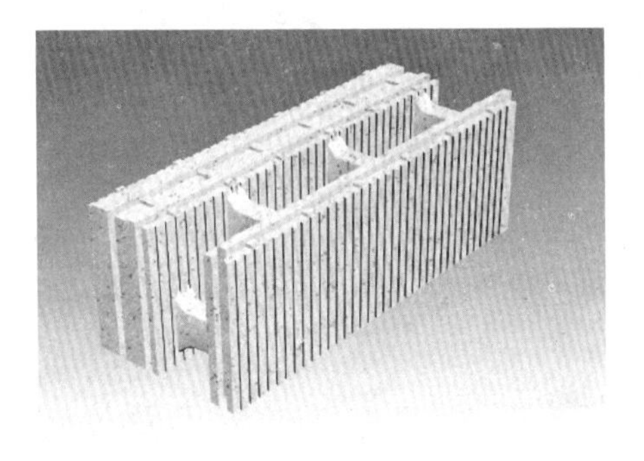

图 6.1-7　加厚型 900 直板空腔模块

图 6.1-8　加厚型阴角空腔模块

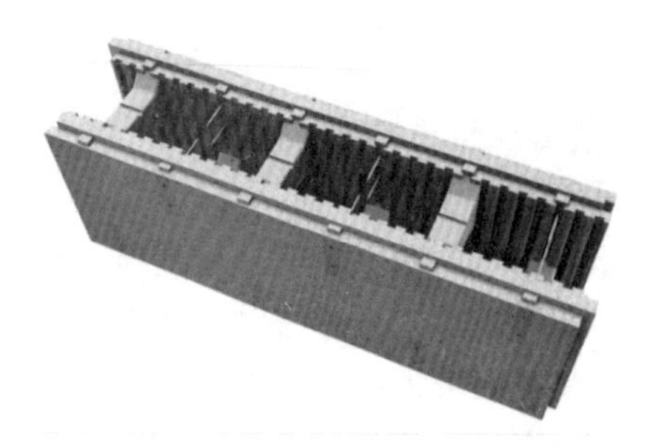

图 6.1-9　免抹灰 900 直板空腔模块

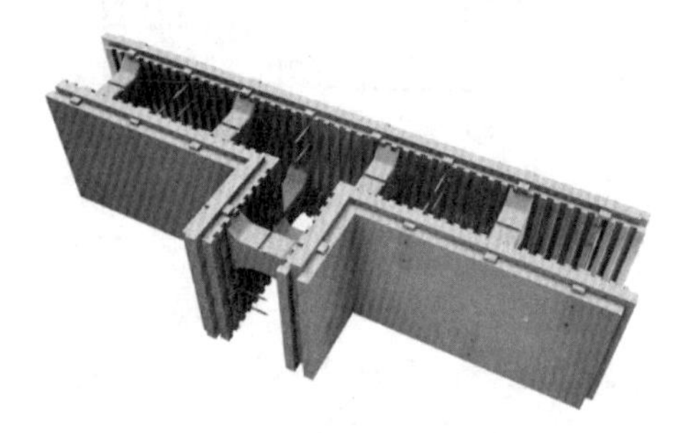

图 6.1-10　免抹灰 T 形空腔模块

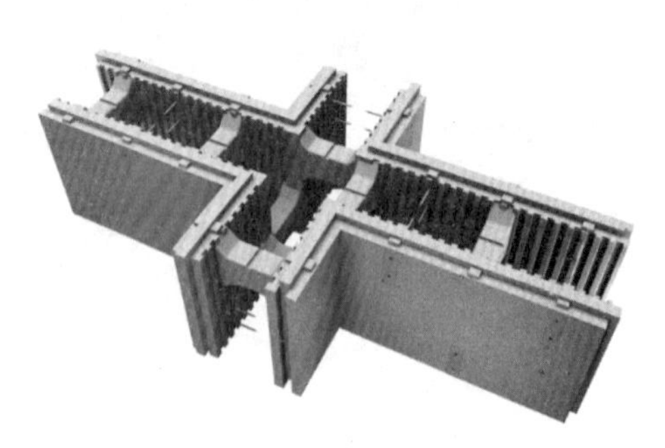

图 6.1-11　免抹灰十字形空腔模块

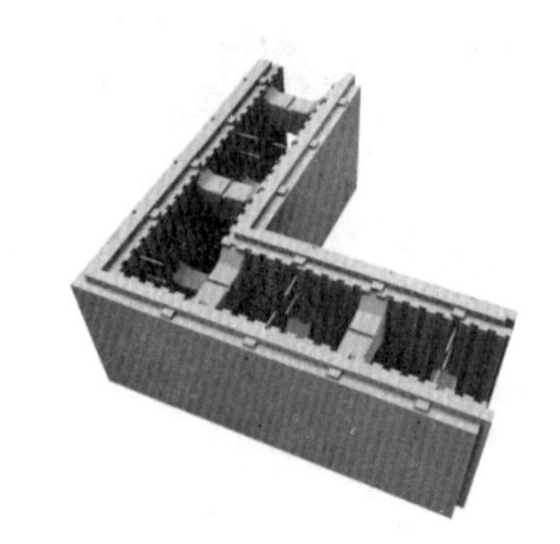

图 6.1-12　免抹灰大直角空腔模块

2. 楼面免拆模板系统的定义和外观形状

在工厂或施工现场的地面操作平台上，按设计要求，将下层钢筋贯穿钢筋固定座的圆形通孔，并用自攻钉将其与纤维水泥板连接，将上层钢筋与下层钢筋连接所构成的现浇混凝土结构楼面免拆模板系统，简称楼面免拆模板系统。楼面免拆模板系统的外观形状如图 6.1-13、图 6.1-14 所示，其中图 6.1-13 为组合系统，图 6.1-14 为钢筋固定座和厚度不小于 15mm 的纤维水泥板。

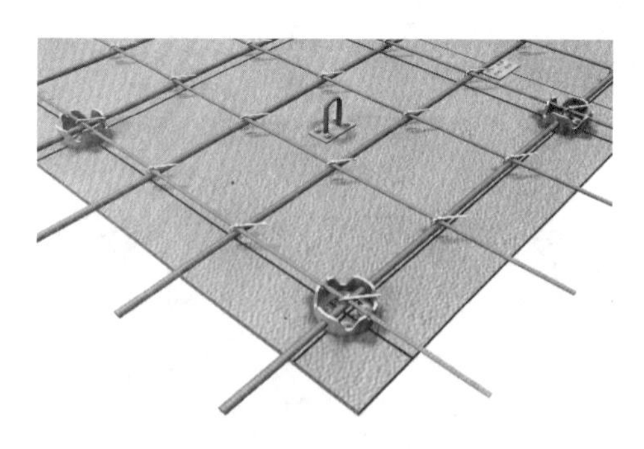

图 6.1-13　系统组合构造

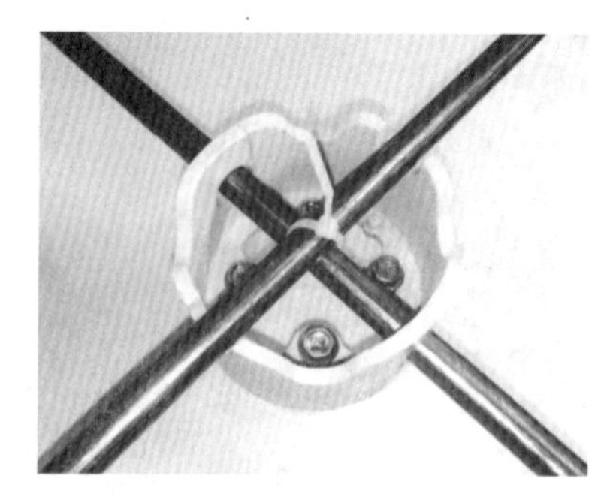

图 6.1-14　钢筋固定座

3. 空心模块楼面免拆模板系统的定义和外观形状

楼面空心模块通过两根 30×40 ×1.0 冷弯 C 型钢穿插组合成反槽型楼面空心板，其上浇筑混凝土，形成保温与结构一体化的复合楼面板。空心模块和楼面板的外观形状如图 6.1-15、图 6.1-16 所示，其中图 6.1-15 为空心模块，图 6.1-16 为空心楼面板。

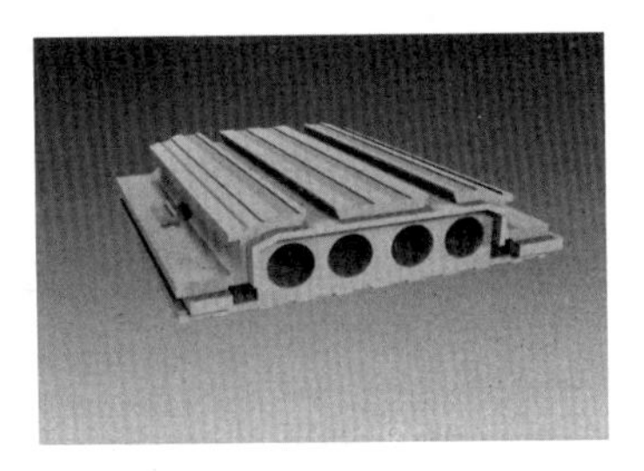

图 6.1-15 空心楼面板

图 6.1-16 空心楼面板组合

4. 装配式空腔模块现浇混凝土结构墙体的定义和基本构造

定义：将空腔模块套入竖向钢筋，经积木式水平分层竖向错缝插接拼装成空腔模块墙体（每层模块高 300mm，水平钢筋分层置入模块芯肋上表面的凹槽，用尼龙扎带与竖向钢筋绑扎固定），在墙体空腔内浇筑混凝土或再生混凝土，内外表面用不小于 15mm 厚防护面层抹面或安装防护板，再按设计要求饰面，构成保温与承重一体化的低能耗抗灾房屋的墙体。

墙体基本构造应符合表 6.1-1 的要求。

墙体基本构造 表 6.1-1

墙体基本构造				
混凝土结构	保温层	防护层		构造示意图
		防护面层	饰面层	
①混凝土墙体 ②钢筋	③空腔模块 ④插接企口	⑤ 15mm 厚抹面防护面层加复合耐碱玻纤网或安装防护板	⑥涂装材料	⑥ ⑤ ① ② ④ ③

5. 一般规定

适用范围：适用于耐火等级为三级及以下、抗震设防烈度 8 度及以下、地上建筑高度 15m 及以下、地上建筑层数 3 层及以下、建筑层高不大于 5.1m（无扶墙柱时）的民用房屋。技术条件相同时，也可使用本技术。

墙体的热工性能：在表观密度 30kg/m^3 标准型或加厚型墙体空腔模块组合的墙体空腔构造内浇筑 130mm 厚混凝土，内外表面用 15mm 厚防护面层抹面或安装防护板，墙体传热系数如表 6.1-2 所示。

墙体传热系数 表 6.1-2

序号	模块类别	墙体厚度（mm）	传热系数 [W/（m^2·K）]
1	标准型普通模块	280（含防护层厚度）	≤ 0.25
2	加厚型普通模块	380（含防护层厚度）	≤ 0.15
3	标准型石墨模块	280（含防护层厚度）	≤ 0.23
4	加厚型石墨模块	380（含防护层厚度）	≤ 0.13

当房屋外墙体无扶墙柱、首层建筑高度不大于 5.1m 时，混凝土强度等级和钢筋配置如表 6.1-3 所示。

混凝土强度等级及钢筋配置　　　　表 6.1-3

层数及墙肢轴压比	设防烈度	混凝土强度等级	单排配筋 HPB300（横向和竖向）
一层	6、7	C20	Φ6@300
	8		Φ8@300
二层，μ<0.4	6、7		Φ8@300
	8	C25	Φ10@300
三层，μ<0.5	6、7		
	8	C30	Φ12@300

注：μ为墙肢在重力荷载设计值作用下的轴压比。

6. 装配式空腔模块现浇混凝土结构墙体的建筑设计要求

（1）以墙体混凝土厚度的 1/2 为定位轴线；房屋开间和进深、层高、门窗墙垛高度和宽度、窗上下槛墙和门上槛墙的高度均应符合扩大模数基数 3nM。

（2）房屋转角墙垛和门窗间墙垛宽度均不小于 600mm；当房屋为单层时，门窗上槛墙高度均不应小于 600mm。

（3）墙体位于地面以下时，墙体内外表面应采用 M15 干混抹面砂浆防护；墙体与基础梁或与条形基础上表面的交接部位，应采用 M15 干混砂浆抹八字封角。

（4）墙体位于地面以上、内外表面用厚度不小于 15mm 水泥板或刚性不燃材料装饰板做防护面层时，应符合下列要求：

1）固定插片用两个直径不小于 5mm 的锚固钉穿透模块的内外侧壁，锚入混凝土墙体内的有效长度不小于 30mm；水泥板或刚性不燃材料防护板的厚度不小于 15mm，每一固定插片上不少于两个直径不小于 5mm 的镀锌自攻钉。

2）用厚度为 15mm、宽度为 100mm 的纤维水泥平板或防火装饰板沿外墙阳角通长压缝设置转角防护板，并与墙体防护板用胶粘剂粘贴后，用双排直径不小于 5mm 的镀锌自攻螺钉辅助连接，拧入水泥板内的长度不小于 15mm，钉距不大于 300mm。

（5）门窗框用直径为 8mm 镀锌膨胀螺栓与墙垛连接，螺栓距洞口端头不大于 300mm，间距不大于 1.2m，边框上不少于两个。窗下槛墙顶部用厚度为 30mm 的 Ⅱ 型窗口模块封堵。

（6）加厚型外墙门窗洞口部位，门窗框应通过镀锌钢板用直径为 8mm 的镀锌膨胀螺栓与墙垛连接，其他构造做法与第（5）条相同。

7. 装配式空腔模块现浇混凝土结构墙体的结构设计要求

（1）当房屋外墙体无扶墙柱、首层建筑高度不大于 5.1m 时，混凝土强度等级和钢筋配置应符合表 6.1-4 的要求。

混凝土强度等级及钢筋配置 **表 6.1-4**

<table>
<tr><th>层数及墙肢轴压比</th><th>设防烈度</th><th>混凝土强度等级</th><th>单排配筋 HPB300（横向和竖向）</th></tr>
<tr><td rowspan="2">一层</td><td>6、7</td><td rowspan="3">C20</td><td>Φ6@300</td></tr>
<tr><td>8</td><td rowspan="2">Φ8@300
Φ8@300</td></tr>
<tr><td rowspan="2">二层，μ<0.4</td><td>6 、7</td></tr>
<tr><td>8</td><td rowspan="2">C25</td><td rowspan="2">Φ10@300</td></tr>
<tr><td rowspan="2">三层，μ<0.5</td><td>6 、7</td></tr>
<tr><td>8</td><td>C30</td><td>Φ12@300</td></tr>
</table>

注：μ为墙肢在重力荷载设计值作用下的轴压比。

（2）门窗洞口上槛墙内只设置正截面受弯钢筋，不设环形箍筋和斜截面抗剪钢筋。

（3）地下室墙体混凝土强度等级不低于 C30，配筋应符合表 6.1-4 的规定。当墙体对外侧填土侧压抗力验算不足时，应加设截面尺寸为 300mm × 370mm 扶墙柱，柱内配筋应计算确定。

（4）混凝土屋面板为单向板时，宜采用楼面空心模块免拆模板系统做现浇混凝土楼面板的免拆模板，结构设计按反槽板计算。

（5）出挑外墙的雨篷板，应沿楼面板在同一标高出挑，并用厚度不小于 60mm 的模块做免拆底模和侧模，与楼面空心模块免拆模板系统或水泥板楼面免拆模板系统的混凝土一同现浇。上表面的外保温应符合外保温粘贴系统的规定。

（6）出挑外墙的雨篷板，应沿楼面板在同一标高出挑，并用厚度不小于 60mm 的模块做免拆底模和侧模与楼面免拆模板系统的混凝土一同现浇。

（7）阳台混凝土底板应沿楼面板标高出挑，底板下表面和栏板应均用厚度不小于 60mm 的模块做免拆底模和外模与楼面免拆模板系统的混凝土一同现浇。

（8）外门应设有下槛平开门，外墙门窗的传热系数不应大于 2.0 W/（m^2·K）。当房屋按被动式低能耗指标设计时，除墙体应采用加厚型空腔模块外，尚应符合下列要求：

1）外墙入口尚应设置门斗。

2）外墙门窗传热系数应满足房屋热负荷的要求。

（9）房屋为二层及以上，应采用木楼梯或钢木楼梯。

（10）室内火炕、火墙、壁炉、炉灶、烟道等有火源部位外壁外侧与墙体间应留不小于 100mm 缝隙，密实填塞岩棉或松散不燃材料。当烟道横穿墙体时，烟道外壁应为双层空腔构造，空腔净距不小于 60mm，其内应密实填塞岩棉或玻璃棉，外壁外侧用不小于 20mm 厚 M10 干混抹面砂浆防护，粘贴不小于 50mm 厚泡沫玻璃模块。烟囱应独立设置，其外壁外侧与墙体或屋面板相接处，用不小于 20mm 厚 M10 水泥抹面砂浆防护，粘贴不小于 50mm 厚泡沫玻璃模块。

（11）直径不大于 60mm 的低温管线宜敷设在墙体空腔内。直径不大于 20mm 的低温线管可在墙体的内侧壁上开槽下管。

（12）墙体用于建造农业温室和低温储粮仓及冷藏库时，应设置附墙柱，柱距不宜大于 12m。

8. 天棚保温系统设计要求

（1）系统应设置在屋架下弦的下表面。

（2）龙骨的规格和类别及与屋架下弦的连接应经计算确定，间距不应大于 600mm。

（3）将厚度不小于 10mm 的纤维水泥板通过直径不小于 5mm、间距不大于 300mm 的镀锌自攻钉与龙骨穿透连接，穿透长度不小于 5mm。

（4）模块通过直径不小于 5mm 的镀锌自攻钉与厚度不小于 10mm 的纤维水泥板穿透连接，穿透长度不小于 5mm，每平方米不少于 6 个钉。

（5）模块与墙体间安装组合缝封堵应用燃烧性能不低于 B_1 级的聚氨酯发泡保温材料封堵。

（6）用厚度不小于 5mm 抹面胶浆防护天棚保温层的内表面。

9. 安装相关要求

墙体安装方法要求

（1）在已平整的条形基础或地梁的上表面分别弹出墙体轴线和墙体厚度线，在轴线上按孔距为 300mm、孔深为 10 倍钢筋直径＋10mm、孔径同钢筋直径打孔，将竖向钢筋插入孔内。按墙体厚度线将 30mm×20mm（宽 × 厚）限位板条钉牢，构成空腔模块墙体限位卡槽。

（2）按模块排列组合图安装。先将大角形、大 T 形、扶墙柱形模块套入竖向钢筋，置入条形基础上的限位卡槽内，再组合安装直板形模块，模块应竖向分皮错缝 300mm 插接组合。

（3）横向钢筋置入每皮模块芯肋上端的凹槽内，与竖向钢筋用尼龙扎带绑扎，按此工序分层错缝将墙体组合至 ±0.00 标高。

（4）校正墙体垂直度，安装防护条，浇筑 ±0.00 标高以下墙体混凝土；当采用机械浇筑混凝土时，应在混凝土注入点部位，将墙体两侧用防护板加固，同时用木制防护罩将门口下槛墙防护。

（5）按第三步要求，将地面以上空腔模块墙体组合至窗口部位，按门窗洞口宽度插入Ⅰ型门窗口模块，并在墙体内表面设置螺旋连接钉，用直径不小于 5mm 的自攻螺钉将斜支撑立梃固定在螺旋连接钉或固定插片上，校正墙体垂直度，安装防护条，浇筑混凝土，用Ⅱ型门窗口模块将门窗下槛墙顶面覆盖，切掉外露凸榫。

（6）按第五步要求，将空腔模块墙体插接拼装组合至门窗上口，将门窗上口模块置入支撑托架，设置受弯钢筋，并用金属 U 形钉将其固定，再将墙体组合至楼面板或檐口部位。

（7）连接斜支撑立梃与空腔模块墙体内侧的螺旋连接钉。

（8）房屋为单层时，将墙体混凝土浇筑至檐口顶面，切掉外露凸榫，校正固定屋架的预埋件。

（9）房屋为二层及以上时，将墙体混凝土浇筑至与楼面板下皮齐平，支护楼面模板，绑扎钢筋，整体浇筑混凝土。当采用楼面空心板做免拆模板时，支撑肋方最大间距为 800mm，混凝土浇筑前，应校正墙体钢筋的位置；当采用楼面免拆模板系统时，除满足上述要求外，尚应符合下列要求：

1）水泥板的厚度不应小于 15mm；

2）钢筋固定座的间距不应大于 600mm、每个钢筋固定座与水泥板的连接不少于 3 个直径5mm的自攻钉；

3）混凝土浇筑时，应边浇筑边找平，表面平整度误差不应大于3.0mm。

（10）保温阳台施工时，用现浇系统模块错缝平铺在支撑肋上，做现浇混凝土出挑板的免拆保温模板，钢筋绑扎完毕与混凝土楼面板一同浇筑。

10．天棚保温系统安装要求

（1）在墙壁上弹出水平线，按线将冷弯C型钢龙骨或木龙骨固定在墙壁四周和屋架下弦上。

（2）水泥板与龙骨的连接应符合本文前面“8. 天棚保温系统设计要求”中（3）的规定。

（3）采用空心模块时，先用厚度不小于60mm的堵孔块将两端通孔密闭封堵。从天棚一端开始，将模块错缝300mm固定在水泥板上，模块与水泥板的连接应符合本文前面“8. 天棚保温系统设计要求”中（4）的规定；模块与室内墙壁间的安装组合缝密闭封堵应符合文前面“8. 天棚保温系统设计要求”中的（5）的规定。

（4）防护面层的施工应符合前面“8. 天棚保温系统设计要求”中（6）的规定。

三、技术特点

1. 模块几何尺寸精准。模块是按建筑模数、节能标准、建筑构造、结构体系和施工工艺的需求，通过专用设备和模具一次成型制造，非大板机切割成型的聚苯板。其熔结性均匀、压缩强度高、技术指标稳定、几何尺寸准确，最大负误差0.2mm。

2. 易施工性强。房屋建造如同摆积木。彻底取代了黏土砖和块材组砌墙体，淘汰落后技术和产能，摒弃了传统的房屋建造施工工艺，实现了建筑保温与建筑模板一体化和建筑保温与建筑结构一体化及专利技术产业化和标准化。

3. 适用性广泛。实现了房屋建造技术标准化、建筑部品生产工厂化、施工现场装配化、工程质量精细化、室内环境舒适化，为在不同地震烈度设防区域建造低能耗抗灾房屋、大型冷藏库、无采暖设施大型禽舍、农业机械库房、农业温室、低温储粮仓等提供了可靠的建造技术和经济适用的建筑部品。

4. 房屋结构可靠。模块与现浇混凝土或再生混凝土结构有机结合，使房屋各项经济技术指标与传统黏土砖或块材组砌墙体房屋比较，建造成本降低15%，建造速度提高50%以上，使用面积增加10%，保温隔热性和气密性可达到被动房的性能指标，结构抗灾能力大幅度升级，实现了8度震灾“零伤亡”，防患于未然，彻底告别了因自然灾害造成的房屋倒塌、人身伤亡、财产损失和不良的社会影响及可能为后代留下的长期的社会负担。

5.“四节一环保”。承重结构可全部使用再生混凝土浇筑，不但实现了建筑垃圾的有效循环利用，还使得250mm厚复合墙体的保温隔热性能与3.2m厚的黏土实心砖墙体等同。该复合墙体与EPS模块屋面外保温系统、EPS模块天棚保温系统、EPS模块地面保温系统、低能耗门窗、新风和排放热回收系统、可再生能源和清洁能源系统有机结合，使房屋的能耗指标可达到被动式低能耗房屋标准。

6. 保温与结构同寿命。模块良好的力学性能和内外表面均匀分布的燕尾槽与混凝土结构和防护层构成有机咬合，提高了墙体的抗冲击性、耐久性和防火安全性，做到了模块保温层与现浇混凝土承重墙体同寿命，实现了百年建筑的目标。

该成套技术是我国几千年传统房屋建造工艺的创新与发展，实现了装配式建造农村低能耗抗灾房屋，为我国美丽乡村建设和精准扶贫提供了可靠的技术支撑。

四、推广与应用

2011 年 6 月 9 日，黑龙江省住房和城乡建设厅下发文件（黑建科【2011】21 号），将该技术列入黑龙江省 10 项建筑节能新技术和新产品中，同时要求在全省农村泥草房改造中推广应用；同年 7 月 22 日，吉林省住房和城乡建设厅在蛟河市召开全省抗震节能新民居示范工程现场会，观摩用该技术建造的示范项目，并要求在全省范围内大力推广应用该技术；8 月 2 日，住房和城乡建设部村镇司组织各省市相关主管部门的领导和专家在黑龙江省黑河市召开全国加快农村泥草房改造现场会，观摩了用该技术建造的示范工程，与会人员一致给予好评；2012~2014 年间，吉林珲春市上千套农村抗震节能新民居均采用了该技术，其中，有一半以上是农民自己建造的房屋。2014~2015 年间，内蒙古美丽乡村建设项目大量采用了该技术；同期，新疆维吾尔自治区富民安居工程采用该技术，受到了当地居民的一致好评；2016 年，该技术被列为天津市建设领域推广技术（产品）项目（图 6.1-17、图 6.1-18）。

图 6.1-17　内蒙古兴安盟美丽乡村建设项目

图 6.1-18　河北省新型墙体材料推广会

五、结论

EPS 模块混凝土剪力墙结构体系的成功研发为我国保温与抗震结构一体化建筑节能体系增添了新的一族，该体系提高了房屋应对突发事件的能力，减少了因自然灾害造成房屋倒塌导致的人员伤亡。

在一个中小城市内，设备投资 300 余万元（人民币），建造一座 EPS 模块生产基地，相当于年产 10000 万块标准砖的砖厂，为建造抗震节能房屋提供优质的建筑材料。

参考文献

[1] 建筑模数协调标准 GB/T 50002 [S]. 北京：中国建筑工业出版社，2013.
[2] 混凝土结构设计规范 GB 50010 [S]. 北京：中国建筑工业出版社，2015.
[3] 建筑抗震设计规范 GB 50011 [S]. 北京：光明日报出版社，2016.
[4] 建筑设计防火规范 GB 50016 [S]. 北京：中国建筑工业出版社，2016.

2 某剧场平板网架屋盖鉴定与修复

聂祺[1,2] 罗开海[1,2] 郭 浩[1] 唐曹明[1,2]
1. 中国建筑科学研究院，北京，100013
2. 住房和城乡建设部防灾研究中心，北京，100013

社会活动和生产活动的日益丰富，需要大跨度的覆盖空间来满足人们活动的各种需求。网架结构以其受力合理、造型优美、施工周期短在工程中获得了广泛的应用。既有建筑中存在大量的正在服役使用的网架结构，网架结构在整个使用寿命期内，长期承受使用荷载及环境侵蚀作用，结构可能出现刚度退化、疲劳累积、材料老化及抗力衰减等问题，积累到一定程度就有可能造成结构整体或局部破坏，降低结构的安全性、适用性和耐久性，结构无法满足使用要求或不满足安全性要求。出现这些问题的网架需要进行必要的加固以增加结构的可靠性。既有网架结构诊断、鉴定、加固、维修技术已经成为当前国际上的研究热点之一。

一、工程概况

某剧场始建于 1987 年，属于单层空旷房屋，分为观众厅和舞台两部分，钢筋混凝土柱和剪力墙承重，基础形式为柱下独立基础及墙下条形基础。观众厅屋盖结构为网架结构。屋盖体系为上弦小立柱支撑檩条，檩条上再铺砌加气混凝土屋面板，板上做找平层、隔热层、防水层等建筑面层，网架下弦吊挂有维护功能的马道、照明、通风、消防及吊顶系统，工程于 1991 年竣工投入使用，目前工作状态正常。

屋盖网架为正放四角锥双层平板网架，平面为五边形多点支承，外包投影尺寸 33m × 35m，下弦距离地坪最高处为 10.8m。网格尺寸为 3m × 3m，网格数量为 9 格 × 11 格，网架高度为 2.12m，整个网架共有螺栓球节点 1202 个，钢管杆件 587 根，杆件截面为高频焊接圆管或无缝钢管，圆管直径为 60 ~ 159mm，壁厚为 3 ~ 8.5mm，钢管材料为 Q235B，杆件连接采用螺栓球节点，球节点直径为 100 ~ 200mm，螺栓球材料为 45 号钢。网架支座为平板压力支座，周边多点上下弦混合支承，共 18 个，支座底板与主体结构混凝土梁、柱顶预埋件焊接连接，支座沿着周边均匀布置，间距为 3 ~ 4.2m。网架自重约 33t，目前网架已经投入使用近 30 年，网架及屋面外观实景照片如图 6.2-1 所示，网架布置图如图 6.2-2 所示。

二、检测及鉴定

由于使用功能升级，需要设备更新增加消防设施以满足新的使用功能，为确保屋盖体系的安全性，对该网架结构进行了检测，并对其安全性进行了现场鉴定。由于该房屋相关施工资料缺失，图纸不全，对网架结构首先进行细致的现场勘察测量，并在其基础之上作相应的鉴定分析，结合相关建筑物安全性鉴定评级的层次标准，来对结构的局部和整体安

图 6.2-1　网架及屋面外观实景

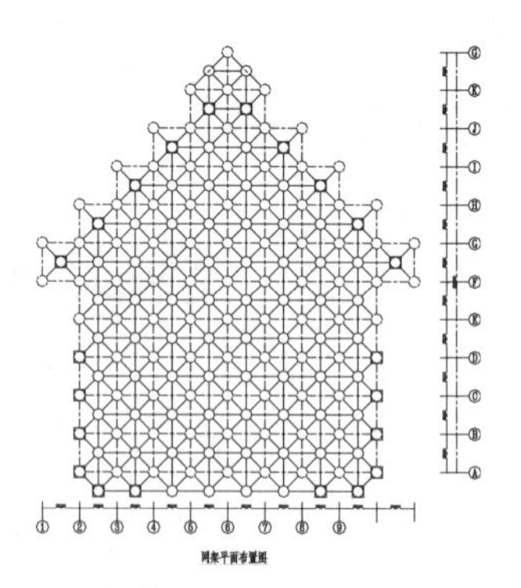

图 6.2-2　网架结构平面布置图

全性进行评定。根据评定结果，确定该结构是否能够采取加固措施来补救其承载力。如能够采取加固措施来提高结构的承载力，则需结合现场测定的数据、结构残余承载力分析结果及一定的施工技术提出加固修复原则和方案。

网架的现场检测包括：网架的整体结构布置，各杆件截面尺寸、螺栓球节点直径，网架使用情况的现场调查，锈蚀概况调查、防火、防腐涂料现状，网架杆件的变形弯曲、位移、网架整体挠度情况。

根据已有的网架竣工图纸和现场踏勘的实际情况，对网架进行了鉴定，结果表明网架可靠性不满足要求，需要进行安全性及耐久性处理，鉴定中发现的问题如下：

（1）外观问题：该屋盖存在建筑面层老化、漏水现象，网架结构杆件及螺栓球局部部位存在防护涂层面漆脱落、锈蚀现象，建议采取除锈、补漆等措施进行修缮处理。支座底板、节点板锈迹明显，敲打后有落锈，局部位置锈蚀严重。部分支座加劲肋板严重锈蚀，分层剥落，残余厚度在目前杆件表面锈蚀明显，部分连接套筒锈蚀、表层剥落，个别杆件与螺栓球节点连接位置有锈迹。网架结构中锥头或封板与钢管杆件采用焊缝连接。对这部分焊缝进行了外观检查，未发现连接焊缝存在明显的缺陷，认为可以满足继续使用要求。未见该网架结构构件及连接出现脆性断裂、疲劳开裂等受损现象。

（2）网架变形问题：采用全站仪对网架主要受力方向的下弦杆进行挠度测量，判断结构实际挠曲变形。测量结果表明，最大挠度为 18.8mm，小于网架跨度的 1/200，满足功能要求。

（3）杆件变形问题：⑨轴交 J 轴 1 根斜腹杆杆件出现较大的平面外变形，③轴交 A 轴 1 根上弦杆杆件出现较大的弯平面外变形，其余杆件外观正常。

（4）该网架结构部分杆件承载力不满足现行相关规范要求。在既有杆件截面及荷载作用下，此网架杆件上下弦及腹杆均存在超应力情况。规范设计组合下超应力杆件数为 223，占杆件总数比为 37%。

（5）依据《民用建筑可靠性鉴定标准》该网架结构的安全性鉴定不满足要求。根据《建筑抗震鉴定标准》该网架抗震承载力不满足北京地区 B 类建筑（后续使用年限 40 年）8 度乙类抗震设防要求，需要进行解危及抗震加固处理。

三、修复方案

1．修复原则

在既有建筑中实现使用功能升级、设备更新要求是改造项目的特点，如何通过方案分析提出切实可行的改造加固方案，满足功能的需要和结构安全是此类项目必须解决的课题。就本屋盖工程处理而言，总思路有两条可供选择，即拆除重建和原位加固。拆除重建能从根本上消除隐患，达到安全可靠，但是要拆除网架，则需要拆除连带建筑构件及相关设备、管道，涉及面较广，工期较长，造价较高。原位加固即原网架结构整体不动，对网架有关杆件在原位进行加固处理，这样节省工期，降低造价，但是需要在网架负荷条件下对杆件进行更换及加固，这样做施工风险较大。现场原有屋面板为加气混凝土板支撑在钢网架之上，屋面板上有找平层、隔热层、防水层等建筑构造，考虑到加固时拆除屋面板等将会造成工期大大延长，增加明显建设投资，经论证最终选择原位加固处理方案，加固设计中遵循采取保留原屋面及新做屋面构造的综合加固技术措施。采取这一思路就要解决一个关键难题，即屋盖在负荷条件下既要对杆件及螺栓球节点进行加固和置换，又要降低风险，因此就要采用新型加固方法实现突破。

网架结构一般均采用钢结构，因此网架结构初期的加固方法也均直接借鉴自钢结构的通用加固方法。钢结构常用的加固方法分为直接加固法与间接加固法两类：直接加固主要有增大截面加固法、碳纤维加固法、粘钢加固法、钢管内填混凝土加固法、预应力加固法等；间接加固主要包括减轻荷载加固法、改变结构体系加固法、隔震及消能减震加固法等；这些方法的共同点就是通过调整结构质量和刚度，提高结构承载力及延性，从而延长结构的寿命。加固方案的选择除了要满足结构承载力要求外，还要考虑现场条件、施工难度和施工工期等因素制定综合加固方案。

为确保结构使用安全，根据检测提供的结构杆件布置和有关尺寸数据作为加固设计依据，按照改造后结构的实际使用情况，对屋面网架结构进行新的计算分析，进行了该网架在超设计荷载作用下结构的内力计算和构件的强度、刚度及稳定性验算．确定了需要加固的范围，经复核，关键杆件、节点在正常使用条件下能满足要求，说明网架目前是安全的，具备改造的条件。

根据以往工程实践，空间网架结构的加固工程先例较少，无类似工程实践经验可供参考。同时，由于网架多为轻型管件，加固施工禁忌较多，尤其避讳在加固施工中进行焊接施工。因此，在加固方案的选择上，我们结合理论及试验分析的结果，综合运用技术手段，并根据拉杆及压杆的不同受力特征，结合工程实践经验判断，采用综合加固方案来解决问题。

2. 加固方案

加固方案的确立过程如下：经计算该网架杆件承载力不能满足要求，需要进行加固，整体网架需要加固的杆件总数量为 281 根，经分析不能满足要求的杆件分为两种情况，其中拉杆主要是受拉屈服荷载控制，压杆主要是压杆稳定控制，因此加固方案需要针对不同的受力类型，采取不同的技术措施。不改变结构形式和受力方式，尽量减少现结构装修和设备的影响。

（1）支座及螺栓球节点

对于球铰支座处锈蚀严重的板件（加劲板、肋板、垫板），予以适当更换或适当补强，松动的螺栓予以紧固，锈蚀严重的螺栓要更换，支座底板锈蚀明显，局部锈蚀严重，必须做好全面除锈防腐工作，确保杆件截面、节点板不再进一步削弱，在此基础上在节点板上焊接加劲肋确保节点板局部稳定承载力满足要求。

螺栓球节点高强螺栓连接的状况无法检测，实际上高强螺栓的连接是螺栓球网架结构的关键环节，网架中众多离散的杆件和螺栓球靠高强螺栓的连接才得以形成整体结构，任何一个螺栓出了问题，都会造成较大的安全隐患，而下弦主杆螺栓出问题，则是重大安全隐患，只有高强螺栓质量合格、拧紧到位才能保证整体结构的安全。但是目前对于安装到位的螺栓尚没有简便的检测手段，只能在待加固杆件螺栓球节点两端新增U形节点板与贴焊套管杆件焊接成整体，节点板的截面尺寸根据超应力杆件原杆所能承受的承载力与实际发生的最大拉力之间的差值经计算确定，即节点螺栓不足的承载力采用U形节点板来补强，采用该方法解决节点螺栓规格无法检测的问题，确保节点安全。

（2）大变形杆件

对于这类杆件，变形除了钢管本身的初始变形外，主要在于使用环节中造成由于设备管线直接支撑在杆件上导致杆件平面外变形，只能采用更换杆件的方式进行处理。

（3）受拉承载力不足杆件

对于这类杆件，经分析认为是构件截面面积不足而导致，对于受拉承载力不足杆件采用贴焊套管方式进行加固，通过新增套管与原杆件截面共同受力作用，来提高其受拉承载力，在加工厂将套管劈成等分的两半，到现场后将套管与需加固杆件通过坡口焊焊接成整体。

贴焊钢管增大截面法常用两种，一种是在原钢管外部套圆钢管，二是外套双槽钢。前者即在原钢管外部再套钢管，首先将外套钢管沿纵轴切开，再将两个半圆钢管对扣在原钢管外侧焊接，优点是外观与原结构一致，均为圆形截面。但是加工难度较大，准确剖分钢管较为困难，火焰切割时容易发生扭转变形。槽钢截面施工易操作，缺点是外观与其他杆件不同。本工程采用圆形截面钢管对原杆件进行贴焊加固。

（4）受压稳定性不足杆件

对于这类杆件，经分析认为是构件截面刚度不足而导致，经分析表明需要增加杆件截面刚度才能满足正常条件安全使用要求。而钢杆件稳定承载力不足是空间网格结构面临的最为常见问题，因此对于网架结构杆件稳定性有效加固成为一个工程需求较大的问题。

为解决焊接施工风险及施工周期较长的问题，项目组提出了使用预制装配式外包接触式套管方法对网架结构杆件进行稳定性加固的新思路。外包接触式套管加固技术由三个部分组成，即待加固内管、预制装配式外包套管及间隙。预制装配式外包套管是指在工厂里预先将加固套管在轴向切割均分两个半管，在半管内侧粘结无机材料并在半管两侧焊接耳板并钻螺栓孔，运送到施工现场后将两个半管通过螺栓连接外包在待加固杆件外侧，将外包套管与内管组装成整体，套管示意图如图6.2-3所示。为验证该加固方法的可靠性，在结构实验室完成套管加固前后对比试验，试验结果如图6.2-4所示，试验表明外包接触式套管装置可以有效解决杆件的失稳承载力不足问题。

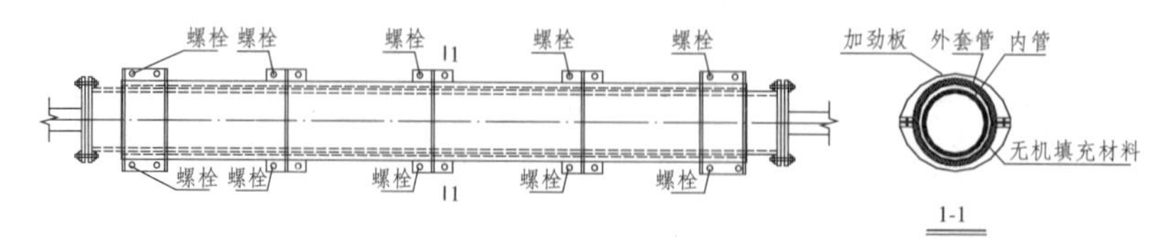

图6.2-3　外包接触式套管加固方法示意图

a. 加固前杆件屈曲破坏

b. 加固后杆件完好

图 6.2-4　外包接触式套管加固前后杆件破坏示意图

接触式外包套管运送到施工现场后，将两个半管组件通过螺栓连接对扣安装在待加固钢管杆件外侧，外包套管与待加固圆钢管杆件通过接触式连接组装成共同受力的组件。其机理在于：待加固钢管杆件承受轴向压力达到临界荷载时，发生失稳现象，产生侧向变形后与外套管接触挤压后，外套管装置产生弯曲应力，为待加固钢管杆件提供侧向约束，当外套管装置刚度足够大时，外套管装置中最大弯曲应力不超过钢材的屈服应力时，能约束待加固钢管杆件发生高阶屈曲模态下的失稳破坏，解决待加固圆钢管杆件的稳定性、延性不足的问题。

外包接触式套管加固方法不改变待加固杆件的刚度分布模式及受力模式，不改变其应力水平，不会导致严重的应力集中、残余应力及内力重分布现象，加固风险较小。这种加固技术能提高结构中轴心受压圆钢管杆件的稳定承载力及耗能能力，改善构件的脆性破坏机理，使其具有较强的延性能力，提高大跨钢结构的整体性能。套管在工厂预制生产，工厂生产过程中材料的性能指标可随时进行控制，严格的工业生产可以保证质量。运送现场后施工方便，免去现场焊接连接，实现无湿作业，加固初期不需要额外的装置进行固定，加固改造可以在不停止使用功能的条件下进行，维护费用低。该装置构造简单，施工方便，可靠性较好，可对稳定性不足轴心受压圆钢管杆件进行快速而有效的加固，具有良好的应用前景。

3. 施工方案

在网架加固施工之前，先拆除网架上原有的槽钢和吊挂物，对原网架进行卸载。由于网架上面有钢筋混凝土屋面等荷载，在施工过程中必须采用有效措施保证安全。施工过程中采用满堂脚手架支撑。

根据本工程制定的综合加固方案，网架加固施工主要步骤如下：

拆除吊挂物—杆件打磨除锈、防腐及防火涂料涂装—受拉杆件贴焊钢管加固—受压杆件外包套管加固—杆件球节点加固—支座球节点加固—验收。

对于外包接触式套管加固施工，施工顺序为：

（1）原杆件的表面除锈处理；

（2）安装套管，并临时固定，让内外杆接触间隙满足要求；

（3）紧固件的安装并施加相应的紧固力；

（4）杆件表面防腐、防火处理。

对贴焊套管加固施工，施工顺序与外包接触式套管加固施工类似，只是将安装套管贴焊在原钢管即可，网架施焊时为了防止应力过大，沿长向两边对称逐渐向中间施焊。在原有网架下弦节点施焊时，不应在同一节点球连续焊接多根杆件，应在一根杆件焊接完毕冷却后再焊下一根杆件。在原有网架下弦节点施焊时，在施焊点周围的其余球节点增加临时支撑。在网架外围施焊点应对称均匀，在网架中间应力比较大的区域，只允许一个焊工施工。

对于更换杆件施工，由于网架杆件制作长度与现场尺寸有很大偏差，不得不在现场截断杆件再焊接，此时应对杆件焊接部位补作探伤检查。

本次网架加固施工过程中期及后期，对加固施工中的挠度进行了实时健康监测。结果表明，其实测最大挠度为 20mm，小于理论计算值，满足安全要求，有效实现了加固预期效果，为施工的圆满完成奠定了坚实基础。

4. 加固效果

采用综合加固方案对网架进行处理。该加固工程仅施工 30d 即告完成，工程已按照新的改造方案进行了施工，经测试，网架挠度并无明显变化，杆件工作正常，加固效果良好。本工程外包接触式套管加固后的杆件实景照片如图 6.2-5，贴焊套管加固后的杆件实景照片如图 6.2-6，螺栓球节点 U 形节点板加固实景照片如图 6.2-7，支座节点板新增加劲肋加固实景照片如图 6.2-8。

图 6.2-5　外包接触式套管加固后的杆件实景

图 6.2-6　贴焊套管加固后的杆件实景

图 6.2-7　螺栓球节点 U 形节点板加固实景

图 6.2-8　支座节点板新增加劲肋加固实景

四、结论

通过某屋盖网架工程的修复实践，并通过对比分析可得到如下结论：

1. 根据调查现场实况，审查原设计质量及检验施工质量，揭示结构中存在的问题及原因，进而拟定加固处理方案，制定技术措施，有针对性地进行加固处理，经过加固设计及高效的施工安装，才能最终解决问题，保证结构安全。

2. 网架结构加固在工程中遇到较少，实际施工经验不多。本文针对网架节点及杆件的不同受力特征，提出了综合加固方案，有效提高了节点及杆件的安全性及耐久性，降低了施工难度，缩短了施工时间，创造了良好的社会与经济效益，同时也为其他类似工程的加固提供了重要参考价值，值得推广。

参考文献

[1] 混凝土结构加固设计规范 GB 50367-2006 [S]. 北京：中国建筑工业出版社，2006.123-128.

[2] 民用建筑可靠性鉴定标准 GB 50292-1999 [S]. 北京：中国建筑工业出版社，1999.

[3] 建筑抗震鉴定标准 GB 50023-95 [S]. 北京：中国建筑工业出版社，1995.

[4] 唐曹明，黄世敏，王亚勇等 . 中国国家博物馆老馆加固改造结构设计 [J]. 建筑结构，2011，41（6）：31-35.

3 机场轨道接驳项目的消防设计

余红霞[1] 刘 琮[2]
1. 奥雅纳工程咨询（上海）有限公司北京分公司，北京
2. 北京市建筑设计研究院，北京

越来越多的机场在设计时就在考虑与轨道交通进行接驳以提供机场与市区以及周边城际的交通。在设计时，人员流动的需求往往与消防的要求有矛盾。人员流动的需求要求接驳距离尽量短，接驳环境尽量舒适，最好不受外部环境的影响。但是消防设计的要求不同功能的建筑独立设置，以一定的室外空间作为分隔以满足防止火灾蔓延的要求。本文介绍了机场和轨道的消防设计区别，简述了几个机场项目与轨道交通的接驳设计方式，并着重介绍了北京新机场项目的机场和轨道接驳的设计。该项目的难点在于机场和轨道在空间上融合，其消防设计无法完全切割，需要综合考虑防火分隔、人员疏散、烟气控制等因素。本文详细介绍了为了满足设计功能需要，在消防设计考虑的因素以及解决方案。

一、机场与轨道交通接驳的设计难点

在当前航站楼的设计中，与轨道交通的衔接成为越来越重要的考虑因素。大型航站楼都希望提供便捷的与地铁甚至高铁的衔接，以提供便捷的交通换乘。当航站楼和轨道交通的站房，比如站厅、站台等完全分开设置时，各自符合其相关的消防设计要求即可。但是，为了给人员提供舒适、便捷的接驳环境，一般希望机场和轨道的空间在室内直接连通，使得人员可以不必受室外环境的影响。在这种情况下，由于这两种建筑各自的特点及规范的区别，将存在天然的消防设计难点。对典型的设计难点叙述如下：

1. 疏散标准

一般位于地下的轨道交通，其人员疏散设计遵循《地铁设计规范》GB 50157-2013[1]，即“车站站台公共区的楼梯、自动扶梯、出入口通道，应满足当发生火灾时在6min内将超高峰小时一列进站列车所载的乘客及站台上的候车人员全部撤离站台到达安全区的要求”。

其计算公式为

$$T = 1 + \frac{Q}{0.9\left[A_1(N-1) + A_2 B\right]} \leqslant 6\,\text{min} \tag{6.3-1}$$

其中：Q 为站台总人数（含到达及候车）；A_1 为一台自动扶梯的通过能力（人/min）；A_2 为疏散楼梯的通过能力（人/min·m）；N 为自动扶梯数量；B 为疏散楼梯的总宽度

设扶梯宽度为1.1m，不考虑扶梯的运行，将扶梯视为普通楼梯，取楼梯的上行人流通过能力为3700人/h，则满足上式要求的楼扶梯的总宽度为

$$B=\frac{\dfrac{Q}{0.9\times 5}+4070/60}{3700/60}\ (\mathrm{m}) \tag{6.3-2}$$

根据上式计算得到的每百人疏散指标，根据站台总人数的数量见表 6.1-1。

轨道站台疏散标准　　**表 6.3-1**

站台总人数 Q	疏散指标（m/ 百人）
600	0.54
1000	0.47
1600	0.43

如考虑到扶梯在疏散时向上运行，其人员通过能力更高，则轨道的总疏散宽度将会更低。

机场航站楼或交通中心在没有明确规范要求的前提下，其设计一般遵循《建筑设计防火规范》GB 50016-2014[2] 的要求，其地下人员疏散指标一般按 0.75m/ 百人或 1.0m/ 百人进行控制，且不允许考虑采用扶梯进行疏散。

二者进行对比可以发现，以疏散标准而言，轨道的要求远低于普通民用建筑。

2. 疏散目的地

《地铁设计规范》GB 50157-2013 默认站厅公共区为安全区，可以作为疏散目的地，因此，对于站厅至室外的疏散，规范仅提出基本要求，即每个站厅应有不少于 2 个直通地面的安全出口且两个安全出口应分散设置。对于机场航站楼或交通中心，疏散的目的地只能是室外安全地带。

当轨道和机场接驳时，由于轨道一般位于地下，就可能出现轨道疏散至航站楼的问题，从而出现以上两个规范的要求出现矛盾。

3. 火灾风险控制

地铁有非常严格的火灾风险控制要求，比如：

- 车站站台、站厅和出入口通道的乘客疏散区内不得设置商业场所；
- 地下车站的公共区和设备、管理用房的顶棚、墙面、地面装修材料及垃圾箱，应采用燃烧性能等级为 A 级的不燃材料。

机场航站楼或交通中心一般根据性能化设计的要求，允许按照“舱”或燃料岛的概念设置商业设施。

4. 烟气控制要求

地铁、航站楼的地下空间或交通中心等一般均会采取机械排烟设施，排烟量根据规范或性能化计算的要求确定。

地铁需要站台和站厅连通为一个空间，为了确保烟气不会从站台蔓延至站厅，还有一个独特的要求是：

当车站站台发生火灾时，应保证站厅到站台的楼梯和扶梯口处具有能够有效阻止烟气向上蔓延的气流，且向下的气流速度不应小于 1.5m/s。

二、常规设计方式

基于以上的区别，当轨道和航站楼进行接驳时，一般采取二者相对独立的设计。以下以三个不同的案例说明其具体设计方式。

1. 以廊桥连接

比较典型的是在航站楼前方设一个独立的交通中心，二者相距一定的距离，为完全独立的建筑，通过廊桥或地下通道等连接。这种情况对于消防安全的设计最为有利，两个楼分隔开后，各自为独立的设计，且航站楼前的落客区可以为航站楼及交通中心内的人流提供宽阔的人员疏散场地。

根据《建筑设计防火规范》GB 50016-2014 的规定，当建筑之间的天桥、连廊等采用不燃材料，且建筑物通往天桥、连廊的出口符合安全出口的条件时，连廊或天桥可以作为安全出口。因此，当满足以上条件时，相当于为航站楼和交通中心都在地上楼层提供了额外的安全出口，增加了航站楼和交通中心的疏散条件。

a. 北京首都机场 T3 航站楼

b. 乌鲁木齐机场（效果图）

图 6.3-1　以廊桥连接的项目案例

2. 以地下通道连接

轨道交通设置于地下，与航站楼相邻，二者之间通过地下通道连接，为相对独立的建筑。以昆明机场为例，以建筑投影为界，二者可以以防火墙或防火卷帘完全分开，但是由于轨道交通位于机场外侧落客区下方，轨道交通的人无法直接向地面层疏散，只能向左侧与停车楼之间的室外消防车道疏散。

在这种情况下，为了满足日常运营时人员流动的要求，需要设置连通轨道交通和航站楼的通道。在消防情况下，对于这类通道一般采用卷帘进行分隔，各自独立安排疏散。为了管理的方便，甚至有可能安排两道并列的卷帘，轨道方及航站楼方各自控制一道卷帘，在各自的地块内发生火灾时，控制卷帘下落。

3. 水平相邻排布

对于特别大型的交通枢纽，需要同时接驳地铁、高铁等多种轨道交通形式时，可以采取平铺的方式，典型的案例是上海虹桥交通枢纽，其体块示意如图 6.3-3 所示，航站楼、地铁（车库商业上盖）、磁浮、高铁等从建筑体型上可作明确区分，相互之间有一定的分隔，以通廊的形式串成一条线。

在这种情况下，建筑之间有较为明确的分界线，可以采用自然分隔、防火墙分隔等，对于没有可燃物的通廊，也可以防火隔离带的形式形成自然分隔，同时满足人员流动的需要。在组织疏散时，由于各功能区相对独立，可以进行独立疏散。同时利用通廊和防火隔离带，也可以便利地向相邻的区块进行借用疏散。

这种方案的问题在于人员换乘的距离会特别长。

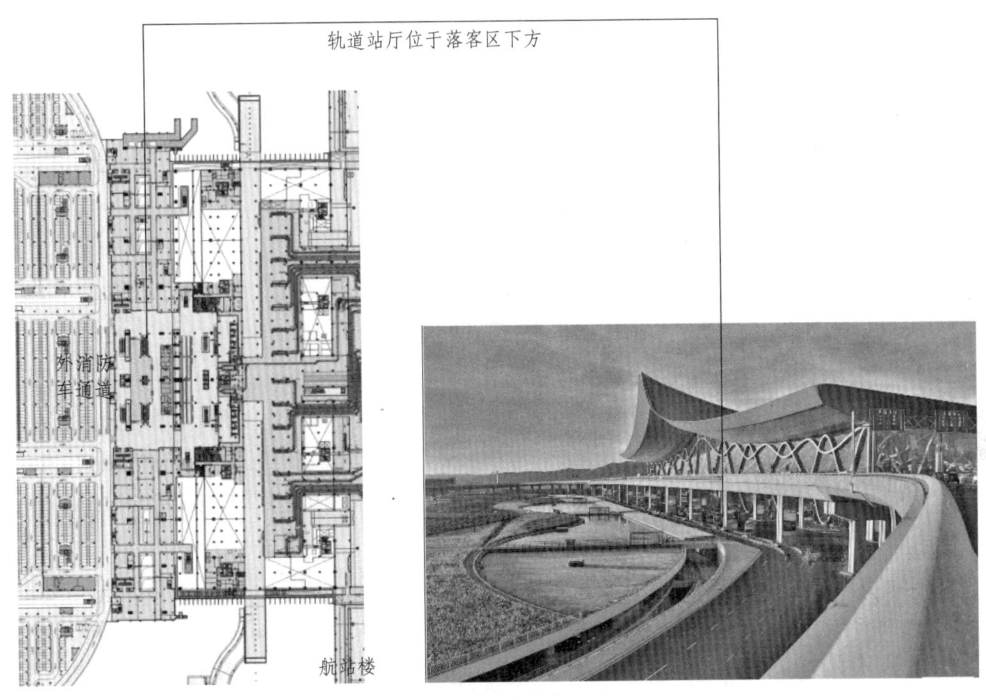

图 6.3-2 以通道连接的项目案例

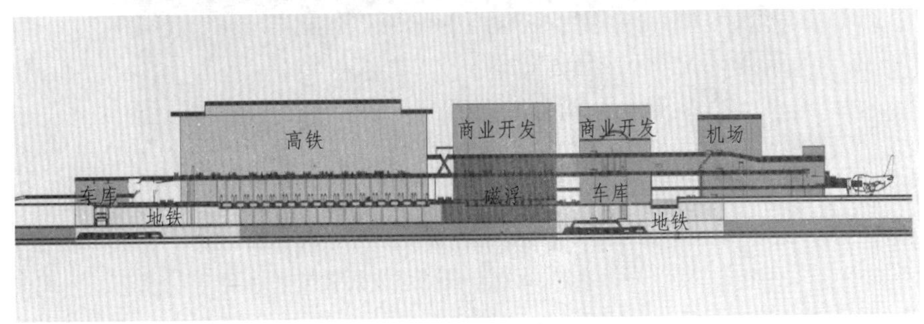

图 6.3-3 水平相邻排布的项目案例

三、北京新机场的接驳设计

北京新机场与三条轨道线进行了接驳，为了缩短接驳的行走距离，采取了一种立体的布置方案，轨道交通与航站楼之间在竖向空间上互相交织，轨道交通位于航站楼的下方或局部插入航站楼的投影范围。这种方案充分利用了空间，提高了换乘效率，但复杂的空间关系给消防设计带来了极大的困难。

1. 项目介绍

北京新机场与三条轨道线进行了接驳，其中，京霸城际为2台4线，廊涿2台4线，新机场联络线含3条线路，为4台6线制。所有轨道线沿南北方向穿过机场下方。图6.3-4、图6.3-5为机场整体效果的俯视图以及剖开图，在地面上没有任何与轨道交通相关的功能建筑。其他特殊的设计还包括：

- 没有设置独立的交通中心，而是利用航站楼的地下一层的值机大厅作为交通中心，交通中心位于首层迎客大厅的下方，与迎客大厅通过大量扶梯、开敞楼梯、电梯等竖向交通联系。且在毗邻外幕墙的位置开设板洞，使得交通中心有良好的自然采光和空间位置感。
- 轨道和交通中心没有明确的分界线。通常，轨道通过扶梯/楼梯等连接站台和站厅，通过轨道到达的人流先上至自身的站厅，然后通过联系通道等到达其他功能区。但是在本项目中，轨道站台的楼梯/扶梯等可不经过站厅直接到达交通中心。

由此给轨道交通造成的设计难点包括：

- 轨道交通被埋于航站楼和附属用房下方，难以独立疏散至地面。在航站楼与停车楼之间有限的范围内要安排出租车、机场大巴等众多交通功能，仅余一条绿化带可供地下轨道的疏散楼梯上至地面。另外，沿停车楼周边挖了一条露天的地沟，可供人员疏散。
- 人员疏散路线以及相应设计标准的选择，包括是否应允许人员疏散至交通中心，如果允许人员疏散至交通中心，则人员疏散的标准应如何选取以及其他设计要求应如何执行等。

图6.3-4　北京新机场总体效果图

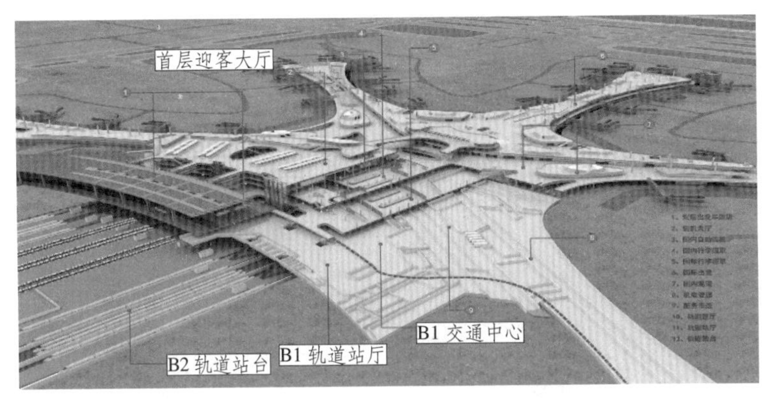

图 6.3-5 北京新机场内部剖视图

2. 消防设计方案

消防设计方案主要包括四个方面的内容，即人员疏散、防火分隔、火灾风险控制、烟气控制，以下分别进行介绍。

（1）人员疏散

图 6.3-6 显示为一个轨道站厅的所有可能的疏散条件，包括 4 部疏散楼梯，一个通往环绕停车楼的环沟以及通往交通中心的借用疏散。可以看出，如果不考虑通往交通中心的借用疏散，轨道站厅将面临两个问题：

- 单向疏散，所有的疏散路径都是通往北侧；
- 疏散宽度不足，且大量的人员需疏散至环停车楼的环沟，会导致人员拥堵。

综合考虑后，认为应该充分利用交通中心的便利的疏散条件，允许人员向交通中心疏散。这样，对于出站的人员，其正常人员流线和疏散流线完全一样，疏散路径较安全，容易辨识，且能有效缓解轨道自身疏散条件不足的困难。

（2）防火分隔

如要允许人员向交通中心疏散，则站厅与交通中心之间的人行通道不能简单地通过防火卷帘分隔。经研究后，采用图 6.3-6 所示的设计，将防火分隔线与实际运营控制线适当区别，将防火分隔线内撤，并在人员流线中设置常开防火门，以在轨道站厅、轨道站台、交通中心之间均实现有效的防火分隔，且允许出站的人员使用正常的流线直接进入航站楼的交通中心后疏散。

（3）烟气控制

原则上，由于从轨道站台至 B1 层的站厅或交通中心均执行了地铁规范的疏散标准，则所有从轨道站台通往楼上的楼梯 / 扶梯均应采取烟气控制措施，采取烟气控制措施的方式有两种：

- 根据地铁规范的要求，确保从站厅至站台的楼 / 扶梯口形成向下的气流，其流速不小于 1.5m/s；
- 沿楼 / 扶梯周边设置电动挡烟，当站台发生火灾时，电动挡烟可下降至距离地面 2m 的高度，在一定时间内，防止站台的烟气蔓延至站厅。

为了防止某种措施的失效造成大规模的烟气蔓延，本项目综合采取了以上两种措施。

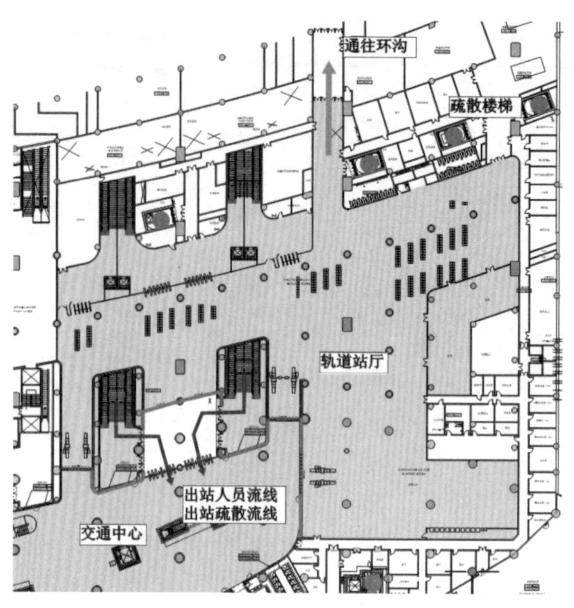

图 6.3-6　轨道站厅的防火分隔和人员疏散示意图

（4）火灾风险控制

由于轨道的人员需要借用交通中心进行疏散，且交通中心为大量人员密集的地下场所，对交通中心的火灾风险的控制遵循了地铁规范的相关要求，要求交通中心内不得设置商业及其他固定的可燃家具、摆设等。

3. 人员疏散分析

鉴于轨道交通与航站楼之间复杂的相互关系，有必要对人员疏散过程进行整理和分析以确保在极端不利情况下，地下空间组织全部疏散时的安全性。

（1）场景假设

在分析中考虑了一个极端不利的场景，即所有的地下公共区，包括轨道站台、轨道站厅、B1 层的交通中心区域需要同时疏散。对于疏散人数采用了如下假设：

- 在 B2 层，京霸考虑有一列满载的列车停靠在东侧站台；城际联络线考虑有一列满载列车停靠在东侧站台。京霸的满载人数为 1600 人，工作人员 5 人，城际联络线的满载人数为 1400 人，工作人员 5 人。
- 在 B2 层，新机场线（包括新机场线、R4 线和预留线）考虑各站台均处于满载状态，其中到达站台有一列车最大满载人数，离开站台则含最大候车人数。
- 在 B1 层南站厅的人数分别为京霸 1650 人、新机场线 196 人，城际联络线 1450 人。另外，综合换乘中心的人数为 2977 人。
- 考虑最不利的情况，假设在站台开始疏散后 3min，站台的人到达站厅，和站厅汇聚在一起时站厅层开始疏散。

关于京霸和城际联络线轨道站台上人员对疏散路径的选择，考虑了两种分配方案。第一种是人会自动寻找排队人数最少的疏散路径，最优的情况下各个疏散路径的人员同时完成疏散；第二种是人均就近寻找疏散路径。在疏散过程分析中，对各疏散路径按最不利的情况考虑人数。对于新机场线，由于站台短很多，各个疏散出口距离很近，按人员自动寻找排队人数最少的疏散路径进行分配。

（2）通行能力

人员的通行能力根据北京市地标《城市轨道交通工程设计规范》DB 1995-2013[3] 进行设置。以京霸城际为例，轨道站台不同疏散口的人员通行能力如表 6.3-2 所示，最终采用通行能力取设计通过能力的 85%。

京霸城际站台出口人流通行能力　　表 6.3-2

京霸城际出口	设施	通过能力 人 /min	通过能力（85%） 人 /min
通往环沟	一部 1.5m 楼梯	92.55	78.67
通往北站厅	1.1m 自动扶梯 +1.65m 疏散楼梯	169.7	144.25
通往南站厅	1.1m 自动扶梯 +1.65m 疏散楼梯	169.7	144.25
通往交通中心	1.1m 自动扶梯 +1.65m 疏散楼梯	169.7	144.25

（3）疏散过程

由于站台层的最大疏散距离为 50m，人员在站台的行走速度为 1.1m/s，因此在站台的行走时间为 45.5s。站台至站厅的高差为 9.2m，根据 NFPA130 的建议，竖向移动速度为 14.6m/min，则在楼梯 / 扶梯上，从站台至站厅的行走时间为 37.8s。总行走时间为 83.3s。

以京霸城际为例，对站台层各出口计算其人员疏散时间如表 6.3-3。在计算中，根据规范的推荐，对通过能力取 85% 的折减系数。

京霸站台人员疏散时间　　表 6.3-3

京霸城际	人数	通过能力（85%）	行走时间（s）	排队时间（s）	疏散时间（s）
通往环沟	301	78.67 人 /min	83.3s	228.8s	312.9s
通往北站厅	400	144.25 人 /min	83.3s	166.4s	249.7s
通往南站厅	347	144.25 人 /min	83.3s	144.3s	227.6s
通往综合换乘中心	347	144.25 人 /min	83.3s	144.3s	227.6s

从计算可以知道，对于新机场线各条轨道，在 3min 时人员已全部疏散到站厅层。对于京霸城际和城际联络线，根据通行能力计算得到在 3min 时通过楼梯和扶梯到达南北站厅以及综合换乘中心的人数分别为 232 人。因此，在 3min 时，各站厅的人数情况为：

- 京霸南站厅：原有 1650 人，站台上来 232 人，共计 1882 人。
- 地铁南站厅：原有 196 人，R4 线和预留线上来 836 人，新机场线进站站台上来 437 人，共计 1469 人。
- 城际联络线南站厅：原有 1450 人，站台上来 232 人，共计 1682 人。
- 综合换乘中心：原有 2212 人，京霸站台上来 232 人，城际联络线站台上来 232 人，新机场线出站站台上来 252 人。共计 2928 人。

根据假定，在站台层开始启动疏散时，站厅层的人并未意识到有意外情况发生，因此未能立即开始疏散，在 3min 后，站厅层的人连同从站台到达站厅层的人开始向外疏散。

以京霸南站厅为例，京霸南站厅内有一条共计 7.5m 宽的疏散通道，和 4 部宽度为 1.5m 的疏散楼梯。通过疏散通道通往环沟的人流为：83.3 × 7.5 × 0.85=531 人 /min。通过四部疏散楼梯通往首层地面的人流为：61.7 × 1.5 × 4 × 0.85=315 人 /min。南站厅平均疏散距离约为 60m，在南站厅内的疏散行走时间为 54.5s。通过疏散楼梯竖向移动到首层的时间为 26.7s。偏于保守地对到达室外安全地带的总行走时间取 81.2s。

则京霸南站厅的疏散过程为：

3min：1882 人；

4min：站台上来 115 人，总计 1997 人；

4min 21s：第一个人开始到达室外；

5min：离开 494 人，余 1503 人；

6min：离开 761 人，余 742 人；

6min59s：0 人。

（4）人员疏散结论

遵循以上计算原则和方法，对各个区域的疏散过程进行分析，可以得到，地下区域的所有人员全部到达室外安全区域的时间为：

京霸南站厅：6min59s

城际联络线南站厅：6min40s

地铁南站厅：5min25s

交通中心：8min51s

人员疏散最终到达的场地主要包括航站楼与停车楼之间的绿地、航站楼首层入口处的场地以及停车楼周边的环沟。另外，有些防烟楼梯的出口零星地位于其他室外空间。

通过性能化设计烟气分析，地下站厅各区域在发生单个火灾时，其可用疏散时间能维持在 20min 以上，因此，可以确保地下空间整体人员疏散的安全。

四、总结

轨道交通建筑和航站楼建筑由于其交通模式的区别，在消防设计体系中，从防火分隔、烟气控制、人员疏散等方面均存在大的区别，导致在轨道交通与航站楼接驳时，二者往往相对独立设置，造成的问题则是换乘的距离较长。本文叙述了两类建筑的消防规范设置的区别，并着重叙述了在北京新机场项目中，通过一体化的消防设计，综合满足轨道交通和航站楼在防止火灾蔓延和提供安全、充分的人员疏散措施的解决方案。

中国目前还在新建、扩建大量的机场航站楼项目，且机场基本都会对接轨道交通。希望本文的设计经验有助于提升未来的机场与轨道交通接驳的人员流线设计，缩短换乘距离，提升用户体验，形成世界领先的机场设计理念和实践。

参考文献

[1] 中华人民共和国国家标准 . 地铁设计规范 GB 50157-2013. 北京：中国建筑工业出版社，2013.

[2] 中华人民共和国国家标准 . 建筑设计防火规范 GB 50016-2014. 北京：中国计划出版社，2014.

[3] 北京市地方标准 . 城市轨道交通工程设计规范 DB 1995-2013. 北京：电子版，2013.

4 城市广场人防地下通道超浅埋暗挖工程

衡朝阳 孙 松 毛利勤 周 智
中国建筑科学研究院，北京，100013

引言

随着城市综合管廊大力推广和人防工程纵横发展，大断面矩形地下通道穿越繁忙的道路工程将比比皆是，但是传统的明挖施工技术，因为需要中断道路和改移管线，易引起城市交通堵塞、环境污染和居民生活影响等问题，代价巨大，在我国大中城市地下空间穿越道路施工中，明挖法已越来越不适合。因此，城市超浅埋暗挖地下通道支护技术是一科学选择。

所谓“超浅埋通道”，即通道顶部覆盖土厚度 H 与其暗挖断面跨度 A（矩形底边宽度）之比 $H/A \leqslant 0.4$ 为超浅埋通道。该技术可以在不阻断交通、不损伤路面、不改移管线和不影响居民等城市复杂环境下使用，具有安全、可靠、快速、环保、节资等优点。本文以某市民广场人防下穿澳门路、香港路地下通道工程为例进行详细阐述，以便大家参考。

一、工程概况

某市民广场人防工程位于该市南中轴线世纪大道，地下一层人防工程横穿澳门路（城市主干道），由于管线改移难和交通繁忙不可断路等原因，采用了超浅埋暗挖法进行施工技术。超浅埋暗挖断面为矩形，穿越澳门路区段长约 40m，穿越香港路区段长约 65m。两个地下通道主体结构宽度均为 15.0m，高度为 5.8 ~ 6.1m，结构顶板距现地面仅 2.5 ~ 3.5m。从 2015 年 1 月开始施工至今已竣工。两个地下通道平面位置如图 6.4-1。

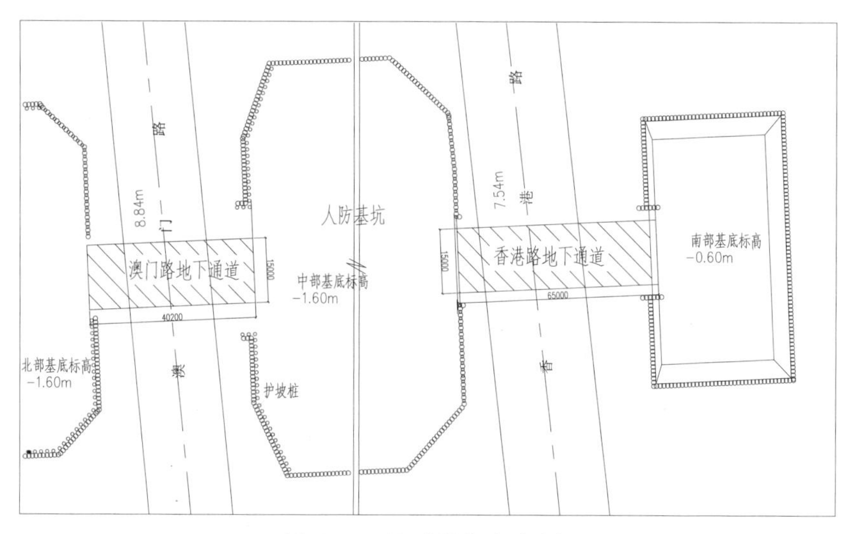

图 6.4-1 地下通道平面示意

二、岩土工程与环境条件

拟建场地地形较为平坦，总体呈南高北低走势，其中澳门路至香港路间地段南侧部分堆有较厚填土，香港路南为体育中心。现地面标高 7.51~10.88m，地面最大高差约 3.37m。地貌类型为冲洪积平原。

1. 岩土分层及其特征

拟建场区内地基土在勘察深度范围内可分为 10 个大层，按其地层岩性，上覆第四系地层主要由砂土、黏性土、砾石层组成，下伏基岩为中生代白垩纪王氏群红土崖组粉砂岩。现自上而下分述如下：素填土、粉砂、粉质黏土、细沙、粉沙、圆砾、粉质黏土、圆砾。地层概况如表 6.4-1，地质剖面见图 6.4-2。

地层概况　　表 6.4-1

层号	层名成因	土层描述
①	素填土（Q_4^{ml}）	灰褐色、褐色，干~稍湿，松散，以回填砂土及粉土夹粉砂为主，局部为黏性土，偶见碎石块、碎砖块，顶部含较多植物根系。该层在场地内分布广泛，厚度 1.10 ~ 5.30m，平均厚度 2.71m
②	粉砂（Q_4^{al+pl}）	灰黄色、黄褐色，湿~饱和，松散，砂的主要矿物成分为长石、石英，该层底部含较多细粒土，局部夹有薄层粉土。该层在场地范围内分布不均匀，层厚 0.70 ~ 2.70m，平均厚度 1.44m
③	粉质黏土（Q_4^{al+pl}）	灰黄色、褐黄色，可塑，顶部呈软塑状态，含铁锰结核及较多钙质结核，铁锰结核含量约 3% ~ 5%，钙质结核含量约 5% ~ 10%，局部夹有粉砂薄层或少量细砂颗粒，无摇振反应，切面光泽，干强度中等，韧性中等。该层在场地范围内分布广泛，层厚 1.50 ~ 6.40m，平均厚度 4.13m
③ -1	粉、细砂（Q_4^{al+pl}）	灰黄色、黄褐色，饱和，松散~稍密，砂的主要矿物成分为长石、石英，该层局部夹有少量卵砾石，分选性一般，磨圆度较好。该层在场地范围内分布不均匀，层厚 0.40 ~ 2.40m，平均厚度 0.88m
④	粉砂（Q_4^{al+pl}）	灰黄色、黄褐色，饱和，稍密~中密，砂的主要矿物成分为长石、石英，分选性好，磨圆度一般，局部相变为粉土，底部渐变为细砂。该层在场地范围内分布不均匀，层厚 0.50 ~ 2.40m，平均厚度 1.12m
⑤	圆砾（Q_4^{al+pl}）	褐黄色，饱和，稍密~中密，主要矿物成分为长石、石英，分选一般，磨圆度较好，局部夹有粗、砾砂薄层。该层在场地范围内分布较广泛，层厚 0.50 ~ 4.10m，平均厚度 1.74m
⑥	粉质黏土（Q_4^{al+pl}）	褐黄色、黄褐色，可塑~硬塑，含铁锰结核，夹青灰色黏性土条带，无摇振反应，切面光滑，干强度高，韧性高。含有粗砾砂、少量砾石，夹有薄层圆砾。该层在场地范围内分布广泛，层厚 0.80 ~ 8.30m，平均厚度 3.97m
⑦	圆砾（Q_4^{al+pl}）	褐黄色，饱和，中密~密实，主要矿物成分为长石、石英，分选一般，磨圆度较好，局部为黏土与圆砾互层状分布。该层在场地范围内分布广泛，层厚 1.10 ~ 7.30m，平均厚度 4.00m
⑧	粉质黏土（Q_4^{al+pl}）	褐黄色、黄褐色，硬塑，含铁锰结核，夹青灰色黏性土条带，无摇振反应，切面光滑，干强度高，韧性高。夹有薄层粗、砾砂。该层在场地范围内分布广泛，层厚 2.20 ~ 6.60m，平均厚度 4.13m

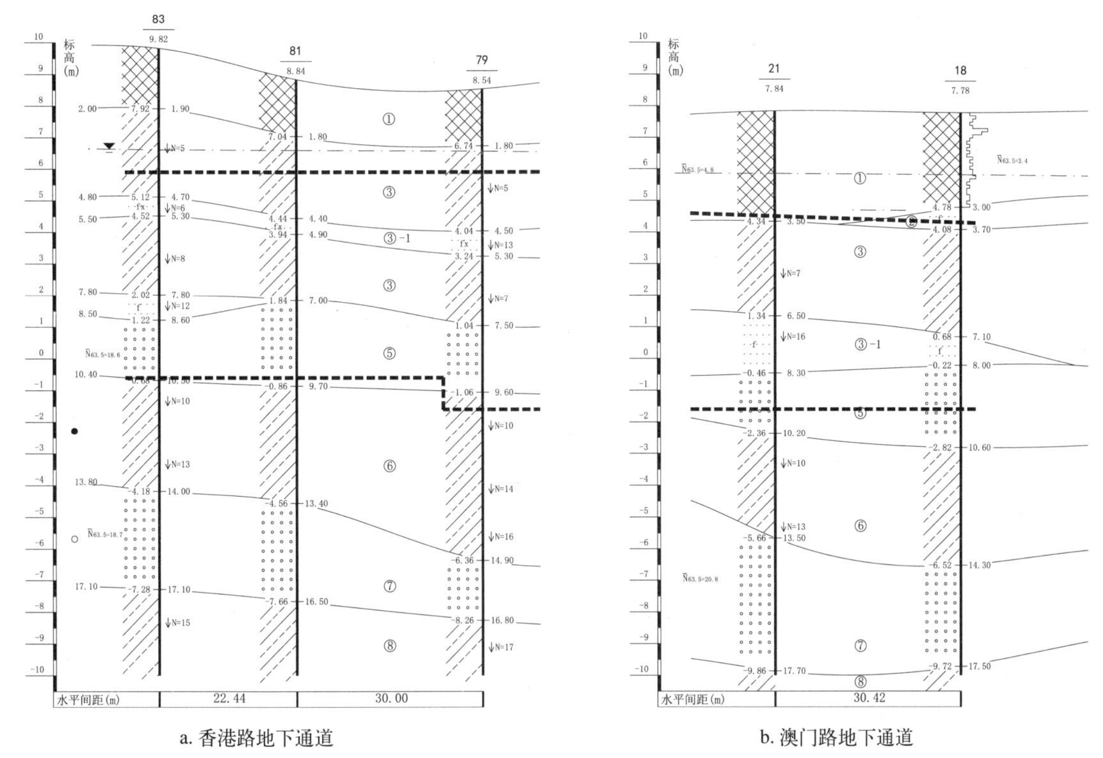

a. 香港路地下通道　　b. 澳门路地下通道

图 6.4-2　地质剖面图

2. 水文地质概况

拟建场地内地下水类型为第四系孔隙潜水～微承压水，孔隙潜水主要赋存于第②层粉砂中，微承压水主要赋存于第③ -1 层粉、细砂，第④层粉砂、第⑤层圆砾，第⑦层圆砾，第⑨层圆砾层中。补给与排泄均以侧向径流为主。稳定水位埋深 1.74~4.72m，稳定水位标高 5.60~6.67m。地下水位变幅为 1.50m。

3. 管线探查

施工前进行了专项管线探查，澳门路管线探查结果如表 6.4-2。

澳门路管线一览表　　　　表 6.4-2

序号	管线	材质	直径	西端			东端		
				覆土厚度（m）	地面标高（m）	管线底标高（m）	覆土厚度（m）	地面标高（m）	管线底标高（m）
1	热水管	混凝土	ϕ400	1.66	7.91	5.85	1.67	7.92	5.85
2	热水管	混凝土	ϕ400	1.66	7.89	5.83	1.67	7.92	5.85
3	电信	光缆		1.61	7.88	6.27	1.69	7.86	6.17
4	雨水管	混凝土	ϕ800	1.18	7.85	5.87	1.29	7.72	5.63
5	10kV 供电缆	铜	直埋	2.89	7.83	4.89	2.98	7.87	4.84
6	污水管	混凝土	ϕ500	1.93	7.92	5.49	2.26	7.71	4.95
7	输配水管	铸铁	*DN*300	2.63	7.89	4.96	2.59	7.82	4.93

续表

序号	管线	材质	直径	西端			东端		
				覆土厚度（m）	地面标高（m）	管线底标高（m）	覆土厚度（m）	地面标高（m）	管线底标高（m）
8	0.38kV 路灯电缆	铜		0.82	7.91	7.06	0.76	7.94	7.15
9	雨水管	混凝土	ϕ600	1.35	7.91	5.96	1.39	7.95	5.96
10	通信、热力、消防、燃气管线切改区域			1.8-2.5	7.91	6.11-5.41（不包括管径）	1.8-2.5	7.95	6.15-5.45（不包括管径）

三、暗挖设计

设计主要利用钢管刚度强度大，水平钻定位精准，型钢拱架连接加工方便、撑架及时和适用性广泛等特点。一般采用长大管棚超前支护加固通道周围土体，全断面注浆，再将整个通道大断面分为若干个小断面顺序错位短距开挖，及时强力支护并封闭成环，形成交替支护结构条件，进行地下通道或空间主体施工的支护技术方法。施工过程中应加强对施工影响范围内的城市道路、管线及建（构）筑物的变形监测，及时反馈信息并调整支护参数。

以澳门路为例，设计方案包括降水处理、长大管棚超前预加固、全断面超前注浆、通道开挖与支护、主体结构施工与中隔壁拆除、测量监测等。以澳门路为例，其技术设计指标如表 6.4-3。管棚立面见图 6.4-3，通道设计标准断面见图 6.4-4，开挖支护断面如图 6.4-5。

澳门路支护设计概况　　　　**表 6.4-3**

序号	项目	规格	断面	间距（mm）	数量	备注
1	管棚	无缝钢管 Φ325	厚度 8mm	钢管 420~425	71 根	钢材 Q235B，锁扣管棚，内灌注 C20 混凝土
2	注浆	水泥 - 水玻璃双液	全断面	注浆孔 800	152 孔	加固半径 600mm
3	开挖	左洞	5700 × 6630~6930	先行开挖	1 个	正台阶法
		右洞	5700 × 6630~6930	滞后开挖，距左洞掌子面 ≥ 10000	1 个	
		中洞	4400 × 6630~6930	最后开挖，距右洞掌子面 ≥ 10000	1 个	
4	型钢支撑	顶 I25a	15800	600	67 个	Q235B 工字钢
		竖 I22a	6160~6460 × 4	600	67 组	
		底 I22a	15800	600	67 个	
		中 I20a	5550+4400+5550	1200	34 组	
		斜 I20a	2343 × 4+2280 × 2	1200	34 组	
5	喷射混凝土	断面周边封闭 15800 × 6630~6930	厚度 350mm		1	两层钢筋网片，配拉结筋 Φ25@600，混凝土 C20
		中隔壁 300 × 5930~6230	厚度 300mm		2	

续表

序号	项目	规格	断面	间距（mm）	数量	备注
6	主体结构	顶板	15000 × 600		1	顶板采用 C40、P6，侧墙及底板采用 C35、P8 防水混凝土。施工分段进行，每一仓为 7.5m
		侧墙	500 × 4100~4400		2	
		底板	15000 × 600~1100		1	
		柱	高 4100~4400	7500	12	
7	测量监测	地面沉降			1 次 /d	要求测量信息应及时反馈并指导施工，必要时加密测量次数
		管线变形			1 次 /d	
		洞内收敛			1 次 /d	
		支撑内力			1 次 /d	
		水位观测			1 次 /d	

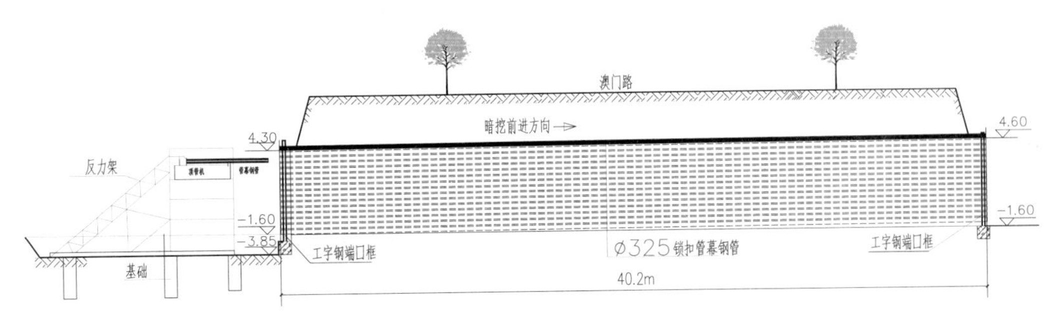

图 6.4-3 管棚立面图

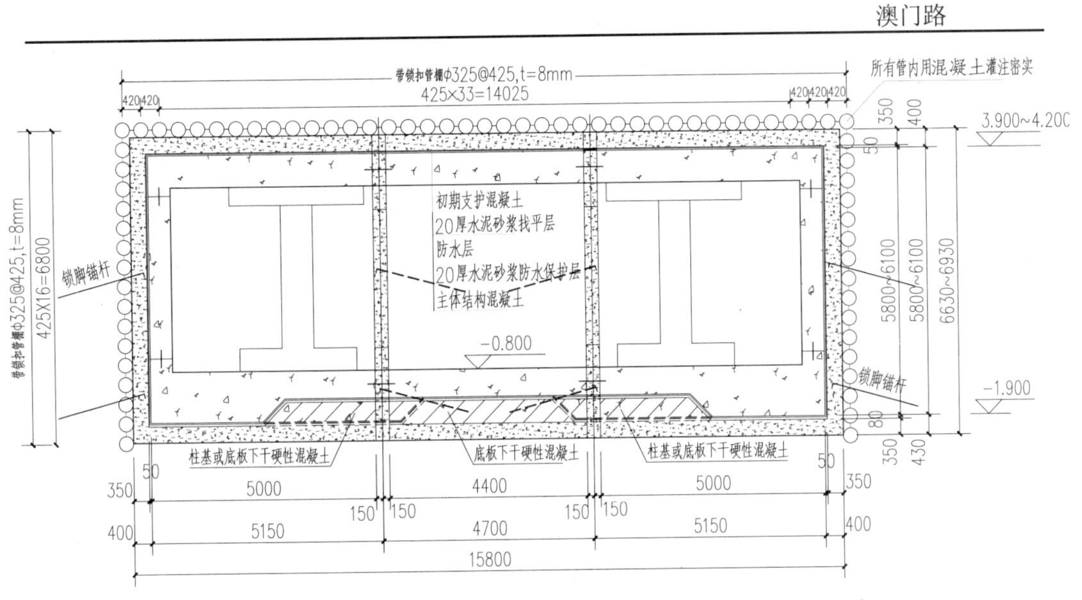

图 6.4-4 设计标准断面图

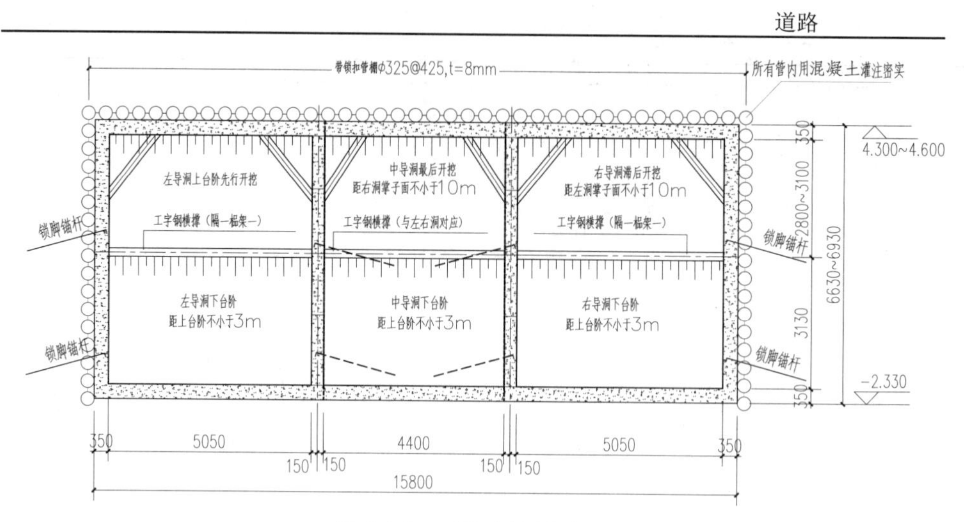

图 6.4-5　开挖支护断面图

四、通道施工

该工程施工步序为：①管幕施工→②开挖支护→③分段破除中隔壁下部混凝土并施作下部防水→④分段顺序浇筑底板、侧墙、柱→⑤分段破除中隔壁上部混凝土并施作上部防水→⑦分段浇筑顶板→⑧（重复③→⑦）主体结构分段依序浇筑完成→⑨拆除中隔壁及斜撑→⑩顶部注浆。

1. 管棚施工

某市民广场人防工程澳门路超浅埋暗挖，管棚由采用长 40.0m、直径 325mm、壁厚 8mm 共 71 根无缝钢管构成。钢管中心间距 425mm，管间锁扣采用 4 根正反两组角钢连接，在开挖断面为 15.80×6.63~$6.93m^2$ 的上、左、右三边，采用了水平定向钻机进行管棚预加固处理，管内充填 C20 混凝土密实，通道两端及时做好洞口锁口钢梁，如图 6.4-6。

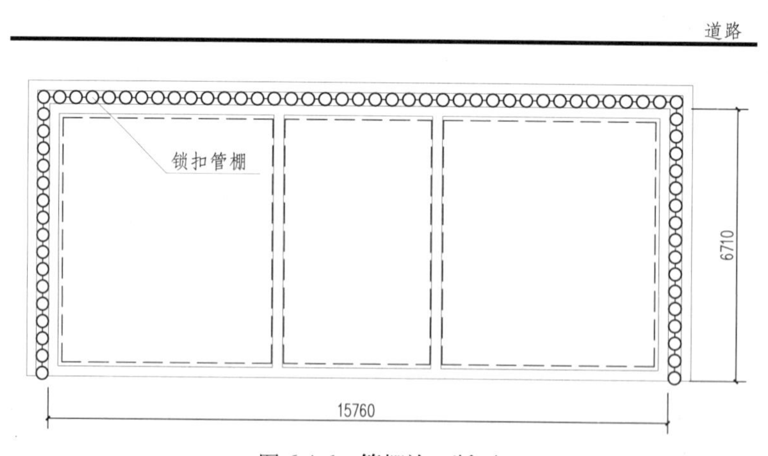

图 6.4-6　管棚施工断面

2. 全断面注浆

隧道开挖前对洞内土体进行了预加固，首先在全断面注浆预加固 12.0m，每个单洞开挖至 9.0m 后，洞内土体再次进行接力超前注浆预加固，每次沿隧道纵深向须注浆 12.0m，预留 3.0m 时再次接力注浆直至洞通。即各个开挖掌子面每开挖 9m 后，须注浆一次 12m，3 个洞内掌子面分别进尺到位再分别接力注浆加固处理。

3. 开挖支护

在开挖断面，分割成左、中、右 3 个隧洞开挖，开挖跨度分别为 5.70m、4.44m、5.70m，每个单洞又再分为上下台阶开挖，台阶宽度保持 3.0~5.0m，开挖一步支护一步，随挖随支。先开挖左洞，当左洞开挖至 10.0m 时，然后开始右洞开挖，在左右两洞同时开挖期间应确保其两个掌子面间隔不小于 10.0m，当右洞掌子面开挖至 10.0m 时，最后进行中洞开挖，三洞同时开挖应确保左、右、中洞掌子面间隔均不小于 10.0m，如此开挖—支护循环进行。

洞内支护采用型钢拱架—双网片—喷混凝土护壁，除洞顶采用工字钢 I25a 外，一般采用 I22a 工字钢刚性连接成架，水平间距为 600mm，单洞内两榀型拱架设置一横撑，每开挖一步进深为 600mm，及时设置型钢拱架，墙面设双层钢筋网片，并喷射 C20 混凝土厚度 300~350mm（洞间中隔壁厚度为 300mm），每个掌子面底部角点各打入一根长 3.0m 的锁脚锚杆。挖一步、撑一步、喷一步，直至洞通，如图 6.4-7、图 6.4-8。

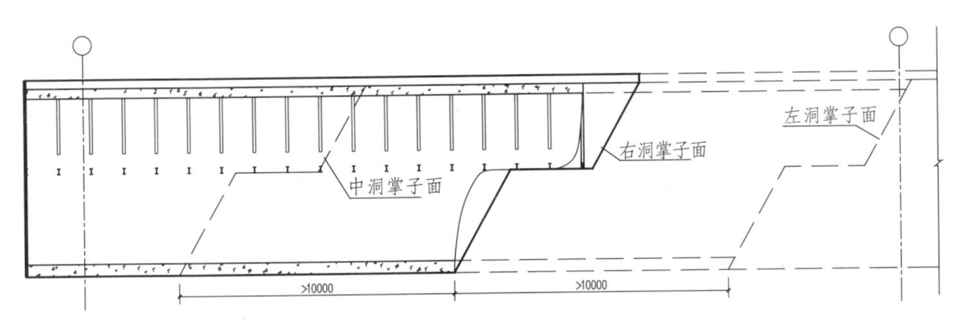

图 6.4-7　分洞开挖支护示意图

4. 主体施工及中隔壁拆除

开挖支护洞通后，主体结构施工沿纵向按 7500mm（按纵向柱距）分为一仓，一柱一仓，依次浇筑主体结构，如图 6.4-9。需要说明的是在每仓底板浇筑时，需破除底部中隔壁墙体预留底部型钢架柱，顶板浇筑时也需破顶部中隔壁墙体预留顶部型钢架柱。顶板浇筑完成达到一定强度并完成二次注浆后方可拆除中隔壁墙体。

图 6.4-8　澳门路通道开挖支护

图 6.4-9　澳门路通道主体结构竣工

5. 测量监测

施工时地面沉降 1 次 /d、洞内收敛 1 次 /d、水位观测 1 次 /d。测量信息及时进行了反馈并指导施工，雨季进行了加密监测。该工程目前已经完成竣工验收，施工期间道路管线均处于正常运行，地面沉降最大值为 42mm，满足设计要求。

该工程澳门路通道从 2015 年初施工至 2015 年底顺利完成，香港路通道从 2016 年中施工至 2017 年 7 月也顺利完工，目前已完成竣工验收。

五、结束语

1. 我国近年来在面临城市交通拥堵无法断路，地下管线众多难以改移，公路、铁路、机场跑道不可停用，雾霾严重不宜明挖等严峻现实条件下。为了保障城市道路、地下管线及周边建（构）筑物正常运用，需采用严格控制土体变形的超浅埋暗挖施工技术。

2. 该工程主要利用钢管刚度强度大，水平钻定位精准，型钢拱架连接加工方便、撑架及时和适用性广泛等特点，分大断面为数小断面进行分步错序开挖。保障了城市道路和管线正常运行，其技术内容如下：

（1）采用长大管棚超前支护和压力注浆加固通道周围土体；

（2）将整个通道大断面分为若干个小断面，进行顺序错位短距开挖；

（3）及时强力支护并锚喷封闭成环，形成交替支护结构条件；

（4）进行地下通道（或空间）主体结构分段步序施工；

（5）在施工过程中，应加强对施工影响范围内的城市道路、管线及建（构）筑物的变形监测，及时反馈信息。

3. 该超浅埋暗挖大断面矩形通道施工技术，可以在不阻断交通、不损伤路面、不改移管线和不影响居民等城市复杂环境下使用。因此，具有安全、可靠、快速、环保、节资等优点，社会和环境效益良好。

参考文献

[1] 王梦恕 . 地下工程浅埋暗挖技术通论 [M]. 合肥：安徽教育出版社，2004.

[2] 贺长俊，蒋中庸，刘昌用等 . 浅埋暗挖法隧道施工技术的发展 [J]. 市政技术，2009，27（3）.

[3] 董新平，周顺华，胡新朋 . 软弱地层管棚法施工中管棚作用空间分析 [J]. 岩土工程学报，2006，28（7）.

[4] 孔恒 . 城市地铁隧道浅埋暗挖法地层预加固机理及其应用研究 [D]. 北方交通大学，2003.

[5] 都海江 . 超浅埋暗挖过街地下通道的设计与施工 [J]. 石家庄铁道学院学报，1995，8（2）.

5　两个既有建筑地下增层工程案例

李湛[1, 2]　项睿[3]　李钦锐[1, 2]　段启伟[1, 2]
1. 中国建筑科学研究院地基基础研究所，北京，100013
2. 建研地基基础工程有限责任公司，北京，100013
3. 北京大学基建工程部，北京，100087

一、前言

地下增层，是在近年来由于地下空间开发、地铁车站、地下商场、地下车库等建设需要的地下联络功能或使用功能的要求，在保留既有建筑地上结构不变的情况下，在既有建筑地下增加使用空间的地基基础加固技术[1]。

在城市土地利用紧张、各种建设活动日益增长的今天，地下增层具有重要的社会、经济意义。通过地下增层可以：(1) 提高土体使用率和扩大建筑使用面积；(2) 减少拆迁和动迁费用，降低建筑工程造价；(3) 通过增层设计中增加的构造措施，提高既有建筑的抗震能力，符合当前抗震规范；(4) 增层的同时，可以改善建筑的使用功能和使用年限。

本文介绍两个既有建筑地下增层的工程案例。

二、既有建筑地下室竖向延伸地下增层案例

1. 既有建筑概况

某建筑建造于20世纪30年代，东西向长约46m，南北向宽约19.1m（图6.5-1）。既有建筑地上3层，首层办公用，层高约3.66m，二层为篮球场（东、西两端为看台），层高约6.4m，三层为坡屋盖，层高约7m。地下1层，基础埋深约-3.0m（±0.000为原室内建筑地面标高），层高约2.4m（净高约1.8m）。

既有建筑地上为钢筋混凝土、砌体混合结构。地下室外墙为素混凝土结构，基础为素混凝土条形基础，原地下室结构平面详见图6.5-2。

图6.5-1　既有建筑外观

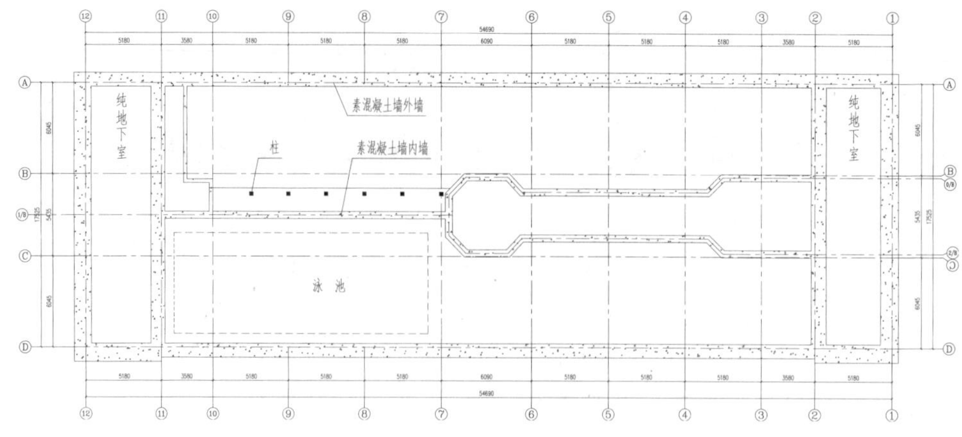

图 6.5-2 地下室结构平面图

2. 既有建筑加固改造概况

在对原结构修缮加固的同时，为了提升结构的使用功能，对原结构首层及地下室结构进行综合改造：(1) 对原地下室结构加固改造，新建两个东西向长约 14.8m、南北向宽约 15.5m 的大跨度地下功能厅。为满足层高要求，将原地下室层高从 2.4m 向下延伸后增加至 4.485~6.260m（基础埋深 -5.221~-6.860m）；(2) 在原结构中部建造一个直径约 12.8m、自首层通向地下室的旋转楼梯；(3) 距离原结构南侧外墙约 5.05m 处新建纯地下多功能厅（基础埋深 -1.76~-7.1m），与原地下室之间新建从原结构基础下穿越的宽 4.4m 的联络通道。

加固改造后的地下室基础平面、东西向建筑剖面、南北向（中轴部位）建筑剖面分别见图 6.5-3、图 6.5-4 与图 6.5-5。

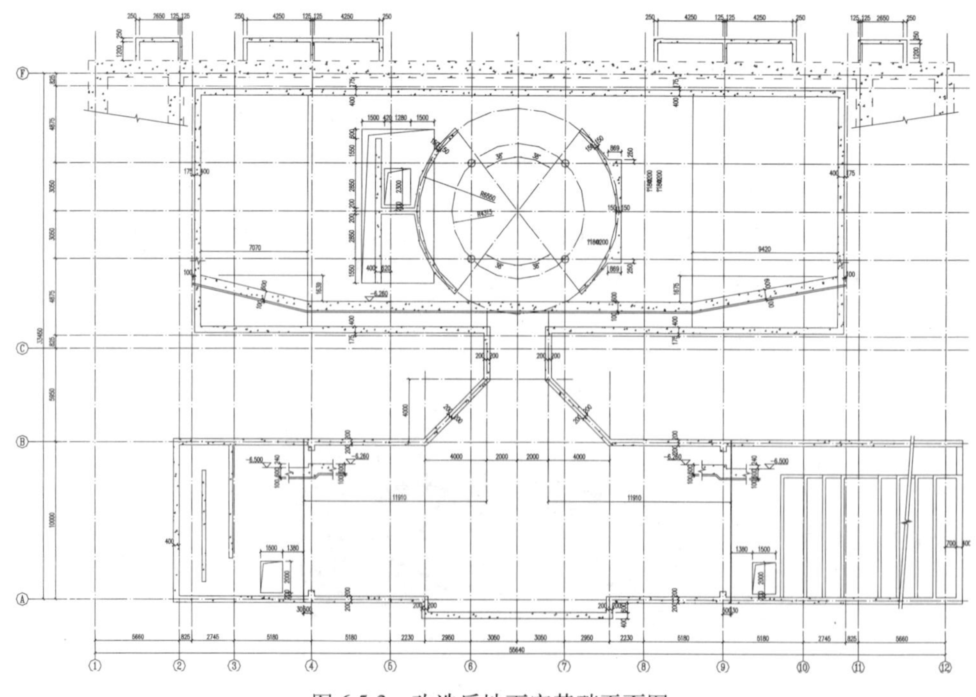

图 6.5-3 改造后地下室基础平面图

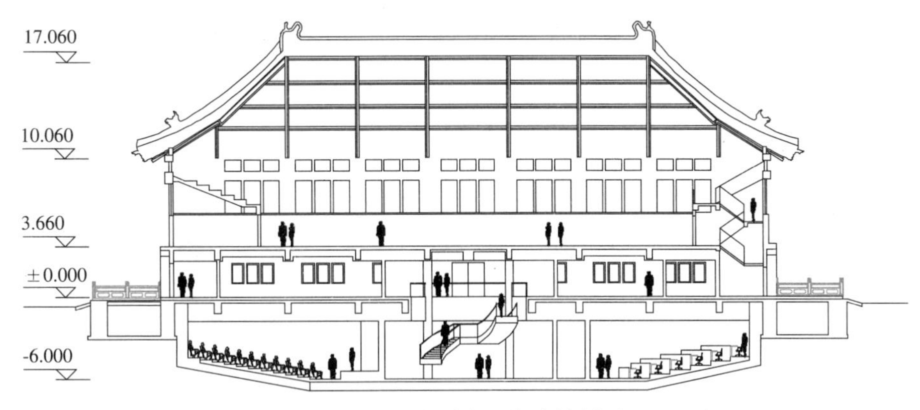

图 6.5-4　改造后东西向建筑剖面图

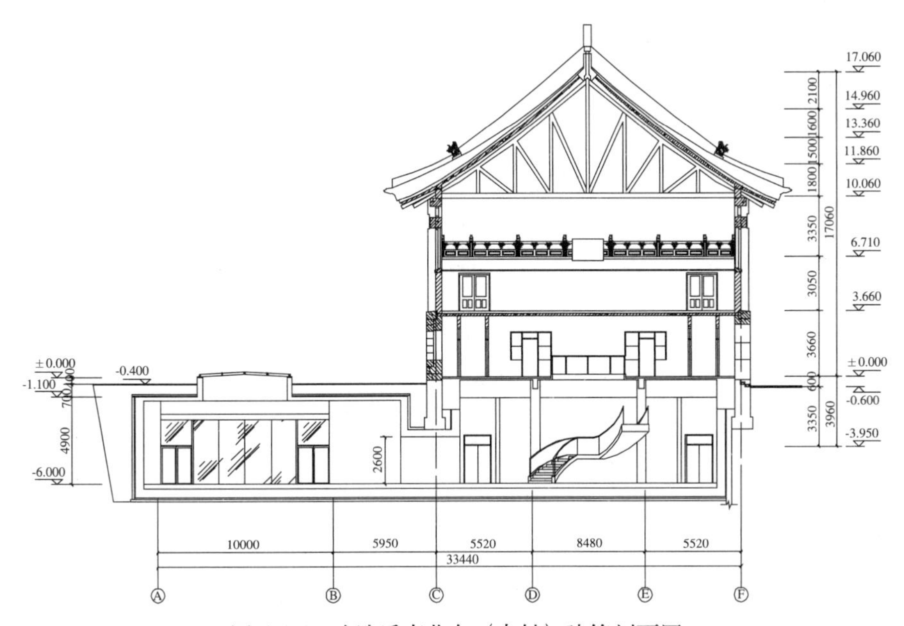

图 6.5-5　改造后南北向（中轴）建筑剖面图

3. 地下室加固改造的结构方案

原建筑结构形式较复杂，且为文物保护建筑，首层外立面为石材饰面，综合考虑对既有建筑及周边环境的保护要求、施工条件、技术经济等因素，经各方反复研究论证，最终选择在原地下室内采用新建内嵌地下室结构加固改造方案。

为了实现改造后的建筑功能，采取的主要结构措施包括：(1) 拆除原地下室全部内承重墙，地下室梁、板，实现原地下室内新建大跨度使用空间功能要求。(2) 中部环形旋转楼梯范围内，除拆除地下室内墙、梁、板外，还需拆除首层墙、梁、板构件，实现新建旋转楼梯的功能要求。

上述结构改造的实施过程，既是原有结构构件拆除、新建结构构件的建造过程，也是重建原结构上部结构荷载向新建地基基础传递路径和体系的过程。为实现结构加固改造施工过程中上部结构荷载的可靠转移和传递，需要构建的两个主要的荷载传递体系：(1) 位于原地下室顶板部位的上部结构荷载托换体系，即新建的地下室梁、板、墙结构，其作用是承载首层上部结构荷载，并在新建地下室完成后通过地下室结构传递到地基基础上。(2)原地下室外墙地基基础荷载托换体系，其作用是在新建地下室土方向下开挖、新建地下室结构完成前，对原地基基础荷载进行托换，同时承担由于土方开挖产生的不平衡土压力、水压力荷载。

既有建筑结构荷载转换与传递包括三个阶段：

第一阶段：新建上部结构荷载托换体系完成后，将首层内墙分担的荷载转移到托换结构上。

第二阶段：地下室内承重墙拆除后，上部结构荷载托换体系及其分担的首层荷载转移到地基基础托换结构上。

第三阶段：新建地下室结构完成，首层内墙荷载、新建地下室荷载通过基础传递至地基上。

上述第二阶段中，地基基础托换结构还要承担原结构外墙基础传来的上部结构荷载，及土方开挖产生的土压力、水压力荷载。

4. 地基基础托换加固设计

地基基础侧向托换结构典型剖面如图 6.5-6 所示。

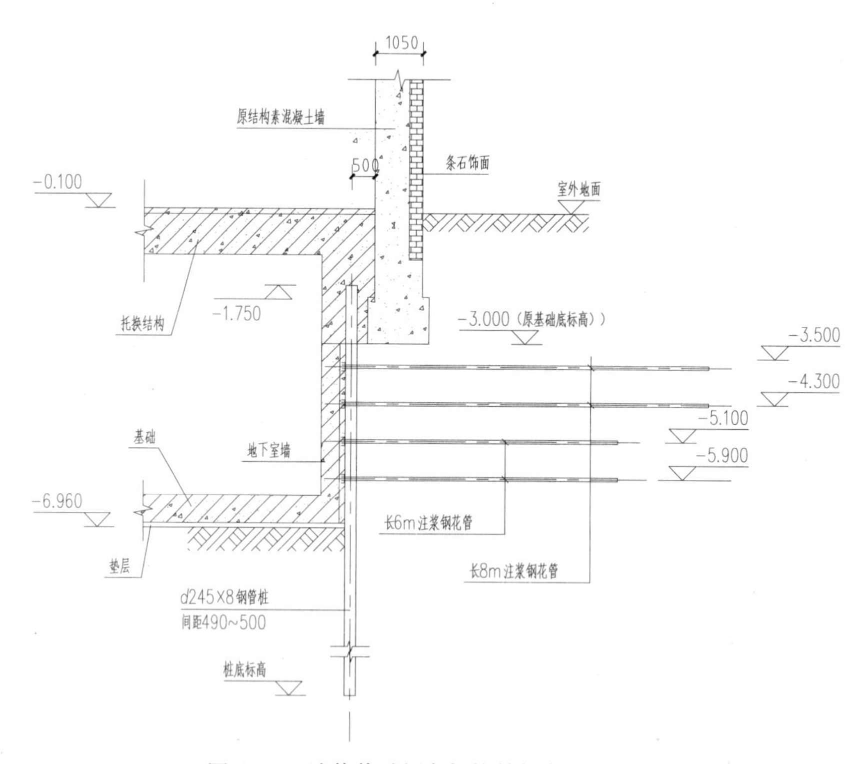

图 6.5-6　地基基础侧向托换结构典型剖面图

地基基础侧向托换结构包括竖向构件（托换桩）及水平构件（水平向注浆钢花管）。地基基础侧向托换结构的施工需要占用一定的地下室内部空间，为尽量减少加固结构对地下室内部空间的占用，托换桩采用微型钢管桩方案，桩中心距地下室外墙的距离为 0.5m。

钢管桩设计参数详见表 6.5-1。

钢管桩设计参数 表 6.5-1

成孔直径（mm）	钢管直径（mm）	桩长（m）	钢管壁厚（mm）	单桩承载力特征值（kN）
300	245	25.5m注	8	250

注：钢管桩持力层为卵石⑥层，施工桩长以进入持力层不小于0.3mm及设计桩长双控。

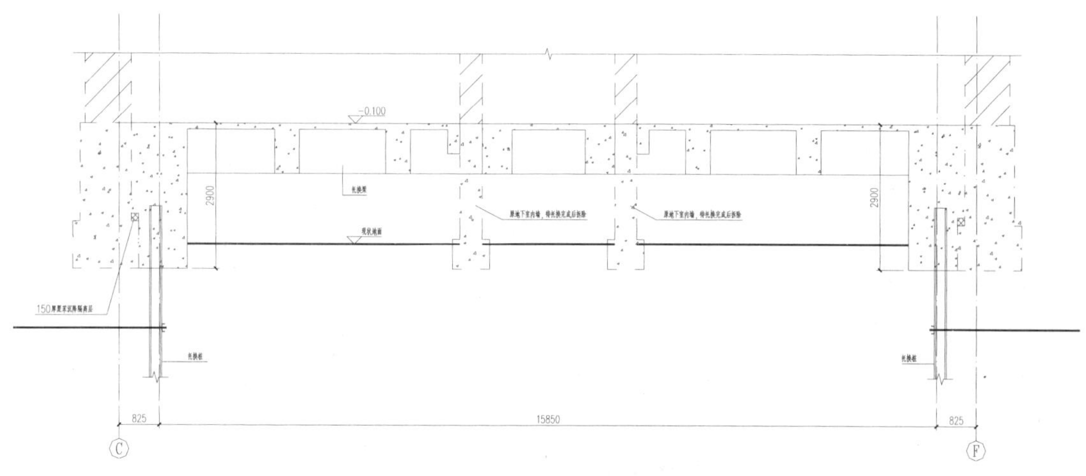

图 6.5-7 结构加固施工方案（东段）

具体的结构施工方案如下（图 6.5-7）：

（1）地基基础托换结构竖向构件，即托换桩施工。

（2）上部结构荷载托换体系（标高 -3.0m 以上新建的地下室顶板、梁、外墙），为减小后期托换结构变形对首层结构的影响，托换梁通过墙体开洞施工并设置后浇缝，新建地下室顶板与墙之间亦设置后浇缝。

（3）地下室内承重墙拆除，托换结构变形完成后，封闭托换梁与首层墙体之间、地下室顶板与首层墙体之间的后浇缝。

（4）地下室内部土方开挖，按施工进程逐步施工地基基础托换结构的水平构件。

（5）土方开挖至新建地下室基底标高，进行 -3.0m 标高以下新建地下室结构施工。

5. 地基基础托换主要施工技术

（1）微型钢管桩施工设备及工艺

钢管桩施工前，拆除了原地下室顶板，原地下室梁暂时保留，梁下施工净高 2.2m。为满足施工空间限制及钢管桩施工技术要求，对传统钻机进行改造，使其体量和施工能力同时满足地下室施工场地条件及钢管桩技术要求。改造后的微型钻机钻杆中心距离墙体约 0.4~0.5m[2]。

（2）新型钢管桩接桩工艺

钢管桩接桩一般采用焊接接桩或硫黄胶泥接桩两种形式。根据本工程钢管桩受力特性，可采用的接桩方式为焊接接桩。位于地下室横梁下或施工受横梁影响的钢管桩单节长度 1.0m，其他部位 1.2m，单根桩桩节数量 20~25 个，单根桩的焊接接桩时间就需要 1d 左右，且在地下室内部施工，受泥浆影响，接桩质量较难保证。考虑现场施工条件、工期要求、接桩质量等因素，采用新的接桩工艺[3]。

（3）地基基础侧向托换技术[4]

采用微型桩及水平构件组成的地基基础侧向托换结构，平衡地下室土方开挖引起的不平衡土压力，限制地基的侧向变形、控制既有基础的沉降，保证加固改造过程中既有建筑的安全。在土方开挖之前，地下室内承重墙尚未拆除时，微型桩与新建地下室梁、板、-3.0m以上外墙共同组成上部结构荷载托换体系，承担与传递内墙的荷载。

三、既有建筑增建地下室案例

1. 工程概况

某既有建筑建造于20世纪20年代，现为办公楼（图6.5-8）。既有建筑东、西方向长约36.2m，南、北方向宽约34m，平面上呈U字形，由西侧正楼和南、北侧厢楼组成。正楼主体地上两层（局部1层），南、北侧厢楼地上两层，正楼及厢楼均为大筒瓦仿古坡屋顶。根据原结构设计图纸，既有建筑为钢筋混凝土框架结构，基础为钢筋混凝土条形基础。现状正楼西侧有1层地下室，正楼东侧及南、北侧厢楼底层下部为架空楼板，梁下净高约0.9m。

图6.5-8　既有建筑外观

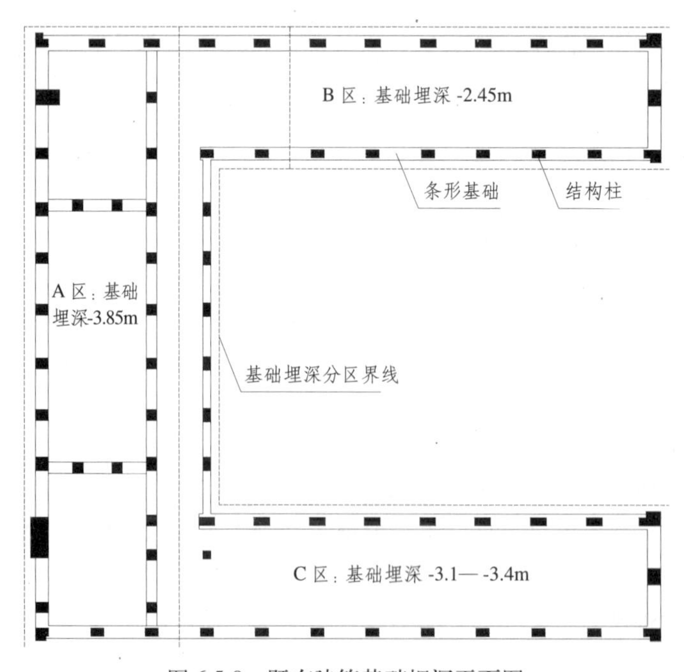

图6.5-9　既有建筑基础埋深平面图

根据既有建筑加固改造建筑、结构设计，改造后既有建筑 ±0.000 为原室内建筑地面标高（绝对标高 49.19m）。现场探明既有基础埋深（条形基础底标高）情况详见图 6.5-9，其中 A 区基础埋深相对标高约 -3.85m，B 区基础埋深相对标高约 -2.45m，C 区基础埋深相对标高约在 -3.1~-3.4m 之间。

2. 既有地下室加固改造设计概况

加固改造后地下室基础底标高为 -3.75m，A 区地下室加固改造后结构剖面如图 6.5-10 所示。

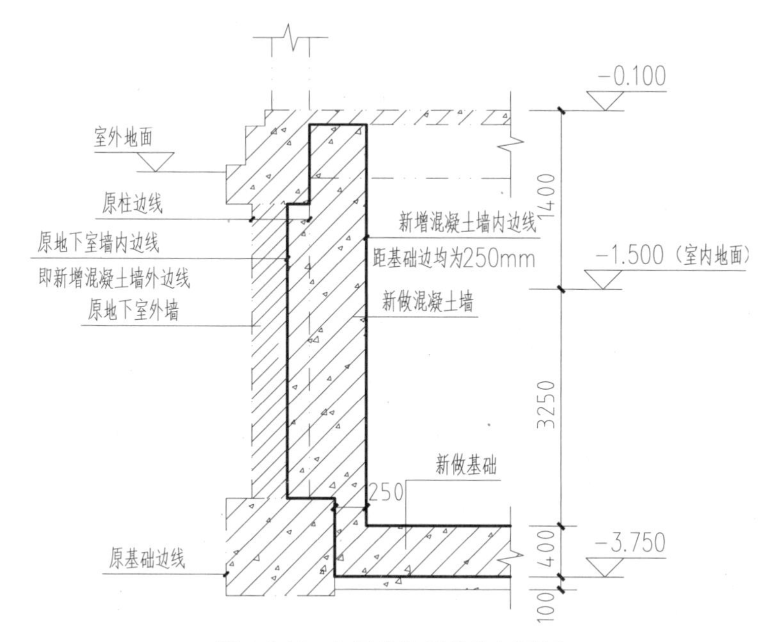

图 6.5-10 A 区改造后结构剖面图

为满足加固改造后地下室的使用要求，在原架空楼板部位的 B 区及 C 区，采用在原基础内侧新建内嵌式地下结构的形式增建 1 层地下室，新旧结构通过构造措施连接。相对 B 区及 C 区原回填土地面标高，新建地下室的土体开挖深度约 2.35m，新建内嵌式地下室的基础埋深较原基础埋深增加 0.45~1.4m。

3. 地基基础托换加固设计

为实现既有建筑加固改造增建地下室的结构设计方案，在 B 区及 C 区紧邻原既有基础内侧对既有地基基础进行侧向托换加固。

托换结构由微型钢管桩及水平注浆钢花管组成。钢管桩结构施工完成后，紧沿钢管桩向下开挖土方，达到新建地下室基础埋深 -3.85m 时，施工新建地下室结构。微型钢管桩设计参数详见下表 6.5-2。

钢管桩设计参数 **表 6.5-2**

成孔直径 /mm	桩距 /m	桩长 /m	钢管直径 /mm	钢管壁厚 /mm
200	0.4	3.5~4[注]	159	10

注：开挖深度0.45~0.7m范围内微型钢管桩长3.5m，开挖深度1.4m范围内微型钢管桩长度4m。

B 区及 C 区托换结构及改造后地下室结构剖面分别如图 6.5-11、图 6.5-12 所示。

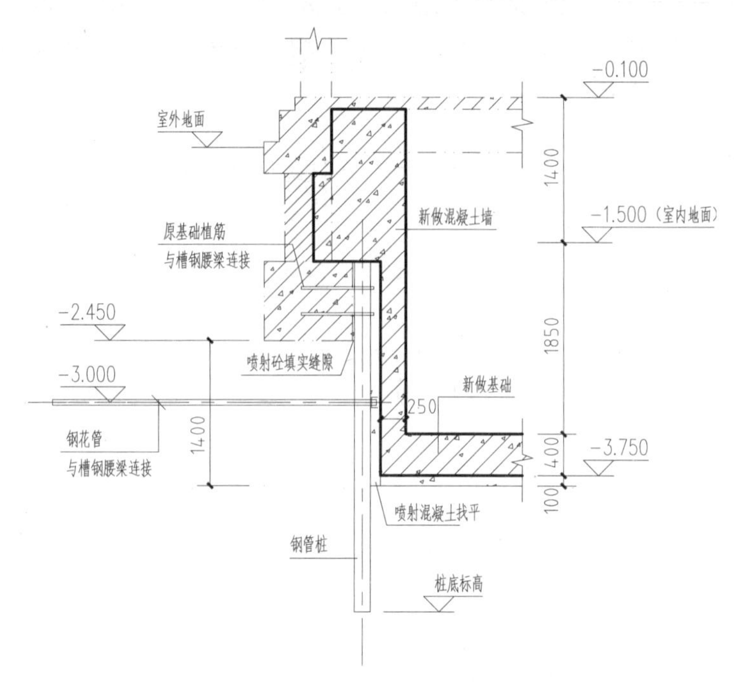

图 6.5-11　B 区改造后结构剖面图

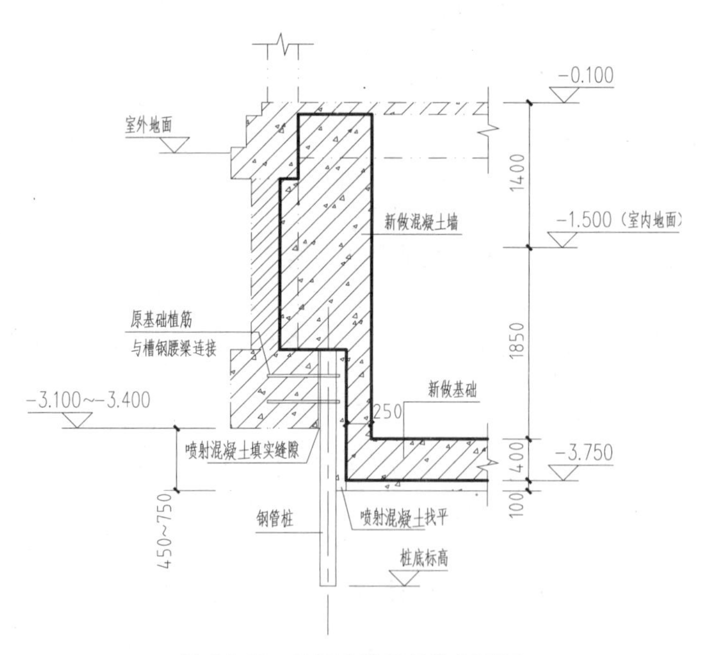

图 6.5-12　C 区改造后结构剖面图

受施工条件限制，桩顶无法设置对撑结构，桩顶采用 2 根 20b 槽钢制作冠梁，与原基础上的植筋通过螺栓将钢管桩与原基础连接。基础埋深增加 1.4m 范围的钢管桩剖面，在标高 -3.0m 处设置一道水平注浆钢花管，钢花管水平间距 0.4m。

4. 地基技术托换结构的主要施工技术

（1）原架空楼板部位施工空间狭小，场地土体开挖整平后的施工净高仅约2m，且钢管桩需尽量紧靠地下室基础施工。根据工程地质及水文地质条件、现场施工条件，微型钢管桩施工采用机械洛阳铲成孔，人工下放钢管桩桩节的施工工艺。根据施工净高限制，桩节长度分1.5m、2m两种。

（2）本工程钢管桩主要承受弯矩作用，宜采用焊接方法接桩。但本工程工期紧，采用焊接接桩工艺成桩时间较长，难以满足工期要求。在地下室施工条件下，焊接质量也较难保证。考虑上述因素，钢管桩节的连接采用机械啮合方式连接，即采用机械套丝、螺纹方式连接桩段[3]。

（3）对既有建筑地基基础的保护采用了侧向托换技术[4]。

四、结语

通过上述两例既有建筑地下增层工程实施案例，可以得到以下几点认识：

1. 既有建筑，特别是年代久远的历史建筑的加固改造工程，通过检测鉴定有时还不能详尽掌握既有建筑的结构性能。地基基础加固改造应以保持原地基基础的受力和变形状态为原则，避免由于加固改造而造成新的结构损伤。

2. 既有建筑修缮改造项目，特别是历史建筑，加固改造方案选择的限制因素较多，应综合考虑既有建筑保护、施工条件、技术条件及经济条件选择，确保既有建筑的安全，做到综合保护与开发利用的统一。

3. 地下增层，特别是竖向延伸式的地下增层，具有安全性、技术要求高等特点，涉及建筑、结构、施工、检测等各方面技术的综合运用，需全面考虑。

4. 本文的两个工程案例都采用了地基基础侧向托换技术，通过由微型钢管桩及水平钢花管组成的托换结构，平衡土体开挖引起的不平衡土压力，限制地基的侧向变形、控制既有基础的沉降，从而起到保持原地基基础受力和变形状态的作用。方案实施效果表明采用的既有地基基础侧向托换加固方案安全、可靠，保证了地下增层施工过程中既有建筑的安全。

5. 两个案例都是既有建筑加固改造与结构使用功能拓展相结合的成功案例，通过结构加固延长了既有建筑的使用寿命，又通过结构改造拓展了建筑的使用功能，对于具有保留价值的老旧建筑或历史保护建筑的加固改造及其地下空间功能拓展具有参考借鉴价值。

致谢：两个加固改造项目结构设计单位均为北京房地中天建筑设计研究院有限责任公司，设计负责人为李兆明高级工程师，本文引用了有关结构加固设计资料，特此感谢。

参考文献

[1] 滕延京，李湛，李钦锐等．既有建筑地基基础改造加固技术[M]. 北京：中国建筑工业出版社，2012.

[2] 李湛，滕延京，李钦锐等．既有建筑加固工程的微型桩技术[J]. 土木工程学报，2015，48（S2）：197-201.

[3] 中国建筑科学研究院结构力学试验室．某既有建筑修缮改造工程——地基基础加固工程：钢管桩连接件抗拉、抗弯试验报告[R]. 北京，2014.

[4] 李湛，于虹，段启伟等．某既有建筑地下室增加层高地基基础侧向托换加固工程[J]. 建筑科学，2016，32（5）：9-13，83.

6　地质科学院科研实验楼结构设计

张根俞　朱炳寅　马玉虎　张　恺
中国建筑设计院有限公司，北京，100044

一、工程概况

中国地质科学院京区科研实验基地项目位于北京市海淀区永丰产业基地内。项目由3栋建筑物组成，建设内容为科研业务用房、重点实验室用房、学术报告厅、研究生宿舍、地下车库及人防等，总建筑面积约7.5万m^2，本文仅介绍2号楼单体。

该单体地下2层，地上8层，结构高度34m。地上部分最大轴线尺寸为51m×73.5m，地下部分最大轴线尺寸为113m×73.5m，属于超长结构。地下为停车库及设备机房，兼战时人防，人防等级地下二层为核5级/常5级，地下一层为核6级/常6级。

因该单体需要集成上部科研、教学及整个园区人防建设、停车要求，所以必须拥有大面积的地下车库。由于地块场地条件限制，为满足园区整体建筑分布及交通、人流组织要求，该单体上部结构偏置于结构西侧，东侧为纯地下室，如图6.6-1、图6.6-2所示。这种布置使得该单体基础形心与上部荷载重心偏差较大。

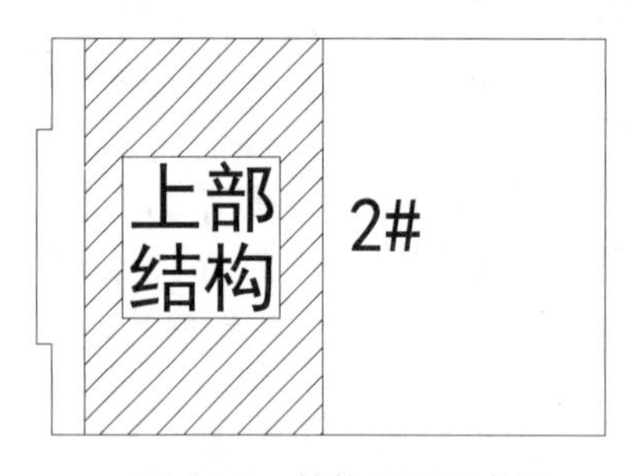

图6.6-1　结构平面示意图

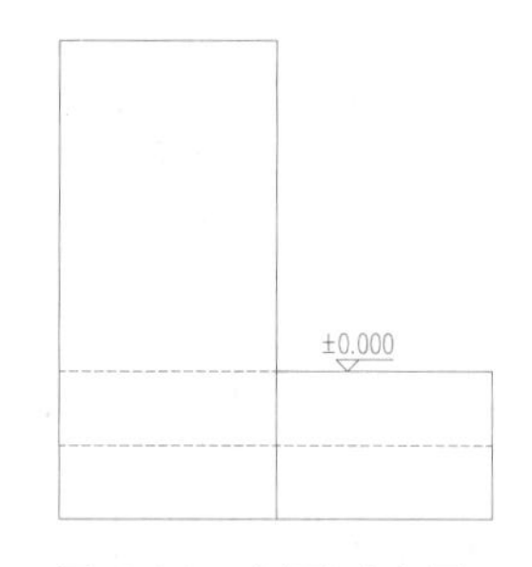

图6.6-2　剖面示意图

本工程建筑结构安全等级为二级，设计使用年限为50年。建筑抗震设防烈度为8度，设计基本地震加速度为0.2g，设计地震分组为第一组。建筑场地类别Ⅲ类，场地土特征周期为0.45s。基本风压0.40kN/m^2（50年重现期），地面粗糙度类别为B类。

结构嵌固于±0.00（地下室顶板），纯地下室部分采用天然地基，主楼下采用CFG桩复合地基，基础为变厚度筏板。

二、结构布置及结构体系

采用框架－剪力墙结构，利用电梯间、楼梯间等竖向交通盒布置剪力墙。

底部加强区剪力墙外墙厚400mm、内墙厚300mm，随楼层增高逐步减小到外墙300mm、内墙200mm；混凝土强度等级为底部C60、顶层C40。各层平面图6.6-3所示，为满足建筑采光要求，四层以上中庭部分无楼板。

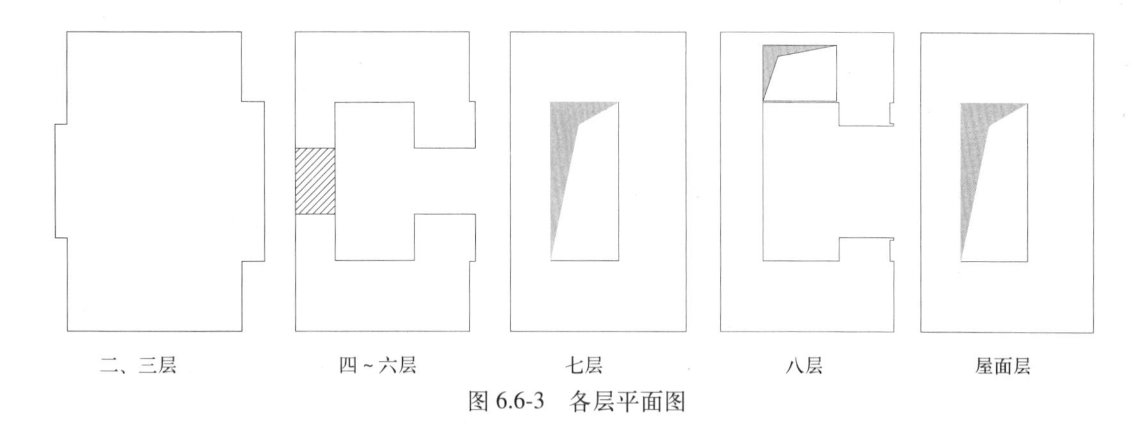

图 6.6-3 各层平面图

三、地基基础设计

1. 工程地质资料

根据地质勘查报告[1]，建设场地位于南沙河洪冲积扇的中部，地形较平坦。场地所在区域的地壳稳定性为较稳定区，附近无影响场地整体稳定性的不良地质作用及潜在的地质灾害，适宜于进行本工程的建设。拟建场地地基土在达到 8 度时不会产生地震液化，属对建筑抗震的一般地段。

本工程 ±0 相对的绝对标高为 43.500m。勘探时钻孔处地面标高 40.75 ~ 42.98m。勘探期间最深钻孔 35m，地层概况和主要物理力学指标见表 6.6-1。

在勘探深度范围内测得 2 层地下水。第一层地下水静止水位标高 33.23~34.44m，静止水位埋深 7.0~8.8m，含水层为粉砂 - 砂质粉土③$_2$层、细砂 - 粉砂④$_1$层。第二层地下水静止水位标高 23.43~27.26m，静止水位埋深 14.7~18.5m，含水层为粉质黏土 - 重粉质黏土⑥层。两层地下水均为潜水，主要接受大气降水及侧向径流的补给，以侧向径流和向下越流补给下一层地下水的方式排泄。

抗浮设防水位近自然地表，按 40.75m 考虑。

地基土层特性及参数表 **表 6.6-1**

层号	土性	土层厚度（m）		压缩性	地基承载力标准值 fka（kPa）	压缩模量 Es100（MPa）	压缩模量 Es200（MPa）
①	人工填土层 / 粉土填土	0.30 ~ 2.00		稍密			
②	砂质粉土 - 黏质粉土	1.70~5.90		中低压缩性土	150	6.6	8.1
②$_1$	粉质黏土 - 重粉质黏土		可塑—软塑	高压缩性土	100	3.3	4.2
②$_2$	粉砂		稍密		150	15（建议值）	
②$_3$	黏土		可塑	中高压缩性土	110	4.8	5.7

续表

层号	土性	土层厚度（m）		压缩性	地基承载力标准值 fka（kPa）	压缩模量 Es100（MPa）	压缩模量 Es200（MPa）
③	粉质黏土 - 重粉质黏土	2.10 ~ 9.50	可塑—软塑	中高压缩性土	120	4.9	5.8
③₁	有机质黏土		可塑	中高压缩性土	110	4.1	4.9
③₂	粉砂 - 砂质粉土		稍密		150	15（建议值）	
④	重粉质黏土 - 粉质黏土	0.80 ~ 4.60	可塑—软塑	中压缩性土	160	6.9	7.7
④₁	细砂 - 粉砂		中密		200	18（建议值）	
⑤	粉质黏土 - 重粉质黏土	2.10 ~ 13.40	可塑	中低压缩性土	170	7.5	8.9
⑤₁	黏质粉土		密实	低压缩性土	230	11.6	13
⑥	粉质黏土 - 重粉质黏土	1.60 ~ 10.60	可塑	中低压缩性土	200	8.8	9.7
⑥₁	黏质粉土		密实	低压缩性土	250	17.3	18
⑥₂	黏土		可塑	中低压缩性土	180	7.9	8.9
⑦	粉质黏土 - 重粉质黏土	未钻透	可塑—软塑	低压缩性土	230	11.2	12.2
⑦₁	黏土		可塑	中低压缩性土	200	8.5	9.5
⑦₂	黏质粉土		密实	低压缩性土	250	18	20
⑦₃	细砂		密实		270	27（建议值）	

2. 基础方案选型

如图 6.6-1、图 6.6-2 所示，该单体上部结构偏置于一侧，导致基础形心与上部荷载重心偏差较大，主楼和纯地下室之间的沉降差异较大。

初步考虑在主楼与纯地下室之间设置沉降缝，两者的地下室用混凝土侧壁隔开，这种方法的优点是主楼和裙房之间沉降差异不会相互影响。缺点是这种方法势必造成建筑物在使用上的极大不便（组织交通困难、车位减少等）和工程造价的提高。

如果不设沉降缝，地下室的整体性好，造价合理，基础和上部结构由于差异沉降将产生较大的次应力。根据计算结果，本工程决定在主楼地下车库之间设置沉降后浇带，地下室顶板采用厚板，并使地下室的侧向刚度大于一层的两倍，以满足上部结构嵌固端要求。

3. 地基基础设计

本工程地下二层，基础埋深约 12m，基础持力层为③粉质黏土—重粉质黏土、③₁有机质黏土、③₂粉砂—砂质粉土或④重粉质黏土—粉质黏土。根据地勘报告[1]，地基承载力标准值 f_{ka}=120kPa（综合考虑），依据《北京地基规范》[2] 进行深宽修正，纯地下室部分的折算基础埋深 d=7.68m，修正后的天然地基承载力 f_a=399kPa。

采用 YJK 软件进行基础设计，筏板有限元计算结果表明，荷载标准组合作用下，主楼下地基反力约为280kPa，纯地下室区域地基反力约为160kPa，即天然地基可满足要求。同时，沉降计算结果也表明，主楼与纯地下室荷载相差较大，主楼最大沉降量约为103mm，出现在靠近纯地下室的核心筒下，纯地下室区域沉降量为25mm，两者差异沉降过大，差异沉降量超过了《北京地基规范》[2] 的0.2%*L*的限值要求。

根据本工程场地条件和地基受力特点，采用变刚度调平的设计思想[3]，对主楼下区域进行CFG桩地基处理。

CFG桩布置时，桩径和桩长尽可能保持一致，以便于成桩和检测。通过调整桩间距来调整CFG桩复合地基的承载力和变形能力。

根据土层参数表1，CFG桩桩端持力层选择较为稳定、连续、承载力较高的粉质黏土-重粉质黏土⑤、⑥层，要求CFG桩进入持力层不少于1.5倍桩直径。依据计算结果，本工程选用的CFG桩桩径400mm，有效桩长15m，桩间距2m×2m，单桩承载力特征值600 kPa，CFG桩复合地基承载力特征值295 kPa。

采用CFG桩对地基进行处理后，主楼下最大沉降量为55mm，差异沉降量的计算值小于《北京地基规范》的0.2%*L*限值要求。

为克服主楼和纯地下室之间的不均匀沉降。在主楼与纯地下室交界区域设置通长的沉降后浇带，并在主楼设置了多个沉降观测点，以加强沉降观测。要求沉降后浇带在主楼结构封顶后且根据沉降观测结果再行确定封带时间。

4. 抗浮设计

如图6.6-3所示，本工程主楼四层以上中庭部分无楼板，该区域的自重小于水浮力标准值，在后浇带浇筑并达到强度之前，两侧塔楼不能为中庭提供压重，因此需验算中庭区域的局部抗浮。

对纯地下室部分，结构自重明显小于水浮力标准值，需进行整体抗浮验算。依据式（6.6-1）进行计算。

$$G_k/N_{wk} \geqslant K \tag{6.6-1}$$

式中：N_{wk}为地下水浮力标准值；G_k为建筑物自重及压重之和；K为抗浮稳定安全系数。

我国各种结构设计规范对K值的规定不统一。其中广东省地方标准《建筑地基基础设计规范》DBJ 15-31-2003[4] 及《给排水工程构筑物结构设计规范》GB 50069[5] 对该值取1.05。本工程与规范一致，K值取为1.05。当将水浮力作为可变荷载进行构件强度设计时，荷载分项系数取为1.4。

依据地质勘察报告[1]，本工程抗浮设防水位为-2.75m（绝对标高40.75m），建筑完成面为-10.100m，基础底标高初步确定为-11.50m，水浮力87.5kN/m^2。

进行基础抗浮验算时，G_k采用筏板有限元计算得到的基底反力（基底净反力与底板、回填土及地面做法自重之和）。基底净反力只计入建筑物自重和压重产生的重量，楼面、屋面活荷载以及建筑隔墙荷载、吊挂荷载等重量均不计入。本工程计算时，将主楼与纯地下室部分分开建模计算。

依据主楼模型分析结果，主楼区域不存在整体抗浮问题，仅中庭局部压重略小于水浮力，需要采取抗浮措施。

纯地下室局部模型分析结果表明，建筑物自重及压重之和G_k=81.5kN/m^2，整体抗浮不满足要求，需采取抗浮措施。

常规的抗浮措施有增加压重、抗拔桩及抗浮锚杆。本工程 G_k 略小于 N_{wk}，故采用增加压重的办法。主要措施如下：

1）增加基础底板悬挑长度，利用底板周边土体提供下压重力，本工程基础底板外挑长度为 800mm。

2）考虑纯地下室为人防区域，人防板最小厚度为 360mm，设计时，取消次梁，采用主梁 + 大板的形式，并将楼板加厚至 500mm，人防荷载作用下，楼板按人防构造要求配筋即可。同时，控制主梁的梁高及配筋率。

3）将回填土改为配重混凝土回填，要求配重混凝土强度为 C15，$\gamma \geqslant 26\text{kN/m}^3$。

4）将基础底标高适当下移至 -12.150，以增加配重混凝土的重量。

采取上述措施后，水浮力随基础底标高下降增加至 N_{wk}=94kN/m^2，压重增加至 101kN/m^2。即抗浮可满足要求。

配重混凝土可选用钢渣混凝土，考虑钢渣混凝土的质量参差不齐，本工程提出配重混凝土技术要求如下：配重混凝土应满足坍落度、流动性、和易性的要求，具有良好的可泵性。用于拌制钢渣混凝土的原材、掺合料及成品满足各项检测（包括氯离子含量、绿色环境等）要求，符合现行国家规范与技术标准，并满足绿色验收标准。长期处于地下环境中不会产生配重流失，配重混凝土耐久性好。施工时混凝土罐车携带配重混凝土出厂质量证明书及原材料相关检测报告，28d 后出具混凝土强度、容重检验报告及混凝土合格证。

在基础配筋计算时，按结构抗浮设防水位组合地下水浮力作用（此时不考虑基础顶面作用活载），验算控制部位的承载力及最大裂缝宽度，并严格控制裂缝宽度，以确保满足设计与使用要求。

四、整体结构计算分析

1. 结构不规则判别

本工程典型平面如图 6.6-4 所示。建筑方案为四层及以上楼板开大洞，缺少图 6.6-4 中 D 区，该平面布置从结构整体看，类似于大底盘双塔的连体结构，“双塔”中间又有图 6.6-4 中 C 区的局部连接，双塔的特征不明显。经与建设方反复协商，在不影响建筑使用前提下，在七层及屋面层的 D 区设置楼板，加强“双塔”的连接，施工图设计阶段，各层平面如图 6.6-3 所示。不规则项判别时，每层均以楼板大开洞进行判别，同时针对“双塔、连体”特性对结构进行加强。

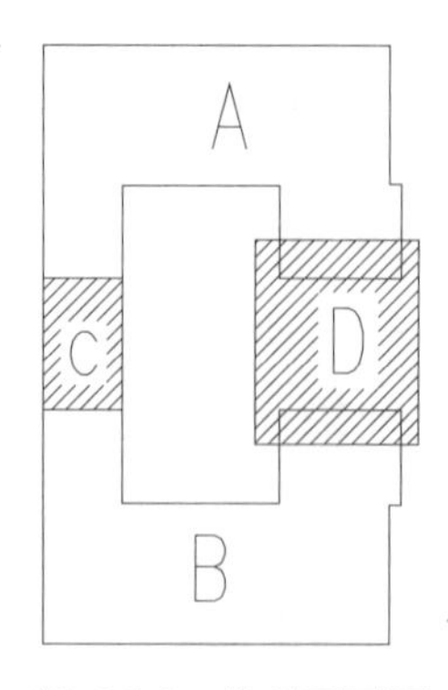

图 6.6-4　典型平面图

不规则项判别见表6.6-2。从表6.6-2可以看出，经调整结构布置，控制结构的扭转位移比小于1.2，结构仅存在楼板开大洞、局部穿层柱两个不规则项。

2. 计算模型

针对本工程特性，采用整体模型和分区模型进行对比计算，计算按下列步骤进行：

（1）整体模型考察结构整体计算指标，并用来进行基础计算。

（2）分区模型考察“双塔”之间连接失效时，单塔独立工作能力。结构的配筋按两个模型进行包络设计。

不规则判别表 表6.6-2

不规则类型	含义	计算值	超限
1a 扭转不规则	考虑偶然偏心的扭转位移比大于1.2	1.18（2F）	否
1b 偏心布置	偏心率大于0.15或相邻层质心相差大于相应边长15%	0.14（$2F_y$）0.13（$3F_y$）	否
2a 凹凸不规则	平面凹凸尺寸大于相应边长30%等	14%（1F）	否
2b 组合平面	细腰形或角部重叠形	无	否
3 楼板不连续	有效宽度小于50%，开洞面积大于30%，错层大于梁高	开洞面积37%（8F）	是
4a 刚度突变	相邻层刚度变化大于70%或连续三层变化大于80%	——	否
4b 尺寸突变	竖向构件位置缩进大于25%，或外挑大于10%和4m，多塔	——	否
5 构件间断	上下墙、柱、支撑不连续，含加强层、连体类	——	否
6 承载力突变	相邻层受剪承载力变化大于80%	——	否
7 其他不规则	如局部的穿层柱、斜柱、夹层、个别构件错层或转换	穿层柱（8F）	是

3. 抗震等级的确定

本工程抗震等级取为框架二级，剪力墙一级。

依据《混凝土高规》[6]10.5.6条，连接体及与连接体相连的结构构件在连接体高度范围及其上、下层抗震等级提高一级，对本工程图6.6-4中D内的结构构件在三层及以上抗震等级取为：框架一级，剪力墙特一级。

地下1层各构件抗震等级同1层；地下2层抗震构造措施的抗震等级比地下1层降低一级。

4. 小震弹性计算主要结果

为分析整体结构的特性，采用SATWE、YJK对该结构进行整体对比计算。计算参数：结构嵌固部位取在±0.000m处；阻尼比5%；考虑平扭耦联的扭转效应；考虑偶然偏心、双向地震作用。计算结果见表6.6-3。

整体模型计算结果 表6.6-3

计算结果		Satwe	YJK	规范要求
周期	1	0.9936	0.9842	——
	2	0.8938	0.8726	
	3	0.8176	0.7942	

续表

计算结果		Satwe	YJK	规范要求
第一扭转周期与第一平动周期比		0.82	0.80	≤ 0.90
最大层间位移角（地震作用）	D_x/h D_y/h	1/893 1/834	1/909 1/805	≤ 1/720
最大层间位移与平均层间位移比	D_x/D_{ave} D_y/D_{ave}	1.19 1.11	1.18 1.07	≤ 1.4

由表 6.6-3 可得：各项计算结果均满足规范要求。

5. 楼板应力分析

本工程在三层顶体型收进，且三层以上平面楼板大开洞，开洞面积超出规范限值，为保证水平剪力能够通过楼板有效传递给竖向构件，补充地震作用下楼板有限元应力分析。

小震作用下，楼板的拉应力水平较小并且均远小于 C30 混凝土抗拉强度标准值即 2.01MPa，能保证小震下楼板受拉混凝土不开裂。

中震作用下，连接区（图 6.6-4 中 C、D 区）楼板的最大主拉应力分别为 1.53MPa、1.86MPa，表明楼板的局部区域混凝土会受拉开裂，施工图设计时，加厚局部区域的楼板厚度，并加强配筋。

大震作用下，楼层应力分布严重不均匀，局部部位应力集中严重，一些小范围部位拉应力水平已经相当高（5.843MPa），已远大于混凝土抗拉强度标准值 2.01MPa，表明楼板的局部区域混凝土会受拉开裂，忽略混凝土抗拉强度后，按全截面受拉计算表明，钢筋应力可通过增加配筋量控制其水平小于钢筋的抗拉强度标准值即 400MPa，以实现大震下楼板钢筋不屈服的目标。

结构楼板整体来看应力分布均匀，拉应力水平不高，应力集中区主要位于“双塔”的连接区，此处需要采取增加配筋、增厚楼板等措施。整体来看，本工程楼板基本可满足中震、大震下的性能要求。

五、抗震构造措施

经过多个计算模型的对比计算，除计算结果满足规范要求以外，为保证结构安全，还采取了以下措施：

1. 三层楼盖为“底盘”，起着协调上部“双塔”工作的作用，将产生较大的内力和变形，因此，将该层楼板厚度加厚至 150mm，配置双层双向拉通钢筋，每层每向最小配筋率 0.25%。

2. 针对本工程“双塔”的特性，增加底部剪力墙，在楼电梯等竖向交通核中布置剪力墙，调整整体结构及“单塔”的刚心，加强抗扭刚度，以减小结构的扭转位移量差值，弱化“双塔”反向振动带来的扭转影响。同时，楼梯间设置剪力墙还能缓解布设楼梯对整体结构刚度的影响。

3. 针对楼板大开洞及楼板弱连接的影响，采取以下措施：

（1）加厚洞口周边楼板边梁；

（2）考虑因开洞削弱而产生的平面内变形，承载力计算分析时，采用弹性板假定进行分析。

（3）开大洞楼盖上下层采用零刚度板模型，计算梁的拉力，并作为梁配筋的包络模型。

(4) 开大洞楼盖上下层楼板加厚至150mm，配置双层双向拉通钢筋，每层每向最小配筋率0.25%。

4. 针对结构“连体”特性，采取以下措施：

(1) 与连体相关的构件，抗震等级提高一级。

(2) 配筋设计时，连体范围内框架柱加强配筋；剪力墙通高设置约束边缘构件。

5. 针对8层存在的4根穿层柱，采取以下措施：

(1) 穿层柱配筋不小于同层典型非穿层柱配筋。

(2) 将穿层柱剪力与典型非穿层柱比较，穿层柱柱底弯矩同比放大，组合后以此弯矩对穿层柱进行包络设计。

6. 严格控制竖向构件轴压比，以提高整体结构的抗震性能。

7. 针对结构超长补充温度应力分析[7]。整体计算过程中考虑温度荷载的影响，并在适当位置设置伸缩后浇带，以减小混凝土的收缩变形对结构的影响；加大楼板、挡土墙纵向分布筋，适当加强纵向梁的纵向钢筋，以控制结构的温差应力。

六、结语

本工程上部结构偏置，荷载不均匀，基础差异沉降量大，水浮力较大，上部结构不规则项判别较为模糊，针对工程的特点采取以下措施：

1. 通过对主楼进行CFG桩地基处理后，不均匀沉降计算满足规范要求。

2. 通过增加压重，并适当下移基础底标高，基础整体抗浮满足要求。

3. 针对“大底盘”、“双塔”及结构楼板开大洞特点，采取有效的针对性措施确保结构在地震作用下具有良好的抗震性能。

参考文献

[1] 北京市城乡建设勘察设计院有限公司．中国地质科学院京区地质科研实验基地项目岩土工程勘察报告（勘察号：2014技402）[R].2014.

[2] 北京地区建筑地基基础勘察设计规范 DBJ 11-501-2009 [S]．北京：中国计划出版社，2009.

[3] 朱炳寅．建筑地基基础设计方法[M]. 北京：建筑工业出版社，2010.

[4] 广东省建筑地基基础设计规范 DBJ 15-31-2003 [S]. 北京：中国建筑工业出版社，2003.

[5] 给排水工程构筑物结构设计规范 GB 50069—2002 [S]. 北京：中国建筑工业出版社，2009.

[6] 高层建筑混凝土结构技术规程 JGJ 3—2010 [S]. 北京：中国建筑工业出版社，2011.

[7] 朱炳寅．高层建筑混凝土结构技术规程应用与分析[M]. 北京：中国建筑工业出版社，2013.

7　云南抗震土坯建筑技术研究与实践

柏文峰　苏何先　潘　文　白　羽　杨晓东
昆明理工大学，云南昆明，650051

土坯具有就地取材、生态环保的特点，是云南乡村传统民居主要的墙体材料。受传统工艺的限制，传统土坯建筑抗震性能不佳，土墙倒塌是历次地震云南农村人员伤亡和财产损失的主要原因。昆明理工大学结合国内外相关研究成果，开发出土坯墙新型构造技术及配套施工技术。此技术改进了土坯的生产工艺，降低了劳动强度，提高了抗震能力，继承了传统土坯建筑的外观风貌。为验证新型土坯建筑技术的抗震性能，设计三片新型土坯墙试件，研究了土坯墙在竖向荷载和反复水平荷载作用下的破坏过程、破坏形态以及墙体水平承载力和变形能力等。抗震试验表明，新型土坯制备技术和构造措施对提高墙体整体抗震性能作用明显。在建筑抗震概念设计原则指导下，抗震设防7度区采用新型土坯墙建造二层房屋具有可行性，并在云南鲁甸地震灾区恢复重建中进行了技术示范。

一、技术背景

夯土墙和土坯墙是生土建筑中最常用的两种墙体。生土建筑就地取材，造价低廉，在我国西部地区贫困乡村中广泛运用。生土民居也是传统特色村落的重要组成部分，云南是一个多民族省份，其26个民族的传统民居或多或少都采用生土作为建筑材料（图6.7-1、图6.7-2）。从目前情况看，土坯建筑正日渐退出农宅建设的舞台，主要有以下三个原因：首先，传统土坯建筑抗震性能不佳，在历次地震中，土坯墙倒塌都是导致人员伤亡的主要原因之一（图6.7-3）；其次，传统土坯建筑的主体承重结构采用木结构，土坯墙主要起围护墙的作用，木料价格高，且容易发生火灾（图6.7-4）；再次，受传统生土建造技术限制，传统生土民居开窗小，室内阴暗，难于满足农村提高居住质量的要求。所以，有必要针对传统土坯墙技术的不足，提出改进技术，为土坯建筑的传承和发展提供技术支持。

图6.7-1　哈尼族民居

图6.7-2　傣族民居

图 6.7-3　严重开裂的土坯墙

图 6.7-4　生土民居火灾

图 6.7-5　竹纤维

二、新型土坯制备技术

1. 制坯原料

传统土坯采用黏土为主要制坯原料，必要时掺加麦秸、松针等提高土坯抗裂性。新型土坯制备技术进一步扩大制坯原料范围，砂性土、建筑固体废弃物也可用来生产土坯。具体而言，新型土坯的制坯原料主要有以下几种材料：

土料：制备土坯的土料应选用有机质少的黏性土、砂质土。黏土资源丰富，黏土矿物可分为蒙脱石、伊利石、高岭石三种。其中，蒙脱石亲水性最大，遇水具有强烈的膨胀性，不可用于土坯制作；伊利石，亲水性低于蒙脱石，遇水微膨胀，可以做土坯，但要做好面层防水；高岭石亲水性最小，最适合土坯制作。

建筑规模较大、土坯用量多时应对土样进行专业测试。工程规模较小时，天然原土所含黏土及砂的比例可以采用现场简易测试方法或参照当地传统土坯选土经验。

骨料：骨料的作用是提高土坯抗压强度，可选用直径小于 10mm 且级配良好的砂石料。砖块、瓦砾、混凝土块等可用碎石机打成颗粒后作为骨料，添加到土料中生产土坯，以达到降低成本、废弃物再利用的目的。

纤维：采用韧性好的竹纤维（图 6.7-5）、麻纤维，也可采用砂浆抗裂纤维。纤维的作用是提高土坯的抗裂性和韧性。与麦秸、松针相比，纤维具有更高的比表面积，可以更好地消除土坯裂纹。

水泥：添加水泥可进一步提高土坯抗压强度。用于生产土坯的水泥强度等级不宜低于 325。水泥估算用量为砂、黏土、骨料拌合料干重量的 3%~7%。土坯制作添加水泥还会带来以下两个好处：一是几个小时就可以翻动土坯，24h 即可以搬运土坯，缩短养护时间，加快场地周转；二是提高耐久性，抵御建筑使用过程中意外的水侵蚀，如水管漏水、天沟漏水等。

根据现场原料的易得性、土坯制作场地大小、气候状况，综合确定制坯土料的配合比。新型土坯墙的主要性能指标应符合下列要求：土坯的平压强度等级不应低于 MU2.0，砌筑土浆抗压强度等级不应低于 M0.5。

2. 模具

传统土坯模具为木质模具，用于制备形状单一的实心土坯。为提高土坯墙的抗震能力，本技术需在土坯墙内部设置隐形钢筋混凝土构造柱和圈梁，为此开发了组合式的土坯模具。组合式土坯模具的原理是在简单模具的基础上，通过附加一系列的组件，使其既可以制备标准实心土坯，也能生产出带孔、开槽等异形土坯（图 6.7-6~ 图 6.7-8）。

综合多种因素，抗震土坯墙的基准土坯尺寸为长 280mm，宽 280mm，厚 140mm，既可用于砌筑墙厚 280mm 和 420mm 的抗震土坯墙，也可用于砌筑墙厚 140mm 的隔墙。

为提高土坯模具的耐久性和更好地控制土坯尺寸，采用钢模代替木模。根据不同的生产效率需求，可以有双坯模具，也可以有多坯模具。

图 6.7-6　新型土坯

图 6.7-7　新型土坯墙暗梁暗柱

图 6.7-8　暗柱钢筋

3. 搅拌与养护方法

传统土坯拌料工作强度大，效率低。本技术推荐采用机械拌料方法，少量生产时采用小容量自落式搅拌机，大量生产时采用一台甚至多台强制式搅拌机。强制式搅拌机可以将土块切割碎，搅拌效果优于自落式搅拌机，土坯浆料搅拌用水采用无污染的河水即可。

土坯的土料配比不同，可能带来养护方式的截然不同。土料配比中含有水泥时，要求在土坯养护过程中保持足够的湿度，为此需要淋水薄膜覆盖等措施。未掺加水泥的土坯应创造条件加快土坯的失水速度。

三、新型墙体构造技术

1. 暗梁与暗柱

整体性差是传统土坯墙抗震能力差的主要原因。因此，新型墙体构造技术要解决的关键问题，就是通过在土坯墙内设置暗梁暗柱，来提高墙体的整体性。这些暗梁暗柱截面小，数量多，均匀分布在土坯墙内部，在提高土坯墙承载力的同时，限制通长裂缝的产生，在地震时，避免墙体大块脱落导致人员伤亡。

通过异形土坯的砌筑组合，在墙体内形成竖向孔洞作为暗柱的模板，在墙体内形成水平槽作为暗梁的模板。竖向孔洞直径约 120mm，孔洞中心预埋一根通长纵向钢筋，当土坯墙砌筑到一定高度时，向孔洞内灌注细石混凝土，形成钢筋混凝土暗柱。暗梁内放置两根纵向通长钢筋（图 6.7-7、图 6.7-8），之后浇筑细石混凝土。

地震作用时，土坯墙裂缝从门窗洞口角部生成并延伸，局部破坏导致整体破坏，因此，除墙体内均匀配置的暗梁与暗柱外，在所有门窗洞口的两侧也设置暗梁暗柱。

2. 结构体系

传统土坯建筑的土坯墙多为围护墙，木楼面和木屋面为柔性结构，对土坯墙约束有限，导致墙体高宽比大，墙体稳定性差，地震时极易倾覆倒塌。传统土坯建筑纵横墙体之间联系弱，在地震灾区常能见到主震方向土坯墙体完全倒塌，而另一方向土坯墙体基本完整的现象，表明纵横墙协同整体受力能力不足。新型抗震土坯墙建筑采用现浇钢筋混凝土楼板和屋面板，土坯墙集承重墙和围护墙功能于一身，承载能力高，抗震能力强，刚性楼板和屋面板既能显著提高土坯墙的稳定性，也能加强纵横土坯墙体协同受力能力。

四、施工方法与建筑设计

1. 土坯砌筑

采用平砌土坯墙，要求墙体水平及竖向灰缝饱满均匀，土坯错缝搭接。

2. 混凝土暗梁暗柱

暗柱暗梁采用现浇钢筋混凝土。土坯吸水率高，为保证混凝土得到良好养护，避免由于土坯吸水而影响混凝土的强度，需对混凝土与土坯之间的界面进行防水处理。

3. 尽管新型抗震土坯墙具有良好的抗震性能，在建筑设计时，仍然要注意土坯房屋体型应简单、规整。优先采用纵横墙共同承重的结构体系，纵横墙的布置宜均匀对称，沿竖向应上下连续，在同一轴线上，窗间墙的宽度宜均匀。在雨量充沛地区，屋面应设置挑檐以减轻雨水对土坯墙体的侵蚀。

五、抗震试验

1. 试验概况

新型土坯建筑需通过抗震试验验证其抗震能力。采用《镇(乡)村建筑抗震技术规程》提供的抗震验算方法，计算新型土坯建筑地震作用下墙体的水平地震剪力（作用）计算，通过与试验结果比较，了解新型土坯建筑在7度、8度抗震设防区采用二层建造的可行性。

2. 试验目的

本试验以二层土坯建筑为参照，制作3片长3000mm、高2400mm、墙厚280mm的土坯墙（图6.7-9），通过对3片土坯墙体进行拟静力试验，模拟墙体在竖向荷载和水平地震荷载作用下的反应，研究土坯墙体在地震荷载作用下的破坏过程、破坏形态、滞回曲线和骨架曲线的特征以及墙体的抗震承载力（极限抗剪强度）和变形能力等，验证新型抗震土坯墙的抗震能力。

3片墙体试验的加载过程和加载程序相同，且采用墙顶加载方案（图6.7-10）竖向荷载通过液压千斤顶施加，荷载通过加载梁分配到墙顶。液压千斤顶与门式加载架之间放置滚轴，保证在竖向荷载不变的情况下墙体顶端位移不受限制。

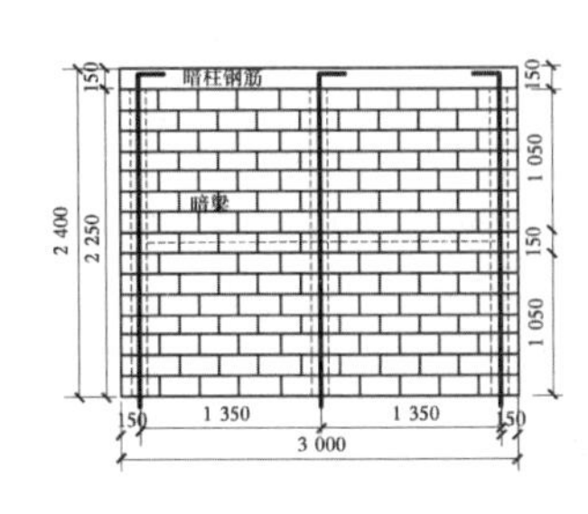

图6.7-9　试验墙片尺寸

图6.7-10　试验墙片试验中

图6.7-11　破坏情况

3. 墙体破坏情况

3 片试验墙体从开始加载到破坏，都经历了弹性、弹塑性及破坏三阶段，1 号、2 号、3 号墙体均出现剪切破坏特征，土坯墙体交叉裂缝在暗梁暗柱处被隔断，墙体破坏后仍保持完整形态。

从墙体抗震试验可以看出，早期裂缝均出现在土坯墙砌筑缝处，且在往复荷载作用下水平裂缝上下墙体之间有滑移。后期水平裂缝与斜裂缝相交贯通，形成两个破坏面，墙体沿水平缝剪切破坏。1 号墙体加载端暗柱与暗梁连接破坏，暗柱下端弯曲外鼓，包裹该暗柱土坯块体脱落，墙体严重破坏。2 号、3 号墙体未出现土坯块体崩落现象。3 号墙体在拟静力试验后期出现了平面外变形。拟静力试验结束后，墙体严重破坏，但墙体仍具有较大的竖向承载能力，通过试压得出，试验后的墙体最大可承受 0.4MPa 的均布竖向荷载而未发生整体压溃现象（图 6.7-11）。

土坯墙体在地震反复荷载试验中均出现剪切破坏特征，浇筑暗柱暗梁等构造措施能有效改善土坯墙体延性，这是因为暗梁暗柱隔断了土坯墙剪切裂缝向整体墙面发展。同时，因为暗梁暗柱的设置，墙体在严重损坏下仍具有较大的竖向承载能力，通过试压发现，已经严重受损的墙体仍可承受 4 倍竖向荷载而未发生整体压溃。

墙体试验中，1 号墙体暗梁暗柱出现连接破坏，暗柱下端弯曲外鼓，包裹该暗柱土坯块体脱落，墙体发生破坏。2 号、3 号墙体未发生暗梁暗柱出现连接破坏，直至试验结束均未出现土坯块体脱落现象。因此，土坯墙体内设置暗柱暗梁可以对土坯墙体产生约束作用，防止墙体在水平荷载作用下土坯块体崩落及墙体整体坍塌。因此，要特别注意采取措施保证暗柱暗梁的可靠连接。

根据应变数据，竖向荷载作用下，因设置较多暗梁暗柱，较多竖向荷载由暗柱承担，墙体中下部更明显，可见，墙体暗柱暗梁的设置对墙体受力性能会产生明显影响。

4. 测试结果

测试数据见表 6.7-1。

测试结果　　表 6.7-1

参数项		开裂荷载（kN）	开裂位移	最大承载力（kN）	最大位移（mm）
测试值	1 号墙体	65.6	5.69	136.1	—
	2 号墙体	91.1	7.88	144.1	22.3
	3 号墙体	76.2	6.13	124.5	22.5

5. 与理论计算对比分析

根据《镇（乡）村建筑抗震技术规程》，通过理论计算得出试验土坯墙（长 3000mm、高 2400mm、厚 280mm）在 7 度基本烈度地震作用下底层墙体承受水平剪力：按前纵墙推算的试验墙承受水平地震作用为 79.19kN；按内横推算的试验墙承受水平地震作用为 47.34kN。在 8 度基本烈度地震作用下底层墙体承受水平剪力：按前纵墙推算的试验墙承受水平地震作用为 154.92kN；按内横推算的试验墙承受水平地震作用为 92.61kN。理论计算与试验结果比较如表 6.7-2、表 6.7-3。

7 度抗震设防条件下，最大承载力与作用之比　　表 6.7-2

参数项		试验极限承载力（kN）	7 度地震作用（kN）	最大承载力 / 作用
测试值	1 号墙体	136.1	79.19	1.72
	2 号墙体	144.1	79.19	1.82
	3 号墙体	124.5	79.19	1.57

8 度抗震设防条件下，最大承载力与作用之比　　表 6.7-3

参数项		最大承载力（kN）	8 度地震作用（kN）	最大承载力 / 作用
测试值	1 号墙体	136.1	154.92	0.88
	2 号墙体	144.1	154.92	0.93
	3 号墙体	124.5	154.92	0.80

从表 6.7-2 可以看出，新型抗震土坯墙满足 7 度抗震设防要求，抗剪有足够的安全储备；由试验可知，当土坯墙达到抗剪极限承载力后，施加使用重力 4 倍的竖向荷载而不发生整体压溃。因此，在建筑抗震概念设计原则指导下，新型抗震土坯墙可用于抗震设防 7 度区二层土坯建筑的建设。

由表 6.7-3 可见，新型抗震土坯墙接近 8 度抗震设防抗剪承载力要求，进一步完善构造后，有望满足 8 度设防烈度要求。

六、示范项目建设

2014 年 8 月 3 日，云南昭通鲁甸发生 6.5 级地震，由于传统生土建筑抗震性能不足，当地大部分传统夯土建筑严重损毁，造成惨痛的人员和财产损失。灾后重建中，村民对生土建筑失去信心，转而修建砖混住宅。然而，灾后常规建筑材料价格飞涨，给村民带来沉重的经济负担。香港中文大学与昆明理工大学合作，在鲁甸县光明村灾后重建示范项目中示范了新型抗震生建筑技术，通过提升生土建筑的抗震性能和室内环境质量，为村民提供一个安全舒适、经济实用、生态可持续的重建方案，让村民可以自力更生，传承发展。

示范项目的主房采用了新型抗震夯土建筑技术，厨房采用了抗震土坯墙建筑技术，通过培训当地村民，主要由村民自建完成（图 6.7-12~ 图 6.7-14），实现了技术本地化（图 6.7-15）。

图 6.7-12　土坯制作工匠培训

图 6.7-13　堆放晾晒的土坯

图 6.7-14　土坯墙体砌筑完成

a. 杨正英宅

b. 杨庆广宅

图 6.7-15　新型抗震生土技术示范项目

七、结论

与传统土坯建筑技术相比，新型抗震土坯墙技术具有以下特点：在显著降低墙厚的前提下，提高抗震能力；采用钢筋混凝土楼面和屋面，既节约木材，又提高抗火能力；开窗不受限制，采光通风条件改善，易于满足农村提高居住质量的要求；引入搅拌机械，开发新型土坯模具，在降低劳动强度的前提下，提高制坯效率。新型抗震土坯墙技术有效克服了传统土坯墙的缺点，为土坯建筑的传承和发展创造了良好条件。

参考文献

[1] 琳恩·伊丽莎白，卡萨德勒·亚当斯．新乡土建筑——当代天然建造方法．吴春苑译．北京：机械工业出版社，2005.

[2] 镇（乡）村建筑抗震技术规程 JGJ 161-2008 [S]. 北京：中国建筑工业出版社，2008.

[3] 白羽．土坯墙体抗震试验报告．昆明：昆明理工大学工程抗震研究所，2013.10.

[4] 葛学礼，朱立新，黄世敏．镇（乡）村建筑抗震技术规程实施指南．北京：中国建筑工业出版社，2010.

[5] 云南民居编写组．云南民居．北京：中国建筑工业出版社，1983.

8　西北砖木民居的加固维修技术与实践

周铁钢　谭　伟
西安建筑科技大学，陕西西安，710055

近年来，在国家精准扶贫政策的大力推动下，农村危房改造工作在全国各省已经进入了最后的攻坚阶段，有一个显著特点是剩余未改造的以贫困户居多。砖木民居作为西北地区建房采用的最主要结构形式之一，既有危房数量较大，按照以往拆除重建的改造方式，资源浪费极大，给原本就贫困的农户增加了更重的负担，显然与国家精准扶贫政策的理念不符[1]。基于此，各地积极探索、广泛实践，总结出了很多安全可靠、经济合理、施工便捷的加固维修技术，用较短的施工工期、较低的加固费用，不仅大幅提高了房屋的安全性能，而且提升了农户的居住环境品质，减轻了农户的经济负担，同时还保留了西北地区砖木结构的传统风貌，攻克了“既要解决贫困户的住房安全问题，又不给贫困户带来经济负担”这一难题。

一、农村危房加固维修的目标与原则

1. 加固维修目标

通过加固维修，房屋应满足正常使用的安全要求，并且抵御其他偶然作用（灾害）的能力也有大幅度提高。正常使用的安全要求指结构或构件在正常使用阶段(非偶然作用下)，其承载能力、裂缝和变形情况满足使用要求；偶然作用主要指地震、泥石流、洪水、风暴等不可抗拒因素或火灾、爆炸、车辆撞击等人为因素。

2. 加固维修原则

（1）认真评估。就是要摸清病根，搞清危险状况与危险原因。

（2）精准加固。就是要对症下药，一是加固的部位要精准，二是加固的技术方法要合理，三是切实见效、管用。

（3）保持风貌。指加固后不但要安全，还要保留房屋原有传统风貌。

（4）经济合理。要在安全的前提下，控制加固维修成本。对于贫困农户，尽可能利用政府补助资金完成危房的加固改造。

（5）方便施工。一是加固维修材料要常用，便于购置；二是加固维修设备应便捷，运输与使用方便；三是加固技术不能太复杂，一般农村建筑工匠经过简单培训即能胜任。

二、西北砖木结构民居加固的基本方法

1. 地基基础加固维修基本方法

（1）地基挤密加固：一般可采用洛阳铲成孔，主要机理是通过生石灰的吸水膨胀，使桩周土压缩、固结脱水，从而实现对软弱地基的加固，尤其适合于对湿陷性黄土地基的挤密加固；通过挤密提高地基承载力，减小地基基础不均匀沉降及对上部结构造成的破坏（如图 6.8-1）。

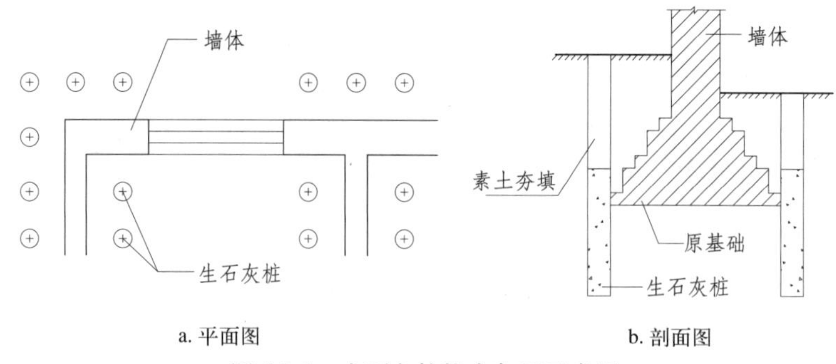

a. 平面图　　b. 剖面图

图 6.8-1　生石灰桩挤密加固示意图

（2）地基注浆加固：将水泥浆或其他化学浆液通过导管注入松散土层、裂隙或空洞中，浆液凝结后对地基起到固化、增强作用；通过压力注浆，使地基土部分固化，土体强度提高，增强地基基础的承载能力（图 6.8-2）。

（3）扩大基底面积加固：将原基础分段或部分挖开，在原基础外侧浇筑混凝土形成基础外套，或用石块砌筑形成石砌外套，以扩大基底面积，降低基底反力，提高基础承载力与整体性（图 6.8-3）。

（4）局部托换加固：在原基础两侧挖坑并另做新基础，然后通过钢筋混凝土抬梁将墙体荷载部分转移到新基础上，减小或消除不均匀沉降对上部结构的破坏（图 6.8-4）。

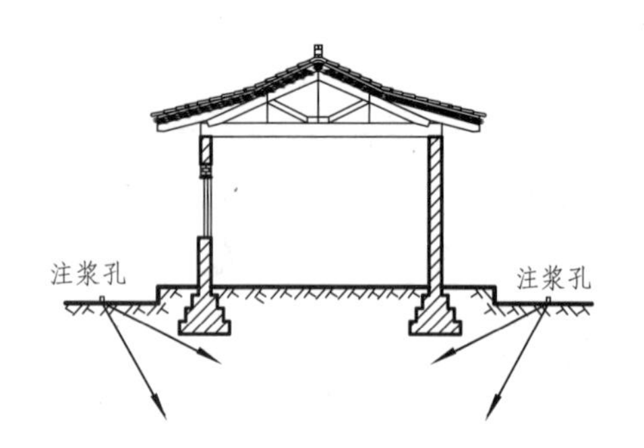

图 6.8-2　地基注浆加固示意图

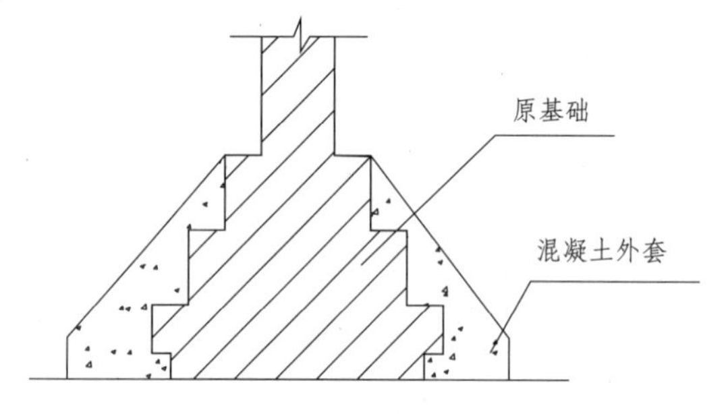

图 6.8-3　扩大基底面积加固示意图

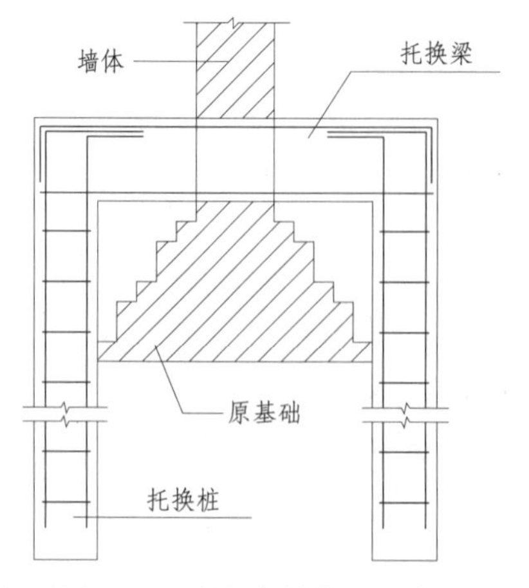

图 6.8-4　局部托换加固示意图

2. 房屋上部结构加固维修基本方法

（1）型钢整体加固：在纵横墙连接部位、房屋四角采用角钢与钢板进行竖向加固，在墙根、墙顶或洞口过梁位置处进行水平加固，水平与竖向加固构件焊接形成整体；增强主要受力构件与关键部位承载能力，加强构件之间的连接，提高房屋的整体性与抗倒塌能力。

（2）配筋砂浆带整体加固：在纵横墙连接部位或房屋四角设置竖向配筋砂浆带，在墙根、墙顶或洞口过梁位置处设置水平配筋砂浆带，水平与竖向砂浆带对房屋形成空间“整体捆绑”式加固；修复墙体连接部位裂缝，增强墙体连接部位强度与刚度，提高房屋整体性与抗倒塌能力。

（3）钢筋网水泥砂浆面层加固：在墙体的一侧或两侧采用水泥砂浆面层、配筋砂浆面层进行加固；当局部墙体损毁严重需要加固，或需要大幅度提高承重墙体的强度与刚度时，可采用双面配筋砂浆面层对一片墙或几片墙进行加固，俗称“夹板墙”加固；修复墙体裂缝，提高墙体抗剪强度与刚度，较大幅度提高房屋整体性与抗震性能。

（4）拉杆（索）加固：拉杆一般在横墙顶部设置，可以与外圈梁配合使用也可以单独使用，宜在每道横墙处布置两根钢拉杆（一侧一根）；房屋山墙有外闪迹象时，也可以采用两根钢拉杆与内横墙拉接；通过拉杆（索）对房屋进行水平方向紧固，可以增强内外墙体之间的连接，或主体结构与围护墙体之间的拉接，防止围护墙体在地震时外闪、倒塌；可以加强楼板或屋盖的水平刚度，增加楼板、屋盖与房屋的整体性。

（5）墙揽加固：部分老旧房屋墙体砌筑砂浆强度较低，墙体整体性较差，可采用角钢、槽钢、钢板或木板制作墙揽，通过穿墙铁丝或钢筋将墙体之间相互拉结，或将构造柱与墙体之间相互拉结，还可以将后设的加固构件与原墙体之间相互拉结，提高房屋的整体性。

三、砖木结构民居加固示范县基本情况

1. 总体概况

通过对西北地区砖木结构民居的大量调研，2017 年在陕西省大荔县进行了砖木结构民居危房加固改造示范工程项目。大荔县砖木结构房屋大多建于 20 世纪 80~90 年代，为单层砖墙承重—木屋盖结构，屋面为单坡或者双坡瓦屋面，具有典型的西北地区风格（图 6.8-5、图 6.8-6）。

图 6.8-5　单坡砖木民居

图 6.8-6　双坡砖木民居

2. 房屋总体安全性评定

依据《农村住房危险性鉴定标准》JGJ/T 363-2014[2]、《农村危险房屋鉴定技术导则（试行)》（建村函 [2009]69 号）[3]，对大荔县既有砖木结构民居作了安全性评定。由于房屋年久失修，多有漏雨渗水、墙体开裂等现象，大部分属 C 级危房；少部分屋面漏雨严重导致木构件严重腐朽或者断裂，且主体结构存在明显安全问题的房屋直接定为 D 级危房。

3. 房屋存在问题及形成原因

在加固改造过程中对大荔县砖木结构民居存在的主要问题及形成原因进行了概括总结。

（1）屋面漏雨。屋顶采用木屋盖、瓦屋面，屋面大多年久失修，破损瓦片得不到及时修补替换，导致屋面长期渗水，部分木构件（椽条、檩条、屋架等）腐朽、老化，使其承载力降低，出现大挠度变形甚至断裂，屋面出现塌陷及漏雨现象（图 6.8-7、图 6.8-8）。

图 6.8-7　屋面局部塌陷

图 6.8-8　木构件断裂

（2）墙体承载能力不足。由于建房较早，砌筑砂浆多采用石灰砂浆或者低标号水泥砂浆，个别房屋甚至采用泥浆砌筑墙体，强度较低，并且存在砌筑灰缝不饱满现象（图 6.8-9）；部分房屋墙体洞口上方无过梁，导致墙体开裂（图 6.8-10）。

图 6.8-9　砌筑砂浆不饱满

图 6.8-10　门窗洞口开裂

（3）木构件存在质量缺陷。部分老旧房屋木檩条、屋架或大梁干缩开裂，个别木构件出现通长裂缝且深度较深，另有部分木檩、椽条因屋面漏雨出现腐朽、老化现象，存在一定安全隐患[4]（图 6.8-11）。

（4）房屋整体性差。房屋无圈梁、构造柱，纵横墙交接处无有效的连接措施，有松动、脱闪迹象，形成竖向裂缝；房屋多采用硬山搁檩，檩条与承重山墙、木屋架与纵墙、屋架与屋架之间基本无可靠的连接措施（图 6.8-12）。

图 6.8-11 木构件干缩裂缝

图 6.8-12 硬山搁檩

4. 房屋加固维修方案

针对大荔县既有砖木结构民居存在的问题，结合施工便利性、费用、周期等因素，主要采取屋面维修、型钢加固上部结构的方法对房屋进行加固维修。

（1）屋面维修：针对局部漏雨渗水现象，进行局部瓦片的替换；屋面局部塌陷或者漏雨严重且有木檩、椽条发生严重变形、腐朽时，采用揭瓦晾椽大修的方法。具体加固流程如下：

1）揭瓦晾椽；

2）替换腐朽、变形的木檩、椽条；

3）铺设并固定木望板；

4）坐泥铺瓦。

（2）型钢加固上部结构：房屋缺乏抗震构造措施、墙体砌筑砂浆强度较低、层高较大，通过设置水平及竖向型钢带对墙体及上部结构进行加固、支撑；两端开间和中间隔开间的屋架间或硬山搁檩屋盖的山尖墙之间设置竖向型钢剪刀撑，增强屋架、山墙的稳定性，从而提高房屋的整体性及抗震性能[5]。具体操作流程如下：

1）清理墙面，对加固型钢位置进行放线定位；墙体钻孔。

2）对墙体裂缝进行灌浆修复处理，当裂缝宽度较小时，采用水泥浆灌注处理；当裂缝宽度大于 20mm 时，可使用水泥砂浆灌填满塞实。

3）房屋四角设角钢立柱，柱底应做混凝土基础，钢柱埋深不应小于 150mm；在房屋外侧角钢柱对应位置处设竖向钢板带，用螺栓将角钢柱与钢板带穿墙拉接，螺栓型号 M12，间距 500mm。

4）沿房屋四周檐口高度位置设水平钢带一道，墙体内侧采用槽钢，外侧采用钢板，纵横墙水平钢带交接处采用焊接处理，形成封闭的钢带环，用螺栓将墙体两侧钢带进行穿墙拉接，增强墙体的整体性，螺栓型号 M12，间距 500mm。

5）在屋架与屋架、屋架与山墙、山墙与山墙之间设置型钢垂直支撑，将角钢或槽钢背靠背交叉放置，形成剪刀撑，并在交叉位置用螺栓连接。

6）型钢安装完成后，用水泥砂浆将型钢与墙体之间的空隙填满塞实。

5．房屋加固维修造价分析

以某 75m^2 单层双坡砖木结构危房为例，对其加固维修造价进行分析。

（1）屋面加固维修费用

屋面加固维修材料清单　　表 6.8-1

序号	项目	数量	单价	金额（元）
1	机制水泥瓦	1000 块	2 元 / 块	2000
2	水泥滴瓦	100 块	8 元 / 块	800
3	五合板	100 平 m^2	20 元 / 平 m^2	2000
4	铁钉	30 斤	6 元 / 斤	180
5	黄土	15 方	20 元 / 方	300
6	麦秸秆	300 斤	1.5 元 / 斤	450
7	人工	普工 1200 元，技工 2400 元		
8	合计	9330 元		

（2）房屋抗震加固维修费用

房屋抗震加固维修材料清单　　表 6.8-2

序号	项目	数量	单价	金额（元）
1	钢板	21.2m	6.3 元 /m	134
2	12 号热轧轻型槽钢	60m	42 元 /m	2520
3	6 号角钢	24m	17 元 /m	408
4	M12 螺栓杆	41 根	9 元 / 根	369
5	螺母	164 个	0.5 元 / 个	82
6	焊条	3 包	20 元 / 包	60
7	人工	焊工 1800 元，普工 600 元，技工 1200 元		
8	合计	7173 元		

（3）其他费用：垃圾清运、油漆、稀料等费用 1670 元。

（4）总费用：18173 元，其中屋面加固维修费用 9330 元，房屋抗震加固费用 7173 元，其他费用 1670 元。

四、结论

西北农村地区砖木结构 C 级危房量大面广，对其采用加固维修的方法予以改造，不但提升了房屋正常使用阶段的安全性能，而且极大地提高了房屋的抗震性能，同时还保留了传统砖木民居的原有风貌。根据统计，以上加固方法造价也不高，基本上农户花很少的钱，甚至不花钱，仅用政府的补助资金就可以完成自家危房的加固改造，真正实现了农村危房改造政策中“帮助住房最危险、经济最贫困农户改造建设最基本的安全住房”的目标。

参考文献

[1] 周铁钢，王庆霖，胡昕 . 新疆砖木结构民居抗震试验研究与对策分析 [J]. 世界地震工程，2008，4（24）：120-124.

[2] 农村住房危险性鉴定标准 JGJ/T 363-2014 [S]. 北京：中国建筑工业出版社，2015.

[3] 农村危险房屋鉴定技术导则（试行）[S]. 北京：中国建筑工业出版社，2009.

[4] 刘建平，李玉洁 . 砖木结构加固改造修复关键技术 [J]. 工程抗震与加固改造，2011，4（33）：105-108+104.

[5] 镇（乡）村建筑抗震技术规程 JGJ 161-2008 [S] . 北京：中国建筑工业出版社，2008.

9　某地整村搬迁安置质量事故分析

山西省建筑科学研究院

一、质量事故概况

某地整村搬迁安置项目（以下简称该项目）建成于2013年，该项目自建成后除个别住户于2017年装修入住外，其余房屋至今尚未装修入住。建成后不久，室外路面开始出现裂缝，并于2014雨季部分区域严重积水后出现房屋墙体开裂、围墙开裂等问题，虽采取了相应治理措施，但裂缝仍随时间推移呈不断发展、加重的趋势。2017年雨季，部分区域路面发生塌陷、变形，房屋、围墙裂缝开展程度加重，农户不敢入住。

二、工程建设概况

该项目建于某自然村东北约270m的黄土塬上，共16栋砌体结构建筑，一、二层各8栋，每栋均为4户联排，总计64户。建筑设计基本情况如下：

结构安全等级：二级

抗震设防类别：丙类（标准设防类）

抗震设防烈度：7度（第二组，0.15g）

地基基础设计等级：丙级

地基承载力特征值：140kPa

地基处理：采用大开挖灰土垫层法进行处理，灰土地基的处理宽度为基础外缘2.0m；采用3∶7灰土分层碾压，压实系数要求大于0.95；基坑回填土及地面、散水、踏步等基础之下的回填土压实系数均要求不小于0.94。

基础：现浇钢筋混凝土条形基础，素混凝土垫层。

墙体：±0.000m以下墙体为M7.5水泥砂浆砌筑MU10烧结普通砖；±0.000m以上墙体为M7.5混合砂浆砌筑砌筑MU15蒸压式粉煤灰砖。

抗震构造措施：钢筋混凝土圈梁、构造柱。

楼屋盖：现浇钢筋混凝土楼屋盖

其他：现浇混凝土楼梯，钢筋混凝土挑檐。

混凝土构件强度等级：基础C30，基础垫层C10，挑檐C25，圈梁、构造柱及楼板等均为C20。

该项目于2011年6月至7月完成场地平整，2013年4月开工建设，2013年10月主体结构竣工。

图6.9-1为该项目所处地形，在一处黄土塬上，图6.9-2为该项目建成现状俯瞰照片，照片中北边两排为二层房屋，南边两排为单层房屋。

图 6.9-1　项目大致所处地形

图 6.9-2　项目俯瞰图

三、建造过程中存在的问题

1. 该项目所处地域位于山区，场地为黄土丘陵区地貌类型，地貌类型包括黄土梁、峁。原规划建筑场地平整时采用高挖低填的方式，填方区域大致位于场地东北角以及进村口附近，填方区域在场地平整施工时虽采取了机械碾压的施工措施，但其分层碾压厚度为2~3m，这种施工工法难以保证将填土层压实。

2. 该项目设计前，建设单位未向设计单位提供该场地工程勘察报告；设计单位提供的设计文件包括建筑、结构、水、暖、电等专业，未含室外道路及排水设计。

3. 该项目在开工建设时，建筑总平面位置在原有规划基础上整体北移，致使东北角的建筑坐落于场地填方区域内。

四、现状存在问题

该项目现状存在的主要质量问题是室外地面塌陷、房屋墙体和楼梯裂缝、围墙裂缝等。图 6.9-3 为房屋墙体、围墙及楼梯裂缝现状，图 6.9-4 为院内地面及室外路面开裂塌陷情况。

图 6.9-3　墙体、围墙及楼梯开裂情况

图 6.9-4 院内地面及室外路面缺陷

五、检测鉴定结果及分析

为查明质量事故原因并提出针对性的处理措施，当地政府委托省内权威检测部门对该项目现存质量问题进行了详细的检测鉴定，检测鉴定结果如下：

1. 场地地质及场地土性检测结果

该项目场地内存在填方区域，揭露的填方区最深约 10.8m，填方场地大致位于项目东北角附近及入村口所处区域；根据土样物理力学性能指标的试验结果，整个场地土为中软场地土，土层具有一定的湿陷性，场地土层的匀质性较差，并且曾受到外界水的侵入；场地内存在严重的排水不畅现象。

2. 主体结构施工质量检测结果

（1）地基基础：基础材料强度检测结果基本满足原设计的要求，施工质量控制较好；但灰土垫层的厚度、外扩尺寸以及压实系数多数部位的测试结果均未达到原设计的要求。

（2）上部结构混凝土构件：混凝土构件现龄期抗压强度、楼板钢筋间距、楼板钢筋保护层厚度均达到了原设计的要求。

（3）砌体材料：墙体现龄期的砌筑砂浆抗压强度、±0.000m 以下墙体砖材现龄期抗压强度均达到设计要求；±0.000m 以上墙体砖材现龄期抗压强度虽未达到原设计要求的 MU15 强度等级，但此种情况不会导致该项目出现目前的质量。

（4）建筑平立面及构件尺寸：建筑平面尺寸、轴线位置、开间进深、楼层层高、构件尺寸均与原设计相符；部分门窗洞口尺寸较原设计缩小，但对结构的整体安全无影响。

（5）其他：个别轴段楼板挠度值超标，经鉴定是由于上部结构严重倾斜所致，与结构的施工质量无直接关系。

3. 主体结构质量问题检测鉴定结果

该项目建筑及场地现存的大多数开裂、局部塌陷等问题主要是由于地基及场地不均匀沉降导致，与场址下部煤层开采无关。

（1）地基及场地的不均匀沉降原因分析如下：其一，该项目所处场地土层不均匀，局部为填土，各土层的物理力学性能指标差异较大，且具有一定的湿陷性；其二，场地内无有效的排水系统，土层长期受外界水侵入，导致各土层发生不同程度的湿陷；其三，地基的施工质量控制较差，也从一定程度上降低了地基抵抗变形的能力。

（2）各建筑现状存在的主要裂缝因地基不均匀沉降导致，包括墙体倒“八”字形斜向裂缝、窗（门）间墙中部的水平裂缝、窗台墙正下方的竖向裂缝、门、窗洞口上角部短斜向裂缝以及围墙照壁斜向裂缝、院大门洞口墙垛水平裂缝、围墙和照壁交接处竖向裂缝等，处于填方区域的建筑裂缝开展程度尤为严重，主体结构承重墙体多数裂缝宽度已达到 5.0mm，围墙及照壁墙体裂缝最宽已达 31mm，构件的竖向承载力和整体性已受到严重影响。

（3）单层房屋的端部墙体及二层房屋上顶层端部墙体存在的正“八”字形斜向裂缝以及各楼混凝土圈梁与墙体交界处水平裂缝是由于温度应力导致的变形裂缝；各楼较长墙体及围墙墙体的较长墙段存在的竖向裂缝是由于墙体材料自身收缩作用导致的变形裂缝。地基的不均匀沉降对裂缝的发展有一定的加剧作用。门、窗洞口上角部短斜向裂缝亦与不同材料的自身收缩有关。

（4）楼板构件以及挑檐板上存在的裂缝，均是受混凝土材料自身收缩作用所导致的收缩裂缝，属于非受力裂缝。

（5）楼梯局部开裂是由于楼梯构件的地基产生不均匀沉降以及上部结构倾斜共同作用所导致。

（6）部分房屋存在的屋面渗漏现象是由于屋面防水层破损甚至失效以及楼板构件存在的裂缝共同影响所致。

（7）部分房屋墙体抹灰层存在的受潮现象是由于场地排水措施不当，导致墙体洇水所致；墙体抹灰层脱落是由于该楼地基不均匀沉降导致倾斜过大，造成屋面防水层撕裂破坏，防水失效，墙体内长期渗水以及冻融作用所致。

（8）室内地面开裂现象主要是由于地面下土体受水发生不均匀沉降所致，另外，室内地面的素混凝土收缩也起到了一定的作用。院内地面开裂、塌陷主要是由于地面下土体受水产生不均匀沉降所致的。另外，该项目基坑回填土层的施工质量控制较差也会使基坑范围内地面裂缝有所加剧。

（9）散水及路面开裂、塌陷现象主要是由场地排水措施及填方区地基处理不当，致使场地下部湿陷性土层受水软化造成的。

（10）部分建筑均存在倾斜率超过规范限值要求的角点。其中，处于填方区的建筑所有角点的倾斜率均远超出规范限值要求，个别角点已超过了《危险房屋鉴定标准》JGJ 125-2016的限值要求，其地基已达到危险状态；此种程度的倾斜极易造成建筑物重心偏移，使结构产生附加的次应力，降低结构的安全度，甚至有可能形成整体失稳，已严重影响了结构的安全。其余超过《建筑地基基础设计规范》GB 50007-2011的限值要求的角点，未超过《危险房屋鉴定标准》JGJ 125-2016的限值要求，其地基存在一定的安全隐患，但尚未达到危险状态。

（11）在检测鉴定周期内，该项目部分建筑的墙体裂缝发展趋势尚未稳定，表明其地基的不均匀沉降仍未完全稳定。整个场地在此期间仍有降水侵入地基，应尽快采取相应的处理措施，防止水患继续威胁结构的安全。

六、处理建议

1. 建议对场地北侧边坡进行稳定性治理。

2. 将处于填方区域的建筑拆除，重建于原土场地内。

3. 对其他各建筑的地基进行有效的加固处理，并对整个场地的室外排水系统进行合理的改造，切实有效地解决场地排水不畅的问题，杜绝水患的发生。

4. 对场地内存在的塌陷部位进行换填，并进行有效的压实；对各户院内地面裂缝进行有效的封闭处理。

5. 上部承重墙体裂缝处理：裂缝宽度超过1.0mm的采取双侧钢筋网砂浆面层加固法进行加固处理；裂缝宽度在0.5~1.0mm之间的进行封闭处理；裂缝在0.5mm宽度以下的进行装饰性修补。

6. 围墙和照壁裂缝：裂缝宽度超过5mm的拆除重建；裂缝宽度在0.5~5mm之间的进行封闭处理；裂缝宽度在0.5mm以下的进行装饰性修补。

7. 其他：对上部结构楼板及悬挑檐板上存在的裂缝进行有效的封闭处理；对存在破损的屋面防水层进行更换或有效的维修，以解决屋面渗漏问题；对各户存在的室内地面裂缝进行装饰性修补。

8. 在后续使用过程中，继续加强对建筑物的维护和观测，发现问题及时解决。

七、小结

该项目建于湿陷性黄土地区，场地勘察、地基处理、场地排水设计等都应引起足够重视，但恰恰这几个环节都有所缺失或处理不当，以致在基础和上部结构整体施工质量尚可的情况下，造成了严重的质量问题，部分建筑已成为危房，造成了经济损失和不良的社会影响。

我们应吸取上述案例的经验教训，今后在农村房屋建设中应加强认识，严格控制各个环节的实施。对于整村安置项目，设计前必须进行充分的调查、勘测，尤其是掌握特殊场地土的特性和处理方法，进行可靠的设计，保证施工质量，发现不利情况及时处理，并在后续使用中加强维护，以有效地保障建筑质量，为村镇群众提供安全的住房保障。

10　澳门黑沙环中街和东方明珠街交界街区高层楼宇风洞试验与数值模拟研究

杨立国
中国建筑科学研究院，北京，100013

一、工程概况

澳门黑沙环中街和东方明珠街交界街区高层楼宇主要由 4 个地块的高层建筑组成：其中寰宇天下（R 地块）建筑高约 155m、海名居（S 地块）建筑高约 130m、君悦湾（U 地块）建筑高约 155m、海天居（V 地块）五栋塔楼高约 155m；位置关系见详见图 6.10-1 和图 6.10-2。寰宇天下的建成时间为 2007 年，海名居的建成时间为 2006 年，君悦湾的建成时间为 2009 年，海天居的建成时间为 2011 年。

图 6.10-1　澳门黑沙环中街和东方明珠街交界街区高层楼宇卫星地图（Google Earth）

强台风天鸽（英语：Severe Typhoon Hato，国际编号：1713）2017 年 8 月 23 日 12 时 50 分前后以强台风级（14 级，45m/s）在中国广东省珠海市登陆，中央气象台发出 2017 年首个台风红色预警信号，港澳气象部门发出十号飓风信号 。受天鸽台风影响，澳门黑沙环中街和东方明珠街交界街区高层楼宇围护结构破坏严重。澳门土地工务运输局委托中国建筑科学研究院对该街区楼宇进行了风工程研究，研究内容包含风气象分析、刚性模型测压试验和 CFD 数值模拟三部分。

二、高层楼宇破坏情况

图 6.10-2 给出了澳门黑沙环中街和东方明珠街交界街区高层楼宇位置关系示意图，以及具体楼宇的编号，用于描述台风破坏情况的位置。

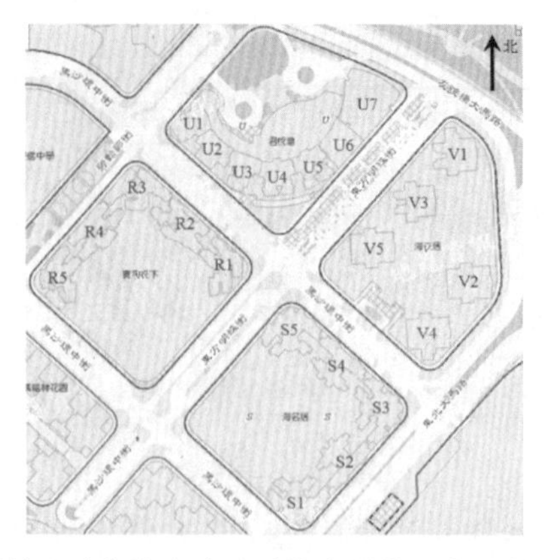

图 6.10-2　澳门黑沙环中街和东方明珠街交界街区高层楼宇位置关系及标识

寰宇天下（R 地块）R1 座正东方向两个立面上的玻璃损毁严重，中高层以下楼层几乎全部损毁，包括大窗和细窗，高层的玻璃窗玻璃部分损毁；R1 座面向黑沙环中街的立面，高层处的玻璃窗玻璃有部分损毁，以大窗为主。

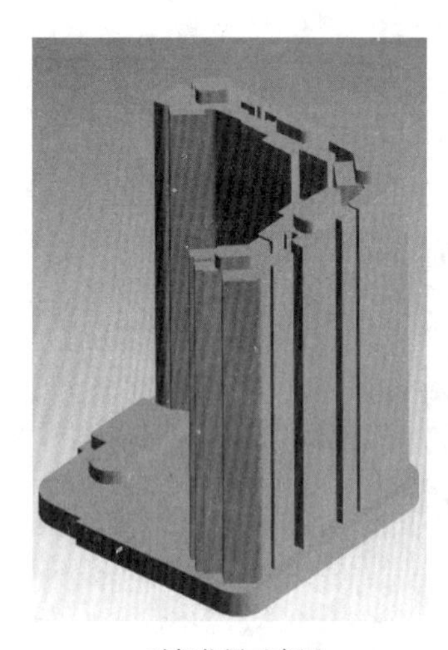

a. 破坏位置示意图

b. 破坏照片

图 6.10-3　寰宇天下（R 地块）破坏情况

海名居（S 地块）S4 座面向黑沙环中街的立面，中层以下大部分楼层的玻璃窗破坏损毁，以大窗为主，部分露台护栏玻璃也有损毁。

君悦湾（U 地块）U5 座面向东方明珠街的立面，有多处玻璃窗玻璃损毁，主要集中在一列大窗及小窗位置。

海天居（V 地块）V5 座南立面有个别位置的玻璃窗损毁。

三、台风“天鸽”气象分析

强台风天鸽（英语：Severe Typhoon Hato，国际编号：1713）为 2017 年太平洋台风季第 13 个被命名的风暴。2017 年 8 月 20 日 14 时，“天鸽”在西北太平洋洋面上生成，之后强度不断加强，8 月 22 日 8 时加强为强热带风暴，15 时加强为台风，8 月 23 日 7 时加强为强台风，一天连跳两级，最强达 15 级（48m/s），12 时 50 分前后以强台风级（14 级，

45m/s）在中国广东省珠海市登陆，8 月 24 日 14 时减弱为热带低压，17 时中央气象台对其停止编号。台风天鸽具有强度强、移速快、移向较稳定等特点。

台风在 11 时至 12 时之间最强风速区开始经过澳门，此时台风在澳门的风向主要是东北风；13 时以后，台风最强风速区开始离开澳门，在澳门的风向主要是南偏东南风。因此台风最强风速区域经过澳门地区的时间大致在 11 时至 14 时之间，而风向则由开始的东北风方向逐渐转变为南偏东南风方向。

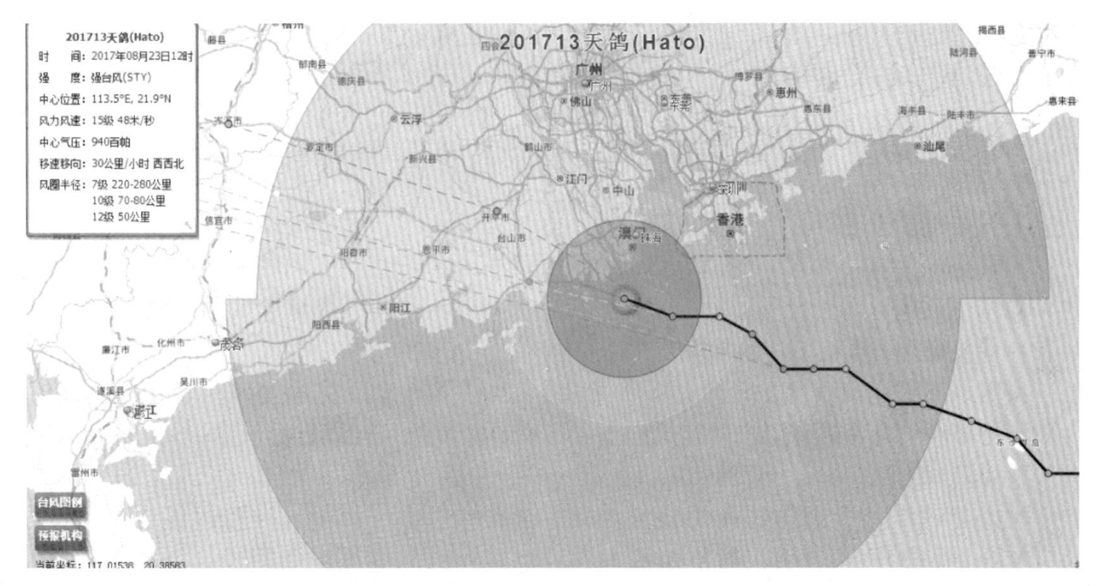

图 6.10-4 台风“天鸽”路径及 8 月 23 日 12 时位置图

根据台风“天鸽”经过澳门时的澳门各个气象站录得的风速数据，按照第一类粗糙度风剖面的计算公式将数据换算到 10m 高度。最大阵风风速在“友谊大桥（北）”站点录得，风速为 53.02m/s；最高小时平均风速在“外港客运码头”站点录得，风速为 34.21m/s，此站点的最大阵风风速为 52.94m/s，与“友谊大桥（北）”站点录得的最大阵风风速基本一致。这两个气象站距离关注位置街区楼宇约 1.5km，数据具有很强的参考性。同时各个气象站录得的最高阵风风速的时间集中在 12:10 至 12:20 之间，其中“友谊大桥（北）”气象站录得最大阵风风速的时间为 12：15，“外港客运码头”气象站录得最大阵风风速的时间为 12：16，说明在此时间附近台风在澳门地区达到最强，结合上文的台风路径分析，此时阵风风向应为东北风，同“友谊大桥（北）”气象站记录最高小时平均风速的风向一致。由于小时平均风速是一小时风速的平均值，此时间内台风风向会发生较大变化，可参考性不强。因此采用最大阵风风速经过时距换算后的平均风速作为基本风速来分析本次台风对建筑的作用。考虑安全冗余后 10 米高度处的平均风压取 0.85 kN/m^2。

四、风洞实验研究

风洞试验制作了 1 ：300 的澳门黑沙环中街和东方明珠街交界街区高层楼宇缩尺模型，在大型大气边界层风洞进行刚性模型测压试验，获取了 36 个风向下各部分的平均压力及脉动压力分布情况，给出各测点的体型系数值和极值压力系数值（图 6.10-5）。

a. 工况 1

b. 工况 2

图 6.10-5　澳门黑沙环中街和东方明珠街交界街区高层楼宇风洞试验模型图

五、数值模拟研究

基于流体力学软件 ANSYS CFX15 对澳门黑沙环中街和东方明珠街交界街区高层楼宇的平均风压及风速场进行了数值模拟，并将结果与刚性测压模型试验的结果进行了对比，两者具有很好的一致性。

按照本工程建筑设计方案的实际尺寸建立几何实体模型。在建立 3D 几何模型过程中考虑了对计算结果有显著影响的建筑构造细节。计算域的尺度满足数值模拟外部绕流场中一般认为模型的阻塞率小于 3%的原则。

类似建筑物这类钝体结构的绕流流动，会产生分离、再附、冲撞、环绕、涡等一系列复杂的流动结构，采用数值模拟方法计算钝体结构高度复杂的外部绕流场，要求采用适当的湍流模式。本文采用 Spalart 提出了将 RANS 和 LES 相结合的分离涡算法（Detached-Eddy Simulation），简称 DES，其基本思想是在边界层使用 RANS，分离区及主流使用 LES，DES 基于 LES 的 Smagorinsky 模型，以及 RANS 的各种湍流模型（如 *S-A* 模型、*k-ω* 模型等），它既能很好地模拟主流的湍流特性，同时与 LES 和 DNS 相比，又能大大减少计算时间。

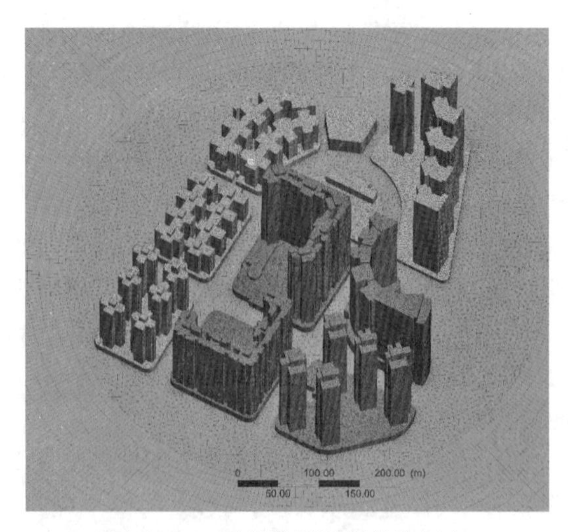

图 6.10-6　建筑物附近网格的划分

a. 40° 风向

b. 50° 风向

图 6.10-7 建筑表面体型系数分布图

六、风荷载特性分析

1. 平均体型系数分布特性

寰宇天下（R 地块）在 0° ~ 180° 风向范围内，R1 座正东方向两个立面上体型系相对本栋楼其他立面位置较为突出，最大值出现在 40° ~ 50° 风向下（东北风），风向与前文分析的最大风速风向一致。其中左侧立面体型系数为负值，右侧体型系数为正值。风洞实验与数值模拟结果获得的体型系数分布形式吻合良好。体型系数同规范相比在合理范围内，风洞实验结果在 -1.0 ~ 0.8 范围区间内，数值模拟结果在 -1.3 ~ 1.0 范围区间内。体型系数较大位置与破坏位置一致。

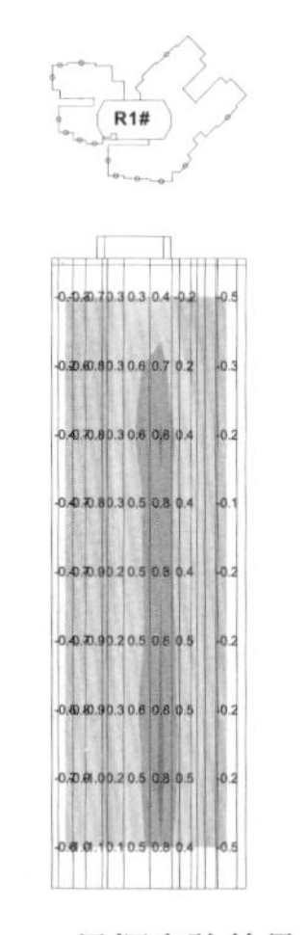

a. 风洞实验结果

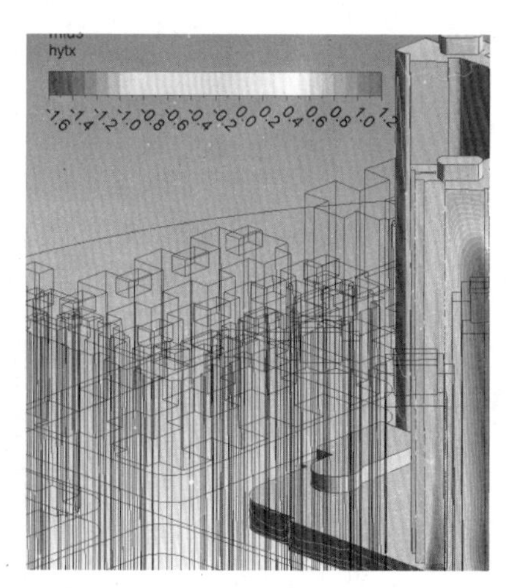

b. 数值模拟结果

图 6.10-8 40° 风向下寰宇天下 R1 座正东方向两个立面上体型系数

海名居（S 地块）S4 座面向黑沙环中街的立面上在 50° 风向下体型系数相对较大，风向与前文分析的最大风速风向一致。风洞实验与数值模拟结果获得的体型系数分布形式吻合良好，风荷载体现为正压，体型系数风洞实验结果在 0 ~ 1.0 范围区间内，数值模拟结果在 0 ~ 1.1 范围区间内。体型系数较大位置与破坏位置一致。

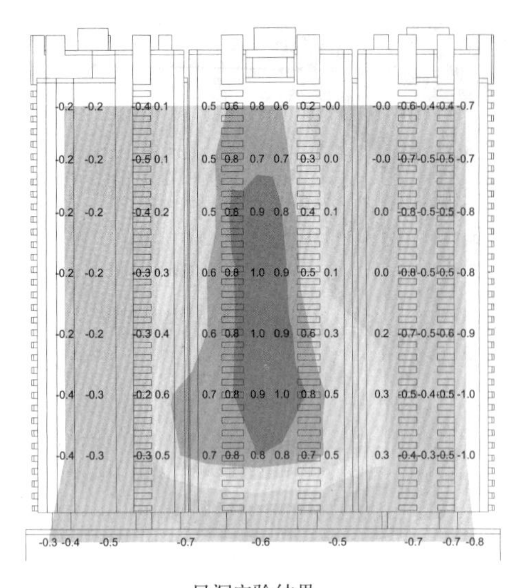

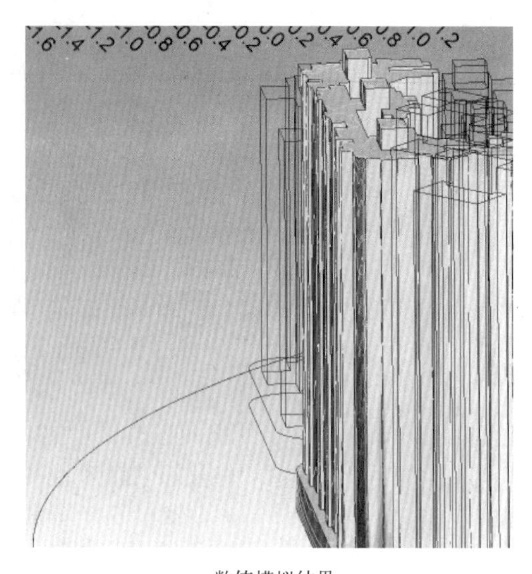

风洞实验结果　　　　数值模拟结果

图 6.10-9　50° 风向下海名居 S4 座面向黑沙环中街的立面体型系数

君悦湾（U 地块）U5 座面向东方明珠街的立面上，40° ~ 50° 风向下（东北风）体型系数相对较大，风荷载体现为风吸力（负压）。风洞实验与数值模拟结果获得的体型系数分布形式吻合良好，体型系数值较大，体型系数风洞实验结果在 -1.6 ~ 0 范围区间内，数值模拟结果在 -2.0 ~ 0 范围区间内。体型系数较大位置与破坏位置一致。

海天居（V 地块）平均体型系数未发现与破坏位置相符合的特性。

2. 脉动体型系数分布特性

寰宇天下（R 地块）在 0° ~ 180° 风向范围内，R1 座正东方向两个立面上脉动体型系数相对较大，最大值出现在 40° ~ 50° 风向下（东北风），风向与前文分析的最大风速风向一致。脉动体型系数风洞实验结果在最大值达到 0.4，位置与破坏位置基本一致。

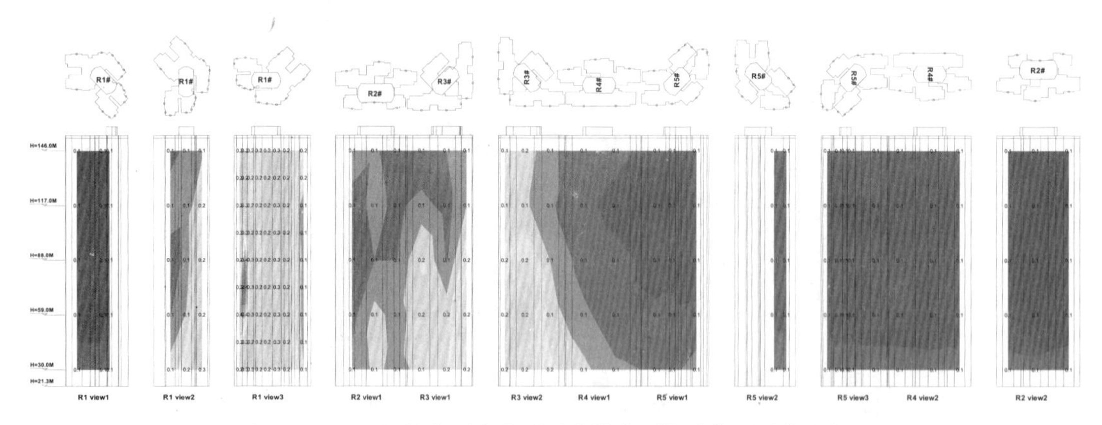

图 6.10-10　50° 风向下寰宇天下建筑表面脉动体型系数分布图

海名居（S 地块）在 0° ~ 180° 风向范围内，S4 座面向黑沙环中街的立面上脉动体型系数相对较大，最大值出现在 40° ~ 50° 风向下（东北风），风向与前文分析的最大风速风向一致。脉动体型系数值最大达 0.3，位置与破坏位置基本一致。

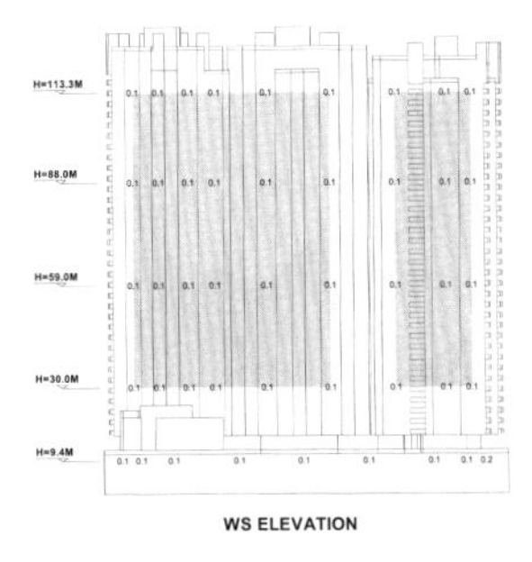

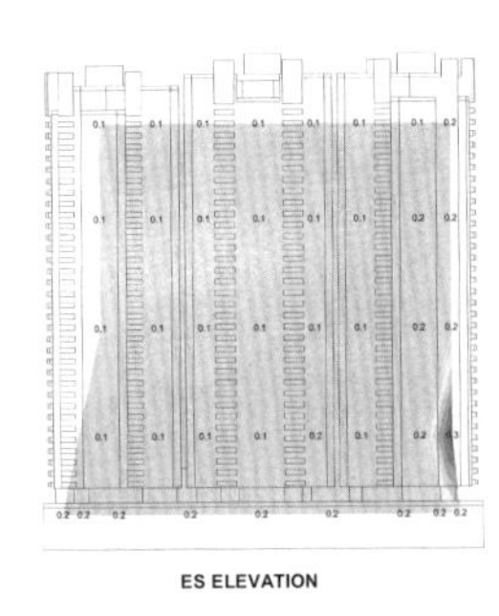

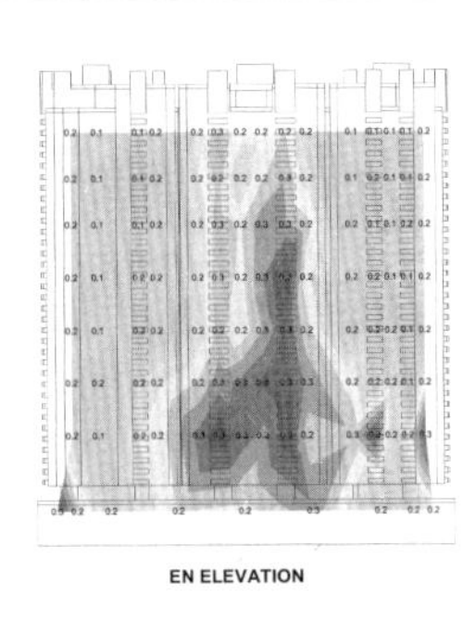

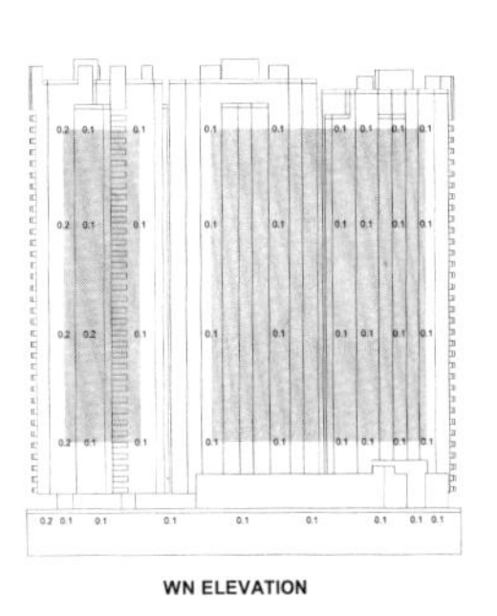

图 6.10-11　50° 风向下海名居建筑表面脉动体型系数分布图

君悦湾（U 地块）U5 座面向东方明珠街的立面上，40° ~ 50° 风向下（东北风）脉动体型系数较大达到 0.3，但小于 U7 座面向东方明珠街的立面。

海天居（V 地块）脉动体型系数分布较为均匀。

3. 极值风压分析

本节分析工况 1 下建筑表面极值风压的分布特性。前文气象数据分析最大风速风向为东北风（45° 风向附近），实验结果显示在 40° ~ 50° 风向下关注区域平均体型系数及脉动体型系数相对较大。本节对 30° ~ 60° 风向下的极值风荷载进行统计，用以分析台风“天鸽”作用在建筑上的极值风压。

寰宇天下（R 地块）破坏严重的 R1 座正东方向两个立面的极值风极值风压的变化范围为 -2.76~2.66 kN/m^2，极值正压和极值负压相当。

海名居（S 地块）破坏严重的 S4 座面向黑沙环中街的立面的极值风压的变化范围为 -1.32~2.64 kN/m^2，极值正压较大。

君悦湾（U 地块）破坏严重的 U5 座面向东方明珠街的立面的极值风压的变化范围为 -3.40~-0.30 kN/m^2，极值负压较大。

海天居（V 地块）破坏严重的 V5 座南立面上的极值风压的变化范围为 -2.0~-0.20kN/m^2，极值负压较大。

根据澳门《屋宇结构及桥梁结构之安全荷载规章》第十七条、第十九条及第二十条，风剖面采取第一类粗糙度风剖面，外风压系数正值取 0.8、负值取 -1.2，计算所得建筑物所受风荷载见表 6.10-1。对比上文分析结果，风洞实验研究获得的台风“天鸽”作用在澳门黑沙环中街和东方明珠街交界街区高层楼宇破坏严重位置的极值风荷载均小于规范计算值。

按澳门《屋宇结构及桥梁结构之安全荷载规章》计算的建筑表面承受风荷载　　表 6.10-1

高度（m）	40	50	60	70	80	90	100	110	120	130	140	150
正压（kN/m^2）	2.6	2.7	2.8	2.9	3.0	3.0	3.1	3.2	3.2	3.3	3.3	3.3
负压（kN/m^2）	-4.0	-4.1	-4.3	-4.4	-4.5	-4.6	-4.7	-4.7	-4.8	-4.9	-5.0	-5.0

七、总结

1. 台风“天鸽”换算到 10m 高度的最大阵风风速在“友谊大桥（北）”站点录得，风速为 53.02m/s；换算后的最高小时平均风速在“外港客运码头”站点录得，风速为 34.21 m/s，此站点换算后的最大阵风风速为 52.94m/s，均小于澳门《屋宇结构及桥梁结构之安全荷载规章》中第一类粗糙度风速。台风在澳门达到风速最强的风向为东北风。

2. 风洞结果显示，主要破坏位置的体型系数相对本栋楼其他位置更大，最大值出现在 40 ~ 50° 风向下。平均体型实数风洞实验结果与数值模拟结果吻合良好。

3. 风洞结果显示，主要破坏位置脉动体型系数较大，最大值出现在 40° ~ 50° 风向。

4. 风洞实验获得的极值风压，破坏区域位置的极值风荷载大于本栋楼的其他位置，但是小于按澳门《屋宇结构及桥梁结构之安全荷载规章》计算值。

第七篇　调研篇

我国的防灾减灾领导体制以政府统一领导、部门分工负责、灾害分级管理，属地管理为主。当前灾害防范的严峻性受到各级政府和社会各界的普遍重视，各地不断加强地方管理机构的能力建设，制定并完善地方建筑防灾相关政策规章和标准规范。为配合各级政府因地制宜地做好建筑的防灾减灾工作，各地纷纷成立建筑防灾的科研机构，开展建筑防灾的咨询、鉴定和改造工作，宣传建筑防灾理念，普及相关知识，推广适用技术，分析、整理和汇总技术成果，总结实践经验，开展课题研究并建立支撑平台。

本篇通过对四川、澳门、山西等地区地方特色的建筑防灾方面的调研与总结，向读者展示各地建筑防灾的发展情况，便于读者对全国的建筑防灾减灾发展有一个概括性的了解。

1　九寨沟县 7.0 级地震建筑震害调查与分析报告

康景文　邓正宇　莫振林　张鑫祥　袁永强　易　翔　彭　林　陈皓琪
中国建筑西南勘察设计研究院有限公司，四川，610052

一、九寨沟地震的概况

2017 年 8 月 8 日，四川省九寨沟县附近发生 7.0 级地震，最大烈度为 9 度，等震线长轴总体呈西北走向，6 度区及以上受灾面积为 18295km²，共造成四川省、甘肃省 8 个县受灾。

9 度区涉及四川省阿坝藏族羌族自治州九寨沟县漳扎镇，面积 139km²。8 度区涉及四川省阿坝藏族羌族自治州九寨沟县漳扎镇、大录乡、黑河乡、陵江乡、马家乡，面积 778km²。7 度区涉及四川省阿坝藏族羌族自治州九寨沟县、若尔盖县、松潘县，绵阳市平武县，面积 3372km²。6 度区涉及四川省阿坝藏族羌族自治州九寨沟县、若尔盖县、红原县、松潘县，绵阳市平武县；甘肃省陇南市文县，甘南藏族自治州舟曲县、迭部县，面积 14006km²（图 7.1-1）。

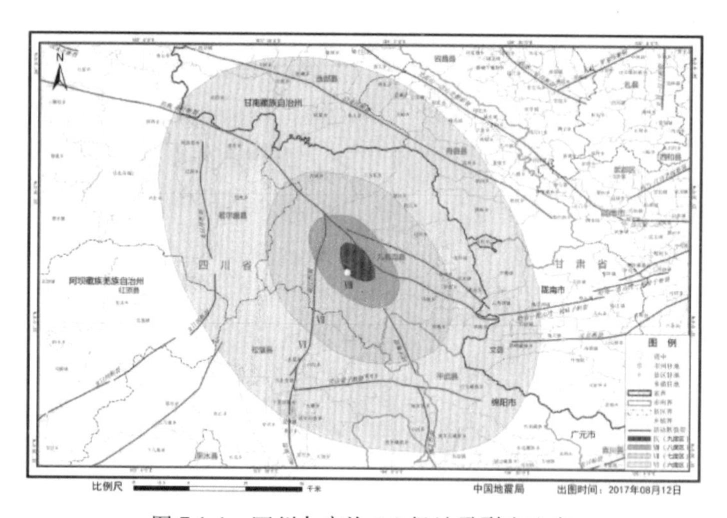

图 7.1-1　四川九寨沟 7.0 级地震烈度分布

地震发生后，中国建筑西南勘察设计研究院派遣大量专业技术人员，历经近 1 个月的现场调查和分析，初步掌握九寨沟县受损建筑基本情况，为灾后恢复重建提供了基础资料。

二、震后受损房屋概况

总体来看，九寨沟震后受损建筑存在以下特点：

1. 受损建筑主要集中在 8、9 度区

当地设防烈度为 8 度，震区房屋自身抗震设防水平较高，现场调查发现位于 6、7 度区的大部分房屋经受住了此次地震的考验。

2. 受损建筑主要为农民自建房

一般农房结构形式主要包括木结构、砌体结构、底框结构。现场调查发现，此类受损房屋大都存在施工水平较低，随意拆改，后期缺乏维护、修缮等情况。

下面就不同类型的受损建筑在震区出现的受损情况进行分析介绍。

三、木结构房屋震害特征分析

现场调查发现，因方便取材，以松木为原材料的木结构房屋在当地应用广泛，大部分的农民自建自住房都采用木构架承重，部分酒店或寺庙用房的结构形式以木结构为主。木结构房屋主要震害特征包括：木榫头断裂；房屋整体倾斜、倒塌；屋面系统破坏；外围护墙体破坏。

1. 榫头断裂

穿斗木构架房屋基本采用榫卯连接，当地松木原材经切削后，榫头形成薄弱部位，后期使用过程中，未对原木采取有效保护措施，榫头进一步腐蚀、开裂，在强震作用下造成“折隼”破坏（图 7.1-2）。

2. 木柱移位、歪斜

木构架房屋一般采用石料柱基，基础顶面设置榫槽与木柱底部榫齿形成咬合，该做法可抵抗部分水平荷载。现场调查发现，部分农房基础不设凹槽，木柱底部不设榫齿，强震作用下木柱移位、歪斜，房屋整体出现变形，甚至垮塌（图 7.1-3、图 7.1-4）。

图 7.1- 2　木榫头折断

图 7.1-3　房屋倾斜垮塌

图 7.1-4　房屋垮塌

3. 屋面系统损坏

屋面系统主要包括人字形木屋架、木檩条、瓦屋面。部分木结构震损房屋出现木檩条折断，大多数木结构房屋瓦屋面出现不同程度的脱落（图 7.1-5）。

当地多用烧结平瓦，搭头铺砌，未采用有效挂瓦固定措施，檩条和木梁就地选择采用现场建筑余料，由于室内会吊平顶，屋架部分被遮蔽，杆件的腐蚀、开裂往往被忽视，强震作用下造成损坏（图 7.1-6）。

图 7.1-5　木梁折断

图 7.1-6　屋面溜瓦

4. 围护系统损坏

当地一般采用生土围护墙或泥浆砌筑毛石围护墙，墙体厚度 400~600mm，墙高 4~7m，取材方便。这类墙体为自承重墙，高厚比大，延性低，四周均无拉结，强震作用下，易出现开裂、变形甚至垮塌，见图 7.1-7~ 图 7.1-10。

图 7.1-7　木架间围护墙垮塌

图 7.1-8　围护墙开裂、歪闪

图 7.1-9　围护墙整体向外歪闪

图 7.1-10　围护墙局部垮塌

四、砌体结构房屋震害特征分析

当地 2008 年汶川地震前的砌体结构房屋构造措施多数不符合规范要求，破坏较为明显；2008 年地震后的砌体结构房屋设有圈梁、构造柱，构造措施基本符合规范要求，破坏相对较轻。

现场调查发现，砌体结构主要问题是承重墙体开裂。砌体结构房屋承重墙体震害特征包括：底层墙体剪切破坏；顶层墙体“鞭梢效应”破坏；楼梯间处墙体破坏；门窗洞口墙体局部开裂（图 7.1-11~ 图 7.1-16）。

1. 底层墙体剪切破坏

底层墙体在地震作用下承受地震荷载较大，加之当地采用的砌筑砂浆普遍强度较低，导致部分砌体结构房屋出现“斜向开裂”或“X 形”裂缝。

2. 顶层墙体“鞭梢效应”破坏

顶层由于“鞭梢效应”会使构件产生较大往复水平位移，加之大部分房屋为坡屋面，顶层未设置圈梁或构造柱未到顶，结构整体性存在缺陷放大了“鞭梢效应”的效果。

3. 楼梯间处墙体破坏

房屋楼梯间由于楼板开洞及梯板的斜撑作用，该部位所受地震作用较集中，墙体产生开裂。

4. 门窗洞口墙体局部开裂

8、9 度区，大多数砌体结构房屋门窗洞口及窗间墙均有双向或单向斜裂缝。

图 7.1-11　底层横墙整体 X 型开裂

图 7.1-12　X 型裂缝中部构造柱钢筋屈服

图 7.1-13　楼梯间处墙体沿圈梁底开裂

图 7.1-14　窗洞角部双向斜裂

图 7.1-15　顶层纵墙倒塌，横墙开裂

图 7.1-16　后砌纵墙与横墙间脱开

五、底部框架结构房屋震害特征分析

当地底部框架结构房屋主要为沿 301 省道两侧农民自建旅馆。现场调查发现，底部框架结构房屋主要存在问题集中在底层，具体震害特征包括：底层框架柱柱顶破坏；底层填充墙体破坏。

1. 底层墙体剪切破坏

由于该类房屋底层存在刚度薄弱层，强震作用下底层柱头出现“塑性铰”，柱钢筋屈服，混凝土剪坏（图 7.1-17、图 7.1-18）。

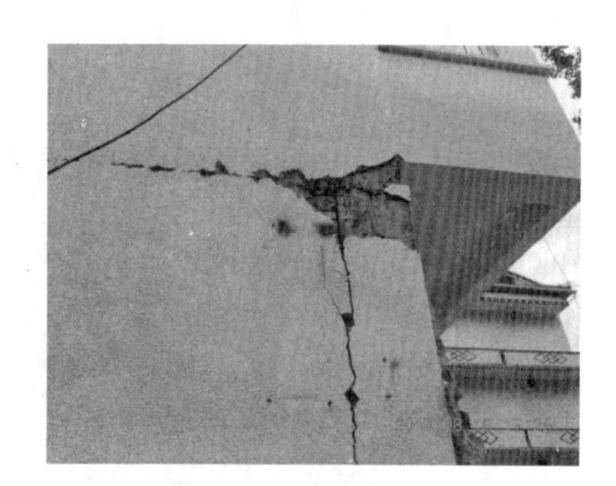

图 7.1-17　底层框架柱顶破坏 1

图 7.1-18　底层框架柱顶破坏 2

2. 底层填充墙体破坏

当地填充墙体大多采用加气混凝土空心砌块砌筑，地震作用下，填充墙呈“X 形”剪切破坏或通长水平开裂（图 7.1-19、图 7.1-20）。

图 7.1-19　填充墙呈“X 形”剪切破坏

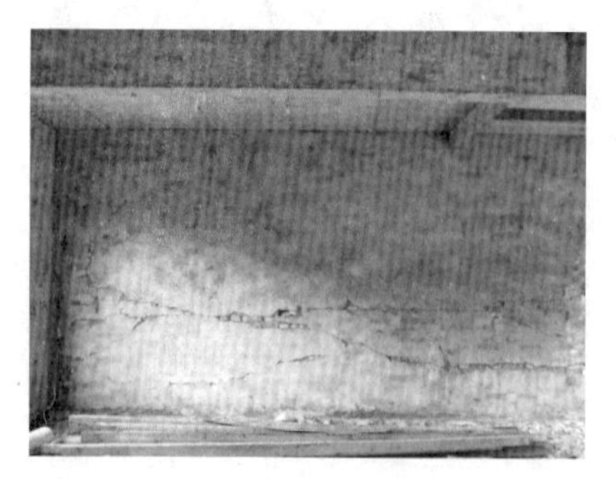

图 7.1-20　填充墙沿灰缝呈通长水平剪切破坏

六、结语

本文基于实地调查九寨沟 7.0 级地震后当地建筑的震害特征，通过分析得出以下结论：

1. 受损建筑主要为集中在 8、9 度区的农民自建房。

2. 8、9 度区木结构农房主要震害特征包括：木榫头断裂，房屋整体倾斜、倒塌，屋面系统破坏，外围护墙体破坏。

3. 8、9 度区砌体结构农房主要震害特征包括：底层墙体剪切破坏，顶层墙体“鞭梢效应”破坏，楼梯间处墙体破坏，门窗洞口墙体局部开裂。

4. 底部框架结构房屋主要震害特征包括：底层框架柱柱顶破坏，底层填充墙体破坏。

本文对九寨沟 7.0 级地震震区建筑的震害特征进行了调查与分析，为后期灾后修复、重建工作提供参考。现场数据采集工作由莫振林、陈皓琪、张鑫祥、彭然、彭林、袁永强、易翔、张乐、王海洋、兰杰、付庆云、杨鹏程等人提供。

参考文献

[1] 雷静雅，杨辉，徐学勇，胡坚 . 5.12 汶川地震房屋震害分析 [J]. 武汉理工大学学报，2010，32（23）：39-41.

[2] 赵渭玲 . 浅谈多层砌体房屋结构的抗震设计 [J]. 陕西建筑，2012，20（5）：5-8.

[3] 杨飞，徐清，潘文，陶忠 . 汶川地震楼梯震害分析及建议 [J]. 云南建筑，2009（4）：62-65.

[4] 武运锋 . 底部框架砌体房屋震害及抗震措施分析 [J]. 中州建设，2003（9）：57.

[5] 邓夕胜，张鹏，董事尔 . 汶川地震村镇房屋震害分析及重建建议 [J]. 四川建筑，2003，29（5）：48-49.

[6] 李英民等 .“5・12”汶川地震砌体结构房屋震害调查与分析 [J]. 西安建筑科技大学学报，2009，41（5）：606-610.

2 高层建筑消防给水系统常见问题及解决措施

晏 风
中国建筑科学研究院，北京，100013

一、概述

“高层建筑”根据《建筑设计防火规范》GB 50016-2014 规定，是指建筑高度大于 27m 的住宅建筑和建筑高度超过 24m 的非单层厂房、仓库和其他民用建筑。我国目前高层建筑有 34.7 万幢、百米以上超高层建筑 6000 多幢，数量居世界第一。

高层建筑体量庞大、功能复杂、人员密集、危险源多、火灾荷载大，特别是早期建设的一些高层建筑，规划布局不合理、防火标准低、消防设施陈旧老化，消防安全问题十分突出。新建的一些高层大型城市综合体，经营业态多、人员高度密集，火灾防范和扑救难度极大。

2017 年，英国伦敦“6·14”高层公寓发生火灾，已造成 79 人死亡的惨剧。我国近十年发生高层建筑火灾 3.1 万起中，超 4 成高层住宅没有自动消防设施。2016 年我国共接报高层建筑火灾 2517 起、亡 61 人、伤 61 人、直接财产损失 4082 万元。

根据全国火灾事故统计，54.4% 的火灾在 30 分钟内被迅速扑灭，26.4% 的火灾在 30 分钟至 1 个小时内被扑灭，12% 的火灾扑救时间在 1 至 2 个小时内，有 7.1% 的火灾扑救时间超过 2 个小时。

二、高层建筑消防给水系统中常见问题

从上述数据中看出，近一半的火灾未能在 30 分钟内扑灭，其中原因除了报警不及时外，最主要的原因是消防给水系统存在问题，此常见的问题主要有：

1. 消防给水系统联动控制不满足消防要求。目前我国不少高层建筑存在消防给水联动方面的问题。首先是消防管理人员缺失，消防系统联动逻辑关系混乱，联动点位图和消防系统竣工图等消防资料未存档保管，有的建筑后期发生业态变更和工程设计变更未及时保存相关变更记录，消防系统日常维护不到位，导致系统长期带病运行甚至瘫痪，消防联动功能不正常，火灾时无法启动消防水泵等消防给水设施，最终造成严重后果。其次消防水泵经常处于手动控制状态，原因是火灾自动报警系统故障不能及时解决导致误报时有发生，从而可能造成水泵误动作，消防日常管理人员为了省事而擅自将水泵控制柜置于手动状态，一旦发生火灾，报警控制器无法联动启动消防水泵，只能依赖人员赶到消防泵房手动启动，也必然会导致贻误战机，造成火灾蔓延等恶果。

2. 消防车性能不能满足建筑灭火的需要。消防车是市政消防给水系统的关键装备，消防车性能是保障消防安全的重要因素。按照公安部消防局的介绍，目前我国配备的举高车大都在 50m 以下，多数消防水枪、水炮的喷射高度也只有 50 多米。可以说，50m 以上特别是超过 100m 的楼层发生火灾，除利用建筑内部消防设施外，几乎没有有效的外攻手段，

所以提高消防车的灭火保护高度势在必行，对于高层建筑和超高层建筑密集的区域，要根据建筑物的高度配备消防灭火车辆，真正实现全方位无死角的消防灭火力量。

3. 消防车道和救援场地不满足消防车通行和灭火要求。首先是在大部分老城区、老旧居民区和城中村，由于各种原因导致消防道路宽度和净高不能满足消防车通行要求，有的是规划设计原因，也存在后期私搭乱建、占用和堵塞消防车道的现象，这些情形非常普遍，一时又难以进行彻底整改。这些区域的绝大部分建筑内部未配置灭火系统，建筑之间的消防间距也不满足要求，发生火灾时消防车又无法靠近，故存在极大的消防安全风险。有的建筑四周没有形成环形消防车道，严重影响灭火救援。高层建筑救援的作业面受限也是一大难题。有的灭火作业面被汽车、隔离桩等占用，或者受架空电线、广告牌等影响，举高消防车无法停靠作业，也会导致灭火效率降低，甚至不能有效扑灭火灾。

4. 消防水泵接合器不能满足高层建筑，尤其是超高层建筑的消防要求。设计水泵接合器是当室内消防水泵发生故障或室内消防用水不足时，连接消防车从室外消火栓或消防取水口取水将水送到室内消防管网灭火的设施，在进行消防排查时，水泵接合器在设计、安装和运行维护管理方面还是存在诸多问题，一是水泵接合器的位置不合理，设置在高层建筑幕墙下方，火灾时消防队员无法接近，或者距离室外消火栓距离过远导致消防水源无法连接。二是水泵接合器数量不足，根据相关规范，消防水泵接合器的数量应按室内消防用水量经计算确定，每个水泵接合器的流量应按 10 ~ 15L/s 来计算确定。三是水泵接合器的标识缺失，有些水泵接合器设置过于隐蔽且没有指示标识，导致现场寻找困难；不同系统不同区域不同压力要求的消防水泵接合器无法辨识，导致消防供水时缺乏针对性，造成无谓浪费消防水量的问题。四是水泵接合器之间间距过小，或接口位置贴近墙壁等障碍物导致消防队员操作困难。五是水泵接合器平时不注重维护管理，出现配件缺失、闷盖锈蚀、管网泄露和堵塞等问题而导致水泵接合器失效；六是水泵接合器的供水范围超过当地消防车的供水流量和压力要求而未采取相应措施。

5. 消防水源不能满足灭火要求。消防水源同时满足消防灭火水质、水量和水压的要求，才是适合的消防水源。水质方面，有些单位采用池塘、河流等天然水源作为消防水源，但由于存在泥沙、植物等杂物，又未采取措施导致吸水时堵塞管道而无法灭火；水量方面，消防水源首先要保证供水的可靠性和连续性，由于有的高层建筑建设年代长，不能满足现行规范的消防用水量要求。目前规范虽然对室内外消防给水量做了要求，但有些建筑后期由于建设年代久远，或进行了业态调整和产权变化，但消防水池和消防水箱等设施却难以调整，导致消防水量不满足规范要求的现象也不罕见；水压方面，对于高层建筑来说，绝大部分地区市政供水压力不能满足消防给水所需压力的要求，故需增加消防水泵等设备，但部分建筑由于未配置消防系统维护保养人员，对消防系统不熟悉、不重视，消防水泵长期处于无人看管、无人调试状态，水泵锈蚀和无法启动，这些都是消防的重大隐患，一旦失火而这些设备不能正常运行，其后果可想而知。

6. 高位消防水箱贮水量不足和设置位置不合理。采用稳高压给水系统的室内消火栓系统和自动喷水灭火系统的建筑，应设高位消防水箱。高位消防水箱的主要作用是：提高消防给水系统的可靠性；提供系统准工作状态和火灾初期消防系统所需水压，保证火警发生后所需提供的初期消防用水量。对于高层建筑，尤其是超高层建筑而言，高位消防水量承担初期灭火所需的消防用水，及时扑灭初期火灾防止火灾蔓延，减少人员伤亡和财产损失，故其作用尤其重要。现场检查中发现高位水箱也存在相当多的问题。一是消防水箱的有效贮水容积不足，大部分未安装水位监测仪器、消防用水量被动用甚至消防水箱中无水的情况多有发生，尤其是高层住宅和早期的公共建筑，由于缺少专业的消防管理人员，消防水箱存水状况平时无人问津，火灾时就难以保证消防水箱的正常工作。二是高位消防水箱的设置高度不满足规范要求，导致消火栓系统和自动喷水灭火系统最不利点管网压力不足，从而这些区域的灭火系统启动时难以发挥其灭火效用。三是高位消防水箱的日常检查维护工作不到位，有的消防水箱因没有设置检查爬梯人员无法进行检查维护，有的高位消防水箱露天摆放，年久失修，外表破烂不堪，不但消防用水的水质不能得到保证，其水量也无法得到保证。四是与高位消防水箱配套的阀门和增压稳压装置也多数处于无人维护状态，增压稳压泵长期处于手动状态，其消防电源也不能满足规范要求。

7. 消火栓配件缺失或损坏。消火栓可分为市政消火栓、室外消火栓和室内消火栓，是消防给水系统的核心设备。在消防隐患排查过程中，消火栓的问题比较普遍，也比较突出。首先是市政消火栓和室外消火栓的设置位置不合理、过于隐蔽而缺少标志，高度不统一、没有防撞措施，跑冒滴漏时有发生，配件丢失导致影响灭火。其次是室内消火栓系统无水或压力不足，配件缺损或丢失，消火栓箱被遮挡而无法正常打开，布置间距过大，暗装消火栓箱缺少标识等都是常见问题；消火栓启泵按钮损坏或丧失功能现象比较多见，对于未设置消防值班人员的建筑，其启泵按钮更是形同虚设。

8. 消防卷盘和轻便消防水龙配置不到位。根据《建筑设计防火规范》GB 50016-2004 第 8.2.4 条规定："人员密集的公共建筑、建筑高度大于 100m 的建筑和建筑面积大于 $200m^2$ 的商业服务网点内应设置消防软管卷盘或轻便消防水龙。高层住宅建筑的户内宜配置轻便消防水龙。"但目前很多此类场所均未按此要求配置，高层住宅未配置轻便消防水龙的情况更为突出，应引起高度关注。

9. 消防给水系统管网渗漏、锈蚀、堵塞和阀门不合理关闭。

三、建议解决措施

上述消防给水系统中存在的一些问题，可以归纳为三个方面的问题，即设计技术层面、施工安装层面和运行维护管理层面，故整改措施可相应从完善设计、规范施工和加强消防管理三个方面入手，具体阐述如下：

1. 设计技术层面

在消防水源水质要求、住宅消防系统设置、消防车性能配置标准、消防道路通行保障等方面建议对现行国家标准规范进行细化和补充，参考国外标准、国内地方标准及其施行情况，结合国内实际情况予以制定。

对于旧有建筑，不能满足新颁布规范的要求，不改造又确实存在消防风险的情况，要因地制宜、有步骤有计划地进行整改，鼓励消防机构和消防专业人员出谋划策，制定消防整改方案，例如采取共用周边已有消防设施进行联防联控等。

消防给水城市规划设计方面：城市要根据现有和规划建筑高度情况配备性能满足要求的消防车，消防车的性能包括扑救高度和喷水强度，建议消防车配备更高效的灭火剂和灭火系统，达到快速扑灭火灾的目的。对消防道路和车位进行统一管理和规划，对违规违法建筑进行有序拆除，对老旧城区和老旧居民区按组团分隔，消防车道按间距不大于 160m 进行改造和规划，确保消防车道的净宽、净高满足消防车通行要求。确保每栋高层建筑处于市政消防给水系统的保护范围内。居民小区和公共建筑周边要逐步完善室外消火栓的建设。

建筑消防给水系统设计人员应全面深入掌握工作原理和标准规范的内容，熟悉设备产品性能要求，从水源选择、水力计算、消防给水系统设备和管网布置等方面要做到技术可行、经济适用。

2. 施工安装层面

施工安装要遵循相关施工验收标准，严格按设计施工，施工安装要全程做好记录，对涉及消防性能要求的关键设备，如消防水泵、室内外消火栓安装、水泵接合器、减压装置、高位水箱等，要制定详细具体的施工方案，对暗装和埋地管道要做好防腐处理，做好隐检验收工作。

消防给水系统施工完成后，要对其性能进行测试和验收，包括最不利点压力测试、主要设备单体调试和系统联动调试，测试和验收的各项数据满足设计和规范要求。

竣工交付前，要对消防给水系统故障、渗漏和设备损坏的地方进行全面整改，绘制消防给水系统竣工图，同时做好系统设备和管道的标牌标识，检查各阀门的启闭是否处于正确状态，管道和设备防腐、保温是否到位。将所有竣工资料整理归档，交付业主或消防系统运行维护管理单位。

3. 运行维护管理层面

明确责任主体：对于消防安全管理不到位的问题，高层住宅建筑的物业服务企业要逐幢明确“楼长”，落实防火巡查检查、消防宣传教育、外保温系统防火管理等职责。高层公共建筑要推行专职消防安全经理人制度，明确具体的职责任务，负责本单位、本建筑的消防安全管理。对于多产权、多租户的，要建立统一的消防管理组织，定期召开消防工作例会，解决消防安全重点事项。

建立型消防站。每幢高层公共建筑、每个高层住宅小区都要建立微型消防站，配齐人员和必要灭火装备器材，做到火灾早预警、早发现、早处置。配备的专业消防技术人员，应负责日常消防技术咨询、培训和监督检查工作，收集信息，督促整改，及时消除各种隐患。

每幢高层公共建筑、每个高层住宅小区要定期对消防给水设施进行维护管理，建立定期维护管理制度，建立隐患整改和事故追责制度。

加强消防宣传：要开展经常性消防宣传教育，普及防火灭火和自救知识，并对专职消防安全经理人和“楼长”进行培训，定期组织演练，提高扑灭初期火灾和逃生自救能力。

四、结论

消防给水是灭火的主要手段，也是消防系统的重要组成部分。消防给水系统存在的问题点多面广，比较常见和多发。每幢高层公共建筑、每个高层住宅小区在投入使用或入住前应对消防系统，尤其是消防给水系统的问题进行全面排查和整改，落实责任，建立和完善消防管理制度，做好日常维护保养工作，确保消防给水系统正常运行，发挥其消防灭火安全保障作用。

参考文献

[1] 浅谈高层建筑消防给水系统，王哲（哈尔滨工业大学建筑设计研究院），黑龙江哈尔滨，150090

[2] 浅谈高层建筑高位消防水箱设置，张夏红（河南省工业规划设计院）

3　伦敦大火带给高层建筑消防安全管理的启示

李引擎[1]　张　昊[1, 2]

1. 中国建筑科学研究院，北京，100013

2. 北京科技大学，北京，100031

引言

2017 年 6 月 14 日，位于英国伦敦市肯辛顿地区的格伦菲尔居民大楼发生严重火灾。这座公寓楼建于 1974 年，高 24 层，内有 120 套公寓，最多容纳居民人数为 600 人。消防队接到火警电话后，第一辆消防车 6 分钟赶到现场，共出动 45 辆消防车，200 多名消防员参加灭火，但大火还是迅速吞噬了这座 70m 高的大楼，24 个小时后火势才被扑灭。根据目前公布的数字，火灾至少造成 80 人死亡和 70 人受伤，成为英国自 20 世纪以来最严重的一起火灾事故。

图 7.3-1　伦敦格伦菲尔公寓楼

一、伦敦大火的原因分析

透过国内、国外媒体对事故有关线索以及事故调查进展的报道，可以对伦敦大火的起火原因、蔓延发展以及灭火救援情况作一分析梳理。

1. 造成事故的直接原因是四层公寓内的电冰箱，可能由于电力激增引起着火，而导致火势迅速在全楼蔓延的是 2015~2016 年翻新工程中增加的外墙保温系统。其一，有报道披露，由于预算原因，中标方采用了价格较低的绝热材料 PIR 泡沫板，饰面层采用铝制聚乙烯夹芯板。在我国，聚乙烯的燃烧性能为 B2 级，属于可燃级，不得用于 27m 以上建筑的外保温，按照欧盟标准不允许 18m 以上建筑使用，美国将其列为 12m 以上建筑禁用建材。其二，绝热层和外饰层之间留有 50mm 的空腔，为“烟囱效应”的发生提供了绝佳的条件。烟囱效应发生时，热烟气垂直上升运动的速度可达到 3 ~ 4m/s，对于这座近 70m 高的建筑，顷刻间即可到达建筑顶部，再加上建筑外部风场作用，促进了火势发展。大楼外墙保温系统存在严重设计缺陷，在楼层间并没有采取有效的防火分隔措施，致使火势发展完全失控（图 7.3-2、图 7.3-3）。

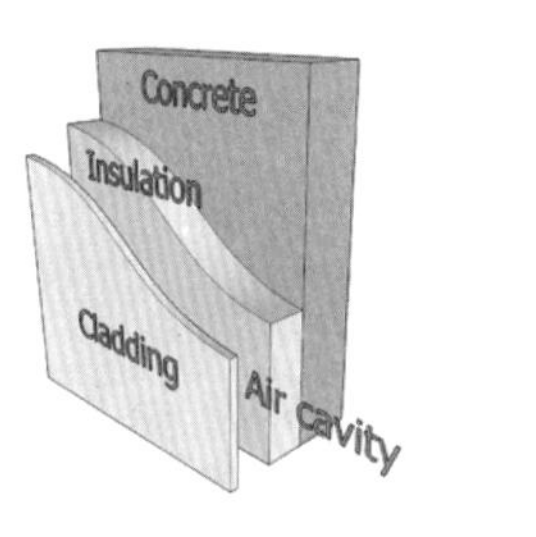

Aluminium sheet
Core
Aluminium sheet

a. 外墙保温系统构造　　　b. 外饰层构造

图 7.3-2　大楼翻新后的外墙保温系统结构

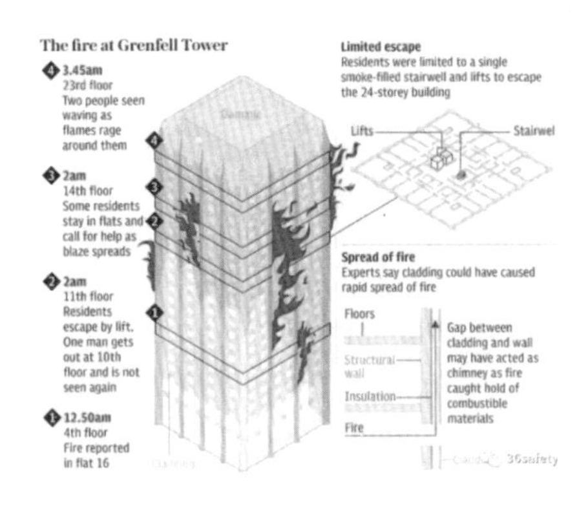

图 7.3-3　大楼外立面火势蔓延

2. 火灾探测与警报装置失效，许多居民未能通过警报迅速得知火情。火灾自动报警系统的作用是在火灾初起阶段警示建筑内人员疏散逃生、相关管理人员采取紧急的应对措施，并控制建筑内的排烟、灭火等消防设施启动。该大楼的火灾发生在深夜，加上报警系统失效，意味着贻误了宝贵的逃生和灭火时机。

3. 初期灭火手段缺乏或失效，大楼内未安装自动喷水灭火系统，灭火器年久失效。自动喷水灭火系统对于扑救初期火灾、控制火灾发生规模具有显著的作用。如若设有该系统，喷头动作喷洒将会有效控制电冰箱引发的小火，避免其蔓延至厨房以外区域，这场惨痛的悲剧则不会发生。

4. 由媒体曝光的建筑图纸可以看到，整座大楼仅设置一个封闭楼梯间和一个安全出口，且在电梯井邻近设置。高层建筑因高度高、人员多、疏散距离长，安全疏散和灭火救援难度很大，无备用安全疏散通道存在很高风险。火灾中电梯井极易成为烟火竖向蔓延通道，疏散楼梯与电梯井邻近，受到烟火侵袭的安全风险极高。在我国国家标准中，强制要求高层住宅建筑每个单元每层的安全出口不少于 2 个，高度超过 33m 必须设置消防电梯和防烟楼梯间，且楼梯间应具备自然通风条件或设置正压送风系统以确保安全。从这两个方面看，该大楼在安全疏散设计上存在严重缺陷（图 7.3-4）。

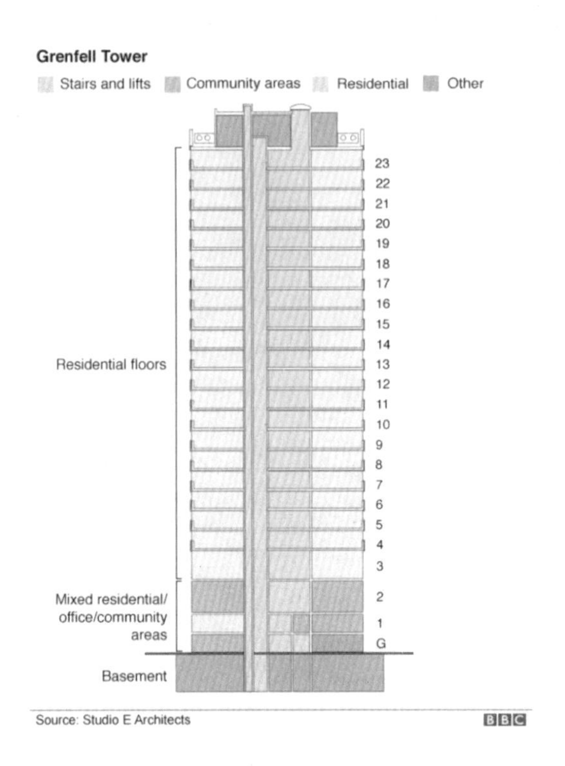

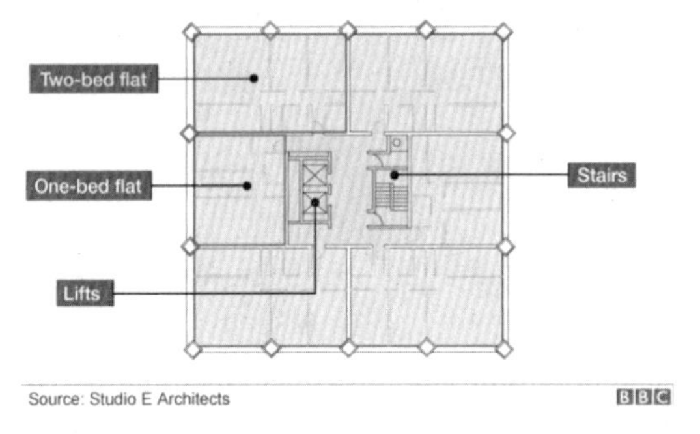

图 7.3-4　格伦菲尔大楼疏散楼梯间

5. 伦敦消防部门在得知火情后出动迅速，但格伦菲尔大楼周围通道狭窄，只有北面和东面道路勉强具有停车作业空间，到达后因消防车无法通过、作战行动受阻，可能错过了第一时间控制火势，最终只有 2 部消防车投入灭火作战。另外有关信息显示，伦敦消防器材配备不足，伦敦消防的登高车举高高度仅有 32m。

6. 火灾发生后未及时引导居民逃生自救，缺乏其他外部辅助逃生手段。格伦菲尔大楼管理者直至火灾发生 3h 后才开始紧急引导楼内居民放弃等待、自行疏散。但此时火情已经发展失控，大量人员被困，有居民自造绳索试图逃生，还有婴童被从高楼层扔下。最终由消防队救出的人数仅为 65 人（图 7.3-5）。

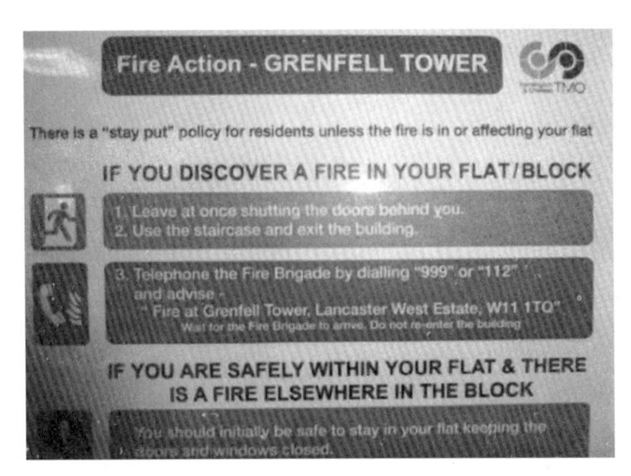

图 7.3-5 格伦菲尔大楼内的火灾逃生安全警示

7. 大楼日常安全管理混乱，消防设施疏于维护。一份 2012 年的火灾风险评估报告称，大楼内的消防设备四年未经检修，灭火器均已过期。疏散楼梯间内摆满了床垫等杂物、垃圾。可见整座大楼缺乏必要的安全监管和设施维护。

8. 政府及主管部门监管不善，忽视安全问题，未能采取有效的改进措施。面对格伦菲尔大楼居民对安全问题多次的申诉，以及 2009 年东伦敦一座塔楼 6 人死亡的火灾事故教训，政府及相关部门搁置消防安全审查，无视高层建筑存在的安全隐患以及加装自动喷水灭火系统等改进措施的诉求。在存在如此多风险的情况下，2016 年翻新工程完成后，该公寓楼被官方认定为具有一般的火灾风险。

二、伦敦火灾失控的经验教训及安全警示

综合上述分析，造成伦敦大火失控的原因是多方面的，其背后隐藏着建筑设计、监督审查、安全管理、灭火救援等多层面的缺陷及隐患。这次事故教训值得引起我们对高层建筑火灾防治以及安全管理的反思。

1. 电气火灾的高发性和普遍性，仍需重点防范。因电器产品及电线电路等电气故障引发的火灾比例高居不下，根据 2016 年中国消防的统计数字，电气火灾占火灾总数量的 30.4%，夏季更为高发。

2. 科学和适用的技术规范体系是安全保障的基石。对于消防风险突出的高层建筑，允许采用燃烧性能低的保温材料，设计疏散通道与安全出口数量不足、平面布局不合理、楼梯间安全系数不够、未设置消防电梯，这些安全设计层面的缺陷从根本上为火灾发生及失控埋下了隐患。

3. 节能保温和消防安全之间的矛盾是必须要认真、迫切面对的难题。因外墙保温材料燃烧性能不达标或防火措施不到位，一旦由外来火源引燃，火势发展迅速，极易由点发展到面，形成全楼的立体燃烧，造成火情全面失控。严格控制建筑保温材料的产品质量，提高保温材料的燃烧性能和采用安全合理的施工技术，是减少此类火灾发生的重要措施。

4. 高层建筑中烟囱效应必须严防。高层建筑内楼梯间、电梯井、管道井、垃圾道等大量竖向通道极易发生烟囱效应，是造成火灾迅速大面积蔓延的罪魁祸首，采用合理的防火分隔、防火封堵措施是消防设计中不可忽视的部分。

5. 消防设施对于高层建筑初期火灾扑救以及后期内部控火的作用不可忽视。高层建筑火灾扑救和人员搜救仍然是公认的世界性消防难题，提高高层建筑自身防火、灭火能力，依靠建筑内配置的消防设施及时发现火情、扑灭火情、控制火势发展、延缓危险时间，是应当坚持的原则。

6. 高层建筑疏散应立足于“自救互救”。以保障内部疏散通道安全性为根本，引导第一时间逃生的疏散策略更为积极和有效。除此之外，利用消防电梯、外部辅助疏散等多种疏散手段，将为生命开启新的安全通道。美国 NIST 一项关于疏散逃生的报告指出，对于高层、超高层建筑，单纯改善内部的疏散路径虽然重要但却远远不够，而室外应急疏散则存在较大的潜力和发展空间。

7. 因为道路局限性致使消防车无法投入战斗的情况，伦敦大火已不是个案，可能因此而贻误控火时机、导致发展失控。高层建筑大部分有地下附属建筑，导致消防通道路面承重力下降，架空电力、通信、电车管线、广告牌、道路绿化带、街道护栏等都可能致使消防车辆无法展开作业，在城市建设规划以及消防设计中都应引起足够重视。

8. 管理和督导机制是保证技术与设备有效的重要保证。

9. 由伦敦大火，我们再次看到在面对高楼大火灭火救援时的不足和无奈。未来，提高高层建筑灭火作战和救援能力仍然是消防方面需认真面对和不断努力攻克的艰巨任务。

三、中国高层建筑消防安全面临的风险

中国正处于大规模城市化进程之中，高层建筑的建设适应了社会经济的发展需求，也是城市空间中的重要组成部分，各个城市都必须直接面对高层建筑布局群落化和功能综合化所带来的各方面的影响。中国城市化高层建筑尚面临着下述几个方面消防安全管理的风险。

1. 我国建筑发展呈现两个趋势。一是建筑不断地向高空发展，城市高层、超高层建筑的数量日益增多。据统计，我国现有高层民用建筑 36 万余栋，超高层建筑 8500 多栋，已经成为世界超高层建筑的中心。二是高层建筑的建设逐渐朝着大规模综合群体的方向发展，愈加现代化、大型化和多功能化。楼层高、功能复杂、设备繁多带来了更加突出的消防安全问题。

2. 根据我国历年火灾的统计数字，住宅火灾人员伤亡最多，占到亡人总数一半以上。按照我国目前的建设标准，一类高层住宅才要求在建筑公共部位设置火灾自动报警系统，超高层住宅才要求设置自动灭火系统，住宅的消防设施要求相对较低，仍然以室内消火栓为主。另一方面，住宅楼群的消防安全交由物业公司管理，我国城市化楼群的物业管理起步不久，“重防盗、轻防火”仍是普遍做法，很少配备专业的消防管理人员，消防安全管理、监督、宣传和教育等缺乏有效的监管机制，容易形成消防安全监管失控。

3. 我国仍然存在大量老旧小区，它们年代久远、基础设施老化，杂物堆积侵占道路问题严重，用火用电随意，非常住人口多、流动性大，消防安全意识淡薄，消防管理普遍较差。既有老旧建筑的建设安全标准已较为落后，可能存在内部消防设施陈旧甚至并未设置、建筑内线路、设备增改加大建筑火灾荷载和火灾风险、建筑设计功能与实际使用功能差异较大等因素，安全问题十分突出。

4. 近年来居民生活水平提高，建筑装修越来越高档，装修装饰使用了大量的高分子材料等可燃物，使得建筑火灾荷载加大，火灾风险性增高。

5. 在市场趋利导向下，消防安全设施的现状令人担忧。消防工作不产生直接经济效益，管理单位更愿意将有限的资金投入能够产生明显回报的生产和消费中。前几年，公安部在对全国五个省、市建筑消防设施进行的抽查中发现，有 70% 的建筑消防设施未按规定配齐或者不能正常运行，普遍存在着设施损坏、缺失等问题。不少单位为节约开支，擅自消减用于消防设施定期维护保养、检修的资金，使得消防设备形同虚设。

6. 城市内私家车数量急剧增多，车辆停放占用消防通道、消防救援场地的情况非常普遍、屡禁不绝，这对我国城市化高层建筑消防救援仍然是不可忽视的安全隐患。

7. 相比单一建筑的灾难事故，建筑楼群表现出火势蔓延快、人员疏散难、救灾艰巨、风险隐患多等灾情特点，而目前我国在高层建筑楼群火灾防控管理上存在公共部门管理合力弱、力量单一，社会公众管理缺少系统平台等缺陷。

8. 消防安全管理从业人员素质较低。从事物业安全管理、自动消防设施操作、消防控制室值班、消防设施检查、维护与保养等相关工作的人员，仍然以低学历人员为主，没有扎实的知识体系积淀和良好的职业道德素养。尽管国家已要求需取得相应资格证持证上岗，但是对于如此复杂的消防体系，自动消防系统的运行控制、各类消防设备的安全管理和检查维护、火灾时应急处置等，这种短期速成的培训远远不够。从业人员的能力建设不足是目前面对的一大风险。

9. 社会公众消防安全需求不强，消防安全素质缺乏。在我国，消防教育没有作为国民素质教育来抓，造成公民对消防安全的认识仅限于生产生活中积累的有限经验，人们对于社会公共安全的主体需求意识不强。从近年来发生的重特大火灾事故调查中显示，80% 以上都是由于民众安全意识淡薄，不懂基本的消防安全常识所致，48.6% 的人群在火灾发生时不懂得如何逃生自救，52% 的学生不认识消防安全标志，缺乏消防安全素质和常识是我国的国情现状，其导致我国社会公众未能充分发挥自发监督作用，而形成了消防管理很大程度上依赖消防部门“家长”管理角色的畸形状态。

四、用制度和技术提高中国高楼的消防安全

尽管我国高层建筑消防安全形势严峻，面临诸多风险，但是也应看到我国在消防安全技术发展中的长足进步以及政府不断努力建立的严格管控体制。

中国的技术规范体系建立虽然起步较晚，但在制定时借鉴了诸多世界发达国家经验，随着经济技术水平的发展，近年来国内自主开展大量科学研究工作，注重科研成果应用转化，同时又不断吸纳国内、国外火灾事故教训，促使我们的技术要求不断更新、完善，形成了一套较为严格和系统的技术规范体系。

同时，我国建立了政府统一领导、部门依法监督、单位全面负责、公民积极参与的消防工作局面，全面施行消防安全责任制，制定了建设工程消防监督管理、检查管理规定，执行严格的建设工程消防设计审核、验收、消防备案和检查制度。

吸取伦敦大火的经验教训，利用我国制度优势，多管齐下强化高层建筑的火灾防控，防止重特大火灾事故发生，未来仍需做好以下几个方面的工作：

1. 高层建筑消防安全重在预防

遵循“预防为主、防消结合”的原则，坚持防患未然、立足自救、从严管理的原则，充分认识到高层建筑防火安全的艰巨性，开展消防安全专项检查，加大行政执法力度，通过各种手段广泛动员社会单位及人民群众，积极发现消防安全隐患，从源头上预防和杜绝火灾。

开展电气火灾综合治理，加大高层建筑电气安全检查力度。全面排查治理电器产品生产质量，严格落实电器产品生产企业认证管理，开展建设工程电气设计施工治理，加强电器产品使用管理，严厉查处电气线路敷设不规范、用电负荷超额、私拉乱接电线、使用“三无”电器产品、电工无证上岗等违法违规行为。

针对老旧住宅小区高层建筑楼群，对消防安全情况进行全面摸排，重点检查用火用电、基础设施、燃气使用、消防车道、消防设施、楼梯间等情况，一般隐患采取措施立时整改，不易整改的严重隐患报送政府，分类实施，逐步整治。

2. 严格控制高层建筑在建设、运行和管理各环节的风险

对高层建筑消防设计审核、消防验收严格把关。对依法应当实施消防行政审批的高层公共建筑和一类高层住宅建筑，严把消防审核和验收关，对二类高层住宅加大抽查比例。

强化消防安全责任制及消防安全管理制度的落实。加大对高层建筑监督抽查力度，严格督促和考评消防安全负责人、消防安全管理人履行消防安全职责，对已投入使用的高层公共建筑和一类高层建筑，实行“户籍化管理”。

建立对消防设施检测、电气防火检测、消防安全评估、消防器材检查与维修等消防技术服务机构的有效监管，实施消防技术人员职业资格制度，规范消防技术服务机构的执业行为，引导消防技术服务市场的良性发展，保证消防技术服务机构的服务质量。

加强消防培训，从理论、实操和管理角度，严格考核高层建筑产权单位或物业管理单位消防重点岗位人员的从业素质，倡导消防安全责任人、消防安全管理人参加注册消防工程师考试，提高消防知识水平和安全管理能力。

建立高层建筑消防安全信息公示制度，将消防安全信息公开透明化，形成公众主动参与的社会监督机制，开放群众信箱、96119 电话和互联网站举报等多种有效渠道，鼓励公众发挥社会监督约束作用，及时反馈消防安全隐患及消防管理工作的缺陷。

3. 用技术提高高层建筑防火、自救能力

对于大量既有老旧建筑，因地制宜采取设置简易自动喷水灭火系统、楼梯间直灌正压送风系统、独立火灾自动探测报警系统、火灾漏电保护系统等简易消防安全替代技术，提高建筑消防安全水平和自救能力。

结合“智慧城市”建设，依托城市消防远程监控系统，将高层公共建筑和一类高层住宅建筑纳入消防安全重点部位联网监控，实施动态监管。

在高层建筑内设置安全绳、缓降器、软梯、救生袋、救生梯、救生滑道等安全的辅助疏散设施，利用室外空间为受困人员增加安全逃生的几率。

4. 提升公众消防安全意识和自防自救技能

充分利用各种有效渠道，利用报纸、电视、广播、网络以及楼宇电视、电梯广告牌、社区宣传栏等各类媒体和阵地，教育引导公众自觉遵守消防安全规章制度，了解家庭安全用电、厨房安全用火、安全燃放烟花爆竹等减少火灾危害的知识，掌握火灾时如何逃生、报火警、扑救初期火灾、疏散时冷静避免踩踏等应急逃生处置知识，增强公民不占用消防车道、及时劝阻不安全行为等社会责任意识。

提高国民消防安全素质教育，借鉴发达国家经验，从小抓起，将消防教育融入未成年人教学和课外科技活动中，充分利用消防科普教育基地与开放消防站，增加公众的体验感和认识，鼓励社会公众身体力行、传播消防知识。

5. 提高高层建筑灭火救援能力

强化辖区内高层建筑的“六熟悉”，掌握辖区内所有高层建筑情况，建立辖区内高层建筑消防档案，制定有针对性的灭火救援作战预案，夯实高层建筑灭火救援工作基础。

立足高层建筑火灾特点，合理配置车辆装备、优化战斗编成，提高部队扑救高层建筑火灾的能力，并立即组织对已配备的云梯、登高、高喷、供水、压缩空气泡沫、火场照明和送风排烟、破拆等扑救高层建筑火灾的各类主战消防车辆和装备器材，集中清查点验和维护保养，并确保完整好用，随时处于战备状态。

在实地实测基础上制订高层建筑灭火预案，开展人员搜救、高层供水、作业面操作等车辆装备实测与演练。

不断创新训练操法，拓展高层建筑灭火救援训练途径，结合打造消防铁军活动，建立高层建筑灭火救援专业攻坚队。

6. 高层建筑楼群规划融入消防安全理念

城市建设中严格控制高层建筑楼群审批，充分考虑其火灾风险及周边建筑物、城市主要干道的情况，从总体规划上确定高层建筑楼群的分布模式，解决停车场设计及其配套性建设。

对于城市化高层建筑楼群，在克服楼群内单体建筑自身脆弱性的同时，应加强楼宇之间的防火隔离设施建设，保证足够的消防车道规划，加大建筑群内安全基础设施建设，建立由火灾探测器、摄像头、实时监控系统组成的火灾风险隐患监控网，实施楼群统一集中管理或建立可实现实时联动的协同管理平台，以便于实时汇总数据信息，全方位发现安全隐患，作出合理的管理防控决策。

7. 提升我国高层建筑防火技术水平

将消防科学技术研究纳入科技发展规划和科研计划，鼓励消防科学技术创新，不断提高利用科学技术抗御高层建筑火灾的水平，鼓励和支持辅助疏散设施、火场机器人、直升机灭火救援等高楼灭火装置、人员逃生、救援器械先进技术装备的研发和推广应用。

积极推广消防新产品、新技术、新材料，加快推进消防救援装备向通用化、系列化、标准化方向发展。

火灾猛于虎，火灾其实距离我们并不遥远，与每一个人无时无刻都息息相关。在为伦敦大火事故中遇难者哀悼的同时，我们要做得更多的是去痛定思痛，深刻反思，部署未来。对于人口密度集中并且拥有全球最大面积高层建筑的中国而言，如何动员全民、全社会力量，将消防安全观念融入社会工作的每个角落，利用技术创新、制度优势，多管齐下扎紧中国高楼安全网，保障我国人民的生命财产安全，需要我们的政府监督部门、社会单位、消防工作者以及每一位公民坚持不懈的共同努力与担当。

参考资料

[1] Grenfell Tower Fire. WIKIPEDIA.

[2] London fire：What we know so far about Grenfell Tower. BBC NEWS.

[3] Camden flats：Hundreds of homes evacuated over fire risk fears. BBC NEWS.

[4] Cladding to be removed from 11 London tower blocks. BBC NEWS.

[5] 中华人民共和国消防法 .
[6] 建筑设计防火规范 GB 50016-2014[S].
[7] 公安部关于吸取英国伦敦“6•14”火灾教训强化高层建筑火灾防控工作的通知 . 公消 [2017] 191 号 .
[8] 国务院安全生产委员会关于开展电气火灾综合治理工作的通知 . 安委〔2017〕4 号 .
[9] 国务院关于加强和改进消防工作的意见 . 国发 [2011] 46 号 .
[10] 公安部关于印发《火灾高危单位消防安全评估导则（试行）》的通知 . 公消 [2013] 60 号 .
[11] 中国消防 2016 年全国火灾数据统计发布 . 中国消防 .
[12] 消防技术服务机构的管理与发展现状 . 中国消防在线 .
[13] 浅谈如何建立和完善社会消防安全责任制 . 中国消防在线 .
[14] 伦敦大火与结构体系抗火性能研究需求 . 陆新征课题组 .
[15] 庞素琳等 . 多主体协同治理下城市密集建筑群火灾风险管理与应用 [J]. 管理评论，2016，28（8）：260-272.
[16] 郑辉 . 高层建筑群落在城市形态规划中的应用研究 [D]. 长沙：湖南大学，2008
[17] 刘洪强，魏捍东 . 高层建筑火灾扑救面临的困难及对策 [J]. 武警学院学报，2015，31（8）：26-29.
[18] 祝洁 . 加强高层建筑灭火救援工作的思考 [J]. 武警学院学报，2014，30（4）：24-26.
[19] 外墙保温火灾的防范措施 . 中国建材网 .
[20] 建筑外墙保温系统防火建议 . 中国建材网 .
[21]“伦敦大火”为什么难灭？西行的人生 .
[22] 消防评论：伦敦高层建筑大火失火原因浅析以及 NFPA101 逃生十大原则 . 麻庭光 .
[23] 伦敦大火后，英国物业的安全告示 . 西行的人生 .
[24] 英媒：伦敦大火警示大规模城市化楼群建设设计须以人为本 . 参考消息网 .
[25] 人间炼狱的伦敦大楼火灾在德国可能发生吗？这些防范措施你一定要知道！德国生活报 .
[26] 从 " 伦敦大火 " 反思建筑防火问题保温材料是凶手 ? 网易科学人 .
[27] 伦敦火灾刑事调查：“问题墙板”或加剧火情 . 华夏经纬网 .

4　精准扶贫背景下的农村危房加固改造技术指导和示范建设

朱立新[1]　于　文[1]　周铁钢[2]
1. 住建部防灾研究中心，中国建筑科学研究院，北京，100013
2. 西安建筑科技大学，陕西西安，710055

引言

我国的农村危房改造作为一项重要的民生工程，自 2009 年实施以来，取得了巨大的成效，切实解决了我国农村贫困群众最根本的住房需求。2017 年，在中央“两不愁、三保障”的工作目标引领下，为了更好地完成脱贫攻坚任务，保障贫困农户的住房安全，住房和城乡建设部下发了“住房城乡建设部关于加强农村危房改造质量安全管理工作的通知”（建村 [2017]47 号），将加强危房改造质量安全管理作为 2017 年农危房改造的重点。

2017 年，在推进农房加固改造过程中，各地积极开展农村危房加固改造示范建设，以切实提高贫困农户住房屋质量安全为目标，围绕“五个基本”开展工作，为农村危房改造探索经验，做好技术和管理积累。在示范县建设中，以技术指导为引领，探索农房建设的技术指导模式。

在这项工作的开展过程中，各地专业技术人员结合当地农房实际情况，提出了适应不同地区农房加固改造的技术措施，并通过示范工程建设实践进行检验和总结，为我国农房建设中技术指导与政策推进的有机结合进行了有益的探索，取得了显著成效。

一、加固改造技术指导工作与示范工作要求

为落实农村危房加固改造工作，住建部村镇司在 22 个中西部省、市、自治区选择贫困县（区）作为试点，并分别与各省（市、区）技术指导单位签订危房加固改造课题，细化任务指标，并与当地农村危房的加固改造推进相结合，提出以下的工作要求：

1. 制定农房加固改造技术方案。各地要在充分调查分析本地区主要结构类型的农村危房的基础上，针对危房无抗震构造措施、构件间无连接、墙体开裂、承重构架歪闪糟朽、屋盖变形等问题，研究不同结构类型农房的加固技术，制定技术方案。技术方案应包括主要类型农房、主要问题加固改造一般措施或基础性方案，并明确改造后农房构造措施、构件、连接等改造措施应达到的具体要求。

2. 开展试点示范。原则上，每个省（市、区）应选取 1 个农村危房改造工作开展较好、在推广农房加固改造方面有工作基础的县作为试点开展工作。试点县所有 C 级危房均应加固改造。要结合示范房建设，总结经验做法，逐步在全省（区、市）推广。

3. 做好技术指导与培训。成立省级专家组并开展农房加固技术指导，组织动员专业技

术人员对试点示范县进行现场指导，向基层管理技术人员讲授实施到户技术指导要点，对农村建筑工匠进行培训。

二、示范工程建设开展情况

示范工程建设在各地已陆续开展并完成，机制建设也各具成效。在此基础上，各地总结经验，调整完善技术方案，通过技术培训、现场观摩会等形式推广危房加固改造。

结合各地实际情况，通过示范工程建设进行总结，提出适用的加固改造具体技术措施，造价基本控制在每平方米 100 ~300 元之间。

各地的危房改造工作按以下工作流程开展：

(1) 示范工程建设

选取典型示范户，在全程技术指导下进行加固改造建设。

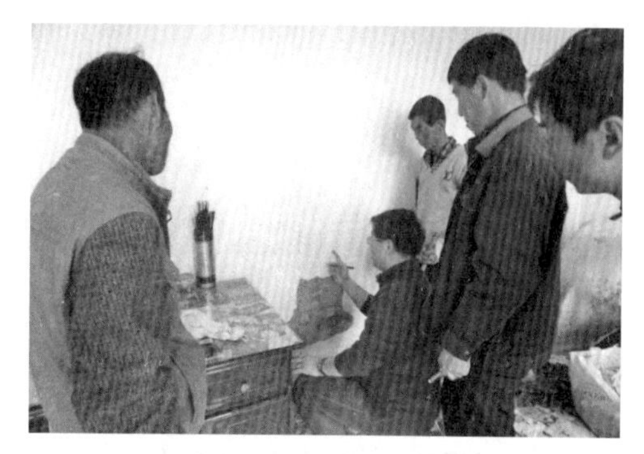

图 7.4-1　西建大团队指导临洮危房加固

图 7.4-2　专家组在新疆伊犁特克斯加固现场

图 7.4-3　山西建科院专家在石楼危窑加固现场指导

图 7.4-4　河南省建科院专家指导长垣县危房改造

(2) 培训建筑工匠

总结示范工程经验，开展建筑工匠和基层管理人员培训，做好施工技术和管理人员队伍储备。

(3) 组织现场观摩会

示范工程建设完成并验收后，各地及时总结经验，以示范工程为带动，召开省级、市级现场观摩会，进行危房加固改造政策宣贯和现场观摩学习，推广危房加固改造的经验和措施。山西省开展了“回头看”实施督查，以夯实加固改造工作效果。

图 7.4-5 甘肃临洮农村建筑工匠培训

图 7.4-6 安徽临泉农村建筑工匠实操培训

图 7.4-7 贵州湄潭农村危房建筑工匠培训

图 7.4-8 新疆维吾尔自治区伊犁州加固改造技术培训

图 7.4-9 黑龙江嫩江现场会

图 7.4-10 陕西蓝田现场会

（4）推广应用

开展从示范县、本地区到本省（市、区）的加固改造技术推广应用，在有效、经济、适用的前提下扩大危房加固改造覆盖面，确保危改工程落实到位，提升农房质量安全。

图 7.4-11 各地加固改造中的农房

图 7.4-12 加固改造后焕然一新，仍保持了风貌特色的农房

三、农村危房加固改造原则和方案的确定

农村危房加固，面对的是贫困农户的老旧房屋，通过危房鉴定，主要针对 C 级危房进行加固改造，即以消除房屋原有的危险点、提升正常使用的安全性为主，同时保证加固后的房屋具有一定的抗震防灾能力，兼顾耐久性和宜居性的提升。在资金有限、农户筹资能力低的条件下，如何选取有效、适用、经济的加固改造方案，就是摆在各地技术指导团队面前必须解决的问题。

在各地农村危房加固改造工作中，技术人员通过实地调研了解当地危房现状和农户诉求，会同当地农房建设管理部门、基层管理人员选定典型农房作为加固改造示范户，因地制宜确定加固改造方案，很好地贯彻了以下原则：解决主要矛盾，提升质量安全，同时改善宜居性、整治环境。

在加固改造示范建设过程中，各地技术人员针对不同地区农房现状，积极探索，总结了宝贵的经验，极大丰富了村镇建筑加固维修技术积累。

1. 甘肃省临洮县C级危房低成本加固维修探索与经验

甘肃省临洮县是国家级贫困县，危房存量大，县财政困难，当地政府积极寻求技术支持，建立推进机制，探索了一条低成本维修加固的可行之路。

甘肃省临洮县坚持问题导向，积极探索找出路，委托西安建筑科技大学周铁钢教授团队编制了全县加固维修设计方案，形成了单坡土木、单坡砖木、双坡土木、双坡砖木和砖土平顶等7种典型户设计方案，为推行危房加固维修提供了技术支撑。第一批选取2个行政村中的十余户老旧危房进行加固示范，通过建筑工匠培训和现场技术指导多方推广，得到了农户的认可。

（1）加固对象：主要针对C级、B级，少量虽为D级但农户无力拆除重建的危房，其中生土房屋和砖土混合房屋占较大比例。

（2）加固目标：消除正常使用危险性，同时适当提高抗震性能。

（3）主要措施：捆绑、支撑、牵拉、固根、置换。

（4）主要优点：采用通用材料（水泥、钢筋等），施工简便易行，经过培训即可掌握要点，成本较低。

图7.4-13为俗称“四角硬”的农房，四角为砖柱，其余墙体为土坯墙，生土墙与砖柱之间无连接，正常使用时即出现通缝，对于抗震极为不利。图7.4-14是加固后房屋现状，墙体交接部位竖向和墙根部、檐口高度处水平向分别设置了配筋砂浆带加固，有效提高了房屋的整体性。图7.4-15是加固三维模型。

图7.4-13　“四角硬”农房（加固前）

图7.4-14　加固后，增强了墙体和房屋的整体性

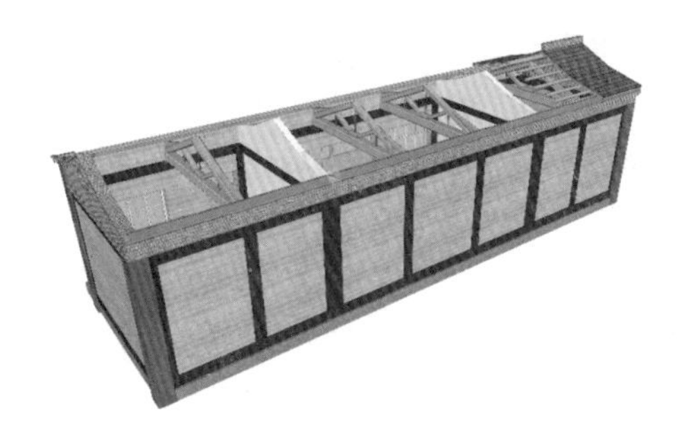

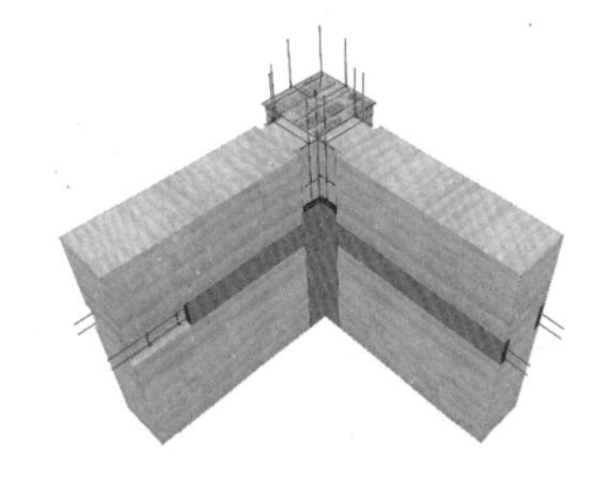

图7.4-15　加固三维模型示意图

2. 吉林省镇赉县“D级危房除险加固模式”

D级危房是指吉林省镇赉县特有的传统“干打垒”泥草房（图7.4-16），承重墙体材料取自当地盐碱地的碱土，和成泥状后逐层堆砌而成，墙体呈下宽上窄的梯形，厚度大，强度尚可，部分房屋为“一面青”式做法，即前纵墙为砖墙；屋面为泥草顶，为满足防水保温要求通常较厚，屋面荷载过大。当地的设防烈度为6度，墙体的承载能力可以基本满足要求，但日常使用的安全性和耐久性存在问题。这些泥草房大多有几十年的历史，由于降水风化等影响，需要不定期对墙体和屋面进行维护，但目前居住其中的多为无力修缮的贫困户，在年久失修的情况下，房屋处于危险状态，在危房鉴定中属于D级危房，应拆除重建，但农户无力筹措政策补助以外的资金，并且按重建面积标准农户不愿意接受，需要探索新的改造途径。

吉林省建设厅在吉林省城乡规划设计研究院等技术单位的配合下，深入现场进行调研，在镇赉县对危房的加固修缮改造进行了试点，针对传统泥草房“干打垒”的结构及特性，采取对原有危房外部屋顶进行卸载减负，墙体进行钢骨、红砖连接加固改造，墙面更换保温门窗及加装树脂瓦顶，地基进行水泥砂浆浇灌加固，室内进行吊顶粉刷及地面硬化等相关处理技术，探索出一条符合吉林实际，具有吉林特色的“D级危房除险加固模式”。在示范阶段选定了4户不同面积、不同结构的D级危房进行改造测试，改造后房屋工程造价、质量标准均达到理想标准。

在调研和试点的基础上，吉林省住建厅编制印发了吉林省城乡规划设计研究院主编的《吉林省农村居住建筑加固（修缮）技术手册（试行）》，大力推进低成本改造方式，通过危房加固改造，切实减轻农户经济负担和解决居住面积不够的问题。

通过采取“D级危房除险加固模式”，农村危房改造成本大幅降低。砖土结构（一面青、砖挂面）单平方米造价较传统新建900元降低至307元，节约593元，减幅65.9%；土木结构单平方米造价较传统新建900元降低至324元，节约576元，减幅64%。镇赉县政府鼓励农民积极采取“D级危房除险加固模式”进行农村危房改造，改造费用由政府统筹包干解决，农户本人无需承担费用，极大缓解了农村危房改造户的资金压力，最大限度满足了农户“旧房难舍、故土难离”的乡愁情结。改造后房屋外观焕然一新，耐久性得到了保障，解决了农户日常维护的难题，保温性能和宜居性显著提升，同时留存和保护了传统建造工艺的墙体和屋面做法，农户满意度，自愿改造积极性高，对危房改造起到了极大的推动作用（图7.4-16、图7.4-17）。

图7.4-16　镇赉县的传统泥草房（加固改造前）

图7.4-17　加固改造后的泥草房

3. 宁夏回族自治区彭阳县危窑加固改造

窑洞是黄土高原的产物，生土窑洞在彭阳县已有4000多年历史，以黄土崖窑为主，崖窑建筑符合当地实际，并被当地农民所习惯和接受，冬暖夏凉。目前大部分窑洞由于建成较久，存在窑体开裂、通风不良、采光差、阴暗潮湿及抗震性能差等问题，已不能满足人们日益增长的对居住环境的要求。危窑的加固改造亟须进行，以保证居住安全、提升宜居性，同时对原有窑洞实施改造，又能最大限度节约用地，解决农村宅基地日益紧张的矛盾。

彭阳将危窑改造与打造特色生态绿色村庄、培育乡村旅游产业相结合，从示范建设入手，选择5~10孔窑洞进行试点修缮加固改造，依规实施，不仅维护了原有村庄的肌理，还突出了地方特色、乡土风情和田园风光。

宁夏建筑设计研究院作为技术支持单位，按照降低成本、适地适材、彰显特色、质量安全的原则要求，负责设计、指导修缮加固改造示范并总结经验，编制了《彭阳县农村危窑危房改造技术措施》，并在试点建设中得到了应用。

危窑加固技术措施主要内容包括：窑洞立面加固措施、窑洞顶面防护措施、窑体加固措施和窑内环境改造措施，全方位解决危窑存在的安全、耐久和防灾问题，同时提升宜居性。

窑体立面加固采用普通实心砖从底砌至洞顶，设置1/10的斜坡。入口洞拱采用砖砌体拱圈，拱圈和窑顶设滴水檐、压顶女儿墙，砌筑用烧结砖强度不小于MU10，水泥砂浆强度不小于M7.5。

窑体加固是提升窑洞安全的关键，可分别采用窑洞内壁砖砌拱圈加固和窑洞内壁钢筋网混凝土壳体加固两种方式，加强窑洞的承载稳定性。砖砌拱圈采用烧结砖和水泥大砂浆砌筑，砖强度不低于MU10，水泥砂浆强度不低于M7.5；拱圈砌筑完成后，窑洞内砖壁抹20mm厚水泥砂浆。钢筋网混凝土壳体配置$\Phi 6@100$的钢筋网，钢筋网距离内壁25mm；喷射强度等级为C20，厚度为50mm的细石混凝土，及时抹压平整；刮腻子，喷白涂料。

窑顶加固，设置滴水檐和有压顶女儿墙；顶部周边应设置合适的坡度的明沟排水，必要时设置卷材防水层。重点是做好窑面与窑顶结合部的防水处理，洞顶上部不得种植大型乔木及灌木。

窑内环境改造，改造窑口门窗，提高门窗通风、通气、采光性能和保温性能，提高窑洞居住舒适度。

图 7.4-18 正在进行危窑加固改造的窑洞

图 7.4-19 加固改造后的窑洞

采取上述措施后，原来存在安全隐患、破旧阴暗的危窑面貌一新，安全性有了保证，宜居性也大大提升，农户世世代代居住的“土”窑洞还是冬暖夏凉，但内外焕然一新，

为保证安全，对存在下列情况的窑洞，建议不再进行改造：一是已经出现裂缝、存在安全隐患、确实无法继续正常居住生活的传统生土窑洞；二是窑洞顶部有公路或其他设施，行车振动影响其安全使用的窑洞；三是处于滑坡区域或有泄洪沟附近，土质为湿陷性黄土等地质条件较差地段的窑洞；四是窑顶覆土厚度小于 4m 的窑洞。

上述几个地区的危房、危窑加固改造积累了宝贵的实践经验，也得到了农户的认可和大力推广，还有很多地区的农村危房加固改造也卓有成效，在实施中结合传统民居保护、美丽乡村建设、美居工程等，各具特色，不但完成了农村危房加固改造任务，也为美丽乡村建设、乡村振兴打下了坚实的基础。

四、结论

长期以来，在城市建设和村镇建设二元化管理的模式下，造成了村镇建筑质量安全管理的“欠账”，总体来说，村镇建设目前仍处于相对较低的水平，这与有效技术指导的缺失和难以落地密切相关。当前，我国总体上已进入以工促农、以城带乡的发展阶段，进入着力破除城乡二元结构、形成城乡经济社会发展一体化新格局的重要时期，刚刚召开的十九大，更是提出了乡村振兴的理念，为推进社会主义新农村建设提出了更高的要求。随着脱贫攻坚任务进入最后阶段，需要着力解决的一个重要的问题就是目前村镇建筑在安全方面存在的隐患，从农村危房改造入手，坚持以技术为先导，充分发挥村镇建设领域的专家、技术人员的作用，将研究成果与村镇建设实际相结合，将为我国农房建设的健康发展探索和打造一条新的通途。

5 澳门“天鸽”台风灾害调查简报

金新阳[1,2]
1. 中国建筑科学研究院，北京，100013
2. 住房和城乡建设部防灾研究中心北京，100013

2017年8月23日，超强台风“天鸽”正面吹袭澳门，造成10人死亡、200多人受伤，经济损失近115亿澳门元。

应澳门特区政府邀请，经中央政府批准，国家减灾委及港澳办共同组建了22人专家团，由国务院应急管理专家组组长、国家减灾委专家委副主任闪淳昌带队，于9月13日至17日赴澳门协助特区政府对此次风灾进行评估总结。专家小组成员分别来自民政、气象、电力、水利、建筑、消防、安全监管、电信及应急等不同单位。笔者作为建筑抗风方面的专家参加了专家组的考察评估工作。

专家团在与澳门特区行政长官崔世安及特区政府各部门负责人会见、交流后，分成7个小组前往受灾严重的地段和单位考察，进一步听取各方意见，评估恢复状况。经几天的紧张工作，于9月15日向特区政府行政长官和各部门负责人汇报了初步评估报告，并在9月底向澳门特区政府提交评估报告（图7.5-1）。

图7.5-1 澳门特区行政长官崔世安会见专家组

大量资料证明，台风“天鸽”是1953年澳门有台风气象资料记录以来（64年）遭受的最强台风。本次台风的特点是移动速度快、近海急剧加强、登陆时强度最高、预报难度大。“天鸽”登陆澳门时，风力大、短时降水强、台风引发的风暴潮增水急，是1925年澳门有潮水记录以来潮位最高的一次（近百年），风、雨、潮三碰头加剧了灾害的程度。

本次台风灾害主要特点：1）登陆风速大，友谊桥南站23日12时记录每小时平均最大风速达 132km/h，大潭山站 23 日 11 时 6 分测得最大阵风为 217.4 km/h，为 1953 年以来最大；2）风暴潮叠加天文潮，风、雨、潮三碰头，妈阁站于 23 日 12 时 20 分测得最高水位（叠加风暴潮后）达到 5.58m，为 1925 年以来最高（图 7.5-2、图 7.5-3）。

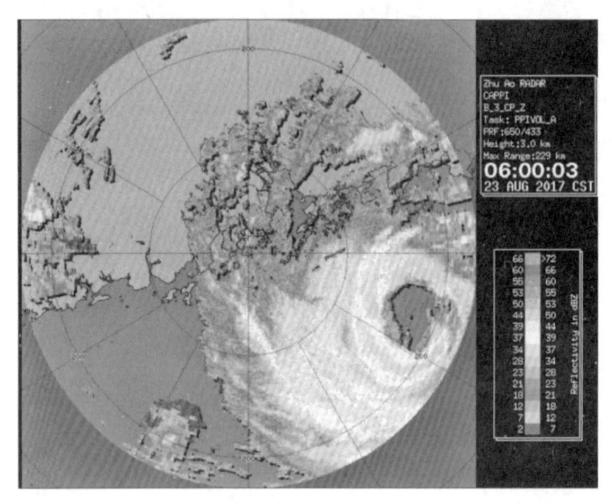

图 7.5-2　台风气象记录

图 7.5-3　台风登陆前后某街区的水位对比

本次灾害灾情主要体现在：1）低洼地带严重水浸，地下室、地下停车场以及地下公共设施进水严重，灾害导致死亡事件主要发生在地下水淹（8 人）。2）长时间停电、停水，给居民生活和社会安定造成严重影响。3）个别风环境复杂、风荷载大的区域发生大面积门窗破坏情况，各街区也有零星幕墙、门窗发生破坏。4）交通和通信设施受灾害影响（图 7.5-4、图 7.5-5）。

图 7.5-4　地下公交总站和附近车道水淹痕迹

图 7.5-5 某小区门窗破坏情况

针对建筑抗风建议：1）修订和更新建筑风荷载及抗风设计规范，如依据新的气象资料重新统计设计风荷载、细化地面粗糙度类别、考虑结构风振效应、复杂风环境小区进行风荷载风洞试验研究专项研究等。2）制定地下室防洪防潮标准，提高地下公共场所防洪能力；3）制定地下空间应急管理规定，落实风暴潮期间人员及贵重物品应急疏散转移措施。

第八篇　附录篇

科学的灾害报告统计，为相关决策提供了有效的依据和参考，对于我们今天的建筑防灾减灾工作具有重要的借鉴意义。面对近年来我国自然灾害频发的严峻趋势，为及时、客观、全面地反映自然灾害损失及救灾工作开展情况，基于住房和城乡建设部、民政部和国家统计局等相关部门发布的灾害评估权威数据，本篇主要收录了包括住房和城乡建设部防灾研究中心在内的国内著名的防灾机构简介、2016年城乡建设统计公报、2015~2030年仙台减少灾害风险框架、2017年全国自然灾害基本情况以及住房城乡建设部2018年工作要点等。此外，对2017年度内建筑防灾减灾领域的研究、实践和重要活动，以大事记的形式进行了总结与展示，读者可简洁阅读大事记而洞察我国建筑防灾减灾的总体概况。

1 建筑防灾机构简介

1. 国家减灾委员会

国家减灾委员会（简称“国家减灾委”），原名中国国际减灾委员会，2005 年，经国务院批准改为现名，其主要任务是研究制定国家减灾工作的方针、政策和规划，协调开展重大减灾活动，指导地方开展减灾工作，推进减灾国际交流与合作。国家减灾委员会的具体工作由民政部承担。

国家减灾委专家委员会是国家减灾委员会领导下的专家组织，为我国的减灾工作提供政策咨询、理论指导、技术支持和科学研究。其主要职责包括：对国家减灾工作的重大决策和重要规划提供政策咨询和建议；对国家重大灾害的应急响应、救助和恢复重建提出咨询意见；对减灾重点工程、科研项目立项及项目实施中的重大科学技术问题进行评审和评估；开展减灾领域重点专题的调查研究和重大灾害评估工作；研究我国减灾工作的战略和发展思路；参加减灾委组织的国内外学术交流与合作。

现任国家减灾委减灾委专家委员会由36位委员、4位名誉顾问和若干位专家组成，分为应急响应、战略政策、风险管理和空间科技与信息4个分委会，基本涵盖防灾减灾领域的所有专业，具有广泛的代表性。

国家减灾委专家委主要领导名单

主任	秦大河	中国科学院院士
副主任	闪淳昌	国务院应急管理专家组组长
	史培军	北京师范大学教授
	陈颙	中国科学院院士
	郑功成	中国人民大学教授
名誉顾问	孙九林	中国工程院院士
	童庆禧	中国科学院院士
	李泽椿	中国工程院院士
	应松年	中国政法大学终身教授

2. 国家减灾中心

中华人民共和国民政部国家减灾中心于2002年4月成立，2009年2月加挂“民政部卫星减灾应用中心”牌子。

中心主要承担减灾救灾的数据信息管理、灾害及风险评估、产品服务、空间科技应用、科学技术与政策法规研究、技术装备和救灾物资研发、宣传教育、培训和国际交流合作等职能，为政府减灾救灾工作提供信息服务、技术支持和决策咨询。其主要任务是：

（1）研究并参与制定减灾救灾领域的政策法规，发展战略、宏观规划、技术标准和管理规范。

（2）负责国家减灾救灾信息网络系统和数据库规划与建设，协助开展灾害监测预警、风险评估和灾情评估工作。

（3）协助开展查灾、报灾和核灾工作，为备灾、应急响应、恢复重建、国家自然灾害救助体系和预案体系建设提供技术支持与服务。

（4）承担国家自然灾害灾情会商和核定的技术支持工作。

（5）负责环境与灾害监测预报小卫星星座的运行管理和业务应用，开展灾害遥感的监测、预警、应急评估工作，负责重大自然灾害遥感监测评估的应急协调工作。

（6）负责空间技术减灾规划论证、科技开发、产品服务和交流合作；承担卫星通信、卫星导航与卫星遥感在减灾救灾领域的应用集成工作。

（7）协助开展减灾救灾重大工程建设项目的规划、论证和实施工作。

（8）开展减灾救灾领域的科学研究、技术开发和成果转化，承担减灾救灾技术装备、救灾物资的研发、运行、维护和推广工作。

（9）开展减灾救灾领域公共政策、灾后心理干预和社会动员机制研究；推动防灾减灾人才队伍建设。

（10）开展减灾救灾领域的国际交流与合作，负责国际减轻旱灾风险中心的日常工作；承担与 UN-SPIDER 北京办公室、“国际减灾宪章”（CHARTER 机制）的协调工作。

（11）开展减灾领域的宣传教育和培训工作；负责《中国减灾》杂志的编辑和发行工作。

（12）承担国家减灾委员会专家委员会秘书处、全国减灾救灾标准化委员会秘书处的日常工作。

（13）负责民政部国家减灾中心灾害信息员职业技能鉴定站工作；承担灾害信息员职业技能鉴定有关工作。

（14）为地方减灾救灾工作提供科技支持和服务。

（15）承担国家减灾委员会、民政部和有关方面交办的其他任务。

3. 住房和城乡建设部防灾研究中心

住房和城乡建设部防灾研究中心（以下简称防灾中心）1990 年由建设部批准成立，机构设在中国建筑科学研究院。中心作为全国标志性建筑防灾科研和技术服务机构，旨在以预防和处理建筑工程灾害为核心，依据地域特点对灾种进行系统的科学研究，提供相关防灾设计理念和实用技术，有侧重地向社会提供防灾咨询服务，并在以往业务基础上，开展前瞻性、综合性、集成性技术的研究与开发，不断提升自身技术实力和知名度。

目前，防灾中心设有建筑综合防灾研究部、工程抗震研究部、建筑防火研究部、建筑抗风雪研究部、地质灾害及地基灾损研究部、灾害风险评估研究部、防灾信息化研究部、防灾标准研究部、建筑防雷研究部，组织机构如图所示。

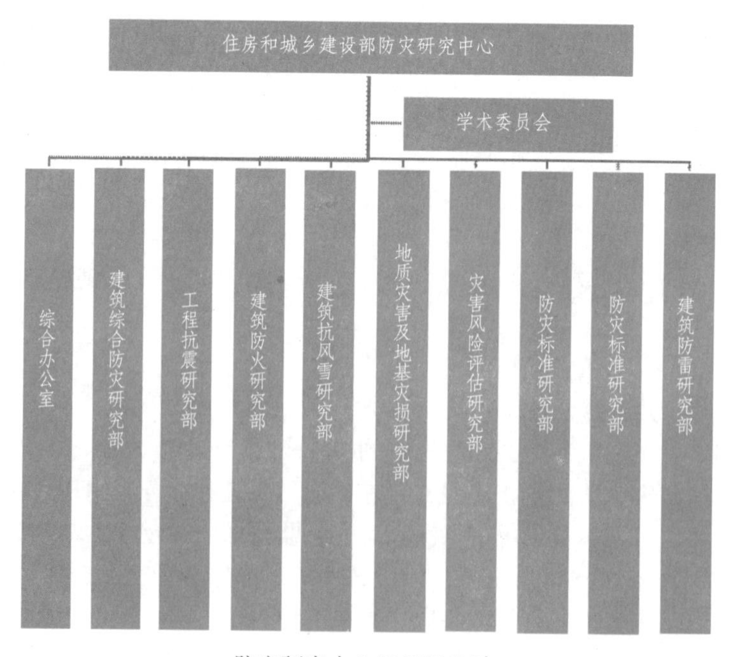

防灾研究中心组织机构图

(1) 防灾中心主要任务

①依托中国建筑科学研究院工程抗震、建筑防火、建筑结构、地基基础、建筑信息化等成果，研究地震、火灾、风灾、雪灾、水灾、地质灾害等对工程和城镇建设造成的破坏情况和规律，解决实际工程防灾中的关键技术问题；推广防灾新技术、新产品；与国际、国内防灾机构建立联系；为政府机构行政决策提供咨询建议。

②开展涉及建筑震灾、火灾、风灾、地质灾害等的预防、评估与治理的科学研究工作；

③协助相关部委进行重大灾害事故的调查、处理，并编制防灾规划以及开展专业咨询工作；

④编写建筑防灾著作、科普读物，收集与分析防灾减灾领域最新信息，编写建筑防灾年鉴；

⑤召开建筑防灾技术交流会，开展技术培训，加强国际科技合作等。

(2) 防灾中心各机构联系方式

机构名称	电话	传真	邮箱
建筑综合防灾研究部	010-64517751	010-84273077	cabrzjy@163.cm
工程抗震研究部	010-64517447	010-84288024	tangcaoming@163.com
建筑防火研究部	010-64517879	010-64693133	13911365611@163.com
建筑抗风雪研究部	010-84280389	010-84279246	chenkai@cabrtech.com
地质灾害及地基灾损研究部	010-64517232	010-84283086	gjfcabr@263.net
灾害风险评估研究部	010-64517315	010-84281347	1043801229@qq.com
防灾信息化研究部	010-64693132	010-84277979	yuwencabr@163.com
防灾标准研究部	010-64517890	010-64517612	gaudy_sc@163.com
建筑防雷研究部	010-64694345	010-84281360	hudf@cabr-design.com
综合办公室	010-64693351	010-84273077	dprcmoc @cabr.com.cn

(3) 防灾中心机构与专家委员会成员

住房和城乡建设部防灾研究中心主要领导名单

姓名	职务 / 职称	工作单位
	主任	
王清勤	教授级高工	住房和城乡建设部防灾研究中心
	副主任	
李引擎	研究员	住房和城乡建设部防灾研究中心
王翠坤	研究员	住房和城乡建设部防灾研究中心
黄世敏	研究员	住房和城乡建设部防灾研究中心
高文生	研究员	住房和城乡建设部防灾研究中心

4. 全国超限高层建筑工程抗震设防审查专家委员会

（1）委员会简介

全国超限高层建筑工程抗震设防审查专家委员会自1998年按照建设部第111号部长令的要求成立以来，已历五届。十多年来，在建设行政主管部门的领导下，超限高层建筑工程抗震设防专项审查的法规体系逐步完善，建设部发布了第59号及111号部长令并列入国务院行政许可范围；出台了相关的委员会章程、审查细则、审查办法和技术要点等文件，明确了两级委员会的工作职责、行为规范、审查程序；建立健全了超限高层建筑工程抗震设防专项审查的技术体系，对规范各地的抗震设防专项审查工作起到了积极的指导作用，使超限高层建筑工程抗震设防专项审查工作顺利进行。截至目前，专家委员会已审查了包括中央电视台新主楼、上海环球金融中心、上海中心、北京国贸三期等地标性建筑在内的几千栋高度100米以上的超限高层建筑。

全国超限高层建筑工程抗震设防审查专家委员会下设办公室，负责委员会日常工作，办公室设在中国建筑科学研究院工程抗震研究所。以全国超限高层建筑工程抗震设防审查专家委员会名义进行的审查活动由委员会办公室统一组织。

（2）委员会成员

全国超限高层建筑工程抗震设防审查专家委员会主要领导名单

主任委员：		
徐培福	中国建筑科学研究院	研究员
顾问（以姓氏拼音为序）：		
崔鸿超	上海中巍结构设计事务所有限公司	教授级高工
方小丹	华南理工大学建筑设计研究院	教授级高工
刘树屯	中国航空规划建设发展有限公司	设计大师
莫庸	甘肃省超限高层建筑工程抗震设防审查专家委员会	教授级高工
容柏生	广东容柏生建筑结构设计事务所	工程院院士、设计大师
王立长	大连市建筑设计研究院有限公司	教授级高工
王彦深	深圳市建筑设计研究总院有限公司	教授级高工
魏琏	深圳泛华工程集团有限公司	教授级高工
徐永基	中国建筑西北设计研究院有限公司	教授级高工
袁金西	新疆维吾尔自治区建筑设计研究院	教授级高工

5. 全国城市抗震防灾规划审查委员会

（1）委员会简介

为贯彻《城市抗震防灾规划管理规定》（建设部令第117号），做好城市抗震防灾规划审查工作，保障城市抗震防灾安全，建设部于2008年1月决定成立全国城市抗震防灾规划审查委员会。

全国城市抗震防灾规划审查委员会（以下简称“审查委员会”）是在建设部领导下，根据国家有关法律法规和《城市抗震防灾规划管理规定》，开展城市抗震防灾规划技术审查及有关活动的机构。审查委员会第一届委员会设主任委员1名、委员36名，主任委员、委员由建设部聘任，任期3年。审查委员会下设办公室，负责审查委员会日常工作。全国城市抗震防灾规划审查委员会办公室设在中国城市规划学会城市安全与防灾学术委员会。以全国城市抗震防灾规划审查委员会名义进行的活动由审查委员会办公室统一组织。

(2) 委员会成员

第二届全国城市抗震防灾规划审查委员会主要成员名单

一、主任委员		
陈　重	住房城乡建设部	总工程师
二、副主任委员		
苏经宇	北京工业大学	研究员
三、顾问		
叶耀先	中国建筑设计研究院	教授级高工
刘志刚	中国勘察设计协会抗震防灾分会	高级工程师
乔占平	新疆维吾尔自治区地震学会	高级工程师
李文艺	同济大学	教授
张敏政	中国地震局工程力学研究所	研究员
周克森	广东省工程防震研究院	研究员
董津城	北京市勘察设计研究院	教授级高工
蒋溥	中国地震局地质研究所	研究员

(3) 委员会办公室

①办公室主任

马东辉　中国城市规划学会城市安全与防灾规划学术委员会副秘书长　北京工业大学研究员

②办公室副主任

谢映霞　中国城市规划学会城市安全与防灾规划学术委员会副秘书长　中国城市规划设计研究院研究员

郭小东　北京工业大学教授

③办公室工作电话：010-67392241

6. 中国消防协会

中国消防协会是1984年经公安部和中国科协批准，并经民政部依法登记成立的由消防科学技术工作者、消防专业工作者和消防科研、教学、企业单位自愿组成的学术性、行业性、非营利性的全国性社会团体。经公安部和外交部批准，中国消防协会于1985年8月正式加入世界义勇消防联盟。2004年10月正式加入国际消防协会联盟，2005年6月被选为国际消防协会联盟亚奥分会副主席单位。公开出版的刊物：《中国消防》（半月刊）、《消防技术与产品信息》（月刊）、《消防科学与技术》（双月刊）、《中国消防协会通讯》（内部刊物）。2006年4月，召开了第五次全国会员代表大会，选举孙伦为第五届理事会会长。2015年9月，召开了第六次全国会员代表大会，选举陈伟明为第六届理事会会长。

下属分支机构包括：

（1）学术工作委员会、科普教育工作委员会、编辑工作委员会

（2）建筑防火专业委员会、石油化工防火专业委员会、电气防火专业委员会、森林消防专业委员会、消防设备专业委员会、灭火救援技术专业委员会、火灾原因调查专业委员会、民航消防专业委员会

（3）耐火构配件分会、消防电子分会、消防车、泵分会、防火材料分会、固定灭火系统分会

（4）专家委员会

7. 城市与工程抗震减灾北京市国际科技合作基地

（1）基地简介

为坚持强化首都发展新定位，加快全国科技创新中心建设，以全球视野谋划和推动科技创新，提升北京国际科技合作水平，2016 年北京市科学技术委员会认定成立了城市与工程抗震减灾北京市国际科技合作基地，合作基地由北京工业大学建筑工程学院牵头与中国建筑科学研究院、北京建筑大学联合建设，同时还联合了地震工程领域著名的海外科研团队，包括美国纽约州立大学布法罗分校、日本神户大学、中国台湾地震工程中心和香港科技大学等科研机构的抗震研究团队。合作基地依托“城市与工程安全减灾教育部重点实验室”实体，实行主任负责制，由牵头单位学术带头人担任基地主任，由合作单位学术带头人担任副主任，实行多主体管理模式。基地依托主任、副主任管理委员会聘任中心骨干人员，并定期进行考核，采用考核流动制。合作基地建设目标为：通过本平台，促进多方学术交流与人才流动，联合培养创新人才，共同承担重大科技项目，通过“项目—人才—基地”相结合的合作方式实现重要科学问题的解决和人才培养。

（2）管理委员会

主　　任：杜修力　北京工业大学　副校长

副 主 任：王清勤　中国建筑科学研究院　副院长

　　　　　张大玉　北京建筑大学　副校长

管理委员：许成顺　北京工业大学建筑工程学院　副院长

　　　　　张靖岩　中国建筑科学研究院　副处长

　　　　　王　佳　北京建筑大学　研究所所长

2　2016年城乡建设统计[1]公报

住房和城乡建设部

2016年是“十三五”规划的开局之年，是全面落实中央城市工作会议的第一年。全国城乡建设系统在党中央、国务院的正确领导下，狠抓各项工作落实，加快建设市政公用基础设施，不断开创工作新局面。

一、城市（城区）建设[2]

1. 概况[3]

2016年年末，全国设市城市657个，比上年增加1个，其中，直辖市4个，地级市293个，县级市360个。据对656个城市和2个特殊区域统计汇总[4]，城市城区户籍人口4.03亿人，暂住人口0.74亿人，建成区面积5.43万平方公里。

2011~2016年城市建成区面积和城区人口

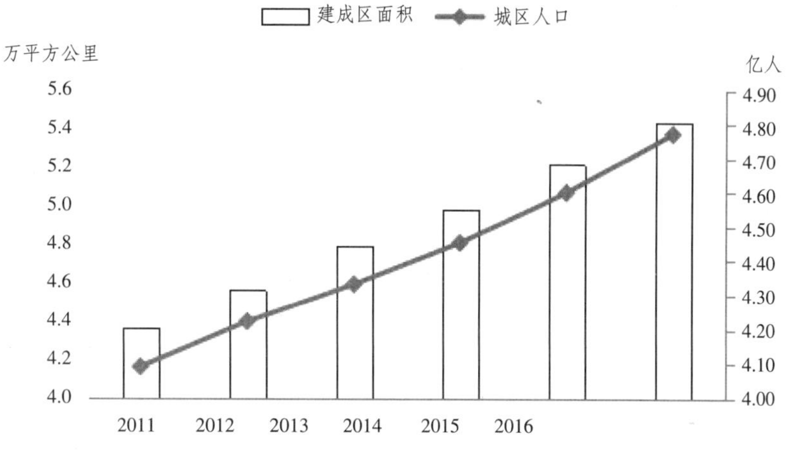

建成区面积　城区人口

万平方公里　亿人

5.6　5.4　5.2　5.0　4.8　4.6　4.4　4.2　4.0

4.90　4.80　4.70　4.60　4.50　4.40　4.30　4.20　4.10　4.00

2011　2012　2013　2014　2015　2016

2. 城市市政公用设施固定资产投资[5]

2016年完成城市市政公用设施固定资产投资17460亿元，比上年增长7.7%，占同期全社会固定资产投资总额的2.88%。其中，道路桥梁、轨道交通、园林绿化投资分别占城市市政公用设施固定资产投资的43.3%、23.4%和9.6%。

2016 年按行业分城市市政公用设施固定资产投资

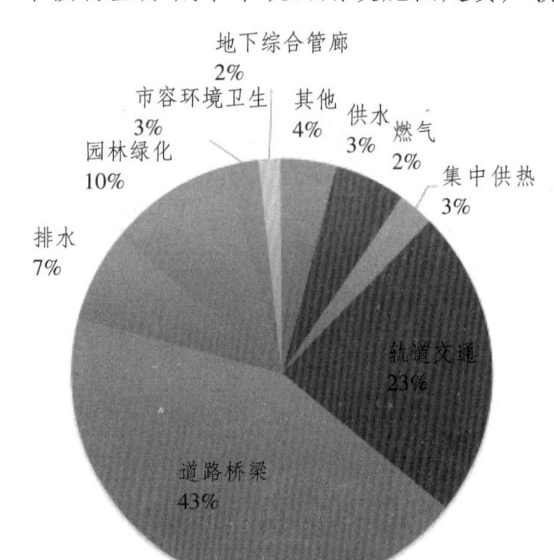

3. 城市供水和节水

2016 年年末，城市供水综合生产能力达到 3.03 亿立方米 / 日，比上年增长 2.2%，其中，公共供水能力 2.39 亿立方米 / 日，比上年增长 3.4%。供水管道长度 75.7 万公里，比上年增长 6.5%。2016 年，年供水总量 580.7 亿立方米，其中，生产运营用水 160.7 亿立方米，公共服务用水 81.6 亿立方米，居民家庭用水 220.5 亿立方米。用水人口 4.70 亿人，人均日生活用水量 176.9 升，用水普及率 98.42%[6]，比上年增加 0.35 个百分点。2016 年，城市节约用水 57.6 亿立方米，节水措施总投资 29.5 亿元。

2011 ~ 2016 年城市供水

年份	供水总量（亿立方米）	供水管道长度（万公里）	用水普及率（%）
2011	513.4	57.4	97.04
2012	523.0	59.2	97.16
2013	537.3	64.6	97.56
2014	546.7	67.7	97.64
2015	560.5	71.0	98.07
2016	580.7	75.7	98.42

4. 城市燃气

2016 年，人工煤气供气总量 44.1 亿立方米，天然气供气总量 1171.7 亿立方米，液化石油气供气总量 1078.8 万吨，分别比上年减少 6.5%、增长 12.6%、增长 3.8%。人工煤气供气管道长度 1.9 万公里，天然气供气管道长度 55.1 万公里，液化石油气供气管道长度 0.9 万公里，分别比上年减少 13.0%、增长 10.6%、减少 3.3%。用气人口 4.57 亿人，燃气普及率 95.75%，比上年增加 0.45 个百分点。

2011～2016年城市燃气

年份	人工煤气供气总量（亿立方米）	天然气供气总量（亿立方米）	液化石油气供气总量（万吨）	供气管道长度（万公里）	燃气普及率（%）
2011	84.7	678.8	1165.8	34.9	92.41
2012	77.0	795.0	1114.8	38.9	93.15
2013	62.8	901.0	1109.7	43.2	94.25
2014	56.0	964.4	1082.8	47.5	94.57
2015	47.1	1040.8	1039.2	52.8	95.30
2016	44.1	1171.7	1078.8	57.8	95.75

5. 城市集中供热

2016年年末，城市供热能力（蒸汽）7.8万吨/小时，比上年减少3.0%，供热能力（热水）49.3万兆瓦，比上年增长4.4%，供热管道21.4万公里，比上年增长4.5%，集中供热面积73.9亿平方米，比上年增长9.9%。

2011～2016年城市集中供热

年份	供热能力		管道长度（万公里）		集中供热面积（亿平方米）
	蒸汽（万吨/小时）	热水（万兆瓦）	蒸汽	热水	
2011	8.5	33.9	1.3	13.4	47.4
2012	8.6	36.5	1.3	14.7	51.8
2013	8.4	40.4	1.2	16.6	57.2
2014	8.5	44.7	1.2	17.5	61.1
2015	8.1	47.3	1.2	19.3	67.2
2016	7.8	49.3	1.2	20.1	73.9

6. 城市轨道交通

2011～2016年城市轨道交通

年份	建成轨道交通的城市个数（个）	建成轨道交通线路长度（公里）	正在建设轨道交通的城市个数（个）	正在建设轨道交通线路长度（公里）
2011	12	1672	28	1891
2012	16	2006	29	2060
2013	16	2213	35	2760
2014	22	2715	36	3004
2015	24	3069	38	3994
2016	30	3586	39	4870

2011~2016 年城市轨道交通

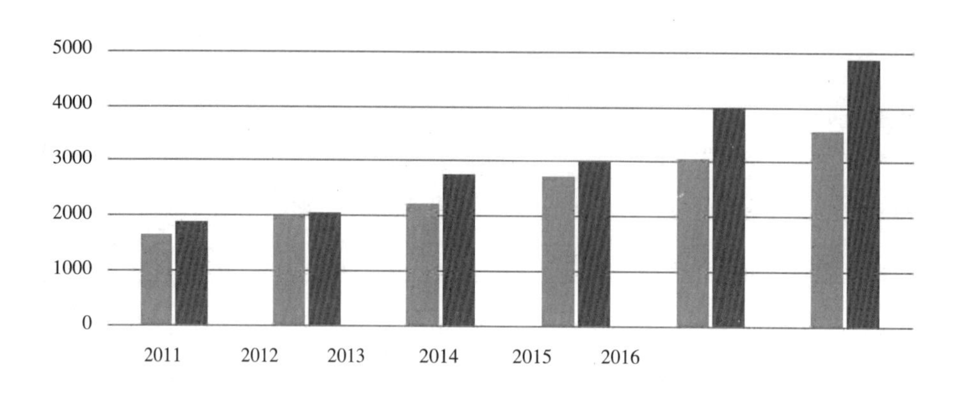

2016 年年末，全国有 30[7] 个城市建成轨道交通，线路长度 3586 公里，分别比上年增加 6 个城市，增长 16.8%，车站数 2383 个，其中换乘站 541 个，配置车辆数 19284 辆。全国 39 个 [7] 城市在建轨道交通，线路长度 4870 公里，分别比上年增加 1 个城市，增长 21.9%，车站数 3080 个，其中换乘站 827 个。

7. 城市道路桥梁

2016 年年末，城市道路长度 38.2 万公里，比上年增长 4.8%，道路面积 75.4 亿平方米，比上年增长 5.0%，其中人行道面积 16.9 亿平方米。人均城市道路面积 15.8 平方米，比上年增加 0.2 平方米。2016 年，全国城市新建地下综合管廊 1791 公里，形成廊体 479 公里。

2011 ~ 2016 年城市道路

年份	城市道路长度（万公里）	城市道路面积（亿平方米）
2011	30.9	56.2
2012	32.7	60.7
2013	33.6	64.4
2014	35.2	68.3
2015	36.5	71.8
2016	38.2	75.4

8. 城市排水与污水处理

2016 年年末，全国城市共有污水处理厂 2039 座，比上年增加 95 座，污水厂日处理能力 14910 万立方米，比上年增长 6.2%，排水管道长度 57.7 万公里，比上年增长 6.9%。城市年污水处理总量 448.8 亿立方米，城市污水处理率 93.44%，比上年增加 1.54 个百分点，其中污水处理厂集中处理率 89.80%，比上年增加 1.83 个百分点。城市再生水日生产能力 2762 万立方米，再生水利用量 45.3 亿立方米。

2011 ~ 2016 年城市污水处理

年份	城市污水处理厂座数（座）	城市污水处理厂处理能力（万立方米 / 日）	城市污水处理率（%）	再生水生产能力（万立方米 / 日）	再生水利用量（亿立方米）
2011	1588	11303	83.63	1389	26.8
2012	1670	11733	87.30	1453	32.1
2013	1736	12454	89.34	1761	35.4
2014	1807	13087	90.18	2065	36.3
2015	1944	14038	91.90	2317	44.5
2016	2039	14910	93.44	2762	45.3

9. 城市园林绿化

2016 年年末，城市建成区绿化覆盖面积 220.4 万公顷，比上年增长 4.7%，建成区绿化覆盖率 40.30%，比上年增加 0.18 个百分点；建成区绿地面积 199.3 万公顷，比上年增长 4.4%，建成区绿地率 36.43%，比上年增加 0.07 个百分点；公园绿地面积 65.4 万公顷，比上年增长 6.4%，人均公园绿地面积 13.70 平方米，比上年增加 0.35 平方米。

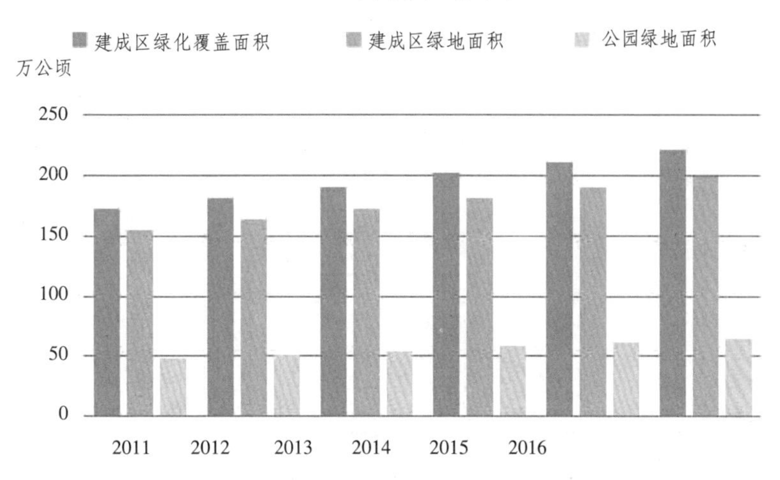

10. 国家级风景名胜区

2016 年年末，全国共有 225 处国家级风景名胜区，风景名胜区面积 10.9 万平方公里，可游览面积 4.2 万平方公里，全年接待游人 8.9 亿人次。国家投资 84.4 亿元用于风景名胜区的维护和建设。

11. 城市市容环境卫生

2016 年年末，全国城市道路清扫保洁面积 79.5 亿平方米，其中机械清扫面积 47.5 亿平方米，机械清扫率 59.7%。全年清运生活垃圾、粪便 2.17 亿吨，比上年增长 5.3%。全国城市共有生活垃圾无害化处理场（厂）940 座，比上年增加 50 座，日处理能力 62.1 万吨，处理量 1.97 亿吨，城市生活垃圾无害化处理率 96.62%，比上年增加 2.52 个百分点。

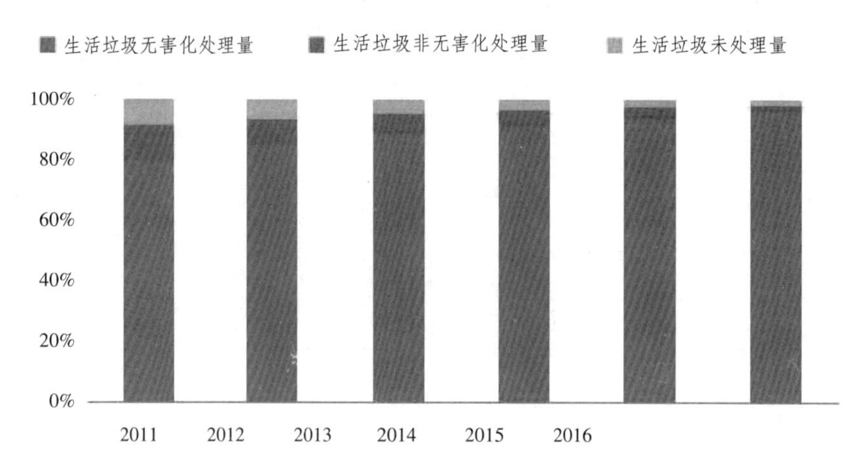

二、县城建设

1. 概况

2016 年年末，全国共有县[8]1537 个，比上年减少 31 个。据对 1526 个县，以及 4 个已撤县改区的县和 14 个特殊区域统计汇总，县城户籍人口 1.39 亿人，暂住人口 0.16 亿人，建成区面积 1.95 万平方公里。

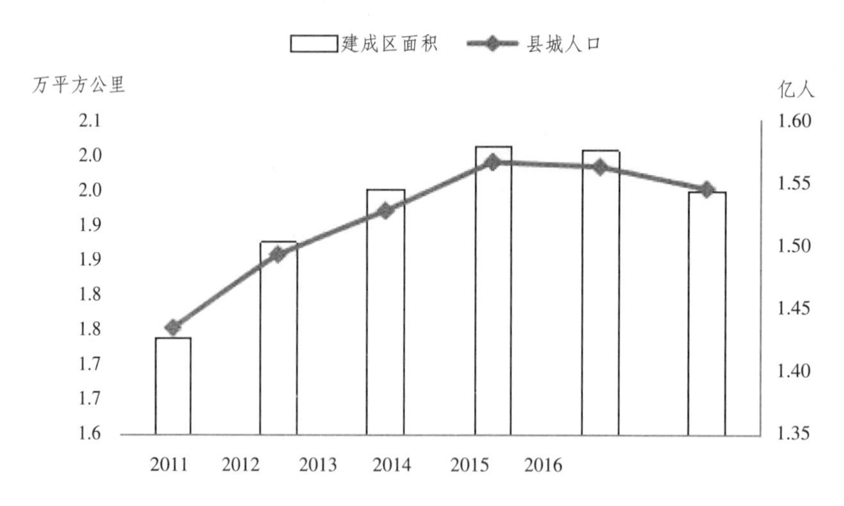

2. 县城市政公用设施固定资产投资

2016 年，完成县城市政公用设施固定资产投资 3394.5 亿元，比上年增长 9.5%。其中：道路桥梁、园林绿化、排水分别占县城市政公用设施固定资产投资的 53.2%、14.8% 和 7.7%。

2016年按行业分县城市政公用设施固定资产投资

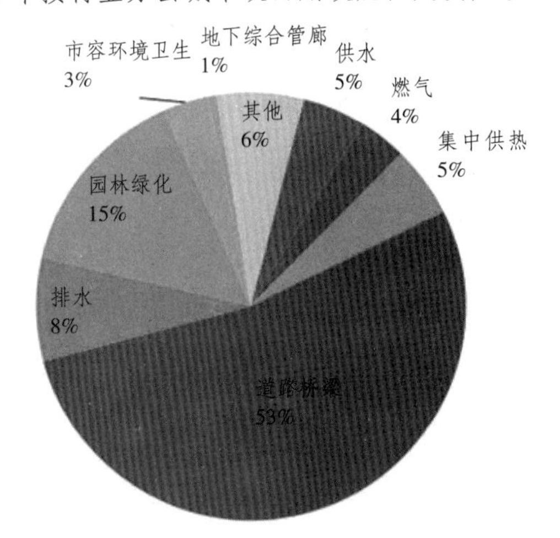

3. 县城供水和节水

2016年年末，县城供水综合生产能力达到0.54亿立方米/日，比上年减少6.0%，其中，公共供水能力0.46亿立方米/日，比上年减少3.3%。供水管道长度21.1万公里，比上年减少1.6%。2016年，全年供水总量106.5亿立方米，其中生产运营用水27.0亿立方米，公共服务用水11.6亿立方米，居民家庭用水48.9亿立方米。用水人口1.40亿人，用水普及率90.5%，比上年增加0.54个百分点，人均日生活用水量119.43升。2016年，县城节约用水2.3亿立方米，节水措施总投资2.98亿元。

2011～2016年县城供水

年份	供水总量（亿立方米）	供水管道长度（万公里）	用水普及率（%）
2011	97.7	17.3	86.09
2012	102.0	18.6	86.94
2013	103.9	19.4	88.14
2014	106.3	20.4	88.89
2015	106.9	21.5	89.96
2016	106.5	21.1	90.50

4. 县城燃气

2016年，人工煤气供应总量7.2亿立方米，天然气供气总量105.7亿立方米，液化石油气供气总量219.2万吨，分别比上年减少12.5%、增长3.0%、减少4.7%。人工煤气供气管道长度0.14万公里，天然气供气管道长度10.60万公里，液化石油气供气管道长度0.16万公里，分别比上年减少0.7%、减少0.5%、减少23.6%。用气人口1.21亿人，燃气普及率78.19%，比上年增加2.29个百分点。

2011～2016年县城燃气

年份	人工煤气供气总量（亿立方米）	天然气供气总量（亿立方米）	液化石油气供气总量（万吨）	供气管道长度（万公里）	燃气普及率（%）
2011	9.5	53.9	242.2	5.65	66.52
2012	8.6	70.1	256.9	7.07	68.50
2013	7.7	81.6	241.1	8.07	70.91
2014	8.5	92.6	235.3	9.29	73.24
2015	8.2	102.6	230.0	10.99	75.90
2016	7.2	105.7	219.2	10.89	78.19

5. 县城集中供热

2016年年末，供热能力（蒸汽）1.0万吨/小时，比上年减少25.4%，供热能力（热水）13.0万兆瓦，比上年增长3.7%，供热管道4.7万公里，比上年增长1.4%，集中供热面积13.1亿平方米，比上年增长6.5%。

2011～2016年县城集中供热

年份	供热能力		管道长度（万公里）		集中供热面积（亿平方米）
	蒸汽（万吨/小时）	热水（万兆瓦）	蒸汽	热水	
2011	1.5	8.1	0.2	2.9	7.8
2012	1.4	9.7	0.2	3.2	9.1
2013	1.3	10.8	0.3	3.7	10.3
2014	1.3	12.9	0.3	4.1	11.4
2015	1.4	12.6	0.3	4.3	12.3
2016	1.0	13.0	0.3	4.4	13.1

6. 县城道路桥梁

2016年年末，县城道路长度13.2万公里，比上年减少1.4%，道路面积25.3亿平方米，比上年增长1.6%，其中人行道面积6.3亿平方米，人均城市道路面积16.41平方米，比上年增加0.43平方米。2016年，全国县城新建地下综合管廊214公里，形成廊体59公里。

2011～2016年县城道路

年份	县城道路长度（万公里）	县城道路面积（亿平方米）
2011	10.9	19.2
2012	11.8	21.0
2013	12.5	22.7
2014	13.0	24.1
2015	13.4	24.9
2016	13.2	25.3

7. 县城排水与污水处理

2016年年末，全国县城共有污水处理厂1513座，比上年减少86座，污水厂日处理能力3036万立方米，比上年增长1.2%，排水管道长度17.2万公里，比上年增长2.4%。县城全年污水处理总量81亿立方米，污水处理率87.38%，比上年增加2.16个百分点，其中污水处理厂集中处理率85.8%，比上年增加2.34个百分点。

2011～2016年县城污水处理

年份	县城污水处理厂座数（座）	县城污水处理厂处理能力（万立方米/日）	县城污水处理率（%）
2011	1303	2409	70.41
2012	1416	2623	75.24
2013	1504	2691	78.47
2014	1555	2882	82.12
2015	1599	2999	85.22
2016	1513	3036	87.38

8. 县城园林绿化

2016年年末，县城建成区绿化覆盖面积63.3万公顷，比上年增长2.6%，建成区绿化覆盖率32.53%，比上年增加1.75个百分点；建成区绿地面积55.9万公顷，比上年增长3.2%，建成区绿地率28.74%，比上年增加1.69个百分点；公园绿地面积17.1万公顷，比上年增长4.4%，人均公园绿地面积11.05平方米，比上年增加0.58平方米。

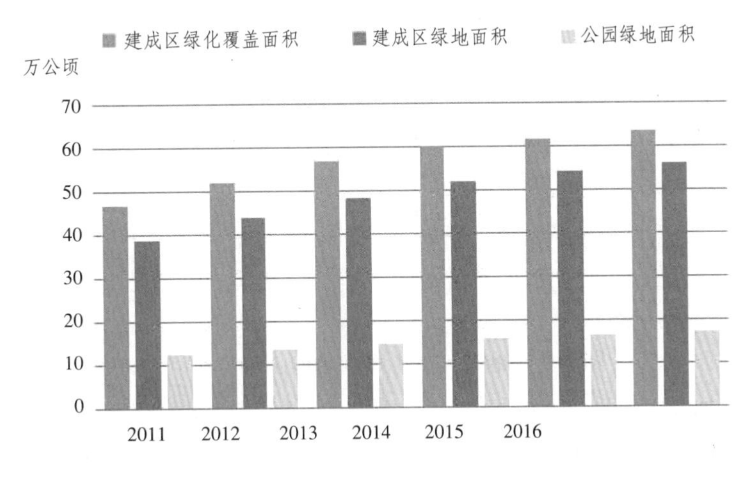

9. 县城市容环境卫生

2016年年末，全国县城道路清扫保洁面积25.1亿平方米，其中机械清扫面积12.7亿平方米，机械清扫率50.7%。全年清运生活垃圾、粪便0.71亿吨，比上年减少0.8%。全国县城共有生活垃圾无害化处理场（厂）1273座，比上年增加86座，日处理能力19.1万吨，处理量0.57亿吨，县城生活垃圾无害化处理率85.22%，比上年增加6.18个百分点。

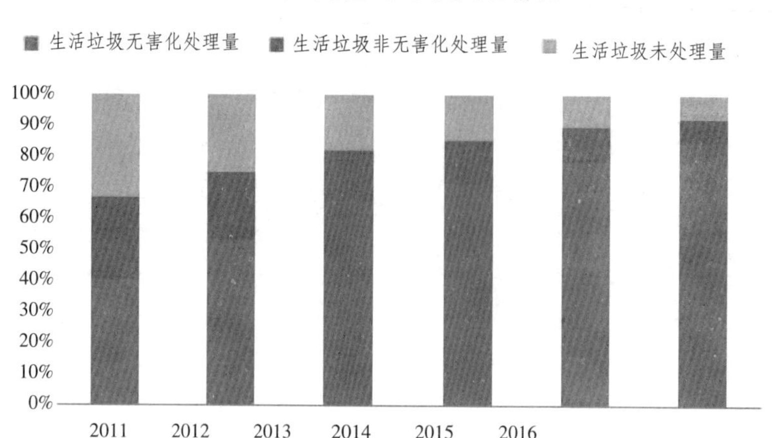

三、村镇建设

1. 概况

2016 年年末，全国共有建制镇 20883 个，乡（苏木、民族乡、民族苏木）10872 个。据对 18099 个建制镇、10883 个乡（苏木、民族乡、民族苏木）、775 个镇乡级特殊区域和 261.7 万个自然村（其中村民委员会所在地 52.6 万个）统计汇总[9]，村镇户籍总人口 9.58 亿。其中，建制镇建成区 1.62 亿，占村镇总人口的 16.96%；乡建成区 0.28 亿，占村镇总人口的 2.92%；镇乡级特殊区域建成区 0.04 亿，占村镇总人口的 0.45%；村庄 7.63 亿，占村镇总人口的 79.67%。

2011 ~ 2016 年村镇户籍人口

单位：亿人

年份	总人口	建制镇建成区	乡建成区	镇乡级特殊区域建成区	村庄
2011	9.42	1.44	0.31	0.03	7.64
2012	9.45	1.48	0.31	0.03	7.63
2013	9.48	1.52	0.31	0.03	7.62
2014	9.52	1.56	0.30	0.03	7.63
2015	9.57	1.60	0.29	0.03	7.65
2016	9.58	1.62	0.28	0.04	7.63

2016 年年末，全国建制镇建成区面积 397.0 万公顷，平均每个建制镇建成区占地 219 公顷，人口密度 4902 人 / 平方公里（含暂住人口）；乡建成区 67.3 万公顷，平均每个乡建成区占地 62 公顷，人口密度 4450 人 / 平方公里（含暂住人口）；镇乡级特殊区域建成区 13.6 万公顷，平均每个镇乡级特殊区域建成区占地 176 公顷，人口密度 3665 人 / 平方公里（含暂住人口）。

2011～2016 年村镇建成区面积和村庄现状用地面积　　单位：万公顷

年份	建制镇建成区	乡建成区	镇乡级特殊区域建成区	村庄现状用地
2011	338.6	74.2	9.3	1373.8
2012	371.4	79.5	10.1	1409.0
2013	369.0	73.7	10.7	1394.3
2014	379.5	72.2	10.5	1394.1
2015	390.8	70.0	9.4	1401.3
2016	397.0	67.3	13.6	1392.2

2. 规划管理

2016 年年末，全国已编制总体规划的建制镇 17056 个，占所统计建制镇总数的 94.2%，其中本年编制 1308 个；已编制总体规划的乡 8737 个，占所统计乡总数的 80.3%，其中本年编制 544 个；已编制总体规划的镇乡级特殊区域 594 个，占所统计镇乡级特殊区域总数的 76.6%，其中本年编制 43 个；已编制村庄规划的行政村 323373 个，占所统计行政村总数的 61.5%，其中本年编制 17543 个。2016 年全国村镇规划编制投资达 35.1 亿元。

3. 建设投资

2016 年，全国村镇建设总投资 15908 亿元。按地域分，建制镇建成区 6825 亿元，乡建成区 524 亿元，镇乡级特殊区域建成区 238 亿元，村庄 8321 亿元，分别占总投资的 42.9%、3.3%、1.5%、52.3%。按用途分，房屋建设投资 11882 亿元，市政公用设施建设投资 4026 亿元，分别占总投资的 74.7%、25.3%。

在房屋建设投资中，住宅建设投资 8734 亿元，公共建筑投资 1410 亿元，生产性建筑投资 1739 亿元，分别占房屋建设投资的 73.5%、11.9%、14.6%。

在市政公用设施建设投资中，道路桥梁投资 1589 亿元，排水投资 474 亿元，供水投资 433 亿元，环境卫生投资 423 亿元，分别占市政公用设施建设总投资的 42.8%、11.8%、10.8% 和 10.5%。

2016 年村镇建设投资结构

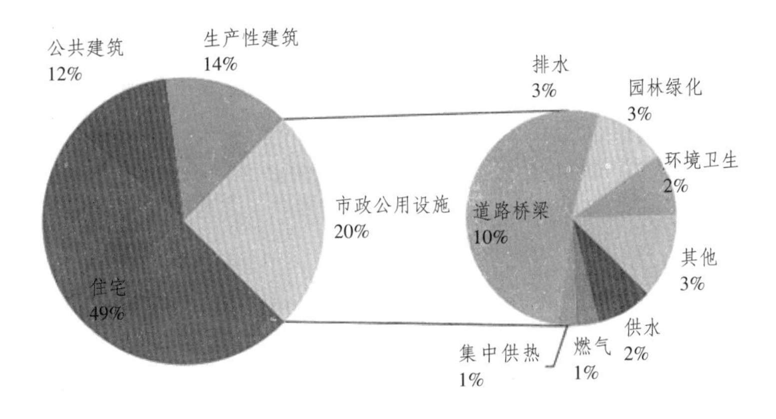

4. 房屋建设

2016 年，全国村镇房屋竣工建筑面积 10.6 亿平方米，其中住宅 8.0 亿平方米，公共建筑 1.1 亿平方米，生产性建筑 1.5 亿平方米。2016 年年末，全国村镇实有房屋建筑面积 383.0 亿平方米，其中住宅 323.2 亿平方米，公共建筑 24.0 亿平方米，生产性建筑 35.8 亿平方米，分别占 84.4%、6.3%、9.3%。

2016 年年末，全国村镇人均住宅建筑面积 33.75 平方米。其中，建制镇建成区人均住宅建筑面积 34.94 平方米，乡建成区人均住宅建筑面积 31.23 平方米，镇乡级特殊区域建成区人均住宅建筑面积 37.24 平方米，村庄人均住宅建筑面积 33.56 平方米。

2011 ~ 2016 年村镇房屋建筑面积

单位：亿平方米

年份	年末实有房屋建筑面积	其中：住宅	本年竣工房屋建筑面积	其中：住宅
2011	360.3	302.9	10.1	7.0
2012	367.4	308.0	11.2	7.7
2013	373.7	313.3	11.8	8.6
2014	378.1	317.8	11.6	8.5
2015	381.0	320.7	11.4	8.6
2016	383.0	323.2	10.6	8.0

5. 公用设施建设

2016 年年末，在建制镇、乡和镇乡级特殊区域建成区内，供水管道长度 60.8 万公里，排水管道长度 19.1 万公里，排水暗渠长度 9.7 万公里，铺装道路长度 44.3 万公里，铺装道路面积 29.8 亿平方米，公共厕所 15.2 万座。

2016 年年末，建制镇建成区用水普及率 83.86%，人均日生活用水量 99.01 升，燃气普及率 49.52%，人均道路面积 12.84 平方米，排水管道暗渠密度 6.28 公里 / 平方公里，人均公园绿地面积 2.46 平方米。

2016 年年末，乡建成区用水普及率 71.90%，人均日生活用水量 85.33 升，燃气普及率 22.00%，人均道路面积 13.56 平方米，排水管道暗渠密度 4.52 公里 / 平方公里，人均公园绿地面积 1.11 平方米。

2016 年年末，镇乡级特殊区域建成区用水普及率 91.52%，人均日生活用水量 93.76 升，燃气普及率 58.14%，人均道路面积 15.42 平方米，排水管道暗渠密度 5.88 公里 / 平方公里，人均公园绿地面积 3.95 平方米。

2016 年年末，全国 68.7% 的行政村有集中供水，20% 的行政村对生活污水进行了处理，65% 的行政村对生活垃圾进行处理。

说明

[1] 本公报中“城乡建设统计”是指经国家统计局批准的《城市（县城）和村镇建设统计报表制度》中涉及的市政公用设施建设统计，包括供水、节水、燃气、集中供热、轨道交通、道路桥梁、排水和污水

处理、园林绿化、国家级风景名胜区和市容环境卫生，以及村镇规划和房屋建设等情况。

[2] 本公报中各项统计数据统计范围的划分规定：

a）城市（城区）包括：市本级（1）街道办事处所辖地域；（2）城市公共设施、居住设施和市政公用设施等连接到的其他镇（乡）地域；（3）常住人口在 3000 人以上独立的工矿区、开发区、科研单位、大专院校等特殊区域。

b）县城包括：（1）县政府驻地的镇、乡（城关镇）或街道办事处地域；（2）县城公共设施、居住设施等连接到的其他镇（乡）地域；（3）县域内常住人口在 3000 人以上独立的工矿区、开发区、科研单位、大专院校等特殊区域。

c）村镇包括：（1）城区（县城）范围外的建制镇、乡以及具有乡镇政府职能的特殊区域（农场、林场、牧场、渔场、团场、工矿区等）的建成区；（2）全国的村庄。

本公报中各项统计数据均不包括香港特别行政区、澳门特别行政区、台湾省；其中，村镇数据还未包括西藏自治区。

[3] 本公报中城市、县、建制镇、乡、村庄的年末实有数均来自民政部，人口数据来源于各地区公安部门，部分地区如北京、上海为统计部门常住人口数据。

[4] 本公报城市（城区）部分统计了 656 个城市和 2 个特殊区域。其中，新疆维吾尔自治区可克达拉市因新设城市，暂无数据资料；河北省白沟新城、陕西省杨凌区按城市统计。

[5] 本公报中城区和县城的市政公用设施固定资产投资统计口径为计划总投资在 5 万元以上的市政公用设施项目，不含住宅及其他方面的投资。

[6] 本公报中除人均住宅建筑面积、人均日生活用水量外，所有人均指标、普及率指标均以户籍人口与暂住人口合计为分母计算。

[7] 本公报中轨道交通包括地铁、轻轨、单轨、有轨和磁悬浮等 5 种类型。截至 2016 年底，在国务院已批复轨道交通建设规划的 43 个城市中，除包头、南通、绍兴、洛阳、东莞等 5 个城市外，已经全部开始建设或建成轨道交通线路。未含在 43 个城市名单中的昆山市、温州市、肇庆市 3 个城市的上海地铁 11 号线北段昆山路段、温州市域铁路 S1 线和 S2 线、广佛肇城际铁路城区内线路也按城市轨道交通统计在内。

[8] 本公报中所称的县包括县、自治县、旗、自治旗、特区、林区。本公报中县城部分统计了 1526 个县，另有 4 个已经撤县改区的县和 14 个特殊区域也统计在内。新疆生产建设兵团师团部驻地不再按县城统计，作为镇级特殊区域纳入村镇报表统计。

a）11 个县没有数据，河北省邢台县、沧县，山西省泽州县，辽宁省抚顺县、盘山县、铁岭县、朝阳县，河南省安阳县，新疆维吾尔自治区乌鲁木齐县、和田县等 10 个县，因与所在城市市县同城，县城部分不含上述县城数据，数据含在其所在城市中；福建省金门县暂无数据资料。

b）江西省东乡县、广西壮族自治区柳江县和陕西省户县 3 个县新改区，仍按县城统计；湖南省望城县已改区，因特殊原因，仍按县城统计。

c）14 个特殊区域包括河北省曹妃甸区，黑龙江省加格达奇区，江西省庐山风景区，湖南省南岳区、大通湖区、洪江区，海南省洋浦开发区，云南省昆明阳宗海风景名胜区、昆明倘甸产业园区和昆明轿子山旅游开发区，青海省海北州府西海镇、茫崖行委、大柴旦行委、冷湖行委，宁夏回族自治区红寺堡开发区。

[9] 本公报中所称的乡包括乡、民族乡、苏木、民族苏木。村镇部分除建制镇和乡外，还统计了行政级别相当于镇乡级的特殊区域。

统计建制镇（乡）和村庄与实有个数不一致，原因一是西藏 140 个镇、545 个乡缺报；二是县政府驻地的建制镇（乡）纳入县城统计范围，不再重复统计；三是按统计范围的划分规定，部分位于城区（县城）的建制镇（乡）纳入城区（县城）统计，不再重复统计；四是部分省（区、市）的个别乡新改建制镇或建制镇新改街道，仍按原行政区划统计。

[10] 本公报中部分数据合计数或相对数由于单位取舍不同而产生的计算误差，均未作机械调整。

3　住房和城乡建设部工程质量安全监管司 2018年工作要点

2018年，工程质量安全监管工作将以习近平新时代中国特色社会主义思想为指导，全面贯彻党的十九大精神，深入落实党中央、国务院关于工程质量安全工作的决策部署和全国住房城乡建设工作会议要求，坚持质量第一、效益优先，牢固树立安全发展理念，以提升工程质量安全为着力点，加快推动建筑产业转型升级，深入开展工程质量提升行动和建筑施工安全专项治理行动，着力解决工程质量安全领域发展不平衡不充分问题，全面落实企业主体责任，强化政府对工程质量安全的监管，健全工程质量安全保障体系，全面提升工程质量安全水平。

一、开展工程质量提升行动，推动建筑业质量变革

（一）健全质量保障体系。贯彻落实党中央、国务院关于开展质量提升行动的部署要求，深入开展工程质量提升行动，健全工程质量保障体系。严格落实各方主体责任，强化建设单位首要责任，全面落实质量终身责任制。强化政府监管，保障监督机构履行职能所需经费，推行“双随机、一公开”检查方式，加大工程质量监督检查和抽查抽测力度，督促质量责任落实。

（二）推进质量管理试点。指导和督促试点地区因地制宜、积极稳妥推进监理报告制度、工程质量保险等试点工作，创新质量管理体制机制，探索质量管理新方式方法，总结提炼可复制、可推广的试点经验。

（三）推行质量管理标准化。指导和督促各地以施工现场为中心、以质量行为标准化和实体质量控制标准化为重点，强化全过程控制和全员管理标准化，建立质量责任追溯、管理标准化岗位责任制度，推行样板引路，创建示范工程，建立质量管理标准化评价体系，促进工程质量均衡发展。

（四）夯实质量管理基础。加快修订工程质量检测管理办法，加大对出具虚假报告等违法违规行为的处罚力度。推进工程质量保险制度建设，充分发挥市场机制作用，通过市场手段倒逼各方主体质量责任的落实。

二、开展建筑施工安全专项治理行动，推动建筑业安全发展

（一）加强危大工程管控。贯彻落实《危险性较大的分部分项工程安全管理规定》，督促企业建立健全危大工程安全管理体系，全面开展危大工程安全隐患排查整治，加强各级监管部门的监督检查，严厉惩处违法违规行为，切实管控好重大安全风险，严防安全事故发生。

（二）强化事故责任追究。以严肃问责为抓手推动安全生产工作，有效落实发生事故的施工企业安全生产条件复核制度，严格执行对事故责任企业责令停业整顿、降低资质等级或吊销资质证书等处罚规定，加大事故查处督办和公开力度，督促落实企业主体责任。

（三）构建监管长效机制。研究建立建筑施工安全监管工作考核机制，促进各级监管部门严格履职尽责。推行“双随机、一公开”检查模式，建设全国建筑施工安全监管信息系统，逐步实现各地监管信息互联互通，增强监管执法效能。

（四）提升安全保障能力。推进建筑施工安全生产标准化建设，提升标准化考评覆盖率和考评质量，研究制定标准化建设指导手册。深入开展“安全生产月”等活动，加强安全宣传教育，开展部分地区建筑施工安全监管人员培训，促进提高全行业安全素质。

三、提升勘察设计质量水平，推动建筑业技术进步

（一）加强勘察设计质量管理。组织修订《建设工程勘察质量管理办法》。深入开展勘察质量管理信息化试点工作，进一步规范工程勘察文件编制深度要求，开展部分地区勘察设计质量专项监督检查。开展大型公共建筑工程后评估试点，促进设计质量提升。

（二）推进施工图审查制度改革。研究制定施工图数字化审查数据标准，在全国范围内开展数字化审查试点工作。总结地方经验，推进施工图联合审查，提高审查效率，进一步优化营商环境。

（三）强化建筑业技术创新。落实建筑业信息化发展纲要，开展建筑业信息化发展水平评估，进一步推动BIM等建筑业信息化技术发展。继续开展建筑业10项新技术的宣传推广，加强建筑业应用技术研究，推动建筑业技术进步。

四、完善城市轨道交通工程风险防控机制，保障工程质量安全

（一）加强全过程风险管控。强化城市轨道交通工程关键节点风险管控，开展关键节点施工前条件核查工作。研究制定盾构施工风险控制技术指南，组织开展轨道交通工程风险分级管控和隐患排查治理双重预防机制试点。

（二）完善工程质量管理体系。加强对城市轨道交通工程质量全过程管理，落实单位工程验收、项目工程验收和竣工验收制度。研究制定城市轨道交通工程土建施工质量标准化控制指导意见和城市轨道交通工程新技术应用指导意见。

（三）加强监督检查和事故督办。组织开展城市轨道交通工程专项检查，加大事故督办力度，强化事故隐患排查治理，提升事故预防和管控能力。

五、加强工程抗震设防制度建设，提高抗震减灾能力

（一）推动建设工程抗震立法。加快推进《建设工程抗震管理条例》研究起草工作，健全建设工程抗震设防制度体系，推动建立政府、个人、社会共同参与抗震管理的机制。

（二）加强重点工程抗震监管。组织开展部分地区超限高层建筑工程和隔震减震工程抗震设防监督检查，加大抗震设防质量责任落实力度。完善隔震减震工程质量管理体系，探索建立隔震减震装置质量追溯机制。

（三）积极应对重大地震灾害。根据地震灾害应急预案及时启动灾害应急响应，加强与相关部门协调联动，提高应对能力。完善国家震后房屋建筑安全应急评估机制，开展评估人员培训，规范评估工作。

六、落实全面从严治党要求，提高队伍素质

（一）加强党的政治建设。落实全面从严治党责任，在政治上思想上行动上同以习近平同志为核心的党中央保持高度一致。严格规范党内政治生活，严守政治纪律和政治规矩，坚持以人民为中心的思想谋划各项工作。

（二）完善廉政风险防控机制。在制定工程质量安全政策、履行质量安全监管职责、开展监督执法检查、开展工程项目和专业人员评审、经费使用管理等方面，进一步完善廉政风险防控机制，扎牢不能腐的笼子，增强不想腐的自觉。

（三）加强干部队伍建设。按照建筑业高质量发展要求，紧紧围绕工程质量安全热点难点问题，深入基层开展调研，改进工作作风，务求工作实效。增强责任意识，增强专业精神，增强改革创新能力，培养既有担当又有本领的干部队伍。

4　住房和城乡建设部建筑节能与科技司2018年工作要点

2018年，建筑节能与科技工作总体思路是，以习近平新时代中国特色社会主义思想为指导，全面贯彻党的十九大精神，落实新发展理念，充分发挥科技创新的战略支撑作用，以绿色城市建设为导向，深入推进建筑能效提升和绿色建筑发展，稳步发展装配式建筑，加强科技创新能力建设，增添国际科技交流与合作新要素，提升全领域全过程绿色化水平，为推动绿色城市建设打下坚实基础。

一、全面提升建筑全过程绿色化水平

整合创新成果，健全制度机制，完善提升标准，开展试点示范，构建符合新时代要求的绿色建筑发展模式，推动绿色建筑区块化发展，更好满足人民群众美好生活需要。

（一）推动新时代高质量绿色建筑发展。整合健康建筑、可持续建筑、百年建筑、装配式建筑等新理念新成果，扩展绿色建筑内涵，对标新时代高质量绿色建筑品质，修订《绿色建筑评价标准》，满足人民群众对优质绿色建筑产品的需要。开展绿色城市、绿色社区、绿色生态小区、绿色校园、绿色医院创建，组织实施试点示范。引导有条件地区和城市新建建筑全面执行绿色建筑标准，扩大绿色建筑强制推广范围，力争到今年底，城镇绿色建筑占新建建筑比例达到40%。进一步完善绿色建筑评价标识管理，建立第三方评价机构诚信管理制度，加强对绿色建筑特别是三星级绿色建筑项目的建设及运行质量评估。

（二）深入推进建筑能效提升。研究制定建筑能效提升2020年、2035年以及到本世纪中叶的中长期发展路线图。修订《民用建筑节能管理规定》，做好建筑节能与可再生能源建筑应用、建筑环境等全文强制标准研编，制修订严寒及寒冷地区居住建筑节能设计标准、近零能耗建筑标准。引导严寒寒冷地区扩大城镇新建居住建筑节能75%标准实施范围，夏热冬冷及夏热冬暖地区有条件城市提高建筑节能地方标准。开展超低能耗建筑及既有居住建筑节能宜居综合改造科技示范。深入开展公共建筑能效提升重点城市建设，推进北方地区冬季清洁取暖试点城市做好建筑能效提升及可再生能源清洁采暖工作，研究编制北方地区农村建筑能效提升技术手册和标准图集。开展建筑能效评级对标和公示研究。实施分布式建筑一体化光伏电站及城市级分布式建筑光伏电站示范工程。开展建筑节能、绿色建筑及装配式建筑实施情况专项检查。

（三）稳步推进装配式建筑发展。研究编制装配式建筑领域技术体系框架，组织梳理装配式建筑关键技术，发布第一批装配式建筑技术体系和关键技术公告；推动编制装配式建筑团体标准，提高装配式建筑设计、生产、施工、装修等环节工程质量，提升装配式建筑技术及部品部件标准化水平。充分发挥装配式建筑示范城市的引领带动作用，积极推进建筑信息模型（BIM）技术在装配式建筑中的全过程应用，推进建筑工程管理制度创新，积极探索推动既有建筑装配式装修改造，开展装配式超低能耗高品质绿色建筑示范。加强装配式建筑产业基地建设，培育专业化企业，提高全产业链、建筑工程各环节装配化能力，整体提升装配式建筑产业发展水平。评估第一批装配式建筑示范城市和产业基地，评定第二批装配式建筑示范城市和产业基地。

（四）加快绿色建材评价认证和推广应用。扩大绿色建材评价认证范围和种类，着力推进新型墙体材料和装配式部品部件认证，发布相关技术标准和导则。研究构建绿色建材数据库，搭建绿色建材信息共享服务管理平台，推进绿色建材评价认证结果采信和推广应用机制建设。发挥绿色建筑和装配式建筑示范带动作用，提高绿色建材在工程建设中的应用比例。

二、加强科技创新能力建设

完善科技创新体系，增强行业科技创新能力，紧密跟踪科技发展新动向，推动现代科技成果与行业业务的深度融合，促进成果转化和推广应用。

（一）完善科技创新环境。总结行业科技创新和绿色城市建设的好经验好做法，开展构建市场导向的住房城乡建设领域绿色技术创新体系专题研究，研究建立以企业为主体、市场机制有效发挥的科技创新发展新机制新模式。开展住房城乡建设行业科技管理人才培训，依托科研项目、基地建设、国际合作，加强科技创新人才队伍建设。

（二）深入实施国家重大科技项目。组织实施“水体污染控制与治理”国家科技重大专项，梳理饮用水安全保障技术示范典型案例；组织开展海绵城市规划设计、建设、运维关键技术研究与应用示范，编制海绵城市和城市黑臭水体整治工程实施、验收评估、监测等技术指南。总结高分专项城市精细化管理遥感应用示范系统（一期）项目技术成果。依托“绿色建筑及建筑工业化”等国家重点研发计划项目，开展绿色建筑、装配式建筑等科研攻关和技术示范。

（三）加大科技成果推广应用力度。加快国家科技重大专项、国家重点研发计划、国家重大科技项目科技成果转化，研究制定科学的评价和考核指标，推动领先者技术标准上升为行业和国家标准。加强部科技计划项目管理，总结梳理项目研发示范应用成效，积极开展支撑绿色发展、高质量发展、智慧发展的先进适用技术的推广应用工作，组织编制推动行业技术进步的技术公告、指南。

（四）推进行业大数据的普及应用。充分发挥大数据在城市发展科学决策、高效运行、精细治理和精准服务中的辅助作用，以重点地区、重点领域、重点行业大数据应用示范为引导，全面推动住房城乡建设领域智慧化发展。开展装配式建筑建筑信息模型（BIM）技术应用示范，推动建筑全生命期信息化，积极探索建筑信息模型（BIM）技术向城市治理、市政基础设施建设等领域的拓展应用。

三、深化国际科技交流与合作

强化国际科技合作机制建设，以城乡绿色低碳发展、建筑节能与绿色建筑、城市适应气候变化等为重点，加大开放合作力度，持续深入推进住房城乡建设领域国际科技交流合作和应对气候变化工作。

（一）拓展国际科技交流合作。继续扩大国际科技交流合作的对象、范围和领域，征集行业及地方国际科技合作需求，对接有关国家和国际机构，搭建科技交流合作平台，策划设计国际科技创新合作项目。推动建筑节能与绿色建筑、低碳生态城市、应对气候变化等重点领域与“一带一路”沿线国家的国际科技交流与合作。

（二）组织实施好国际科技合作项目。组织实施中美清洁能源联合研究中心建筑节能合作项目，推进净零能耗建筑研究及试点。组织实施中加多高层木结构建筑、低碳生态城区试点示范。继续组织实施全球环境基金五期“中国城市建筑节能和可再生能源应用”项目，启动六期“可持续城市综合方式项目”中国子项目。加快实施中欧低碳生态城市合作项目。积极推进中德城镇化伙伴关系项目绿色城市、城市更新政策研究及产能房试点示范。

（三）深入开展住房城乡建设领域应对气候变化。编制推广城市适应气候变化有关技术导则。与亚洲开发银行共同组织实施气候适应型城市技术与政策研究项目。组织实施城市生活垃圾处理领域国家适当减缓行动项目，确定试点城市，推进相关政策、技术研究。

四、打造政治过硬的高素质干部队伍

坚定不移推进全面从严治党，以党的政治建设为统领，落实“两个责任”，牢固树立“四个意识”，坚定“四个自信”，着力建设对党忠诚、政治过硬、业务精通、纪律严明、作风纯正的高素质干部队伍。

（一）加强党的建设。把党的政治建设摆在首位，坚决维护习近平总书记党中央的核心、全党的核心地位，坚决维护以习近平同志为核心的党中央权威和集中统一领导。全面加强纪律建设，持之以恒正风肃纪，深入推进反腐败斗争。

（二）改进工作作风。充分发挥党员干部积极性、主动性、创造性，转变工作作风，认真贯彻落实党的十九大关于绿色发展、科技创新等重点工作部署，在学懂、弄通、做实上下功夫。深入基层，开展深入细致专题调查研究，总结地方好经验、好做法，将基层成果上升为国家政策，增强政策的指导性和可操作性。

（三）提高工作执行和落实能力。加强学习培训，更好领会党的十九大精神，提高干部队伍综合素质，增强学习能力、改革创新能力、科学发展能力、狠抓落实能力，依法依规办事，勇于担当，把各项重点工作落实好，抓出成效。

5　2015~2030 年仙台减少灾害风险框架

一、序言

1. 本 2015 年后减少灾害风险框架是 2015 年 3 月 14 日至 18 日在日本宫城县仙台市举行的第三次减少灾害风险世界大会通过的，这次大会是一个独特的机会，各国可以：

（a）通过一份简明扼要、重点突出、具有前瞻性和注重行动的 2015 年后减少灾害风险框架；

（b）完成对《2005~2015 年兵库行动框架：加强国家和社区的抗灾能力》[1] 执行情况的评估和审查；

（c）审议区域和国家减少灾害风险战略 / 机构和计划取得的经验和提出的建议以及执行《兵库行动框架》的相关区域协定；

（d）确定根据执行 2015 年后减少灾害风险框架承诺开展合作的方式；

（e）确定 2015 年后减少灾害风险框架执行情况的定期审查办法。

2. 在世界大会期间，各国还重申致力于在可持续发展和消除贫穷背景下重新怀有紧迫感，努力减少灾害风险和建设抗灾能力 [2]，酌情将之纳入各级政策、计划、方案和预算，并在相关框架中予以考虑。

《兵库行动框架》：经验教训、查明的差距和未来挑战

3. 如国家和区域《兵库行动框架》执行进展报告和其他全球报告所述，自从 2005 年《兵库行动框架》通过以来，各国和其他相关利益攸关方都在地方、国家、区域和全球各级减少灾害风险方面取得进展，从而使部分危害的死亡率有所下降 [3]。减少灾害风险是在防止未来损失方面具有高成本效益的投资。有效的灾害风险管理有助于实现可持续发展。各国都加强了本国灾害风险管理能力。减少灾害风险战略咨询、协调和建立伙伴关系方面的各个国际机制，如全球减少灾害风险平台和区域减少灾害风险平台以及其他相关国际和区域合作论坛，也有助于制订政策和战略，提高知识水平和促进相互学习。总之，《兵库行动框架》是一个重要工具，可用于提高公众和机构的认识，催生政治承诺，并着重关注和推动广大利益攸关方在各级采取行动。

4. 不过，在该十年期间，灾害不断造成严重损失，使个人、社区和整个国家的安全和福祉都受到影响。灾害造成 70 多万人丧生、140 多万人受伤和大约 2300 万人无家可归。总之，有超过 15 亿人在各种方面受到灾害的影响。妇女、儿童和弱势群体受到更严重的

---

[1]　A/CONF.2006/6 和 Corr.1，第一章，决议 2。

[2]　抗灾能力的定义是：“一个暴露于危害之下的系统、社区或社会通过保护和恢复重要基本结构和功能等办法，及时有效地抗御、吸收、适应灾害影响和灾后复原的能力”，联合国减少灾害风险办公室（减灾办）。“减少灾害风险术语”，2009 年 5 月，日内瓦（http：//www.unisdr.org/we/inform/terminology）。

[3]　《兵库行动框架》对危害的定义是：“具有潜在破坏力的、可能造成伤亡、财产损害、社会和经济混乱或环境退化的自然事件、现象或人类活动。危害可包括可能将来构成威胁、可由自然（地质、水文气象和生物）或人类进程（环境退化和技术危害）等各种起因造成的潜在条件。

影响。经济损失总额超过 1.3 万亿美元。此外，2008 至 2012 年有 1.44 亿人灾后流离失所。气候变化也加剧了灾情，使其频率和强度越来越高，严重阻碍了实现可持续发展的进展情况。有证据显示，各国民众和资产受灾风险的增长速度高于减少脆弱性[1]的速度，从而产生了新的风险，灾害损失也不断增加，在短期、中期和长期内，特别是在地方和社区一级产生重大经济、社会、卫生、文化和环境影响。频发小灾和缓发灾害尤其给社区、家庭和中小型企业造成影响，在全部损失中，这些灾害造成的损失占有很高的百分比；所有国家（特别是灾害死亡率和经济损失偏高的发展中国家）都在履行财政义务和其他义务方面遇到越来越高的潜在隐藏成本和困境。

5. 至关重要的当务之急是要预测、规划和减少灾害风险，以便更有效地保护个人、社区和国家及其生计、健康、文化遗产、社会经济资产和生态系统，从而增强其抗灾能力。

6. 需要在各级进一步努力减少暴露程度和脆弱性，从而防止生成新的灾害风险，并全面追究产生灾害风险的责任。需要更加执着地采取行动，着重解决造成灾害风险的潜在因素，如贫穷和不平等现象、气候变化和气候多变性、无序快速城市化和土地管理不善的后果，以及造成问题复杂化的各种因素，如人口变化、薄弱的制度安排、不了解风险的政策，缺乏鼓励在减少灾害风险方面私人投资的规章和奖励办法、复杂的供应链、获得技术的机会有限、不可持续地使用自然资源、不断恶化的生态系统、瘟疫和流行病。还有必要继续在国家、地区和全球层面，加强减少灾害风险的有效管理，改进备灾和国家应灾协调、善后和重建工作，并在强化国际合作模式的支持下，利用灾后恢复和重建“再建设得更好”。

7. 必须采取更广泛和更加以人为本的预防方法应对灾害风险。减少灾害风险做法以多危害和多部门为基础，具有包容性并方便实施，方可切实有效。各国政府应在设计和执行政策、计划和标准方面与相关利益攸关方，包括妇女、儿童和青年、残疾人、穷人、移徙者、土著人民、志愿者、业界人士和老年人互动协作，同时肯定他们的领导、管理和协调作用。公共和私营部门及民间社会组织以及学术界和科研机构需要更加密切合作，创造协作机会，企业则需要将灾害风险纳入其管理做法。

8. 国际、区域、次区域和跨界合作仍举足轻重，可支持各国及其国家和地方当局以及社区和企业减少灾害风险。现有机制可以得到加强，从而提供有效的支持并更好地予以落实。发展中国家尤其是最不发达国家、小岛屿发展中国家、内陆发展中国家以及非洲国家和面临特殊挑战的中等收入国家需要得到特别关注和支持，以便通过双边和多边渠道加强国内的资源和能力，确保根据国际承诺采取适当、可持续、适时的执行手段，开展能力建设、财政和技术援助以及依照国际承诺转让技术。

9. 总之，《兵库行动框架》为努力减少灾害风险提供了重要指导，并推动在实现千年发展目标方面取得进展。不过，其执行情况突出显示，在克服潜在灾害风险因素、制定目标和优先行动事项[2]、务必提高各级抗灾能力和确保采取适当执行手段等方面仍存在若干差距。这些差距表明需要制定着眼于行动的框架，使各国政府和相关利益攸关方都能以协助和配合的方式予以落实，并帮助查明有待管理的灾害风险，为提高复原力方面的投资提

[1] 《兵库行动框架》对脆弱性的定义是：“由有形、社会、经济和环境因素或过程决定的使社区更易遭受危害影响的条件”。

[2] 《兵库行动框架》（2005~2015）的优先行动事项如下：⑴确保将减少灾难风险作为国家和地方优先事项，为执行工作奠定坚实基础；⑵确定、评估和监测灾害风险并加强预警；⑶利用知识、创新和教育在各级培养安全和抗灾文化；⑷减少潜在风险因素；⑸加强备灾，在各级进行有效应对。

供指导。

10. 兵库行动框架10年后，灾害继续危害实现可持续发展所作的努力。

11. 2015年后发展议程、发展筹资、气候变化和减少灾害风险的政府间协商可为国际社会提供独特的机会以加强政策、机构、目标、指标以及执行情况计量系统的一致性，同时尊重各自的任务。确保在这些进程之间酌情建立可信的联系有助于建设复原力和实现消除贫穷的全球目标。

12. 回顾2012年联合国可持续发展大会的成果“我们憧憬的未来”，号召在可持续发展和消除贫穷背景下重新怀有紧迫感，努力减少灾害风险和建设抗灾能力，酌情纳入各级。大会还重申《里约环境与发展宣言》的所有原则。

13. 强调气候变化作为灾害风险的驱动因素之一，同时尊重《联合国气候变化框架协定》的要求[1]，以实质和持续的方式作为减少灾害风险的机会贯穿相关政府间进程。

14. 在这一背景下，为减少灾害风险，需要解决现有挑战和准备应对今后的挑战，为此应着重开展以下工作：了解、评估和监测灾害风险并分享该信息和交流风险产生情况；加强所有灾害风险相关机构和各部门的治理和协调，让相关利益攸关方充分切实参与适当级别的决策进程；投资于个人、社区和国家在经济、社会、卫生、文化和教育方面的复原力建设和环境并为此采用技术和进行研究；加强多种危害预警系统、备灾、应灾、恢复、康复和重建。为补充国家行动和能力，需要加强发达国家与发展中国家、国家与国际组织之间的国际合作。

15. 本框架对自然危害或人为危害以及相关环境、技术和生物危害与风险造成的小规模和大规模灾害、常发或偶发灾害、突发或缓发灾害的风险一律适用。目的是指导各级以及各部门内部和所有部门对正在形成的灾害风险进行多危害管理。

二、预期成果和目标

1. 虽然在建设复原力和减少损失和损害方面取得了一定的进展，但要大幅度减少灾害风险，仍须坚持不懈地努力，更明确地以人及其健康和生计为重点，并定期跟踪进展情况。本框架以《兵库行动框架》为基础，力求在未来15年内取得以下成果：

大幅减少在生命、生计和卫生方面以及在人员、企业、社区和国家的经济、实物、社会、文化和环境资产方面的灾害风险和损失

为取得上述成果，每个国家各级政治领导层都要坚定地承诺和参与落实和贯彻本框架，并创造必要的有利和有益环境。

2. 为实现预期成果，须设法实现以下目标：

防止产生新的灾害风险和减少现有的灾害风险，为此要采取综合和包容各方的经济、结构性、法律、社会、卫生、文化、环境、技术、政治和体制措施，防止和减少危害暴露程度和受灾脆弱性，加强救灾和恢复的待命准备，从而提高复原力

要实现这一目标，必须加强发展中国家特别是最不发达国家、小岛屿发展中国家和内陆发展中国家、非洲国家和面临具体挑战的中等收入国家的能力，包括根据这些国家的优先目标，通过国际合作动员各方协助提供执行手段。

3. 为支持评估在实现该框架成果和目标方面的全球进展情况，商定了七个全球性具体

[1]　根据联合国气候变化框架公约缔约方的职权范围，本框架提及的气候变化问题仍属于《公约》任务的范畴。

目标。这些具体目标将在全球一级进行计量，并辅之以适当的指标。还将由国家的具体目标和指标推动实现本框架成果与目标。这七个全球具体目标是：

（a）到2030年大幅降低全球灾害死亡率，目标2020年至2030年平均每十万人全球灾害死亡率低于2005年至2015年。

（b）到2030年大幅减少全球受灾人数，为实现这一具体目标，2020年至2030年平均每十万人受灾人数须低于2005年至2015年平均受灾人数。[1]

（c）到2030年，使灾害直接经济损失与全球国内总产值（国内生产总值）的比例有所减少。

（d）到2030年通过增强重要基础设施和基本服务的复原力等办法，大幅减少重要基础设施包括卫生和教育设施的受灾损害程度。

（e）到2020年已制订国家和地方减少灾害风险战略的国家数目大幅度增加。

（f）到2030年加强国际合作，对执行本框架的发展中国家完成其国家行动提供有效和可持续支持。

（g）到2030年大幅增加人民可获得和利用多危害预警系统以及灾害风险信息和评估结果的机会。

三、指导原则

借鉴《建立更安全世界的横滨战略：预防、防备和减轻自然灾害的指导方针》及其《行动计划》[2]以及《兵库行动框架》所载原则，本框架执行工作将遵循下述原则，同时考虑到各国国情，与国内法和国际义务与承诺保持一致。

（a）每个国家都负有通过国际、区域、次区域、跨界和双边合作预防和减少灾害风险的首要责任。减少灾害风险是各国共同关心的问题，通过可持续的国际合作规定，进一步提高发展中国家可根据各自国情和能力有效加强和执行国家减少灾害风险政策和措施的水平。

（b）减少灾害风险需要各国中央政府和相关国家机构、部门和利益攸关方根据各自国情和治理制度共同承担责任。

（c）灾害风险管理的目标是保护人员及其财产、健康、生计和生产资料以及文化和环境资产，同时促进和保护人权，包括发展权。

（d）减少灾害风险需要全社会的参与和伙伴关系。减少灾害风险还需要增强人民权能，推动包容、开放和非歧视的参与，同时特别关注过度受人口，尤其是穷人。应将性别、年龄、残疾和文化视角纳入所有政策和做法，还应增强妇女和青年的领导能力；为此应特别注意改善公民有组织的自愿工作。

（e）减少灾害风险和管理工作取决于各部门内部和所有部门之间以及与相关利益攸关方建立各级协调机制。这需要国家所有行政和立法机构在国家和地方各级充分参与，明确划分公共和私营利益攸关方的责任，包括企业和学术界的责任，以确保相互拓展、伙伴合作、职责和问责相得益彰并采取后续行动。

（f）虽然各国政府和联邦政府的推动、指导和协调作用仍然至关重要，但酌情增强地

[1]　人员类别将在仙台后工作进程中制定，由会议决定。

[2]　A/CONF.172/9，第一章，决议1，附件一。

方当局和地方社区减少灾害风险的权能，包括提供资源，实行奖励和赋予决策责任也十分必要。

(g) 减少灾害风险需要采取多危害办法，并在开放交流和传播分类数据，包括按性别、年龄、残疾情况分列的数据基础上，并在得到传统知识补充且方便获取、最新、综合、基于科学和非敏感性风险信息基础上，作出包容、了解风险的决策。

(h) 要制订、加强和落实相关政策、计划、做法和机制，就必须力求适当统筹可持续发展与增长、粮食安全、卫生和人身安全以及气候多变性、环境管理及减少灾害风险等方面的各个议程。将减少灾害风险纳入对于可持续发展至关重要。

(i) 虽然灾害风险驱动因素可能波及地方、国家、区域和全球，但灾害风险具有地方性和特殊性，必须了解这些特点才能确定减少灾害风险的措施。

(j) 应通过公共和私营部门进行了解灾害风险的投资来克服潜在的灾害风险因素，这种做法比主要依赖灾后应对和恢复更具有成本效益，也有助于可持续发展。

(k) 在灾后恢复、善后和重建阶段，必须通过“再建设得更好”以及加强灾害风险方面的公众教育和提高认识，防止生成灾害风险并减少灾害风险。

(l) 建立切实有效的全球伙伴关系和进一步加强国际合作，包括各个发达国家履行官方发展援助承诺，对于有效的灾害风险管理至关重要。

(m) 发展中国家特别是最不发达国家、小岛屿发展中国家、内陆发展中国家、非洲国家和面临特殊挑战的中等收入国家需要得到适当、可持续的和适时的支助，包括按照这些国家提出的需要和优先目标，由发达国家和伙伴们提供定身量制的资金、转让技术和开展能力建设。

四、优先行动事项

1. 考虑到在执行《兵库行动框架》和谋求实现预期成果和目标方面取得的经验，各国要在地方、国家、区域和全球各级各部门内部和部门之间采取重点突出的行动，其四个优先领域如下：

(1) 了解灾害风险；

(2) 加强灾害风险治理以管理灾害风险；

(3) 投资于减少灾害风险，提高抗灾能力；

(4) 加强备灾以作出有效反应，在恢复、善后和重建方面再建设得更好。

2. 国家、区域和国际组织及其他相关利益攸关方在着手减少灾害风险时，应考虑到这四个优先事项分别载列的主要活动，并应酌情加以落实，同时考虑到各自的能力，并与国家法律和规章保持一致。

3. 在全球日益相互依存的背景下，需要开展协调一致的国际合作，营造有利的国际环境并提供执行手段，以便在各级特别是为发展中国家激励和推动发展知识，提高能力和动员各方参与减少灾害风险。

优先事项1：了解灾害风险

1. 关于灾害风险管理的政策和做法应当立足于了解脆弱性、能力、人员和资产暴露程度以及危害的特点与环境等灾害风险的所有层面。了解这些知识可有助于开展灾前风险评估、防灾减灾以及制定和执行防备和有效应对灾害的适当办法。

国家和地方各级

2. 为实现这一目标，必须采取以下行动：

(a) 推动收集、分析、管理和使用有关数据和实用信息。确保数据和信息传播适当顾及各类用户的不同需求。

(b) 根据国情，鼓励利用和加强基准并定期评估灾害风险、脆弱性、能力、暴露程度、危害特征及其对生态系统可能产生的具有相关社会和空间规模的连续效应。

(c) 适当使用地理空间信息技术，酌情以适当格式编制、定期更新和向决策者、大众及灾险社区传播地方灾害风险信息，包括风险地图。

(d) 有系统地评价、记录、分享和公开说明灾害损失，并结合具体事件的危害暴露程度和脆弱性信息，适当了解经济、社会、卫生、教育、环境和文化遗产方面的影响。

(e) 适当免费提供按危害暴露程度、脆弱性、风险，灾害和损失情况分类的非敏感性资料，方便各方查阅。

(f) 促进实时获取可靠数据，利用空间和实地信息包括地理信息系统并利用信息和通信技术创新，改善数据计量工具以及数据的收集、分析和传播工作。

(g) 通过分享减少灾害风险方面的经验教训、良好做法、教育和培训，包括利用现有的培训和教育机制和同侪学习办法，增强各级政府官员、民间社会、社区、志愿者和私营部门的知识。

(h) 促进和加强科技界、其他相关利益攸关方和决策者之间的对话与合作，以推动建立科学和政策接口，促进在灾害风险管理方面进行有效决策。

(i) 确保在灾害风险评估以及制定和执行特定部门政策、战略、计划和方案时，适当利用传统、土著和地方知识和做法，补充科学知识并采取跨部门办法，这种办法应因地制宜并符合实际情况。

(j) 加强技术和科学能力以利用和整合现有知识，并制定和应用各种方法和模式去评估风险、脆弱性以及对所有危害的暴露程度。

(k) 促进投资于创新和技术开发，用于在灾害风险管理方面开展长期、多危害以及以解决问题为驱动力的研究，以弥合差距，克服障碍，解决相互依存问题以及克服社会、经济、教育和环境等方面的挑战和灾害风险。

(l) 促进将灾害风险知识，包括防灾、减灾、备灾、救灾、恢复和善后知识纳入正规和非正规教育及各级公民教育、职业教育和培训。

(m) 通过运动、社会媒体和社区动员，同时考虑到特定受众及其需要，促进国家战略以加强减少灾害风险方面的公共教育和提高认识，包括宣传灾害风险信息和知识。

(n) 应用脆弱性、能力以及个人、社区、国家和资产暴露程度和危害特点等一切层面的风险信息，制定和实施减少灾害风险政策。

(o) 通过社区组织和非政府组织的参与，加强地方居民之间的合作，以传播灾害风险信息。

全球和区域各级

3. 为实现这一目标，必须采取以下行动：

(a) 加强开发和普及基于科学的方法和工具，记录和分享灾害损失和相关分类数据和统计资料，并加强灾害风险建模、评估、摸底、监测和多危害预警系统。

(b) 促进对多危害灾害风险进行全面调查，开展区域灾害风险评估和绘制地图，包括气候变化情况。

(c) 通过国际合作，促进和加强包括技术转让，适当获得、分享和使用非敏感数据、信息、通信以及地理空间和天基技术和相关服务。继续开展和加强现场和遥感地球和气候观测。根据国家法律酌情加强对媒体包括社交媒体、传统媒体、大数据和移动电话网络的利用，以支持各国为成功开展灾害风险交流采取的措施。

(d) 推动与科技界、学术界和私营部门开展伙伴合作，共同努力在国际上建立、传播和分享良好做法。

(e) 支持建立地方、国家、区域和全球各级方便用户的系统和服务，用于交流良好做法、成本效益高且易于使用的减少灾害风险技术以及减少灾害风险政策、计划和措施的经验教训相关信息。

(f) 借鉴现有活动（如“百万安全学校和医院”倡议、“建设具有抗灾能力的城市：我们的城市正在作好准备！”运动、“联合国减少风险笹川奖”和一年一度的联合国国际减灾日），开展有效的全球和区域活动，以此作为提高公众认识和教育的手段，促进防灾、抗灾以及负责任公民意识文化，培养对灾害风险的了解，并支持相互学习和分享经验。鼓励公共和私营利益攸关方积极参与这些举措，并在地方、国家，区域和全球各级提出新的举措。

(g) 在联合国减灾战略署科学和技术咨询组的支持下，通过各级和所有区域的现有网络和科研机构的协调，加强和进一步动员开展减少灾害风险方面的科技工作，以便加强循证基础，支持落实本框架；促进对灾害风险模式、起因和影响的科学研究；充分利用地理空间信息技术传播风险信息；在风险评估、灾害风险建模和数据使用方法和标准方面提供指导；查明研究和技术方面的差距，为减少灾害风险的各个优先研究领域提出建议；推动和支持为决策提供和应用科学技术；协助更新联合国减灾战略署 2009 年《减少灾害风险术语》；以灾后审查为契机加强学习和公共政策并传播研究成果。

(h) 鼓励通过适当谈判商定的优惠条件等办法，提供有版权和专利的材料。

(i) 加强对创新和技术以及长期、多危害和以解决问题为目的的灾害风险管理研究和发展的利用和支持。

优先事项 2：加强灾害风险治理以管理灾害风险

1. 在国家、区域和全球层面的灾害风险治理工作对于切实有效灾害风险管理非常重要。需要在部门内部和各部门之间制订明确的构想、计划、职权范围、指南和协调办法，还需要相关利益攸关方的参与。因此有必要为防灾、减灾、备灾、救灾、恢复和重建，加强灾害风险治理，并促进各机制和机构之间的协作和伙伴关系，推动执行与灾害风险和可持续发展有关的文书。

国家和地方各级

2. 为实现这一目标，必须采取以下行动：

(a) 将减少灾害风险纳入部门内部和各个部门的主流并加以整合。审查和促进国家和地方法律法规和公共政策框架工作的适当统一和进一步制订，通过划定作用和责任，指导公共和私营部门：㈠应对公有、有管理或有规范的服务和基础设施灾害风险；㈡适当推广和奖励个人、住户、社区和企业的行动；㈢加强旨在提高灾害风险透明度的机制和举措，其中不妨包括财政奖励、提高公众认识和培训活动、报告规定以及法律和行政措施；㈣设立协调和组织机构。

(b) 采纳和执行有不同时标、具体目标，指标和时限的国家和地方减少灾害风险战略和计划，以防止生成风险，减少现有风险，并加强经济、社会、卫生和环境复原力。

(c) 对灾害风险管理的技术、财务和行政能力进行评估，以应对地方和国家一级查明的风险。

(d) 鼓励建立必要的机制和奖励办法，确保与行业法律规章中的加强安全规定，包括土地使用和城市规划、建筑规范、环境和资源管理以及卫生和安全标准方面的规定高度合规，并在必要时加以更新，以确保适当重视灾害风险管理。

(e) 酌情建立和加强旨在跟踪、定期评估和向公众报告国家和地方计划进展情况的各个机制。加强公共监督，鼓励开展机构辩论，包括有议员和其他相关官员参加的辩论，讨论地方和国家减少灾害风险计划的进度报告。

(f) 酌情通过有关法律框架，在灾害风险管理机构和进程及决策中为社区代表分配明确的作用和任务。在制定此类法律和规章期间，进行全面的公共和社区协商以支持其执行工作。

(g) 建立和加强由国家和地方各级相关利益攸关方组成的政府协调论坛，如国家和地方减少灾害风险平台以及为落实 2015 年后的框架而指定的国家协调中心。这些机制必须以国家体制框架为坚实基础，并有明确划分的责任和权力，以便除其他外，通过分享和传播非敏感性灾害风险信息和数据查明部门和多部门灾害风险，提高对灾害风险的认识和了解，协助和协调编制有关地方和国家灾害风险的报告，协调开展关于减少灾害风险的公共宣传活动，促进和支持地方多部门合作（如地方政府之间的合作），协助确定和报告国家和地方灾害风险管理计划以及所有与灾害风险管理有关的政策。应通过法律法规、标准和程序确定这些责任。

(h) 通过监管和财政手段酌情增强地方当局权能，以便与民间社会、社区、土著人民和移民合作与协调，在地方一级开展灾害风险管理工作。

(i) 鼓励议员通过制定新的或修订相关立法和编列预算拨款，支持落实减少灾害风险。

(j) 促进在私营部门、民间社会、专业协会、科学组织和联合国的参与下制定质量标准，如灾害风险管理认证和证书。

(k) 在适当的地方制订旨在防止或重新安置在灾险地区建造的人类住区的公共政策，使其受到国家法律制度的管制。

全球和区域各级

3. 为实现这一目标，必须采取以下行动：

(a) 酌情根据本框架，通过区域和次区域的商定减少灾害风险合作战略和机制，指导区域一级的行动，以便促进提高规划效率，建立共同信息系统，并交流合作和能力发展方面的良好做法和方案，特别是处理共同和跨界灾害风险。

(b) 促进全球和区域机制和机构相互协作，酌情落实和统一与减少灾害风险有关的文书和工具，如气候变化、生物多样性、可持续发展、消除贫穷、环境、农业、卫生、粮食和营养等方面的文书和工具。

(c) 积极参与全球减少灾害风险平台、各区域和次区域减少灾害风险平台和专题平台，以适当结成伙伴关系，定期评估执行进展情况，交流有关了解灾害风险的政策、方案和投资的做法和知识，包括关于发展和气候问题的做法和知识，并推动将灾害风险管理纳入其他相关部门。区域政府间组织应在区域减少灾害风险平台中发挥重要作用。

(d) 促进跨境合作，实施政策和规划，采取以生态系统为基础的共享资源办法，如流域和海岸线生态资源共享办法，以增强抗灾能力和减少灾害风险，包括流行病和流离失所风险。

(e) 尤其是通过相关国家间自愿和自发的同侪审查，促进相互学习和交流良好做法和信息。

(f) 酌情促进灾害风险监测和评估的国际自愿机制的加强，包括相关数据和信息，从兵库行动框架监测系统的经验中获益。上述机制应有助于为实现可持续社会和经济发展，向相关国家政府机构和其他利益攸关方披露有关灾害风险的非敏感信息。

优先事项3：投资于减少灾害风险，提高抗灾能力

1. 公共和私营部门通过结构性和非结构性措施投资于预防和减少灾害风险，对于加强个人、社区、国家及其财产在经济、社会、卫生和文化方面的抗灾能力和改善环境必不可少。它们可以是促进创新、增长和创造就业驱动因素。这些措施具有成本效益，有助于挽救生命，防止和减少损失并确保有效恢复与重建。

国家和地方各级

2. 为实现这一目标，必须采取以下行动：

(a) 分配必要资源，包括各级行政部门酌情提供资金和后勤保障，用于在所有相关部门制定和执行有关减少灾害风险的战略、政策、计划和法律法规。

(b) 促进灾害风险转移和保险、风险分担和保留以及对公共和私人投资适当的财政保护的机制建立，以减轻灾害对政府和社会的财政影响。

(c) 酌情加强灾害复原力强的公共和私人投资，为此特别要在重要设施特别是在学校和医院以及有形基础设施上，采取结构性、非结构性和实用的预防和减少灾害风险措施；从一开始就通过适当设计和施工，包括采用通用设计原则和建筑材料标准化、改造和重建、培养维护文化等办法，并考虑到对经济、社会、结构、技术和环境影响的评估结果，来提高建设质量，抵御各种危害。

(d) 保护或支持保护文化和收集机构及其他历史遗址、文化遗产和宗教利益。

(e) 通过采取结构性和非结构性措施，提高工作场所抵御灾害风险的能力。

(f) 推动将灾害风险评估纳入土地使用政策的制定和执行工作，包括城市规划、土地退化评估、非正式和非永久性住房以及利用掌握预期人口和环境变化的知情准则和跟踪工具。

(g) 推动将除其他外山区、河流、沿海洪泛平原区、旱地、湿地和所有其他易遭受干旱和洪涝的地区的灾害风险评估、摸底和管理纳入农村发展规划和管理工作的主流，包括查明适宜建造人类住区的地区，同时保留有助于减少风险的生态系统功能。

(h) 鼓励在国家或地方各级酌情修订现有的或制定新的建筑规范、标准、善后和重建做法，以便使之更加符合当地环境，特别是在非正规和边缘人类住区，并采取适当办法提高执行、调查和实施这些规范的能力，以改进抗灾结构。

(i) 加强国家卫生系统的复原力，包括将灾害风险管理纳入初级、二级和三级保健，特别地方一级的保健工作；增强保健工作者了解灾害风险和在卫生工作中采用和实施减少

灾害风险办法的能力；以及促进和加强灾害医学领域的培训能力；支持和培训社区保健团体与其他部门合作在保健方案中并在执行世界卫生组织《国际卫生条例》（2005 年）方面采取减少灾害风险办法。

（j）加强包容性政策和社会安全网机制的设计和实施工作，包括通过社区参与，结合改善生计方案、提供基本保健服务，包括母亲、新生儿和儿童保健、性健康和生殖健康服务、食品安全和营养、住房和教育，为消除贫穷，寻求灾后持久解决办法，增强过度受灾者的权能，并向他们提供协助。

（k）危及生命的疾病和慢性病患者有其特殊需要，应让他们参与设计灾前、灾害期间和灾后风险管理政策和计划，包括获得救生服务。

（l）根据国家法律和具体情况，鼓励采纳针对移民和流离失所者制定的处理灾后人口流动问题的政策和方案，以加强灾民和收容社区的复原力。

（m）适当推动将减少灾害风险考量和措施纳入金融和财政文书。

（n）加强生态系统的可持续利用和管理，实施结合减少灾害风险内容的综合环境和自然资源管理办法。

（o）加强企业复原力和整个供应链的生计和生产性资产保护工作。确保服务的连续性并将灾害风险管理纳入各种商业模式和做法。

（p）加强对生计和生产性资产包括牲畜、劳作动物、农具和种子的保护。

（q）促进和整合整个旅游业的灾害风险管理办法，因为有些国家往往对旅游业严重依赖，视之为主要经济驱动力。

全球和区域各级

3. 为实现这一目标，必须采取以下行动：

（a）促进可持续发展相关的体制、部门和组织和减少灾害风险等方面政策、计划和方案之间统筹协调。

（b）促进与国际社会各伙伴、企业、国际金融机构和其他相关利益攸关方密切合作，制定和加强灾难风险转移和分担机制和文书。

（c）促进学术、科研机构和网络及私营部门相互合作，开发有助于降低灾害风险的新产品和新服务，特别是那些能够帮助发展中国家和有助于克服其特殊挑战的产品和服务。

（d）鼓励与全球和区域财务机构之间的协调，以评估和预测灾害对各国潜在的经济和社会影响。

（e）加强卫生管理部门和其他相关利益攸关方之间的合作，以便在卫生、执行《国际卫生条例》（2005 年）和建设有复原力的卫生系统等方面，加强国家灾害风险管理能力。

（f）加强和促进在保护生产资料，包括保护牲畜、劳作动物、农具和种子方面的协作和能力建设。

（g）促进和支持建立社会安全网，以此作为与生计改良方案挂钩和结合的减少灾害风险措施，以确保在家庭和社区各级建设抵御冲击的能力。

（h）加强和扩大旨在通过减少灾害风险消除饥饿和贫穷的国际努力。

（i）促进和支持相关公共和私营利益攸关方相互合作，加强企业抗灾能力。

优先事项 4：加强备灾以作出有效反应，在恢复、善后和重建方面再建设得更好

4. 灾害风险不断增加，包括人员和资产暴露程度越来越高以及结合以往灾害的经验教

训，显示需要进一步加强应急备灾，在事件预测基础上采取行动，将减少灾害风险纳入应急准备，确保有能力在各级开展有效的救灾和恢复工作。关键是要增强妇女和残疾人的权能，公开率先采取和促进性别公平和普遍适用的救灾、恢复、善后和重建办法。灾害表明，恢复、善后和重建阶段需要灾前着手筹备，这个阶段也是一个重要的契机，可通过将减少灾害风险纳入各项发展措施，使国家和社区具备抗灾能力等办法而重建得更好。

国家和地方各级

5. 为实现这一目标，必须采取以下行动：

(a) 在相关机构的参与下，制订或审查并定期更新备灾和应急政策、计划和方案，同时考虑到气候变化情况及其对灾害风险的影响，适当协助所有部门和相关利益攸关方参与这项工作。

(b) 投资于、建立、维护和加强以人为本的多危害、多部门预报和预警系统、灾害风险和应急通信机制、社会技术以及危害监测电信系统。通过参与型进程建立此类系统。根据用户需求，包括社会和文化需要特别是性别平等要求加以调整。推广应用简单和低成本的早期预警设备和设施，并扩大自然灾害预警信息的发布渠道。

(c) 提高新的和现有的主要基础设施，包括供水、交通和电信基础设施、教育设施、医院和其他卫生设施的复原力，确保这些设施在灾害期间和灾后仍具有安全性、有效性和可用性，以提供救生和基本服务。

(d) 建立社区中心，以提高公众认识和储存救援和救济活动所必要的物资。

(e) 实施公共政策和行动，支持公务人员发挥作用，建立或加强救济援助协调和供资机制和程序，并规划和筹备灾后恢复和重建工作。

(f) 对现有职工队伍和自愿人员进行救灾培训，并加强技术和后勤能力，确保更好地应对紧急情况。

(g) 确保灾后业务和规划的连续性，包括社会经济恢复和提供基本服务。

(h) 促进定期开展备灾、救灾和恢复演习，包括疏散演习、培训和建立地区支助系统，以期确保迅速和有效地应对灾害和相关流离失所问题，包括提供适合地方需要的安全住所、基本食品和非食品救济物品。

(i) 考虑到国家当局协调开展灾后重建工作的复杂性和高昂成本，促进各级不同机构、多部门和相关利益攸关方包括受灾社区和企业开展合作。

(j) 推动将灾害风险管理纳入灾后恢复和善后进程。协助在救济、善后和发展之间建立联系。利用恢复阶段的机会发展能力，减少短期、中期和长期灾害风险，包括制订措施，如土地使用规划和改进结构标准，以及分享专长、知识、灾后审查结果和经验教训。将灾后重建纳入灾区经济和社会可持续发展。对灾后流离失所者临时住区也应如此。

(k) 制定灾后重建准备工作指导方针，如土地使用规划和改进结构标准，包括学习《兵库行动框架》通过十年来的各项恢复和重建方案以及交流经验、知识和教训。

(l) 考虑酌情与有关民众协商，在灾后重建进程中尽可能将公共设施和基础设施迁至风险外地区。

(m) 加强地方当局在易受灾地区疏散居民的能力。

(n) 建立个案登记册和灾害死亡人员数据库，以改进发病和死亡预防工作。

(o) 改进恢复计划，向所有需要者提供心理支持和精神健康服务。

（p）根据《国内便利和管理国际救灾和初期恢复援助工作导则》，酌情审查并加强关于国际合作的国家法律和程序。

全球和区域各级

6. 为实现这一目标，必须采取以下行动：

（a）酌情制定和加强协调一致的区域办法和运作机制，准备并确保在超过国家应对能力的情况下迅速有效地开展救灾。

（b）推动进一步制订和发布文书，如标准、守则、业务指南和其他指导文书，协助开展协调一致的备灾和救灾行动，并为分享政策实践和灾后重建方案方面的经验教训和最佳做法信息提供便利。

（c）推动适当时根据《全球气候服务框架》，进一步建立和投资于有效、适合国情的区域多危害预警机制，并为各国分享和交流信息提供便利。

（d）加强《国际灾后恢复纲要》等国际机制，促进各国和所有相关利益攸关方分享经验和相互学习。

（e）酌情支持联合国相关机构加强和落实有关水文气象问题的全球机制，以便提高认识并进一步了解与水有关的灾害风险及其对社会的影响，并应国家请求推动实施减少灾害风险战略。

（f）支持开展区域合作，通过联合演练和演习等办法着手进行备灾工作。

（g）推动制订区域议定书，促进在灾害期间和灾后共享救灾能力和资源。

（h）对现有职工队伍和自愿人员进行救灾培训。

五、利益攸关方的作用

1. 虽然各国负有减少灾害风险的整体责任，但这也是政府和相关利益攸关方分担的责任。尤其是非国家利益攸关方可发挥重要作用，作为推动者在地方、国家、区域和全球各级支持各国根据本国政策、法律和条例落实本框架。它们需要作出承诺，展示善意并提供知识、经验和资源。

2. 各国应在确定利益攸关方的具体作用和责任，同时借鉴现有相关国际文书时，鼓励所有公共和私营利益攸关方采取以下行动：

（a）民间社会、志愿人员、有组织志愿工作组织和社区组织要与公共机构合作参与，特别在制定和执行减少灾害风险规范性框架、标准和计划时提供专门知识和实用指导；参与实施地方、国家、区域和全球计划和战略；协助和支持提高公众认识，培养预防文化和开展灾害风险教育；酌情倡导建立具有复原力的社区和开展具有包容性、全社会的灾害风险管理，加强各群组之间的协同增效。在这个问题上应指出：

（一）妇女及其参与对于有效管理灾害风险以及设计和执行敏感对待性别问题的减少灾害风险政策、计划和方案及相关资源配置至关重要；需要采取适当能力建设措施，增强妇女的备灾力量，并提高她们灾后采用其他谋生手段的能力。

（二）儿童和青年是变革的推动者，应给予其空间和办法，使他们能够按照立法、国家惯例和教育课程为减少灾害风险作出贡献。

（三）残疾人及其组织对于评估灾害风险、设计和执行符合具体需要且特别顾及《通用设计原则》的计划至关重要。

（四）老年人有多年积累的知识、技能和智慧，是减少灾害风险的宝贵资产，应将其纳入包括预警在内各项政策、计划和机制的设计工作。

（五）土著人民可通过其经验和传统知识为建立和落实包括预警在内的各项计划和机制作出重要贡献。

（六）移民可协助各自社区以及原籍国和目的地国的社会增强抗灾能力，应在减少灾害风险的设计和执行工作中考虑到他们。

(b) 学术界、科研机构和网络要着重研究中长期灾害风险因素和情况，包括新出现的灾害风险；加强对区域、国家和地方适用办法的研究；支持地方社区和地方当局采取行动，并支持建立政策和科学之间的决策接口。

(c) 企业、专业协会和私营部门的金融机构，包括金融监管和会计机构以及慈善基金会要通过了解灾害风险的投资，特别是对微型和中小型企业的投资，将灾害风险管理包括业务连续性纳入商业模式与实践；对其雇员和顾客开展提高认识活动和培训；技术发展的灾难风险管理；分享和传播的知识，实践和非敏感数据；并积极参与，适当的指导下和公众部门，规范发展的框架和技术标准合并进灾害风险管理。

(d) 媒体部门要在地方、国家、区域和全球各级发挥积极和包容作用，推动提高公众认识和理解，与国家当局密切合作，以简单、透明、容易理解和方便获取的方式传播准确和非敏感的灾害风险、危害和灾害信息，包括小规模灾害信息；采取具体减少灾害风险宣传政策；酌情支持建立预警系统和采取拯救生命的保护措施；以及促进预防文化和强有力的社区参与，根据国家惯例在各级持续开展公共教育运动和大众协商。

3. 参考大会2013年12月20日第68/211号决议，相关利益攸关方的承诺对于确定合作方式和执行本框架十分重要。这些承诺应力求具体、可预测和有时限，以支持建立地方、国家、区域和全球各级伙伴关系，并支持地方和国家减少灾害风险战略和计划的执行工作。鼓励所有利益攸关方通过联合国减少灾害风险办公室网站，宣传其支持执行本框架或国家和地方灾害风险管理计划的承诺及其履行情况；

六、国际合作和全球伙伴关系

一般考虑因素

1. 鉴于发展中国家的能力不同，对发展中国家的支助水平与其能够进一步执行本框架的程度之间又存在相互联系，发展中国家需要通过获得可持续、适当、可预测和更多的资金、以共同商定的条件转让技术和开展能力建设，通过国际发展合作和全球发展伙伴关系，以及持续的国际支持来改进执行手段，以此为重要手段加强来减少灾害风险的努力。

2. 国际减灾合作包括多种来源，而在其中支持发展中国家的努力的一个关键因素就是降低灾害风险。

3. 在解决经济差距，在技术创新和国家之间的研究能力是至关重要的加强技术转化。在能够参与和促进技能，知识，思想流动的过程中，知识和技术能从发达国家向发展中国家实施了本框架。

4. 考虑到易受灾发展中国家特别是最不发达国家、小岛屿发展中国家和内陆发展中国家以及非洲国家和面临特殊挑战的中等收入国家更加脆弱，风险程度更高，往往大大超过其救灾和灾后恢复能力，因此应给予它们特别关注。由于这种脆弱性，需要紧急加强国际合作，确保在区域和国际各级建立真正和持久的伙伴关系，以支持发展中国家根据本国优先目标和需要执行本框架。其他具有特殊性的易受灾国家，如岛国和海岸线绵长的国家，也需要得到类似的关注和适当援助。

5. 小岛屿发展中国家因其特有和特殊的脆弱性，可能过度受到灾害的影响。一些灾害的强度越来越大，而且因气候变化而更加严重，灾害的影响阻碍了小岛屿发展中国家逐步实现可持续发展。鉴于小岛屿发展中国家的特殊情况，迫切需要通过在减少灾害风险领域落实《小岛屿发展中国家快速行动方式》(《萨摩亚途径》)[1] 的成果，建立复原力并提供特别支助。

6. 非洲国家继续面临灾害和风险越来越多的挑战，包括与提高基础设施、卫生和生计复原力有关的挑战。为应对这些挑战，需要加强国际合作，并向非洲国家提供适当支助，使本框架能够得到落实。

7. 南北合作辅之以南南合作和三角合作确实是减少灾害风险的关键，需要进一步加强这两个领域的合作。伙伴关系也可发挥更大的重要作用，能够在灾害风险管理和改进个人、社区和国家的社会、卫生和经济福祉方面，挖掘各国的充分潜力，支持增强本国能力。

8. 南南合作和三角合作是南北合作补充，发达国家不应因发展中国家努力倡导南南合作和三角合作而削弱南北合作。

9. 来自各方资金以及公共和私营部门的资金筹措、通过以相互商定的条件并自愿转让可靠、负担得起、适当和无害环境的现代技术、发达国家和其他相关利益攸关方以及有能力的其他国家提供的能力建设援助以及在各级建立的有利体制和政策环境，都是至关重要的减少灾害风险手段。

实施办法

10. 为实现这一目标，必须采取以下行动：

(a) 重申发展中国家需要资源用于减少灾害风险。迫切需要通过双边和多边渠道，包括通过加强用于建立和加强能力的技术和财政的支持，以及以减让和优惠 / 相互商定的条件转让技术，向发展中国家特别是最不发达国家、小岛屿发展中国家、内陆发展中国家、非洲国家和面临具体挑战的中等收入国家提供 / 承诺提供协调一致、持续、适当的国际支持。

(b) 通过现有机制，即双边、区域和多边合作安排，包括联合国和其他有关机构，加强对发展中国家 / 有关国家 / 群体 / 组织传播无害环境技术、科学和包容性创新以及知识和信息共享的供资及其机会，并为此目的促进和建立新的筹资机制。

(c) 促进合作等专题平台的使用和扩展，以此来作为全球技术库与全球系统的知识共享，通过创新和研究来确保获得技术和信息，并使得灾害风险降低。

(d) 酌情将减少灾害风险措施纳入部门内部和各部门之间与减贫、可持续发展、自然资源管理、环境、城市发展和适应气候变化有关的多边和双边发展援助方案。

国际组织提供的支持

11. 为支持执行本框架，必须采取以下行动：

(a) 请联合国和参与减少灾害风险工作的其他国际和区域组织、国际和区域金融机构及捐助机构酌情加强这方面的战略协调；

(b) 请联合国系统各实体，包括各基金和方案以及专门机构通过《联合国减少灾害风险促进复原力行动计划》、《联合国发展援助框架》和国家方案，推动充分利用资源并应发

[1]　大会第 69/15 号决议，附件

展中国家的请求支持它们与《国际卫生条例》(2005 年)等其他相关框架协调执行本框架，包括建立和加强能力，以及制定明确和重点突出的方案，在各自授权任务范围内以均衡、妥善协调和可持续方式支持实现国家优先目标。

(c) 联合国减灾战略署(UNISDR)，尤其是要支持实施，后续对框架的审查并且通过：备战全球进展情况并且定期审查，特别是联合国对于国际平台的及时与后续跟进进程的发展与协调，并且与其他可持续发展和气候变化和更新机制相互关联起来现有的基于网络的兵库行动框架监测据此；积极参与机构间和专家组的可持续工作发展指标；产生的证据作为基础的和实践的指导实现与各国密切合作，并通过动员专家；在利益相关者加强预防文化，通过由专家和技术组织支持标准的制定，宣传活动，传播和灾害风险信息，政策，实践，以及提供教育和培训上减少灾害风险通过附属机构；支持各国，包括通过国家平台或类似的形式，在国家计划的发展下，监测灾害的趋势、风险的模式、损失和影响，建立起全球范围内的减灾风险和支持区域组织平台。以此来减少与区域组织的合作灾害风险，致力于的联合国计划的修订对灾害风险的降低，便利的增强，并继续服务于国际灾害风险的科学和技术咨询小组支持会议动员科学和减少灾害风险的技术工作；领导需密切配合国家更新 2009 年的各国商定的在减灾领域方面的术语；同时维护利益相关者的承诺。

(d) 请世界银行和区域开发银行等国际金融机构审议本框架各优先事项，为发展中国家综合减少灾害风险提供财政支持和贷款。

(e) 请包括联合国气候变化框架公约缔约方会议在内的其他国际组织和条约机构、全球和区域两级国际金融机构以及国际红十字会和红新月运动应发展中国家的请求支持它们与其他相关框架协调，执行本框架。

(f) 联合国全球合约，作为联合国主要倡议与私营部门和业务，进一步参与为以推动减少灾害风险的可持续的重要性发展和应变能力的目标做贡献。

(g) 应加强联合国系统协助发展中国家减少灾害风险的整体能力，为此要通过各供资机制提供适当资源，包括向联合国减灾信托基金提供及时、稳定、可预测的捐款，并增强该基金在执行本框架方面所具有的作用。

(h) 请各国议会联盟和其他相关区域议员机构和机制酌情继续支持和倡导减少灾害风险和继续加强国家法律框架；

(i) 请城市和地方政府联合会和其他相关地方政府机构继续支持地方政府为减少灾害风险和执行本框架开展合作和相互学习。

后续行动

12. 会议邀请联合国大会在第七十届会议考虑通过可持续发展高级别政治论坛和四年度全面政策审查周期等办法，将本减少灾害风险框架的执行工作全球进程的审查，纳入联合国各次大型会议和首脑会议统筹协调后续进程，同时酌情考虑全球减少灾害风险平台和各区域减少灾害风险平台以及兵库行动框架监测系统所作贡献。

13. 会议还建议联合国大会在第六十九届会议设立一个由成员国提名专家组成的不限名额政府间工作组，由联合国减灾战略署提供支助，包括相关利益攸关者，负责为计量本框架全球执行进展制订一套可能的指标，连同部门间专家组在制订可持续发展指标上的工作。会议还建议工作组考虑科学和技术咨询组考虑最迟于 2016 年 12 月底更新 2009 年联合国减灾战略署的《减少灾害风险术语》，建议将其工作成果提交联合国大会考虑和通过。

6 大事记

2017 年 12 月 22 日，2017 年国家减灾委年度灾情会商核定会在京召开。会议深入学习贯彻党的十九大精神，进一步学习了习近平总书记关于防灾减灾救灾重要讲话和批示指示精神，总结核定了 2017 年全国自然灾害总体情况，研究分析了 2018 年灾害发展趋势，讨论安排了 2018 年部际灾情会商工作。国家减灾委办公室副主任、民政部救灾司副司长胡晓春出席会议并致辞。

2017 年 12 月 12 日，国务院安委会办公室发布关于全国安全生产大检查情况取得显著成效、存在的主要问题、工作要求三方面的通报。按照国务院安委会关于开展全国安全生产大检查工作部署，从 7 月到 10 月，各地区、各有关部门和单位以排查整治问题隐患、遏制重特大事故为重点，开展了安全生产大检查。期间，国务院安委会办公室组织对 31 个省（区、市）和新疆生产建设兵团进行了督导、督查和“回头看”三轮督促检查，推动了大检查扎实深入开展，有效防范遏制了各类事故发生，为党的十九大胜利召开营造了稳定的安全生产环境。

2017 年 12 月 12 日，国家减灾委员会办公室在京组织召开了 2017 年国家减灾委员会联络员会议。国家减灾委员会办公室副主任、民政部救灾司副司长殷本杰主持会议。会议深入学习贯彻党的十九大精神，围绕今年防灾减灾救灾工作总结和明年的工作要点进行了讨论。

2017 年 11 月 29~30 日，上海合作组织成员国紧急救灾部门灾害管理研讨会在江苏省南京市召开。中方代表团由民政部救灾司、国际合作司、国家减灾中心，公安部消防局，山东、浙江、上海、江苏等 4 省（市）民政、公安消防部门组成。印度共和国内政部、哈萨克斯坦共和国紧急状态委员会、吉尔吉斯共和国紧急状态部、俄罗斯联邦紧急情况部等上海合作组织成员国紧急救灾部门派出代表团出席会议。

2017 年 11 月 23 日，民政部救灾司在北京召开防灾减灾救灾体制机制改革暨能力建设座谈会。救灾司副司长、国家减灾中心党委书记殷本杰主持会议。全国部分省（自治区、直辖市）民政厅（局）救灾处负责同志，以及救灾司和国家减灾中心有关人员参加了会议。

2017 年 11 月 17~19 日，由中国建筑学会抗震防灾分会村镇防灾专业委员会、村镇绿色建筑综合防灾专业委员会、北京工业大学和华侨大学主办的第三届全国村镇综合防灾与绿色建筑技术研讨会在海口市举行。本届研讨会主要围绕村镇建筑节能、抗震、抗风、抗火、抗洪、抗地质灾害等研究成果，推进以生态环保建筑材料利用、抗震节能一体化、绿色施工为主要特征的村镇绿色建筑综合技术发展和村镇防灾能力提升等主题进行广泛深入的交流。会议云集了来自全国各地各类院校防灾与绿色建筑方面的教授、专家和学者等，共计 200 余人。

2017 年 11 月 16~18 日，由中国建筑学会建筑防火综合技术分会主办，中国建筑科学研究院建筑防火研究所、西安建筑科技大学承办，住房和城乡建设部防灾研究中心协办的中国建筑学会建筑防火综合技术分会年在西安举行。中国消防协会、陕西省公安消防总队、陕西省消防协会对会议进行了指导，来自科研、设计、高校、消防主管部门及海内外知名企业共计约300多名建筑防火领域的专家、学者及代表参加了大会。

2017年11月18日，北京市大兴区西红门镇新建村新康东路8号一自建房屋发生火灾，火灾共造成19人死亡，8人受伤，社会影响恶劣。为深刻吸取事故教训，防范遏制各类事故，贯彻落实《国务院安委会办公室关于切实做好岁末年初安全生产工作的通知》（安委办明电〔2017〕18号）和市领导批示指示精神，切实做好岁末年初安全生产工作，北京市安委会自2017年11月20日起，在全市开展为期40天的安全隐患大排查、大清理、大整治专项行动。

2017年11月13~14日，全国民政系统灾情核定会在云南昆明召开，民政部救灾司副司长胡晓春、云南省民政厅副厅长李国材出席会议并讲话，国家减灾中心副主任张学权主持会议，各省（自治区、直辖市）民政厅（局）、新疆生产建设兵团民政局和各计划单列市民政局的近50名灾情管理人员参加了会议。

2017年11月8日国家减灾委全体会议在北京召开，国务委员、国家减灾委主任王勇主持会议并讲话，他强调，要深入学习贯彻党的十九大精神，以习近平新时代中国特色社会主义思想为指导，牢固树立安全发展理念，坚持以防为主、防抗救相结合，以更加有力有效措施，推动防灾减灾救灾工作再上新水平。

2017年10月23日，由民政部与联合国外空司共同主办的“联合国利用天基技术进行灾害风险管理国际会议－通过综合应用增强韧性”在京开幕。来自中国、英国、意大利等20个国家、8个国际与区域组织的近百名代表和专家学者出席了会议。外交部条约法律司、国家航天局系统工程司、联合国外空司、亚太空间合作组织代表出席了开幕式。国家减灾委办公室常务副主任、民政部救灾司司长、民政部国家减灾中心主任庞陈敏出席开幕式并致辞，开幕式由民政部国际合作司副司长柴梅主持。

2017年9月7日，第五届中日韩灾害管理部长级会议在河北唐山召开。会议由中国国家减灾委员会秘书长、民政部副部长顾朝曦主持，日本内阁府副大臣福田峰之、韩国行政安全部次官柳熙寅分别率团出席会议，中日韩合作秘书处代表应邀参会，中方代表团由民政部、外交部、公安部、国土资源部、水利部、农业部、中国地震局、中国气象局、国家海洋局等国家减灾委成员单位代表组成。

2017年8月23日，强台风“天鸽”登陆澳门，造成10人死亡、200多人受伤，经济损失近115亿澳门元。“天鸽”是自1953年澳门有台风气象记录以来最强的台风。应澳门特区政府邀请，经中央政府批准，国家减灾委及港澳办共同组建了22人专家团，中国建筑科学研究院金新阳研究员作为建筑抗风方面的专家参团赴澳参加了考察评估。

2017年8月18日，由中国建筑科学研究院组织的“十三五”国家重点研发计划项目管理和经费使用培训交流会在成都顺利召开。中国21世纪议程管理中心柯兵副主任、卫新锋主任科员，国家科技风险开发事业中心温强处长，华建会计师事务所张小艳高级会计师，建研院王俊院长、汤宏总会计师、王清勤副院长，承担的国家重点研发计划项目、课题负责人、科研财务助理以及相关财务人员等400余人参加了交流会。

2017年8月8日四川省阿坝州九寨沟县发生7.0级地震，震源深度20公里。地震发生后，中共中央总书记、国家主席、中央军委主席习近平高度重视，立即作出重要指示，要求抓紧了解核实九寨沟7.0级地震灾情，迅速组织力量救灾，全力以赴抢救伤员，疏散安置好游客和受灾群众，最大限度减少人员伤亡。中共中央政治局常委、国务院总理李克强作出批示，要求抓紧核实灾情，全力组织抢险救援，最大程度减少人员伤亡，妥善转移安置受灾群众，加强震情监测，防范次生灾害。

2017年7月19~21日，由住房和城乡建设部防灾研究中心、中国科学技术大学热安全技术国家地方联合工程研究中心（安徽）联合主办，中国建筑科学研究院科技发展研究院、中国城市轨道交通协会安全管理专业委员会等单位承（协）办的第五届全国建筑防灾技术交流会在安徽合肥召开。大会主题为“完善防灾技术应用机制，共建灾害管理互动平台”。来自科研院所、高校、企业的200余位专家、学者出席了本次会议。

2017年6月30日，消防技术创新联盟成立大会在北京隆重举行。来自全国相关协会、高等院校、科研设计机构和产品制造、安装、及第三方机构的领导、专家学者、技术精英近百人齐聚一堂，共同见证消防技术创新联盟成立。我院顾问副总工、中国消防协会副会长李引擎当选消防技术创新联盟主席，并作了主题发言，对消防技术创新联盟成立的意义、作用和未来发展规划作了详细阐述。

2017年6月29日，由中国建筑科学研究院牵头并会同相关单位修订的国家标准《洪泛区和蓄滞洪区建筑工程技术规范》（修订）送审稿审查会在北京召开。会议由住房和城乡建设部建筑结构标委会王菁高级工程师主持，住房和城乡建设部标准定额研究所姚涛高级工程师，审查专家以及《规范》编制组成员等参加了会议。

2017年6月25日，国家减灾委员会发出紧急通知：要求各地减灾委员会和国家减灾委各成员单位认真贯彻落实习近平总书记、李克强总理重要指示批示精神，进一步做好当前防灾减灾救灾各项工作。一要切实加强防灾减灾救灾工作的组织领导。二要进一步做好灾害监测预警预报。三要着力开展灾害风险隐患排查和治理。四要扎实做好应急准备。五要全力做好应急救灾工作。

2017年6月12日，世界首例南方电网滇西北工程800kV直流穿墙套管原型地震模拟振动台试验，在中国建筑科学研究院“建筑安全与环境国家重点实验室”成功完成。本次试验由西安西电电力系统有限公司组织，南方电网超高压公司、南方电网科学研究院有限责任公司、SIEMENS公司、同济大学等单位的代表及特邀专家参加了试验见证。

2017年5月23日，为加强农村危房改造和农房建设技术指导，推进农村危房加固改造工作，由住房和城乡建设部村镇建设司主办、中国建筑科学研究院承办的2017年农村危房加固改造工作座谈在北京顺利召开。住建部领导、建研院领导、农村危房加固改造专家以及全国各省级住建部门村镇处负责同志和22个示范县代表共100余人参加了座谈。

2017年5月17日，河北省推进京津冀协同发展领导小组（雄安新区筹委会）在北京组织召开了雄安新区综合防灾规划建设专题研讨会，邀请了相关领域的院士和专家围绕雄安新区综合防灾规划建设工作进行了技术研讨。住房和城乡建设部防灾研究中心李引擎副主任受邀做了题为“雄安新区综合防灾规划研讨”的报告，并基于“韧性防灾、智慧防灾”的理念，为新区综合防灾规划建设提出了具体的参考意见。

2017年5月10日，国家减灾委专家委和中国科协在北京联合举办第八届国家综合防灾减灾与可持续发展论坛。民政部副部长、国家减灾委员会秘书长顾朝曦出席论坛开幕式并致辞，来自防灾减灾领域的专家学者和灾害管理人员等参加论坛。

2017 年 4 月 18 日，健康建筑产业技术创新战略联盟成立大会暨第一届理事会第一次工作会议在中国建筑科学研究院召开。王俊院长、王清勤副院长，清华大学建筑学院林波荣教授，中国疾病预防控制中心环境与健康相关产品安全所姚孝元副所长，上海市建筑科学研究院（集团）有限公司李向民副总裁，厦门市建筑科学研究院集团股份有限公司麻秀星常务副总裁等联盟发起单位代表出席了会议。

2017 年 3 月 23 日，国家防汛抗旱总指挥部在京举行 2017 年第一次全体会议。国务院副总理、国家防汛抗旱总指挥部总指挥汪洋在会上强调，要深入贯彻党中央、国务院的决策部署，牢固树立灾害风险管理和综合减灾理念，以对党和人民高度负责的精神，全面做好防汛抗旱各项工作，确保大江大河、大型和重点中型水库、大中城市防洪安全，保障人民群众生命安全和城乡居民生活用水安全，千方百计满足生产和生态用水需求，为经济平稳健康发展和社会和谐稳定提供有力支撑。

2017 年 2 月 21 日，2017 年全国防灾减灾救灾工作会议在北京召开。民政部副部长顾朝曦出席会议并讲话，救灾司庞陈敏司长主持会议。会议回顾总结了 2016 年全国防灾减灾救灾工作情况，对推进防灾减灾救灾体制机制改革任务和做好 2017 年防灾减灾救灾各项重点工作进行了安排部署。北京、江苏、江西、云南、西藏、陕西等 6 省（区、市）分别就基础性防灾减灾工作开展情况、重大灾害应对、社会力量参与、防灾减灾体系和工程项目建设、救灾物资储备体系建设、制定出台《自然灾害救助条例》实施办法等方面介绍了经验。

2017 年 1 月 8 日，国务院副总理、抗震救灾指挥部指挥长汪洋主持召开国务院防震减灾工作联席会议，总结回顾 2016 年防震减灾工作，听取 2017 年地震活动趋势会商分析意见，安排部署重点工作任务。他强调，要认真贯彻落实党中央、国务院的决策部署，坚持以防为主、防抗救相结合，坚持常态减灾与非常态救灾相统一，突出灾前预防，重视风险防范，强化综合治理，统筹推进监测预报、震害防御、应急救援体系建设，不断提升全社会抵御地震灾害的综合防范能力。

7 防灾减灾领域部分重要科技项目简介

一、城市避震减灾绿地体系规划理论研究

报告作者：王浩（南京林业大学）

摘要：地震对城市造成了巨大灾害，而中国是世界上遭受地震最严重的国家之一。本项研究基于城市绿地在地震及其二次灾难发生的过程、灾后重建和城市复兴等重要阶段中承担并起着重要的避震减灾功能与作用，对建立在城市总体发展规划的框架内，以城市抗震防灾等规划为指导，以城市绿地系统规划层次、布局结构为依托，结合运用3S技术在城市绿地规划与管理中的功能，从市域到市区、再到中心城区、街区的各级能承担避震减灾功能的"城市安全绿地"进行定性、定位、定量的统筹安排而形成的结构合理、层次清晰、分布均衡的城市避震减灾绿地体系的规划理论进行探讨。明确平灾结合，提升城市绿地避震减灾功能且兼顾其平安时期绿地景观、生态、游憩等功能，在有限的用地范围内，做到城市绿地各项功能发挥与使用的最高效益化，是我国未来城市绿地规划及建设实施的方向。

二、危化品储运压力容器防灾减灾关键技术

报告作者：范志超（合肥通用机械研究院）

摘要：本课题针对危化品储运压力容器（原油储罐、大型球罐、高耸容器、槽罐车），围绕台风、火灾等灾害环境和运输环节，开展灾前预防与灾后控制关键技术研究，攻克失效模式与损伤机制再现、灾前优化设计与安全监测、灾后快速检测与安全评价等关键技术，最终建立防灾减灾工程方法、安全实时监测系统、损伤基础数据库、编制专用分析软件并形成国家行业标准。研究成果在我国若干大型企业得到示范应用，将大大提高我国危化品储运设施重要压力容器抵御灾害和灾后快速恢复重建的能力。课题自启动以来，在各参与单位的共同努力下，各项工作有序进行，目前取得的总体进展如下：(1) 开展了台风条件下高耸容器的灾前预防关键技术研究，通过高耸塔器在随机风载荷作用下的动态仿真模拟，获得了顺风向以及横风向风载荷时程样本及风振位移和弯矩时程响应，采用雨流法统计了危险点应力幅值与循环周次，估算了风致疲劳寿命，由此建立了符合设计寿命需求的高耸容器免于疲劳分析判定方法；(2) 开展了危化品运输槽罐安全实时监测关键技术研究，建立了危化品运输槽罐车在运输环节槽罐泄漏及罐体碰撞机制判定方法，完成了阀门开度传感器、基于自混合效应和模间干涉的光纤微振动传感器、基于热敏光学薄膜原理的温度传感器样机研制，开发了泄燃临界判断程序，完成了车载安全状态监控系统总控模块设计、制版和测试，开发了安全监控系统软件（草稿）；(3) 开展了危化品存储压力容器火灾后的合于使用评价技术研究，通过火灾动力学演化规律的理论分析、数值模拟和实验测试，分析了风向、风速、油池深度对油池火燃烧特性的影响，初步得到了2台2万立方米油罐和10万立方米油罐区火灾条件下的温度场分布；开展了危化品压力容器典型用钢不同热暴露温度、持续时间、冷却速度条件下的热模拟实验，初步获得了材料硬度、金相组织、力学性能的变化规律；在综合分析美国API 579标准优缺点的基础上，结合我国国情和以往工程实践经验，提出了一种火灾后压力容器现场快速检测与完整性评估的方法与程序，并据此编制了《火灾损伤后压力容器安全评定》标准（草案）。

三、火灾作用下高层建筑关键构件和节点的损伤机制与防护

报告作者：韩林海（清华大学）

摘要：本研究目标为火灾作用下高层建筑关键构件和节点的损伤机制与防护。研究内容主要包括：(1) 火灾作用下玻璃幕墙的破裂机制及其防护技术；(2) 火灾环境下高层建筑结构关键构件和节点的损伤机制；(3) 高层建筑结构综合抗火能力评价方法。在本年度取得多项成果，具体如下：(1) 火灾作用下玻璃幕墙的破裂机制及其防护技术研究；(2) 高强混凝土构件抗火设计原理研究；(3) 钢—混凝土组合结构构件和节点抗火设计原理研究；(4) 火灾下高层建筑结构连续倒塌机理研究；(5) 高层建筑结构综合抗火能力评价方法研究。

四、交通枢纽综合体火灾防控系统研制及应用示范

报告作者：张和平（中国科学技术大学） 王喜世（中国科学技术大学） 方俊（中国科学技术大学）李元州（中国科学技术大学）姚斌（中国科学技术大学）

摘要：针对我国典型交通枢纽综合体的结构和功能特点，通过研发火灾多参数动态监测和关键连通部位细水雾幕防火分隔技术、研究典型关键结合部位火灾烟气运动特征及其优化控制模式、发展火灾危险度和人员疏散模型，形成基于物联网技术的交通枢纽综合体火灾综合防控系统，并进行应用示范。

五、高大综合性建筑及大型地下空间火灾防控技术研究

报告作者：卢国建（公安部四川消防研究所） 何学超（公安部四川消防研究所） 谢元一（公安部四川消防研究所）张文华（公安部四川消防研究所）杨晓菡（公安部四川消防研究所）

摘要：围绕提高高大综合性建筑和大型地下空间火灾防控能力的目标要求，针对我国高大综合性建筑和大型地下空间火灾防控的薄弱环节，分别从高大综合性建筑火灾防控技术、大型地下空间火灾防控技术、避难区域及疏散通道的安全防护及新型逃生技术和典型钢结构耐火性能及防火保护技术等四个方面开展针对性的研究工作，通过实地调查，收集国内高大综合性建筑以及大型地下空间的火灾隐患分布特点，从建筑结构形式、防火设施、建筑材料（含外保温材料）及其他相关因素着手，利用高层火灾实验塔以及大空间实验基地，研究外墙防火保护和新型防火分隔技术，防止火灾在高大综合性建筑及大型地下空间内的大范围蔓延；建立高大综合性建筑及大型地下空间的火灾荷载数据库，为性能化设计和制、修订防火设计规范提供基础数据；研究新型防排烟技术和避难区域的优化设计方案，提高避难区域在火灾条件下的安全可靠性；开发适合高层建筑的新型人员逃生和器材输送设备，提升高层建筑内人员疏散和消防队员的灭火救援能力；研究建筑构件在火灾环境中的结构响应和力学性能变化，形成建筑构件耐火安全性的评估方法。通过上述研究，从整体上提升高大综合性建筑和大型地下空间的火灾防控能力。

六、受火灾作用预应力型钢混凝土组合结构的力学性能

报告作者：傅传国（山东建筑大学）

摘要：本项目一是考虑预应力度、配钢率、混凝土保护层厚度、荷载大小等参数的影响，通过对有粘结预应力型钢混凝土梁和框架模型进行荷载与火灾耦合作用下的耐火行为试验，研究预应力型钢混凝土组合结构在荷载与火灾共同作用下的工作性态、耐火极限和破坏特征，探讨各参数对模型耐火性能的影响机理。二是考虑升温温度、降温方式、预应力度、配钢率、火灾时的荷载大小等参数的影响，通过荷载与不同升温温度耦合作用后的有粘结预应力型钢混凝土梁和框架模型力学性能试验，研究预应力型钢混凝土组合结构经受火灾作用后的力学性能劣化机理，考察预应力效应的变化特征，分析各参数对力学性能劣化程度的影响规律。三是基于试验研究，探讨对预应力型钢混凝土组合结构进行火灾高温与荷载耦合作用下非线性有限元全过程分析的方法和耐火极限的实用计算方法；建立火灾高温后预应力型钢混凝土梁和框架残余抗裂度、刚度及承载能力的实用计算方法。

七、火灾高温下隧道周围软黏土力学行为与荷载分布研究

报告作者：朱合华（同济大学）

摘要：目前隧道衬砌防火侧重于对结构本身损伤与力学行为的研究，而忽视了火灾高温引起衬砌外部水土压力的变化带来的软土隧道衬砌结构安全性问题。事实说明：火灾高温下软土隧道外侧土体力学行为会发生显著的变化。本研究拟针对软黏土地层隧道，借助室内试验、理论分析及数值计算等手段。首先，深入探讨衬砌边界约束条件的火灾高温软黏土热传导特性和温度场变化规律、软黏土力学特性以及衬砌所受水土压力、弹性抗力的变化规律；其次，在上述研究成果的基础上，建立火灾高温作用下饱和区、非饱和区软黏土力学特性的描述模型、综合考虑火灾高温影响区软黏土力学特性变化及水汽化引起的附加荷载的隧道衬砌结构水土压力分布的理论与方法；最后，应用荷载—结构法，建立基于上述水土压力分布理论及考虑土体弹性抗力变化的软土隧道衬砌结构火灾安全评价方法，为解决处于软黏土环境下的大量地铁及越江跨海隧道衬砌结构的火灾安全问题提供相关计算理论与方法。

八、震后灾区公路走廊次生灾害危险性评估技术研究

报告作者：孔亚平（交通部科学研究院）

摘要：本项目定位于科学基础与应用研究。项目以震后都汶公路为例，对其沿线次生山地灾害的发生，发展与演化规律开展全面系统的观察与实验研究，探索公路次生山地灾害的规律与机理，建立震后公路次生灾害的风险评估理论与方法，从工程防治与灾害管理的角度提出震后公路次生灾害防治体系建设。项目研究了强震条件下次生山地灾害的区域分布规律、强降雨条件下的发育特征与演化规律，提出潜在次生山地灾害识别诊断技术及指标；完成强震与震后强降雨条件下次生山地灾害对公路的损毁评估，建立震区公路次生山地灾害危险性评价方法、指标与模型，完成单灾种的危险性评价与多灾种的综合评价；提出基于起动机理与临界雨量的潜在次生山地灾害预警技术；完成了关键灾害防治工程优化设计，并得到工程实施；提出并完善次生山地灾害监测技术方法体系，以牛眠沟为监控灾害点，完成了野外观察台网建设；开发了都汶公路辅助决策支持系统；综合灾害机理、演化规律、识别技术与危险性等级区划等研究成果，提出都汶公路风险管理理论，探讨了基于都汶公路次生山地灾害危险性等级分区的公路次生灾害预警系统理论，提出了“灾害管理纳入公路养护管理”震后公路次生山地灾害防治理念与对策。

九、汶川地震典型生命线公路调查和分析研究报告

报告作者：余东明（中国科学院武汉岩土力学研究所）李邵军（中国科学院武汉岩土力学研究所）姚海林（中国科学院武汉岩土力学研究所）

摘要：汶川大地震致使灾区公路受损严重，由于汶川震区位于大渡河流域邻区，其自然条件和工程地质状况与大渡河梯级库群区极为类似，故通过对汶川地震区生命线公路的震害进行调研，可以为大渡河梯级库群区生命线公路的风险防控研究提供极其重要的参考。本研究针对汶川震区内典型生命线公路的边坡、桥梁工程和隧道工程的震害，采用实地调查结合文献资料并进行分析总结的研究方法，获得了强震作用下生命线公路的边坡、桥梁工程和隧道工程的主要破坏特征，分析了生命线公路震害的主要影响因素，总结了强震作用下生命线公路的破坏规律。通过对汶川震区内典型生命线公路的震害调查和研究，得到以下主要结论：1）公路震害总体沿发震断裂呈带状分布，垂直于发震断裂方向，距离断裂带越近，公路受损越严重。公路的地震破坏主要发生于地震高烈度区，地震烈度7度以下区域的公路几乎没有震害发生。2）灾区公路震害有：强震直接造成的公路结构破裂、错位、垮塌等灾害，强震造成的滑坡、崩塌以及落石等并由此引起的公路结构掩埋、破损以及毁坏等灾害。3)除与所处烈度区域有直接关系外，公路的震害主要还与沿线地形地貌、工程地质条件、岩体或围岩质量、防护或支护结构类型等有密切关系。

十、重大自然灾害风险处置关键技术研究与应用示范

报告作者：刘强（中国海洋大学）吴绍洪（中科院地理所）张玉红（中国海洋大学）杨硕（中国海洋大学）

摘要：本课题在整合与深入分析极端气候条件下重大自然灾害国内外防灾减灾研究成果的基础上，结合我国山东沿海地区自然气候环境，重点研究海洋风暴潮灾害风险处置的关键技术，并选择2个典型区域进行应用示范。阶段重点工作首先是建立课题项目实施计划与资源组织分配。完成的主要工作如下：(1）召开项目启动会。(2）组织本课题启动会及国际风险管理与自然灾害防灾救助研讨会，召开了课题内部分工研讨会。(3）参加其他课题启动会，考察海洋灾害。本课题组织中外专家对海洋灾害及山东半岛核电设施进行了重点考察，分析本地区的孕灾环境；收集了气象水文资料；地质地貌资料等仍在收集中。在研究国际国内灾害研究文献资料的基础上，分析本地区的风险脆弱度及致灾因子和本地区人类活动变化的风险。同时，开发研究风险处置关键技术中的建模与算法。课题人员全部积极配合，工作进展顺利。

十一、公路桥梁抗震设计新技术研究

报告作者：王克海（交通部公路科学研究院）

摘要：汶川地震导致灾区大量公路桥梁受损，暴露出我国桥梁抗震设计亟待解决的问题。针对这些问题，项目分“基于震害经验的公路桥梁抗震设计技术回顾与分析”、“抗震设防标准与地震动参数研究”、“桥梁抗震设计新理念与耗能构件设计方法研究”、“直接基于位移的抗震设计新方法研究”、“公路桥梁新型实用减隔震技术研究”、“公路桥梁新型实用防落梁措施研究”六个子题开展研究。项目以震害经验为基础，对国内外抗震设计理论、减隔震技术、抗震构造等相关领域的研究成果进行梳理、分析，结合我国公路桥梁建设特点，采用理论研究、数值仿真及试验研究的手段获得了一系列研究成果。取得了包括“多道设防，分级耗能”、“一可三易”抗震设计新理念、公路桥梁设计反应谱改进建议、公路桥梁合理抗震构造与措施、新型减隔震装置、减震隔震设计新方法、简化多跨简支梁桥限位装置设计方法等在内的多个创新性成果。项目最终形成了以抗震设计新理念为核心，以分析设计、减隔震技术、防落措施为支撑的抗震设计体系，将为下一代公路桥梁抗震设计规范的修订提供了技术支撑，同时将对我国桥梁抗震技术水平的提高起到应有的促进作用。

十二、高烈度地震区中小跨径公路桥梁抗震设计关键技术研究

报告作者：庄卫林（四川省交通厅公路规划勘察设计研究院）

摘要：“高烈度地震区新建中小跨径桥梁抗震设计关键技术研究”是交通运输部“汶川地震灾后重建公路抗震减灾关键技术研究重大专项”的组成部分，也是交通运输部西部交通科技计划项目。该专题共分为六个子课题，分别为（1）汶川地震区中小跨径桥梁震害规律性分析、(2) 高烈度地震区中小跨径桥梁适宜结构形式与体系、(3) 高烈度地震区弯、斜、坡桥抗震设计与构造技术、(4) 中小跨径桥梁减、隔震技术实用化与体系化研究、(5) 高烈度震区中小跨径桥梁既有抗震设计方法与构造措施检讨分析、(6)《高烈度山区新建中小跨径桥梁抗震设计技术应用指南》编写。专题以汶川地震桥梁震害调查的成果为基础，针对公路桥梁中数量众多的中小跨度桥梁进行研究，重点对中小跨度桥梁的抗震概念设计（适宜结构形式与体系），弯、斜、坡桥抗震设计技术和减隔震桥梁的实用化与体系化三个关键问题进行研究，同时对汶川地震中中小跨度桥梁的震害进行了整理和归纳，并对既有中小跨度桥梁的抗震设计技术与构造措施进行了回顾与审视，在上述研究的基础上，结合交通运输部“汶川地震灾后重建公路抗震减灾关键技术研究重大专项”的部分研究成果，并参考国外规范，编写了《高烈度山区新建中小跨径桥梁抗震设计技术应用指南》。其目的是通过上述关键技术的研究，为高烈度地区中、小跨度桥梁的抗震设计提供实用的技术指导，促进我国中、小跨度桥梁抗震设计水平的提高，从根本上提高西部地区新建交通网络抵御地震灾害的能力。通过三年的研究，取得如下成果：1. 揭示了山区中小跨径桥梁在高烈度地震作用下的震害特征和基本规律；2. 提出了利用主梁与板式橡胶支座间滑动释放上部结构地震作用的，利用桥台、抗震制动墩等进行梁体限位的经济型中、小跨度桥梁减隔震体系；3. 提出了考虑桥墩集成刚度匹配性的中小跨径桥梁结构体系选择、联跨布置、连接与支承等方面的设计准则和技术要求；4. 提出了斜交桥地震波最不利输入角搜索范围、搜索步长和弯桥水平双向地震效应组合方法，建议了斜交桥有限元简化计算模型；5. 完善了减、隔震桥梁的简化计算方法，提出了铅芯橡胶支座隔震桥梁的简化设计图表；6. 研发了能实现纵向、横向、竖向三向限位的组合型钢抗震挡块；7. 基于上述研究内容，编写了《高烈度山区新建中小跨径桥梁抗震设计技术应用指南》。

十三、山区乡村建筑防洪与减灾技术研发

报告作者：王元丰（北京交通大学）韩冰（北京交通大学）刘保东（北京交通大学）刘明辉（北京交通大学）李鹏飞（北京交通大学）

摘要：山洪灾害主要是指由于降雨在山丘区引发的洪水及由山洪诱发的泥石流、滑坡等对国民经济和人民生命财产造成损失的灾害。山洪及其诱发的泥石流、滑坡常常造成人员伤亡，并对流域内的房屋、田地、道路和桥梁带来损坏，甚至引起河道堵塞，形成堰塞湖等，对湖区及下游的人民生命财产带来了较大威胁。针对洪水对我国山区乡村的重要影响，本研究开展了山区乡村建筑防洪减灾的研究工作，课题在国内外广泛展开调研工作，总结分析了山区洪灾形成机理、影响因素，对我国山区乡村建筑的现状及防洪减灾存在的问题进行了较为深入的分析，给出了相应的建议，并在当前气候变化背景下，建立了我国山区乡村建筑抗洪的适应性评价方法。通过理论和试验研究，建立了山区洪水演进数学模型，以及山区洪水对典型建筑的冲击荷载模型，并进行了水头高度、流速、房屋开孔率等参数的分析。开展了砖砌体结构在洪水作用下的数值模拟，根据研究成果，应用可视化技术，编制了洪水荷载计算分析、房屋建筑在洪水作用下结构分析等软件。针对行洪及退洪过程中，建筑材料含水率变化对其力学性能的影响，开展大量试验，研究含水率变化对水泥砂浆、水泥混合砂浆、砌体材料、混凝土等力学性能指标的影响，提出了相应的设计计算公式。在上述工作基础上，针对我国山区乡村建筑特点，研究了提高建筑抗洪能力或洪灾后房屋修复加固的技术，提出了相应的构造措施。编制了《既有山区乡村建筑抗洪评价指南》和《既有山区乡村建筑抗洪加固指南》。在山区洪水形成机理和相关理论研究基础上，建立了基于 GIS 的山区洪水风险管理系统技术，和山洪风险分析方法和水灾水险区划图绘制和管理技术。研究成果已得到实践应用和推广，在江西省黎川县厚村乡建立了洪灾后房屋的加固示范点，起到了良好的效果。开发的基于 GIS 技术的山区洪水水灾水险分析和管理技术已在江西省黎川县厚村乡、广东省北江上游飞来峡库区的防洪规划中得到应用。

十四、台风灾害条件下道路交通应急区域疏散建模与仿真研究

报告作者：安实（哈尔滨工业大学）

摘要：台风登陆城市前一定安全时限内，利用有限通行能力路网，有序疏散大规模人口和车辆，是重要的实践和理论问题。本项目从道路交通系统分析角度，以刻画疏散者终点选择行为和疏散交通流的动态、随机特性为基础，构建面向区域疏散交通管理辅助决策的模型体系与仿真方法，从而为应急决策提供理论支撑。以“框架→ #29702；论→ #27169；型→ #26041；法”研究思路为指导，首先从集成疏散交通管理的角度，构建疏散路网管理与通道管理相结合的两层建模框架，有机整合各种疏散交通管理控制策略；其次从疏散交通流建模的角度，以修正元胞传输模型为理论基础，构造疏散路网元胞—连接桥模型，从而能够准确描述疏散交通流的传播与演化机理；再次，构建以疏散清空时间最短为目标的动态疏散交通管理优化模型，设计启发式算法，求解疏散交通管理最优方案；最终，开发面向辅助决策的疏散交通管理原型仿真软件。本研究有助于深入理解疏散交通流运行机理，为科学制定疏散交通管理策略提供关键理论支撑。

十五、华北村镇住宅抗震技术研究

报告作者：李先航（北京先航海纳科技有限公司）邢永杰（北京市可持续发展促进会）由士俊（天津大学）刘月莉（中国建筑科学研究院）蔡放（天鸿圆方建筑设计有限责任公司）

摘要：本研究从新建住宅和建筑节能改造两方面入手，在农村推广节能、节水、节材技术。以分散建设新农居和集中改造既有农宅为切入点和突破口，在北京市及天津市郊区全面开展农村康居示范工程，以符合农村使用功能特点，利于农村产业发展、提高可再生能源、资源利用率、能耗水耗大幅度降低为出发点，组织社会力量设计、建设一批融“新户型、新能源、新建材、节水新技术”于一体的农村康居住宅示范工程，以解决华北地区农村用能、用水成本增加、农户采暖等问题为目的，研发利用成本低、效果好的建筑节能、节水、节材技术及新型生物质能采暖技术等，组织开展新农村建设建筑工作。重点研究适用于华北地区冬季气候寒冷、水资源缺乏、地震灾害多发、光照充足、文化底蕴丰厚等特点，重点选择“合院型”、“节水节能型”村镇住区，进行村镇小康住宅技术集成与示范。选择以下技术进行集成应用：传统文化型村镇小康住区规划设计及合院型村镇住区抗震防灾技术、自保温隔热墙体节能技术、低能耗村镇室内热环境改善技术、生物质能住宅供暖设计技术、浅层地热、地源热泵的成套技术、太阳能综合利用技术、村镇污水处理与循环利用技术、雨水集蓄与资源化利用技术、合院型村镇住区抗震防灾技术等。课题完成了河北镇半壁店村规划设计、村镇抗震防灾技术研究以及在北京市及天津市郊区的示范工程，包括：节能房屋改造和建设、主动式太阳能采暖、集中式太阳能 / 热泵能源系统、污水处理与循环利用、雨水收集体系等。本研究形成了总建筑面积超过 6 万平方米的采用可再生能源及节能技术的新建民居建筑示范及现有建筑节能改造示范，形成真空管空气集热器生产线，建成自保温材料生产基地；所完成的村镇达到建筑节能 50%，采暖负荷减小到目前的 80%；实现浅层地热 / 地源热泵的成套技术与装备使用率达到 60% 以上；实现太阳能系统的使用率达到 90%；生活污水处理率≥ 90%、再生利用率达到 60%，住宅结构寿命达到 50 年；达到或超过现行抗震安全要求。此外，培养了六十多名新农村建设的高级人才，培训了 300 多人可以按照农村既有建筑节能改造技术规程进行施工的农村技术人员。本研究题选择北京市房山区农村建设示范建筑和村镇，以集中展示和分散示范相结合的方式，在华北农村地区具有较强的推广价值。

十六、台风浪耦合作用下桥梁动力模拟及防灾减灾技术研究

报告作者：孟凡超（中交公路规划设计院有限公司）刘高（中交公路规划设计院有限公司）陈汉宝（交通部天津水运工程科学研究所）张亚辉（大连理工大学）陈上有（中交公路规划设计院有限公司）

摘要：跨海峡桥梁跨径大，桥位处水深，面临的气候、水文、地质等环境因素异常复杂。海洋环境条件下，台风以及台风掀起的巨浪破坏力极大，对跨海峡桥梁的作用具有强烈的动态特性、随机特性和耦合性。研究跨海峡桥梁风浪耦合作用的特性，将显著提高跨海峡桥梁的设计水平，而与之相应的结构抵抗台风浪耦合作用的结构构造措施及振动控制技术将成为跨海峡桥梁建设面临的一项关键技术挑战。本研究以琼州海峡跨海通道工程为背景，针对工程必将面临水深、浪高、风急等恶劣环境荷载的特点，采用理论分析、数值模拟、模型试验等多种方法，系统地开展了跨海峡桥梁台风浪耦合作用试验模拟技术、台风浪耦合作用下跨海峡桥梁随机动力行为数值模拟技术、跨海峡桥梁抗风浪耦合作用的防灾减灾技术三个方面的研究。本研究自主研发了风浪耦合试验系统，该系统集成了造波系统、造风系统以及数据采集和分析系统；建立风和波浪耦合作用下跨海峡桥梁－海水相互作用体系动力学分析模型及高效求解技术，开发出拥有自主知识产权的分析软件系统“BPMWAW（Version 1.0）”；提出了三种桥墩（塔）抗波浪作用的消浪装置；提出了桥墩（塔）抗波浪作用的基于调谐质量阻尼器和调谐液体阻尼器的振动控制技术；研发了能够有效抑制桥墩（塔）风振的构造措施；将桥墩（塔）抗风浪耦合作用的结构构造技术和振动控制技术相结合，提出了桥墩（塔）抗风浪耦合作用的综合防灾减灾措施。本研究成果将为琼州海峡通道工程、渤海海峡通道工程、台湾海峡通道工程等提供理论支撑和技术储备。